秦巴山玉米种植

杜世凯　邱正高　何　川
唐德新　周　刚　王晓娥　主编

气象出版社
China Meteorological Press

内容简介

本书由工作在秦巴山周边省份（包含四川、陕西、湖北、重庆）的一线农业科研人员和农业专家共同编写。全书分五章，在秦巴山玉米生产布局和种质资源一章中，主要简介玉米生产布局和种质资源；在玉米种植的生物学基础一章中，主要简介玉米生育进程，分析了玉米碳代谢、氮代谢、水分代谢；在秦巴山玉米栽培一章中，分别简介鄂西、陕南、巴山玉米种植情况；在防病治虫除草一章中，简介玉米主要的病害、虫害、杂草种类及防治方法；在非生物胁迫及其应对一章中，主要简介水分、温度、天气对玉米的胁迫及防控措施和具体的防控技术。全书注重阐明玉米基本知识、基本理论、基本方法和实用技术，概括现代科技发展水平和当前玉米种植研究现状，注重理论联系实际，信息量丰富，论述循序渐进，注重应用的效果。

本书可供四川、陕西、湖北、重庆等省份的农业科研工作者、农业管理人员、玉米种植户阅读。

图书在版编目（CIP）数据

秦巴山玉米种植 / 杜世凯等主编. -- 北京 : 气象出版社, 2024. 10. -- ISBN 978-7-5029-8262-1

Ⅰ. S513

中国国家版本馆 CIP 数据核字第 20243GK170 号

Qinba Shan Yumi Zhongzhi

秦巴山玉米种植

出版发行： 气象出版社
地　　址： 北京市海淀区中关村南大街 46 号　　**邮政编码：** 100081
电　　话： 010-68407112（总编室）　010-68408042（发行部）
网　　址： http://www.qxcbs.com　　E-mail：qxcbs@cma.gov.cn
责任编辑： 王元庆　　**终　　审：** 张　斌
封面设计： 艺点设计　　**责任技编：** 赵相宁
责任校对： 张硕杰
印　　刷： 三河市百盛印装有限公司
开　　本： 787 mm×1092 mm　1/16　　**印　　张：** 27.25
字　　数： 680 千字
版　　次： 2024 年 10 月第 1 版　　**印　　次：** 2024 年 10 月第 1 次印刷
定　　价： 138.00 元

本书编委会

策　划：曹广才（中国农业科学院作物科学研究所）

主　编：杜世凯（恩施土家族苗族自治州农业科学院、湖北洪山实验室）

邱正高（重庆市农业科学院）

何　川（南充市农业科学院）

唐德新（安康市农业技术推广中心）

周　刚（十堰市农业科学院）

王晓娥（汉中市农业技术推广与培训中心）

副主编（按作者姓名拼音排序）：

陈光勇（十堰市农业科学院）

陈　乔（汉中职业技术学院）

李成军（安康市农业技术推广中心）

刘好梁（恩施土家族苗族自治州农业科学院）

秦光才（恩施土家族苗族自治州农业农村局、
恩施土家族苗族自治州农业发展服务中心）

石　垒（恩施土家族苗族自治州农业科学院）

汤　玲（重庆市农业科学院）

唐明双（南充市农业科学院）

王　鹏（南充市农业科学院）

王文章（安康市镇坪县农业科学研究所）

王志荣（安康市农业技术推广中心）

杨　虎（十堰市农业科学院）

袁　亮（重庆市农业科学院）

曾广莹（安康市镇坪县农业科学研究所）

编　委（按作者姓名的汉语拼音排序）：

陈　浩（安康市汉滨区农业技术推广站）

陈晓明（恩施土家族苗族自治州农业科学院）

程明明（南充市农业科学院）

崔显举（恩施市崔坝镇农业服务中心）

邓宣胜（利川市谋道镇农业服务中心）
冯春福（恩施土家族苗族自治州农业科学院）
龚世飞（十堰市农业科学院）
黎德富（南充市农业科学院）
李春辉（恩施土家族苗族自治州农业农村局、
恩施土家族苗族自治州农业发展服务中心）
李　萌（十堰市农业科学院）
李婉钰（安康市农业技术推广中心）
李小芳（安康市气象局）
刘传兵（恩施土家族苗族自治州农业科学院）
刘　鹏（安康市汉滨区谭坝镇农业综合服务站）
刘胜军（恩施土家族苗族自治州农业科学院）
刘　伟（汉中市科学技术局）
刘兴杰（十堰市郧阳区大柳乡农技服务中心）
刘志培（十堰市农业科学院）
龙德祥（汉中市农业技术推广与培训中心）
欧阳友香（十堰市农业科学院）
蒲小利（利川市农业技术推广中心）
秦光明（十堰市农业科学院）
秦桂莲（恩施州宣恩县中等职业技校）
秦玉婷（武汉科技大学）
任琼芝（汉中市留坝县农业综合执法大队）
宋　伟（十堰市农业科学院）
唐余成（十堰市农业科学院）
田景芝（利川市农业农村局）
王建国（恩施市农业技术推广服务中心）
王　静（恩施土家族苗族自治州农业科学院）
王　颖（南充市农业科学院）
吴　鹏（竹山县种子管理局）
徐明妍（安康市农业技术推广中心）
徐庆安（汉中市汉台区农业技术推广服务中心）
杨福南（恩施市新塘乡农业服务中心）

杨仕彦（南充市农业科学院）
杨秀乾（恩施土家族苗族自治州农业科学院）
余长平（十堰市农业科学院）
张世宏（竹山县种子管理局）
张世洪（十堰市农业科学院）
张　旭（安康市农业技术推广中心）
张　勇（利川市植物保护站）
张　振（十堰市农业科学院）
周　波（安康市镇坪县农业技术推广站）
周长安（安康市农业技术推广中心）
周　兴（恩施土家族苗族自治州农业科学院）
朱祥芬（恩施土家族苗族自治州农业科学院）
朱学祝（利川市农业农村局）
邹　安（安康市农业技术推广中心）

作者分工

策划 …………………………………………………………………………………… 曹广才
前言 …………………………………………………………………………………… 杜世凯

第一章　秦巴山玉米生产布局和种质资源
第一节 ………………………………… 秦光才、秦玉婷、李雪晴、陈沛丽、杨国琮
第二节 ……………… 石垒、刘好梁、陈晓明、李春辉、王建国、龙德祥、崔显举
第二章　玉米种植的生物学基础
第一节 ………… 杨虎、唐余成、秦光明、龚世飞、刘志培、李萌、吴鹏、张世宏
第二节 ……………………………………………………………………………… 陈乔
第三节 ………………………………………………………… 何川、唐明双、辛开斌
第四节 ……………………………………………………… 王鹏、陈静、程明明、何川
第三章　秦巴山玉米栽培
第一节 ……… 周刚、陈光勇、张世洪、刘兴杰、张振、余长平、宋伟、欧阳友香
第二节 ………………… 李成军、曾广莹、陈浩、李小芳、刘汉平、张旭、刘鹏
第三节 ……………………………………… 邱正高、袁亮、汤玲、刘春英、胡伟
第四章　防病治虫除草
第一节 ……………………………………………………………… 王晓娥、任琼芝
第二节 ………………………………………………………… 王晓娥、刘伟、许庆安
第三节 ……………………………………………………… 汤玲、刘春英、胡伟、袁亮
第五章　非生物胁迫及其应对
第一节 ……………………………………… 王颖、杨仕彦、黎德富、李鸿韬、唐明双
第二节 …… 唐德新、王志荣、王文章、徐明妍、周长安、周波、马海斌、李婉钰、邹安

前　言

秦巴山脉是由秦岭山脉、大巴山脉共同组成，该区横跨陕西省、甘肃省、河南省、湖北省、重庆市、四川省共六省（市），面积约 30 万 km^2，为南、北方分界线，北亚热带和暖温带的过渡带，长江与黄河的分水岭，华夏文明的重要地理标识。秦巴山脉名山林立、植被丰富、雨量充沛，气候分布多样。

秦巴山片区是中国玉米重要的产区，常年玉米种植面积 2900 万亩[①]，亩单产 400～600 kg，种植既有单作方式，又有套作、间作方式，主要间套作模式有玉米/马铃薯、玉米‖大豆、玉米/蔬菜等，其中玉米/马铃薯、玉米‖大豆带状复合种植在近几年面积迅速扩大，因为间套作复种指数高，单位面积的产量高，农民或专业合作社种植有更高收入。

秦巴山玉米种植面临形势有：气候生态条件复杂，玉米在多个海拔垂直种植，该区北部降雨量偏少，夏季高温，南部尤其是鄂西南雨热同季，夏季高温高湿；生物和非生物因素多样化，有复杂生态逆境。该区种植玉米主要的病虫危害有玉米灰斑、穗（粒）腐、茎腐、南方锈、草地贪夜蛾、弯刺黑蝽、玉米螟等，尤其是玉米灰斑、草地贪夜蛾迅猛流行，很多农田贫瘠、酸化、有机质含量不足、农药残留和镉铬累积，多风频繁，玉米播种期多雨以及幼苗期的冷害、中后期高温等因素严重制约玉米生长发

---

① 1 亩≈666.67m^2。

育。玉米是畜牧业主要饲料来源、主要粮食作物、重要酿酒原料和工业材料，但现在玉米供给不足，玉米的产量有很大缺口。

以陕南、鄂西、川北等为例，简介玉米种植情况。

陕南是指陕西省南部，北靠秦岭、南依大巴山，由西往东依次是汉中市、安康市、商洛市，其中汉中市常年玉米种植109.51万亩，总产量23.6万t，平均单产为215.5 kg/亩；安康市常年玉米种植126.7万亩，总产量29.35万t，平均单产为231.65 kg/亩；商洛市常年玉米种植106.3万亩，总产量27.39万t，平均单产为257.67 kg/亩。2023年陕西省农业农村厅推荐陕南种植玉米品种，春播品种有中金368、正大999、天汉10号、华盛2000、临奥1号、镇玉208、农科大8号、商玉2号、安森7号、陕单2001、潞玉6号、宝单3号、华玉5号、安玉9号等，夏播玉米品种有天奥3号、陕单2001等主栽品种。

鄂西是指湖北省西部，含恩施州、十堰市、宜昌市，其中恩施州玉米种植231.39万亩，总产量为59.81万t，平均单产为258.5 kg/亩，主要春播玉米品种有康农玉108、恩禾单1号、高玉351、禾盛玉718、北玉1521、康农20、腾龙1号、恩单801、鄂玉30、恩单108、利单5号、腾龙272、腾龙979、绵白002等；十堰市玉米种植115.56万亩，玉米的产量31.22万t，平均单产为270.16 kg/亩，主要春播玉米品种有鄂玉10号、鄂玉16号、鄂玉25、堰玉18、郧单19、郧单20、汉玉128、郧单21、郧单22等；宜昌市玉米种植195.6万亩，总产量50.53万t，平均单产为258.33 kg/亩，二高山、高山主要春播玉米品种有康农598、粒玉129、青青009、德民88，丘陵平原主要春播玉米品种有康农188、裕丰303、福玉178、宜单629、蠡玉16、正大561、华玉130等品种。

川北含南充、绵阳、广元、巴中、广安，玉米种植面积520万亩，总产量206.96万t，平均单产为398 kg/亩，其中南充主要春播品种有成单716、正昊235、冠玉566、高玉123、垦丰169、成单335、汉飞1633、云海365、科玉1011、康农玉188、同玉808、梦玉298，青贮玉米品种有成青385、中玉335等；绵阳主要春播玉米品种有同玉609、正红507、创世90、国豪玉181、博士达1603、梦玉298、金六谷99、中程衡丰28、禾创599、绵单232、同玉593、同玉808、康农玉868、禾圣668、正兴1173、金博士817、东单1331、川单99等品种。

近年来，秦巴山玉米研究在品种育种、栽培生理、植保研究等方面都取得了突飞猛进的发展，获得了一系列玉米新品种、新技术、新方法；玉米生产技术已由长期以来的精耕细作发展为具有较高科技含量的轻简栽培技术、配方施肥技术、精量播种技术、间套复种技术、农田耕作技术和生长发育调控技术等，形成了复合框架技术体系。

因此，全面科学地编写一本简介秦巴山玉米种植重要成果和实践经验的理论著作，对于培养和提升玉米科技人员理论和实践水平，指导农民高效种植、维护农业可持续高效发展，实现乡村振兴和农业现代化，以及科技交流都具有重要意义。此书编写难能可贵，贵在多省市农业科研人员合力协作，是集体智慧的体现。

本书由中国农业科学院曹广才研究员总设计，编写了写作纲要，制定了人员分工，推荐了参考文献。此书由恩施土家族苗族自治州农业科学院、重庆市农业科学院、南充市农业科学院、十堰市农业科学院、安康市农业技术推广中心、汉中市农业技术扩广与培训中心、恩施州农业农村局、武汉科技大学、汉中职业技术学院、恩施州宣恩县中等职业技校等单位共同编写；全书共分五章，分析研究秦巴山玉米生产布局和种质资源、玉米种植的生物学基础、秦巴山玉米栽培、防病治虫除草、非生物胁迫及其应对等。此书在内容上注重阐明玉米基本知识、基本理论、基本方法和实用技术，同时也力求概括现代科技发展水平和研究现状；全书注重理论联系实际，信息量丰富，文字求简，内容求实、全、深，循序渐进，力争达到科学、全面、实用的效果。

本书编写中参考了许多科技文献、资料，在此，谨对相关的作者表示感谢。本书的编写出版是全体编者和出版社编辑人员共同努力、协作的结果，主编、参编人员所在单位予以了积极支持，在此表示衷心感谢。

本书面向广大农业科技人员、行政人员，也可作为农业院校师生教学参考书。

本书得到了主编、参编人员所在单位大力资助。如湖北洪山实验室利用强优势玉米新品种进行间套作栽培模式研究与示范、湖北省农业农村厅粮食作物高效模式示范、湖北省农业科技创新中心玉米创新岗位、恩施州受污染农田玉米品种耐镉铬低吸收试验与生理分析等项目的资助。

本书受编写人员水平所限，书中的错漏在所难免，敬请同行专家指正。

杜世凯

2023 年 10 月

目　录

第一章
秦巴山玉米生产布局和种质资源

第一节　秦巴山玉米生产布局

一、秦巴山的地理位置和自然条件概述

（一）地理位置

秦岭是长江和黄河的分水岭，也是陕西省一条极为重要的地理线，横亘在中国中部，西起嘉陵江，东与伏牛山相接，呈自西向东的走向，全长约 1600 km，其山势北陡南缓，群山毗连，峰峦重叠；秦岭山脉不仅森林茂密，拥有陕西最大的林区（面积达到 700 多万亩），而且还有许多山间平台和小盆地，是秦岭山地中富庶的农业地区。

巴山山脉也称大巴山。巴山虽不及秦岭高峻，但也与秦岭一样危峰如林，千崖万壑，森林茂密，道路崎岖险阻，是陕南与川北之间的一道天然屏障。巴山西起嘉陵江谷，东至湖北武当山。其山势呈西北至东南走向，绵延约 300 km，其山岭交错，重峦叠嶂，是汉中、安康盆地与四川北部的分水岭。

秦巴山有众多的小盆地和山间谷地相连接，其中以汉中盆地、西乡盆地、安康盆地、汉阴盆地、商丹盆地和洛南盆地最为著称；汉川平原和安康盆地的土地肥沃、气候温和、河流纵横、阡陌交错，是陕南的主要产粮区。

秦巴山又是长江上游地区一个重要生态屏障，这里的水、热、林、草资源及土特产品、矿藏等自然资源极为丰富；南部的巴山山麓，群山毗连，重峦叠嶂，河水流长；北部的秦岭余脉，山势和缓，谷宽坡平，溪水淙淙；其间渠堰迂回，梯田环绕，不仅是主要产粮地，也是多种经营最有潜力的地区。

（二）气候类型

秦巴山的气候多样，垂直变化显著，有北亚热带海洋性气候、亚热带—暖温带过渡性季风气候和暖温带大陆性季风气候，年均降水量 450 ~ 1300 mm；地跨长江、黄河、淮河三大流域区。

（三）温度、光照、天然降水

1. 鄂西山区 年平均气温大部分为7.8～16.6 ℃，≥10 ℃积温在3850～5400 ℃·d；由于多山和丘陵，各地海拔差异大，气候资源相差悬殊，平均海拔每升高100 m，≥10 ℃积温减少180～200 ℃·d；日照时间1100～1500 h，可以被利用的光资源为3550～3800 MJ/(m^2·a)；多年年均降水量范围在1025～1593 mm，降水相对集中，年均蒸发量950 mm，无霜期在280 d左右，其年均降水分布特征是：西南部和东北部降水量偏少，东部降水量偏多；1—4月和11—12月的降水趋势基本一致，东南部雨量偏多，北部和西部雨量偏少，6个月的均雨量差在35～152 mm，4月份雨量差最大；5—6月，降水量偏多区域为中东部及南部局部地区，北部和西南部降水量相对偏少；7—8月，东北部雨量偏多，中南部雨量偏少，但最低降水量均超过110 mm；9—10月，自西北部向东部及南部雨量逐渐减少；大部5—8月降水量之和超过年降水量的50%；5—8月是该区域的降水集中月份；降水呈现与山脉坡向、海拔等相关的特点，山脉迎风坡上的降水量大于背风坡；在一定高度范围内，降水量随海拔高度上升而增加，海拔1200～3000 m山区的年降水量最高达1800～2138 mm，比低海拔河谷地区多500～1000 mm，在此高度以下，每下降100 m，降水量少138 mm；虽然降水量差异大，秦巴山是中国亚热带森林系统的核心区域、长江流域的生态屏障和水源涵养区，降水量基本大于农田蒸发量，形成多雨潮湿气候，受大巴山、秦岭等阻隔，寒潮冷空气不易入侵，低海拔地区的冬季温度相比长江中下游平原、江南丘陵高2～3 ℃，降水量也偏多；由于秦巴山各地区、各海拔高度上的温、光、水分条件差异很大，以及冬季偏温暖、湿润，为该区种植多种粮食作物和不同高度上的布局以及多种形式上的轮作制度提供了有利条件，见表1.1。

表1.1 鄂西片区气候特征表

区域		十堰市	宜昌市	恩施州
气候类型		北亚热带大陆季风性湿润气候	中亚热带大陆性季风气候	中亚热带季风性山地气候
平均气温/℃	年	15.3	16.8（13～17.6）	15.6（13.2～17.5）
	1月	2.8（2.0～3.5）	4.7（21.6～9.8）	4.5（2.5～6.3）
	2月	5.1（4.3～5.6）	6.4（24.6～4.4）	6.6（4.5～8.4）
	3月	9.7（8.8～10.2）	11.0（30.2～1.3）	10.6（8.2～12.6）
	4月	15.9（14.7～16.6）	16.8（35.7～0.4）	16.0（13.5～17.9）
	5月	20.6（19.3～21.7）	21.3（38.0～8.8）	19.9（17.3～21.7）
	6月	24.7（23.3～25.8）	25.6（39.9～14.7）	23.2（20.7～25.1）
	7月	26.8（25.6～27.7）	28.2（40.7～18.7）	25.7（23.2～27.6）
	8月	26.0（24.8～26.9）	27.7（41.4～17.2）	25.5（22.7～27.5）
	9月	21.2（20.1～22.3）	23.3（37.0～11.4）	21.6（18.9～23.4）

续表

区域		十堰市	宜昌市	恩施州
平均气温/℃	10 月	16.0（14.9~17.2）	18.1（35.7~3.7）	16.2（13.5~18.0）
	11 月	10.0（8.9~11.1）	12.3（29.8~0.9）	11.3（9.1~13.0）
	12 月	4.6（3.7~5.6）	6.7（23.8~5.4）	6.3（4.0~8.1）
平均日照时数/h	年	1849.3	1728.0	1188.2
	1 月	120.6	100.0	47.2
	2 月	110.2	95.5	49.3
	3 月	141.0	107.3	83.0
	4 月	169.9	133.5	108.3
	5 月	188.0	146.9	117.5
	6 月	192.3	179.8	115.5
	7 月	201.7	218.2	159.3
	8 月	193.9	227.3	180.6
	9 月	141.6	159.7	115.3
	10 月	136.7	145.7	85.9
	11 月	129.5	117.1	70.9
	12 月	123.8	96.6	55.3
年日照百分率/%		41.7	39	26~37
年平均无霜期/d		低山 249 d、高山 170~180 d	272.3	低山 280 d；800~1200 m 中山 233~260 d；1200 m 以上高山 203~230 d
平均降水量/mm	年	830.0	1165.8	1382.6
	1 月	冬季（上年 12 月—2 月）45.4	20.3	29.2
	2 月		27.3	40.9
	3 月	春季（3—5 月）200.4	62.3	67.0
	4 月		105.8	121.3
	5 月		137.2	180.2
	6 月	夏季（6—8 月）379.4	161.2	209.8
	7 月		215.2	234.1
	8 月		178.3	166.7
	9 月	秋季（9—11 月）204.9	111.1	132.3
	10 月		76.7	111.8
	11 月		45.5	65.1
	12 月	—	23.2	23.8

十堰市、宜昌市和恩施州具体情况如下：十堰市位于湖北省西北部、秦巴山区汉水谷地、北抵秦岭，南依巴山和汉江，地处鄂豫陕渝毗邻地区结合部。地势南北高，中间低，自西南向东北倾斜，海拔 87 ~ 2740.2 m，为亚热带季风气候，十堰各地年平均气温 15.4 ℃，平均年降水量为 769.6 mm，降雨多集中在 6—9 月，年平均降水日数为 115 ~ 120 d，日照时数 1655 ~ 1958 h，无霜期 223 ~ 255 d；宜昌市位于湖北省西南部，地处长江上游与中游的结合部、鄂西武陵山脉和秦巴山脉向江汉平原的过渡地带，地形比较复杂，高低悬殊，海拔 35 ~ 2427 m，地势呈自西向东逐级下降的态势，为亚热带季风性湿润气候，全年气候温和，雨量丰沛，四季分明，雨热同季，无霜期长，宜昌各地平均年降雨量 967 ~ 1340 mm，年平均气温 13.9 ~ 17 ℃，年平均日照时数 1538 ~ 1883 h，年日照时数百分率 40%，无霜期 250 ~ 300 d；恩施州位于湖北省西南部，北部为大巴山脉南支——巫山山脉；东南部和中部为武陵山脉分支；西部系大娄山山脉北延部分，呈三山鼎立之势，北部、西北部和中部高耸，并逐渐向西、南倾斜，海拔 66.8 ~ 3032 m，是亚热带季风性湿润气候，气候特点是季节分明，冬暖夏凉，雨热同季、雾多湿重，小气候特征明显，垂直差异明显，据恩施州气象台 1991—2020 年气象数据分析，平均年降水量 1382.6 mm，年日照时数 1188.2 h，年日照时数百分率 26.1%。无霜期 225 ~ 260 d。

2. 陕南地区 陕南地区即陕西省南部地区，北靠秦岭，大体呈向东开口的半闭合型，即东部高，向西、向南和向北则逐渐降低，内有汉中市、安康市、商洛市等三个地级市，幅员 6.99 万 km^2，为北亚热带气候，冬冷夏热，季节分明，夏季长 51 ~ 106 d，冬季约 4 个月；受地形影响，陕南地区内各地年平均气温差异较大，其中汉江谷地年平均气温最高，年平均气温在 14 ℃以上，紫阳以东在 15 ℃以上，以安康最高，谷地以北秦岭南坡的年平均气温较低，西段海拔 1000 m 以上的山地，年平均气温不到 11.5 ℃，为全区最低，东部丹江流域的丹凤、商南，年均温在 13.5 ℃以上，谷地南面的米仓山、大巴山，年均温低于 13.5 ℃；年降水量分布呈南北多、中间少的特点；米仓山、大巴山年降水量超过 1000 mm，秦岭中山年降水量不少于 900 mm，两者之间的汉江谷地及丹江谷地年降水量则相对较少，成为少雨区；少雨区内年降水量的分布也有差异，安康以东的年降水量大于 800 mm，安康以西及丹江河谷年降水量则不到 800 mm，为降水最少的区域；全区年降水量最多的是镇巴，超过 1200 mm，年降水量最少的地方并不在少雨区，而是西北角的凤县，只有 613.2 mm，偏旱。

陕南地区无霜冻终期的分布特点是谷地两侧早，汉江谷地晚。日照时数的分布呈南少北多之势：除商洛一带多于 1900 h 外，其余各地都少于 1900 h；米仓山、大巴山一带不足 1600 h，镇巴最少，只有 1349.8 h，汉江谷地介于 1600 ~ 1800 h，秦岭南坡其他台站在 1800 h 以上。年平均日照百分率由南往北逐渐增加，区内大于 45% 的地方集中在商洛一带（镇安除外），商州约 49%，少于 35% 的主要米仓山、大巴山一带，镇巴最少，其他都在 40%。

汉中市为北亚热带气候，北有秦岭、南有大巴山脉两大屏障，海拔 371.2 ~ 3071 m，潮湿气流不易侵入和北上，气候温和湿润、干湿有度。年均气温 14 ℃；西部略低于东部，南北山区低于平坝和丘陵；海拔 600 m 以下平坝地区年均气温 14.2～14.6 ℃；一般海拔 1000 m 以上地区年均气温低于 12 ℃；西嘉陵江河谷年均气温高于 13 ℃；降水量分布不均，多年平均降水量为 700～1700 mm，南部米仓山最为丰富。日照时间 1183～1651 h，无霜期 235 d，见表 1.2。

表 1.2　陕南片区气候特征表

区域		汉中市	安康市	商洛市
气候类型		北亚热带、暖温带气候	亚热带、暖温带气候	南北过渡性季风性山地气候
平均气温/℃	年	13.6（11.5～14.6）	15～17（中山 12 ℃，河谷丘陵区 14.5～15.7 ℃）	13.1（11.0～14.0）
	1 月	1.0（0.0～2.6）	3～3.9	0.3（2～1.4）
	2 月	4.0（2.1～4.9）	——	——
	3 月	9.0（7.0～10.1）	——	——
	4 月	14.4（12.5～15.4）	16.0	13.5（11.7～14.5）
	5 月	18.5（16.1～19.7）	——	——
	6 月	22.6（19.8～24.1）	——	——
	7 月	24.8（22.1～26.4）	22～26	24.6（22.9～25.8）
	8 月	24.1（21.5～25.8）	最高	——
	9 月	18.9（16.4～20.3）	——	——
	10 月	14.0（11.6～15.2）	16.0	13.2（11.6～14.6）
	11 月	8.0（5.9～8.8）	——	——
	12 月	3.4（1.6～4.3）	——	——
平均日照时数/h	年	1634.5（1300～1780）	1610	2068.3（1874.1～2123.8）
	1 月	111.4	——	冬季（12—翌年 2 月）441.0
	2 月	92.7	——	
	3 月	117.7	——	春季（3—5 月）513.7
	4 月	144.6	——	
	5 月	172.5	——	
	6 月	187.9	——	夏季（6—8 月）670.0
	7 月	185.3	——	
	8 月	203.1	——	
	9 月	111.8	——	秋季（9—11 月）439.6
	10 月	105.6	——	
	11 月	97.1	——	
	12 月	104.7	——	——

续表

区域		汉中市	安康市	商洛市
年日照百分率/%		30～41	33～44	49.7（44～68）
年平均无霜期/d			253（210～280）	173～218
平均降水量/mm	年	955.1（700～1700）	北部700～1000 mm，南部西部900～1200 mm	760.3（720.8～826.7）
	1月	冬季（上年12月至2月）占全年降水3.5%～5%	冬季（上年12月至2月）占全年降水2.5%～4.6%	7.9
	2月			12.6
	3月	春季（3—5月）占全年降水19%～22%	春季（3—5月）占全年降水23%～25%	35.3
	4月			71.2
	5月			72.3
	6月	夏季（6—8月）占全年降水43%～44%	夏季（6—8月）占全年降水的41%～43%	76.5
	7月			144.8
	8月			109.2
	9月	秋季（9—11月）占全年降水26%左右	秋季（9—11月）占全年降水29%～31%	112.7
	10月			77.6
	11月			36.5
	12月	——	——	6.1

安康市以汉江为界，分为两大片，北为秦岭地区，南为大巴山地区，呈南北高山夹峙，河谷盆地居中的特点，海拔170～2964.6 m；为亚热带大陆性季风气候，气候湿润温和，季节分明，雨量充沛，无霜期长；冬季寒冷少雨，夏季多雨多有伏旱，春暖干燥，秋凉湿润并多连阴雨；多年平均气温15～17 ℃；垂直性气候非常明显，气温的地理分布差异大；无霜期210～280 d；年平均日照时数为1610 h，平均年降水量1050 mm，平均年降雨日数为93 d，降雨集中在每年6月至9月，7月最多；商洛市位于陕西东部，秦岭南麓，与鄂豫两省交界；地势西北高，东南低，由西北向东南伸展，呈掌状分布，海拔215.3～2802.1 m；处于北亚热带和暖温带交界的区域，北部为暖温带气候，南部为亚热带气候；冬无严寒、夏无酷暑，冬春多旱，夏秋多雨、温暖湿润、季节分明；年平均气温7.8～13.9 ℃，平均年降水量在710～930 mm，日照1860～2130 h，无霜期为210 d；具有明显山地的立体气候特点，光、热、水气候资源分布极不平衡。

3. 川北地区 川北地区主要是指以广元、巴中、南充为中心的四川北部地区；幅员6.3万 km^2，为亚热带季风气候，冬季不结冰，以山地和丘陵为主；北部为秦岭和大巴山，其他地区多为丘陵；海拔252～3837 m，气候立体变化明显，年均气温13.9～19.0 ℃，比同纬度地区高1 ℃，年降水量800～1100 mm，年日照时间1200～1500 h。

广元市位于秦岭南麓的米仓山、龙门山和盆北低山三大地貌交汇地带，海拔352～3837 m；北部山区高，南部丘陵较低，属于亚热带湿润季风气候；季节分明，南部低山，冬冷夏热；北部中山，冬寒夏凉，秋季降温迅速；年平均气温 16.1 ℃，年降雨量 800～1000 mm，年日照时间 1300～1400 h，无霜期 220～260 d，自然灾害特别是旱、涝灾害频发。

巴中市位于川陕两省交界的大巴山系米仓山南麓，中国秦岭-淮河南北分界线南，海拔 268～2507 m，地势北高南低，由北向南倾斜，属北亚热带湿润季风气候，季节分明，冬暖、春早、夏热、秋凉，四季分明；年平均气温 17.1 ℃；无霜期 260～280 d；平均年降雨量为 1117.9 mm，降雨量年际变化大，年内各月降雨量分布也极不均匀；多年平均日照时数为 1462.1 h。

南充市的地势由北向南倾斜，海拔 256～889 m，为中亚热带湿润季风气候，季节分明，雨热同季；气候特征为春早、夏长、秋短、霜雪少、冬暖；年平均气温 17 ℃左右；年日照时数 1200～1500 h；年降雨量 800～1100 mm；无霜期 295～315 d；光、热、水适合多数农作物生长；灾害性天气发生频率较大，持续时间较长，见表 1.3。

表 1.3　川北片区气候特征表

区域		广元市	巴中市	南充市
气候类型		亚热带湿润季风气候	北亚热带湿润季风气候	中亚热带湿润季风气候
平均气温/℃	年	15.8（16.6～13.9）	16.6（16.916.0）	17.1
	1 月	5.2（6.0～3.5）	5.5（5.1～5.6）	6.5
	2 月	7.4（8.2～5.7）	——	开始升温
	3 月	10.9（11.6～9.2）	——	月际升温 5℃
	4 月	16.2（17.1～14.4）	——	——
	5 月	20.8（21.6～18.9）	——	23
	6 月	23.5（24.5～21.7）	——	——
	7 月	25.7（26.5～23.8）	26.5	——
	8 月	25.0（26.1～22.8）	26.5	27.9
	9 月	20.8（21.8～18.7）	——	月际降温 5～6℃
	10 月	16.1（16.9～14.5）	——	月际降温 5～6℃
	11 月	10.9（12.1～9.0）	——	——
	12 月	6.3（16.6～4.4）	——	——
平均日照时数/h	年	1248（1156～1300）	1451.4（1188.3～1612.2）	1369.1（1200～1500）
	1 月	67.5	——	62.3
	2 月	66.0	——	62.0
	3 月	86.1	——	——
	4 月	124.6	——	——
	5 月	149.3	——	——
	6 月	126.8	——	——

续表

区域		广元市	巴中市	南充市
平均日照时数/h	7月	158.0	——	190.8
	8月	154.3	——	216.3
	9月	91.6	——	——
	10月	81.1	——	82.0
	11月	77.6	——	66.5
	12月	65.2	65.7	57.5
年日照百分率/%		28.2	33.3	31
年平均无霜期/d		220～260	260～280	301
平均降水量/mm	年	956（852～1075）	1121～1203	1020.1（800～1100）
	1月	7.9	冬季（上年12月至2月）21.9～46.6	冬季（上年12月至2月）占全年4.0%～5.0%
	2月	12.0		
	3月	24.5	春季（3—5月）235.9～302.3	春季（3—5月）占全年21%
	4月	55.7		
	5月	95.2		
	6月	139.6	夏季（6—8月）523.7～593.0	夏季（6—8月）占全年40.0%～46%
	7月	198.0		
	8月	182.5		
	9月	154.5	秋季（9—11月）356.7～359.9	秋季（9—11月）占全年28.8%～32%
	10月	51.6		
	11月	25.7		
	12月	8.1	——	——

（四）土壤

1. 鄂西地区 鄂西耕地土壤主要类型以黄棕壤、水稻土、黄壤、潮土为主；具有明显的水平地带和垂直地带性分布规律，区域性土壤分布规律也很有地方特色。

十堰市的土壤为水稻土、潮土、石灰（岩）、紫色土、黄棕壤、棕壤、暗棕壤等；海拔250 m以下地带土壤主要为潮土和水稻土；海拔252～500 m地带土壤主要为黄棕性土壤；海拔501～800 m地带，除部分沟谷平地分布少量潮土及水稻土外，主要为黄沙土和麻骨石渣子土壤；海拔801～1200 m地带，主要是山地黄棕壤和黄棕壤性的高山黄石渣土及高山黑黄沙土等；海拔1200 m以上地带土壤主要为高山石渣子土壤。

宜昌市土壤为黄壤、黄棕壤、棕壤、红壤的地带性土类和紫色土、石灰（岩）土、潮土、水稻土、草甸土5个非地带性的土类；其中黄壤、黄棕壤、石灰（岩）土面积较大，占宜昌市土壤面积的61.3%，红壤和草甸土占宜昌市土壤面积不到1%（张萍 等，

2012）。

恩施州的土壤有红壤、黄壤、黄棕壤、棕壤、暗棕壤 5 个；在同一带内的隐域性土壤有石灰（岩）土、紫色土、沼泽土、草甸土、水稻土、潮土 6 个土类。水稻土面积 77364 hm^2，占土地面积 3. 16%、占耕地面积 22. 52%，其中潴育型占 88. 1%、淹育型占 6. 36%、潜育型占 4. 13%、沼泽型占 1. 32%、测渗型占 0. 08%。黄棕壤占 56. 14%，黄壤占 15. 02%，棕壤占 12. 94%，石灰（岩）土占 5. 85%，紫色土占 4. 54%，红壤占 1. 84%，暗棕壤、草甸土、潮土、沼泽土合计不超过 0. 3%。

2. 陕南地区 地带性的土类与其所处生物气候带相吻合，并占有相应的自然带，因此，陕南土壤归类为北亚热带混生有常绿阔叶树种的落叶阔叶林黄棕壤。其中，汉中盆地内红黏土层深厚，主要土壤为水稻土，盆地四周丘陵地有地带性的黄棕壤、黄褐土；安康盆地区水、土、气条件优越，土壤为水稻土、黄褐土和黄棕壤；陕南大巴山地带性土壤为黄棕壤和黄褐土，海拔 2000 m 以上地带有棕壤和草甸土。此外，陕南高阶地和丘陵地广泛分布普通黄褐土（俗称“黄泥巴”）。黄泥巴是陕南地区的低产土壤，总面积 2668 km^2。

汉中市区域成土过程表现为矿物质转化的弱富铝化，有机质合成分解比较旺盛，形成与该区域植被、气候带相适应的地带性土壤——黄棕壤；在第四纪黄土母质上形成黄褐土；盆地内部因人为长期栽培水稻形成水稻土；秦岭山区形成棕壤和暗棕壤。其他非地带性土壤的出现，也都与相应的成土环境条件、成土过程和土壤属性相关联。1987 年第二次土壤普查结束，该区域土壤在全国属铝质土域黄棕壤带，主要土类有黄褐土、黄棕壤、山地棕壤、暗棕壤、水稻土、石灰土、紫色土、新积土、潮土、石质土。土壤分布具有明显的水平地带性和垂直地带性分布规律，区域性土壤分布规律也很有地方特色。

安康市区域自然成土条件多种多样，受气候、地形和地质构造及内、外营力作用等因素影响，形成复杂多样的土壤类型，土壤生产潜力较高。1980—1987 年，第二次土壤普查结果显示，安康市的 412 万亩土壤包括潮土、水稻土、黄棕壤、棕壤、灰化土、山地草甸土。

商洛市土壤类型较多，在地理分布上具有水平地带性、垂直地带性和区域性的特点；土壤自南向北随着纬度变化，气候、植被类型也在变化，所发育的土壤呈现出纬向地带性；北部主要为褐土（板土），南部则为黄褐土（黄泥土），构成这两个不同山地土壤垂直基带，多分布在海拔 900 m 以下的河谷坡塬。1980—1984 年，全区土壤普查结果显示，主要有褐土、棕壤、黄棕壤、水稻土、潮土、淤土、紫色土、新积土、山地草甸土九个土种，黄棕壤面积最大，占全区土壤总面积的 53. 91%。

3. 川北地区 川北地区土壤包括水稻土、紫色土、新积土、黄壤、黑色石灰土、黄棕壤、暗棕壤、亚高山草甸土、黄褐土。

根据第二次全国土壤普查和土壤的成土条件、土壤差异，广元市分为水稻土、新积土、紫色土、黄壤、黑色石灰土、黄棕壤、暗棕壤、亚高山草甸土、黄褐土。水稻土占土地总面积的6.73%，系市内的土壤类型，也是粮油生产的重要土类；新积土占土地总面积的7.67%；紫色土占土地总面积的42.44%；黄壤占土地总面积的26.11%；黑色石灰土占土地总面积的7.66%；黄棕壤占总面积的7.56%；暗棕壤占全市土地总面积的0.81%；亚高山草甸土占全市土地总面积的0.02%；黄褐土占全市土地总面积的1%。

巴中市的土壤主要由侏罗系蓬莱镇组、白垩系城墙岩群砂页风化物和河流冲积物母质发育而成；土壤中水稻土占总耕地56.32%；紫色土占33.73%；黄壤占6.37%；黄棕壤占2.38%；冲积土占0.44%；石灰岩土占0.76%。水稻土、紫色土在平昌最多。

南充市中生代河湖相紫色岩层分布广泛，其风化剥蚀的碎屑物、残积坡积物及新生代以来的河流冲积物；土壤的理化性质和地理分布，深受地貌、植被及人类耕作活动的影响；南充市土壤主要为紫色土、水稻土、新积土，少有潮土、黄壤土。紫色土分布广泛，占比最大，约占南充土壤面积的63%，其次是水稻土，约占南充土壤的29.5%，由紫色土经人工熟化而成；其中紫色土分为酸性紫色土、碱性紫色土、中性紫色土。

（五）熟制和农作物种类

秦巴山区基本上是多熟制地区，农作物可以为春播、夏播或秋播；农作物种类多样；玉米是主要粮食作物之一，河谷、盆地、低山、中山、高山均可种植，播种面积大，合理安排熟制，可以实现一年多熟，提高单位面积土地产出率。多熟种植是巧妙利用作物种类、作物品种、作物不同生长发育时段形成的时间、空间、营养、耐性等生态特性的差异，构成两种以上作物的复合群体，在时间上、空间上及土地上集约高效地利用光、温、水等自然资源，最大限度提高光能利用率的耕作制度；秦巴山区地形地貌复杂，海拔高低悬殊，地理及生态条件的多样性，适合发展多熟制，形成立体农业。地处亚热带的秦巴山区主要根据热量、水分、养分和土壤等资源的自然条件和现代农业生产技术，采取玉米与其他农作物的连作、套作、间作和混作等多样化种植模式，因地制宜实行一年一熟制、一年二熟制或“旱三熟”制等，已成为秦巴山区提高土地利用率、促进农作物高产高效持续增产的重要技术措施；玉米和马铃薯套作被列入农业部《全国集中连片地区农业适用品种和技术》。

秦巴山区主要有以下几种玉米间套混作种植模式：

1. 玉米‖大豆　该模式是农业农村部现阶段主推的玉米间作或混作模式之一，适合秦巴山片区大部分地方推广。基本种植模式：按照适宜各地的播种习惯，玉米和大豆可混合直播或育苗移栽，直播种子玉米，人工播种1～2粒，大豆2粒，强化玉米田间间苗；间作一般采取2行玉米间隔1～2行大豆，玉米播种密度在2800～3000株/亩为宜。

2. 马铃薯/玉米—菜　该模式主要二高山推广。基本种植模式：厢宽160 cm，上年度冬播 2 行马铃薯，行距 30 cm，预留空行 120 cm，春季移栽 2 行玉米，密度为 2500～3000 株/亩，马铃薯收获后种蔬菜；在海拔 1200 m 以上地区推广厢宽 130 cm，冬播 2 行马铃薯，春季移栽 2 行玉米，密度为 3000 株/亩，夏栽 2～6 行反季节蔬菜，如甘蓝、萝卜等。

3. 马铃薯/玉米/红薯—菜　该模式主要适宜低山地区推广。基本种植模式：马铃薯于上年 12 月下旬至第二年 1 月上旬保温育芽，2 月上旬移栽，宽窄行套种，宽行中开沟垄作马铃薯，垄宽 70 cm，垄上定植 2 行，窄行 35 cm，株距 25 cm，预留 90 cm 套作玉米，玉米于 3 月上旬育苗，3 叶 1 心时移栽于预留行中，双行移栽，窄行 35 cm，株距 30 cm，红薯于马铃薯采挖后大垄双行种植，垄宽 90 cm，垄高 35 cm，交叉错窝栽植，株距 20 cm，8 月下旬至 9 月上中旬收获玉米，及时种植秋冬蔬菜等。

4. 玉米/魔芋　该模式主要在二高山地区推广。基本种植模式：1 行玉米套作双垄（4 行）魔芋；玉米行距 210 cm，株距 30 cm；魔芋种 2 垄，大行距 50 cm，垄面窄行距 30 cm，株距 35 cm，错穴播种。

5. 玉米＋油菜　该模式适合大部分地区推广。基本种植模式：于 3 月中下旬或 4 月上旬，直播或者育苗移栽，玉米收获后，在 9 月上中旬至 10 月上旬，及时播种油菜等。

6. 小麦/玉米/大豆（红薯）—蔬菜　该模式主要适宜低山或平丘地区，基本种植模式：厢宽 170 cm，小麦播幅 85 cm，预留空行种植 2 行春玉米，春玉米于 3 月下旬育苗移栽，小麦收获后栽播红薯，玉米收获后种蔬菜等。

7. 春蔬菜‖鲜食甜糯玉米‖秋冬蔬菜（秋马铃薯）　该模式主要适合各城市群落附近的地区，以供应城郊的蔬菜为主；基本种植模式：在 1 月左右，播种 1 季生育期偏短的蔬菜，蔬菜收获上市后，在 4 月下旬或 5 月上旬，直播或育苗移栽市场畅销的甜糯玉米，甜糯玉米在 7 月下旬至 8 月上旬收获上市后，播种秋冬蔬菜或者早熟秋马铃薯等。

二、秦巴山玉米生产布局

赵永翔（2015）认为，清朝中期玉米作为一种新的粮食作物，在秦巴山片区引进和广泛种植，很大程度上改变了当地原有的生产与生活模式；玉米以其适应性强、产量高、用途广等优点，吸引了更多外来移民来此垦种，使秦巴山片区民众的生活状况得到了较大改观，促进了这一地区的开发，打破了这一地区的封闭状态。

陈瑞佶等（2019）认为，以 1961—2015 年国家气象观测站的数据及玉米生理特性拟合玉米气候适宜度模型，采用最大熵模型计算潜在气候因子对玉米种植分布的贡献，探讨气候资源对玉米生长适宜程度的变化特征；依照模式探明，影响玉米气候适宜性最高的主导因子主要有：潜在生育期积温（55.5%）、潜在生育期日平均气温（27.3%）、潜在生育期降水总量（12.1%）、潜在生育期蒸散总量（1.7%），总累积贡献率为 96.6%；秦巴山玉米布局正好在这条由东北—西南的狭长地带。

1. 鄂西玉米生产布局　邹信等（2016）采用一种集遥感、洛伦兹曲线、基尼系数和空间几何重心在内的作物分布格局监测方式研究湖北省玉米的空间分布特征；结果显示，该方法能够量化表达作物分布的空间差异性并指明作物分布的集聚地。湖北省内玉米种植结构不均衡特征明显，区域间差异巨大，基尼系数高达 0.606，玉米的空间分布重心偏居于宜昌市远安县；鄂西山区和鄂北的丘陵岗地是湖北省玉米主要种植地区，在江汉平原和鄂东地区则仅有少量的玉米零散分布。

张士龙等（2017）认为，鄂西春玉米面积约 33.33 万 hm^2（500 多万亩），在 112°E 以西，面积占湖北玉米种植面积的 1/4，是湖北玉米种植面积相对稳定的主产区。

2. 陕南玉米生产布局 陕西玉米带主要分布在陕南（安康、商洛、汉中）、关中（西安附近、宝鸡、渭南、铜川）、陕北（延安）；陕西省，位于西北内陆，横跨黄河和长江两大流域中部，是连接中国东、中部地区和西北、西南的重要枢纽。陕西省土地总面积 20.56 万 km^2，气候差异很大，由北向南渐次过渡为温带、暖温带和北亚热带；全省地势南北高，中部低，有高原、山地和盆地等多种地形。截至 2023 年，陕西耕地总面积 298.93 万 hm^2，占土地总面积的 14.54%。

2020 年陕西省及陕南玉米种植数据，描述了陕西省全省范围内 2020 年玉米种植的空间分布。通过对玉米种植的统计计算，可以推算陕西省 2020 年玉米的播种面积，该数据为栅格图像数据，数据格式为 TIFF 格式，空间分辨率为 10 m，采用 2000 中国大地坐标系及 Albers 投影；2020 年陕西省玉米种植分布数据生产遵循农业遥感基本原理，依据陕西省玉米播种及生长规律制定像素分类并利用国内外中分辨率卫星影像，由计算机智能算法提取得出。该数据已通过抽样检查验证，数据的像素类别精度为 85%（±2%）。

3. 四川省及川北玉米生产布局 廖桂堂等（2021）认为，四川省是玉米种植大省，种植面积近 139 万 hm^2，产量 760 万 t 左右，居全国前十位，为四川省委、省政府重点打造的“川猪”“川酒”等特色产业提供了的重要保障。但是，由于四川独特的丘陵山地特征，玉米生产规模化、机械化水平低，产能不能较好满足饲料和酿酒等工业需求，另一方面，由于四川种植玉米生产效率低，农药、化肥等农业投入品用量较大，种植成本明显高于国外和东北主产区。当前，四川玉米缺口巨大，每年需从东北等地大量调入，供需矛盾和结构性矛盾十分突出，严重制约了玉米产业的可持续发展；川北要持续优化布局，科学调整结构，因地制宜、分片施策、依照宜粮则粮、宜饲则饲原则，遵循产业链发展思路，建设籽粒玉米生产和专用玉米生产两大基地。充分发挥盆周山区的光温优势，对接草食性牲畜业和蔬菜供给需求，发展甜玉米、糯玉米、兼用型、饲草型玉米生产基地，夯实畜牧业、酒业、蔬菜产业的原材料保障，推动种养循环可持续发展。

一是可发展抗旱优质蛋白玉米，推广配套技术，强化秸秆利用，部分地区多干旱，可通过育种培育耐旱品种，以及采用节水抗旱栽培措施，培育和科学种植容重高、生育期适宜、生物产量高的优质蛋白玉米品种；二是可发展高淀粉玉米，利用热资源丰富，玉米生长期长，可发展高淀粉玉米，包括支链淀粉和直链淀粉玉米两大类；三是可大力发展青贮玉米，保水保肥力弱，可发展不同类型青贮玉米，作牲畜物质来源；最后，城区的近郊可大力发展甜、糯等鲜食特用玉米，配套先进的增温技术、精量播种技术等，可实现早播和夏播，为城区市民提供优质农产品供给。

三、秦巴山玉米生产概况

秦巴山片区年玉米种植规模约 1337.55 万亩，单产约 287.4 kg/亩，总产量约 384 万 t；籽粒玉米生产规模呈恢复性增长态势，甜玉米、糯玉米及青贮玉米发展态势较好，为保障该区域粮食安全和重要农产品供给发挥了重要作用；总之，秦巴山片区玉米种植面积、单产、总产均稳中有增，但单产还有较大提升空间，详见表 1.4。未来秦巴山片区玉米发展仍要坚持稳面积、提单产、攻总产的思路，稳定籽粒玉米种植面积，保障粮食安全；同时大力发展优质专用玉米，增加种植收益；延伸玉米产业链，提升加工增值水平，推动玉米规模化种植推广。

表 1.4　2022 年秦巴山玉米生产统计表

地区	市（州）	种植面积/万亩	单产/（kg/亩）	总产量/万 t
鄂西	宜昌市	197.36	259.9	51.3
	恩施州	233.57	258.2	60.31
	十堰市	115.88	258.1	29.91
	小　计	546.81	258.8	141.52
陕南	汉中市	96.03	192.0	18.44
	安康市	123.77	201.0	24.88
	商洛市	98.57	250.0	24.64
	小　计	318.37	213.5	67.96
川北	巴中市	134.55	442.2	59.50
	广元市	110.38	269.3	29.73
	南充市	227.44	376.7	85.67
	小　计	472.37	370.3	174.90
秦巴山片区	9 个市州	1337.55	287.4	384.38

（一）鄂西

玉米在鄂西种植广泛，海拔 181～1800 m 区域均有种植，包括恩施州、宜昌市、十堰市等；种植面积约 546.81 万亩、单产约 258.8 kg/亩，总产量超过 141 万 t，高效栽培种类丰富多样，经济效益较好，玉米是该区的第一大粮食、畜牧业和工业原料兼用作物。

1. 发展潜力

（1）单产潜力　根据《中国农业年鉴》，2016 年全国玉米单产 398.18kg/亩，鄂西山区单产较低，单产提升潜力较大；通过种质创新和方法创新培育和推广熟期适中、抗逆性强的新一代杂交种，研究探索重大关键技术的配套，加强农田基本改造、培肥地力，把玉米亩产再提高 30～100 kg 完全可行。

（2）品质潜力　多年来，鄂西玉米品种育种与筛选攻关方向主要聚焦在抗性、产量和适应性等，尤其对灰斑等研究成效显著；但品质改善进展缓慢，优质、抗病和高产三者难以优势聚合，而且品种审定以产量和抗性为主要衡量指标，诸多因素导致鄂西玉米品种的品质提高远落后于产量和抗性的改进；近年来，随着膳食结构和生活方式的转变，优质专用玉米品种市场需求日趋旺盛，国家品种审定逐步放宽优质绿色玉米品种的审定条件，加大优质专用品种推介，扩大优质专用品种规模，提升玉米种植经济效益。

（3）效益潜力　2022 年鄂西玉米单产不足 260 kg/亩，提升单产潜力空间大；玉米精深加工偏少，应加大玉米精深加工和利用力度，延长产业链，释放产业链的增效潜力；鄂西畜牧业成为乡村振兴的重要产业，籽粒玉米和青贮玉米需求量逐年增加；以玉米为重要原料发展燃料乙醇、清洁沼气等，可有效提升能源供应，凸显社会效益和经济效益。

2. 未来发展重点　为调整优化玉米种植结构，进一步优化鄂西粮食品质，玉米种植面积保证在 500 万亩以上，重点是调减常用籽粒玉米种植，增加鲜食、青贮玉米等种植面积，提高单产，增加效益。

（1）优化种植布局　持续优化种植业结构，减少坡度在 25°以上耕地种植玉米，或退耕还林、种植林果等经济作物，调减贫瘠地玉米种植面积，改种花生、大豆和其他特色小杂粮，优势玉米生产区套作和间作优质大豆、马铃薯等其他特色旱杂粮。

（2）强化品种培育　鄂西玉米灰斑病、白斑病等中重度发生，玉米单产和品质均有提升潜力；科研单位、育种企业等建设种质资源圃、品种示范田，要以开展优质、抗逆、高产、机收等籽粒玉米新品种选育目标。

（3）提升机械化水平　组织开展适合山区及丘陵区域作业的中小型机械研发，大力推进玉米耕、种、收等环节小型机械化应用，努力提升机械化种植面积。

（4）强化服务指导　大力推广高产优质玉米新品种，全面推广适度密植、覆膜栽培、间作套种、秸秆还田等技术，普及应用测土配方施肥技术，推行绿色生物综合防控。

（5）加大产业化开发　实行种养加相结合，引导加工企业、畜禽养殖场在玉米生产重点地区建立稳定玉米生产基地，支持“企业＋农户＋基地片”“企业＋合作社＋农户”“行业协会＋企业＋合作社＋农户”等高效产业化经营模式，加速产业融合，提升产业效益。

（6）强化惠农政策落实　积极争取产业发展政策，落实种粮补贴、购机补贴等惠农政策，大力推广落实玉米种植保险政策，减少种植因灾损失风险，提高农民种植玉米积极性。

3. 种植模式

（1）玉米‖大豆　有“春玉米‖春大豆”“夏玉米‖夏大豆”“春玉米‖夏大豆”等模式，契合农业农村部主推技术推广。

（2）马铃薯/玉米/大豆　该模式适合鄂西低山、二高山推广，是恩施州主推的粮食高产高效种植模式之一；基本种植模式：上年度开厢（垄作）覆膜冬播马铃薯，垄高 25 ~ 30 m，260 cm 开厢，种 2 垄 4 行马铃薯，马铃薯相邻垄中心距离分别为 90 cm 和 170 cm，垄内行距 30 cm，穴距 25 ~ 30 cm，密度为每亩 3400 ~ 4000 穴；3 月到 4 月在马铃薯预留行中育苗移栽玉米，2 叶 1 心移栽为宜，采用宽窄行移栽，玉米大行距 220 cm，小行距 40cm，株距 16 ~ 20 cm，密度为每亩 2500 ~ 3200 株，详见图 1. 1 ；在前茬马铃薯收获后，5 月下旬至 6 月中旬，在玉米宽行中播种大豆（4 行），大豆带宽 100 cm、玉米带宽 40 cm，玉米与大豆间距 65 cm，大豆间行距 30 m，株距 15 cm，每穴 1 ~ 2 株，密度 6000 ~ 12000 株/亩（详见图 1. 2）。

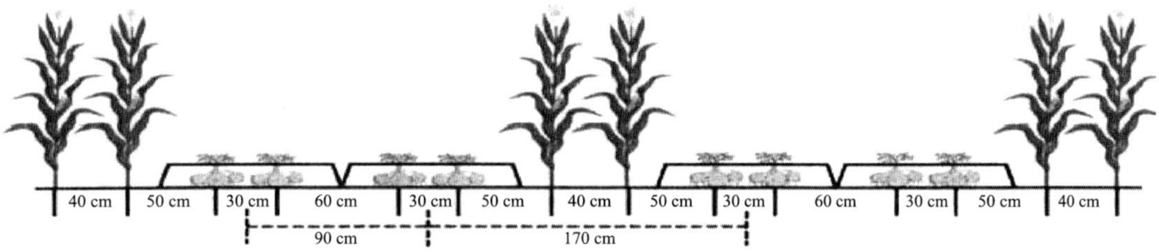

图 1. 1　马铃薯-玉米田间分布图

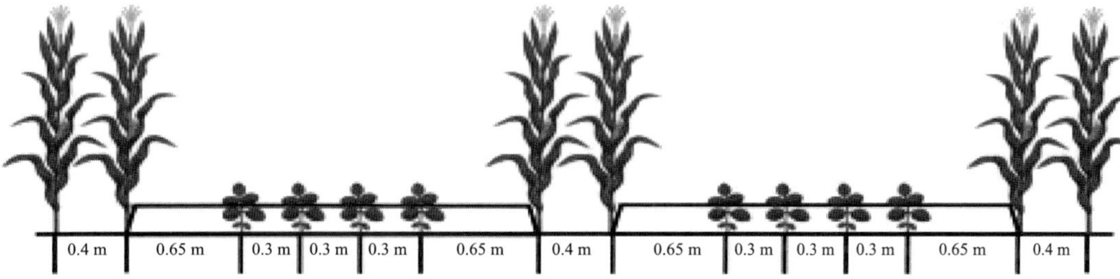

图 1. 2　大豆-玉米田间分布图

（3）马铃薯/玉米/甘薯　该模式适合鄂西低山、二高山推广，基本种植模式与“马铃薯/玉米/大豆”相近，5 月下旬至 6 月中旬，在玉米大行间深耕起垄栽插甘薯，甘薯苗一般单行栽插的垄宜窄且矮，双行栽插的垄宜宽且高。高垄双行般垄宽 80 cm（含沟心），垄面 40 ~ 50 cm，垄高 25 cm，株距 20 cm；窄垄单行（含沟心）60 cm，垄面 25 cm，垄高 20 m，株距 20 cm。（详见图 1. 3）

（4）玉米/魔芋 种 1 行玉米套作 2 垄（4 行）魔芋，宽窄行种植。

（二）陕南

陕南玉米种植面积 320 万亩左右，玉米单产在 215kg/亩左右，总产量在 68 万 t 左

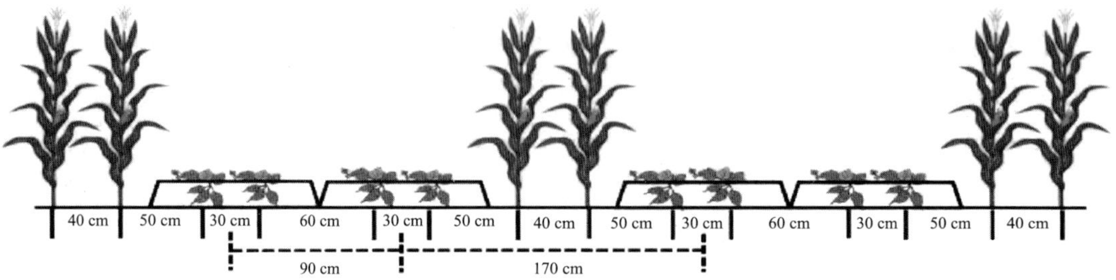

图 1.3　甘薯-玉米田间分布图

右，适合发展多熟制，实行一年一熟制、一年二熟制或“旱三熟”制等。

1. 玉米种植发展趋势

陕南地区持续扩大“大豆/玉米”复合种植；陕西省农业农村厅要求，陕南地区要坚决落实党政同责，用务实措施，稳步增加大豆种植面积，扩种大豆油料面积，要立足实际，创新方式，在实施好大豆玉米带状复合种植任务的同时，探索形成适合秦巴山片区生产实际的复合种植模式；要加快良种的选育推广，促进增效增产。

（1）优化种植布局　随着种植业结构不断优化，调减贫瘠地玉米种植面积，改种大豆和其他特色小杂粮，优势玉米生产区套作和间作优质大豆、马铃薯等其他特色旱杂粮。

（2）强化专用品种的选育　玉米单产和品质均有提升潜力，要将优质、抗逆、高产、机收等常用籽粒玉米新品种的选育作为今后较长时期内投入的重点。

（3）推进玉米机械化应用　不断提高机械化水平，结合实际推进先进适用中小型机械装备。

（4）强化科技支撑　全面推广适度密植、覆膜栽培、间套种、秸秆还田等技术，普及应用测土配方施肥技术，强化病虫害监测防治，推行绿色生物综合防控。

（5）强化惠农政策落实　大力推广玉米种植保险，减少种植因灾受损风险，提高农民种植玉米积极性。

2. 主要种植模式

（1）马铃薯/玉米-蔬菜　上年度冬播马铃薯春季移栽玉米，马铃薯收获后种蔬菜，夏栽反季节蔬菜，如甘蓝、萝卜等。

（2）马铃薯‖玉米/甘薯　基本种植模式鄂西地区马铃薯‖玉米/甘薯相同；

（3）玉米/魔芋 基本种植模式鄂西地区玉米/魔芋相同；

（4）小麦/玉米‖大豆　小麦条播，预留 2 行春玉米，春玉米育苗移栽，小麦收获后栽播大豆，玉米收获后种蔬菜等；

（5）玉米‖大豆　该模式适合陕南地区高山以下区域推广。

（三）川北

川北地区常年玉米种植面积 500 万亩左右，单产水平约 380 kg/亩，总产量约 175 万 t；

川北适合发展多熟制，主要实行一年两熟制、一年三熟制模式推广。

1. 种植模式

（1）春玉米‖大豆　该模式适合川北高山及以下区域推广，基本模式鄂西地区玉米‖大豆相同；

（2）马铃薯‖玉米-蔬菜　基本种植模与陕南地区马铃薯‖玉米-蔬菜相同；

（3）马铃薯‖玉米/红薯　该模式主要适宜低山地区推广。基本种植模式与鄂西地区马铃薯‖玉米/甘薯相同；

（4）小麦/玉米‖大豆　该模式主要适宜低山或平丘，基本种植模式与陕南小麦/玉米‖大豆相近，适宜低山或平丘推广。

2. 发展趋势

川北扩种大豆玉米复合种植，稳步增加大豆种植面积，扩种大豆油料，在实施好大豆玉米带状复合种植任务同时，探索形成适合秦巴山玉米复合种植模式；要加快良种的选育推广，促进增效增产。

（1）优化种植布局　随着种植业结构不断优化，扩展大豆和其他特色小杂粮种植面积，优势玉米生产区套作和间作优质大豆、马铃薯等其他特色旱杂粮作物。

（2）强化专用品种的选育　将优质、耐密、抗逆、高产、机收等常用籽粒玉米新品种的选育作为今后较长时期内投入的重点。

（3）加快推进小型玉米机械化应用　不断提高综合机械化水平，大力应用先进适用的中小型农业机械装备。

（4）强化科技支撑　全面种植优良耐密品种、间套种、秸秆还田等，普及应用配方施肥技术，强化监测预报与防治，推行绿色生物综合防控。

第二节　秦巴山玉米种质资源

一、资源概况

（一）秦巴山玉米种质概况

玉米是秦巴山传统的主要农作物之一，长期以来，玉米农家种和育成品种数量众多，资源丰富，新品种不断育成，基本上保证了品种的更新换代。

鄂西玉米品种培育的历史悠久，自 1955 年开始玉米品种的推广和材料利用，多年以来，已有多家玉米研发单位，如恩施州农业科学院、湖北康农种业公司、湖北腾龙种业公司、宜昌市农业科学院，尤其是育成玉米自交系 N21、77、N22、毛白 11、Tdu-loog、N75、7922、8112、78599、78698、美 C、P111、L2L8 等，为鄂西丰富玉米材料类型和育成优良品种提供科技支撑；鄂西种质来源于自育和引进，玉米种质的划分源于美国玉米杂种优势群，即 Reid Yellow Dent 种质自交系为 B 群，不具有 Reid Yellow Dent

种质自交系为 A 群；也有地区种质群，Lancaster 群又分为 Mo17 亚群和自 330 亚群。近年来，采用国内玉米的杂优群的划分方法，将自育和引进种质分为具体的杂种优势群，明晰每个优势群的改良方法，对于鄂西玉米种质分类、利用有现实重大意义。湖北省玉米 A 群材料占 33%、B 群材料 67%，具体来源分为：自育原始材料（改良材料）、中国北方材料、美国先锋等种质、东南亚南亚热带材料、巴西材料、欧洲材料等。材料分为杂交品种和组合、宽（窄）基群、自交系。材料的选择和利用仍然依照 A 群 B 群杂优群分类模式在群内进行有效的选择，以不断丰富和提升湖北省玉米资源。截至 2013 年湖北省保存的 1318 份玉米地方种质资源中宜昌 519 份、恩施 292 份、十堰 266 份，宜昌和恩施较丰富，多样性指数为 1.9880～2.0829；鄂西生态区为多样性最集中地区。

陕南包含汉中、安康、商洛三市，该区面积辽阔，气候垂直的差异很大，其中玉米是该区域主要粮食作物之一，常年种植面积与总产量分别占粮食播种面积与总产量的 33% 和 32% 左右；该区域气候独特，玉米种植历史悠久，形成了丰富的玉米品种资源。在 20 世纪 70 年代末 80 年代初，安康地区在十个县开展农作物普查征集工作中，征集玉米品种 855 份，主要有象牙白、水白早、60 早、野鸡啄、大籽黄、九月寒、小籽黄、乌玉米等品种，有硬粒型、中间型、马齿型、糯质型几大类，粒色有白、黄、红、紫等；该地品种对大斑病的抗性强，根系发达，茎秆坚硬，耐瘠薄、耐涝、耐阴湿，能在海拔 1200～1700 m 的高山生长成熟，品质好，存在植株高大，株形披散，穗位高，果穗小，丰产性较差的缺点。随着生产条件的改善和育种水平的提高，以及自交系间杂交种，尤其是单交种的普及和种质扩增的加快，从 1983—1992 年的 10 年间，来自农家种的自交系比例从 20.79% 下降至 3.21%；20 世纪 80 年代以后，育种家主要利用杂交种二环系和黄早四、Mo17、自 330 改良的 DH 系，自交系的农艺性状虽然得到改良，但种质资源配合力没有显著提升。

1979 年四川省开始进行广泛征集玉米种质资源的工作，1979—1985 年，征集到玉米品种 670 份，国外品种 3 份，省内自交系 20 份；1986—1990 年又征集了玉米品种 73 份；1991—1995 年征集到省内自交系 103 份。以上资源均为清查整理、去掉同种异名等后的有效份数。截至 1995 年，四川省共收集来自省内 17 个市、州的 105 县（区）或单位的地方品种 938 份，该批品种多分布在盆地周围的中、高海拔山区：收集省内自育自交系 123 份，国外品种 3 份；这些资源按全国规定要求进行了主要农艺性状、产量性状、品质分析和抗病性鉴定后，全部编入了《全国玉米种质资源目录》（一、二、三集）中，第一集《目录》编入品种 657 份、自交系 20 份，第二集《目录》编入品种 208 份，第三集《目录》编入品种 73 份、自交系 103 份；重庆在 2015—2016 年开展了农作物资源的系统调查与收集，并向重庆市其他县以普查的形式进行了优异资源的征集，收集到玉米地方品种 122 份；从玉米资源来看，收集的资源多在重庆的东北、南部和武陵山地区，中西部资源较少；从玉米资源的垂直种植来看，收集的资源多在 800～1000 m 的中山和 1200～1600 m 的高山地区；收集的玉米资源籽粒多为硬粒型，籽粒颜色多为白色，收集的特异玉米品种中，大籽黄高抗穗粒腐，野鸡爪根系发达，具有极强的耐瘠性，铁籽白、青壳早、金黄早食用品质良好，具有良好的淀粉加工特性；这些资源对现代玉米品种在品质、抗逆性、适应性和营养高效利用等性状方面的改良具有较强的利用价值。

（二）鄂西核心亲本的选育、特性和利用

1. N75 的选育、农艺性状和配组利用

（1）N75 的选育　N75 是宜昌市农业科学研究院引进国外品种育成，主要培育人田甫焕、许贵明等，从 1997 年开始进行择优自交，通过连续南繁北育穿梭式的选育，多代自交育成，其系谱图：

1997　宜昌本季种植　N97922

择优⇩自交

1997　海南冬季种植　N97922－1

择优⇩自交

1998　宜昌本季种植　N97922－1－1

择优⇩自交

1998　海南冬季种植　N97922－1－1－1

择优⇩自交

1999　宜昌本季种植　N97922－1－1－1－1

择优⇩自交

1999　海南冬季种植　N97922－1－1－1－1－1

择优⇩自交

2000　恩施本季种植　N97922－1－1－1－1－1－1

择优⇩自交

2000　海南冬季种植　N97922－1－1－1－1－1－1－1

⇩

2001　宜昌本季种植　N75

（2）N75 农艺性状　株形偏披散，生育期适中；叶片较宽，叶色淡绿，叶片绿叶期长，成株高 2. 2 m，穗位高 1. 1 m；雄花分支 7 至 9 个，主枝、侧枝匀长，雄花分枝多，花粉量大，花期长，吐丝量大、集中，雌雄同步，雄花外颖壳紫色，花壳红色，红花；果穗长锥形，果穗长 18. 1 cm，穗行数 16 行左右，行粒数 36 粒左右，穗籽率高，籽粒黄色、偏硬，容重高，外观品质好，白轴。抗性：对玉米大斑病、小斑病、灰斑病、穗粒腐病等高抗，茎秆坚韧，根系多，抗倒性好。

（3）N75 所组配品种　优良玉米亲本 N75 是湖北省主要玉米品种之一，组配品种有：宜单 629、宜单 858、宜单 7566、宜单 7588、宜单 1638、金亿 1157、禾盛玉 618、

勤玉 58、鄂玉 32、腾龙 757、昭阳玉 968，该批品种已大面积推广。

2. HZ111 的选育、农艺性状和配组利用

（1）HZ111 的选育　HZ111 由华中农业大学育成，主育人为刘永忠，HZ111 是湖北省主要玉米亲本，含有热带种质，来源于美国杂交品种 Y8G61，系谱为 Y8G61－512－1－1－1－1－1－1，系谱图：

1995　华中农大本季种植　　Y8G61－512

择优⇩自交

1995　海南冬季种植　　Y8G61－512－1

择优⇩自交

1996　华中农大本季种植　　Y8G61－512－1－1

择优⇩自交

1996　海南冬季种植　　Y8G61－512－1－1－1

择优⇩自交

1997　华中农大本季种植　　Y8G61－512－1－1－1－1

择优⇩自交

1997　海南冬季种植　　Y8G61－512－1－1－1－1－1

择优⇩自交

1998　华中农大本季种植　　Y8G61－512－1－1－1－1－1－1

择优⇩自交

1998　海南冬季种植　　Y8G61－512－1－1－1－1－1－1－1

择优⇩自交

1999　华中农大本季种植　　Y8G61－512－1－1－1－1－1－1－1－1

⇩

HZ111

（2）HZ111 农艺性状　株型半紧凑，生育期适中，恩施二高山春播生育期 135 d 左右；叶片宽，中部叶片长、上部叶片短，叶色淡绿，叶片绿叶期长，穗上节间长；成株高 2.6 m，穗位高 0.69 m；雄花分支 8 至 11 个，分支长，雄花外颖壳紫色，花壳淡棕，青花；果穗筒形，果穗长 15.9 cm，穗行数 16 行左右，行粒数 29 至 33 粒，千粒重 300.5 g，穗籽率 88.6%，籽粒黄色、偏硬粒，白轴。抗性：对玉米大斑病、小斑病、灰斑病、弯孢菌叶斑病、穗粒腐病等高抗或中抗，茎秆坚韧，根系量中，抗倒伏一般。

（3）HZ111 所组配品种　优良玉米亲本 HZ111 组配品种有鄂玉 25、鄂玉 16 等，组配品种已大面积推广。

3. N21 的选育、农艺性状和配组利用

（1）N21 的选育　N21 是恩施州农业科学研究院自育。主育人刘必善、杜世凯、王黎明，系谱 N821－1－3－3－1－1－1－1，系谱图：

1996　恩施本季种植　　改48　改24

⇩杂交

1996　海南冬季种植　　N821

择优⇩自交

1997　恩施本季种植　　N821－1

择优⇩自交

1997　海南冬季种植　　N821－1－3

择优⇩自交

1998　恩施本季种植　　N821－1－3－3

择优⇩自交

1998　海南冬季种植　　N821－1－3－3－1

择优⇩自交

1999　恩施本季种植　　N821－1－3－3－1－1

择优⇩自交

1999　海南冬季种植　　N821－1－3－3－1－1－1

择优⇩自交

2000　恩施本季种植　　N821－1－3－3－1－1－1－1

⇩

N21

（2）N21 农艺性状　株型紧凑，生育期适中，恩施二高山春播生育期 129 d 左右；叶片较窄，上部叶片短，叶色淡绿，叶片绿叶期长，穗上节间极长；成株高 2.3 m，穗位高 0.6 m；雄花分支 5 至 6 个，主分支长，雄花外颖壳紫色，花壳淡棕，微红花；果穗锥形，果穗长 17.9 cm，穗行数 12～16 行，行粒数 38～44 粒，千粒重 322.5 g，穗籽率 86.6%，籽粒大、淡黄、偏马齿型，白轴。抗性：对玉米大斑病、小斑病、灰斑病、弯孢菌叶斑病、穗粒腐病等高抗或中抗，对玉米的纹枯病抗性较弱，茎秆坚韧，根系量大，抗倒伏。

（3）N21 所组配品种　优良玉米亲本 N21 组配品种有鄂玉 17、天池 2 号、鄂玉 26，其中鄂玉 17 获得湖北省审定、湖南省认定；天池 2 号（鄂玉 23）获得湖北省审定、重庆市审定、云南省认定、湖南省认定、贵州省认定；鄂玉 26 获得湖北省审定、湖南省认定，组配品种已大面积推广。

4. Tduloog 的选育、农艺性状和组配利用

（1）Tduloog 的选育　恩施州农科院自育，主育人杜世凯，系谱：Tduloog－1－1－1－1－1－1－1－1，系谱图：

1997　恩施本季种植　河毛洞玉米长穗群、330、Jc

⇩杂交

1997　海南冬季种植　　　Tduloog 第一轮群

⇩混粉

1998　恩施本季种植　　　Tduloog 第二轮群

择优⇩自交

1998　海南冬季种植　　　Tduloog－1

择优⇩自交

1999　恩施本季种植　　　Tduloog－1－1

择优⇩自交

1999　海南冬季种植　　　Tduloog－1－1－1

择优⇩自交

2000　恩施本季种植　　　Tduloog－1－1－1－1

择优⇩自交

2000　海南冬季种植　　　Tduloog－1－1－1－1－1

择优⇩自交

2001　恩施本季种植　　　Tduloog－1－1－1－1－1－1

择优⇩自交

2001　海南冬季种植　　　Tduloog－1－1－1－1－1－1－1

⇩

Tduloog

（2）Tduloog 农艺性状　株型披散，生育期适中，恩施二高山春播生育期 133 d 左右；叶片宽，中部叶片长、上部叶片短，叶绿，叶片绿叶期长，茎节间短；成株高 2.35 m，穗位高 0.66 m；雄花分支 7 至 9 个，主分支中长，雄花外颖壳绿色，花壳淡棕，青花；果穗长柱形，果穗长 21.6 cm，穗行数 16 至 18 行，行粒数 51 至 55 粒，千粒重 289.6 g，穗籽率 87.9%，籽粒淡黄、半马齿型，白轴。

（3）抗性　对玉米大斑病、小斑病、灰斑病、弯孢菌叶斑病、穗粒腐病等高抗或中抗，茎秆坚韧，根系量中，抗倒伏一般。

（4）Tduloog 所组配品种　优良玉米亲本 Tduloog 组配品种有鄂玉 28。该品种获得湖北省审定、重庆市认定，组配品种已大面积推广。

5. N22 的选育、农艺性状和组配利用

（1）N22 的选育　恩施州农科院自育。主育人刘必善、杜世凯，其系谱：Y8G61－512－3－2－1－1－1－1－1，系谱图：

1997　恩施本季种植　　　Y8G61－512

择优⇩自交

1997　海南冬季种植　　　Y8G61－512－3

择优⇩自交

1998　恩施本季种植　Y8G61－512－3－2

择优⇩自交

1998　海南冬季种植　Y8G61－512－3－2－1

择优⇩自交

1999　恩施本季种植　Y8G61－512－3－2－1－1

择优⇩自交

1999　海南冬季种植　Y8G61－512－3－2－1－1－1

择优⇩自交

2000　恩施本季种植　Y8G61－512－3－2－1－1－1－1

择优⇩自交

2000　海南冬季种植　Y8G61－512－3－2－1－1－1－1－1

择优⇩自交

N22

（2）N22 农艺性状　株型半紧凑，生育期适中，恩施二高山春播生育期 139 d 左右；叶片较窄，中部叶片长、上部叶片短，叶色浅绿，叶片绿叶期长，穗上节间长；成株高 2.5 m，穗位高 0.66 m；雄花分支 6～11 个，分支长，雄花外颖壳紫色，花壳淡棕，青花。果穗筒形，果穗长 16.6 cm，穗行数 16～18 行，行粒数 30～36 粒，千粒重 303.6 g，穗籽率 87.8%，籽粒黄色、半马齿型，白轴。抗性：对玉米大斑病、小斑病、灰斑病、弯孢菌叶斑病、穗粒腐病等高抗或中抗，茎秆坚韧，根系量中，抗倒伏一般。

（3）N22 所组配品种　优良玉米亲本 N22 组配品种有鄂玉 17、天池 2 号，其中鄂玉 17 获得湖北省审定、湖南省认定；天池 2 号（鄂玉 23）获得湖北省审定、重庆市审定、云南省认定、湖南省认定、贵州省认定，组配品种已大面积推广。

6. d788 的选育、农艺性状和配组利用

（1）d788 的选育　d788 由恩施州农科院自育，主育人杜世凯，系谱：Y78/Y8G－3－5－1－1－1－1－1，系谱图：

1999　恩施本季种植　Y78　Y8G61－512

⇩杂交

1999　海南冬季种植　Y78/Y8G

择优⇩自交

2000　恩施本季种植　Y78/Y8G－3

择优⇩自交

2000　海南冬季种植　Y78/Y8G－3－5

择优⇩自交

2001　恩施本季种植　Y78/Y8G－3－5－1

择优⇩自交

2001　海南冬季种植　　Y78/Y8G－3－5－1－1

择优⇩自交

2002　恩施本季种植　　Y78/Y8G－3－5－1－1－1

择优⇩自交

2002　海南冬季种植　Y78/Y8G－3－5－1－1－1－1

择优⇩自交

2003　恩施本季种植　Y78/Y8G－3－5－1－1－1－1－1

⇩

d788

（2）d788 农艺性状　株型半紧凑，生育期适中，恩施二高山春播生育期 136 d 左右；叶片宽，中部叶片长、上部叶片短，叶色淡绿，叶片绿叶期长，穗上节间长；成株高 2.6 m，穗位高 0.69 m；雄花分支 8～11 个，分支长，雄花外颖壳紫色，花壳淡棕，青花；果穗筒形，果穗长 16.3 cm，穗行数 16～18 行，行粒数 33～36 粒，千粒重 315.1 g，穗籽率 88.6%，籽粒黄色、半马齿型，白轴。

（3）抗性　对玉米大斑病、小斑病、灰斑病、弯孢菌叶斑病、穗粒腐病等高抗或中抗，茎秆坚韧，根系量中，抗倒伏一般。

（4）d788 所组配品种　优良玉米亲本 d788 组配品种有鄂玉 28，该品种获得湖北省审定、重庆市认定，组配品种已大面积推广。

7. D28 的选育、农艺性状和配组利用

（1）D28 的选育　恩施州农科院自育，主育人杜世凯，系谱：l2l8－2－1－1－1－1－1－1，系谱图：

2000 年恩施本地种植　　海禾一号

择优⇩自交

2001　恩施本季种植　　l2l8－2

择优⇩自交

2001　海南冬季种植　　l2l8－2－1

择优⇩自交

2002　恩施本季种植　　l2l8－2－1－1

择优⇩自交

2002　海南冬季种植　　l2l8－2－1－1－1

择优⇩自交

2003　恩施本季种植　　l2l8－2－1－1－1－1

择优⇩自交

2003　海南冬季种植　l2l8－2－1－1－1－1－1

择优⇩自交

2004　恩施本季种植　l2l8 - 2 - 1 - 1 - 1 - 1 - 1 - 1

⇩

D28

（2）D28 农艺性状　株型半紧凑，生育期适中，恩施二高山春播生育期 129 d 左右，叶片较宽，上部叶片短，叶色淡绿，叶片绿叶期长，穗上节间中；成株高 2.5 m，穗位高 0.86 m；雄花分支 7～9 个，主枝、侧枝分支长，雄花外颖壳绿色，花粉淡黄，红花；果穗筒形，果穗长 15.9 cm，穗行数 18～22 行，行粒数 33～35 粒，千粒重 325.6 g，穗籽率 89.1%，籽粒黄色、偏硬，白轴。抗性：对玉米大斑病、小斑病、灰斑病、穗粒腐病等高抗，茎秆坚韧，根系多，抗倒伏。

（3）D28 所组配品种　优良玉米亲本 D28 组配品种有恩单 801，该品种获得湖北省审定，组配品种已大面积推广。

8. YC002 的选育、农艺性状和配组利用

（1）YC002 的选育　YC002 由宜昌市农业科学研究院自育，主育人田甫焕、许贵明等，源自含有热带种质杂交组合先玉 962 * CML3/41，本系原始材料由华中农业大学提供，经多代自交育成，其系谱图：

2010　宜昌本地种植　　先玉 962 * CML3/41

择优⇩自交

2010　海南冬季种植　　先玉 962 * CML3/41 - 5

择优⇩自交

2011　宜昌本季种植　　先玉 962 * CML3/4 - 5 - 1

择优⇩自交

2011　海南冬季种植　　先玉 962 * CML3/41 - 5 - 1 - 1

择优⇩自交

2012　宜昌本季种植　　先玉 962 * CML3/41 - 5 - 1 - 1 - 1

择优⇩自交

2012　海南冬季种植　先玉 962 * CML3/41 - 5 - 1 - 1 - 1 - 1

择优⇩自交

2013　宜昌本季种植　先玉 962 * CML3/41 - 5 - 1 - 1 - 1 - 1 - 1

择优⇩自交

2013　海南冬季种植　先玉 962 * CML3/41 - 5 - 1 - 1 - 1 - 1 - 1 - 1

择优⇩自交

2014　宜昌本季种植　先玉 962 * CML3/41 - 5 - 1 - 1 - 1 - 1 - 1 - 1 - 1

⇩

定名 YC002

（2）YC002 农艺性状　株型半紧凑，生育期适中，二高山地区春播区生育期 126 d

左右；叶片较宽，叶色浓绿，叶片绿叶期长；成株高 2.1 m，穗位高 0.85 m；雄花分支多、花粉量适中；果穗锥形，籽粒黄色、中间型，红轴。抗性：对玉米大斑病、小斑病、灰斑病、穗粒腐病等高抗，茎秆坚韧，根系多，抗倒伏。

（3）YC002 所组配品种　优良玉米亲本 YC002 组配品种有宜单 1628、宜单 1728 等，组配品种已大面积推广。

9. WD01 的选育、农艺性状和配组利用

（1）WD01 的选育　WD01 由十堰市农业科学研究院自育，主育人周刚，来源于华中农业大学从美国先锋引进杂交品种的早代系先锋 1132F1⊗-1，系谱为先锋 1132F1⊗-1-10-1-3-1-1-1-6-1-1-1，系谱图：

2004　十堰本季种植　　先锋 1132F1-1

择优⇩自交

2004　海南冬季种植　　先锋 1132F1-1-10

择优⇩自交

2005　十堰本季种植　　先锋 1132F1-1-10-1

择优⇩自交

2005　海南冬季种植　　先锋 1132F1-1-10-1-3

择优⇩自交

2006　十堰本季种植　　先锋 1132F1-1-10-1-3-1

择优⇩自交

2006　海南冬季种植　　先锋 1132F1-1-10-1-3-1-1

择优⇩自交

2007　十堰本季种植　　先锋 1132F1-1-10-1-3-1-1-1

择优⇩自交

2007　海南冬季种植　　先锋 1132F1-1-10-1-3-1-1-1-6

择优⇩自交

2008　十堰本季种植　　先锋 1132F1-1-10-1-3-1-1-1-6-1

择优⇩自交

2008　海南冬季种植　　先锋 1132F1-1-10-1-3-1-1-1-6-1-1

择优⇩自交

2009　十堰本季种植　　先锋 1132F1-1-10-1-3-1-1-1-6-1-1-1

⇩

WD01

（2）WD01 农艺性状　株型半紧凑，生育期适中，叶色淡绿，叶片绿叶期长，穗上叶片数 5～6 片，节间长；成株高 2.33 m，穗位高 0.97 m；雄花分支 12 个左右，雄花外颖壳紫色，花壳淡棕，青花；果穗筒形，果穗长 15 cm，穗行数 20 行左右，行粒数

28～29 粒，千粒重 289.5 g，穗籽率 86.9%，籽粒黄色、马齿型，红轴。抗性：对玉米大斑病、小斑病、灰斑病、弯孢菌叶斑病、穗粒腐病等高抗或中抗，茎秆坚韧，根系量大，抗倒伏。

（3）WD01 所组配品种　优良玉米亲本 WD01 组配品种有郧单 19、郧单 20，组配品种已大面积推广。

10. 美 C 的选育、农艺性状和配组利用

（1）美 C 的选育　美 C 由十堰市农科院自育，主育人刘永忠、周刚、吴承国，系谱为美 22. CIM7⊗-1-1-1-1-1-1-1-1-1-1，系谱图：

1998　十堰本季种植　美 22. CIM7

择优⇩自交

1998 海南冬季种植　美 22. CIM7⊗-1

择优⇩自交

1999　十堰本季种植　美 22. CIM7⊗-1-1

择优⇩自交

1999　海南冬季种植　美 22. CIM7⊗-1-1-1

择优⇩自交

2000　十堰本季种植　美 22. CIM7⊗-1-1-1-1

择优⇩自交

2000　海南冬季种植　美 22. CIM7⊗-1-1-1-1-1

择优⇩自交

2001　十堰本季种植　美 22. CIM7⊗-1-1-1-1-1-1

择优⇩自交

2001　海南冬季种植　美 22. CIM7⊗-1-1-1-1-1-1-1

择优⇩自交

2002　十堰本季种植　美 22. CIM7⊗-1-1-1-1-1-1-1-1

择优⇩自交

2002　海南冬季种植　美 22. CIM7⊗-1-1-1-1-1-1-1-1-1

择优⇩自交

2003　十堰本季种植　美 22. CIM7⊗-1-1-1-1-1-1-1-1-1-1

⇩

美 C

（2）美 C 农艺性状　株型偏披散，十堰市春季播种生育期 121 d 左右。生长势强，叶色浓，叶片中宽、绿叶期长；成株高 2.33 m，穗位高 1.1 m；雄花分支多，雄花外颖壳绿色，花粉黄，青花；果穗长锥形，果穗长 16.5 cm，穗行数 16～18 行，行粒数 29 粒，千粒重 279.6 g，穗籽率 88.9%，籽粒黄色、硬粒型，红轴。抗性：对玉米大斑病、小斑病、灰斑病、弯孢菌叶斑病、穗粒腐病等高抗或中抗，茎秆坚韧，根系量大，抗倒伏。

（3）美 C 所组配品种　优良玉米亲本美 C 组配品种有鄂玉 25、汉玉 128 等，组配品种已大面积推广。

二、品种的选育和应用

（一）概况

梁显有（2010）认为，秦巴山片区玉米育种对策：①注意材料研究，不同来源、不同类型的玉米种质材料是育成新品种的基础。以前自育系的选育局限于少数温带骨干系的杂交、分离和选择上，种质来源狭窄，遗传变异贫乏，导致育种中发生了产量突破不大的“瓶颈”现象，为解决这一难题，丰富玉米种质资源，最主要的途径是引进利用热带和地方资源，其中热带资源具有优良的抗逆和较高的产量潜力，本地区品种具有较好的抗逆性和适应性。对此，广泛引进了一批外来种质，其中包括纯西非和热带种质材料，并及时进行适应性鉴定和配合力测定。②育种材料和方法，由于秦巴山自然条件的特殊性，引进的材料经适应性鉴定，多数材料很难直接利用，只能杂交改良选育二环系，二环选系虽是快捷的选育方法，长期应用二环系，往往在不同程度上会造成种质关系交错，遗传差异越来越小，不但为配新杂交组合带来很大困难，也会由于遗传基础狭窄，抗逆性减弱，适应性不强，致使新杂交种的选育难以实现重大突破；因此，采取轮回选择与二环选育法相结合，既能达到快速又能考虑长远；在品种选育的过程中，对外引系的适应性鉴定或杂交改良系的早代选择，放在不同生态区域穿梭进行，使所育成的自交系适应性广泛，抗性丰富，特别是去除对光照温度的敏感性，扩大适应性和抗性。改良系早代特别需大群体的选择，为严挑留够空间。偏早代采取高密度种植，高密度种植本身就是对自交系抗倒伏、抗病、耐密植、耐低光照、耐旱等的考验。同时人为制造一些不利因子，如低温播种、干旱不浇水、病虫害重发不防治、土壤瘠瘦不施肥等强胁迫措施，根据选择标准坚决果断淘汰，才有可能选育出综合性状好，配合力高的优良自交系。③重视特殊生态区品种选育，随着该区域内育种部门新品种育成和新品种的不断引进推广，低海拔的丘陵玉米产量水平显著提高，但单产不稳，与全国平均产量比较还有很大差距。而适应中高山特殊生态区的品种仍匮乏，因此在育成广适品种的同时，重视抗病、抗阴湿、优质高产新品种，满足中高山区的需求。④新组合要进行严格的试验鉴定，根据育种目标，组配筛选出的优势组合，尽可能放在多生态进行试验、鉴定，尤其是最初的杂交组合观察鉴定、预备试验等一直到较高级的区域试验及生产试验，要有小面积的示范观察，进一步鉴定其适应性、抗逆性，尽可能育成优质高产、多抗新品种。秦巴山区的地域辽阔，自然条件复杂而特殊，玉米单产水平较低。尽管多年来，多个育种单位不懈努力，育成了一批又一批好的玉米杂交种和新品种的不断引进，显著提高了玉米单产水平，与全国玉米平均单产水平相比仍有很大的差距，还需要继续努力，采取有效的育种方法，培育更好的新品种，大幅度提高单产，缩小与全国玉米单产水平的差距。

梁显有（2011）认为，秦巴山区的地域辽阔，气候垂直差异迥然，对玉米品种适宜性反应敏感。当地有种植历史悠久、适宜性很强的优良农家品种，蕴藏有丰富的种质资源。为拓宽种质，选用当地优良农家品种采用系谱法与半姊妹小群体轮回选择相结合方式，并通过总结分析多抗、高产、稳产、高配合力、优质育种目标的复杂性、必要性、迫切性。根据育种实践结果，简要总结说明了在玉米二环系的选育中，把自交系谱法选择与品系内小群体轮回选择结合起来运用，不仅是可行，也是非常必要的。

曾广莹等（2013）认为，安玉系列品种在秦巴山适应性强、丰产性和稳产性好、品质优良；主要是利用了秦巴玉米姊妹系间遗传成分微小的异质性，用 Reid 种质、Lan 种质、P 群等和秦巴地区种质改良，及在轮回选择实践中对自交系目标定向培育，采用秦巴山地区玉米种质导入 Reid 种质、Lan 种质、P 群等改良其自身产量，拓宽秦巴山区种质基础的高效应用是可行的。

刘红等（2015）曾采用随机的区组试验进行多点品比试验研究，筛选出适宜在秦巴山海拔 1000 m 左右不同的地形小气候特点种植的高产抗逆性强的新品种组合华盛玉 882、HD2011、天汉 10 号等 3 个品种组合，为海拔跨度较大的不同玉米新品种多样化应用需求推广提供依据和参考。

徐春丽等（2018）根据 2006 年以来在西南地区布置的 508 个玉米田间试验，设置五个不同处理测定玉米产量和养分吸收，分析了西南玉米基础地力产量和地力贡献特征、玉米施肥产量反应和农学效率；采用直线拟合和边界线分析评价玉米种植区土壤基础地力与玉米施肥产量及产量差的关系；用稳定性指数和可持续性指数评估了基础地力状况对施肥产量稳定性和可持续性的影响。西南地区玉米基础地力产量在 3.9～4.7 t/hm^2（平均为 4.4 t/hm^2）；施肥能显著提高玉米产量，施肥区平均产量为 7.7 t/hm^2，比基础地力产量平均增产 3.3 t/hm^2。边界线分析结果表明，重庆、四川、贵州的施肥高产潜力分别为 11.5 t/hm^2、12.7 t/hm^2、12.6 t/hm^2（平均为 11.7 t/hm^2）。玉米产量的地力平均贡献率和肥料平均贡献率分别为 57.1% 和 42.9%；玉米地力贡献率随着基础地力产量的提升而增加。西南地区肥料对玉米的增产效果表现为氮肥 > 磷肥 > 钾肥。重庆、四川、贵州及整个西南地区玉米现实生产力与基础地力拟合直线决定系数分别达 0.356、0.393、0.448 和 0.434（$P<0.0001$）；随着基础地力的提升，玉米施肥产量差降低，产量的稳定性和可持续性增加。结果表明，在西南地区，提高土壤基础地力可以提升玉米的施肥产量，提高产量的稳定性和可持续性，降低产量差，减少玉米对肥料依赖性，促进西南玉米的高产稳产，为西南玉米种植区土壤培肥以及合理施肥提供科学依据参考。

李勤等（2019）进行秦巴山区抗旱玉米品种的筛选鉴定试验，采用各参试材料的抗旱指数评价各品种的抗旱性。确定伟隆105、hy11号、汉玉9号为强抗旱品种；汉玉8号为抗旱品种；对于提升玉米品种适应性、避灾减灾、保障国家粮食安全、实现农业可持续发展具有重要的现实意义。

（二）鄂西玉米品种筛选及应用

展茗等（2013）为了促进湖北省玉米生产发展，实现合理区域生产布局，为湖北农业生产决策提供依据，利用2000—2009年湖北省17个市（州、区）农业生产统计资料，采用比较优势理论及分析方法，分析“十五”及“十一五”期间湖北省玉米生产比较优势的区域特点及动态变化，研究结果表明：湖北在玉米种植上具有明显规模比较优势的地区主要包括十堰、宜昌、襄樊、恩施和神农架在内的鄂西山丘，该区的玉米种植的综合比较优势来自于玉米种植面积大，要进一步提高玉米产量，则需要从提高玉米生产效率入手，即提高单产。

胡艾等（2013）报道，通过品种筛选对比试验，适合鄂西南种植玉米新品种有：禾盛玉618、恩单116、10HC001、HZ11-34。该批品种其适应性、丰产性、抗逆性等综合性状，都比当前该区域内种植的鄂玉25号有明显优势，特别是禾盛玉618、恩单116增产明显，具有引进推广价值。不适宜鄂西南山区种植的品种有HZ11-1、HZ11-20、正红505，适应性、丰产性、抗逆性等不及鄂玉25号，品种难以推广。

姚启伦等（2014）曾利用田间试验结合微卫星（SSR）标记技术，从表形和DNA分子水平分析评价了武陵山玉米品种核心种质的遗传多样性。结果表明，核心种质在农艺和经济性状上存在极显著差异；基于SSR标记的UPGMA聚类能有效地区分玉米品种核心种质，50对SSR引物在核心种质中共检测到275个多态性位点，各引物检测到的等位位点数3～15个，平均为6.0个；Shannon多态信息量为0.29～0.83，平均为0.75。核心种质代表性评价结果表明核心种质较好地保持了原种质库的遗传变异。

谭帮兴等（2015）试验，通过10个杂交玉米新品种的综合性能、性状与常用品种双玉919进行严格的各项指标定性定量比较分析，筛选出了适宜鄂西南种植的杂交玉米新品种宜单1628、恩单525等9个品种。

丁和权等（2017）认为，通过田间试验，华玉系列、恩单3558、NH1402三个玉米新组合，适宜在武陵山海拔1100 m左右的高海拔地区推广。该三个组合在试验区域的亩产量高，皆在700 kg以上；生育期适中，在160 d左右；生长势强，植株及穗位整齐度好，抗性较强，特别是对试验区域高发的纹枯病和灰斑病表现较好抗性，穗大、千粒重较高。

倪红权等（2018，2020）为了探寻湖北山区的玉米品种培育主要性状的变化规律，了解湖北玉米品种的选育进展，对湖北山区的玉米试验参试品种数据进行分析研究。研究结果表明：湖北山区的玉米新品种培育优化了生育期、株高穗位、穗长穗粗、穗长秃尖及穗行数、行粒数等性状表现，提高了玉米品种的出籽率、百粒重和单穗粒重等性状表现，对玉米质量的内在品质的重视度逐步提高。又以湖北省五峰土家族自治县试验点为例，对2009—2016年国家西南玉米区试的和湖北省山区的玉米区试的参试品种抗逆性进行了比较分析，研究表明：在2009—2016年湖北省山区的玉米品种区试参试品种在抗逆性方面，多项病害抗逆性性状表现均优于国家西南玉米品种，说明湖北省山区的参试玉米品种的选育对湖北省玉米的抗逆性的选择有更充分的认识和更强的针对性。

古风（2018）对湖北省主要玉米生产区进行玉米气候适宜度及产量潜力分析，认为该区鄂西玉米生长期内有效积温在近50年内的年际趋势变化显著，表明该区域玉米有效积温增加的趋势明显，播种始期有明显提前的趋势，玉米吐丝—乳熟期干旱发生频率最高，而播种至拔节期渍害发生频率最高；鄂西玉米产量潜力（5.73 t/hm^2）均低于丘陵平原玉米产量潜力（6.65 t/hm^2）和鄂北玉米（6.03 t/hm^2）。为湖北省玉米合理生产布局及种植管理，了解气候变化对湖北玉米生产的影响提依据供参考。

叶义军等（2019）为了筛查适宜当阳市种植的抗逆性好、产量高、宜推广的春玉米新品种，特征集11个春玉米品种在当阳市关陵庙村六组进行筛选试验，通过试验，筛选出产量高，综合性状表现优的7个新品种：坤瑞212、瑞玉88、辽城253、美达96、宣瑞8号、宣瑞9号、坤瑞218，可在当阳本地适当推广。

廖少平等（2021）为测试适宜兴山县种植的高产、稳产、抗逆性强的玉米新品种，2020年在鄂西兴山县对9个玉米新品种开展品种比较试验，对产量及主要农艺性状进行综合分析，试验结果表明：HZ6、HZ5、HZ7等3个品种比华玉11增产达显著或极显著水平，适宜在该生态区推广种植；HZ3、HZ1比对照华玉11增产不显著，建议进一步试验观察；其他组合均比对照华玉11减产，不建议在该生态区推广种植。

刘志辉等（2020）为研究玉米-晚稻复种（M-R）丰产高效技术，用不同玉米与晚稻品种，于2015年与2017年在湖北省不同区域观测了不同品种搭配模式产量表现与资源利用效率，研究表明，不同热量条件下品种搭配模式对M-R周年产量与资源生产效率影响显著，积温较多时以中熟玉米搭配晚籼稻品种周年产量与光、热、水资源效率具有明显优势；反之则以早熟玉米品种搭配晚籼稻产量与资源生产效率较高。各品种搭配模式对周年有效积温的利用率可达95.6%～100.0%，且前后季积温分配比值（TR）与M-R周年相对产量呈显著的非线性关系；当≥10 ℃有效积温利用率为97.0%～98.5%且TR为1.06～1.08时，M-R可获得较高的周年产量；因此，可依据当地的热量资源条件及合理TR比值，进行玉米、晚稻品种的选择搭配；据此，湖北省南部积温较高的区域宜选择生育期125 d以内的高产玉米品种与全生育期138 d以内晚稻品种进行搭配；而在积温相对偏少的中北部的区域，宜采用生育期120 d以内的高产玉米品种与全生育期130 d以内的晚稻品种进行搭配推广。

孙璐（2022）为了研究玉米机械化收获。选取早熟宜机收玉米品种丰肯139，设置了不同施氮量，包括农户常规施氮（300 kg/hm^2，N300）、减氮25%（225 kg/hm^2，N225）、减氮50%（150 kg/hm^2，N150）、不施氮（0 kg/hm^2，N0）；以及三种密度，包括6.75万株/hm^2（D1）、9.0万株/hm^2（D2）、11.25万株/hm^2（D3），以常规种植模式为对照，探究不同密度氮量搭配对玉米生长发育、产量与经济效益、籽粒品质、机收质量等方面的影响。研究表明：各密度氮量组合玉米产量在3.82 t/hm^2~8.22 t/hm^2，纯收益在0.31万~0.8万元，随着施氮量的增加，产量及纯收益呈现出先增加后减少趋势。随种植密度的增加，玉米纯收益显著增加。增密减氮处理（D3－N225）产量和纯收益较常规模式（D1－N300）分别提高46.0%与122.22%。密度氮量处理对玉米冠层光分布的影响显著，密度和施氮量的增加均减少了群体穗位层和底层的透光率。随密度增加，多时期LAI显著的提高，与D1相比，D2和D3处理吐丝LAI分别提高34.48%和64.53%。随施氮量的增加，玉米LAI呈现先增加后降低的趋势。增密减氮处理（D3－N225）吐丝LAI较农户常规模式（D1－N300）提高了77.62%。在玉米整个灌浆期间，籽粒脱水速率表现为前期快，后期偏慢，整体在0.69%/d~1.90%/d间；且随着密度的升高而加快，与常规种植密度D1相比，增密处理D2和D3整体脱水速率分别升高3.27%、9.02%。随密度和施氮量的增加，玉米机收含水量有降低趋势，各密氮组合玉米机收前籽粒含水量在24.17%~27.03%；随着密度和施氮量的增加，玉米机收损失率减少，破碎率、含杂率呈现出先降低后增加的趋势。各密氮处理下玉米损失率、含杂率、破碎率（除农户常规处理为5.02%高于国家标准）均达到国家标准（GBT21961－2008）；增密减氮处理籽粒损失率，破碎率、含杂率分别为1.53%、3.60%、0.84%，均显著低于常规模式D1－N300。密度和施氮量均对玉米籽粒粗蛋白质、氨基酸含量影响不显著。各密氮搭配下玉米籽粒淀粉基本在63.17%~75.09%，玉米籽粒淀粉随密度的增加而减小，但与施氮量无显著关系。以上表明，增密减氮处理（D3－N225）较农户常规模式（D1－N300）显著提高了玉米干物质积累、产量及纯收益，在生育期内能够保持着较高的LAI，截获了大部分的光能，脱水速率较快；在玉米成熟期空秆率、倒伏率较低，籽粒破碎、含杂及损失率均低于国家标准。结合本试验的结果，在湖北省选用早熟春玉米种植时，最适宜的施氮量为225 kg/hm^2，种植密度为11.25万株/hm^2，可获得高产。

（三）陕南玉米品种筛选及应用

庞均喜（2014）认为，陕南高山主要气候特点是：春季温暖干燥少雨，兼有低温的倒春寒天气发生；夏季多雨并有导致玉米“卡脖子旱”的伏旱；秋季凉爽湿润并有连阴雨。通过玉米品种试验，结果表明：常用对照品种华玉1号在该地区应予淘汰；德玉18、天奥23、商玉2号不宜在该海拔地区种植；井单2号亩产量最高，为712.5 kg，创历史新高，其次是秦奥23号，亩产645.8 kg，且无秃尖，增产效果显著，株高中等、穗位低、抗倒伏能力强，结实性好，内在品质、外观形色好、生育期适中，适宜在陕南高海拔地区大面积推广。

张增川等（2016）探求了2010—2014年间陕西省春播玉米的参试品种的主成分变

化趋势，为陕西省玉米审定制度改革、玉米区域试验开展和品种审定提供理论依据；采集多年参加陕西省春播玉米区试的每组产量排名前三的品种，以年份为单位选取主成分并计算其平均值，横向比较 5 年间参试玉米品种的主成分变化趋势。①参试品种生育期呈现递减趋势，累计减少 6. 17 d，年均减少 1. 23 d；②株高和穗位高呈现递减趋势，株高累计降低 0. 42 m，年均降低 0. 106 m；穗位累计降低 0. 3 m，年均降低 0. 0758 m；③穗长曲折降低，有维持到 18 cm 左右的趋势；百粒重总体呈曲折减小趋势，累计减少 3. 23 g，年均减少 0. 81 g；穗行数基本在 16 行左右，行粒数基本在 37 粒左右；④株型以紧凑型为主，粒型以马齿型为主，粒色全是黄色。从主成分变化分析可知，5 年间陕西省春播玉米的参试品种逐渐向高产、抗倒伏、耐密和适宜机械化方向发展，有利于未来推广。

任建刚（2017）进行了陕南玉米品种比较试验，认为农大 375、华盛 2000、绵单 118、中金 368、濮单 6 号产量差异极显著，与莱科 818、双玉 919、天奥 380 产量差异显著，与其他品种产量差异不显著；品种鄂玉 30 与品种华盛 2000、绵单 118、中金 368 产量差异极显著，与品种濮单 6 号产量差异显著，与其他品种产量差异不显著；品种嘉农 18 与品种华盛 2000、绵单 118 产量差异极显著，与品种中金 368 产量差异显著，与其他品种产量差异不显著；品种豫玉 22 与品种华盛 2000 产量差异极显著，与品种绵单 118、中金 368 产量差异显著，与其他品种产量差异不显著；品种 GH56 与品种华盛 2000 产量差异极显著，与绵单 118、中金 368 产量差异显著，与其他品种产量差异不显著；天奥 380 与品种华盛 2000 产量差异显著，与其他品种产量差异不显著。双玉 919 与品种华盛 2000 产量差异显著，与其他品种产量差异不显著；莱科 818 与品种华盛 2000 产量差异显著，与其他品种产量差异不显著。其他品种间产量差异不显著；从以上可以得出，征集的 12 个玉米品种中，与豫玉 22 比较，只有农大 375 每亩产量 636. 1 kg，比豫玉 22 增产 65. 2 kg，增幅 11. 4%，排第一；鄂玉 30 每亩产量 596 kg，比豫玉 22 增产 25. 1 kg，增 4. 4%，排第二位；嘉农 18 每亩产量 582. 1 kg，比豫玉 22 增产 11. 2 kg，增 2%，排第三位；其他品种的试验产量均低于豫玉 22 品种产量。

（四）川北玉米品种筛选及应用

刘世建等（2004）通过 SSR 标记计算 28 个玉米自交系的遗传距离，其研究结果表明四川的地方玉米种质存在较为广泛的遗传多样性，该区种质与育种常用系之间存在较大的遗传差异。

任纬等（2007）通过对四川农业大学玉米研究所育成和引进的 21 个常用和新选的自交系的 SSR 遗传多样性分析，其研究结果表明 21 个自交系间关系较远，创新和改良在解决自交系种质资源狭窄问题上已取得了一定的成效。

杨成勇等（2008）为了筛选符合当地及周边的地区发展农区种草养畜、适宜青贮玉米品种，引进 7 个青贮玉米品种在川北进行品比试验研究，在同一播种密度（85 cm × 15 cm）

条件下，鄂玉10号品种的干物质产量最高达到21060.75 kg/hm^2，其次为燎原2号品种为20933 kg/hm^2，是适宜川北推广的品种。鄂玉10号的经济效益最高，比经济效益最低的青贮02号高145%；燎原2号的经济效益次之，比青贮02号高128.5%；因此选择不同的青贮玉米品种是提高经济效益的重要手段。

李建春（2017）根据川北苍溪县自然气候条件，经多年试验总结旱区的玉米高产栽培技术，该区的玉米高产栽培技术集成与应用的核心技术是：抢早播种育苗、乳苗覆盖栽植，因为早育、早播，乳苗覆膜栽培，能起到前期保温防冻，中后期集雨保湿抗旱的功效，缓解自然灾害的危害，为高产创造基础。配套栽培技术包括推广优良品种、秸秆还田、科学施肥、辅助授粉及病虫草害综合防控。

税红霞等（2017）针对川北丘陵区土壤耕层“浅实少”和质量下降等问题，采用裂区设计研究秸秆还田对川北丘区玉米产量、病虫害发生及土壤物理特性的影响。该研究表明秸秆还田特别是免耕处理能获得较高的产量，秸秆还田后可增加作物的光合面积，促进干物质的积累与分配，最终影响到产量和经济效益。秸秆还田对玉米抗性的作用：采用秸秆还田处理，多个副处理的茎腐病平均发生率、螟虫平均受害率比秸秆不还田处理要高，但纹枯病平均的病情指数比秸秆不还田处理低，秸秆还田可能增加了玉米的病虫害发生风险。在0～20cm的土层，秸秆还田垄作轮耕的处理紧实度小，孔隙度最大，田间持水量最大，秸秆还田增施有机肥的容重最小，逐年连续全量秸秆还田，能起到疏松土壤、降低土壤容重、增强土壤蓄水能力、增加孔隙度的作用，为川北玉米改土、高产增效提供理论依据参考。

周志淑等（2018）为筛选适宜南川不同海拔地区种植的优质高产玉米品种，促进优良品种的合理布局，应用了南川市面上常用的9个杂交玉米品种，开展杂交玉米品种比较试验，调查分析各品种的主要农艺性状和产量，筛选出丰产性好、生育期适中、千粒质量高、抗性好的秦奥23、渝单30、荣玉1210、金穗33，适宜在南川区大面积推广，其中正红311的丰产性好、品质较好，适宜在南川区海拔700 m以上地区推广种植；新玉503、三农201的丰产性好、生育期略短、抗性好，适宜在南川区海拔700 m以下地区推广。

罗友明等（2021）报道，通过品种筛选对比试验，适合四川东北部山区种植的玉米新品种成单738，该品种的综合性状较好且高产，籽粒大且多，果穗的出籽率高，穗位、株高、生育期适中，相比成单30增产达到极显著水准，可作为南充市及川东北地区较为理想的高产、优质玉米推广品种。巡玉1859虽产量高于对照，参考其他试点抗病性情况后被淘汰；南1276在四川省平均减产1.3%被淘汰；成单735、成单627产量均高于对照，但差异不显著，其他性状表现良好，其他试点表现，可作为搭配品种或后备品种，在该地有必要继续试种和推广。

（五）鄂西玉米品种演替

邹清梅（1998）总结了鄂西玉米品种的特点和玉米育种实践，鄂西生态条件复杂，在长期自然选择和人工驯化过程中形成了丰富的地方品种，这些地方品种曾作为当地的主栽品种在生产上发挥过作用。20 世纪 50 年代山区的玉米育种开展以后，又作为宝贵的育种资源在育种中发挥作用。该批品种有咸丰小子黄、利川大白、宜昌胜利红、兴山蛮苞谷、秭归铁子白、兴山二子白、五峰中子黄、五峰罗汉早、竹溪青壳黄、巴东的羊根、宜昌的黄马牙等，生育期以中晚熟为主，株高以中秆和高秆为主，产量普遍较低。

1970—1979 年，随着玉米育种的发展，利用本区的地方品种培育自交系、组配杂交种育成了一批显著提高玉米产量的玉米新品种。国内外的优良自交系的引进及优质种质选育自交系的交流进一步促进了优良玉米新品种的出现。

恩单 2 号是 1967 年恩施自治州天池山农科所用“77”和“5-151”两个自交系杂交，1971 年育成的晚熟单交种。它的主要优点是：耐肥、耐荫蔽、抗倒伏，抗大斑病、小斑病，适宜与马铃薯套种，品质好，适宜在鄂西南海拔 1200 m 的高山地区种植，生育期为 145~150 d，株高 270 cm 左右，生长健壮，双穗率一般可达 10%~30%。果穗长 20~27 cm，籽粒黄白色，中间型，牙口深，出籽率 87%，千粒重 330~350 g；苗期生长慢，7~8 叶以后，生长旺盛，后劲足。恩单 2 号是山区高产玉米良种，受到各地欢迎。1976 年湖北省恩施地区推广面积 110 万亩，1977 年发展到 160 万亩，占全地区的玉米播种面积的 80%，由于恩单 2 号的大面积推广，使全地区的玉米产量大幅度增长，该品种也在湖北省外推广。

成单四号是四川省农科院培育的一个黄粒早熟单交种，该品种适应性好，春种表现早熟（全生育期 85~95 d）、矮秆、高产、品质较好，生长整齐，空秆空苞少，结实性好，抗倒性较强，抗大小叶斑病。

郧单 1 号是郧阳地区农业科学研究所以自交系“77”作母本，以自交系“330”作父本育成的单交种；该品种于 1973 年首次组配，通过多年试验和示范，结果表明，郧单 1 号具有丰产性好、产量稳定、适应性广、抗逆性强、品质优良等优点，并在十堰市大面积推广。

1980—1989 年杂交玉米鄂玉 4 号是湖北省恩施州天池山农科所外引系“8112”与含有大籽黄种质的自交系“79131”（兴山的综合种中筛选出）成功组配，配合力高、早熟、性状好，适于高山种植的玉米新品种，是 1989 年育成的中熟半紧凑型玉米杂交种；该品种株型半紧凑，株高 220 cm，穗位高 82 cm，幼苗叶鞘浅紫，叶绿色，秃顶率为 2.96%，穗粗 4.6 cm，穗行数 13.2 行，千粒重 328 g。

1990—1999 年的主要推广玉米杂交种有湘玉 10 号、海禾 1 号等。湘玉 10 号是玉米单交种，1998 年通过湖南省审定，株高 259 cm，穗位高 120 cm，茎粗 2.1 cm，叶片数 20~21 叶，穗上叶较上冲，穗下叶平展，叶色浓绿，活秆成熟，果穗大，圆柱形，穗长 23.20 cm，穗粗 5.2 cm，穗行数 14~16 行，平均穗粒数 532 粒，千粒重 305 g，秃顶度低，果穗的出籽率 85.7%，春播生育期 117~130 d，较掖单 13 长 5 d，抗逆性强、产量高、稳产性佳、品质优。

海禾1号1999年通过国家农作物品种审定委员会审定，母本是以美国杂交种PN78599为基材料，以二环系的选育方法，经连续自交六代育成的优良玉米自交系，父本LS08是从野生有稃玉米导入γ射线诱变而成的新系；该种在五省（云、贵、川、湖南、湖北）春播生育期为111 d左右，株高255～300 cm，穗位100 cm左右，株型半紧凑，果穗长筒形，穗长20～26 cm，穗粗5～6 cm，穗行数16～20行，千粒重368 g，籽粒黄色，马齿型，白穗轴。海禾1号抗倒伏抗旱、抗病性强、活秆成熟、耐贫瘠、稳定性好、适应性广，已大面积推广。

2000—2009年有鄂玉10号、鄂玉16号、鄂玉25号、堰玉18、海禾2号、华玉5号、鄂玉29、奥玉3102、正红6号、永科5号等品种推广。

鄂玉10号的育种单位十堰市农业科学院，国家审定编号：国审玉20000014。该品种亲本为Z069/S7913，为晚熟玉米品种，鄂西春播生育期133 d，株型紧凑，幼苗叶鞘紫色，雄花护颖紫色，花壳浅紫色，雌穗花柱青色，株高272 cm，穗位高110 cm，果穗柱形，穗长19.2 cm，穗粗5.1 cm，穗行数15.7，行粒数37粒，籽粒红黄色、马齿型，千粒重310.0 g，果穗的出籽率85.8%，红轴。

鄂玉16号，国审玉2005025，幼苗叶鞘浅紫色，长势较旺，平均株高273.3 cm，穗位高121.3 cm，茎粗2.1 cm，主茎叶片19.9片，穗上叶较窄，植株健壮，根系发达，雄穗较大，分枝数较多，一般为23～25个，花粉量大，护颖及药壳浅紫色，丝状花柱青色。果穗长锥形，穗长19 cm，穗粗4.8 cm，穗行数为15.2行，行粒数为39.2粒，千粒重为305.1 g，出籽率为85.15%，籽粒为黄色，中间形，穗轴为红色。

鄂玉24（鄂审玉2005003），株型较松散，幼苗基部叶鞘红色，根系发达，生长势较强。株高、穗位高适中，穗上部叶片较稀、较宽大、略披。果穗筒形，穗大粒多，秃尖较长；穗轴红、白色约各占一半；籽粒马齿型，颜色以淡红黄色为主，兼有红色、黄色；在试验中株高281.2 cm，穗位高113.7 cm，果穗长19 cm，穗行16.1行，每行37.1粒，千粒重258.6 g，干穗出籽率84.8%。生育期109.8 d，比华玉4号短0.5 d。抗病性鉴定为大斑病1级，小斑病1级，倒折（伏）率27.09%。

鄂玉25号（国审玉2006048）。在试验中株高273 cm，穗位高116 cm，总叶片数为20片，雄穗中等大小，护颖绿色，花药黄色，丝状花柱绿色，花粉充足。果穗锥形，穗长17.8 cm，穗粗4.9 cm，穗行数为16.3行，行粒数为39粒，千粒重为304 g，出籽率为85.6%，籽粒黄色，中间型，穗轴红色，籽粒外观品质优。

堰玉18（鄂审玉2008003）。株型半紧凑，果穗筒形，穗轴红色；籽粒黄色，中间型，试验中株高277.3 cm，穗位高108.3 cm，穗长18.0 cm，穗粗4.7 cm，秃尖长1.1 cm，每穗16.0行，每行37.3粒，千粒重291.9 g，干穗出籽率88.4%。生育期106.9 d；田间大斑病1级，小斑病1级，南方锈病0.5级，穗粒腐病1级，抗倒伏。

鄂西特殊的生态条件使得灰斑病、白斑病等病害有较高的发生率，对玉米的抗性育种提出了更高的要求，热带、亚热带种质资源的利用在玉米新品种的选育中起到了重要作用，品种抗性资源应用有很高的价值。

2009年以后育成了更多的玉米品种如下：恩单801：育种单位为恩施州农业科学院，审定编号为鄂审玉201004。品种亲本为d28、d788。该品种为中晚熟玉米品种，鄂西春播生育期131 d，株型半紧凑，株高272 cm，穗位高133 cm，叶鞘浅紫色，雄花护颖浅紫色，花壳紫色，雌穗花柱青色，果穗柱形，穗长17.1 cm，穗粗5.5 cm，穗行数18.3，行粒数约36.1，籽粒黄色、中间粒型，千粒重307.2 g，果穗的出籽率86.6%；该品种高抗大斑病、小斑病、南方锈病，抗穗粒腐病。

腾龙1号：育种单位湖北腾龙种业，审定编号：鄂审玉2010011，亲本为DZ01、L06，该品种为中晚熟玉米杂交种，鄂西春播生育期137 d，株高270 cm，穗位高109 cm，叶鞘淡紫色，雄花护颖绿色，花壳黄色，雌穗花柱红色，果穗圆筒形，穗长20.3 cm，穗粗5.5 cm，穗行数17.2，行粒数约39.9。籽粒黄白色、中间粒型，白轴，千粒重331 g，果穗的出籽率85.5%；籽粒容重769.5 g/L，粗蛋白含量8.69%，粗淀粉含量71.5%，粗脂肪含量5.0%，赖氨酸含量0.22%。该品种抗弯孢菌叶斑病，中抗大斑病、小斑病，中感南方锈病、灰斑病，感纹枯病。

康农玉108：育种单位湖北康农种业，审定编号为鄂审玉2011004。品种亲本为FL119、FL218，该品种为中晚熟玉米杂交品种，鄂西春播生育期131 d。株型半紧凑，株高288 cm，穗位高125 cm，幼苗叶鞘紫色，成株叶片21叶，雄花护颖颖尖紫色，花壳浅紫色，雌穗花柱浅紫色，果穗柱形，穗长19 cm，穗粗5.3 cm，穗行数18，行粒数约39.2，籽粒黄色、马齿型，千粒重306 g，果穗的出籽率87.9%，白轴。籽粒容重766 g/L，粗蛋白含量10.05%，粗淀粉含量73.26%，粗脂肪含量4.5%，赖氨酸含量0.26%；该品种中抗大斑病、茎腐病，感纹枯病、玉米螟等病虫。

华玉11：是用Q736作母本、Q1作父本组配育成的杂交玉米品种，2012年通过湖北省农作物品种审定委员会审定，审定编号为鄂审玉2012003，株型半紧凑，植株清秀，株高、穗位偏高，幼苗叶鞘浅紫色，穗位上部节间较长，呈明显“之”字形，大喇叭口后期茎秆较软，穗上叶窄、短。雄穗分枝数13～19个，花药、颖壳浅紫色，花丝浅绿色；果穗筒形，苞叶适中，穗轴红色，籽粒黄色、马齿型，部分籽粒有白顶，千粒重较高。试验中株高336 cm，穗位高146 cm，空秆率1.6%，穗长18.3 cm，穗粗5.3 cm，秃尖长0.3 cm，穗行数14.7，行粒数34.8，千粒重422.1 g，干穗的出籽率86.7%；生育期139 d；田间大斑病1级，小斑病1级，茎腐株率1.6%，南方锈病1级，穗腐病1级，田间倒伏（折）率3.0%。

双玉919：华中农业大学用“O244”作母本，“O442”作父本组配育成的杂交玉米品种。2012年通过湖北省农作物品种审定委员会审定，品种审定编号为鄂审玉2012005，株型半紧凑，株高、穗位偏高。幼苗叶鞘浅紫色，成株穗上叶上冲，叶片窄、短。雄穗分枝数13～17个，花柱、花药、颖壳均为浅紫色。果穗较粗、筒形，苞叶略短，易出现秃尖过长或瘪粒现象。穗轴红色，籽粒黄色、半马齿型。试验中株高320 cm，穗位高 145 cm，空秆率 1.1%，穗长 18.5 cm，穗粗 5.6 cm，秃尖长 1.2 cm，穗行数 17.2，行粒数 36.3，千粒重 361.8 g，干果穗的出籽率 85.6%，生育期 137 d；田间大斑病 1 级，小斑病 1 级，茎腐株率 8.5%，南方锈病 1 级，穗腐病 1 级，田间倒伏（折）率 7.5%。

禾盛玉 718：育种单位为湖北省种子集团，审定编号：鄂审玉 2013003，亲本为 H1327、H1231。该品种为晚熟玉米品种，鄂西春播生育期 138 d，株型半紧凑，幼苗叶鞘紫色，雄花护颖浅紫色，花壳浅紫色，雌穗花柱紫色，株高 295 cm，穗位高 132 cm，果穗柱形，穗长 21.2 cm，穗粗 5.5 cm，穗行数 16.8，行粒数 35，籽粒黄色、马齿型，千粒重 390.7 g，果穗的出籽率 85.2%，白轴。该品种抗小斑病、大斑病、灰斑病、穗腐病。

郧单 19：审定编号为鄂审玉 2013006，湖北春播生育期 138 d。株型半紧凑，株高 318 cm，穗位高 145 cm，植株叶片 20～21 片，穗位以上叶片 6 片。雄穗分枝 10～11 个，花丝红色，颖壳绿色，花药黄色，双穗 0.5%、空秆 1.1%。果穗筒形，红轴，马齿型，黄粒。果穗长 18.9 cm，粗 5.3cm，秃尖长 1.0cm，穗行数 18.7 行，行粒数 36.7 粒，穗粒重 193.7 g，千粒重 329 g，干穗的出籽率 87.1%。倒伏 5.4%，折断 5.3%，大斑病最高 1 级，小斑病最高 1.9 级，茎腐病 11.9%，丝黑穗病 0.0%，南方锈病 1 级，病毒病 0.7%，穗腐病 1 级，螟虫 1.5 级，灰斑病 3 级。

郧单 20：审定编号为鄂审玉 2016005，株型半紧凑，植株、穗位偏高。成株叶片数 21 片左右，穗上叶 6 片左右。雄穗分枝数 17 个左右，花药浅绿色，花丝浅紫色。果穗筒形，苞叶适中，穗轴红色，籽粒黄色、马齿型。试验中株高 328 cm，穗位高 156 cm，空秆率 2.1%，穗长 18.5 cm，穗粗 5.3 cm，秃尖长 1.9 cm，穗行数 20.6，行粒数 36.1，千粒重 288.1 g，干穗的出籽率 87.0%；生育期 134 d；田间大斑病 3 级，小斑病 3 级，灰斑病 5 级，穗腐病 3 级，茎腐株率 3.2%；田间倒伏（折）率 2.1%。

利单 5 号：育种单位为湖北金广农业科技，审定编号为鄂审玉 2017020，品种亲本为 M3151、苏 N98，该品种为中晚熟玉米品种，鄂西春播生育期 136 d，株型平展型，幼苗叶鞘紫色，雄花护颖浅紫色，花壳黄色，雌穗花柱红色，株高 295 cm，穗位高 123.8 cm，果穗柱形，穗长 18.9 cm，穗粗 5.5 cm，穗行数 17，行粒数约 38.9，籽粒黄色、半硬粒，千粒重 339.1 g，果穗出籽率 86.1%，白轴；该品种抗大斑病、灰斑病、小斑病，中抗穗腐病。

恩禾单 1 号：育种单位为恩施州农业科学院、四川禾创种业。审定编号为鄂审玉 2018007；品种亲本为 12ED27、12FW07；该品种为中晚熟玉米品种，鄂西春播生育期 132 d；株型半紧凑，成株叶片 21～22 叶，株高 302.5 cm，穗位高 135 cm；叶鞘紫色，雄花护颖紫色，花壳紫色，雌穗花柱红色，果穗锥形，穗长 19 cm，穗粗 5.9 cm，穗行数 20.3，行粒数约 38.3，籽粒黄白色、马齿型，千粒重 339.7 g，果穗出籽率 85.0%。

宜单 1628：育种单位为宜昌市农业科学院，审定编号为鄂审玉 2019017。品种亲本为 YC002、YA8201。该品种为中晚熟玉米品种，鄂西春播生育期 136 d；株型半紧凑，主茎叶片 21 叶，幼苗叶鞘紫色，雄花护颖绿色，花壳紫色，雌穗花柱青色；株高 322.5 cm，穗位高 139.5 cm。果穗柱形，穗长 19.7 cm，穗粗 5.2 cm，穗行数 18，行粒数 38.9，籽粒黄色、马齿粒型，千粒重 339.1 g；果穗的出籽率 87.1%，白轴。该品种抗大斑病、小斑病、灰斑病、穗腐病、南方锈病。

郧单 21：审定编号为鄂审玉 20200008。生育期 111.0 d；株型半紧凑，株高、穗位适中，幼苗叶鞘紫色，成株叶片数 20.5 片，穗上叶约 6.4 片；雄穗分枝数 8.6 个，花药浅紫色，花柱粉色。果穗锥形，苞叶包被较好，穗轴白色，籽粒黄色，半马齿型。区域试验中株高 288.4 cm，穗位高 125.3 cm，空秆率 1.3%。果穗长 17.7 cm，果穗粗 5.1 cm，秃尖长 0.8 cm，穗行数 17.6，行粒数 34.9，千粒重 313.1 g，干穗的出籽率 87.7%。田间大斑病 3 级，小斑病 3 级，南方锈病 3 级，茎腐株率 5.3%，田间倒伏（折）率 2.8%。

郧单 25：审定编号为鄂审玉 20210012。生育期 134.5 d，株型半紧凑，植株、穗位较高；幼苗叶鞘浅紫色，穗上叶 7 片左右。雄穗分枝数 6~10 个，花药浅紫色，花柱浅紫色；果穗筒形，穗轴红色，籽粒黄色、半马齿型。试验中株高 351 cm，穗位高 153 cm，空秆率 0.8%，果穗长 18.5 cm，穗粗 5.3 cm，秃尖长 1.0 cm；穗行数 17.2，行粒数 36.3；百粒重 39.3 g，干穗出籽率 87.3%；田间大斑病 3 级，小斑病 3 级，灰斑病 3 级，南方锈病 5 级，穗腐病 3 级，茎腐株率 0.8%，田间倒伏（折）率 2.1%。

达美 5 号：审定编号为鄂审玉 20220012。生育期 129.6 d，株型半紧凑，株高、穗位较高；幼苗叶鞘浅紫色，成株叶片数 23 片左右，穗上叶 8 片左右；雄穗分枝数 11~17 个，花药浅紫色，花柱浅紫色；果穗筒形、穗轴红色、籽粒黄色、半马齿型。区域试验中株高 319.0 cm，穗位高 146.0 cm，空秆率 0.5%。果穗长 18.7 cm，果穗粗 5.3 cm，秃尖长 1.3 cm，穗行数 15.8，行粒数 37.2，百粒重 37.3 g，干穗出籽率 86.5%；田间大斑病 3 级，小斑病 3 级，灰斑病 3 级，南方锈病 3 级，茎腐株率 2.1%，田间倒伏（折）率 1.5%。

（六）陕南玉米品种演替

李学宏（2012）认为，从农家种中育成新系是中国玉米育种的初期选系的主要路径，利用优良的地方种质资源选育出的优良自交系，如矮金 525、旅 28、获白和 E28 等，形成了中国单交种的几次更新换代；育种家又回头开始重视对玉米种质的研究和利用；安康市农科所利用象牙白为原材料育成优良自交系组配的安玉六号和安玉 11 号为代表的优良杂交种，对秦巴山的玉米增产发挥了重要作用，陕南对玉米杂交种的抗性也有较高的要求，品种演替的历程如下。

1. 1970—1979 年　代表品种中单 2 号。

中单 2 号 1979 年 3 月通过陕西省审定，审定编号为 79－18。组合为 Mo17（Ht）×

自330。为中熟、中晚熟品种；株高250 cm，穗位100 cm，千粒重330 g。抗倒伏，抗大、小叶斑病，易感花叶条纹熟，耐涝性一般，适于春播或麦田套种。

2. 1980—1989年 代表品种陕单9号、户单1号、丹玉13号。

（1）陕单9号 1981年通过陕西省审定，陕西省农业科学院粮食作物研究所1978年用自交系武109作母本，自交系莫17（Mo17）作父本杂交而成的单交种。株型整齐、健壮；株高250～280 cm，穗位高100～120 cm。果穗长筒形，穗长20～25 cm，每穗12～16行，每行38粒左右；花柱、穗轴紫红色，籽粒黄色，结实饱满，平均秃顶率3.7%。

（2）户单1号 1981年通过陕西省审定。幼苗叶片黄绿色，苗势中等；全株16～20片叶，叶片中宽；叶片上举，株型紧凑，茎粗2.5 cm，株高210～250 cm，穗位高90～100 cm；花柱紫红色，雄花柄长，13个分枝，护颖、花药为黄绿色；果穗筒形，长19～21 cm，粗4.5～5.2 cm，轴红色，每穗16行，每行50粒左右，每穗520粒，黄粒，半硬粒。春播生育期110～126 d。耐寒性一般，抗大斑病，抗倒伏，轻感小斑病。

（3）丹玉13号 1989年通过陕西省审定；生育期115～125 d；幼苗叶鞘浅紫色，叶色浓绿，植株紧凑呈塔形；株高180～240 cm。穗行数16行，红轴、黄粒、马齿型，千粒重300 g；耐旱、抗倒伏，抗大斑病及丝黑穗病，轻感锈病。

3. 1990—1999年 代表品种有掖单4号、农大60、新黄单85－1、陕单891、绵单一号、掖单13、临奥一号、西农11、陕资1号、户单4号。

（1）掖单4号 1990年通过陕西省审定，为中早熟杂交种。夏播生育期95 d

左右；株高250 cm左右，穗位高约100 cm。茎秆细硬有韧力；叶色浓绿，成熟时青枝绿叶；株型紧凑，叶片上冲而挺立；具有双穗性，果穗不秃顶，穗轴白色，籽粒黄色半硬粒。品质优良抗病、抗倒伏、抗逆。

（2）农大60 1990年通过陕西省审定，审定编号228，为中熟品种，生育期122～126 d；株高216 cm。抗丝黑穗病，中抗小斑病，轻感纹病、大斑病。

（3）新黄单85－1 1990年通过陕西省审定，审定编号：229，原新乡地区农业科学研究所用京7作母本，U－8作父本杂交育成的特紧凑型中早熟玉米单交种。该品种株高250 cm左右，上部叶片挺直；株型特紧凑，穗长18 cm；干穗的出籽率87%，千粒重320 g左右；粒色纯黄，品质优良，具有高产、耐密、抗倒伏、适应性广、抗病等优点。

（4）户单4号 1991年通过陕西省审定，幼苗叶鞘紫色，叶片肥大，长势强；成株特矮，株高200～220 cm，穗位高70～85 cm，株型紧凑；丝状花柱红紫色，雄穗花药淡紫色；果穗近筒形，长18～20 cm，粗5.3 cm左右；籽粒半硬粒，金黄色，白轴。

（5）陕单891 1992年通过陕西省审定，以U8112做母本、K13做父本组配，籽粒粮用型品种。生育期97～105 d；幼苗叶鞘浅红色，成株株型紧凑，穗上叶上挺、夹角小，出叶20片；株高215 cm，穗位高90 cm，茎秆坚韧，支持根较多。生长势强，果穗长筒形，穗长21 cm，穗行数16行，穗轴白色，籽粒黄色，浅马齿型。籽粒商品性好，千粒重 327 g，出籽率 87%。

（6）绵单一号　1992 年通过国家审定，该品种组合为：南 21 - 3 × 81565，由原绵阳市农业科学研究所育成；株型较紧凑，长势旺，株高 246 cm，穗位高 105 cm；穗长 19.1 cm，穗粗 4.8 cm，穗行数 14.5 行，行粒数 34.6 粒；千粒重 293 g，出籽率 80.7%；籽粒浅黄色、半马齿型，适口性较好；抗矮花叶病和大斑病，较抗小斑病，中感丝黑穗；耐旱、耐肥力强，抗倒力较强，适应性较好。

（7）掖单 13　1993 年通过陕西省审定，生育期 100 ~ 110 d，夏播秋播 80 ~ 85 d 左右；株高 220 cm（套种）~250 cm（单种）。茎粗 5.2 ~ 5.3 cm；叶数 21 片；穗位高 85 cm，穗长 20 cm 左右，穗行数 16 ~ 20 行，行粒数 35 ~ 40 粒，穗粒数 580 ~ 650 粒，千粒重 330 ~ 380 g；黄粒马齿型。一般亩产 600 kg 左右；高抗倒伏，高抗大小叶斑病。

（8）临奥一号　河北省蠡县玉米研究所以自育系 618 为母本，自改系 811 为父本杂交育成的单交种；该品种为晚熟玉米品种，生育期 139 d，幼苗长势强，苗期生长健壮，叶色浓绿，叶鞘紫红色；株高 239 cm，穗位高 112 cm，株型半紧凑；穗位以上叶片半上举，以下叶片平展；全株 19 ~ 21 片叶；果穗筒形，穗长 21 ~ 26 cm，穗粗 5.5 ~ 6 cm，穗行数 16 ~ 18 行，行粒数 36 ~ 46 粒；穗轴红色，籽粒黄色、半硬型，千粒重 380 g，果穗的出籽率 85% 以上，单穗粒重 230 g；经宁夏农业科学院分析测试中心化验分析：籽粒粗蛋白含量 9.23%，赖氨酸含量 0.33%，粗脂肪含量 3.93%，粗淀粉含量 73.25%。活秆成熟。抗小斑病、大斑病、黑粉病、矮花叶病、穗腐病。

（9）西农 11　1996 年通过陕西省审定，该品种幼苗叶鞘浅紫色，苗势健壮；成株期株型紧凑，叶片上挺，叶色浓绿，保绿性好；株高 230 ~ 250 cm，穗位高 80 ~ 90 cm；总叶 19 ~ 20 片；穗长 25 cm，穗行数 16 行，果穗筒形，籽粒大、黄色半马齿型，千粒重 360 ~ 460 g，果穗的出籽率 87%。

（10）陕资 1 号　1998 年通过陕西省审定，该品种为中早熟大穗型玉米杂交种；株高 230 cm，穗位高 85 cm；果穗圆筒形，轴浅红色；籽粒橙黄色，半马齿型，品质优良；穗长 21 ~ 25 cm，穗粗 5 ~ 6 cm，果穗的出籽率 86%；穗行数 16 ~ 18 行，行粒重 300 ~ 330 g；高抗大小斑病，丝黑穗病；茎秆坚硬，根系发达，保绿度好，活秆成熟，籽粒饱满，抗倒伏。

4. 2000—2009 年　代表品种有豫玉 22 号、农大 108、秦单 5 号、奥玉 17 号、长城 799、秦单 6 号、正玉 203、蠡玉 13、陕单 2001、天润 606、中金 368、三北 26、蜀龙 19、华玉 5 号等品种推广。

（1）豫玉 22 号　2000 年通过陕西省审定。生育期 104 d，为中熟大穗型品种，幼苗长势强，株高 276 cm，穗位高 112 cm，全株叶片 18 ~ 19 片，穗上叶 5 ~ 6 片。雄穗分枝 16.1 个，丝状花柱微红色。穗筒形，穗长 18 ~ 22 cm，穗行数 18 ~ 20，行粒数 35 ~ 39，红轴，黄粒，粒型为半马齿型，千粒重 333 g，干穗的出籽率 84%。抗大小叶斑病、青枯病。

（2）农大108　2001年通过陕西省审定。株高260 cm，穗位高100 cm，穗长16～18 cm；果穗筒形，穗行数16行。单穗粒重127.2 g；籽粒黄色、半马齿型，百粒重26～35 g；西南生育期112～116 d；株型半紧凑。高抗小斑病、丝黑病、弯孢菌叶斑病和穗腐病，抗玉米大斑病、灰斑病和玉米螟，感茎腐病。籽粒含粗蛋白9.44%、粗脂肪4.21%、粗淀粉72.25%、赖氨酸0.36%，品质优良。秸秆粗蛋白含量6.95%，粗脂肪含量1.06%，粗纤维含量31.73%，灰分含量6.78%。

（3）秦单5号　2002年通过陕西省审定，主要特征特性：生育期90～100 d，比户单4号早熟2～8 d；株型紧凑，株高230 cm，穗位高90 cm。叶片数19～20片，雄穗分枝15～20个，花药黄色，花粉量大；雌穗花丝粉红色，雌雄花期协调。果穗筒形，平均穗长18.6 cm，穗粗5.1cm，每穗16～18行，浅红轴，果穗的出籽率87.5%，结实性良好；籽粒橙黄色，半硬粒型，千粒重320 g左右，商品性好。2000年参加陕西省夏播玉米试验，全省七个试点均比对照品种增产，平均亩产569.8 kg，比对照品种户单4号517.3 kg增产10.1%。2001年参加陕西省夏播玉米的区域试验，平均亩产559.5 kg，比对照户单4号555.9 kg增产7.9%。品质及抗性鉴定：经农业部谷物品质监督检验测试中心分析，秦单5号粗蛋白含量9.3%，赖氨酸含量0.31%，粗脂肪含量3.58%，粗淀粉含量75.98%，为高淀粉玉米，角质淀粉含量高。抗小斑病、青枯病。

（4）奥玉17号　2003年通过陕西省审定，主要特征特性：幼苗叶鞘紫红色，叶片深绿色，叶缘紫色；株型半紧凑；株高255 cm，穗位高105 cm。成株叶片数19～21片；花药黄紫色，颖壳紫色，花柱绿色；果穗筒形，穗长18.9 cm，穗行数15.5行，千粒重336.1 g，穗轴红色，籽粒黄色，粒型为马齿型。

（5）长城799　陕西省审定，审定编号：陕审玉2004003。全生育期120 d左右。幼苗叶鞘紫色，叶紫色，生长势较好。成株株高229.3 cm左右，穗位高82.8 cm左右；成株叶片数19～21片，株型半紧凑；穗上叶茎夹角45°左右，穗位叶及以下叶片稍平展，叶色深绿，活秆成熟；雄穗分枝长度中等，分枝8～15个，颖片绿色，花药黄色，花粉量大，花期协调。丝状花柱粉红色，果穗筒形；籽粒黄色中间偏硬粒型，穗轴红色。株高218.0～273.6 cm，穗位高88.3～119.0 cm；穗长17.6～23.2 cm，穗粗4.9～6.0 cm，穗行数16行，千粒重280～370 g。红轴、黄粒、半马齿型。

（6）秦单6号　陕西省审定。主要特征特性：春播生育期113 d左右；幼苗长势中等，叶片较平展，株型半紧凑；株高270 cm，穗位高110 cm，穗长20～22 cm，穗粗5.7 cm，穗行数16～20行，行粒数38粒，千粒重350～380 g。籽粒红黄色，马齿型，品质中上。结实性好，果穗的出籽率85%，活秆成熟。高抗大、小斑病、茎腐病、青枯病。

（7）正玉203　2005年通过陕西省审定。生育期120～125 d，幼苗叶鞘紫色，长势强；株型半紧凑；株高260 cm，穗位高100 cm左右；穗长18～20cm，穗行数18～20行，行粒数30～33粒；籽粒为黄色，半马齿型，千粒重280～300 g，果穗的出籽率

81.1%。抗大斑病、小斑病、丝黑穗病、青枯病。

（8）蠡玉13　2005年通过陕西省审定。主要特征特性：幼苗叶鞘紫色；成株株型紧凑，株高257 cm左右，穗位111 cm左右；花药绿色，花丝紫红色；穗长17.7 cm，行数16行左右，秃尖0.3 cm；穗轴白色，籽粒黄色，半马齿型，千粒重335 g，果穗的出籽率86.9%，生育期103 d左右。河北省农林科学院植物保护研究所人工抗病鉴定结果，中抗小斑病，抗大斑病，感弯孢菌叶斑病，中抗茎腐病，感瘤黑粉病，抗矮花叶病，感玉米螟。

（9）陕单2001　2006年通过陕西省审定。陕单2001是西北农林科技大学农学院玉米所于1999年冬在海南用自育系Y289作母本，Y605作父本杂交育成，是一个适合陕西省春播种植的高产、稳定、优质、适应性广、抗逆性强、农艺性状优良的新品种。该品种春播生育期120 d左右，夏播98～100 d；株高260～280 cm，穗位高100～118 cm，果穗长筒形，穗长22～23 cm，每穗16～18行，每行39～45粒，穗轴红色，果穗的出籽率86.9%；籽粒橘黄偏硬，百粒重29.0～31.0 g；株型紧凑，叶色深绿，成熟时茎叶呈绿色，保绿度好，抗倒性强；该品种籽粒外观橘黄偏硬，色泽亮，商品性好。高抗穗粒腐病和大斑病、小斑病，抗丝黑穗病。

（10）眉单4号　2006年通过陕西省审定。主要特征特性：叶鞘紫红色，幼苗深绿，叶波浪状，苗势健壮；株型半紧凑，株高250 cm，穗位高105 cm，茎粗3.5 cm；雄花分枝数10～12个，花药紫色，红花；长锥形穗，穗长23 cm，行粒数39粒，穗行数16行，千粒重320 g，果穗的出籽率86.6%，籽粒黄浅马齿型，商品性好，红轴。经抗病性鉴定：高抗茎腐病、穗粒腐病和大斑病、小斑病，中抗黑粉病。

（11）秦龙14号　2006年通过陕西省审定。主要特征特性：幼苗、叶鞘紫色，叶色深绿，长势强。株型较紧凑，成株高260 cm，穗位高105 cm，花丝淡红色，花药黄色；果穗长18 cm，粗5.3 cm，16～18行；籽粒黄色，半马齿型，白轴，千粒重320～360 g，干穗的出籽率88%；耐旱、抗涝；根系发达，抗倒伏；结实性好，适应性广，稳产、高产。高抗大斑病及茎腐病，中抗小斑病，抗丝黑穗病及穗腐病等。品质佳，籽粒粗蛋白含量9.2%，粗脂肪含量4.5%，赖氨酸含量0.3%。

（12）天润606　2006年通过陕西省审定，主要特征特性：出苗至成熟116～146 d，平均126.8 d；株型半紧凑，株高260 cm，穗位高97 cm，穗长20.3 cm，穗行数16.1行，行粒数35.8粒；穗形长筒形，穗轴红色，籽粒黄色马齿型，百粒重33.6 g。品质主要指标：籽粒容重739 g/L，粗蛋白含量8.08%，粗脂肪含量5.10%，粗淀粉含量70.44%。人工接种鉴定，该品种中抗大斑病和茎腐病，感小斑病、丝黑穗病和玉米螟。

（13）中金368　2006年通过陕西省审定。主要特征特性：春播生育期120～130 d，夏播生育期96 d左右，需积温2850 ℃·d；株型紧凑，穗位下部叶片略上倾，叶尖部略下垂，穗位上部叶片直立上冲；株高270 cm左右，穗位100 cm左右。穗部性状：红轴、黄粒、半马齿型，穗行数16～18行。品质优良；粗蛋白含量10.56%，赖氨酸含量

0.35%。

（14）三北26　2007年通过陕西省审定，主要特征特性：春播生育期128 d；幼苗叶鞘紫色，叶片绿色，长势强，苗期生长健壮；株高276 cm，穗位118 cm，叶片上冲，株型紧凑，全株21片叶；雄穗分枝中等，护颖紫绿色，花药浅紫色，花绿转浅紫色；果穗筒形，穗长19.2 cm，穗粗5.5 cm，穗行数18行，穗轴粉红色；粒型半马齿型，粒色黄色，千粒重370 g，粒深，果穗的出籽率82%，单穗粒重218 g。经西北农林科技大学植保学院抗病鉴定：高抗丝黑穗病、小斑病、大斑病，抗穗粒腐病、茎腐病，感黑粉病。经陕西省粮油产品质量监督检验站检测：粗蛋白（干基）含量10.0%，淀粉（干基）含量66.8%，粗脂肪（干基）含量3.8%，赖氨酸含量0.270%。

（15）蜀龙19　2007年通过陕西省审定。主要特征特性：陕南春播生育期112 d左右；幼苗长势旺，叶色浓绿；成株半紧凑，株高275 cm；穗行16.6，行粒数44粒，单穗重250 g；籽粒黄色，马齿型，品质较好，千粒重351g。经西北农林科技大学植保学院抗病鉴定：抗丝黑穗病，高抗茎腐病、穗粒腐病、大斑病、小斑病，感黑粉病。经陕西省粮油产品质量监督检验站检测：粗蛋白（干基）含量9.3%，淀粉（干基）含量69.1%，粗脂肪（干基）含量3.5%，赖氨酸含量0.23%。

（16）华玉5号（五号黄）　育种单位：镇坪县农业科学研究所。品种来源：99/471×7697，审定编号为陕审玉2007008。生育期133 d，中晚熟品种；幼芽长势强；根系发达，茎秆粗壮、坚硬，抗倒伏；幼苗叶鞘浅紫色，成株叶鞘紫色，叶片绿色；总叶19片，上部叶片平展上挺；株高260～280 cm，穗位高1.0～1.2 cm；雄花颖壳绿色紫条纹，花药红色，雌穗花柱粉红色；果穗长锥形，穗轴红色；穗长25～27 cm，穗粗6 cm，穗行数16～18行，行粒44粒，粒色黄白粒，半马齿型；千粒重380～400 g。抗大斑病、小斑病，丝黑穗病。经陕西省农产品质量监督检验站检测：粗蛋白（干基）含量9.2%，粗脂肪（干基）含量6.4%，淀粉（干基）含量73.1%，赖氨酸含量0.28%。

5. 2009以后玉米品种育成数量呈爆发性增长

（1）登海605　2010年通过陕西省审定，主要特征特性：幼苗叶鞘紫色，叶片绿色，叶缘绿带紫色，花药黄绿色，颖壳浅紫色；株型紧凑，株高259 cm，穗位高99 cm；成株叶片数19～20片；花浅紫色，果穗长筒形，穗长18 cm，穗行数16～18行，穗轴红色，籽粒黄色、马齿型，百粒重34.4 g。经河北省农林科学院植物保护研究所接种鉴定，高抗茎腐病，中抗玉米螟，感大斑病、小斑病、矮花叶病和弯孢菌叶斑病，高感瘤黑粉病、褐斑病和南方锈病。经农业部谷物品质监督检验测试中心（北京）测定，籽粒容重766 g/L，粗蛋白含量9.35%，粗脂肪含量3.76%，粗淀粉含量73.39%，赖氨酸含量0.31%。

（2）汉玉9号 通过陕西省审定，主要特征特性：陕南春播生育期118 d左右，比对照临奥1号迟0.3 d；幼苗叶鞘紫红色，叶色浓绿，长势强；成株高260 cm左右，穗位高105 cm左右；主茎叶片数17～18叶，上部叶片稍宽、上冲，下部叶片较平展，株型半紧凑。雄花序分枝27个，护颖绿色，花药黄色，花粉量大；雌穗花柱红色，雌雄协调；果穗筒形，穗长22 cm，穗粗5.8 cm，穗行数16～20行，穗轴红色；籽粒黄色、半马齿型；果穗的出籽率86.0%左右，结实好；百粒重30～38 g；经品质分析容重733 g/L，粗蛋白（干基）含量10.09%，粗脂肪（干基）含量3.5%，粗淀粉（干基）含量72.21%。经抗病性鉴定高抗茎腐病、大斑病、小斑病，抗穗腐病，中抗丝黑穗病。

（3）汉玉11　2020年通过陕西省审定。主要特征特性：生育期118 d；株高265～280 cm，穗位高105～110 cm；全株叶片数19片，叶色深绿，株型紧凑；雄穗分枝13个左右，护颖红色，花药黄色，花粉量大；雌穗丝状花柱粉红色，苞叶长度适中；果穗筒形，穗轴红色；果穗结实长20～22 cm，穗粗5.0 cm，穗行数16～18行；籽粒黄色、马齿型，百粒重33.3 g。经鉴定抗穗腐病和南方锈病，中抗灰斑病和小斑病，感茎腐病和大斑病。经检测容重750 g/L，粗蛋白（干基）含量9.95%，粗脂肪（干基）含量5.62%，粗淀粉（干基）含量72.55%。

（4）高玉14022　2021年通过陕西省审定。主要特征特性：生育期121 d；幼苗叶鞘浅紫色，叶片较上冲；株高280 cm，穗位高105 cm；叶片数20片；穗位叶叶长，中宽，叶片绿色；雄穗分枝较多；花药黄色，花浅红色；果穗锥形，穗长21.2 cm，穗粗5.6 cm，穗行16～18行，千粒重339 g，出籽率86%，籽粒马齿型、黄白色，籽粒较大。经抗病性鉴定：高抗穗腐病和小斑病；中抗大斑病；感丝黑穗病；高感茎腐病。经品质检测：容重735 g/L，粗蛋白（干基）含量10.23%，粗脂肪（干基）含量3.85%，粗淀粉（干基）含量72.78%。

（5）沃玉3号　2021年通过国家审定。主要特征特性：幼苗叶鞘紫色，叶片深绿色，叶缘紫色，花药紫色，颖壳浅紫色；株型紧凑，株高277 cm，穗位高100 cm，成株叶片数20片；果穗长筒形，穗长18.1 cm，穗行数16～20行，穗粗5.3 cm，穗轴红色，籽粒黄色、粒型马齿型，百粒重37.2 g。接种鉴定，感大斑病、穗腐病、小斑病，中抗茎腐病，抗南方锈病。籽粒容重730 g/L，粗蛋白含量11.07%，粗脂肪含量5.32%，粗淀粉含量72.57%，赖氨酸含量0.28%。

（6）西大998　育种单位：西南大学，葫芦岛市种业有限责任公司。品种来源HY04×082，审定编号为渝审玉2010005。为中熟杂交玉米，生育期122 d；该品种株型半紧凑，株高269 cm，穗位高100 cm，叶色绿色；成株叶片数20片；花药黄色，颖壳浅紫色，花丝浅紫色；穗长19.4 cm，穗行数17.3行，行粒数36.1粒；穗形长筒形，穗轴浅红色，籽粒黄色，半马齿型，百粒重31.9 g。籽粒容重666 g/L，粗蛋白含量10.58%，粗脂肪含量3.92%，粗淀粉含量68.73%。抗大斑病和茎腐病，中抗小斑病，感丝黑穗病和玉米螟。

（7）康农玉108　育种单位：湖北康农种业有限公司、四川高地种业有限公司。用自育系FL119和FL218组配育成。审定编号：川审玉2012 011。为中熟玉米品种，四川春播全生育期约123 d。第一叶鞘颜色紫，第一叶尖端形状匙形；株高232.8 cm，穗位

85.5 cm；叶片与茎秆角度中，茎“之”字程度无，叶鞘颜色绿，雄穗一级侧枝数目中，雄穗主轴与分枝的角度大，雄穗侧枝姿态中度弯曲，雄穗最高位侧枝以上主轴长度长，雄穗颖片基部颜色紫，颖片除基部外颜色紫，花药颜色（新鲜花药）紫，花丝颜色绿，散粉期晚，抽丝期晚，果穗形状圆筒形，穗行 18，行粒 44，粒色黄，籽粒类型中间型，籽粒顶端主要颜色橘黄，籽粒背面颜色橘黄；千粒重 297 g。籽粒容重 732 g/L，粗蛋白含量 10.5%，粗脂肪含量 5.7%，粗淀粉含量 70.7%，赖氨酸含量 0.33%。抗性表现：接种鉴定，中抗大斑病、茎腐病，感小斑病、玉米螟。

（8）三北 89　育种单位：三北种业用品种 D21 × A919 育成的杂交玉米品种，审定编号为国审玉 2011017。该品种为中熟玉米品种，在西南生育期 122 d，与渝单 8 号相当。幼苗叶鞘紫色，叶片绿色，叶紫色，花药黄色，颖壳浅紫色；株型半紧凑，株高 270 cm，穗位高 113 cm。成株叶片数 20 片；丝状花柱绿色；果穗筒形，穗长 19.6 cm，穗行数 14 ~ 16 行，穗轴红色，籽粒黄色、马齿型，百粒重 32.9 g。中抗大斑病、茎腐病和玉米螟，感小斑病、丝黑穗病。

（9）华盛 2000　育种单位：汉中华盛种业科技有限公司。品种来源：勉 K3 × 勉 R6，审定编号：陕审玉 2011019 号。该品种属杂交玉米；生育期 126.6 d，比对照渝单 8 号长 1.6 d；成株叶片数 18 片，叶鞘浅紫色，叶片深绿色；株型半紧凑，株高 251 cm，穗位高 90.2 cm，雄花药黄色，雌穗花柱淡红色；穗长 25 cm，穗粗 5.5 cm，秃尖 0.3 cm，穗行数 18.2 行，行粒数 45.2 粒；穗形筒柱形，穗轴白色，籽粒黄白色、半硬粒型，百粒重 32.5 g，果穗的出籽率 86.1%。抗性表现：高抗穗腐病，抗大斑病、小斑病，感茎腐病。

（10）安科 106　育种单位：安康市农业科学研究所，主要育种人谢世学、潘光堂、王祖桥、兰海、林海建。品种来源：R08 × AY369。审定编号为陕审玉 2017029 号。生育期 119 d；幼苗叶鞘紫色，苗期生长健壮；株高 270 ~ 290 cm，穗位 112 ~ 117 cm；全株叶片 19 片；植株半紧凑、叶片上冲；雄穗分枝 8 ~ 11 个，护颖浅红色，花药浅紫色；花浅红色；果穗圆筒形，籽粒橙黄色，马齿偏硬粒型；穗轴红色，穗长 22 ~ 23 cm，穗行数 16 ~ 18 行，千粒重 330 g，出籽率 87% 左右。容重为 769 g/L，粗蛋白（干基）含量 11.01%，粗脂肪（干基）含量 4.44%，粗淀粉（干基）含量 72.17%；高抗丝黑穗病和小斑病，抗穗腐病，中抗茎腐病和大斑病。

（11）瑞玉 998　选育单位：瑞玉 998 是由甘肃金大地种业有限公司、汉中市瑞丰生物科技有限责任公司共同育成的杂交玉米品种，审定编号为陕审玉 2015038 号。为晚熟玉米品种，该品种在陕西南部春播生育期天数 123.8 d 左右，夏播 90 ~ 100 d 左右。株型半紧凑型，株高 2.5 m 左右，穗行数 16 ~ 18 行，行粒数 45 ~ 50 粒左右，籽粒黄色，马齿型，活秆成熟。经陕西省粮油产品质量监督检验：粗蛋白含量 9.66%，粗脂肪含量 4.5%，粗淀粉含量 71.1%，容量 739 g/L；抗性表现：抗小斑病、中抗丝黑穗病、灰斑病，感大斑病、茎腐病、穗腐病。

（12）胜玉 8 号　育种单位：富源县胜玉种业有限公司。该品种是富源县胜玉种业有限公司在 2010 年用自育自交系杂交组配而成，组合：335－1×18119，审定编号为滇审玉米 2015005 号。该品种为中熟玉米品种，平均生育期 128 d。幼苗第一叶顶端圆形、叶鞘花青甙显色强；叶片弯曲程度弱、与茎秆夹角小；植株叶鞘花青甙无显色或极弱，株高适中、穗位矮到中。散粉期晚，雄穗颖片除基部外花青甙显色中、侧枝弯曲程度弱、与主轴的夹角小到中，雄穗最低位侧枝以上的主轴长度、最高位侧枝以上的主轴长度及侧枝长度适中、一级侧枝数目极少，花药、花丝花青甙显色中到强，植株茎秆“之”字形程度弱，果穗穗柄长度适中，锥到筒形穗，籽粒中等黄色中间型，穗轴颖片花青甙显色极弱。品质检测：容重 773g/L，水分含量 10.8%，粗蛋白含量 10.2%，粗脂肪含量 3.01%，粗淀粉含量 73.23%，赖氨酸含量 0.32%。抗性表现：抗弯孢霉叶斑病、南方锈病、茎腐病，中抗灰斑病、丝黑穗病，中感小斑病，感大斑病、穗腐病。

（13）隆玉 1608　育种单位：安徽隆平高科种业有限公司。品种来源：F1919×H801，审定编号为国审玉 20196226。该品种为晚熟春玉米品种，西南春玉米组出苗至成熟 118.8 d，与对照渝单 8 号熟期相当。幼苗叶鞘紫色，叶片绿色，叶缘紫色，花药黄色，颖壳绿色；株型半紧凑，株高 310 cm，穗位高 125 cm；成株叶片数 19 片。果穗锥形，穗长 21.2 cm，穗行数 14～16 行，穗粗 5.1 cm，穗轴红，籽粒黄色、半马齿型，百粒重 35.7 g。品质分析，籽粒容重 755 g/L，粗蛋白含量 11.35%，粗脂肪含量 3.93%，粗淀粉含量 73.09%，赖氨酸含量 0.31%。抗性表现：中抗丝黑穗病、茎腐病、小斑病，感大斑病、穗腐病，高感灰斑病。

（14）冠玉 1129　育种单位：山东冠丰种业科技有限公司。品种来源：1101×3187，审定编号为国审玉 20196230。该品种为晚熟春玉米品种，西南春播生育期 121.8 d，与对照渝单 8 号相当。幼苗叶鞘紫色，叶片绿色，叶绿色，花药紫色，颖壳浅紫色；株型半紧凑，株高 289 cm，穗位高 116 cm。成株叶片数 20 片。果穗筒形，穗长 19.6 cm，穗行数 16～18 行，穗粗 5.3 cm，穗轴白，籽粒黄色、半马齿型，百粒重 34.4 g。品质分析，籽粒容重 767 g／L，粗蛋白含量 9.23%，粗脂肪含量 4.0%，粗淀粉含量 73.44%，赖氨酸含量 0.26%。抗性表现：抗小斑病、丝黑穗病，中抗大斑病、茎腐病，感灰斑病、穗腐病。

（15）帮豪玉 509　育种单位：重庆帮豪种业有限责任公司。品种组合 BX003×BX314。审定编号为陕审玉 2014023，为中熟杂交玉米品种，该品种在适应性试验 3000 株/亩密度下，生育期 130.3 d，比对照渝单 8 号早 1.7 d。第一叶鞘深紫色，株型半紧凑，株高 295.2 cm，穗位高 125.3 cm，花药浅绿色，颖壳浅紫色，花丝浅紫色；穗长 18.8 cm，穗行数 18.6 行，行粒数 38 粒；穗形筒形，穗轴红色，籽粒黄色、马齿型，百粒重 32.3 g。注意防治玉米螟等病虫害，防止倒伏。

（16）创玉 118　育种单位：四川创世嘉农业科技有限公司、贵州日月丰农业科技有限公司、贵州梵净山种业有限公司。审定编号：黔审玉 2017009。为中熟玉米品种，生育期平均 119 d，与对照渝单 8 号相当。株型半紧凑，株高 254 cm，穗位高 97 cm，雄花护颖紫色，花药浅紫色，雌穗花柱浅紫；穗长 20.9 cm，穗行数 18.1 行，行粒数 40.3 粒，秃尖 0.8 cm；穗形长筒形，穗轴白色，籽粒黄色、半马齿型，百粒重 38 g。抗性表现：高抗穗腐病，抗大斑病、小斑病、茎腐病。

（17）西大 211　育成单位：西南大学；品种来源：MB095 ×082。品种审定编号渝审玉 2011008。该品种为中熟杂交玉米，生育期 128 ~131 d。株型半紧凑，株高 286 cm，穗位高 117 cm，叶色绿色，成株叶片数 21 片；花药黄色，颖壳绿色，花丝浅紫色；穗长 20.6 cm，穗行数 16.2 行，行粒数 38.8 粒；穗形长筒形，穗轴红色，籽粒黄白色、马齿型，百粒重 31.7 g。籽粒容重 696 g / L，粗蛋白含量 10.97%，粗脂肪含量 4.32%，粗淀粉含量 70.5%，赖氨酸含量 0.33%。抗性表现：经人工接种鉴定，中抗大斑病，感小斑病、丝黑穗病和玉米螟，中抗茎腐病。

（18）农科大 8 号　申请单位：甘肃省敦煌种业股份有限公司研究院，育成单位：西北农林科技大学、杨凌三秦种业有限公司。审定编号为陕审玉 2012022 号。春播晚熟品种，生育期 137 d。幼苗叶鞘紫色，叶片深绿，叶紫色；株型紧凑，株高 283 cm，穗位高 103.5 cm；成株叶片数 20 片；茎基绿色，花药粉红色，花丝紫色。果穗锥形，穗长 20.3 cm，穗行数 17.8 行，行粒数 37.9 粒，穗轴白色。籽粒黄色，马齿型，百粒重 31.3 g。籽粒容重 762 g/L，粗蛋白含量 9.00 %，粗脂肪含量 4.32%，粗淀粉含量 74.63%，赖氨酸含量 0.31%。抗性表现：经接种抗性鉴定，高抗茎腐病和穗腐病，中抗大斑病，感丝黑穗病。

（19）陕科 9 号　育成单位：宝鸡迪兴农业科技有限公司。杂交代号 dx36 × dx33。审定编号：陕审玉 2012020 号。晚熟春玉米品种。幼苗生长势强，叶鞘紫色，叶色深绿，叶淡紫色，第四片叶特长；成株株型紧凑，茎秆粗壮，支持根发达，穗位整齐，果穗上部 6 ~7 片叶，夹角小，叶片上冲；株高 270 cm 左右，穗位高 105 cm 左右；植株叶片数 21 ~22 片；雄穗分枝 9 ~13 个，颖壳绿色紫条纹，花药壳紫色；雌穗花柱较粗，红色；果穗筒形，结实好，穗长 21 cm 左右，穗行数 18 ~22 行，穗粗 5.6 cm，行粒数 44 粒左右，果穗均匀，穗轴白色；籽粒黄色，马齿型，粒密，品质优，百粒重 36.4 g，果穗的出籽率 89% 左右；抗病性表现：中抗茎腐病，感丝黑穗病。

（20）镇玉 213　镇玉 213 是镇坪县农科所曾广莹、李丛斌等 2006 年用自育“2006 -1”系和自育系“F -13”成功育成的优质高抗高产广适的玉米杂交种，2015 年通过陕西省农作物品种审定委员会审定。该品种幼苗叶鞘淡紫色，成株株高 275 cm，穗位高 115 cm；穗形筒形，总叶片数 19，穗位适中，株型半紧凑型；穗长 17 cm，粗约 4.5 cm，穗行 16 ~18 行，籽粒黄色，白轴马齿型，千粒重 380 g 左右，穗大无空秆，封顶性好，保绿性强，在陕南春播生育期 119 d 左右；熟期中晚熟，中密大穗，活秆成熟；经多年多点试验，宜于陕南海拔 900 m 以下及同类春播种植。经陕西省粮油产品质量监督检验站检测：容重达标率 732 g/L，粗蛋白（干基）含量 8.49%，粗淀粉（干基）含量

71.7%，粗脂肪（干基）含量4.3%。经西北农林科技大学植物保护学院鉴定：镇玉213高抗丝黑穗病、茎腐病和大斑病，抗穗腐病和小斑病。

（21）镇玉508　镇玉508是陕西省镇坪农科所曾广莹、李丛斌等人用自交系4640与自交系D606－132为父本组配强优中晚熟杂交种；2020年3月通过陕西省农作物审定委员会审定。该品种陕南春播生育期122.3 d左右，比照晚熟1.0 d。幼苗叶鞘紫色，花丝浅粉色，花药黄色，株型半紧凑，株高279.5 cm，穗位高106.1 cm，成株叶片数19片；果穗筒形，穗长19.8 cm，穗行数17.3行，行粒数38.0粒，单穗粒重207.9 g，穗轴红色，籽粒黄色、马齿型，百粒重33.3 g，果穗的出籽率88.7%；籽粒商品品质较好，抗倒力强，活秆成熟；适合在陕南中高山种植。经西北农林科技大学植物保护学院2017—2018年鉴定，镇玉508高抗灰斑病和南方锈病，抗穗腐病、大斑病和小斑病，中抗茎腐病。

（22）镇玉101　镇玉101由镇坪县农科所曾广莹、王文章，安康市农作物种子站张涛等科研人员于2012年冬在海南用自育系“206－1”做母本，与自交系“D606－132”为父本组配而成的中秆半紧凑大穗型中熟玉米杂交种，2019年3月通过陕西省农作物审定委员会审定。该品种生育期121 d左右，幼苗叶鞘淡紫色，成株株高315 cm，株型半紧凑，穗位高125 cm；穗形为筒形，总叶片数19，苞叶长，苞叶紧；穗长21.8 cm；穗粗5.9 cm、穗行数18～20行；行粒数42～46粒左右，单穗粒重218.2 g；穗轴红色籽粒黄色、马齿型，果穗的出籽率88.7%，千粒重368 g。籽粒商品品质较好，抗倒力强活秆成熟。适应陕南秦巴及云贵川等同类生态种植，镇玉101中抗丝黑穗病和小斑病、高抗灰斑病，茎腐病，大斑病，南方锈病，抗穗腐病。

（七）川北玉米品种演替

1. 1970—1979年　郑单2号（唐四平头、获白）。该品种具有高产、抗病毒、耐大小叶斑病、双穗率高、结实性强、抗倒伏、适应性广，为当时全国五大玉米优良品种。

2. 1980—1989年　中单2号（Mo17、自330），七三单交（77、330），渝单1号（渝5、自330），绵单1号（绵81565、交51）。

（1）中单2号　1973年育成，组合为Mo17×自330。株高239 cm，穗位80 cm，茎秆坚硬；抗大小斑病，抗丝黑穗病；果穗长筒形，穗长25 cm，粗4.2 cm，穗行数12～16，籽粒马齿型，黄色，紫轴，千粒重330～350 g。品质中等，果穗的出籽率85%。适宜河北、山东、山西、陕西、四川、河南、江苏等地种植。在水肥条件较高时，增产显著。

（2）七三单交　又名郧单1号，组合是77×330。分别由湖北郧阳地区农科所和四川雷马坪农场育成的杂交种。

（3）渝单1号　重庆市农业科学研究所用玉米自交系渝5作母本、自330作父本杂交选育而成，1987年通过四川省农作物品种审定委员会审定。生育期122 d左右。幼苗长势旺，叶色深绿，植株整齐，根系发达，后期不早衰；株高 250 ~ 253 cm，穗位高 109 ~ 110 cm，穗长 20 ~ 25 cm，穗粗 5 cm，穗行数 16 行，行粒数 36 粒，千粒重 340 ~ 360 g，出籽率 85% ~ 90%，籽粒黄红色，马齿型。

（4）绵单 1 号　杂交组合为南 21 - 3 × 81565。四川省绵阳市农业科学研究所育成。1989 年通过审定，定名为绵单 1 号。该品种为中熟种，全生育期 128 d；株高 246 cm，穗位高 105 cm，穗长 19.1 cm，穗粗 4.77 cm，千粒重 293 g，半马齿型，籽粒浅黄色。高抗玉米矮花叶病，较抗小斑病，中感玉米丝黑穗病；耐旱耐肥，茎秆坚韧，抗倒伏。

3. 1990—1999 年　代表品种有川单 9 号、川单 13、成单 14、雅玉 2 号、农大 108、花单 1 号

（1）川单 9 号　川单 9 号，四川农业大学育成。该品种通过四川省和国家审定。生育期 120 d。株高 200 ~ 300 cm，穗位高 60 ~ 70 cm；全株 19 叶左右，穗下叶披垂，穗上叶斜举；穗长 18 ~ 22 cm，秃尖 0 ~ 2.6 cm，16 行，穗粒 450 ~ 600 粒，籽粒黄色，马齿型，果穗的出籽率 87%，千粒重 300 ~ 340 g。

（2）川单 13　四川农业大学玉米研究中心育成。植株整齐矮壮，叶片斜直，株型紧凑，幼苗长势旺，苗期和成株叶色浓绿，持绿期长，活秆成熟。春播生育期 122 d；株高 213 cm，穗高 77 cm，果穗筒形，穗长约 20 cm，黄粒，半马齿型，千粒重 301 g，商品品质优良。该品种抗病抗倒伏，人工接种鉴定表明，大斑病中感 ~ 中抗，小斑病中抗 ~ 感，抗丝黑穗病，中感矮花叶病。

（3）成单 14　成单 14 是四川省农业科学院作物栽培育种研究所用“32”与“200B”组配育成的四川省及西南地区第一个紧凑型玉米杂交种，1993 年通过四川省农作物品种审定委员会审定。该品种苗期长势强，成株生长整齐，株型紧凑；生育期 119 d，中熟；株高 253 cm，穗位高 83 cm，穗长 18.5 cm，穗行数 13.2 行，行粒数 36.3 粒，籽粒黄色，马齿型，果穗的出籽率高达 87.2%，千粒重 293 g。高抗小斑病，中抗矮花叶，轻感大斑病，抗倒伏。

（4）雅玉 2 号　雅玉 2 号系四川省雅安地区农业科学研究所育成。该品种生长势强、植株整齐度高，幼苗叶色绿，叶鞘紫色，株型上紧下散；株高 280 ~ 290 cm，穗位 120 ~ 130 cm，双穗率 20% ~ 30%，穗长 18 ~ 19 cm，穗粗 4.9 cm，穗行 16 行，行粒数 38 ~ 40 粒，千粒重 295 ~ 300 g；雄穗发达，散粉好，苞叶长短适中，穗轴白色，果穗的出籽率高，秃顶轻，单穗重 170 ~ 190 g；籽粒橙黄，半硬粒型，外观及食用品质优。较抗大斑病、小斑病、丝黑穗病，耐阴湿、寒冷和瘠薄；秆硬根茂，抗倒伏。

（5）农大 108　其亲本黄 C 来源于中国种质，亲本 P178 选自外来杂交种。杂交种 108 为大穗品种，穗部性状具有较高的杂种优势。具有高产、稳产、株形紧凑、根系发达、叶绿素含量高、抗逆性强、适应性广、品质好、营养价值高、制种容易等特性。该品种春播生育期 120 d 左右；株高 260 cm，穗位 110 cm，叶片宽直，色浓；穗位以下叶片平展，穗位以上叶片上冲，属半紧凑型；该品种根系发达，粒型半马齿型，质地半坚

硬，果穗的出籽率 85%，品质好。表现抗倒伏、抗旱、耐瘠薄；抗大斑病、小斑病、黑粉病和南方锈病。

（6）花单 1 号　花单一号是广西农校于 1983 年以自交系南 60－1 为母本，与自选的花培纯系花 83－2 为父本组配而成的中熟玉米单交种。幼苗长势旺盛，中后期长势强；株高 223 cm，穗位高 89 cm，茎粗 1.8 cm。穗筒形、白粒、半硬、轴心白色，穗长 15.5 cm，穗粗 4.5 cm，秃顶长 1.8 cm，每穗 16 行，每行 33 粒，果穗的出籽率 83%，千粒重 282 g。空秆率 2.4%，倒伏率 8.3%。大斑病 1～3 级，小斑病 1～2 级，整个生育期长势旺盛，植株较矮，粗壮，耐肥耐旱，抗大小斑病。

4. 2000—2009 年　代表品种川单 14、雅玉 889、正大 619、成单 30、渝单 8 号、正红 311、荣玉 168、中单 808、渝单 30 等品种。

（1）川单 14（川审玉 58 号）　四川农业大学玉米研究中心育成，在四川省雅安市全生育期 133 d。苗期长势旺，生长整齐；株高 272.5 cm，穗位高 105 cm，穗长 20.9 cm，穗行数 13.7 行，行粒数 38 粒，出籽率 81.1%，千粒重 320.2 g，籽粒黄色，马齿型。籽粒含粗蛋白 11.8%，粗脂肪 4.4%，粗淀粉 74.3%，赖氨酸 0.32%。抗大斑病、小斑病、丝黑穗病，高抗矮花叶病、茎腐病。

（2）雅玉 889　四川雅玉科技开发有限公司在 2002 年春组配，审定编号为滇审玉米 2008009 号。幼苗叶鞘深紫色，叶片绿色，长势强；成株整齐，株型半紧凑；平均生育期 135 d 左右；主茎总叶片数 20～21；雄穗大，主轴长，分枝 10～15 个；护颖和花药紫色，散粉性好，丝状花柱浅紫色；籽粒黄色、半马齿型，穗轴红色；品质测试结果，容重 745 g/L，粗蛋白含量 10.3%，粗脂肪含量 4.5%，粗淀粉含量 71.9%，赖氨酸含量 0.33%。抗性鉴定结果，高抗大斑病，高抗小斑病，抗南方锈病，抗丝黑穗病，中抗灰斑病，中抗茎腐病，中抗弯孢菌叶斑病，高感穗腐病。

（3）正大 619　系襄樊正大农业开发有限责任公司四川分公司用自育系 F06 与 F19 组配而成，2000 年 12 月经广西壮族自治区农作物品种审定委员会审定通过，审定编号为桂审玉 200007 号。该品种生育期 126 d；株高 261.5 cm，穗位高 106.3 cm，穗长 21.6 cm，穗粗 4.8 cm，穗行数 13.6 行，行粒数 40.8 粒，百粒重 32.7 g；果穗筒形，籽粒黄色，硬粒型，穗轴白色；株型平展，青秆成熟；雄穗紫红色，花粉量大，雌穗花柱红色。对玉米大小斑病、丝黑穗病、茎腐病抗性较强，抗倒伏。

（4）成单 30　审定编号为川审玉 2004002。春播全生育期 119 d；苗期长势强，整齐度好；株高 276 cm，穗位高 110 cm；株型半紧凑。雄穗分枝 5～7 个，分枝较长，花粉量大；雌穗花柱白色；果穗长柱形，穗长 19 cm，穗行数 16 行，行粒数 35.3 粒，穗轴淡红色，籽粒黄色中间型，果穗的出籽率 87.0%，千粒重 282.1 g。容重 773 g/L，粗蛋白含量 9.7%，粗脂肪含量 3.8%，粗淀粉含量 67.3%，赖氨酸含量 0.31%。经接种鉴定：抗大斑病、茎腐病，中抗小斑病、丝黑穗病。

（5）渝单 8 号　审定编号为国审玉 2005024。该品种由重庆市农业科学院育成，在西南春播生育期116～122 d，比对照农大108晚1～3 d，需有效积温3000 ℃·d左右。幼苗叶鞘浅紫色，叶片浅绿色，叶绿色；花药黄色，颖壳绿色；株型半紧凑，株高270 cm，穗位高117 cm；成株叶片数19片；丝状花柱淡紫色，果穗筒形；穗长17.2～18.5 cm，穗行数12～16行，穗轴红色；籽粒黄色，半马齿型，百粒重30～32 g。品种抗病、抗倒伏。

（6）正红311　四川农大农学院育成，审定编号为川审玉2006019，春播生育期123 d，与对照川单15号相当。全株叶片数9片左右；幼苗长势强，根系发达，茎秆坚韧，叶色浓绿，活秆成熟；株高290 cm，穗位高133 cm，穗上部叶片较疏朗，株型较好；雄穗分枝16～18个，颖壳绿色有紫条，颖尖紫色，花药紫色，散粉性好；花紫色，吐丝整齐；果穗长筒形，白轴，穗长20～25 cm，穗行数16～18行，每行36～45粒；籽粒黄色，半马齿型，千粒重310～330 g，果穗的出籽率85%左右。经人工接种鉴定，中抗大斑病、小斑病，感茎腐病、丝黑穗病；抗倒伏、耐旱、耐粗放能力强。品质化验分析，籽粒容重763 g/L，粗蛋白含量10.8%，粗脂肪含量5.4%，淀粉含量75.1%，赖氨酸含量0.30%。

（7）川单418　系四川农业大学玉米研究所育成，2007年11月获得审定，审定编号为国审玉2007020。在西南春播生育期115 d，与对照相当；幼苗叶鞘浅紫色，叶片绿色，花药紫色；颖壳浅紫色；株型紧凑，株高270 cm，穗位高120 cm；成株叶片数19片；丝状花柱绿色。果穗筒形，穗长18.3 cm，穗行数16～18行，穗轴红色；籽粒黄色、马齿型，百粒重29.5 g。抗玉米螟，中抗大斑病、小斑病，感丝黑穗病，高感茎腐病。

（8）荣玉168（R08、RP125）　四川农业大学玉米研究所、四川川单种业育成。四川春播生育期113 d，比对照川单13长2 d。株高268.1 cm，穗位高106.1 cm；花药浅紫色，雌蕊花柱绿色；穗行数16.0行，行粒数35粒，籽粒黄色、马齿型。容重710 g/L，赖氨酸含量0.27%、粗蛋白含量8.0%、粗脂肪含量4.3%、粗淀粉含量77.7%。经接种鉴定，抗大斑病和小斑病，感丝黑穗病。

（9）中单808　是中国农业科学院作物科学研究所以CL11为母本，NG5为父本组配育成，审定编号：审玉2006037，品种的综合表现好，在西南有较大面积推广。

（10）渝单30 重庆市农业科学院育成，审定编号：渝审玉2008004。该品种属中熟杂交玉米，春播生育期119～130 d，比对照渝单8号短2.7 d。株高263 cm，穗位高100 cm，叶色绿色；成株叶片数19～20片；株型半紧凑，花药黄色，颖壳浅紫色，花丝绿褐色，果穗长筒形，平均果穗长17.5 cm，平均穗行数16.9行，平均行粒数35.7粒，穗轴粉红色；籽粒黄色、马齿型，百粒重30.9 g，果穗的出籽率84.8%，平均倒伏（折）率2.55%。人工接种鉴定，该品种抗小斑病、丝黑穗病，中抗大斑病、茎腐病、玉米螟。

5. 2009—2022年　代表品种有中玉335、渝单35、中单901、雅玉891、康农玉07、荃玉9号、同玉609、康农玉109、雅玉988、冠玉57、成单716、渝单821、南玉

88、正红507、梦玉298、川单99、渝单901、成单3601、渝单59、渝单998、渝单818等品种。

（1）中玉335 审定编号为国审玉20200554、川审玉2009019、黔审玉2011018、鄂审玉2012006、滇审玉米2012018等。品种来源：2YH1－3×SH1070。育种单位：四川省嘉陵农作物品种研究有限公司、四川中正科技有限公司。特征特性：该品种活秆成熟，抗性好，增产点近100%，适应性广；在四川春播生育期约130 d，在湖北生育期139 d；幼苗长势旺，幼苗叶鞘紫色；平均株高250 cm，穗位高约100 cm，株型半紧凑；叶片深绿色；雄穗分枝12～20个；穗行数17.8行，行粒数35.2粒，千粒重310.5 g，单穗粒重171.95 g，籽粒黄色、半马齿型；高抗茎腐病，中抗大斑病、玉米螟。

（2）渝单35 审定编号：渝审玉2011005。品种来源：渝8954×渝1193。特征特性：该品种为中熟杂交玉米，春播生育期116～136 d，平均126.0 d；株型半紧凑，株高252 cm，穗位高96 cm；叶色绿色；成株叶片数19～20片；花药黄色，颖壳绿色，花柱绿色；穗长17.8 cm，穗行数16.9行，行粒数35.0粒；穗形长筒形，穗轴红色，籽粒浅黄色、马齿型，百粒重30.6 g。籽粒容重702 g/L，粗蛋白含量11.55%，粗脂肪含量4.93%，粗淀粉含量69.06%，赖氨酸含量0.33%。适宜重庆市海拔700 m以下地区种植，3月上中旬播种育苗为宜，亩植密度3000株左右，注意防治小斑病和丝黑穗病。

（3）中单901 审定编号：川审玉2013010。育种单位：中国农业科学院作物科学研究所、四川农业大学玉米研究所。特征特性：中晚熟，春播生育期132 d；第一叶鞘颜色紫色，尖端形状匙形；平均株高242 cm，穗位109 cm，株型紧凑；叶片与茎秆夹角中，茎"之"字形程度无，叶鞘绿色，雄穗一级侧枝数目少，雄穗主轴与分枝的角度小，雄穗侧枝直立，雄穗最高位侧枝以上主轴长度短，雄穗颖片基部绿色，颖片除基部以外浅紫色；花药颜色紫；果穗形状圆筒形，穗行数18行，行粒数36粒，千粒重310.5 g；籽粒类型马齿型，顶端主要颜色黄，籽粒背面橘黄。穗轴颖片颜色红，籽粒整齐。抗大斑病，中抗丝黑穗病、茎腐病，感小斑病。

（4）雅玉891 审定编号：川引种2017第137号。品种来源：YA741×YA8219，育成单位：四川雅玉科技开发有限公司。特征特性：平均生育期128 d；幼苗第一叶顶端圆形、叶鞘花青甙显色强；叶片弯曲程度弱、与茎秆夹角小到中；植株叶鞘花青甙无显色或极弱，植株矮到中、穗位适中；散粉期晚到极晚，雄穗颖片除基部外花青甙显色强度中，侧枝弯曲程度强、与主轴的夹角大，雄穗最低位侧枝以上的主轴长度及最高位侧枝以上的主轴长度、侧枝长度长、一级侧枝数目少；花药、花丝花青甙显色中；植株茎秆"之"字形程度较弱；果穗穗柄长度适中，锥到筒形穗。籽粒中等黄色，偏马齿型；穗轴颖片花青甙显色中。抗大斑病、小斑病、弯孢霉叶斑病、南方锈病、茎腐病、丝黑穗病，中抗灰斑病，感穗腐病。

（5）康农玉07 审定编号：国审玉2015030。特征特性：在西南春播生育期117 d，比渝单 8 号晚 1 d。株高 260 cm 左右，穗位高 108 cm 左右，株型半紧凑；幼苗叶鞘紫色，成株叶片数 19 片左右；雄穗分枝数 13 个左右，花药浅紫色，花淡紫色，果穗与茎秆夹角中，穗柄短，苞叶长；果穗锥形，穗长 18. 3 cm，穗行数 16 ~ 18 行，穗轴白色，籽粒黄色、半马齿型，百粒重 34. 9 g。接种鉴定，中抗大斑病和小斑病，感丝黑穗病、灰斑病，高感茎腐病和穗粒腐病。

（6）荃玉 9 号　审定编号：国审玉 2015030。四川省农业厅 2011 第 0C8 号；品种来源：YL051 ×910 －1。特征特性：在西南春播生育期 119 d，比渝单 8 号早 1 d。幼苗叶鞘紫色，叶片绿色，叶缘绿色；花药浅紫色，颖壳绿色；株型半紧凑，株高 271 cm，穗位高 109 cm；成株叶片数 18 片；丝状花柱浅紫色；果穗锥形，穗长 19. 1 cm，穗行数 16 ~ 18 行，穗轴红色，籽粒黄色、马齿型，百粒重 32. 5 g；平均倒伏（折）率 4. 9% 。经四川省农业科学院植物保护研究所两年接种鉴定，中抗大斑病，感小斑病、丝黑穗病、茎腐病和玉米螟。

（7）同玉 609　审定编号：国审玉 20176100。品种来源：R62 × S909。特征特性：西南春播生育期 121 d，比对照品种渝单 8 生育期晚 3 d。幼苗叶鞘浅紫色，叶片深绿色；花药绿色，颖壳绿色；株型半紧凑，株高 279 cm，穗位高 113 cm；成株叶片数 20 片；丝状花柱绿色；果穗锥形，穗长 18. 5 cm，穗行数 16 ~ 18 行，穗轴白色，籽粒黄色、半硬粒；百粒重 31. 1g。中抗茎腐病、小斑病，感大斑病、丝黑穗病、穗腐病。

（8）康农玉 109　审定编号：川审玉 20180010。品种来源：FL2182 × FL1411。特征特性：四川山区春播，生育期 133. 9 d；第一叶鞘颜色浅紫，第一叶尖端形状圆到匙形，叶片与茎秆角度小，叶鞘颜色绿；雄穗一级侧枝数目中，雄穗主轴与分枝的角度大，雄穗侧枝姿态轻度弯曲，雄穗最高位侧枝以上主轴长度长，雄穗颖片基部颜色绿，颖片除基部外颜色浅紫；花药颜色浅紫，花柱颜色浅紫；果穗形状中间型，籽粒类型中间型，籽粒顶端主要颜色黄，籽粒背面颜色橘黄，穗轴颖片颜色白，籽粒排列形式直。中抗穗腐病、大斑病，感小斑病、丝黑穗病，高感茎腐病。

（9）雅玉 988　审定编号：雅玉科技育成，国审玉 20180145。特征特性：春播生育期 116. 8 d，比对照渝单 8 号晚熟 1. 15 d。幼苗叶鞘紫色，叶片绿色，花药浅紫色，颖壳紫色；株型平展，株高 309 cm，穗位高 133 cm；成株叶片数 23 片；果穗长锥形，穗长 19. 9 cm，穗行数 16 行，穗粗 5. 1 cm，穗轴红；籽粒黄色、半马齿型，百粒重 33. 9 g。接种鉴定，中抗大斑病，中抗穗腐病，中抗小斑病；感丝黑穗病，感灰斑病，感茎腐病。

（10）冠玉 57　审定编号：国审玉 20196257。品种来源：YJ4404 × YJ247。特征特性：西南春播生育期 121. 2 d，比对照渝单 8 号晚熟 0. 5 d；幼苗叶鞘紫色，叶片绿色，花药紫色，颖壳绿色；株型紧凑，株高 285 cm，穗位高 110 cm；成株叶片数 21 片；果穗筒形，穗长 19. 8 cm，穗行数 16 ~ 18 行，穗粗 5. 1 cm，穗轴白；籽粒黄色、半马齿型，百粒重 34. 3 g。接种鉴定，抗茎腐病，中抗大斑病、灰斑病、南方锈病，感小斑病、穗腐病。

（11）成单 716　审定编号：国审玉 20190330。品种来源：Y1211 × Y9614。特征特性：西南春玉米组出苗至成熟 117 d，比对照渝单 8 号早熟 0.9 d；幼苗叶鞘紫色，叶片绿色，花药紫色，颖壳绿色；株型半紧凑，株高 273 cm，穗位高 101 cm；成株叶片数 20 片；果穗筒形，穗长 19.3 cm，穗行数 16 ~ 18 行，穗粗 5.1 cm，穗轴红；籽粒黄色、马齿型，百粒重 32.8 g。接种鉴定，感大斑病、穗腐病、小斑病，高感灰斑病、茎腐病。

（12）渝单 821　审定编号：国审玉 20200406。品种来源：渝 8 × 渝 213。特征特性：西南春播生育期 118.9 d，比对照渝单 8 号晚熟 2.2 d。成株叶片数 19 片；幼苗叶鞘紫色，叶片绿色；花药浅紫色，颖壳浅紫色；株型半紧凑，株高 298 cm，穗位高 122 cm；果穗长筒形，穗长 20.25 cm，穗行数 16 ~ 18 行，穗粗 4.9 cm，穗轴白色，籽粒黄色、硬粒，百粒重 34.35 g。接种鉴定，感大斑病，感灰斑病，高抗茎腐病，感穗腐病、小斑病。籽粒容重 798.0 g/L，粗蛋白含量 9.77%，粗脂肪含量 3.66%，粗淀粉含量 76.57%，赖氨酸含量 0.23%。

（13）南玉 88　审定编号：国审玉 20200409。品种来源：南 5983 × 南 7020。特征特性：幼苗叶鞘浅紫色，叶片深绿色；花药浅紫色，颖壳紫色；株型半紧凑，株高 275 cm，穗位高 112 cm；成株叶片数 19 片；果穗锥形，穗长 19.3 cm，穗行数 16 ~ 18 行，穗粗 5.2 cm，穗轴红色；籽粒黄色、半马齿型，百粒重 31.3 g。接种鉴定，中抗大斑病，感灰斑病，感茎腐病，感穗腐病、小斑病，抗南方锈病。

（14）正红 507　审定编号：国审玉 20210609。品种来源：K169 × K61。特征特性：西南春播（中高海拔）生育期 121.9 d。比对照渝单 8 号晚熟 0.7 d；幼苗叶鞘紫色，叶片绿色；花药黄色，颖壳绿色；株型半紧凑，株高 293 cm，穗位高 119 cm；成株叶片数 20 片；果穗筒形，穗长 17.2 cm，穗行数 18 ~ 20 行，穗粗 5.0 cm，穗轴红色，籽粒黄色、马齿型，百粒重 31.8 g。接种鉴定，感大斑病、茎腐病、穗腐病、小斑病，抗丝黑穗病，中抗灰斑病、南方锈病。

（15）梦玉 298　审定编号：国审玉 20216218。品种来源：L648 × TLB115。特征特性：西南春播（中低海拔）生育期 121.0 d，比对照中玉 335 晚熟 1.3 d。幼苗叶鞘紫色，叶片绿色，花药浅紫色，颖壳浅紫色；株型半紧凑，株高 286 cm，穗位高 118 cm，成株叶片数 21 片；果穗长锥形，穗长 19.8 cm，穗行数 16 ~ 20 行，穗粗 5.3 cm，穗轴白色；籽粒黄色、半马齿型，百粒重 35.3g。接种鉴定，感大斑病、灰斑病、穗腐病、小斑病、南方锈病，中抗茎腐病。

（16）川单 99　审定编号：国审玉 20210096。特征特性：幼苗叶鞘紫色，叶片绿色，雄花壳黄色，颖壳紫色；株型半紧凑，株高 318 cm，穗位高 127 cm；成株叶片数 21 片；果穗长筒形，穗长 19.2 cm，穗行数 16 ~ 20 行，穗粗 5.1 cm，穗轴红色，籽粒黄色、马齿型，百粒重 33.05 g。接种鉴定，中抗大斑、灰斑、小斑，抗茎腐、南方锈病。

（17）渝单901　审定编号：渝审玉20210016。品种来源：渝618×渝213。特征特性：该品种为中熟杂交玉米，生育期133 d。第一叶鞘浅紫色，株型半紧凑，株高305 cm，穗位高129 cm，叶色绿色，成株叶片数21片；花药浅紫色，颖片紫色，花浅紫色；穗长18.9 cm，穗行数17.8行，行粒数36.5粒；穗形长筒形，穗轴白色，籽粒橙黄色、硬粒型，百粒重35.0 g。籽粒容重796 g/L，粗蛋白含量9.53%，粗脂肪含量4.28%，粗淀粉含量72.44%。两年人工接种鉴定，该品种抗大斑病和小斑病，中抗茎腐病和穗腐病。

（18）成单3601　审定编号：国审玉20220400。品种来源：Y9614×H8211。特征特性：西南春播（中高海拔）生育期131.8 d，比对照中玉335晚熟2.6 d。幼苗叶鞘紫，花绿色，花药浅紫色，颖壳绿；株型半紧凑，株高292 cm，穗位高115 cm；成株叶片数20片；果穗长筒形，穗长19.5 cm，穗行数16～20行，穗轴白色，籽粒黄色，百粒重33.8 g。经鉴定，中抗大斑病，中抗茎腐病，感穗腐病、小斑病，中抗灰斑病，感南方锈病、丝黑穗病。

（19）渝单59　审定编号：由重庆市农科院育成，通过国家审定。特征特性：幼苗叶鞘紫色，花丝浅紫色，花药紫色，颖壳紫色；株型半紧凑，株高300 cm，穗位高119 cm，成株叶片数20片；果穗长筒形，穗长19 cm，穗行数16～20行，穗轴红色，籽粒黄色，百粒重32.1 g。经鉴定，感大斑病、小斑病，抗茎腐病，中抗穗腐病，高感灰斑病，抗南方锈病。

（20）渝单998　审定编号：渝审玉20220001，由重庆市农科院育成，亲本为渝22×渝061。特征特性：该品种为中熟杂交玉米，春播生育期127 d，比对照长1 d；第一叶鞘浅紫色；株型半紧凑，株高303 cm，穗位高103 cm；叶色绿色，成株叶片数20片；花药浅紫色，颖片绿色，花柱浅紫色；穗长18.9 cm，穗行数18.6行，行粒数38.5粒；穗形长筒形，穗轴红色，籽粒黄色、半马齿型，百粒重32.2 g。籽粒容重730 g/L，粗蛋白含量9.30%，粗脂肪含量4.39%，粗淀粉含量71.60%。两年人工接种鉴定，该品种抗大斑病，中抗小斑病、茎腐病和穗腐病。

（21）渝单818　审定编号：渝审玉20220015。重庆市农业科学院育成。特征特性：该品种为中熟杂交玉米，春播生育期129 d，比对照长1 d。第一叶鞘深紫色，株型半紧凑，株高312 cm，穗位高123 cm，叶色绿色，成株叶片数22片；花药浅紫色，颖片紫绿色，花浅紫色；穗长21.1 cm，穗行数18.1行，行粒数38.8粒；穗形长筒形，穗轴红色，籽粒黄色、半马齿型，百粒重33.8 g。抗茎腐病，中抗大斑病、小斑病和穗腐病。

三、秦巴山片区玉米代表性品种

（一）康农玉108

品种来源：FL119×FL218。

审定编号：鄂审玉2011004。

申请单位：湖北康农种业、四川高地种业。

育种单位：湖北康农种业、四川高地种业。

特征特性：该品种为中晚熟玉米杂交品种，鄂西春播生育期131 d；株型半紧凑，幼苗叶鞘紫色。成株叶片数21片左右；雄穗分枝数20个左右，花药浅紫色，颖尖紫色，花丝浅紫色；苞叶适中，果穗锥形，穗轴白色，籽粒黄色、马齿型。试验平均株高288 cm，穗位高125 cm，穗长19.0 cm，穗粗5.3 cm，秃尖长1.1 cm，穗行数17.9，行粒数39.2粒，千粒重306.3 g，干穗的出籽率87.9%。生育期138 d。田间大斑病1.5级，小斑病2.3级，茎腐株率5.3%，南方锈病1.6级，穗腐病1.7级。田间倒伏（折）率18.1%。经农业部谷物品质监督检验测试中心测定，容重766 g/L，粗淀粉（干基）含量73.26%，粗蛋白（干基）含量10.04%，粗脂肪（干基）含量4.47%，赖氨酸（干基）含量0.26%。

产量表现：两年的区域试验平均亩产684.11 kg，比对照鄂玉10号增产12.54%。其中，2009年亩产725.13 kg，比对照增产13.10%；2010年亩产643.08 kg，比对照增产11.86%。

适宜种植的区域：该品种适宜在湖北、四川、贵州、重庆及陕南作春玉米种植推广。

（二）腾龙1号

审定编号：鄂审玉2010011。

品种来源：DZ01×L06。

申请单位：湖北腾龙种业。

育种单位：湖北腾龙种业。

特征特性：品种为中晚熟玉米杂交种，生育期139.8 d，比兴单13迟熟0.6 d，鄂西春播生育期137 d。株型半紧凑；幼苗叶色浓绿，叶鞘紫色，叶片宽厚清秀；花药黄色，花青色，雄穗较发达，分枝数8~13个；果穗锥形，白轴，黄白粒、半马齿型；试验中株高268.6 cm，穗位高103.7 cm，果穗长20.1 cm，穗粗5.3 cm，秃尖长1.0 cm，穗行17.0行，每行39.5粒，千粒重343 g，干穗的出籽率85.5%，倒折（伏）率4.8%。抗病性经恩施州植保站在鹤峰燕子自然诱发鉴定：抗弯孢菌叶斑病，中抗大、小斑病，中感灰斑病和锈病。经农业部食品质量监督检验测试中心（武汉）测定，容重769.5 g/L，粗蛋白（干基）含量8.69%，粗脂肪（干基）含量5.0%，粗淀粉（干基）含量71.5%，赖氨酸（干基）含量0.22%。

产量表现：两年试验平均亩产631.93 kg，比对照兴单13增产11.44%，其中，2008年亩产599.44 kg，比兴单13增产5.27%，增产显著；2009年亩产664.44 kg，比兴单13增产17.60%，增产极显著。

适宜种植的区域：该品种适宜在湖北、贵州、重庆种植推广。

（三）恩禾单1号

审定编号：鄂审玉2018006。

品种来源：12ED27×12FW07。

申请单位：恩施州农业科学院、四川禾创种业。

育种单位：恩施州农业科学院。

特征特性：该品种为中晚熟玉米品种，鄂西春播生育期132 d；株型半紧凑，植株、穗位偏高；幼苗叶鞘紫色；成株叶片数21～22片，穗上叶5～6片；雄穗分枝数6～12个，花药紫色，花红色；果穗锥形，苞叶包被好，穗轴白色，籽粒黄白粒、马齿型；试验中株高302.5 cm，穗位高134.6 cm，空秆率0.3%，穗长19.0 cm，穗粗5.9 cm，秃尖长0.5 cm，穗行数20.3行，行粒数38.3粒，千粒重339.7 g，干穗的出籽率85.0%。田间灰斑病3级，南方锈病3级，茎腐株率0.7%；田间倒伏（折）率0.6%。经农业部谷物品质监督检验测试中心测定，容重739g/L，粗蛋白（干基）含量10.26%，粗脂肪（干基）含量3.97%，粗淀粉（干基）含量71.39%。

产量表现：两年试验平均亩产759.39 kg，比对照双玉919增产18.06%，其中，2016年亩产733.31 kg，比双玉919增产15.44%。2017年亩产785.38 kg，比双玉919增产20.62%。

适宜种植的区域：该品种适宜在西南种植推广。

（四）绵白002

审定编号：国审玉20200352。

品种来源：MN2311×MN2215。

申请单位：张掖市科兴种业。

育种单位：张掖市科兴种业。

特征特性：品种为中熟玉米品种，西南春播（中低海拔）生育期122.8 d，比对照渝单8号/中玉335早熟3 d。株型半紧凑，株高307 cm，穗位高126 cm。成株叶片数21.5片；果穗筒形，穗长18 cm，穗行数16～18行，穗粗5.2 cm，穗轴白色；籽粒花色、半马齿型，百粒重32.3 g。接种鉴定，感大斑病，抗灰斑病，中抗茎腐病，感穗腐病，抗小斑病，中抗南方锈病。籽粒容重768 g/L，粗蛋白含量10.01%，粗脂肪含量4.63%，粗淀粉含量72.51%，赖氨酸含量0.28%。

产量表现：2018—2019年参加西南春玉米（中低海拔）组联合体区域试验，两年平均亩产590.1 kg，比对照中玉335增产10.16%。2019年生产试验，平均亩产553.6 kg，比对照中玉335增产6.1%。2018—2019年参加西南春玉米（中高海拔）组联合体区域试验，两年平均亩产674.5 kg，比对照中玉335增产12.82%。2019年生产试验，平均亩产 726.3 kg，比对照中玉 335 增产 11.0%。

适宜种植的区域：适宜在西南春玉米（中低海拔）区的四川省、重庆市、湖南省、湖北省、陕西省南部等海拔 800 m 及以下的丘陵、平坝、低山地区种植；也适宜在贵州省黔南州、黔东南州、铜仁市、遵义市海拔 1100 m 以下地区种植；广西桂林市、贺州市；西南春玉米（中高海拔）区的四川省甘孜州、阿坝州、凉山州等海拔 800～2200 m 的地区；贵州省贵阳市、毕节市、黔西南州等海拔 1100～2200 m 地区；云南省中部昆明、楚雄、玉溪、大理、曲靖、昭通、临沧、德宏等州市海拔 1000～2200 m 的地区皆可种植推广。

（五）宜单 1628

审定编号：鄂审 2019017。

品种来源：YC002×YA820。

申请单位：宜昌市农业科学院。

育种单位：宜昌市农业科学院。

特征特性：该品种为中晚熟玉米品种，生育期 136.2 d，鄂西春播生育期 136 d。株型半紧凑，植株、穗位较高。幼苗叶鞘紫色，成株叶片数 21 片左右，穗上叶 6 片左右；雄穗分枝数 7～10 个，花药紫色，花绿色；果穗筒形，苞叶包被较好，穗轴白色，籽粒黄色、马齿型；试验中株高 322.5 cm，穗位高 139.5 cm，空秆率 0.3%，果穗长 19.7 cm，果穗粗 5.2 cm，秃尖长 0.9 cm，穗行数 18.0 行，行粒数 38.9 粒，千粒重 342.0 g，干穗的出籽率 87.1%。田间大斑病 3 级，灰斑病 3 级，南方锈病 3 级，穗腐病 3 级，茎腐株率 3.6%；田间倒伏（折）率 1.0%。经农业农村部谷物品质监督检验测试中心测定，容重 779 g/L，粗蛋白（干基）含量 10.32%，粗脂肪（干基）含量 3.53%，粗淀粉（干基）含量 74.56%。

产量表现：两年试验平均亩产 716.03 kg，比对照种华玉 11 增产 3.13%，其中，2017 年亩产 731.51 kg，比华玉 11 增产 4.17%；2018 年亩产 700.56 kg，比华玉 11 增产 2.06%。

适宜种植的区域：适于湖北省海拔 500～1200 m 的山区作春玉米种植推广。

（六）西大 998

审定编号：渝审玉 201000。

品种来源：HY04×082。

申请单位：西南大学，葫芦岛市种业。

育种单位：西南大学，葫芦岛市种业。

特征特性：该品种为中熟杂交玉米，在区试 3000 株/亩密度下，春播生育期 122 d。株型半紧凑，株高 269 cm，穗位高 100 cm；叶色绿色，成株叶片数 20 片；花药黄色，颖壳浅紫色，花丝浅紫色；穗长 19.3 cm，穗行数 17.3 行，行粒数 36.1 粒；穗形长筒形，穗轴浅红色，籽粒黄色、半马齿型，百粒重 31.9 g。籽粒容重 666 g/L，粗蛋白含量 10.58%，粗脂肪含量 3.92%，粗淀粉含量 68.74%。人工接种鉴定，该品种抗大斑病和茎腐病，中抗小斑病，感丝黑穗病和玉米螟。

产量表现：两年试验平均亩产 530.2 kg，比对照渝单 8 号增产 7.50%，产量变幅（477.4～595.0 kg），12 个试点增产，2 个试点减产，减产点为开州区和荣昌区；生产试验平均亩产 551.7 kg，比对照渝单 8 号增产 10.09%，产量变幅 518.2～583.5 kg，6 个试点全部增产。

适宜种植的区域：适宜重庆市海拔 700 m 以下地区种植；3 月上中旬播种育苗为宜，亩植密度 2800～3000 株，注意防治丝黑穗病和玉米螟。重庆市开州县和荣昌区慎用。

（七）三北 89

审定编号：国审玉 2011017。

品种来源：D21×A919。

申请单位：三北种业。

育种单位：三北种业。

特征特性：西南春播生育期 122 d，与渝单 8 号相当。幼苗叶鞘紫色，叶片绿色，花药黄色，颖壳浅紫色。株型半紧凑，株高 270 cm，穗位高 113 cm，成株叶片数 20 片；花绿色，果穗筒形，穗长 19.6 cm，穗行数 16 行，穗轴红色，籽粒黄色、马齿型，百粒重 32.9 g。经四川省农业科学院植物保护研究所两年接种鉴定，中抗大斑病、茎腐病和玉米螟，感小斑病、丝黑穗病。经农业部谷物品质监督检验测试中心（北京）测定，籽粒容重 750 g/L，粗蛋白含量 11.53%，粗脂肪含量 3.57%，粗淀粉含量 69.10%，赖氨酸含量 0.33%。

产量表现：2009—2010 年参加西南玉米品种试验，两年平均亩产 607.5 kg，比对照增产 7.2%；2010 年生产试验，平均亩产 570.7 kg，比对照渝单 8 增产 9.8%。

适宜种植的区域：适宜在贵州、湖南、湖北宜昌和十堰、四川（绵阳除外）、广西（河池除外）的平坝丘陵和低山区春播种植推广。

（八）华盛 2000

审定编号：陕审玉 2011019 号。

品种来源：勉 K3×勉 R6。

申请单位：勉县定军种业、汉中华盛种业科技。

育种单位：勉县定军种业、汉中华盛种业科技。

特征特性：陕南春播生育期约 125 d 左右，夏播 100 d 左右。幼苗叶鞘浅紫色，叶片深绿色，苗长势强；成株高 290 cm，穗位高 120 cm；株叶型半紧凑，茎秆坚实，根系发达；雄花药黄色，花淡红色，吐丝整齐；果穗筒柱形，籽粒黄白色、马齿型，轴色红白色，穗长 20 ~ 23 cm，粗 5.5 cm，穗行数 16 ~ 18 行，行粒数 38 ~ 44 粒，千粒重 310 g，干穗的出籽率 86%；茎秆坚韧，抗倒性好，叶持绿期长，结实性好。经抗病性鉴定：高抗大斑病和小斑病，抗穗粒腐病，中抗茎腐病。经品质分析：容重 732 g/L，粗蛋白（干基）含量 9.7%，淀粉（干基）含量 57.1%，粗脂肪（干基）含量 4.8%。

产量表现：两年试验平均亩产 530 kg，12 个测试点平均亩产 595.5 kg，比对照渝单 8 号增产 13.7%。

适宜种植的区域：适宜重庆市及陕南海拔 800 m 及以下的丘陵、平坝、低山地区种植推广。

（九）胜玉 8 号

审定编号：滇审玉米 2015005 号。

品种来源：335 - 1 × 18119。

申请单位：富源县胜玉种业。

育种单位：富源县胜玉种业。

特征特性：平均生育期 12 d。幼苗第一叶顶端圆形、叶鞘花青甙显色强；叶片弯曲程度弱、与茎秆夹角小；植株叶鞘花青甙无显色或极弱；株高适中、穗位矮到中；散粉期晚，雄穗颖片除基部外花青甙显色中、侧枝弯曲程度弱、与主轴的夹角小到中，雄穗最低位侧枝以上的主轴长度、最高位侧枝以上的主轴长度及侧枝长度适中、一级侧枝数目极少。花药、花丝花青甙显色中到强，植株茎秆“之”字形程度弱，果穗穗柄长度适中，锥到筒形穗，籽粒中等黄色中间型，穗轴颖片花青甙无显色极弱。品质检测：容重 773 g/L，水分含量 10.8%，粗蛋白含量 10.2%，粗脂肪含量 3.01%，粗淀粉含量 73.23%，赖氨酸含量 0.32%。接种鉴定：抗弯孢霉叶斑病、南方锈病、茎腐病，中抗灰斑病、丝黑穗病，中感小斑病，感大斑病、穗腐病。

产量表现：两年试验平均亩产 731.9 kg，较对照增产 9.9%，增产点率 83.3%。2014 年生产试验平均亩产 719.9 kg，较对照增产 13.8%，增产点率 100%。

适宜种植的区域：适宜在云南省海拔 1000 ~ 2000 m 的适宜区域种植；注意防治小斑病、大斑病，穗腐病高发的地区慎用。

（十）帮豪玉 509

审定编号：鄂审玉 2011003。

品种来源：BX003 × BX315。

申请单位：恩施土家族苗族自治州农业技术推广中心、重庆帮豪种业。

育种单位：恩施土家族苗族自治州农业技术推广中心、重庆帮豪种业。

特征特性：该品种为中熟杂交玉米品种，生育期139 d。株型半紧凑；幼苗叶鞘浅紫色，雄穗分枝数10个左右，花药浅绿色，护颖浅紫色，花丝浅紫色；苞叶略短，果穗筒形，穗轴红色，籽粒黄色、马齿型；试验平均株高305 cm，穗位高130 cm，穗长18.8 cm，穗粗5.2 cm，秃尖长1.3 cm，穗行数18.6行，行粒数38.0粒，千粒重306.7 g，干穗的出籽率87.1%。田间大斑病1.3级，小斑病2.8级，茎腐株率6.0%，南方锈病1.7级，穗腐病2.1级，田间倒伏（折）率11.9%。

产量表现：两年试验平均亩产700.81 kg，比对照鄂玉10号增产15.28%，其中，2009年亩产732.01kg，比对照增产14.20%；2010年亩产669.61 kg，比对照增产16.48%。

适宜种植的区域：适宜重庆市及陕南海拔800 m及以下的丘陵、平坝、低山地区种植推广。

（十一）川单99

审定编号：国审玉20220504。

品种来源：ZNC442×SCML0149。

申请单位：四川农业大学、广西壮族自治区农业科学院玉米研究所。

育种单位：四川农业大学、广西壮族自治区农业科学院玉米研究所。

特征特性：平均生育期135.5 d，比对照晚5.7 d成熟。幼苗第一叶顶端圆、叶鞘花青甙显色强到极强；叶片弯曲程度弱到中、与茎秆夹角小；植株叶鞘花青甙显色中，株高中，穗位矮到中；散粉期晚到极晚，雄穗颖片除基部外花青甙显色强到极强、侧枝弯曲程度极弱到弱、与主轴的夹角小，雄穗最低位侧枝以上的主轴长度中到长、最高位侧枝以上的主轴长度中到长、侧枝长度中、一级侧枝数目少到中，花药花青甙显色弱、花丝花青甙显色中到强，植株茎秆“之”字形程度无或极弱；果穗锥到筒形穗，籽粒中等黄色、马齿型，穗轴颖片花青甙显色中到强；平均穗行数15.2行，行粒数39.9粒，百粒重34.5 g，干穗的出籽率85.3%。中抗灰斑病，高抗大斑病，抗南方锈病，抗穗腐病。品质检测结果：容重750 g/L，粗蛋白含量11.2%，粗脂肪含量4.1%，粗淀粉含量72.13%，赖氨酸含量0.32%。

产量表现：2019—2020年参加西南青贮玉米组试验，两年平均亩产（干重）1290.7 kg，比对照雅玉青贮8号增产8.2%，2020年生产试验，平均亩产（干重）1244.5 kg，比对照雅玉青贮8号增产6.7%，2019—2020年参加西南春玉米（中低海拔）组试验，两年平均亩产581.5 kg，比对照中玉335增产14.0%；2020年生产试验，平均亩产572.8 kg，比对照中玉335增产11.1%。

适宜种植的区域：适宜在西南春玉米区的四川省、重庆市、湖南省、湖北省、陕西省南部海拔800 m及以下的丘陵、平坝、低山地区种植，贵州省贵阳市、黔南州、黔东南州、铜仁市、遵义市海拔1100 m以下地区，云南省中部昆明、楚雄、玉溪、大理、曲靖等州市的丘陵、平坝、低山地区作青贮玉米种植推广。

（十二）南玉 88

审定编号：国审玉 20200409。

品种来源：南 5983×南 7020。

申请单位：南充市农业科学院。

育种单位：南充市农业科学院。

特征特性：西南春玉米组春播生育期 120.3 d，比对照渝单 8 号早熟 0.3 d。幼苗叶鞘浅紫色，叶片深绿色，花药浅紫色，颖壳紫色；株型半紧凑，株高 275 cm，穗位高 112 cm；成株叶片数 19 片；果穗锥形，穗长 19.3 cm，穗行数 16～18 行，穗粗 5.2 cm，穗轴红色，籽粒黄色、半马齿型，百粒重 31.3 g；接种鉴定，中抗大斑病，感灰斑病，感茎腐病，感穗腐病，感小斑病，抗南方锈病。籽粒容重 752 g/L，粗蛋白含量 10.73%，粗脂肪含量 3.94%，粗淀粉含量 72.93%，赖氨酸含量 0.35%。

产量表现：2017—2018 年参加西南春玉米组联合体区域试验，两年平均亩产 602.5 kg，比对照渝单 8 号增产 10.78%；2018 年生产试验，平均亩产 587.3 kg，比对照渝单 8 号增产 12.92%。

适宜种植的区域：适宜在西南春玉米区的四川省、重庆市、湖南省、湖北省、陕西省南部海拔 800 m 及以下的丘陵、平坝、低山地区，贵州省贵阳市、黔南州、黔东南州、铜仁市、遵义市海拔 1100 m 以下地区，云南省中部昆明、楚雄、玉溪、大理、曲靖等州市的丘陵、平坝、低山地区及文山、红河、普洱、临沧、保山、德宏海拔 800～1800 m 的地区，广西壮族自治区桂林市、贺州市种植推广。

（十三）正红 507

审定编号：K169×K61。

品种来源：国审玉 20210609。

申请单位：四川正红生物技术有限责任公司、四川农业大学农学院。

育种单位：四川正红生物技术有限责任公司、四川农业大学农学院。

特征特性：西南春玉米（中高海拔）组生育期 121.9 d，比对照渝单 8 号晚熟 0.7 d。成株叶片数 20 片；幼苗叶鞘紫色，叶片绿色，花药黄色，颖壳绿色；株型半紧凑，株高 293 cm，穗位高 119 cm；果穗筒形，穗长 17.2 cm，穗行数 18～20 行，穗粗 5.0 cm，穗轴红色，籽粒黄色、马齿型，百粒重 31.8 g；接种鉴定，感大斑病、茎腐病、穗腐病、小斑病，抗丝黑穗病，中抗灰斑病、南方锈病；籽粒容重 739 g/L，粗蛋白含量 10.00%，粗脂肪含量 4.00%，粗淀粉含量 73.00%，赖氨酸含量 0.30%。

产量表现：2017—2018 年参加西南春玉米（中高海拔）组联合体区域试验，两年平均亩产 637.7 kg，比对照渝单 8 号增产 12.8%。2018 年生产试验，平均亩产 646.7 kg，比对照渝单 8 号增产 25.3%。

适宜种植的区域：适宜在西南春玉米（中高海拔）区的四川省甘孜州、阿坝州、凉山州海拔 800～2200 m 的地区；贵州省贵阳市、毕节市、安顺市、六盘水市、黔西南州海拔 1000～2200 m 地区；云南省昆明市、楚雄州、大理州、保山市、丽江市、德宏州、临沧市、普洱市、玉溪市、红河州、文山州、曲靖市、昭通市、迪庆州、怒江州、西双版纳州海拔 1000～2200 m 的地区种植推广。

（十四）成单 3601

审定编号：国审玉 20220400。

品种来源：Y9614×H8211。

申请单位：四川省农业科学院作物研究所。

育种单位：四川省农业科学院作物研究所。

特征特性：西南春玉米（中高海拔）组生育期 131.8d，比对照中玉 335 晚熟 2.6d。成株叶片数 20 片；幼苗叶鞘紫，花丝绿色，花药浅紫色，颖壳绿；株型半紧凑，株高 292 cm，穗位高 115 cm；果穗长筒形，穗长 19.5 cm，穗行数 16～20 行，穗轴白色，籽粒黄色，百粒重 33.8 g。经鉴定，中抗大斑病，中抗茎腐病，感穗腐病，感小斑病，中抗灰斑病，感南方锈病，感丝黑穗病。经测定，籽粒容重 772 g/L，粗淀粉含量 75.23%，粗蛋白含量 9.76%，粗脂肪含量 4.25%，赖氨酸含量 0.28%。

产量表现：参加国家玉米品种西南春玉米（中高海拔）组试验，2020 年平均亩产 812 kg，比对照增产 11.9%；2021 年平均亩产 738 kg，比对照增产 5.3%；两年区域试验平均亩产 778 kg，比对照增产 8.6%；2021 年生产试验平均亩产 763 kg，比对照增产 8.8%。

适宜种植的区域：适宜在西南春玉米（中高海拔）区的四川省甘孜州、阿坝州、凉山州、攀枝花市海拔 800～2200 m 的地区，贵州省贵阳市、毕节市、安顺市、六盘水市、黔西南州海拔 1000～2200 m 地区，云南省昆明市、楚雄州、大理州、保山市、丽江市、德宏州、临沧市、普洱市、玉溪市、红河州、文山州、曲靖市、昭通市、迪庆州、怒江州海拔 1200 m 及以上地区种植推广。

（十五）成单 716

审定编号：国审玉 20190330。

品种来源：1211×Y9613。

申请单位：四川省农业科学院作物研究所。

育种单位：四川省农业科学院作物研究所。

特征特性：西南春玉米组生育期 117 d，比对照渝单 8 号早熟 0.9 d。幼苗叶鞘紫色，叶片绿色，花药紫色，颖壳绿色；株型半紧凑，株高 273 cm，穗位高 101 cm，成株叶片数20片；果穗筒形，穗长19.3 cm，穗行数16~18行，穗粗5.1 cm，穗轴红，籽粒黄色、马齿型，百粒重32.8 g。接种鉴定，感大斑病、丝黑穗病、穗腐病、小斑病，高感灰斑病、茎腐病。品质分析，籽粒容重716 g/L，粗蛋白含量11.75%，粗脂肪含量3.71%，粗淀粉含量69.85%，赖氨酸含量0.32%。

产量表现：2016—2017年参加西南春玉米组试验，两年平均亩产596.39 kg，比对照渝单8号增产6.9%；2018年生产试验，平均亩产619.5 kg，比对照渝单8号增产8.9%。

适宜种植的区域：适宜在西南春玉米区的四川省、重庆市、湖南省、湖北省、陕西省南部海拔800 m及以下的丘陵、平坝、低山地区，贵州省贵阳市、黔南州、黔东南州、铜仁市、遵义市海拔1100 m以下地区，云南省中部昆明、楚雄、玉溪、大理、曲靖等州市的丘陵、平坝、低山地区及文山、红河、普洱、临沧、保山、德宏海拔800~1800 m、广西桂林市、贺州市种植推广。

参考文献

陈瑞佶，张健，刘兴舟，等，2019. 中国玉米种植分布与气候关系研究［J］. 农学学报（8）：58-68.

丁和权，冉从辉，周富忠，2017. 武陵山区高海拔地区玉米新组合区域试验［J］. 农业科技通讯（1）：43-46.

古风（Redondo Jackim Michael Ferguson），2018. 湖北省玉米气候适宜度及产量差分析［D］. 武汉：华中农业大学.

胡艾，梅坪，谭帮兴，等，2013. 鄂西南山区玉米新品种筛选试验结果分析［J］. 种子科技（8）：47-49.

李建春，2017. 川北旱区玉米高产栽培技术集成与应用［J］. 农业工程技术，37（26）：50. DOI：10.16815/j.cnki.11-5436/s.2017.26.041.

李勤，张选明，张秀英，等，2019. 秦巴山区抗旱玉米品种的筛选鉴定［J］. 安徽农学通报，25（5）：58-59. DOI：10.16377/j.cnki.issn1007-7731.2019.05.025.

李学宏，2012. 秦巴山区玉米地方品种优良性状改良与利用［J］. 陕西农业科学，58（3）：142-143，153.

梁显有，2010. 影响秦巴山区玉米生产的主要障碍因素与育种对策［J］. 陕西农业科学，56（4）：53-54.

梁显有，2011. 秦巴山区玉米—农家种改良与利用—农家种玉米选系利用途径与优良性状基因聚合［J］. 陕西农业科学，57（6）：119-121.

廖桂堂，崔阔澍，乔善宝，等，2021. 四川省玉米生产发展的现状问题及对策研究［J］. 四川农业科技，2（5）：50-60.

廖少平，欧阳友香，王璐，等，2021. 2020年兴山县杂交玉米新品种（组合）比较试验研究［J］. 湖北植保，186（3）：37-39.

刘红，黄庆林，张建军，2015. 秦巴山区春播玉米新品种组合比较试验研究初报［J］. 陕西农业科学，61（12）：40-43.

刘世建，荣廷昭，杨俊品，等，2004. 四川地方玉米种质的SSR聚类分析［J］. 作物学报（3）：221-

226.
刘志辉，潘高峰，陈文，等，2020. 品种搭配对湖北省玉米-晚稻复种产量及资源效率的影响［J］. 作物学报，46（12）：1945－1957.
罗友明，林显凤，龚辉，等，2021. 川东北地区玉米品种区域试验研究——以2020年为例［J］. 农业与技术，41（18）：4－8. DOI：10. 19754/j. nyyjs. 20210930002.
倪红权，王业红，喻华，等，2018. 湖北省山区组与国家西南组玉米区试品种抗逆性比较［J］. 湖北农业科学，57（2）：18－21，44. DOI：10. 14088/j. cnki. issn0439－8114. 2018. 02. 004.
倪红权，梁传新，2020. 湖北山区玉米品种选育主要性状变化规律的研究［J］. 农业科技通讯（5）：30－34.
庞均喜，2014. 陕南高山玉米新品种鉴定筛选试验研究［J］. 农业科技通讯（6）：44－47.
任建刚，2017. 陕南玉米品种比较试验［J］. 农技服务（16）：20.
任纬，秦燕，杨克诚，2007. 21个玉米自交系主要性状及杂优类群分析［J］. 玉米科学，61（3）：42－47，51.
税红霞，王秀全，卢庭启，等，2017. 川北丘区玉米改土培肥高产增效技术研究［J］. 安徽农学通报，23（Z1）：13－16. DOI：10. 16377/j. cnki. issn1007－7731. 2017. z1. 007.
孙璐，2022. 种植密度与施氮量对湖北早熟春玉米产量与机收质量的影响［D］. 武汉：华中农业大学. DOI：10. 27158/d. cnki. ghznu. 2022. 000880.
孙小芳，刘敏，潘婷敏，等，2021. 四川玉米小斑病菌交配型组成与育性分析［J］. 中国农业科学，54（12）：2547－2558.
谭帮兴，胡艾，付磊，等，2015. 鄂西南山区玉米新品种适应性筛选试验结果分析［J］. 农业科技通讯（12）：66－69.
徐春丽，谢军，王珂，等，2018. 中国西南地区玉米产量对基础地力和施肥的响应［J］. 中国农业科学，51（1）：129－138.
杨成勇，张瑞珍，刘志渊，等，2008. 川北地区不同饲用玉米品种生产性能的比较［J］. 草业科学，179（6）：118－120.
杨燕玲，高忠莉，章敏，等，2023. 六个玉米品种在川东北地区的农艺性状初步表现［J］. 南方农业，17（3）：25－27. DOI：10. 19415/j. cnki. 1673－890x. 2023. 03. 006.
姚启伦，陈发波，方平，2014. 武陵山区玉米地方品种核心种质的遗传多样性与评价［J］. 湖北农业科学，53（7）：1506－1508，1512.
叶义军，庄海燕，庄光学，等，2019. 2018年湖北当阳片区西南春玉米新品种试验研究［J］. 农业科技通讯（4）：109－113.
曾广莹，李丛斌，杜章华，等，2013. 秦巴山区玉米杂交种的选育及杂优模式应用研究［J］. 陕西农业科学，59（5）：44－46，59.
曾广莹，张秀全，李丛斌，等，2015. 秦巴山区农家玉米种质资源开发利用及其成效分析［J］. 农民致富之友（24）：97－98.
展茗，张胜，李建鸽，等，2013. 湖北省不同时期玉米区域生产比较优势分析［J］. 中国农学通报，29（3）：63－68.
张萍，黄永文，陈燕华，等，2012. 宜昌典型土壤养分含量及相关分析［J］. 湖北农业科学，2012，

51 (24): 5628－5632.

张士龙，贺正华，李珍连，等，2017. 湖北省玉米产业供给侧结构性改革思路和对策 [J]. 中国种业，2: 21－25.

张增川，李勤，尹素芬，等，2016. 近5年陕西省春播玉米区试品种主成分变化趋势 [J]. 农学学报，6 (7): 1－5.

赵永翔，2015. 清中期秦巴山区玉米种植及其影响 [J]. 华中农业大学学报（社会科学版）(2): 133－140.

周志淑，倪万贵，田红琳，2018. 重庆市南川区杂交玉米品种比较试验初报 [J]. 南方农业，12 (16): 32－34. DOI: 10.19415/j.cnki.1673－890x.2018.16.009.

邹清梅，1998. 我省山区玉米地方品种的类型、特点及其在育种上的利用 [J]. 湖北农业科学 (3): 35－36.

邹信，汪权方，王新生，等，2016. 湖北省玉米种植区域空间格局研究 [J]. 湖北农业科学，55 (14): 3601－3604，3612.

第二章 玉米种植的生物学基础

第一节 生育进程

一、生育期、生育时期、生育阶段

（一）生育期

玉米是一年生作物。从播种、出苗至完熟是一个完整的生长周期，即为生育期。生育期长短用天数表示。不同熟期类型的品种，生育期长短各异。除了普通玉米和粒用的各类玉米之外，鲜食的菜用玉米如甜玉米、糯玉米和笋玉米以及青贮玉米等特用型玉米，其种植时间的长短不能用生育期来衡量。

确定玉米品种生育期长短的方法有多种，最常用的方法主要是通过植株叶片数（表2.1）、生育期天数（表2.2）和积温（表2.3～表2.5）来判断。由于中国幅员辽阔，各地划分玉米品种熟期类型的标准不完全一样。

表2.1 通过叶片数来确定熟期（杨虎制表）

序号	熟期组类型	叶片数/片
1	极早熟	8～11
2	早熟	12～14
3	中早熟	15～16
4	中熟	17～18
5	中晚熟	19～20
6	晚熟	21～22
7	超晚熟	≥23

表2.2 通过生长天数来确定熟期（杨虎制表）

序号	熟期组类型	从出苗至成熟的生育期/d
1	极早熟	≤80
2	早熟	81～90

续表

序号	熟期组类型	从出苗至成熟的生育期/d
3	中早熟	91～100
4	中熟	101～110
5	中晚熟	111～120
6	晚熟	121～130
7	超晚熟	≥131

联合国粮农组织（FAO）对玉米熟期组划分的依据是播种到开花的天数及其相对应的积温。其将所有玉米品种划分为 8 个熟期类型（表 2.3）。这种划分方法被欧美等国家广泛使用。

表 2.3　FAO 对玉米熟期组的划分

熟期组	从播种到开花天数/d	从播种到成熟积温/(℃·d)	从播种到成熟有效积温/(℃·d)
极早熟	44～49	2600～2700	950～1000
极早熟	55～56	2700～2800	1000～1100
中早熟	54～58	2800～2900	1100～1200
中早熟	58～63	2900～3000	1200～1300
中晚熟	60～66	3000～3100	1300～1400
中晚熟	66～77	3100～3200	1400～1450
晚熟	70～80	3250～3400	1450～1500
晚熟	>80	>3400	>1500

自新中国成立以来，全国并没有形成统一的玉米生育期规范化标准，方华等（2010）根据中国玉米生产实际情况，建议将玉米熟期划分为超早熟、超晚熟等 10 个熟期类型（表 2.4）。周武岐等（1998）将中国玉米品种生育期划分为极早熟、早熟、中熟、晚熟和极晚熟 5 个熟期类型（表 2.5）。

表 2.4　对中国玉米生育期类型的划分（方华 等，2010）

熟期类型	生育期/d		≥10 ℃积温/(℃·d)	
	春播区	夏播区	春播玉米	夏播玉米
超早熟	<97	<72	<1900	<1700
极早熟	97～104	72～79	1900～2080	1700～1880
较早熟	105～110	80～85	2081～2220	1881～2020
早熟	111～116	86～91	2221～2400	2021～2190
中早熟	117～120	92～95	2401～2510	2191～2290
中熟	121～124	96～99	2511～2620	2291～2400

续表

熟期类型	生育期/d		≥10 ℃积温/(℃·d)	
	春播区	夏播区	春播玉米	夏播玉米
中晚熟	125～128	100～103	2621～2750	2401～2520
晚熟	129～132	104～107	2751～2880	2521～2650
极晚熟	133～136	108～111	2881～3200	2651～2800
超晚熟	>136	>111	>3200	>2800

表 2.5 中国玉米品种生育期的划分（周武岐 等，1998）

熟期类型	生育期/d			≥10 ℃积温/(℃·d)	
	北部春播区	春夏交接区	夏播区	春播玉米	夏播玉米
极早熟	≤105	≤95	≤85	<2200	1800～2000
早熟	106～115	96～105	86～95	2200～2400	2000～2200
中熟	116～125	106～115	96～105	2400～2600	2200～2400
晚熟	126～135	116～125	106～115	2600～2800	2400～2600
极晚熟	>135	>125	>115	>2800	2600～2800

杨海龙等（2017）通过比较多年试验数据发现，积温分类法在玉米熟期分类中比较准确。在植物生长发育的过程中也经常用积温来计算作物熟期。积温又分为活动积温和有效积温。作物能够正常生长发育需要达到的下限温度（或称生物学起点温度），这个下限温度一般用日平均气温表示。低于下限温度时，作物便停止生长发育，但不一定死亡，高于下限温度时，作物才能生长发育。通常把高于生物学下限温度的日平均气温值叫作活动温度。活动温度与生物学下限温度之差，叫作有效温度，这个温度对作物的生育才是有效的。作物某个生育期或全部生育期内有效温度的总和，就叫作该作物这一生育期或全生育期的有效积温。而作物在某个生育期或全部生育期内高于生物学下限温度的日平均气温的总和叫作活动积温。

国内多项研究结果表明，玉米品种的生育天数、叶片数和活动积温之间呈极显著正相关。熟期晚的品种，其全生育期所需的活动积温大，品种全株叶片数多；反之，熟期早的品种，全生育期所需活动积温小，叶片数也较少（李青松 等，2010）。杨海龙等（2017）通过对辽宁省玉米品种试验历年数据作比较得出，针对某一玉米品种的生育期，叶片数在辽宁不同地区表现有所差异，而相对于同一品种在相同地区全生育期所需的活动积温则比较稳定，在年度间的变化幅度较小，可以用于划分玉米品种的熟期，是表达玉米熟期类型的主因子；生育天数的表达具有直观性，也可以较准确地表达熟期类型。叶片数虽然可以大致区分玉米品种的熟期，但不能确切地表达相同熟期类型玉米品种的生育期，因此不能作为表达熟期类型的主要指标，只能作为辅助参考指标。在用热量指标表达作物熟期方面，有效积温较为稳定，能更确切地反映某一作物对热量的要求。所以在制订作物物候期预报时，应用有效积温较好。但应用于某地区热量鉴定时，合理安排作物布局和农业气候区划时，则用活动积温较为方便，所以在农业生产和试验中通常将活动积温作为划分玉米熟期的一个重要指标，在玉米品种审定公告中的积温表述应当使用活动积温，所有农业科研人员、农业技术推广人员都应充分了解活动积温与有效积温的区别与计算方法，规范使用专业术语，普及推广农业气象知识。

张军旗（2017）提出，玉米品种在育成地的生育期积温是划分玉米品种熟期类型的指标之一。黑龙江省绿色草原牧场大部区域适于种植中熟类型玉米（2500～2700 ℃·d），如引入早熟类型，则占不满生长季节，造成光、热资源浪费，且产量受影响。若引入晚熟类型，不附加措施，则热量稍有变动，将难以正常成熟，百粒重下降，籽粒含水量高，质量下降或不能按时采收，造成生产损失。

由于气候的周期性变化和不确定因素影响，造成积温年际变化特征的不恒定，同一地区高温年与低温年可相差超过300 ℃·d。以玉米为例，若早熟玉米品种赶上高温年，晚熟玉米品种赶上低温周期，加上叠加效应，则晚熟玉米品种水玉米严重，早熟玉米品种也不优质，农业损失较大。某一玉米品种是否适宜本地区种植，要看本地区的热量条件是否能够满足玉米完成整个生命过程。因此，生育期热量指标鉴定就成为判断能否种植某一玉米品种的基础。

中华人民共和国成立以后，玉米生产有了更大的发展。秦巴山区地处秦岭与巴山之间，海拔从200 m横跨到3800 m，以中高山为主，土地贫瘠，地势陡峭，生产力水平较低，是十大经济贫困区域之一。主要农作物有玉米、水稻、小麦、马铃薯、油菜等，其中玉米种植面积最大，也是秦巴山区主要粮食作物之一，历年种植面积占粮食播种面积的30%～35%，占粮食总产的35%左右。玉米种植区域在海拔200～1200 m，海拔在200～700 m的地方，土层深厚、光照充足、积温足够，适宜春播、夏播一些中早熟的品种。而海拔在700～1200 m的地方，土层瘠薄，寡照天气居多，玉米所需积温不足，只能播种中熟、晚熟或者极晚熟品种，以延长生育周期来满足营养物质的积累。秦巴山区近年来主要审定推广的玉米品种生育期及熟期类型见表2.6。

表2.6　不同地区玉米主导品种生育期及其熟期类型（杨虎制表）

区域	品种	出苗至成熟/d	熟期类型（按生育期划分）
陕西省	正大999	106	早熟
	汉玉9号	108	早熟
	金穗888	116	中熟
	镇玉213	119	中熟
	镇玉101	121	中熟
	兆玉999	121	中熟
	镇玉508	122	中熟
	瑞康1号	125	中晚熟

续表

区域	品种	出苗至成熟/d	熟期类型（按生育期划分）
陕西省	四号黄	129	晚熟
	正大 12	130	晚熟
湖北省	鄂玉 16	117	中熟
	郧单 20	124	中晚熟
	双玉 919	127	中晚熟
	鄂玉 25	128	晚熟
	康农玉 108	128	晚熟
	华玉 11	129	晚熟
	达美 5 号	130	晚熟
	中玉 335	130	晚熟
	恩单 801	130	晚熟
	金玉 2002	131	晚熟
重庆市和四川省	康农玉 007	117	中熟
	渝单 59	117	中熟
	渝单 821	119	中熟
	川单 189	119	中熟
	同玉 609	121	中熟
	渝单 30	124	中晚熟
	渝单 35	126	中晚熟
	渝单 998	127	中晚熟
	渝单 818	129	晚熟
	渝单 901	133	晚熟

（二）生育时期

在完整的生育期中，根据植株的形态变化，可以人为地划分为一些“时期”。在正常生长中，这些特定的阶段也对应着不同的物候现象，也称为物候期。玉米全生育期主要划分为以下（通常以全田 50% 以上植株进入该生育期为标志）：

1. 播种期 玉米播种的日期。

2. 出苗期 幼苗出土高约 2 cm 的日期。

3. 三叶期 植株第三片叶露出叶心 3 cm。

4. 拔节期 植株雄穗伸长，茎节总长度达 2 ~ 3 cm，叶龄指数 30 左右。

5. 小喇叭口期 雌穗进入伸长期，雄穗进入小花分化期，叶龄指数 46 左右。

6. 大喇叭口期 雌穗进入小花分化期、雄穗进入四分体期，叶龄指数 60 左右，雄穗主轴中上部小穗长度达0.8 cm左右，第11片叶展开，上部叶片较为突出，看上去呈喇叭口状。雄穗已开始进行小花分化，是玉米穗粒数形成的关键时期。这时如果肥水充足有利于玉米穗粒数的增加，是玉米施肥的关键时期。施肥量占施肥总量的60%左右，主要以氮肥为主，补施一定数量的钾肥也很重要。

7. 抽雄期　植株雄穗尖端露出顶叶3～5 cm。

8. 散粉期　植株雄穗开始散粉。

9. 抽丝期　植株雌穗的丝状花柱从苞叶中伸出2 cm左右。

10. 籽粒形成期（亦称灌浆期）　自受精到乳熟初期止。植株果穗中部籽粒体积基本建成，胚乳呈清浆状。一般早、中熟品种在授粉后15 d左右，晚熟品种在授粉后20 d左右。此期胚的分化基本结束，胚乳细胞已经形成，籽粒体积迅速增长，其体积占最大体积的三分之一至二分之一，而干重积累很少，但已初具发芽能力。进入种子形成末期，粒积达最大体积的75%左右。干物质积累速度慢而数量少，粒重占籽粒最大干物重的10%左右。这一时期籽粒中水分含量高，在80%～90%；籽粒外形似珠状，呈乳白色，胚乳清浆状。后期稍带白浆，这时果穗轴基本定长、定粗，苞叶呈浓绿色，如果温度等外界条件不良，水分、养分供应不足，易形成膜片状“秕粒”，造成果穗秃顶。

11. 乳熟期　自乳熟初期至蜡熟初期止，为15～20 d。植株果穗中部籽粒干重迅速增加并基本建成，胚乳呈乳状后至糊状。一般早、中熟品种自授粉后15 d起，至30 d或35 d止；晚熟品种约自授粉后20 d起，至40 d左右结束。此期胚乳细胞内各种营养物质迅速积累，籽粒和胚的体积均接近最大值，整个籽粒干物质增长较快，粒重累积干物质总量占最大干物重的70%～80%，阶段绝对累积量占60%～70%。胚的干物质积累亦到盛期，累积总量占成熟期的70%左右，阶段累积量占60%左右，胚已具有正常的发芽能力；籽粒中的水分含量在50%～80%，胚乳逐渐由乳状变为糨糊状。由于在较长时间内籽粒胚乳呈乳白色，故称乳熟期。这一时期如水肥充足，温度适宜，光照良好，保持有较大而稳定的绿叶面积，将有利于籽粒增重，而不良条件容易造成秕粒，影响粒重。

12. 蜡熟期　自蜡熟初期至完熟以前，为期10～15 d。植株果穗中部籽粒干重接近最大值，胚乳呈蜡状，用指甲可以划破。一般早、中熟品种自授粉后30 d或35 d起，至40 d或50 d止，晚熟品种约自授粉后40 d起，至55 d止。此期籽粒干物质积累速度慢、数量少，其干重累积总量和胚的体积均已达到或接近最大值，故为粒重缓慢增长和定局的时期。阶段累积量占籽粒最大干物重的20%～30%；籽粒水分含量逐渐下降为40%～50%，籽粒内的胚乳因失水而由糊状变为蜡状，故称蜡熟期。此期苞叶呈浅黄色，籽粒也呈现该品种固有的形状和颜色，但硬度不大，用指甲仍可掐破。

13. 完熟期　植株籽粒干硬，籽粒基部出现黑色层，乳线消失，并呈现出品种固有的颜色和光泽。完熟期在蜡熟后期，干物质积累已停止，主要是籽粒脱水过程，含水量由40%下降到20%。籽粒变硬，表面呈现鲜明光泽，用指甲已不能掐破，靠近胚的基部出现黑层，苞叶开始枯黄，即称完熟期。完熟期结束时，茎秆往往因其中一部分纤维素、果胶和木质素的分解而倒伏，此期时间较短，故需及时收获。

在秦巴山区，低山一般采用春播、夏播。春播在播种后气候适宜时，10～15 d即可出苗；5～7 d即进入三叶期；10～15 d后进入拔节期；15～20 d后即进入小喇叭口期；15～20 d后进入大喇叭口期；15～20 d进入抽雄期；抽雄的同时进入吐丝期，大概持续3～5 d。籽粒形成期（灌浆期），此时植株果穗中部籽粒体积基本建成，胚乳呈清浆状。早、中熟品种一般在授粉后10～15 d，晚熟品种大概持续20 d；在籽粒形成期结束后即进入乳熟期，此时植株果穗中部籽粒干重迅速增加并基本建成，胚乳呈乳状后至糊状。一般持续15～20 d；乳熟期结束后即进入蜡熟期，此时植株果穗中部籽粒干重接近最大值，胚乳呈蜡状，用指甲可以划破，持续10～15 d；一般早、中熟品种的生殖生长期是自授粉后30 d或35 d起，至40 d或50 d止，晚熟品种的生殖生长期是约自授粉后40 d起，至55 d止。

夏播在播种后5～7 d即可出苗；5 d即进入三叶期；7 d后进入拔节期；7 d后即进入小喇叭口期；15 d后进入大喇叭口期；10～15 d进入抽雄期，大概持续3～5 d；抽雄的同时进入吐丝期，大概持续3～5 d；籽粒形成期（灌浆期），此时植株果穗中部籽粒体积基本建成，胚乳呈清浆状，一般在授粉后10～15 d左右；在籽粒形成期结束后即进入乳熟期，此时植株果穗中部籽粒干重迅速增加并基本建成，胚乳呈乳状后至糊状。一般持续15～20 d；乳熟期结束后即进入蜡熟期，此时植株果穗中部籽粒干重接近最大值，胚乳呈蜡状，用指甲可以划破，持续10～15 d；夏播玉米的生殖生长期是自授粉后40 d起，至50 d止。

在秦巴山区，高山一般采用春播。在气候适宜时，播种后10～15 d即可出苗；5～7 d即进入三叶期；10 d后进入拔节期；10～15 d后即进入小喇叭口期；20 d后进入大喇叭口期；20～25 d进入抽雄期，大概持续5～7 d；抽雄的同时进入吐丝期，大概持续5～7 d；籽粒形成期（灌浆期），此时植株果穗中部籽粒体积基本建成，胚乳呈清浆状，一般在授粉后20～30 d左右；在籽粒形成期结束后即进入乳熟期，此时植株果穗中部籽粒干重迅速增加并基本建成，胚乳呈乳状后至糊状。一般持续20～25 d；乳熟期结束后即进入蜡熟期，此时植株果穗中部籽粒干重接近最大值，胚乳呈蜡状，用指甲可以划破，持续20～25 d；高山春播玉米一般极晚熟，极晚熟品种的生殖生长期是自授粉后60 d或65 d起，至70 d或80 d止。

（三）生育阶段

在玉米生长发育过程中，从营养生长和生殖生长可划分为三个阶段，即：

营养生长阶段：苗期、三叶期。

营养生长与生殖生长并进阶段：拔节期、小喇叭口期、大喇叭口期、抽雄期、散粉期、吐丝期。

生殖生长阶段：籽粒形成期（灌浆期）、乳熟期、蜡熟期、完熟期。具体见表 2.7。

表 2.7　各生育阶段的栽培管理重点与各生育期的对应关系（杨虎制表）

玉米生育阶段	生育时期	管理措施	对应图片
营养生长阶段	苗期	此时期幼苗才开始破土而出，需要注意有无大土坷压顶导致无法出土，及时到田间观察，发现大面积缺苗时及时调查原因并进行补救	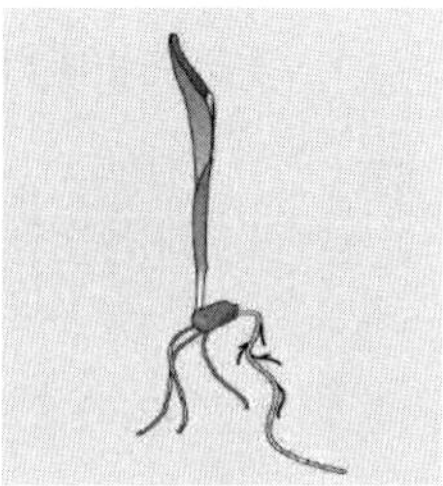
	三叶期	此时期要经常进入田间管理： 发现有地老虎、蛴螬等地下害虫危害时及时采取防治措施，防止缺苗减产；播种量大的需要及时间苗、定苗，去除多余植株，以达到合理种植密度	
营养生长与生殖生长并进阶段	拔节期	此时期田间封闭药效已过，需要结合施苗肥进行中耕除草	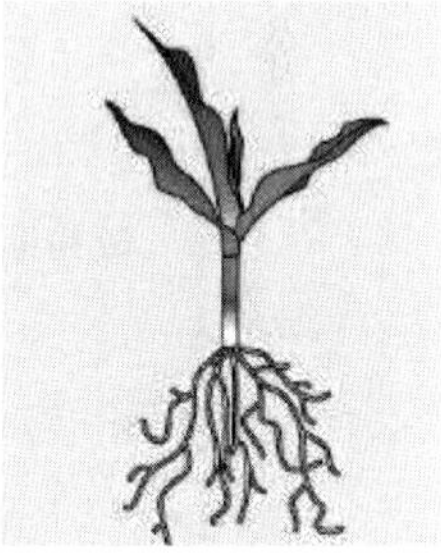
	小喇叭口期	此时期需要防治草地贪夜蛾、玉米螟、黏虫等害虫对植株进行危害，及时发现并采取措施进行防治	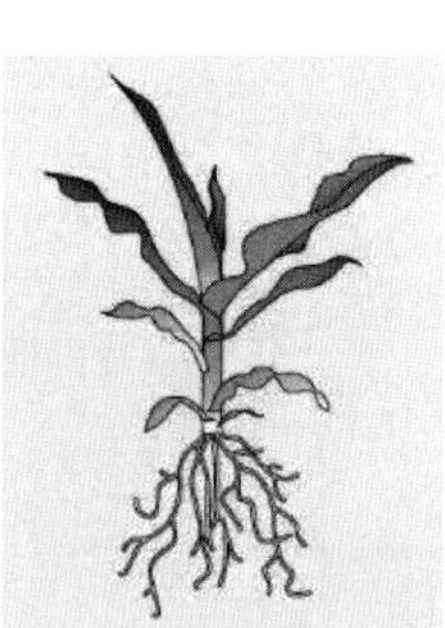

续表

玉米生育阶段	生育时期	管理措施	对应图片
营养生长与生殖生长并进阶段	大喇叭口期	此时期植株进入到生殖生长关键期，需水需肥达到一个峰值，此时如果缺肥，后期玉米果穗会出现短小瘦弱现象，需结合施穗肥进行中耕除草围兜，松土培肥。发现缺水及时灌溉。还需要防治草地贪夜蛾、玉米螟、黏虫等害虫对植株进行危害，及时发现并采取措施进行防治	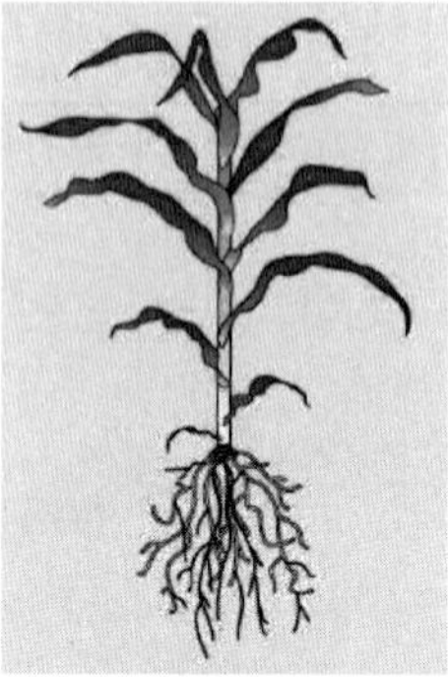
	抽雄期	此时期植株需要大量水分，如果缺水会导致雄穗无法正常抽出，发现缺水及时灌溉	
	散粉期	此时期植株需要大量水分，如果缺水会导致雄穗无法正常散粉，严重时会导致雄穗干死，发现缺水及时灌溉	
	吐丝期	此时期植株需要大量水分，如果缺水会导致雌穗吐丝慢、无法吐丝、吐丝少、活性差等，从而导致受精差或无法受精，继而导致花粒或者空穗。发现缺水及时灌溉	

续表

玉米生育阶段	生育时期	管理措施	对应图片
生殖生长阶段	籽粒形成期（灌浆期）	此时期植株生长需要水分达到一个最高峰，缺水将会导致植株无法灌浆，容易形成膜片秕粒，严重时将导致绝收。发现缺水及时灌溉	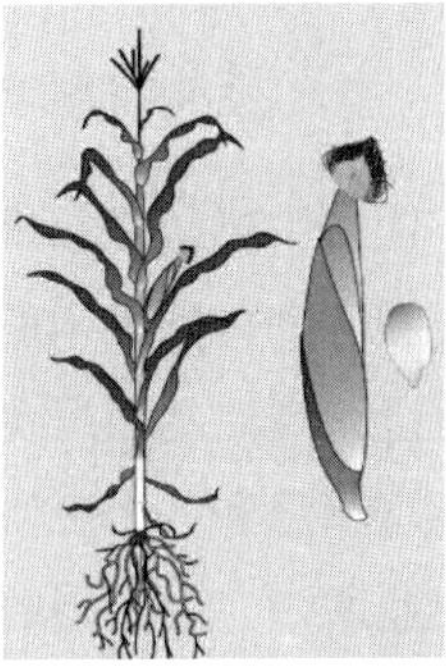
	乳熟期	此时期进入植株生长需要水分量逐步下降阶段，缺水将会导致植株高温逼熟，形成秕粒，影响粒重，导致减产。发现缺水及时灌溉	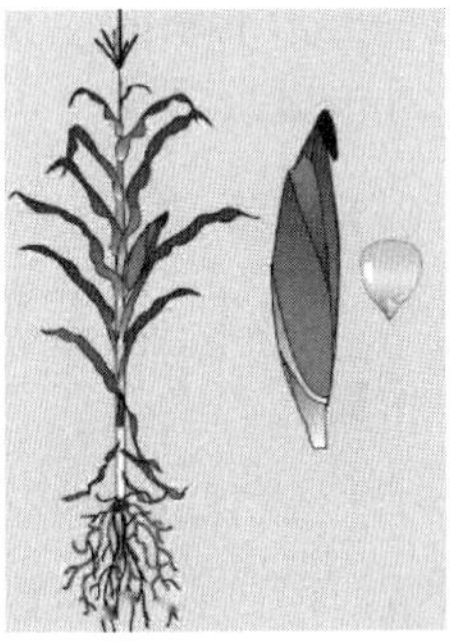
	蜡熟期	此时期植株生长需要水分量进一步减少，果穗进入成熟末期	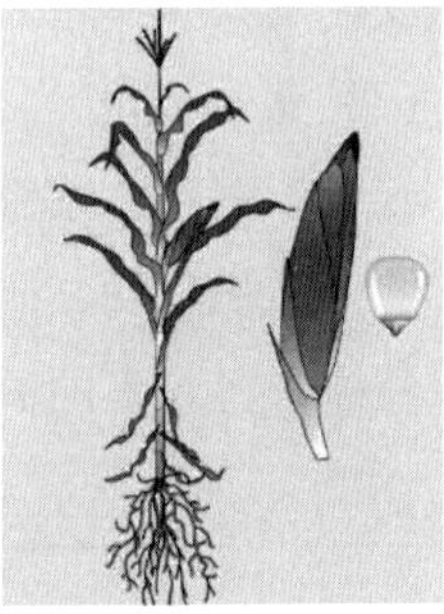
	完熟期	此时期果穗已经完全成熟，植株因为一部分纤维素、果胶和木质素的分解而倒伏，果穗低垂，遇阴雨天气容易发芽，故须及时进行收获	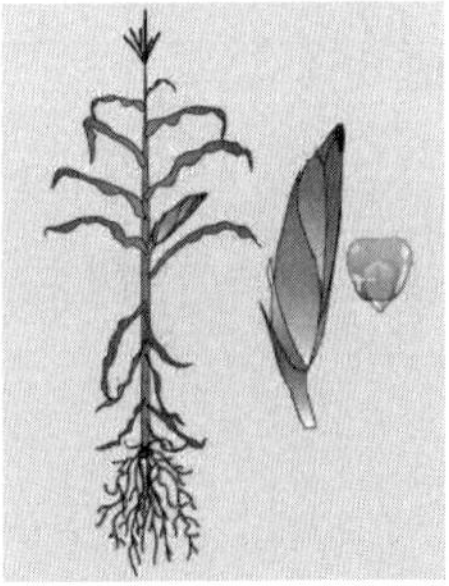

二、环境条件对玉米生长发育的影响

（一）温度的影响

任何生物的生长发育都离不开温度，玉米亦是如此。玉米是短日照植物，喜日照，不耐阴。在种植玉米的过程中既要考虑到出苗时所需的适宜气温，又要考虑到抽雄、吐丝时避开高温从而避免花粉、花丝丧失活性，还要考虑灌浆、成熟所需适宜温度以及生育期总积温和各生育阶段的农业气象条件，只有这样才能达到玉米的高产稳产，进而促进农业增效、农民增收。

1. 三基点温度 玉米是喜温植物，整个生育进程中都需要一定的温度保障。而通常随着玉米的不断生长和发育，对温度（T）的要求也在不断发生变化，但是不管怎么变化都离不开三大基点，即，最低温度、适宜温度、最高温度。

（1）最低温度 玉米全生育进程中，只有保持在特定的温度范围内才能正常地生长发育。经过研究发现，只有当 $T \geqslant 10$ ℃时，种子才能萌发，植株才能生长。这个温度就叫作最低温度。

（2）适宜温度 在植株生育过程中，当 $T \geqslant 10$ ℃时，植株可以正常生长。在玉米籽粒形成阶段，温度应该保持在 20 ℃ $\leqslant T \leqslant$ 28 ℃，此时最适合籽粒灌浆，当温度过高或过低，都会对玉米产量有一定的影响。所以最适宜的温度范围是 10 ℃ $\leqslant T \leqslant$ 28 ℃，这个温度范围就叫作适宜温度。

（3）最高温度 当 $T > 35$ ℃，空气中的水分会蒸发，土壤会缺水，对植株生长、散粉、吐丝、籽粒灌浆都会造成一定的影响，高温高湿还容易造成茎腐病和纹枯病等一些病害的大面积爆发。所以这个温度就叫作最高温度。

植株在各个不同的生育阶段，对温度的要求也各不相同，具体见表 2. 8。

表 2. 8 玉米各生育阶段对温度需求（杨虎制表）

生育阶段	生育期	适宜温度
营养生长阶段	苗期	10 ℃ $\leqslant T \leqslant$ 30 ℃
	三叶期	18 ℃ $\leqslant T \leqslant$ 24 ℃
营养生长与生殖生长并进阶段	拔节期	24 ℃ $\leqslant T \leqslant$ 26 ℃
	小喇叭口期	25 ℃ $\leqslant T \leqslant$ 27 ℃
	大喇叭口期	25 ℃ $\leqslant T \leqslant$ 28 ℃
	抽雄期	25 ℃ $\leqslant T \leqslant$ 29 ℃
	散粉期	25 ℃ $\leqslant T \leqslant$ 29 ℃
	吐丝期	25 ℃ $\leqslant T \leqslant$ 29 ℃

续表

生育阶段	生育期	适宜温度
生殖生长阶段	籽粒形成期（灌浆期）	22 ℃≤T≤24 ℃
	乳熟期	22 ℃≤T≤24 ℃
	蜡熟期	22 ℃≤T≤24 ℃
	完熟期	20 ℃≤T≤22 ℃

在土壤水分适宜的情况下，土壤温度对植株各时期生长快慢将起到决定性的作用，有研究表明，随着土壤温度的提升，播种后出苗所需天数也将不同。

乔海平等（2014）介绍，6～7 ℃是玉米种子发芽的条件，这个时候玉米芽很容易受到外在土壤的感染和侵蚀，从而影响其发育质量。为此，一般认为，10～12 ℃的温度条件最利于玉米的发芽，而25～35 ℃是玉米发芽最为旺盛的时段。在土壤、水分和通风性良好的情况下，温度对玉米出苗的快慢有着很大的影响作用。根据调查显示，当温度在10～12 ℃时，18～20 d之后玉米就会出苗；在15～18 ℃时，则要8～10 d才能出苗，而当温度到达20 ℃时，5～6 d的时间就会看到苗芽。幼苗在出苗之后，会随着气温的逐渐升高而不断发育。当平均温度高于18 ℃时，玉米苗的生长最快。也就在此印证了温度的高低对于玉米苗的发育速度的影响作用。玉米抽雄、开花的时候是对温度最为敏感的时期，如果温度在32～35 ℃，且空气湿度在30%，空气就会非常干燥，导致丝状花柱很容易掉落，就会出现由于受精不成熟而出现缺粒的情况；在玉米的发芽时期，如果出现了霜冻的情况，就会抑制幼苗的生长，植株也会遭到一定程度的破坏。为此，想要避免霜冻对玉米成长的影响，就必须加强管理，保证玉米的正常成熟和产量。玉米受到霜冻的时候，有些会完全停止生长，有些则会由于果穗未成熟而含水量又高，导致籽粒彻底丧失发芽能力，这种籽粒不宜留作种用，贮存时也容易变坏。

张运慈等（2014）介绍，玉米是喜温作物，种子在10 ℃以上才能开始发芽。在6～8 ℃条件下，虽然能发芽，但非常缓慢，不易全苗。地温至10～12 ℃才可播种，发芽较快。发芽的最适宜温度为28～35 ℃。出苗后，遭受－3 ℃低温，幼苗即受冻害，但若能及时加强管理，影响不大。若温度下降至－4 ℃，则幼苗即将冻死。在整个玉米生育期中，玉米生长最适宜的温度为25～28 ℃，过低将影响玉米生育和产量。在开花散粉期，当气温高于32 ℃，若土壤、大气干旱，花粉迅速丧失活力，花粉亦易枯萎，影响受精结实，及时灌溉对授粉结实比较有利。玉米灌浆成熟期，气温22～24 ℃为宜，前期偏高，后期稍偏低，昼夜温差大，有利于干物质的积累。后期对早霜、低温反应敏感，3 ℃的低温可使玉米死亡，种子失去发芽力。

马兰（2016）介绍，玉米发芽温度较低、湿度较大、过早播种容易受到土壤微生物的侵染而发霉、溃烂。玉米在一定温度下才能够发芽，一般在7 ℃左右就开始缓慢地发芽，当温度升高到11 ℃左右时，发芽比较适宜，达到23 ℃左右时为最佳温度，最适合玉米发芽，发芽最快。若温度超过30 ℃或更高时，发芽反而受阻。在地表层土壤温度达到 5～9 ℃时为玉米播种的适宜时期；在土质、水分、透气适宜的情况下，玉米出苗后随着温度的升高而生长加快，日平均温度达到 17 ℃左右，植株开始拔节，20 ℃左右为苗期最佳温度；开花期是玉米全生育期对温度反应最敏感的时期，也是对温度要求最高的时期，最佳温度为 25～29 ℃。温度过高、相对湿度低于 30%左右的条件下花粉粒容易失去活力、枯萎，难以授粉，导致玉米产生缺粒、短行等现象；玉米在籽粒形成和灌浆期间对温度也有较高的要求，要求温度在 20～25 ℃，过低或过高均会影响淀粉酶的活性和养分的合成，形成花粒、秕粒，从而使产量减少。

玉米苗期温度过低，对其生长发育均不利。由于玉米苗期是以根系生长为主，因此土壤温度状况对根系的生长有很大影响。土壤温度在 20～24 ℃时，玉米根系发生较快，且较为健壮。而当土壤温度较低时，即使气温适宜，也会影响玉米根系的代谢活动，影响磷向地上器官的转移和各种含磷有机物的合成。磷素营养不足，又影响植株体内的氮素代谢，致使玉米苗色变黄、变红，同化作用减弱，生长迟缓。当地温下降到 4.5 ℃时，玉米根系完全停止生长。中国东北及华北地区，春季地温上升慢，春播玉米早期根系生长迟缓，尤其在地势低洼、土壤水分较多的情况下，更为明显。因此，东北地区玉米采用起垄覆膜栽培，使地面充分接受阳光，并于苗期早中耕，这对提高土壤温度、促进根系的发育均有一定意义。

张晶晶（2014）介绍，土壤温度对玉米萌发和出苗特别重要，早春土壤温度冷凉会造成玉米苗稀，单株营养发育缓慢，最终影响整株生物量和籽粒产量。它决定着玉米顶端分生组织低于或接近土壤表面时的发育速率。顶端分生组织分化叶片，控制其展开速度并由此控制体内干物质的积累率。土壤温度仅在播种后数周内对顶端分生组织产生影响，此后气温成为主要影响因素。玉米低温冷害以延迟型为主，即以积温不足导致生育期延迟，进而遭受霜冻害为主要特征。低温冷害不易预测，一旦发生很难补救，因此它的防御一般以播种前的战略性防御措施为主，达到有灾防灾、无灾增产的效果。在北方玉米栽培的土壤温度管理战略是在关键的早期生长阶段人为增加土壤温度。播种后，用薄膜覆盖，或是在地下铺设增热电缆都可增加土壤温度。从而促进玉米萌发和加快玉米的营养生长。不仅提高土温还能增进玉米幼苗对水分的吸收。土壤温度的升高会提前结束营养生长阶段，从而保证有一个较长的籽粒灌浆期，使最终籽粒产量明显增加。从播种到成熟整个生育期间用各种方法增加土壤温度可使玉米生长旺盛、产量增加。

当温度过高时也会对玉米造成一定的影响。我国有着广阔的地域面积，玉米种植区域遍布南北，但是普遍的高温时期都集中在 6—9 月，此时期遭遇高温天气，最容易出现的就是玉米雄穗枯萎，散粉不良，雌穗不能正常吐丝，籽粒灌浆不足形成干瘪籽粒，植株遭遇高温高湿发生大面积病害，容易对产量造成巨大的影响。

刘元元等（2019）介绍，在高温干旱条件下，叶绿体结构遭到破坏，叶片会发生卷缩，使光合面积减小，大大降低叶片的光合作用能力。所以，持续的高温天气还会使玉米叶片的光合作用减弱，玉米在高温天气下消耗增加，导致物质积累有所下降，高温天气越长，恢复时间越久。35 ℃以上高温时，雄穗分枝变小、数量减少，小花退化，花药瘦瘪，花粉活力降低。当气温超过 38 ℃时，高温会导致雌穗的各部位分化出现异常，玉米的雄穗开花、散粉受阻碍。雌穗吐丝延缓，造成雌雄分化不协调、玉米的授粉结实不良，最终导致籽粒瘦瘪。另外，高温条件下玉米容易引发病害，从而最终影响产量和品质。高温迫使玉米生育进程中各种生理生化反应加速，各个生育阶段缩短。在生育后期高温会使玉米植株过早衰亡，或提前结束生育进程进入成熟期，灌浆时间缩短，干物质积累量减少，千粒重、容重、产量和品质也会降低。

2. 积温效益　除温度胁迫中的低温和高温之外，在适宜温度条件下，玉米生育期表现积温效应。即使是同一区域，同品种不同播期，不同品种同播期，不同熟性同播期，也对积温有着不同的需求表现。刘锋等（2012）介绍，自播种至开花，玉米播期不同生育时期所需天数和积温，均随着播期的推迟而逐渐减少。这是因为播期越晚日平均气温越高（见表 2.9）。

表 2.9　春玉米鲁原单 1 号不同播种期播种至开花不同生育期的天数与积温（刘锋 等，2012）

展开叶	4 月 1 日播种		4 月 5 日播种		4 月 10 日播种		4 月 15 日播种		4 月 20 日播种		4 月 25 日播种		5 月 1 日播种	
	时间/d	积温/(℃·d)	时间/d	积温/(℃·d)	时间/d	积温/(℃·d)	时间/d	积温/(℃·d)	时间/d	积温/(℃·d)	时间/d	积温/(℃·d)	时间/d	积温/(℃·d)
播种至出苗	12	177.6	11	175.6	10	152.4	11	158.4	8	132.6	5	106.5	6	115.6
出苗至末叶露尖	64	1368.3	60	1287.7	58	1282.6	54	1251.3	52	1207.1	55	1298.6	51	1241.4
出苗至末叶展开	69	1502.7	66	1449.6	65	1475.8	59	1389.1	58	1370.6	59	1397.4	55	1349.6
出苗至抽雄	67	1240.3	65	1418.1	63	1410.9	58	1347.6	57	1332.8	58	1362.2	53	1284.2
抽雄至开花	4	107.5	3	81.3	4	107.2	4	102.1	3	71.8	3	81.4	5	132.0

赵俊姣等（2017）介绍，积温对叶面积的影响。玉米有效生育期内不同播期、不同玉米品种处理之间的最大积温差值为 411 ℃·d，最大叶面指数差为 1.5。晚熟和中晚熟品种叶面积指数无明显差别，两者叶面积指数高于早熟品种，而早播品种叶面积指数

低于偏晚播品种，但两者叶面积指数要高于晚播。玉米最大叶面积指数同玉米出苗到成熟期活动积温线性关系显著，积温每增加 100 ℃ · d，玉米叶面积指数增加 0.4。

积温对玉米生物量的影响。由于中晚熟品种最大生物量稍低于晚熟品种，但明显低于早熟品种；对于晚熟品种偏晚播玉米生物量比早播稍大，但明显高于晚播品种生物量。说明中晚熟品种较适宜桦甸市种植，早熟晚播玉米品种生物量最大。玉米最大生物量同出苗到成熟期活动积温线性关系为，积温增加 100 ℃ · d，玉米生物量增加 162 g/m^2。

积温对玉米质量的影响。在处理播种期时，晚熟和中晚熟品种播种越早，产量就越高，早熟品种不同播期无太大差别。玉米绝对质量与活动积温的线性关系为，积温每增加 100 ℃ · d，玉米产量就增加 590.75 kg/hm^2，即当地气温每升高 1 ℃，玉米产量增加 886.1 kg/hm^2。相对产量和相对积温的线性关系显著呈正相关。桦甸市玉米从播种至成熟积温在 2500～3200 ℃ · d，在单季玉米栽培制度和选择适宜品种条件下，积温与玉米产量呈正相关。

王文志等（2016）通过对科右前旗地区积温条件与春玉米以及产量之间的相关性进行有效研究分析，得出以下结论：①≥10 ℃有效积温可以作为春玉米发育期的重要判定指标。②由于积温条件的不断变化，不同品种的春玉米叶面积以及产量存在较大差别。③在内蒙古兴安盟科右前旗地区，积温同叶面积指数呈相关性，平均温度升高 1 ℃，出苗速率提升 17%，营养生长速率提升 5%，生育期内积温增加 100 ℃ · d，玉米最大叶面积指数增加 10%。④春玉米整个生育期间积温同产量性状呈极显著正相关，积温每增加 100 ℃ · d，玉米的最大产量将增加 8%。⑤有利的积温能够满足玉米生长发育所需的热量和光照资源，为玉米种植方式和种植时间提供了更加宽松的条件，也为玉米高产奠定了热量资源基础。

任佰朝等（2018）介绍，黄淮海地区光温资源丰富，但存在利用率低的问题，调节光温在夏玉米各生育阶段的分布，是提高该地区光温利用率的有效途径。前人研究表明，玉米籽粒产量与生育期内有效积温呈正相关，中晚熟品种成熟需要的有效积温为 2500～2800 ℃ · d。光温对玉米生育期影响显著，推迟播期则生育进程缩短。

郑洪建等（2009）认为，影响生育期的主要因素是日均温，两者呈极显著负相关。播期调整显著影响夏玉米生长环境，适宜的播期是充分利用生态环境中光温资源的保障。本研究表明，随播期推迟夏玉米生育期呈现先缩短后延长的趋势。各阶段生育进程与日均温呈显著负相关，早播时前期温度相对较低，延长了播种至开花的生育进程；晚播时后期温度较低，延长了吐丝至生理成熟的进程。适当调整播期，可以使夏玉米生育期处于有利的光温资源条件下，便于充分利用气候资源，是促进玉米高产，形成良好生理特征的保障。播期对夏玉米品种达到生理成熟所需的积温无显著影响，品种的温度需求基本稳定，各品种完熟需要的积温主要取决于品种特性，即播期不同导致生育期的变化，其根本原因是玉米生长发育时期的温度条件变化。此外，不同试验点之间的积温和生长期等存在显著差异，说明不同生态区的积温和生长期各有不同。因此，要选择适合本生态区生育期的品种。不同生态区之间的差异主要是由于不同生态区的积温等气候条件的不同所致，因此在选择品种时要充分考虑到不同生态区间的积温等气候因素的差异。

（二）光照的影响

1. 光周期的影响　一天中白昼和黑夜的相对长度称为光周期。即光期与暗期长短的周期性变化。是指一天中从日出到日落的理论日照时数，而不是实际有无直射光的时数。昼夜总长度以 24 h 交替出现，但昼夜的长度会因地球的纬度及季节的变化而不同。植物对日照长度发生反应的现象，称为光周期现象。在各种气象因子中，光周期变化是季节变化的可靠信号。生长在地球上不同地区的植物在长期适应和进化过程中表现出生长发育的周期性变化。植物的开花，树木的秋季落叶，芽的休眠以及地下贮藏器官的形成都对昼夜长度的季节变化发生反应，其中光周期对植物成花的反应研究比较深入。开花受光周期调节的植物达到花熟状态时，在适宜的光周期条件下就可以诱导开花。长日植物一般在比临界日长更长的条件下才能开花，日照越长开花越早，在一定的连续日照下开花最早。短日植物必须在短于临界日长时才能开花，日照缩短，开花提早，但不能短于光合作用对光的需要。

郭翠荣等（2013）介绍，玉米是短日照作物，喜光照，不耐阴，光照充足有利于其幼穗分化形成大穗，一般每天 7～10 h 的日照有利于玉米拔节孕穗。在较短光照且光谱中短光波成分较多的条件下，小穗、小花发育加快；反之，小花发育受到阻碍。日照时间过长能延长玉米的正常发育和成熟；在高温、短日照下，生育期会显著缩短。玉米抽穗开花期要求每天有 4～5 h 的日照，20 ℃以下则光合作用急速下降，在水分有保证的情况下，20～33 ℃范围内，光合速率随温度增加而增加。在相同的太阳能辐射条件下，光合速率随日长增加而增加，太阳辐射对产量影响较大，尤其在籽粒灌浆阶段对产量的形成更为重要。

不同类型的玉米品种对于光周期的敏感程度，存在着品种间的差异，有的品种敏感，有的品种钝感。据研究发现，早熟的品种对光照反应迟钝，晚熟的品种对光照反应较为敏感。来源于北方的农家自留的地方种对光周期钝感，来源于南方的农家自留的地方种对光周期敏感。根据不同品种对光周期的敏感程度，可以分为光周期敏感型品种和光周期钝感型品种。

张世煌等（1995）认为，主茎叶片数可以排除温度的影响，因此用叶片数来评价光敏感程度比开花期更稳定，他采用长、短日照条件下主茎叶片数的相对差值（R_d）作为指标：$R_d = [(L-S)/S] \times 100\%$，其中，$L$ 为长日照时间，S 为短日照时间。$R_d >$ 30% 定为敏感型，$R_d <$ 20% 为钝感型，R_d 在二者之间的为中间型。陈彦惠等（2003）研究发现，以雄穗、开花期和总叶片数为重要考察指标，不同生态类型种质对长光的敏感性表现为：温带玉米 < 高原玉米 < 亚热带玉米 < 热带玉米。

玉米的光照反应特性对各地互相引种具有一定的指导意义。中国玉米栽培地域广阔，同一品种在不同地区栽培，由于日照时数和温度条件的差异，会引起生育天数的显著变化。一般随着纬度的升高，发育逐渐延迟，生育日数逐渐增多；反之，生育期缩短。例如，玉米品种金皇后在40°N左右的北京地区春播，从出苗到抽雄需65～70 d；在24°18′N的广西壮族自治区柳州市春播时，从出苗到抽雄仅需56 d；纬度相差约16°，但抽雄期提早了9～14 d。一般北方地区生育期120 d以上的春播晚熟品种，引到南方各地夏播时，出苗至成熟时间可缩短到100 d以下。总的来说，南种北引时，由于北方生长季内日照时间长，将使玉米植株变高，抽穗延迟，生育期延长，严重的甚至不能抽穗与开花结实。为使其能及时成熟，宜引用较早熟的品种或感光性较弱的品种；北种南引时，由于南方春夏生长季内日照时间较短，使作物加速发育，植株变矮，抽穗提早，生育期缩短。若生育期缩得较短，会过多地影响营养体的生长，降低作物产量。为使北向南引种保持高产，宜选用晚熟品种与感光性弱的品种，或调整播种期，以便在季节上利用南方相对较长的日照。

陈平（2012）介绍，日照时间的长短对玉米的发育和成熟会产生一定的影响。长时间的日照会使玉米生长发育缓慢。光照在8～9 h/d时，玉米的发育期提前，缩短玉米的生育期。而在长时间的日照环境下即达到18 h以上，将会滞后玉米的发育，推迟玉米的成熟期。玉米的早熟品种对光照周期的反应没晚熟品种强，在短日照的环境下会使玉米出苗后产生雄花提前开放，植株矮小，经常出现雌花在雄穗上的现象，进而降低了玉米的产量。温带的玉米品种引入热带时，短日照再加上干旱这种现象则更加容易出现。相反，在长日照的环境下会使玉米出苗后雄花开花期延迟，严重时则不开花，植株高大，叶片数量增多，茎叶茂盛。

刘杰龙（1978）介绍，对光周期不敏感的基因型，雄花分化在茎开始伸长之前，而对光周期敏感的基因型则在茎伸长之后。

陈晓等（2009）研究发现，光周期长度、生殖分化同茎伸长具有一定的关系，CML288雄穗发育得越大，节间伸长也越明显，不同的处理条件下植株均显示出类似的结果。6叶期挪移到长日照条件的植株虽然雄穗不可见，但是节间较持续长日照条件下的植株茎略有伸长。可能是节间随生殖分化的启动开始伸长，如果雄穗发育最敏感时期未通过光周期诱导，节间伸长随穗分化一起被长日照抑制而发育的速度减慢。

研究认为，只有生殖分化启动之后，才开始逐渐拔节并表现出植株高大的现象。在郑州和三亚，CML288和黄早四的株高都显示一定的变化幅度，但是CML288的变化幅度更大。说明生殖分化后，敏感程度不同的植株依旧显示出株高变化幅度的差异，也显示出量的调节特点。

在低纬度短日照地区，玉米品种对短日照敏感；而在高纬度长日照地区，所用玉米品种是对短日照钝感的类型。有试验发现（未发表论文），有的玉米材料由低纬度短日照地区引到高纬度北方地区种植，生育进程停滞在营养生长阶段，植株高大。

在秦巴山区，应视海拔的高低及播期不同而选用对短日条件敏感或钝感的玉米品种。在海拔≥800 m 的二高山、高山地区春播宜选用对短日照钝感的玉米品种，例如：华玉 11、郧单 19、郧单 20、郧单 23、鄂玉 25、鄂玉 10 号、金玉 2002、谷神玉 3 号、达美 5 号、宜单 858、宜单 1628、康农玉 598、康农玉 108、康农玉 188、恩单 108、恩单 519、恩单 588、双玉 919、鄂玉 26、帮豪玉 509、正大 999、正大 3665、新中玉 801 等。而在海拔 200～800 m 的低山丘陵平原地区春播、夏播、秋播应选用对短日照敏感的玉米品种，例如：宜单 629、郧单 21、郧单 22、鄂玉 16、鄂科玉 2 号、宜单 1638、康农玉 508、襄玉 655、蠡玉 16、腾龙 757、康农 2 号、康农玉 901 等。只有根据地区气候环境选择合适的玉米品种才能进行高效的农业生产，才能达到事半功倍的效果，否则既影响了产量又耽误了时节，得不偿失。

2. 光照强度的影响 玉米是典型的高光效 C_4作物，要想达到高产，就需要足够多的光合产物，要想有足够多的光合产物，就必须要有高光合强度、大光合面积以及长光照时间，缺一不可。玉米的光合作用主要由叶肉细胞和维管束鞘细胞协同完成，在叶肉细胞中存在着高效的 CO_2同化机制，以保证维管束鞘细胞中的叶绿体在低浓度的 CO_2条件下仍能保持高效的光合作用。与其他作物不同的是，玉米的光饱和点较高，这样它就能以更高的效率进行光合作用，更加有利于碳水化合物的合成和有机物质的积累，从而表现出较高的产量水平。

甜、糯玉米是较常见的菜用玉米品种，为了能使其尽早上市，多采用温室育苗移栽的栽培方式提前播期。早春地温较低，不适宜玉米种子萌发，通过温室育苗的方式，可以充分利用光热资源增加地温，促进种子萌发。但是由于育苗温棚上容易附着灰尘、水蒸气，从而导致温室内的光照强度要远远低于自然环境的光强，当幼苗移栽到大田中时，光照环境由低转高，光饱和点大大提升，幼苗为了适应光环境的变化，就表现为叶色由浅绿转为深绿，叶片变宽、变长，因此，玉米进行温室育苗时，不仅要注意控制温室内的温度，还需要有适宜的光照强度。

在大田生产中，通常会由于种子萌发的早晚，虫害、除草剂等的影响，出现大小苗现象，苗期时影响看不出来，当田内封行后，大苗由于早期就生长旺盛，往往长得比小苗高大。此时，小苗株高较低，不能直接接受阳光的照射，只能零星地吸收散射光进行光合作用，产生的碳水化合物和营养物质的积累远远低于株型高大的植株，长此以往，植株矮的与植株高的差距会越来越大，具体表现为株高、叶长、叶宽、开花期、散粉期、果穗长和粗都低于正常植株，生育期延长，产量降低。

周卫霞等（2013）曾于 2011—2012 年试验研究，以不耐阴型玉米豫玉 22 和耐阴型玉米郑单 958 为试验材料，设置自然光照和弱光胁迫 2 个处理，研究弱光胁迫对不同基因型玉米籽粒建成和碳氮代谢的影响，探求弱光胁迫下碳氮代谢与籽粒建成的关系。结果表明，弱光胁迫下，玉米籽粒生长发育减缓，败育粒增加，籽粒体积和干重降低；果穗顶部籽粒可溶性糖、蔗糖含量和全氮含量升高，淀粉含量和碳氮比降低；

豫玉22胚乳细胞中淀粉粒密度降低，郑单958与对照相近。弱光胁迫下，不耐阴型玉米豫玉22果穗籽粒的生长发育减缓程度大于耐阴型玉米郑单958，同一基因型果穗顶部籽粒生长发育减缓程度大于中部籽粒，耐阴型玉米郑单958在恢复自然光照后籽粒体积、干重、籽粒碳氮含量和碳氮比与对照之间的差异均小于豫玉22，表现出更强的补偿效应。淀粉合成能力和碳氮比的下降可能是弱光胁迫条件下籽粒发育不良造成败育的主要原因。

光照通过驱动玉米的光合作用，影响糖类的分配与生物量的积累，进而影响植株的生育状况。李潮海等（2005）以不同基因型玉米为材料，在玉米生长发育的3个重要阶段（苗期、穗期、粒期）进行分期遮光试验，研究不同时期弱光胁迫对不同基因型玉米生长发育和产量的影响。结果表明，遮光延缓了玉米叶片的出生速度，使叶片变薄；遮光可以延缓叶片的衰老，但遮光解除后则加速叶片衰老；遮光造成植株高度增加，但恢复正常光照后，其株高却逐渐低于对照。

赫忠友等（1998）介绍，玉米可能和其他作物一样，也存在对弱光特别敏感的时期，即光强度临界值。在此时期光照强度的减弱，可造成雄花颖花的退化。光质对玉米雄穗的发育影响非常大，不同光质对玉米的雄花穗轴及颖花的影响程度有所差异。红、蓝光可造成玉米雄花穗轴及颖花的全部退化，黄光也有一定的影响，但其退化率明显低于红、蓝光。造成玉米雄花退化的主要原因。①由于光照强度的减弱，光合作用的强度也随之减弱，造成营养物质（如糖、淀粉、类胡萝卜素、叶绿素a等）缺乏，呼吸作用加强。叶片内的可塑性物质（同化物质）运输受阻，不能及时向发育的雄穗供给充足养分。②由于光质的改变，可能使植株体内的光敏色素、叶绿素a、叶绿素b和类胡萝卜素及各种生物活化酶的含量都有所改变，进而使植物的碳水化合物、蛋白质代谢有重要调节作用的生理调节功能发生了变化，影响了玉米雄穗发育时期的营养物质的及时供应，进而影响了雄花的正常发育。

营养生长阶段遮光会影响植株叶面积、茎粗及生殖器官的发育，最终影响干物质产量和品质；开花前后期遮光极大地限制了生殖器官发育，同时，也限制了干物质的分配。陈传永等（2014）选用玉米品种郑单958与先玉335，在大田条件分别于7叶全展期、13叶全展期、吐丝期、吐丝后15 d进行50%遮光处理，研究不同时期遮光对玉米干物质积累与产量性能的影响。结果表明，不同时期遮光均导致玉米终极生长量、干物质积累速率最大时的生长量、最大干物质积累速率、平均叶面积指数、平均净同化率和收获指数降低，致使干物质积累与产量均有不同程度降低，吐丝后15 d遮光对干物质积累与产量形成影响最大，并且在产量构成因素中，遮光处理对穗粒数与千粒重影响较大，穗粒数减少占主导，其次是千粒重的降低。

大量研究表明，开花至成熟期光照不足，是产量的主要限制因子。若玉米的开花授粉期遇到阴雨天，对授粉极为不利，在开花期若遇连续降雨，会严重影响授粉而使穗粒数明显减少，甚至空秆。因此，在生产实践中应选择适宜的种植品种，合理安排播期，尽量使花粒期处于光照充足的季节，并配合肥水管理，以减轻弱光对玉米生长造成的不良影响，提高产量。

（三）海拔的影响

秦巴山区地处秦岭与巴山之间，横跨甘肃、四川、陕西、重庆、河南、湖北六省（市），海拔从 200 m 横跨到 3800 m，以二高山、高山为主。

赵永翔（2015）研究发现，秦巴山区南麓中低海拔处土壤水分多，空气湿度大，菌源量大，最易引发小麦锈霉病，故种植风险大；较高海拔之处又因土地贫瘠，地势陡峻，不宜种植小麦。山区河谷地带虽可以栽植水稻，但却受制于地形、光照、热量等特有的山间局域气候，种植规模较小。山内其他较高海拔的地方，因坡度大难以平整，也不便实施灌溉，则更不宜种植水稻。在清朝中叶以前的漫长历史时期，秦巴山区绝大部分的土地因为小麦、水稻等传统农作物不宜生长，而较少被开发，人烟稀少。这种封闭宁谧的状态自玉米等作物引入后，被彻底打破。与水稻、小麦、豆类等其他传统作物相比，玉米对生长条件要求比较宽松，“生地、瓦砾、山场皆可植，其嵌石罅，尤耐旱，宜勤锄，不须厚粪。”“既种，惟需雨以俟其长，别无壅培。”正因为如此，人们才认为山区最宜种植玉米，“收成至盛，工本轻，为旱种之最。”除此之外，秦巴山区较高海拔之处，常多阴雨，即“晴霁亦有蒙雾，每至盛夏，此必有数处下雹，大或盈拳，小如弹丸，常将作物打倒，若是其他杂粮，必致减产甚至绝收，但对于玉米而言，若非成熟之时，冰雹过后，山农扶培，尚可吐穗结实。”

张兴端等（2006）介绍，根据国家武陵山区 2003 年、2004 年玉米区域试验资料，分析了 25 个玉米品种（组合）的生育期和产量表现与海拔高度的对应变化关系。结果表明，生育期和产量与海拔高度的关系可用线性回归方程 $y = a + bx$ 来描述，在该区域内随着海拔升高，生育期明显延长，产量明显增加。而且同一年份不同品种间的 b 值和 a 值均无显著差异。说明在武陵山区种植同一玉米品种，在相同栽培条件下，海拔每升高 100 m，其生育期将延长 2.95～3.55 d。在武陵山区玉米产量有随着海拔升高而明显增加的趋势，从另一个侧面说明了这一生态区域的玉米生产优势区域是中高海拔地区（海拔 800～1400 m）。因此，在制定玉米生产发展计划和区域规划时应当充分考虑区域优势，即伴随海拔的升高，品种的生育期明显延长，所以在生产应用上应根据生育期与海拔高度的定量变异规律，以品种能安全成熟为前提，因地制宜地选择产量高、生育期适中的品种，确保高产和稳产。

朱凤娟等（2014）为研究鄂西山区不同海拔高度与播期对甜玉米鄂甜玉 4 号生长的影响，摸索高山甜玉米种植制度，2012—2013 年在湖北省宜昌市长阳县高山蔬菜基地 5 个不同海拔梯度点安排了鄂甜玉 4 号分期播种试验。结果表明，同期播种鄂甜玉 4 号随着海拔的升高，播种至抽雄、播种至吐丝、播种至成熟的天数都在延长。生长有效积温对甜玉米生长起决定作用，即气温高、有效积温高则生育期缩短，反之则延长。同期播种鄂甜玉 4 号随着海拔升高，气温不断降低，有效积温减少，生育期延长；同期播种鄂甜玉 4 号随着海拔的升高，产量呈波形变化，400～1200 m 产量上升，1200～1800 m 产量不断下降，1200 m 海拔下产量最高。因为低海拔地区有效积温高，甜玉米生长生育期较短，不能充分利用有利的生长季节生产和积累更多的干物质，因而产量不高；高海拔地区有效积温低，生育期太长，超过某一地区气候条件，特别是温度的极限，甜玉米灌浆期遇低温籽粒不能正常成熟，产量反而更低。所以鄂西山区鄂甜玉 4 号种植适宜海拔为 1200 m，适合的播期为 4—5 月，宜针对不同海拔高度选择不同的播种期。

张友君等（2014），为研究武陵山区春玉米最适播期，通过在武陵山区低海拔地区不同海拔地点，进行分期播种，对不同播种期的生育期、农艺性状和经济性状的差异进行分析比较，结果表明，同一品种海拔每升高 100 m，生育期延长 3 d 左右，每推迟 10 d 播种，生育期缩短 8.8 d 左右；同一品种播种越早，海拔越高，播种至齐苗时间越长，反之则越短。海拔每升高 100 m，播种至齐苗时间延长 1～3 d 播种期每推迟 10 d，播种至齐苗时间缩短 2～5 d；同一品种同播期随着海拔升高，齐苗至抽雄时间会有所延长，每升高 100 m，延长 1.5 d 左右；播种期和海拔高度对抽雄至成熟时间长短影响很小；同一品种不同海拔地点，海拔越高，秃尖越长，穗粒重下降，千粒重降低，产量相应有所下降。

李明学等（2018）通过不同海拔对武陵山区秋玉米种植进行研究发现，位于桑植县县郊高桥村（海拔 300 m，水稻黏性土壤）、桥自弯镇松柏村（海拔 650 m，沙性土壤）。2 个地点播期统一，从 7 月 15 日开始，每隔 7 d 播种一期，即第Ⅰ、Ⅱ、Ⅲ播期分别为：7 月 15 日、7 月 22 日、7 月 29 日。通过分析得知，2 个品种生育期表现在各试验区有一定的差异（表 2.10）。从各播期及品种看，位于中海拔山区的松柏村种植的同一播期品种秋玉米相对于低海拔的高桥村生育期多 4～15 d。这主要是海拔越高、气温较低，玉米通过生育期延长、补足积温来完成生长发育。

表 2.10 各处理秋玉米的发育天数（李明学 等，2018）

品种	播期	全生育期/d			播种—出苗/d			出苗—抽雄/d			抽雄—成熟/d		
		县郊	松柏村	平均	县郊	松柏村	平均	县郊	松柏村	平均	县郊	松柏村	平均
湘玉2号	Ⅰ	112	116	114	12	12	12	61	63	62	39	41	40
	Ⅱ	121	129	125	10	11	11	66	69	68	45	49	47
	Ⅲ	141	152	147	11	11	11	77	81	79	53	60	57
晋鲜糯	Ⅰ	103	111	108	11	12	12	54	58	56	38	42	40
	Ⅱ	115	128	122	10	10	10	61	69	65	44	49	47
	Ⅲ	132	147	140	11	11	11	69	77	73	52	59	56

（四）播期的影响

播期试验研究和生产实践证明，在春播时，随着播期的推迟，生育期逐渐缩短，并且主要是营养生长阶段的缩短。

李明学等（2018）通过不同播期对武陵山区秋玉米种植进行研究发现，由表2.11可知，湘玉2号和晋鲜糯6号第Ⅰ、Ⅱ、Ⅲ播期均在11月上旬、11月中旬、12月中旬成熟；湘玉2号第Ⅰ、Ⅱ、Ⅲ播期全生育期分别约为114 d、125 d、147 d；晋鲜糯6号第Ⅰ、Ⅱ、Ⅲ播期全生育期分别约为108 d、122 d、140 d。第Ⅰ、第Ⅱ和第Ⅲ播期的生育期随着播期推迟呈现出延长的趋势，后一播期全生育期比前一期延长了11～23 d不等。从各个生育期的时间看，延长的生育期主要在抽雄—成熟期，出苗—抽雄期后期也有所延长。这主要是秋玉米生育期气温从高到低变化，特别是生育后期，气温偏低，玉米灌浆期拉长，导致总生育期延长。

表2.11　各处理秋玉米播期及主要生育期（李明学 等，2018）

品种	播期	播种期/（月－日）	出苗期/（月－日）	抽雄期/（月－日）	成熟期/（月－日）	全生育期/d		
						县郊	松柏村	平均
湘玉2号	Ⅰ	07－15	07－26	09－18	11－05	112	116	114
	Ⅱ	07－22	08－01	09－30	11－19	121	129	125
	Ⅲ	07－29	08－07	10－16	12－11	141	152	147
晋鲜糯6号	Ⅰ	07－15	07－25	09－14	11－03	103	111	108
	Ⅱ	07－22	08－01	09－28	11－14	115	128	122
	Ⅲ	07－29	08－06	10－14	12－12	132	147	140

陈辉云等（2020）通过相关试验研究发现，春玉米全生育期随着播期推迟而缩短，生育期缩短时间主要体现在出苗至抽雄的营养生长阶段，其次为抽雄至成熟阶段。随着播期推迟，玉米的株高、穗位高、穗长、穗粗大致呈现低—高—低的变化趋势。不同熟期玉米品种在相同气候条件下，出苗时间基本一致；随着播期的推迟，出苗时间缩短，6个播期中出苗时间相差8 d，说明温度是影响春玉米出苗快慢的关键因素之一。不同播期条件下，同一玉米品种的生育进程存在明显差异，随着播期的推迟，日平均气温升高，春玉米全生育期逐渐缩短。生育期缩短时间主要体现在出苗至抽雄的营养生长阶段，其次为抽雄至成熟阶段。3月8—29日播种，各玉米品种长势良好，产量均超过7476.0 kg/hm^2，说明该时期播种有利于促进玉米前期干物质的积累和产量的提高。

王和君等（2011）介绍，粮食是我国最重要的战略物资．而玉米则是我国主要的粮食和饲料作物，玉米生产关系着国计民生。随着生产条件的改善和作业水平的提高，气候因子对玉米产量的作用愈发显得重要。其中播期是制约玉米产量的重要因素之一。玉米生育期是玉米品种在生态因子综合作用下的具体体现，品种虽然具有较高的遗传力，但生育期仍受制于生态因子，其中，播期对生育期的影响达显著水平。研究表明，播种时间越晚。玉米各生育时期及生育期越短。此外，播期对植株的株高和穗位影响不大，对产量构成三因素（穗数、穗粒数和穗粒质量）的影响都不显著。播期对籽粒灌浆有很大影响，随着播期的推迟，籽粒灌浆期缩短，籽粒灌浆后期无法达到正常的生理成熟，从而使籽粒质量下降，进而造成减产。以品种和播期配套栽培措施为调控途径，探讨春玉米的高产栽培措施，以期为提高玉米产量提供理论依据。

覃永嫒等（2012）通过试验研究发现，春季在气温还没有稳定时播种，存在种植风险，容易产生缺苗，长出幼苗也容易受变温影响。秋季应避开 7 月的酷热天气播种，也应在 9 月份之前播种，特别生育期较长的品种，在适时的季节播种，对玉米桂单 589 产量及性状的影响不大，播期的决定往往受到当年的气温和降雨的影响，由于不同生态区气候条件差异很大，因此玉米桂单 589 在不同季节的播种时间不尽相同。为此，还应结合当年的气温变化及生态区气候条件的变化进行适时播种，而不应提早播种。玉米良种的丰产性除了自身遗传特性是内因，当地气候条件、栽培方式等因素是密切相关的外因，根据当地气候，适当调节播期，通过选择适宜播期，充分利用当地光温资源是发挥玉米品种丰产潜力的重要技术措施之一。

卢亚妮等（2019）介绍，春播对不同熟性玉米品种穗粒数和出籽率无显著影响，对百粒重的影响在不同熟性品种间存在差异，早、中熟品种百粒重受春播播期影响显著，春播对晚熟品种百粒重无显著影响，早、中熟品种对气候的敏感程度大于晚熟品种。春玉米随播期推迟生育期缩短，早、中熟品种产量受播期影响程度大于晚熟品种；秋玉米随播期推迟生育期延长，中熟品种的产量稳定性较早熟和晚熟品种强。百粒重是影响春播玉米产量的主要因子，出籽率是影响不同熟期玉米品种秋播产量的共同因子。

在秦巴山区，春玉米的播期选择，应重视早播，避免前期营养生长积累太少最终影响产量的形成。春播等气温稳定时，越早播种越有利于干物质的积累，并为丰产奠定基础。秋播充分利用当地降水、光能资源，也应考虑玉米生育后期避开当地干旱、秋霜等不利因素对玉米灌浆的影响，制约产量；秋播播种过早时，气温过高，植株发育过快而瘦弱，播种过迟光温有所下降而生物产量减小。综合认为，春播适宜在 3 月中下旬—4 月上中旬前播种，秋播适宜时期在 7 月下旬—8 月中旬。为了减少种植风险，建议应适时播种。

（五）水分的影响

水分不仅是植物生存的重要因子，而且是植物重要的组成成分。植物对水的需求有两种：一是生理用水，如养分的吸收运输和光合作用等用水；二是生态用水，如保持绿地的环境湿度，增强植物生长势。一般而论，植物光合作用每产生 1 份光合生产物，需 300 ~ 800 份水，土壤中持水量为 60% ~ 80% 时，根系方可正常生长，并吸收养分，维持正常运转。

王雪松等（2015）介绍，玉米水分利用率较高，玉米不同生育时期需水不同，由于不同生育期植株大小和田间覆盖状况不同，所以叶面蒸腾和株间蒸发量比例变化很大。玉米从播种到苗期需水较少，占总需水量的3.1%～6.1%，水分过多或过少对幼苗生长都不利，因此播种时耕层土壤必须保持田间持水量60%～70%才能保证良好的出苗。幼苗期占总需水量的15.6%～17.8%，这一阶段应控制土壤水分在田间持水量的60%左右，既达到蹲苗的目的又促进根系的发育。

玉米在拔节前有较强的耐旱力，拔节时根系逐渐强大，可充分利用土壤下层的水分，短期干旱、高温，玉米叶片暂时卷曲以减少蒸腾量。但玉米拔节植株内部雄、雌穗原始体开始分化，需要较多的水分、养分，干旱将影响植株的正常生长发育。

孕穗期时植株生理机能增强，气温高、叶面蒸腾强烈，水分需要较高，占总需水量的20.6%～23.4%，抽雄前20～30 d的时期内是春玉米需水关键期，土壤水分保持在田间持水量的70%～80%为宜，否则容易形成“卡脖子”旱。

玉米对水分敏感的时期是抽穗开花前后，是需水高峰期，植株代谢旺盛，占全生育需水量的13.8%～27.8%，但每日每亩需水量绝对值最高，因此保持田间持水量80%为最好，此时如果干旱将抑制玉米的生长，影响籽粒的形成。

玉米进入灌浆期仍需要较多的水分，占总需水量的19.2%～31.5%，是产量形成的主要时期，水分不足，将影响籽粒的饱满和降低产量。蜡熟期以后，雨水不宜过多，此期如果水分过多将影响土壤的通气性，容易造成根系早衰。玉米的耐涝性较差，不宜种在低洼易涝的地块上。

张运慈等（2014）介绍，水分是玉米生长发育的重要因素。商水县玉米全生育期内需水4740 m^3/hm^2，折合1 kg玉米干籽需水700 kg左右。但也有较强的抗旱性。在足墒播种后，玉米由于根系发达，叶片的运动细胞有防旱作用，同时叶片向上倾斜，小雨和露水能顺茎秆集中到根部，利用水分比较经济等特点，所以，苗期无雨，不进行灌溉，一般能够生长发育良好。玉米生育后期需水量大。通过研究我们发现：玉米播种期和幼苗期30 d间需水较少，仅占需水量的22.7%，拔节、开花期30 d间需水量最多。若供水不足，会使雄穗不能正常抽出或花粉早散，雌雄不协调，称为“卡脖子”，将严重减产。因此，在拔节开花期间，应当使土壤含水量保持在70%左右，灌浆期需水量最多，成熟期需水量次之。其中，玉米成熟期内，仍需较多水分，乳熟期后，需水较少，以加速成熟。玉米抗涝能力差，在灌浆成熟期若雨水过多，土壤过湿，没有充足的氧气供根部呼吸需要，根系活动力减弱，会使植株早期枯死，千粒重降低，又易感染大、小斑病而严重减产。总之，玉米一生中各阶段需水不等，在足墒播种的条件下，应加强中耕管理，控制浇水，进行蹲苗，促进根系发育。至抽雄、开花期间需水较多，对水分反应敏感，应保持土壤持水量的70%，才适合玉米生长发育。

玉米是需水量较大的植物，缺水往往会对玉米生长发育造成严重的影响。但是玉米同时也是不耐涝的作物，当土壤湿度超过持水量80%时，植物生长发育会受到影响。

侯春玲等（2013）介绍，在三叶期、拔节期、小花分化期、开花期和乳熟期对玉米作淹水处理，各期淹水后出现的一个明显变化是叶片颜色变淡和植株基部有更多的叶片枯黄。据调查，开始淹水后6 d内各处理每株枯黄叶比对照增加叶片数如下：三叶期1.4、拔节期2.8、雌穗小花分化期1.0、开花期0.7片，乳熟期淹水处理与对照没有差异。淹水还不同程度地降低了叶片叶绿素和全氮的含量，其中尤以三叶期和拔节期淹水后所受的影响最大。植物体内的叶绿素在代谢过程中一方面合成，一方面分解，不断更新。叶片中叶绿素含量可以反映植株衰老或受伤的程度，在水淹胁迫条件下，叶绿素的形成就受到影响，而分解过程仍然进行，因而叶绿素被大量降解，叶绿素含量迅速下降，从而茎叶发黄，光合作用受阻。尽管植株下部受淹、上部外露，但由于受淹后作物由原来的有氧呼吸部变成了无氧呼吸，因而使作物叶绿素的形成受到影响。与淹水前相比，玉米在淹水后叶片叶绿素含量呈下降趋势。

当淹水处理结束之后，植株就逐渐恢复正常生长。据成熟期调查，各生育时期淹水3 d对最后株高没有影响。三叶期和拔节期。淹水使茎粗明显变细。三叶、拔节和雄穗小花分化期淹水后单株最大叶面积和地上部生物产量都有显著的下降。开花和乳熟期淹水对地上部分各器官的生长都未产生不利影响。虽然，淹水期间土壤短期缺氧也对植株生长造成某些不利影响，但排水后且水分供应充足，使结实率得以不降低。如在受涝后排水缓慢和地下水自由补给的农田，这种情况就不会出现。

生育前中期淹水在不同程度上推迟了抽雄吐丝期，而且有淹水时间越早，发育越慢的趋势。三叶期淹水使抽雄吐丝期都晚了5 d，拔节期淹水后抽雄期晚2 d，吐丝期推迟1 d。而小花分化期淹水使抽雄期和吐丝期都延迟。由于这些植株淹水后开花晚，到9月底收获时往往未能正常成熟，籽粒含水量显著高于未淹水的植株，尤以三叶期淹水处理表现最突出。开花期和乳熟期对开花和成熟期基本上没有影响。同时，生育前期涝害会严重地损害雄穗的发育，但雄穗小花分化期以后的涝害则不会有不利的影响。

总之，不管是干旱还是涝害，对玉米的生长发育以及产量都有着巨大的影响，在实际生产过程中都应该尽量避免，即使出现这些灾害，也应该积极采取补救措施，降低灾害造成的影响，尽量挽回经济损失。

第二节　玉米的碳代谢

一、光化学合成——光合作用

光合作用（Photosynthesis）通常是指绿色植物（包括藻类）吸收光能，把二氧化碳和水合成富能有机物，同时释放氧气的过程。其主要包括光反应（Light reaction）和暗反应（Dark reaction）两个阶段，涉及光吸收、电子传递、光合磷酸化、碳同化等重要反应步骤，对实现自然界的能量转换、维持大气的碳－氧平衡具有重要意义（潘业兴等，2016）。植物与动物不同，它们没有消化系统，因此它们必须依靠其他的方式来进行营养的摄取。对于绿色植物来说，在阳光充足的白天，它们将利用阳光的能量来进行光合作用，以获得生长发育必需的养分。这个过程的关键参与者是内部的叶绿体。叶绿体在阳光的作用下，把经由气孔进入叶子内部的二氧化碳和由根部吸收的水转变成为淀粉，同时释放氧气。光合作用是绿色植物最基本的生理活动，玉米亦然。光合作用的过程，可用下列反应式来表示：

$$CO_2 + H_2O \xrightarrow[\text{绿色细胞}]{\text{光能}} (CH_2O) + O_2$$

光合作用包括两个阶段，光反应和暗反应。光反应是水的光解，释放氧气（O_2）；光反应又称为光系统电子传递反应。在反应过程中，来自于太阳的光能使绿色生物的叶绿素产生高能电子从而将光能转变成电能。然后电子通过在叶绿体类囊体膜中的电子传递链间的移动传递，并将 H^+ 质子从叶绿体基质传递到类囊体腔，建立电化学质子梯度，用于 ATP 的合成。光反应的最后一步是高能电子被 $NADP^+$ 接受，使其被还原成 NADPH。光反应的场所是类囊体。准确地说光反应是通过叶绿素等光合色素分子吸收光能，并将光能转化为化学能，形成 ATP 和 NADPH 的过程。光反应包括光能吸收、电子传递、光合磷酸化等三个主要步骤。

光合磷酸化是植物叶绿体的类囊体膜或光合细菌的载色体在光下催化腺二磷（ADP）与磷酸（Pi）形成腺三磷（ATP）的反应。有两种类型：循环式光合磷酸化和非循环式光合磷酸化。前者是在光反应的循环式电子传递过程中同时发生磷酸化，产生 ATP。后者是在光反应的非循环式电子传递过程中同时发生磷酸化，产生 ATP。在非循环式电子传递途径中，电子最终来自于水，最后传到氧化型辅酶Ⅱ（NADP +）。因此，在形成 ATP 的同时，还释放了氧并形成还原型辅酶Ⅱ（NADPH）。

ATP 和 NADPH 只能暂时存在但不能累积，是光反应中最早的相对稳定的产物。ATP 和 NADPH 是光合作用中的重要中间产物，一方面这两者都能暂时将能量贮藏，NADPH 的 H^+ 又能进一步还原 CO_2，并形成中间产物。这样，就把光反应和碳反应联系起来。由于 ATP 和 NADPH 用于碳反应中 CO_2 的同化，所以，把这两种物质合称为同化力（Assimilatory power）。

暗反应是 CO_2 的固定和还原，通过一系列的酶促反应，产生以碳水化合物——糖类为主的有机物，并储存能量，它不需要光，所以叫作暗反应。在暗反应阶段中，绿叶通过气孔从外界吸进二氧化碳，不能直接被还原氢还原。它必须首先与植物体内的 C_5（一种五碳化合物，二磷酸核酮糖）结合，这个过程叫作二氧化碳的固定。暗反应是 CO_2 固定反应，也被称为碳固定，开始于叶绿体基质，即叶绿体的可溶部分，结束于细胞质基质。因为暗反应是由酶催化的化学反应，过程极为复杂。对温度比较敏感，所用的能量是由光反应中合成的 ATP 和 NADPH 提供的，主要是用 CO_2 制造有机物，使活跃的化学能转变成稳定的化学能，即把 CO_2 和水合成葡萄糖，实质是用同化力将 CO_2 转化为稳定的碳水化合物。见图 2.1。

在类囊体膜中，光通过 PSⅡ和 PSⅠ引起 ATP 和 NADPH 在循环中通过卡尔文循环

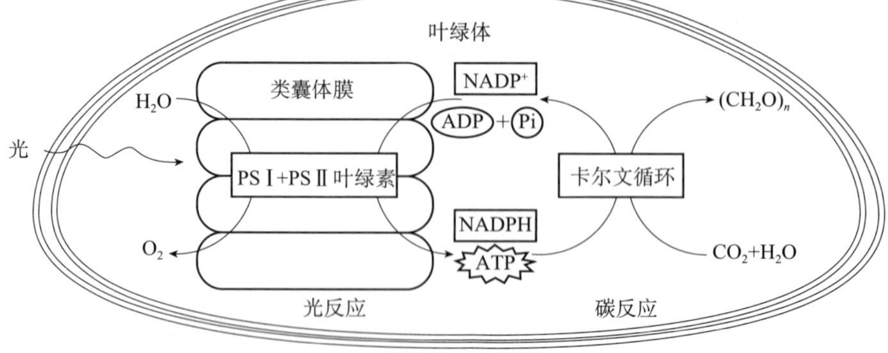

图 2.1 叶绿体中光合作用的光反应和碳反应（Taiz et al.，2010）

进行一系列酶促反应，还原 CO_2 为糖类（磷酸丙糖）。

植物按其光合途径大致可分为三类：C_3 植物、C_4 植物、CAM 植物。光合作用时，CO_2被固定的最初产物是光合碳循环中的 3-磷酸甘油酸（三碳化合物）的植物，被称为 C_3 植物。C_3类植物属于高光呼吸植物类型，光合速率较低，其种类多，分布广，多生长于暖湿条件，如大多数树木、烟草等。通过 C_4途径固定 CO_2的植物称为 C_4植物，CO_2同化的最初产物不是光合碳循环中的三碳化合物 3-磷酸甘油酸，而是四碳化合物草酰乙酸（OAA）。它们主要是那些生活在干旱热带地区的植物。在这种环境中，植物若长时间开放气孔吸收二氧化碳，会导致水分通过蒸腾作用过快地流失。所以，植物只能短时间开放气孔，二氧化碳的摄入量必然少。植物必须利用这少量的二氧化碳进行光合作用，合成自身生长所需的物质。CAM 植物是具景天酸代谢途径的植物，多为多浆液植物。在夜间通过开放的孔吸收 CO_2，然后借助 PEP 羧化酶与磷酸烯醇式丙酮酸结合，形成草酰乙酸，然后在苹果酸脱氢酶（NADPH）作用下还原成苹果酸，进入液泡并累计变酸（从 pH 5 ~ 3）；第二天光照后苹果酸从液泡中转运回细胞质和叶绿体中脱羧，释放 CO_2 被 1,5-二磷酸核酮糖（RuBP）吸收形成碳水化合物。CAM 植物的这种避开辐射和蒸腾势很高的白天，而在凉爽的夜晚开放气孔来吸收光合作用所需的 CO_2的特性，使它的蒸腾比远低于其他类型的植物。

C_3植物与 C_4植物在光反应阶段完全相同，都通过光反应产生 O_2、［H］（实质是 NADPH）和 ATP，为暗反应阶段提供同化力［H］和 ATP。但其暗反应途径不一样，见表 2.12。C_4植物和 CAM 植物形成糖类除需 C_4途径和 CAM 途径外，还需最终通过 C_3途径。C_4植物是从 C_3植物进化而来的一种高光效植物，具有在高光强，高温及低 CO_2浓度下保持高光效的能力。C_4植物有两种含叶绿体的细胞：叶肉细胞和维管束鞘细胞，叶肉细胞围绕维管束鞘细胞，维管束鞘细胞围绕维管组织排列。玉米是 C_4植物，通过 C_4循环和 C_3循环，共同完成暗反应。其 C_4循环发生在叶肉细胞中，而 C_3循环发生在维管束鞘细胞中。C_4植物仅靠 C_4循环不能合成糖，但由于 C_4循环中的磷酸烯醇式丙酮酸羧化酶（PEP 羧化酶）和 CO_2的亲和力很高（比 C_3循环中的 1,5-二磷酸核酮糖羧化酶与

CO_2的亲和力高)，即使CO_2浓度很低，PEP羧化酶仍能与CO_2结合，然后将CO_2运送到维管束鞘细胞中，使维管束鞘细胞中CO_2浓度很高，1,5-二磷酸核酮糖羧化酶（Rubisco）能有效地固定CO_2，所以C_4循环可看作C_3循环的附加机构，它能高效地收集、浓缩和转运CO_2，保证有足够浓度的CO_2，推动了C_3循环，提高了植物的光合作用，所以C_4植物一般为高产植物。

与C_3植物相比，C_4植物在强光、高温和干旱条件下具有明显的竞争优势（Moore，1994）。主要原因有三点，其一，C_4植物叶片的维管束薄壁细胞较大，其中含有许多较大的叶绿体，叶绿体没有基粒或基粒发育不良；维管束鞘的外侧密接一层呈环状或近于环状排列的叶肉细胞，组成了“花环型”结构。这种结构是C_4植物叶片所特有的特征。叶肉细胞内的叶绿体数目少，个体小，有基粒。C_3植物的维管束鞘薄壁细胞较小，不含或很少含叶绿体，没有“花环型”结构，维管束鞘周围的叶肉细胞排列松散。其二，C_4植物通过磷酸烯醇式丙酮酸固定CO_2的反应是在叶肉细胞中进行的，生成的四碳双羧酸转移到维管束鞘薄壁细胞中，放出二氧化碳，参与卡尔文循环，形成糖类，所以甘蔗、玉米等C_4植物进行光合作用时，只有维管束鞘薄壁细胞形成淀粉，在叶肉细胞中没有淀粉。而水稻等C_3植物由于仅有叶肉细胞含有叶绿体，整个光合过程都是在叶肉细胞里进行，淀粉亦只是积累在叶肉细胞中，维管束鞘薄壁细胞不积存淀粉。其三，在生理上，C_4植物一般比C_3植物具有较强的光合作用，这是与C_4植物的磷酸烯醇式丙酮酸羧化酶活性较强，光呼吸很弱有关。卡尔文循环的CO_2固定是通过核酮糖二磷酸羧化酶的作用来实现的，C_4途径的CO_2固定是由磷酸烯醇式丙酮酸羧化酶催化来完成的。两种酶都可使CO_2固定。但它们对CO_2的亲和力却差异很大。试验证明，C_4植物的磷酸烯醇式丙酮酸羧化酶的活性比C_3植物的强60倍，因此，C_4植物的光合速率比C_3植物快许多，尤其是在CO_2浓度低的环境下，相差更是悬殊。由于磷酸烯醇式丙酮酸羧化酶对CO_2的亲和力大，所以，C_4植物能够利用低浓度的CO_2，而C_3植物不能。由于C_4植物能利用低浓度的CO_2，当外界干旱气孔关闭时，C_4植物就能利用细胞间隙里的含量低的CO_2，继续生长，C_3植物就没有这种本领。所以，在干旱环境中C_4植物生长比C_3植物好。见表2.12。

表2.12　C_3植物与C_4植物光合作用暗反应阶段的场所与过程比较（陈乔制表）

植物分类	场所	暗反应	
		途径	反应过程
C_3	叶肉细胞叶绿体	C_3	$C_5 + CO_2 \rightarrow 2C_3 + ATP + [H] \rightarrow C_5 + (CH_2O) + H_2O$
C_4	叶肉细胞叶绿体	C_4	$C_3(PEP) + CO_2 \rightarrow C4$
	维管束鞘细胞叶绿体	C_3	$C_5 + CO_2 \rightarrow 2C_3 + ATP + [H] \rightarrow C_5 + (CH_2O) + H_2O$

（一）暗反应的C_4循环

C_4植物以草酰乙酸（四碳化合物）为光合最初产物，所以称这条固定CO_2的途径为

C_4途径。C_4 途径本身并不能真正将固定的 CO_2转变成糖，它的作用是改善 CO_2供应，相当于一个“CO_2泵”，形成糖的途径仍是 C_3途径，所以 C_4植物既有 C_3途径又有 C_4途径。

C_4植物中 C_4途径固定的 CO_2转移到 C_3途径是在维管束鞘细胞中进行的，光合作用的暗反应过程也是在维管束鞘细胞中进行的，光合作用的产物也主要积累在维管束鞘细胞中。

C_4植物维管束分布密集，间距小，每条维管束都被发育良好的大型维管束鞘细胞包围，外面又密接 1 ~ 2 层叶肉细胞，这种呈同心圆排列的维管束鞘细胞与周围的叶肉细胞层被称为“花环”结构（见图 2.2）。C_4植物的维管束鞘细胞中含有大而多的叶绿体、线粒体，其他细胞器也较丰富。叶肉细胞和维管束鞘细胞含有不同的酶类，叶肉细胞中含有磷酸烯醇式丙酮酸羧化酶（PEPC）以及与 C_4二羧酸生成有关的酶；而维管束鞘细胞中含有 1,5-二磷酸核酮糖羧化酶（Rubisco）等参与 C_3途径的酶、乙醇酸氧化酶以及脱羧酶。维管束鞘细胞与相邻叶肉细胞间的壁较厚，壁中纹孔多，胞间连丝丰富。这些结构特点有利于叶肉细胞与维管束鞘细胞间的物质交换，以及光合产物向维管束的就近转运。

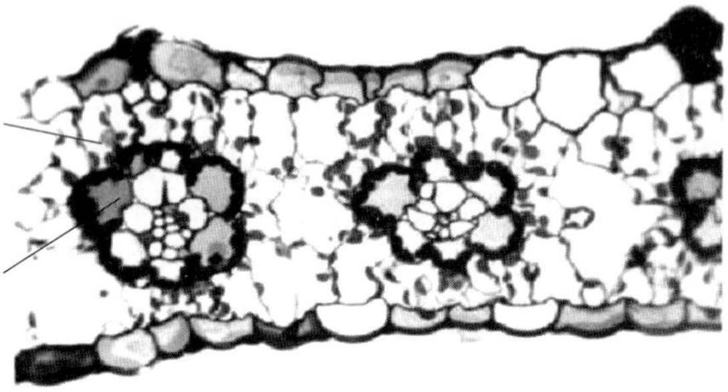

图 2.2 C_4 植物叶片细胞（图片来源于网络）

C_4途径有一些植物对 CO_2的固定反应是在叶肉细胞的胞质溶胶中进行的，在磷酸烯醇式丙酮酸羧化酶的催化下将 CO_2连接到磷酸烯醇式丙酮酸（PEP）上形成四碳酸：草酰乙酸（oxaloacetate acid），这种固定 CO_2的方式称为 C_4途径。C_4植物每同化 1 分子 CO_2，需要消耗 5 分子 ATP 和 2 分子 NADPH。草酰乙酸被转变成其他的四碳酸（苹果酸和天冬氨酸）后运输到维管束鞘细胞，在维管束鞘细胞中被降解成 CO_2和丙酮酸，CO_2在维管束鞘细胞中进入卡尔文循环（见图 2.3）。由于 PEP 羧化酶的活性很高，所以转运到叶肉细胞中的 CO_2的浓度就高，大约是空气中的十倍。这样，即使在恶劣的环境中，也可保证高 CO_2浓度，降低光呼吸作用对光合作用的影响。

PEP：磷酸烯醇式丙酮酸；PPDK：丙酮酸磷酸二激酶；PEPCase：磷酸烯醇式丙酮酸羧化酶；Rubisco：1,5-二磷酸核酮糖羧化酶；PGA：3-磷酸甘油酸；RuBP：1,5-二磷酸核酮糖；①：羧化反应；②：还原或转氨；③：脱羧阶段；④：底物再生阶段。

1. C_4途径的反应过程

主要可以分为四个阶段：羧化阶段—还原或转氨—脱羧—底物再生（见图 2.3）。

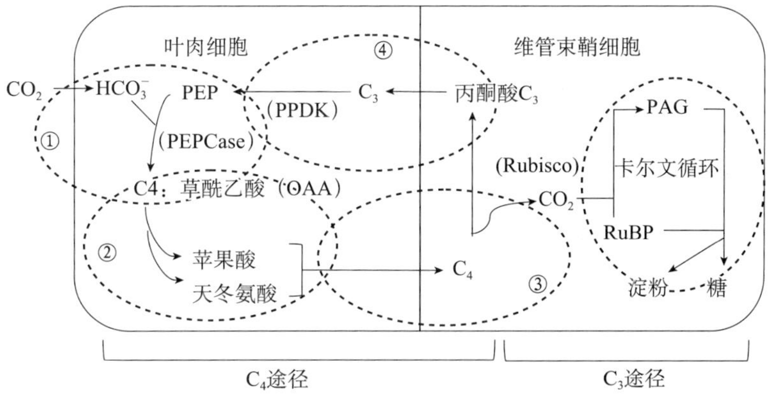

图 2.3　C_4植物的暗反应过程（陈乔制图）

（1）羧化阶段　叶肉细胞的细胞质中的磷酸烯醇式丙酮酸（PEP）与 HCO_3^- 在磷酸烯醇式丙酮酸羧化酶（PEPCase）的催化下发生羧化反应，把 CO_2 固定为草酰乙酸（OAA）。

（2）还原或转氨作用　草酰乙酸（OAA）经苹果酸脱氢酶催化形成苹果酸（MAL），或天冬氨酸转氨酶催化形成天冬氨酸（ASP）。

（3）脱羧阶段　苹果酸或天冬氨酸从叶肉细胞移到维管束鞘细胞后脱羧释放 CO_2，在维管束鞘细胞叶绿体中进入卡尔文循环。

（4）底物再生阶段　脱羧后形成的丙酮酸转运回叶肉细胞，在丙酮酸磷酸二激酶（PPDK）的催化下，重新形成磷酸烯醇式丙酮酸（PEP）。

2. C_4途径的三种亚类型

根据植物所形成的初期 C_4 二羧酸的种类以及脱羧反应参与的酶类，可把 C_4途径分为三种亚类型（Leegood et al.，1990；Carnal et al.，1993）：

（1）依赖 NADP 的苹果酸酶（NADP malic enzyme）的苹果酸型（NADP-ME 型）；

（2）依赖 NAD 的苹果酸酶（NAD enzyme）天氡氨酸型（NAD-ME 型）；

（3）具有 PEP 羧激酶（PEP carboxykinase）的天氡氨酸型（PCK 型）。

玉米属于 C_4途径中的第一种亚类型。

3. C_4途径的意义

（1）C_4植物的叶肉细胞中的 PEP 对底物 HCO_3^- 的亲和力极高，细胞中的 HCO_3^- 浓度一般不成为 PEP 固定 CO_2的限制因素。

（2）C_4植物由于有"CO_2泵"浓缩 CO_2 的机制，使得维管束鞘细胞中有高浓度的 CO_2，从而促进 Rubisco 的羧化反应，降低了光呼吸，且光呼吸释放的 CO_2 又易被再固定。

（3）高光强又可推动电子传递与光合磷酸化，产生更多的同化力，以满足 C_4植物光合碳同化循环对 ATP 的额外需求。

（4）鞘细胞中的光合产物可就近运入维管束，从而避免了光合产物累积对光合作用可能产生的抑制作用。

（二）暗反应的 C_3 循环

1. 卡尔文循环 暗反应（新称碳反应），是生物学里面的术语，是光合作用里面的碳固定反应。暗反应是 CO_2 固定反应也称碳固定反应（Carbon – fixation reaction）。碳固定反应开始于叶绿体基质，结束于细胞质基质，由于这一过程不需要光所以称为暗反应。在暗反应阶段中，绿叶通过气孔从外界吸进二氧化碳，不能直接被还原氢还原。它必须首先与植物体内的 C_5（一种五碳化合物，二磷酸核酮糖）结合，这个过程叫作二氧化碳的固定。一个二氧化碳分子被一个 C_5 分子固定后，很快形成两个 C_3（一种三碳化合物，12 甘油醛-3-磷酸）分子。在有关酶的催化作用下，C_3 接受 ATP 释放的能量并且被还原氢还原。随后，一些接受能量并被还原氢还原的 C_3 经过一系列变化，形成糖类；另一些接受能量并被还原氢还原的 C_3 则经过一系列的化学变化，又形成 C_5，从而使暗反应阶段的化学反应持续地进行下去。在这一反应中，叶绿体利用光反应产生的 ATP 和 NADPH 这两个高能化合物分别作为能源和还原的动力将 CO_2 固定，使之转变成葡萄糖。

暗反应是一种不断消耗 ATP 和 NADPH 并固定 CO_2 形成葡萄糖的循环反应，又被称为卡尔文循环。卡尔文用 C 标记的 CO_2，探明了 CO_2 转化成有机物的途径，所以暗反应过程又被称为“卡尔文循环”。卡尔文（M. Calvin）等利用当时的两项新技术：放射性同位素示踪和双向纸层析，以单细胞藻类作为实验材料，用 $^{14}CO_2$ 饲喂，照光从数秒到几十分钟不等，然后在沸腾的酒精中杀死材料以终止生化反应，用纸层析技术分离同位素标记物，以标记物出现的先后顺序来确定 CO_2 同化的每一步骤。经过 10 年研究，在 20 世纪 50 年代提出 CO_2 同化的循环途径，故称为卡尔文循环（Calvin cycle）或光合环（Photosynthetic Cycle）。由于这个循环中的 CO_2 受体是一种戊糖（二磷酸核酮糖），故又称为还原磷酸戊糖途径（Reductive Pentose Phosphate Pathway，RPPP）。这个途径中 CO_2 被固定形成的最初产物是一种三碳化合物，故又称为 C_3 途径。

卡尔文循环大致可分为 3 个阶段，即羧化阶段、还原阶段和二磷酸核酮糖（RuBP）再生阶段（图 2.4）：

$$3RuBP + 3CO_2 \rightarrow \text{甘油醛-3-磷酸} + 3RuBP$$

（1）羧化阶段（Carboxylation Phase） 1,5-二磷酸核酮糖（RuBP）在 1,5-二磷酸核酮糖羧化酶（Rubisco）的作用下与 CO_2 结合，随后转变为 2 分子 3-磷酸甘油酸（PGA）。这一步反应的意义是，把原本并不活泼的 CO_2 分子活化，使之随后能够被还原。但是这种六碳化合物极不稳定，会立刻分解为两分子的三碳化合物 3-磷酸甘油酸，这就是羧化阶段（图 2.5）。反应式如下：

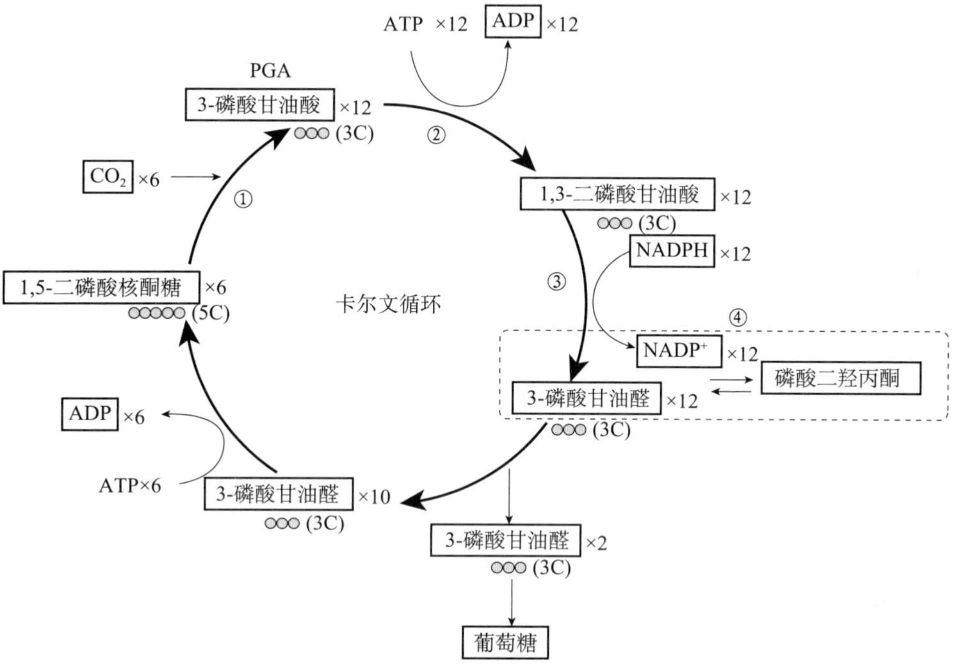

图 2.4　卡尔文循环图（陈乔制图）

（①1,5-二磷酸核酮糖羧化酶（Rubisco）；②3-磷酸甘油酸激酶（PGAK）；③3-磷酸甘油醛脱氢酶（GAPD）；④磷酸丙糖异构酶）

$$3RuBP + 3CO_2 + 3H_2O \xrightarrow{Rubisco} 6PGA + 6H^+$$

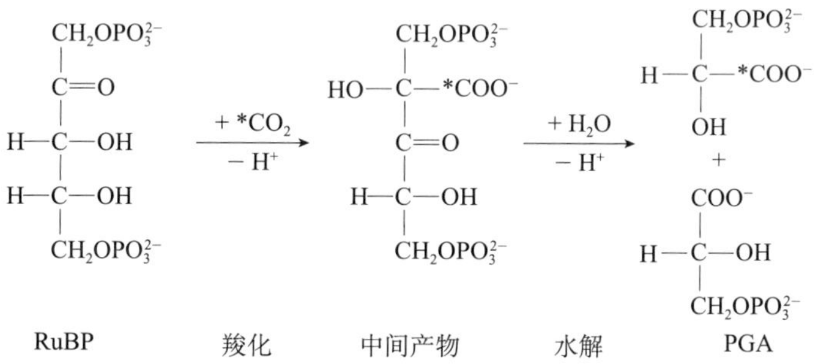

图 2.5　CO_2羧化的 C_3途径（陈乔制图）

（2）还原阶段（Reduction Phase）　还原阶段分两步反应。第一步反应是3-磷酸甘油酸被ATP磷酸化，在3-磷酸甘油酸激酶（PGAK）催化下，形成1,3-二磷酸甘油酸（DPGA）。第二步反应是DPGA在3-磷酸甘油醛脱氢酶（GAPD）作用下被 $NADPH + H^+$ 还原，形成3-磷酸甘油醛（3-PGAld），这就是 CO_2的还原阶段（reduction phase）。从3-磷酸甘油酸到3-磷酸甘油醛，光合作用的贮能过程便完成。3-磷酸甘油醛（3-PGAld）和磷酸二羟丙酮（DHAP）统称为磷酸丙糖（TP）。这些三碳糖可进一步变化，在叶绿体内合成淀粉，也可透出叶绿体，在细胞质中合成蔗糖。当 CO_2被还原为GAP时，光合作用的贮能过程便基本完成（图2.6）。反应式如下：

$$6PGA + 6ATP + 6NADPH + 6H^{+} \longrightarrow 6GAP + 6ADP + 6NADP^{+} + 6Pi$$

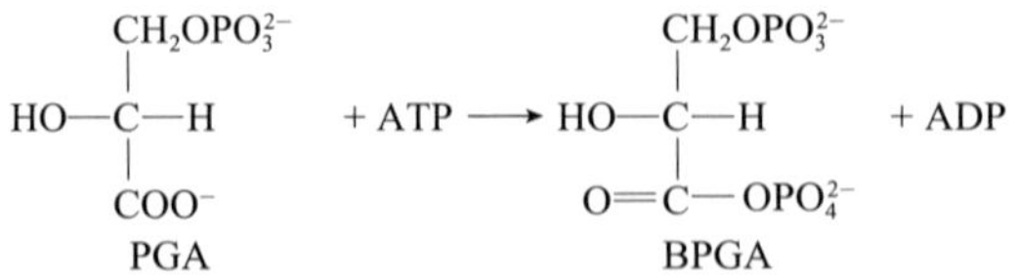

还原反应由NADP-甘油醛-3-磷酸脱氢酶催化：

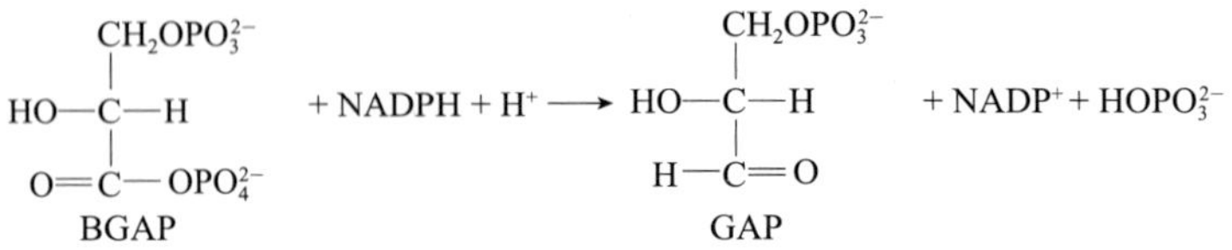

图2.6 还原阶段（陈乔制图）

（3）再生阶段（Regeneration phase） 形成的3-磷酸甘油醛经过一系列变化，最后转变为5-磷酸核酮糖，再在磷酸核酮糖激酶的作用下发生磷酸化作用形成RuBP。这一阶段也需要光反应产生的ATP驱动。首先3-磷酸甘油醛在磷酸丙糖异构酶作用下，转变为磷酸二羟丙酮。3-磷酸甘油醛和磷酸二羟丙酮在醛缩酶的作用下形成1,6-二磷酸果糖，1,6-二磷酸果糖在1,6-二磷酸果糖（酯）酶作用下释放磷酸，形成6-磷酸果糖。6-磷酸果糖在异构酶和磷酸（酯）酶的作用下形成葡萄糖，同时部分6-磷酸果糖进一步转变下去。

6-磷酸果糖与3-磷酸甘油醛在转羟乙醛酶和醛缩酶等酶的作用下经过一系列反应形成5-磷酸核酮糖，5-磷酸核酮糖在5-磷酸核酮糖激酶的作用下，消耗1个ATP，形成CO_2受体RuBP（图2.7）。反应式如下：

$$5GAP + 3ATP + 2H_2O \rightarrow 3RuBP + 3ADP + 2Pi + 3H^{+}$$

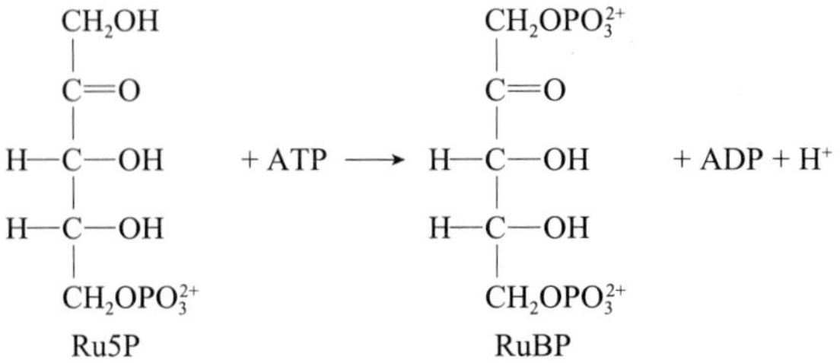

图2.7 再生阶段（陈乔制图）

C_3途径的总反应式为：

$$3CO_2 + 3H_2O + 9ATP + 6NADPH + 6H^{+} \rightarrow GAP + 9ADP + 8Pi + 6NADP^{+}$$

由上式可见，每同化一个CO_2，要消耗3个ATP和2个NADPH。还原3个CO_2可输出一个磷酸丙糖（PGAld或DHAP）。磷酸丙糖可在叶绿体内形成淀粉或运出叶绿体，在细胞质中合成蔗糖。

2. 参与和完成光合作用暗反应的酶系统

光合作用的暗反应就是一系列的酶促反应。C_4植物鞘细胞和叶肉细胞在CO_2同化过程中分工明确，因此它们的酶分布也不一样。C_4植物的暗反应过程是C_4途径加C_3途径。C_4途径的主要关键酶包括磷酸烯醇式丙酮酸羧化酶（PEPCase），丙酮酸磷酸双激酶（PPDK），NAD（P）-苹果酸酶［NAD（P）-ME］，NAD（P）-苹果酸脱氢酶［NAD（P）-MDH］及碳酸酐酶（CA）等（罗璇 等，2014）。C_4植物维管束鞘细胞中含有1,5-二磷酸核酮糖羧化酶（Rubisco）等参与C_3途径的酶、乙醇酸氧化酶以及脱羧酶。

简而言之，C_4植物的酶系统包含了C_4途径和C_3途径的酶系统。

（1）磷酸烯醇式丙酮酸羧化酶（PEPCase）　C_4植物叶肉细胞的叶绿体含有与CO_2亲和力很强的磷酸烯醇式丙酮酸羧化酶（PEPCase），催化磷酸烯醇式丙酮酸（PEP）和HCO_3^-生成C_4酸草酰乙酸。PEPC是C_4植物固定CO_2的关键酶，与CO_2亲和力高是RUBP羧化酶的200倍。PEPC作用的产物在植物的生长发育过程和植物应对环境胁迫反应中起到调控的作用（王丽媛 等，2017）。

$$PEP + HCO_3^- \xrightarrow{PEPCase} \text{草酰乙酸（OAA）}$$

（2）丙酮酸磷酸双激酶（PPDK）　丙酮酸磷酸双激酶（PPDK）作为植物C_4途径的限速酶，催化ATP及丙酮酸（pyruvate）生成磷酸烯醇式丙酮酸（PEP），而PEP是C_4植物最初的CO_2受体，为C_4植物光合作用提供重要碳源（董洋 等，2013）。此外，PPDK在种子发育过程中对淀粉合成及氨基酸组成也有很重要的作用。玉米作为典型的C_4植物，它体内的PPDK同样拥有C_4植物中PPDK。从20世纪80年代开始，玉米PPDK的酶活性调节就受到了广泛关注，普遍接受的观点是PPDK调节蛋白PDRP调控PPDK-Thr456的可逆磷酸化，从而实现对PPDK酶活性的调节。此外，环境胁迫、改变环境pH值和添加抑制剂等对PPDK的酶活性也有非常大的影响。见图2.8。

（3）磷酸烯醇式丙酮酸羧激酶（PEPCK）　在植物体内，PEPCK（EC4.1.1.49）催化如下的反应：草酰乙酸（OAA）+腺嘌呤核苷三磷酸（ATP）→磷酸烯醇式丙酮酸（PEP）+腺嘌呤核苷二磷酸（ADP）+CO_2。PEPCK参与多种生命代谢过程，如：在光合作用过程中参与CO_2的浓缩（Wingler et al.，1999；Freschi et al.，2010）；PEPCK在植物基础代谢过程中的活性受自身磷酸化、环境、代谢产物和反应底物等多方面的调节（董秀梅 等，2013）。

（4）依赖NADP的苹果酸酶（NADP-ME）　光合型NADP-ME定位在C_4植物维管束鞘细胞叶绿体或CAM植物的细胞质中，它催化苹果酸氧化脱羧生成的CO_2，然后被Rubisco酶光合碳固定，该基因的表达受光照显著地诱导（王玉兰 等，2019）。

（5）1,5-二磷酸核酮糖羧化酶（Rubisco）　是光合碳代谢中的第一个关键酶，也常被称为光合作用的限速酶。光饱和的光合速率与该酶的活性之间存在正相关关系，因此，活化的该酶量的不足，常是光合作用的一个重要限制因素，同时，它还能调节CO_2同化的另一种酶，即磷酸烯醇式丙酮酸羧化酶。许多研究表明，Rubisco含量或其羧化

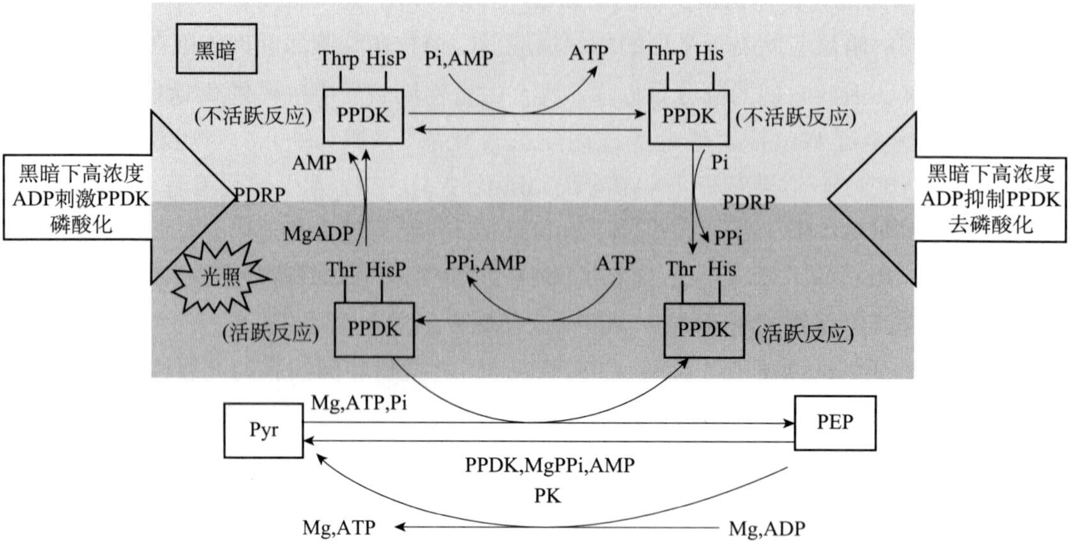

图 2.8　丙酮酸与 PEP 可逆转化及 PDRP 调节 PPDK 的可逆磷酸化（董洋 等，2013）

活性与光合速率关系密切，Rubisco 初始活力下降是光合衰退的内在因素。Rubisco 是植物体内含量最丰富的酶，约占叶片中可溶性蛋白质总量的 40% 以上，在叶绿体基质中，活性位点浓度高达 4 mol/L，约为它催化的底物 CO_2 浓度的 500 倍以上。但 Rubisco 酶羧化能力低下，一般认为 Rubisco 酶羧化能力低下的原因是：Rubisco 酶对 CO_2 的亲和力非常低，Rubisco 酶是一个双功酶，既能催化 RuBP 与 CO_2 结合进行羧化反应，又能催化其与 O_2 结合进行氧化反应，羧化反应和氧化反应的速率取决于叶绿体内 CO_2 浓度和 O_2 浓度的比值，以及 Rubisco 酶对 CO_2 和 O_2 的亲和力。

（6）磷酸甘油酸激酶（PGK）　3-磷酸甘油酸在磷酸甘油酸激酶的催化下，形成 1，3-二磷酸甘油酸，是一种有机酸，尚未达到糖的能级，为了把 1,3-二磷酸甘油酸转化成糖，要消耗光反应中产生的同化力。ATP 提供能量，NADPH 提供还原力使 1,3-二磷酸甘油酸的羧基转变成 3-磷酸甘油醛的醛基，这也是光反应与暗反应的联结点，当 CO_2 被还原为 3-磷酸甘油醛时，光合作用的贮能过程即告完成。

（7）3-磷酸甘油醛脱氢酶　由 Gap A 和 Gap B 两种亚基组成，依赖 NADPH 进行光合反应的碳固定，是卡尔文循环中催化光合最初产物 3-磷酸甘油酸还原成 3-磷酸甘油醛的关键调节酶，3-磷酸甘油醛既是叶绿体光合产物输出的一种形式，又是形成 5-磷酸核酮糖的底物，因此，3-磷酸甘油醛脱氢酶活性的高低会影响光合作用的运转效率。

（8）磷酸丙糖异构酶　磷酸丙糖异构酶在卡尔文循环中也占有重要地位，能够催化磷酸二羟丙酮和 3-磷酸甘油醛，这两种丙糖磷酸异构体之间的可逆转换，磷酸丙糖异构酶是由两个相同的亚基所形成的二聚体，每一个亚基都含有 250 个左右的氨基酸残基。

（9）醛缩酶　醛缩酶是卡尔文循环中固定 CO_2 后第一个催化 3C 化合物转化为 6C 化合物的酶，也是控制光合作用速率的重要酶之一，对卡尔文循环中碳代谢流的控制及 RuBP 的再生起关键作用。

（10）1,6-二磷酸果糖（酯）酶　催化 1,6-二磷酸果糖生成 6-磷酸果糖，在光合作用同化物蔗糖的合成中起关键性的作用，是卡尔文循环中的关键酶。1,6-二磷酸果糖（酯）酶的过量表达研究显示，能够提高植株光合能力、蔗糖合成水平，促进糖类积累，从而加速植株生长。

3. 光呼吸

光呼吸是指植物绿色组织依赖光能吸收 O_2 并释放 CO_2 的过程，它被认为是一个浪费能量的过程。正常生长的 C_3 植物光呼吸可损耗光合产物的 25% ~30%，在干旱、高温、高光等逆境胁迫下，该损耗可高达 50%，因此，显著提高 C_3 植物的生产力可通过减少光呼吸通量来实现。尽管光呼吸对植物生产力的负面影响明显，但它对植物一些必要生理活动可能起着重要作用，其中包括参与光保护、H_2O_2 信号发生、氮代谢、光氧化和抗逆反应等。

光呼吸是和光合作用密切相关的一个过程，起始于光合作用碳固定阶段的第 1 个酶，1,5-二磷酸核酮糖羧化/加氧酶（Rubisco）的加氧反应。RuBP 加氧生成 2-磷酸乙醇酸，这是一种对光合作用有抑制作用的物质，通过光呼吸可以转化成 3-磷酸甘油酸（3-PGA），作为卡尔文循环的底物被利用。由于这一过程释放 CO_2 及 NH_3，消耗还原力 NADPH 和能量 ATP，因此被认为是不利于光合作用的一个浪费能量的过程。但光呼吸也有其有利的一面。在强光下，光呼吸可以通过调节电子传递、消耗能量等方式，减轻由于光能过剩造成的光抑制及光氧化对光合机构的伤害。C_3 植物的光呼吸速率较高，而 C_4 植物的光呼吸速率很低甚至可以忽略，其主要抑制因素是维管束鞘中较高的 CO_2 浓度抑制了 RuBP 加氧酶的活性（Lacuesta et al.，1997）。

光呼吸和暗反应交叉使用了同一套酶系统，是和光合作用密切相关的过程。光呼吸是绿色植物在光下消耗 O_2 并伴随着 CO_2 释放的复杂代谢过程。光呼吸途径被发现后的很长一段时间都被认为是一个无效的耗能过程，然而许多试图通过降低或消除光呼吸从而提高植物净光合效率的努力均未能成功；再加上许多光呼吸突变体，如 glyk、shm1 和 plgg1 等，在正常大气条件下致死或生长受到严重抑制（Boldt et al.，2005；Voll et al.，2006；Pick et al.，2013），这些结果均有力地暗示光呼吸对植物的正常生长至关重要。越来越多的研究表明，光呼吸不仅与光合作用、氮同化、呼吸作用、氨基酸合成、一碳代谢和氧化还原信号等基础代谢之间相互关联，还参与了植物抵抗生物和非生物逆境（Hodges et al.，2016；Xie et al.，2016；Yuan et al.，2017；Busch et al.，2018）。虽然 C_4 植物中光呼吸比 C_3 植物中的弱，但从 C_4 植物玉米 GLO 的表达下调干涉株系不能在大气条件下正常生长来看，C_4 植物的光呼吸对其正常生长发育也非常重要（Zelitch et al.，2009）。光呼吸是绿色植物为适应 O_2 浓度升高而进化出的代谢途径，具有清除有毒的代谢中间产物、合成重要代谢物、保护植物免受光抑制和增强植物抵抗多种生物和非生物逆境等功能（张智胜 等，2016）。

（1）光呼吸的途径　光呼吸循环途径是在叶绿体、过氧化物体和线粒体三个不同的细胞器中进行的，其代谢的总结果是两分子的磷酸乙醇酸转化成一分子的磷酸甘油酸和一分子的 CO_2（Chris，2001）。

典型的光呼吸代谢途径，也称为乙醇酸代谢途径，或 C_2 途径，即核酮糖 1,5-二磷酸（RuBP）在 Rubisco 加氧酶催化下加氧产生磷酸乙醇酸（2-PG），后者进入过氧化物酶体，经一系列酶促反应，通过线粒体返回过氧化物酶体，最后回到叶绿体，消耗 O_2、ATP、NADH 和 RuBP，释放 CO_2 和 NH_3，最终形成三磷酸甘油酸（3-PGA）的过程（汪义龙 等，2014）。光呼吸的代谢途径如图 2.9 所示：在叶绿体内，Rubisco 催化 1 分子 O_2 与 1 分子 RuBP 生成 1 分子 2-PG 和 3-PGA（Whitney et al.，1999）；2-磷酸乙醇酸磷酸酶（PGLP）将 2-PG 脱去磷酸基团成为乙醇酸（glycolate），叶绿体内膜上的质体乙醇酸甘油酸转运蛋白（PLGG1）或胆汁酸钠同向转运蛋白 6（BASS6）将乙醇酸从叶绿体转运至细胞质（Pick et al.，2013），然后通过可能是孔蛋白（porin）组成的孔道（poren）进入过氧化物酶体。

在过氧化物酶体内，乙醇酸氧化酶（GLO）催化乙醇酸形成乙醛酸和过氧化氢（H_2O_2），产生的 H_2O_2 被过氧化氢酶（CAT）降解为 H_2O 和 O_2；乙醛酸和谷氨酸在谷氨酸：乙醛酸转氨酶（GGAT）的催化下生成甘氨酸（glycine，Gly）和 α-酮戊二酸；产生的 Gly 被转运进入细胞质后再被转运至线粒体（侯学文等，2019）。

在线粒体内，甘氨酸脱羧酶复合体（GDC）催化 1 分子 Gly 产生 CO_2、NH_3 和甲基四氢乙酸（MTHF），由丝氨酸羟甲基转移酶（SHMT）将 1 分子 Gly 和 MTHF 催化形成丝氨酸（serine，Ser）（Voll et al.，2006）。Ser 被从线粒体转运至细胞质后再被转运入过氧化物酶体，在此丝氨酸：乙醛酸氨基转移酶（SGAT）将其脱氨形成羟基丙酮酸，随后被定位于过氧化物酶体的羟基丙酮酸还原酶 1（HPR1）还原为甘油酸，甘油酸先被转运至细胞质基质；部分羟基丙酮酸也可被从过氧化物酶体转运到细胞质基质，并被定位于细胞质基质的羟基丙酮酸还原酶 2（HPR2）还原为甘油酸，这两种来源的甘油酸由转运蛋白 PLGG1 运载至叶绿体，随后叶绿体中的 D-甘油酸-3-激酶（GLYK）将甘油酸催化形成 3-PGA（Boldt et al.，2005），进入卡尔文循环。

光呼吸途径还涉及氮的同化，甘氨酸脱羧酶复合体（GDC）催化形成的产物之一 NH_3 被从线粒体转运至叶绿体，在谷氨酰胺合成酶（GS）的催化下将谷氨酸氨化形成谷氨酰胺；GGAT 催化形成的另一产物 α-酮戊二酸从过氧化物酶体被转运至细胞质基质，再由叶绿体膜上的反向转运蛋白（DiT2）将其转运至叶绿体（同时苹果酸被从叶绿体转运到细胞质基质），在铁氧还蛋白依赖的谷氨酰胺：α-酮戊二酸氨基转移酶（Fd-GOGAT）催化下将谷氨酰胺的一个氨基转移至 α-酮戊二酸生成 2 分子的谷氨酸；其中部分谷氨酸由叶绿体膜上的反向转运蛋白（DiT1）将其从叶绿体转运至细胞质基质

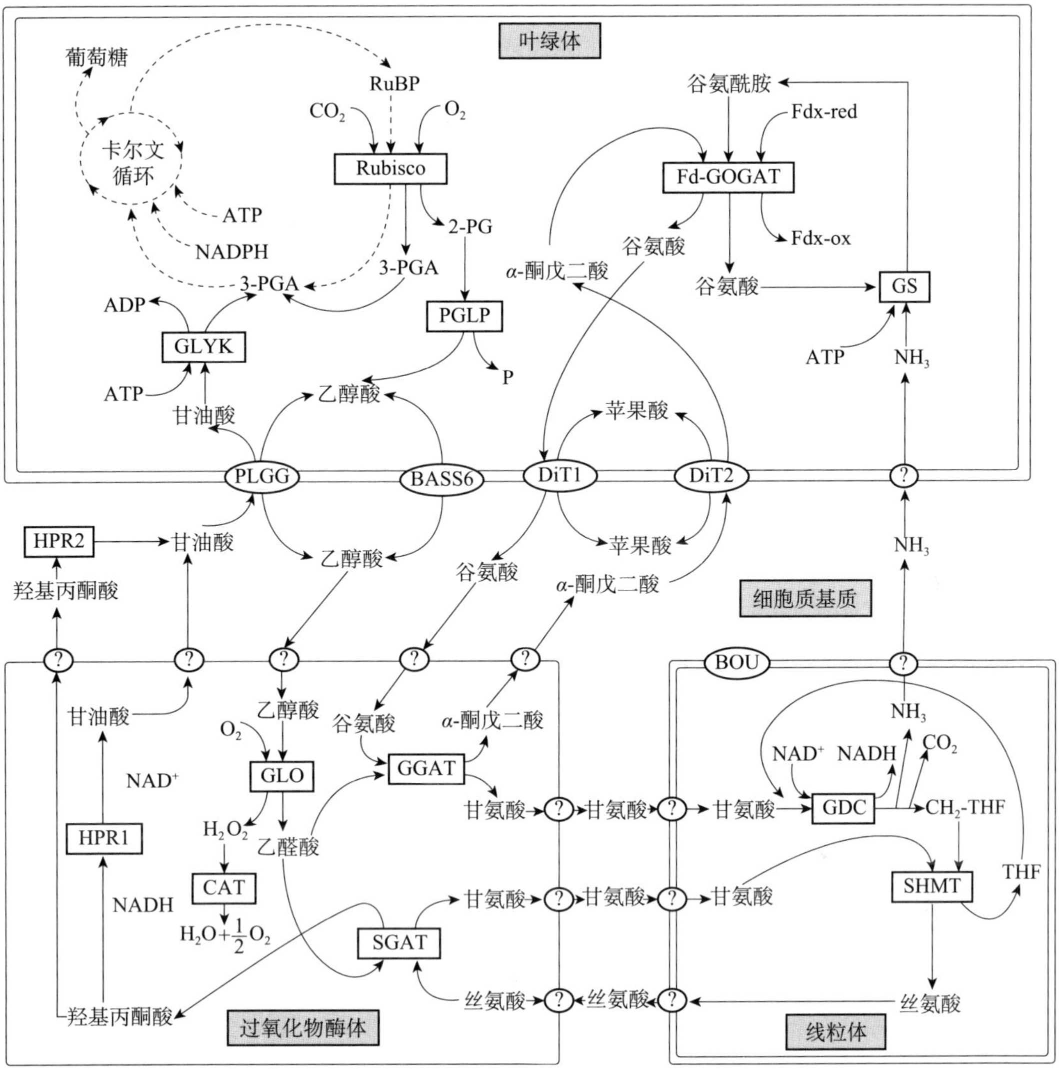

图 2.9 光呼吸代谢途径示意图（侯学文 等，2019）

（虚线条的代谢途径为 Rubisco 催化的羧化途径，实线条的代谢途径为 Rubisco 催化的加氧途径，即光呼吸途径。BASS6：胆汁酸钠同向转运蛋白6；BOU：A BOUT DE SOUFFLE 转运蛋白；CAT：过氧化氢酶；DiT1：质体2-酮戊二酸/苹果酸转运蛋白1；DiT2.1：质体2-谷氨酸/苹果酸转运蛋白2.1；Fd-GOGAT：铁氧还蛋白依赖的谷氨酸合酶；GGAT：谷氨酸：乙醛酸氨基转移酶；GDC：甘氨酸脱羧酶复合体；GLYK：甘油酸激酶；GLO：乙醇酸氧化酶；GS：质体谷氨酰胺合成酶；HPR1/2：羟基丙酮酸还原酶1/2；PGLP：2-磷酸乙醇酸磷酸酶；PLGG：质体乙醛酸/甘油酸转运蛋白；RuBP：核酮糖-1,5-二磷酸；Rubisco：RuBP 羧化酶/加氧酶；SHMT：丝氨酸羟甲基转移酶；SGAT：丝氨酸：乙醛酸氨基转移酶；2-PG：2-磷酸乙醇酸；3-PGA：3-磷酸甘油酸；?：表示可能存在的未知转运蛋白。）

（同时苹果酸被从细胞质基质转运到叶绿体），再由过氧化物酶体上的转运蛋白将谷氨酸转运入过氧化物酶体参与 GGAT 催化的反应（侯学文 等，2019）。

由此可见，光呼吸途径涉及到叶绿体、过氧化物酶体、线粒体和细胞质基质四个细胞组分，必然涉及到许多代谢中间产物的跨膜运输，据统计可能至少需要 25 个跨膜运输。

（2）光呼吸的酶系统　典型的光呼吸代谢途径过程共涉及九种酶：Rubisco、磷酸乙醇酸磷酸酶（PGLP）、乙醇酸氧化酶（GLO）、过氧化氢酶（CAT）、甘氨酸脱羧酶（GDC）、丝氨酸羟甲基转移酶（SHMT）、丝氨酸乙醛酸转氨酶（SGAT）、羟基丙酮酸还原酶（HPR）和甘油酸激酶（GLYK）。

1,5-二磷酸核酮糖羧化酶（Rubisco）是光合作用 C_3碳反应中重要的羧化酶，也是光呼吸中不可缺少的加氧酶。它在光合作用中卡尔文循环里催化第一个主要的碳固定反应，将大气中游离的二氧化碳转化为生物体内储能分子，比如蔗糖分子。1,5-二磷酸核酮糖羧化酶/加氧酶可以催化 1，5-二磷酸核酮糖与二氧化碳的羧化反应或与氧气的氧化反应。同时 RuBisco 也能使 RuBP 进入光呼吸途径。同时，它的活性也受光照影响，在暗处，Rubisco 的活性受到抑制，这也是为什么在黑暗时，碳反应难以进行的原因。

植物丝氨酸：乙醛酸氨基转移酶（serine：glyox-ylate aminotransferase，SGAT）与谷氨酸：乙醛酸氨基转移酶（glutamate：glyoxylate aminotransferase，GGAT）是植物光呼吸途径中的两种转氨酶，其主要功能是催化乙醛酸经转氨反应生成甘氨酸。SGAT 与 GGAT 作为植物体内光呼吸途径中的转氨酶，在高等植物中主要存在于过氧化物酶体内。目前，SGAT 与 GGAT 已从黄瓜、黑麦和拟南芥等多种植物体内提取和纯化出来。对提取的两种转氨酶进行研究表明，两种酶大都为二聚体（左照江 等，2010）。

SGAT 或 GGAT 在植物光呼吸途径中具有相同的转氨作用，但是在不同植物中的结构可能存在差异。Truszkiewicz 等（2005）研究表明，玉米 SGAT 与多克隆抗血清结合的免疫部位不同于小麦 SGAT，同时推断此两种酶很可能具有相同的三级和四级结构以及高疏水性分子表面，但从合成位点转运到过氧化物酶体以及某些二级结构方面可能存在差异。通过对拟南芥与水稻（Oryza sativa）GGAT 比较发现，两种蛋白有 80% 的氨基酸序列相同，同时 C 末端都具有 Ser－Arg－Met 保守序列（Igarashi et al.，2006）。光呼吸产生的乙醛酸经 SGAT 催化与丝氨酸进行转氨反应，其产物羟基丙酮酸经羟基丙酮酸还原酶（hydroxypyruvate reductase，HPR）和甘油酸激酶（glycerate kinase，GK）作用后生成 3-磷酸甘油酸而进入卡尔文循环。因此，SGAT 对维持植物光呼吸途径的运转、保障光合作用的顺利进行具有重要作用。当植物缺失 SGAT 时在正常的空气条件下不能存活，并且光合速率显著降低而在 1% CO_2浓度下能进行生长，并且表现出与野生型植株相似的生长特性，SGAT 的缺失阻断了光呼吸，从而使卡尔文循环的底物不能回补所致。

SGAT 对植物光合作用具有重要作用，缺失 SGAT 的植株光合作用受到不同程度的抑制。其原因可能有二，一是 SGAT 通过降低叶绿素含量而降低光合作用，二是 SGAT 通过阻断卡尔文循环的底物回补而影响光合作用的顺利进行，同时光合作用的降低也可能是二者共同造成的，此外，SGAT 的缺失是否影响光合作用中的电子传递尚无相关报道，这些方面都有待于进一步深入研究。GGAT 对植物光合作用的影响虽然目前尚无相关报道，但是 GGAT 可以影响植株的叶绿素含量，作为光呼吸途径中的转氨酶可以影响光呼吸途径的正常运转，进而可能影响光合作用的正常进行。

对于 C_3类植物来说，光呼吸就如一个活塞。当外界气温升高，而植物气孔需要关闭来防止过多水分的流失时，叶中的二氧化碳浓度会降低，这导致暗反应的停滞。暗反应不能及时消耗多余的能量 ATP，这导致在光反应中单态氧出现概率增大。而单态氧非常活泼，会对叶细胞的光合作用器进行广泛的破坏。近期对于转基因植物和插入突变株的研究表明，光呼吸是植物在有氧环境下必须的生化过程。总结来说，植物在高光照，干旱和高盐等热带环境下会发生光抑制，而光呼吸则很可能是减轻其影响的机制。光呼吸过程中产生的两种氨基酸：甘氨酸和丝氨酸可为植物代谢所用。

（3）光呼吸功能　经过几十年的研究，对光呼吸功能的认识经历了一个不断变化的过程。起初认为，光呼吸唯一的作用就是回收磷酸乙醇酸中的碳，使其重新回到卡尔文循环，而不至于造成光合产物大量浪费。不过，通过光呼吸尽管能够使磷酸乙醇酸中的碳大部分得以回收，但要重新固定该过程释放的 CO_2和 NH_3又需要消耗大量能量，这就与光合需能形成矛盾，因此认为，在生产中应尽量减小光呼吸强度。基于这一观点，在农作物育种实践中，开展了大量筛选低光呼吸品种及使用药剂降低光呼吸的工作，但收效甚微。随着研究的深入，人们逐渐意识到，光呼吸不仅仅是一个浪费能量的过程，可能对植物某些正常的生理活动也有着重要而积极的作用（郭玉朋，2014）。

①减轻光抑制和光氧化　光抑制是指由于光合机构接受了过量光照，光合效率下降的现象。为避免和减轻光抑制发生及伤害，强光下光合机构会启动一系列耗能机制消耗过剩光能，例如叶片转动、叶绿体运动及依赖于叶黄素循环的热耗散、水－水循环等，而光呼吸作为重要的能量消耗机制，在防止光抑制及光氧化上，被认为也有重要作用。

②清除有毒中间物　光呼吸途径的许多代谢中间产物都是有毒的，例如，由 Rubisco 加氧活性形成的磷酸乙醇酸及乙醇酸的氧化产物乙醛酸等。这些有毒中间产物需要通过正常的光呼吸途径予以代谢清除。在这些有毒中间物中，据研究，磷酸乙醇酸在很低浓度，就能抑制磷酸丙糖异构酶的活性，造成参与卡尔文循环的 RuBP 再生障碍，而且磷酸乙醇酸还通过抑制叶绿体磷酸果糖激酶，造成淀粉降解，阻塞卡尔文循环；另一种有毒代谢中间物乙醛酸，则对 Rubisco 有强烈抑制作用，这种抑制作用会导致光合作用和光呼吸强度同时降低。这些有毒代谢中间物如不能被及时清除，对光合作用会产生负面影响，而完整的光呼吸途径会将这些有毒物转变为 3-PGA，作为卡尔文循环的底物加以利用。

③光呼吸代谢中间产物为其他代谢途径提供原料　光呼吸途径涉及步骤众多，形成大量中间代谢产物，通过这些中间产物，光呼吸途径与其他代谢途径紧密联系起来。例如，在线粒体由甘氨酸脱羧反应形成的 N_5，N_{10}-亚甲基四氢叶酸，作为 C_1单位供体，除参与光呼吸生成丝氨酸的反应外，还与核苷酸、蛋氨酸、胸甘酸及胆碱的合成紧密相

关。其他的有用中间代谢产物还包括谷氨酸、甘氨酸等。谷氨酸参与脯氨酸合成，脯氨酸是一种重要的抗胁迫物质；甘氨酸参与谷胱甘肽合成，谷胱甘肽参与抗氧化过程。

④参与抗逆反应　植物生长的逆境，根据产生原因分成生物逆境（病菌侵害或虫害）和非生物逆境（热、高盐或冷）。植物在受到逆境胁迫之初，通常会产生一些小分子物质，例如水杨酸、茉莉酸等，以传递伤害信号，启动抗逆程序。光呼吸作为重要的生理途径，被认为由于能够影响细胞氧化还原状态，而参与植物抗逆反应。其参与机制有 2 种可能的情况。第 1 种情况，光呼吸过程会产生 H_2O_2（在过氧化物酶体，乙醇酸氧化反应中产生），H_2O_2浓度的提高，帮助启动抗逆途径。第 2 种情况，当过量活性氧产生时，光呼吸以另一种机制参与抗逆过程，即通过减轻光合电子传递给 O_2的概率，降低活性氧含量，防止由活性氧造成的氧化伤害。在光呼吸参与抗逆反应的途径中，除上述方式外，光呼吸途径代谢的许多中间产物也对抗逆有一定作用。例如，前面已经叙述过的谷胱甘肽和脯氨酸。谷胱甘肽在直接清除活性氧方面起作用，而脯氨酸则在抗逆过程中参与稳定大分子结构和调节渗透压。

（三）玉米光合作用的影响因素

光合作用是玉米最基本的生理活动，影响因素是多方面的，既有自然因素，也有品种因素以及其他人为因素。这方面的研究报道甚多。

1. 栽培措施的影响　栽培措施能显著影响玉米的光合作用。现代玉米产量的增加，50% 以上依靠田间管理和栽培技术的改善。

蒋紫薇等（2022）2019 年和 2020 年在河西灌区进行玉米/秣食豆间作田间试验，设置 7.5 万株/hm^2（D1）、9.0 万株/hm^2（D2）、10.5 万株/hm^2（D3）3 个青贮玉米种植密度，每个种植密度下设置 0 kg/hm^2（N1）、120 kg/hm^2（N2）、240 kg/hm^2（N3）、360 kg/hm^2（N4）4 个施氮水平，探究种植密度与施氮对饲草产量、品质和氮肥利用的影响。结果表明，两年 D2 和 D3 处理的青贮玉米、秣食豆及总体的干草产量、粗蛋白产量显著高于 D1，N3 和 N4 处理的青贮玉米及总体的干草产量、粗蛋白产量显著高于 N2 和 N1。所有处理中，D2N3 获得了最高的总干草产量，2019 年和 2020 年分别为 36.16 t/hm^2和 30.31 t/hm^2。两年随着密度的增加，青贮玉米、秣食豆及总体的粗蛋白、粗脂肪含量呈下降趋势，而粗灰分、中性洗涤纤维、酸性洗涤纤维含量呈增加趋势。随着施氮量的增加，总体粗蛋白、粗脂肪含量增加，而粗灰分、中性洗涤纤维、酸性洗涤纤维含量呈下降趋势。两年 D2 处理下总体氮含量、氮吸收量和氮肥利用效率显著高于 D3，且 D2 获得较高的氮肥农学效率。N2、N3、N4 处理的总体氮含量和氮吸收量显著高于 N1，N3 处理的氮肥农学效率和氮肥利用效率显著高于 N4。所有处理中 D2N3 获得最高的氮肥利用效率，2019 年和 2020 年分别为 1.41 kg/kg 和 0.86 kg/kg。因此，该处理是一种河西灌区青贮玉米/秣食豆间作系统适宜的田间管理措施，具有一定推广价值。

密植是一个重要的栽培技术手段。一个理想的群体结构是作物获得高产的重要因素。种植密度是影响群体结构的最直接的因素，因此，合理的种植密度是实现玉米高产潜力的前提。种植密度也是改善冠层条件影响群体光合作用系统的重要因素，是高产栽培措施中最宜采用的调控手段。不同种植密度下的研究发现，冠层结构影响玉米群体光分布及其内部的光环境、光合特性进而影响光合生产及产量形成。研究表明随着种植密度的增加，虽然单株产量有所下降，但群体冠层的总受光量却达到了最大值，总产量增加。密度过小作物群体规模小，漏光严重，限制了“库”的生产；而密度过高群体下部冠层通风透光不良，微环境差，导致群体光合效率降低。

吕丽华等（2008a）研究表明，增加种植密度后玉米中上部冠层 LAI 增加幅度增大。冠层上部截获更多光能，但是，上部冠层过高导致冠层内部郁闭，不利于中下部叶片的光合生产，造成群体下部叶片早衰，不利于产量形成。

因此，合理的种植密度不能太低，过低引起光热等资源浪费，导致产量水平低下；但是也不能太高，仅仅依靠提高种植密度，扩大群体规模来实现产量的提高，将导致群体冠层太大，单株间资源和养分竞争加剧，单株生产力过低，最终导致整体产量水平不高。因此，应该明晰玉米高产群体的具体指标，比如，干物质的积累、同化物的分配、关键生育期的叶面积指数、光合生理的特征等方面，设计精确的栽培方案，构建合理的作物群体，实现资源高效利用的同时，取得作物高产。

2. 施肥的影响　绿色植物进行光合作用时，需要多种必需的矿质元素。矿质营养直接或间接影响光合作用，N、P、S、Mg 是叶绿体结构中组成叶绿素、蛋白质和片层膜的成分；Cu、Fe 是电子传递体的重要成分；磷酸基团在光反应、暗反应中均具有重要作用，它是构成同化力 ATP 和 NADPH 以及光合碳还原循环中许多中间产物的成分；Mn 和 Cl 是光合放氧的必需因子；K 和 Ca 对气孔开闭和同化物运输具有调节作用，因此，农业生产中合理施肥的增产作用，是靠调节植物的光合作用而间接实现的，又如绿色植物通过光合作用合成糖类，以及将糖类运输到块根、块茎和种子等器官中，都需要 K，再如 Mg 是叶绿体的重要组成成分，没有 Mg 就不能合成叶绿素。

张超男等（2008）在 2006 年以郑单 958 为材料，研究了 4 种不同施肥方式［种沟施肥（T1）、种沟施肥 + 小口期追氮（T2）、种沟施肥 + 拔节期追氮 + 大喇叭口期追氮（T3）、控释肥（T4）］对夏玉米碳水化合物代谢中几种关键酶活性及产量性状的影响。结果表明，在本试验所采用的施肥方式中，T3 处理不仅有利于提高植株地上部干重、叶面积指数、叶片中蔗糖磷酸合成酶活性，使源端保持较强的同化物供应能力；而且可以提高籽粒蔗糖合成酶和酸性转化酶的活性，有利于库端保持较高的同化物转化能力。该处理产量性状得到改善，获得较高的穗粒数、千粒重和单位面积产量。

其其格等（2010）介绍了他们在 2007 年的试验研究。研究供氮水平对春玉米叶片碳代谢的影响。采用田间试验和室内分析相结合的方法，按春玉米生育期采样，探讨不同供氮水平对春玉米叶片中叶绿素含量及 RuBP 羧化酶和 PEP 羧化酶活性的影响。结果是，适宜的供氮水平能使春玉米在各生育期叶片中叶绿素含量及 RuBP 羧化酶和 PEP 羧化酶活性均保持最高水平，供氮不足或过量（施 N 量大于 400 kg/hm^2）均对春玉米叶片碳代谢产生不良影响。试验结论是在该试验条件下，施 N 量 300 kg/hm^2，春玉米各生育期叶片中叶绿素含量及碳代谢关键酶的活性均最高，对增强叶片光合能力、促进产量形成、延缓叶片衰老具有重要意义。

吕静瑶等（2017）于 2015 年研究不同氮效率基因型玉米籽粒碳代谢差异性，可通过合理施氮提高玉米籽粒总可溶性糖和蔗糖的含量，促进淀粉的合成，提高玉米产量。以屯玉 99、潞玉 19、先玉 335 等 3 个品种为例，设置 3 个不同施氮水平，通过大田试验和室内指标的测定，分析不同施氮量条件下 3 种氮效率基因型玉米籽粒不同部位碳氮代谢状况。不同氮效率基因型玉米籽粒总可溶性糖的量随授粉后时间的推移呈现出持续增加的趋势；蔗糖的量在整个生育期呈现出“增—减—增”的趋势；淀粉随时间推移呈 Logistic 生长曲线持续增长。不同氮效率基因型玉米籽粒淀粉量和蔗糖量的相关系数在 20 ~ 25 d 出现峰值，此时期是蔗糖的量降低的时期，蔗糖的积累为淀粉的合成提供了原料基础。屯玉 99 和先玉 335 在 240 kg/hm^{2}施氮水平下籽粒发育最具优势，潞玉 19 在 160 kg/hm^{2}施氮水平下籽粒发育良好，且潞玉 19 顶部籽粒对氮素最为敏感。不同氮效率基因型玉米籽粒碳代谢均表现为施氮 > 不施氮，中下部 > 顶部。

3. 遗传因子影响及品种间差异 王庆成等（2001）介绍，玉米不同品种间的群体光合强弱有差异。一般情况下，高产品种群体光合速率也高，反之，低产品种群体光合速率亦低。然而并非所有高产品种都具有相应高的群体光合速率，因为产量的高低是由光合面积、光合时间、光合速率、呼吸消耗和经济系数等光合性能的诸多因素决定，并非群体光合速率一个方面。

基因型不同的品种，对不同密度的响应不同（郜书静，2010）。总体来说，株型紧凑、抗倒伏、抗病性好的品种较耐密植。近年来，我国玉米的主推品种是先玉 335 和郑单 958 这两个品种。这两个品种是当前我国种植面积最大的玉米杂交种。这两个品种的共同特点是株型紧凑、耐密植、抗病性好，产量表现稳定（李妍妍 等，2009）。

李海燕等（2013）介绍光合生理指标对不同品种产量贡献不同。在种植密度一致情况下，年际间的透光率不是影响产量的决定性因子。叶绿素含量对丹玉 39 产量贡献率较大，其次为光合速率。而光合速率是影响郑单 958 产量的主导因素。同一地区年际间气象因子差异较大，严重影响玉米产量的稳定性。因此，因地制宜选择合适的品种显得尤为重要。两种不同类型的品种对年际间气象因子反应不同。中晚熟密植型品种郑单 958 在产量、粒重、株高、叶面积指数、叶向值、叶绿素、光合速率等方面对气象因子反应迟钝。而晚熟型稀植型品种丹玉 39 反应相对敏感。其品种的安全性、稳产性等方面都不及中晚熟品种。因此，在生产上选择具有广泛的适应性，对气象因子变化反应不强烈的品种，有利于规避自然灾害。

聂呈荣等（2006）介绍了他们于 2002 年所做的试验研究。在华南地区种植美国先锋公司的 Bt 玉米 34B24 与其非转基因近等基因系 34B23，比较它们的光合作用和部分重要的生理生长性状。结果表明，Bt 玉米由于 Bt 基因的插入和表达使植株得到保护，受玉米螟危害的叶片显著减少；但 Bt 玉米植株的光合作用和部分生理生长性状也发生了一定的变化。与其非转基因近等基因系 34B23 相比，虽然 Bt 玉米 34B24 的胞间 CO_2 浓度变化不大，并且在绝大多数生长时期，Bt 玉米的蒸腾速率和气孔导度大于非转基因玉米，但从生长中期始，Bt 玉米的净光合速率却一直小于非转基因玉米，在生长后期，这种差异甚至达到显著水平。在生长性状方面，各时期观察到的 Bt 玉米植株叶片数一直略少于非转基因玉米，表明 Bt 玉米的生长发育受到一定的延缓。同时，Bt 玉米植株的株高变矮，单株叶面积变小，根系活力显著降低。在地下部，Bt 玉米 34B24 的植株根系总长度、根总表面积、根总体积和平均根直径均小于相对应的非转基因近等基因系 34B23。

杨双等（2015）介绍了他们于 2009—2010 年间的试验。为研究玉米碳代谢关键酶 PEPC 和 SPS 活性的遗传特性，应用主基因 + 多基因混合遗传模型理论和 4 世代联合分离分析方法，对沈 3336 × 沈 3265 组合 4 个世代的灌浆期穗位叶 PEPC 和 SPS 活性进行遗传分析。结果表明，PEPC 和 SPS 活性的遗传模型分别为 B – 1 模型（2 对主基因的加性 – 显性 – 上位性模型）和 E – 1 模型（2 对加性 – 显性 – 上位性主基因 + 加性 – 显性多基因混合模型）。调控 PEPC 活性的主基因遗传率为 36. 5%，调控 SPS 活性的主基因遗传率为 17. 7%，多基因遗传率为 35. 9%。

4. 气候因子的影响　曲明南（2013）研究表明，温度对玉米的光合速率有较大影响。最初的光合速率为 37 $\mu mol\ CO_2/(m^2 \cdot s)$，随着温度胁迫时间的延长，光合速率出现连续的降低，直到胁迫 4 h 时，光合速率降低缓慢，降低了 50% 左右。此时，气孔导度、蒸腾速率和胞间 CO_2浓度随着温度胁迫时间延长而出现增加趋势，甚至 2 h 时，蒸腾速率和胞间 CO_2浓度是最初数值的 2 倍。至 4 h 时，增加缓慢甚至降低。

韩玉薪（2021）以培育年份不同的玉米品种为研究对象，采用人工气候室控制 CO_2 浓度分别为环境 CO_2浓度和增高 CO_2浓度，采用滴灌方式进行调亏灌溉，设定高、中、低三种灌水量，利用气孔拍照和红外气体分析技术测定相关参数，分析了不同 CO_2浓度下调亏灌溉对玉米叶片生长指标、光合特征以及气孔形态参数的影响。结果显示玉米郑单 958 的生长指标在环境因素改变条件下较玉米京科 968 变化显著，而玉米京科 968 因其在光合参数和响应曲线变化方面较玉米郑单 958 敏感，而且有利于在水分不足情况下提高水分利用效率，但二氧化碳浓度升高后，玉米京科 968 的气孔导度曲线、气孔限制曲线和水分利用效率曲线拟合的光饱和点均提高，而玉米郑单 958 则降低，即玉米京科 968 各参数达到最大值所需光强较高。因此，不同品种玉米应对复杂的外界气候因素变化时会有不同的响应，为获得较高的水分利用效率及产量选择玉米品种时，还应考虑种植密度等因素以满足作物对光强的需求。

谷岩等（2015）介绍了他们于 2012 年的试验研究。以玉米品种东单 213 和恒宇 709 为试验材料，研究低温对孕穗期玉米叶片气体交换、叶绿素荧光及碳代谢酶活性的影响。结果表明：低温条件下，叶片气体交换参数［光合速率（P_n）、蒸腾速率（T_r）和气孔导度（G_s）］、叶绿素荧光参数［最大光化学效率（F_v/F_m）、实际光化学效率（ΦPSⅡ）和光化学猝灭系数（qP）］、碳代谢相关酶［磷酸烯醇式丙酮酸（PEP）羧化酶、磷酸蔗糖合成酶（SPS）和蔗糖合成酶（SS）］活性均有不同程度的降低，温度越低，降幅越大；在相同温度和胁迫时间，各项指标以东单213降幅最大。15 ℃下，恒宇709的叶片蔗糖含量仅在第7天显著低于对照，东单213则在第5天和第7天均显著低于对照。

温度会影响玉米的生育期。在热量条件丰沛的地区，可以推广多熟制玉米来提高玉米的总产；而在热量资源相对不足的地区可以选择提升玉米群体来实现玉米的高产。玉米是需水量较大的禾谷类作物，水分是玉米生长发育的重要因素。在降水资源丰富和有灌溉条件的地区，是高密度玉米群体的建立前提，气候因子对玉米的生长发育具有重要影响。温度、太阳辐射等关键环境因子均会影响玉米的产量形成。干物质积累和叶面积指数的变化产量与光合有效辐射量呈显著正相关，说明在没有水分胁迫和温度适宜的条件下，作物群体截获更多的光合有效辐射将有利于获得高产。因此，在不同地区间通过合理密植等手段使玉米群体获得合理的冠层分布和光分布对于产量的提高至关重要。

二、呼吸作用

呼吸作用（respiration）是生物界普遍存在的一个生理过程，是一切生物所共有的生理功能，它遍及植物的每个细胞，是新陈代谢的重要组成部分，和光合作用共同组成植物代谢的核心，是指植物细胞内的有机物在一系列酶的催化下，逐步氧化分解，并释放能量的过程。呼吸作用既为生命活动提供可利用的能量，又为植物体内多种重要有机物的形成提供重要的原料及还原剂，从而把所有的代谢活动都带动起来，成为植物代谢的一个中心，如图2.10所示。因此，呼吸作用的强弱必然会影响到植物的生长与发育，进而影响农作物的产量和品质。

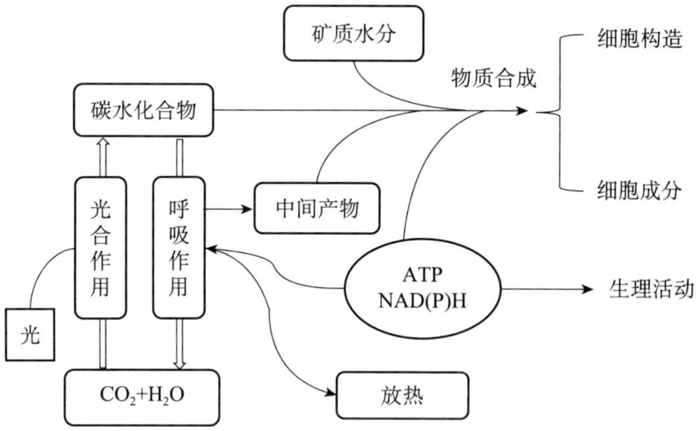

图2.10 呼吸作用主要功能示意图（陈乔制图）

呼吸作用包括有氧呼吸和无氧呼吸两大类型。有氧呼吸（aerobic respiration）是指细胞在氧的参与下，通过多种酶的催化作用，把有机物彻底氧化分解（通常以分解葡萄糖为主），产生 CO_2 和 H_2O，释放能量，合成大量 ATP 的过程。无氧呼吸（anaerobic respiration）是指在无氧条件下，生活细胞把某些有机物氧化分解成不彻底的氧化产物，同时释放少量能量的过程。如图 2.11 所示，有氧呼吸是高等植物进行呼吸的主要形式，分为三个阶段，这三个阶段主要是糖酵解阶段、三羧酸循环（又叫柠檬酸循环）阶段和电子传递及氧化磷酸化阶段，三个阶段物质变化情况如下：

第一阶段：$C_6H_{12}O_6 \rightarrow 2$ 丙酮酸 $+2ATP+4$［H］（在细胞质中）。

第二阶段：丙酮酸 $+6H_2O \rightarrow 6CO_2+20$［H］$+2ATP$（线粒体基质中）。

第三阶段：24［H］$+6O_2 \rightarrow 12H_2O+34ATP$（线粒体内膜中）。

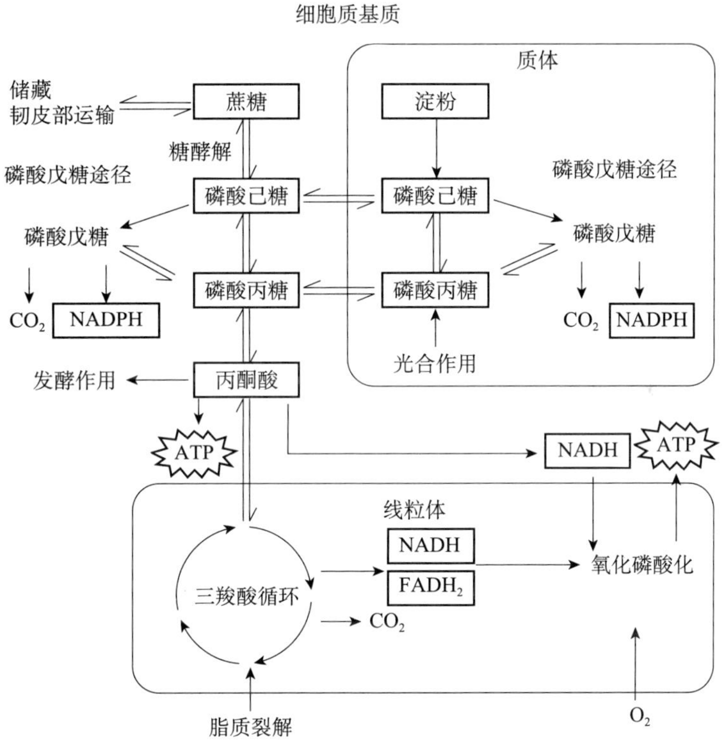

图 2.11　呼吸作用全貌

（一）糖酵解

糖酵解途径又称 EMP 途径，是将葡萄糖降解为丙酮酸并伴随着 ATP 生成的一系列反应，是一切生物有机体中普遍存在的葡萄糖降解的途径。糖酵解途径在无氧及有氧条件下都能进行，是葡萄糖进行有氧或者无氧分解的共同代谢途径。如图 2.12 所示，糖酵解可分为 10 个反应，具体如下。

1. 葡萄糖的磷酸化　进入细胞内的葡萄糖首先在第 6 位碳上被磷酸化生成 6-磷酸

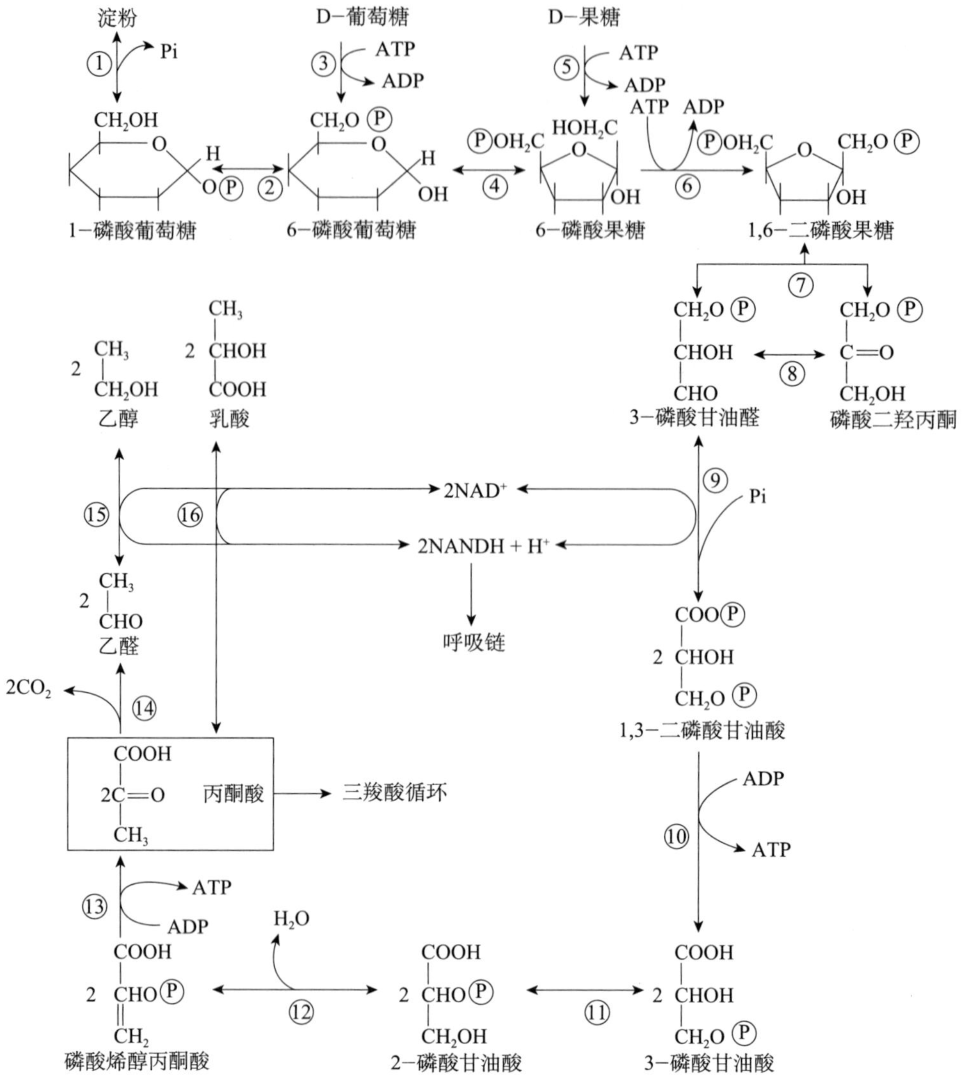

图 2.12　糖酵解途径代谢示意图

①淀粉磷酸化酶；②磷酸葡萄糖变位酶；③己糖激酶；④磷酸葡萄糖异构糖；⑤果糖激酶；⑥磷酸果糖激酶；⑦醛缩酶；⑧磷酸丙糖异构酶；⑨磷酸甘油醛脱氢酶；⑩磷酸甘油激酶；⑪磷酸甘油酸变位酶；⑫烯醇酶；⑬丙酮酸激酶；⑭丙酮酸脱羧酶；⑮乙醇脱氢酶；⑯乳酸脱氢酶

葡萄糖，磷酸根由 ATP 供给，这一过程不仅活化了葡萄糖，有利于它进一步参与合成与分解代谢，同时还能使进入细胞的葡萄糖不再逸出细胞。催化此反应的酶是己糖激酶（hexokinase，HK）。己糖激酶催化的反应不可逆，反应需要消耗能量 ATP，Mg^{2+} 是反应的激活剂，它能催化葡萄糖、甘露糖、氨基葡萄糖、果糖进行不可逆的磷酸化反应，生成相应的 6-磷酸酯，6-磷酸葡萄糖是 HK 的反馈抑制物，此酶是糖氧化反应过程的限速酶（rate limiting enzyme）或称关键酶（key enzyme）。

2. 6-磷酸葡萄糖的异构反应　这是由磷酸己糖异构酶（phosphohexose isomerase）

催化 6-磷酸葡萄糖转变为 6-磷酸果糖（fructose-6-phosphate，F-6-P）的过程，此反应是可逆的。

3. 6-磷酸果糖的磷酸化 此反应是6 磷酸果糖第一位上的C 进一步磷酸化生成1,6-二磷酸果糖，磷酸根由 ATP 供给，催化此反应的酶是磷酸果糖激酶 1（phosphofructokinase 1，PFK1）。PFK1 催化的反应是不可逆反应，它是糖的有氧氧化过程中最重要的限速酶，它也是变构酶，柠檬酸、ATP 等是变构抑制剂，ADP、AMP、Pi、1,6-二磷酸果糖等是变构激活剂。

4. 1,6-二磷酸果糖裂解反应 醛缩酶（aldolase）催化 1,6-二磷酸果糖生成磷酸二羟丙酮和 3-磷酸甘油醛，此反应是可逆的。

5. 磷酸二羟丙酮的异构反应 磷酸丙糖异构酶（triose phosphate isomerase）催化磷酸二羟丙酮转变为 3-磷酸甘油醛，此反应也是可逆的。

至此 1 分子葡萄糖生成 2 分子 3-磷酸甘油醛，通过两次磷酸化作用消耗 2 分子 ATP。

6. 3-磷酸甘油醛氧化反应 此反应由 3-磷酸甘油醛脱氢酶（glyceraldehyde 3-phosphate dehydrogenase）催化 3-磷酸甘油醛氧化脱氢并磷酸化生成含有 1 个高能磷酸键的 1,3-二磷酸甘油酸，本反应脱下的氢和电子转给脱氢酶的辅酶 NAD^+ 生成 $NADH + H^+$，磷酸根来自无机磷酸。

7. 1,3-二磷酸甘油酸的高能磷酸键转移反应 在磷酸甘油酸激酶（PGK）催化下，1,3-二磷酸甘油酸生成 3-磷酸甘油酸，同时其 C1 位上的高能磷酸根转移给 ADP 生成 ATP，这种底物氧化过程中产生的能量直接将 ADP 磷酸化生成 ATP 的过程，称为底物水平磷酸化（substrate level phosphorylation）。此激酶催化的反应是可逆的。

8. 3-磷酸甘油酸的变位反应 在磷酸甘油酸变位酶（phosphoglycerate mutase）催化下 3-磷酸甘油酸 C3 位上的磷酸基转变到 C2 位上生成 2-磷酸甘油酸。此反应是可逆的。

9. 2-磷酸甘油酸的脱水反应 由烯醇化酶（enolase）催化，2-磷酸甘油酸脱水的同时，能量重新分配，生成含高能磷酸键的磷酸烯醇式丙酮酸（PEP）。本反应也是可逆的。

10. 磷酸烯醇式丙酮酸的磷酸转移 在丙酮酸激酶（pyruvate kinase，PK）催化下，磷酸烯醇式丙酮酸上的高能磷酸根转移至 ADP 生成 ATP，这是又一次底物水平上的磷酸化过程。此反应是不可逆的。

从呼吸作用角度看，糖酵解产生 H^+。

（二）三羧酸循环

三羧酸循环也称柠檬酸循环（citric acid cycle），是一个由一系列酶促反应构成的循环反应系统，在该反应过程中，首先由乙酰辅酶 A 与草酰乙酸缩合生成含有 3 个羧基的柠檬酸，经过 4 次脱氢，产生 H^+，1 次底物水平磷酸化，通过脱羧，最终生成 2 分子 CO_2，并且重新生成草酰乙酸的循环反应过程。如图 2.13 所示，反应链如下：

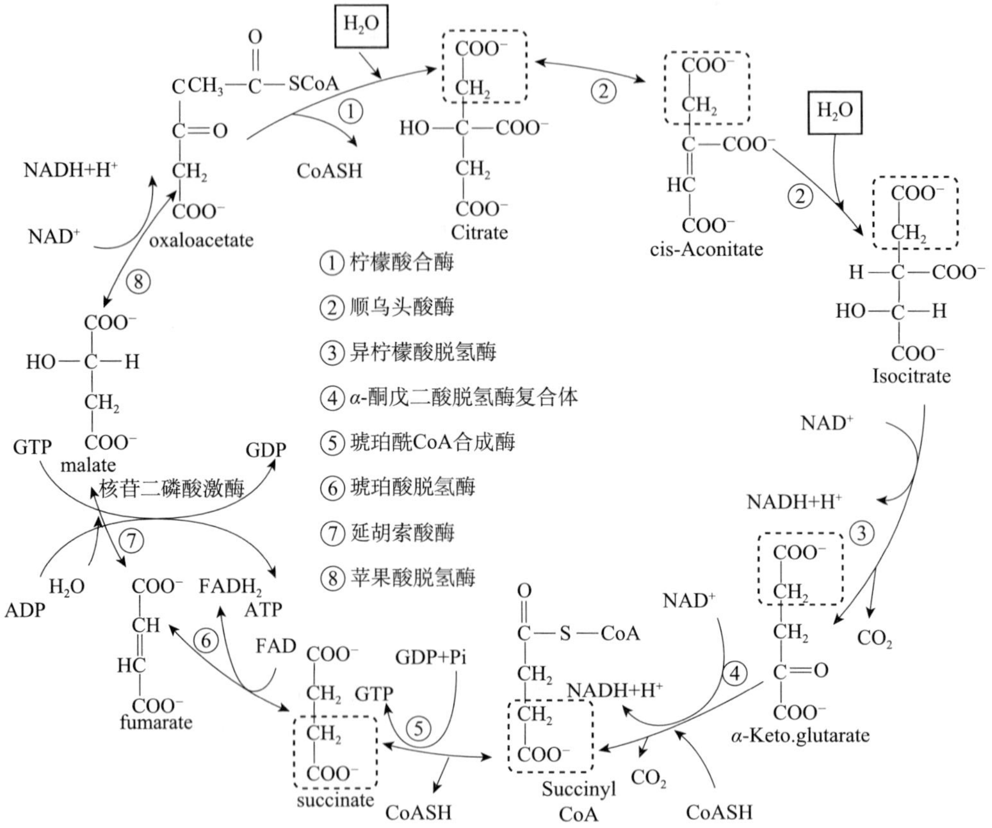

图 2.13 三羧酸循环过程示意图

（Citrate：柠檬酸；cis-Aconitate：顺乌头酸；Isocitrate：异柠檬酸；α-Ketoglutarate：α-酮戊二酸；succinyl CoA：琥珀酰 CoA；succinate：琥珀酸；fumarate：延胡索酸；malate：苹果酸；oxaloacetata：草酰乙酸；CoASH：辅酶 A）

1. 乙酰-CoA 进入三羧酸循环 乙酰 CoA 具有硫酯键，乙酰基有足够能量与草酰乙酸的羧基进行醛醇型缩合。首先柠檬酸合酶的组氨酸残基作为碱基与乙酰-CoA 作用，使乙酰-CoA 的甲基上失去一个 H^+，生成的碳阴离子对草酰乙酸的羰基碳进行亲核攻击，生成柠檬酰-CoA 中间体，然后高能硫酯键水解放出游离的柠檬酸，使反应不可逆地向右进行。该反应由柠檬酸合酶（citratesynthase）催化，是很强的放能反应。由草酰乙酸和乙酰-CoA 合成柠檬酸是三羧酸循环的重要调节点，柠檬酸合酶是一个变构酶，ATP 是柠檬酸合酶的变构抑制剂，此外，α-酮戊二酸、NADH 能变构抑制其活性，长链脂酰-CoA 也可抑制它的活性，AMP 可对抗 ATP 的抑制而起激活作用。

2. 异柠檬酸形成 柠檬酸的叔醇基不易氧化，转变成异柠檬酸而使叔醇变成仲醇，就易于氧化，此反应由顺乌头酸酶催化，为可逆反应。

3. 第一次脱氢——异柠檬酸脱氢酶 在异柠檬酸脱氢酶作用下，异柠檬酸的仲醇氧化成羰基，生成草酰琥珀酸（oxalosuccinic acid）的中间产物，后者在同一酶表面，快速脱羧生成α-酮戊二酸（α-Ketoglutarate）、NADH 和 CO_2，此反应为β-氧化脱羧，此酶需要镁离子作为激活剂。此反应是不可逆的，是三羧酸循环中的限速步骤，ADP 是异柠檬酸脱氢酶的激活剂，而 ATP、NADH 是此酶的抑制剂。

4. 第二次脱氢——α-酮戊二酸脱氢酶　在α-酮戊二酸脱氢酶系作用下，α-酮戊二酸氧化脱羧生成琥珀酰-CoA、$NADH + H^+$ 和 CO_2，反应过程完全类似于丙酮酸脱氢酶系催化的氧化脱羧，属于α-氧化脱羧，氧化产生的能量中一部分储存于琥珀酰的高能硫酯键中。此反应也是不可逆的。α-酮戊二酸脱氢酶复合体受 ATP、GTP、NADH 和琥珀酰-CoA 抑制，但其不受磷酸化/去磷酸化的调控。

5. 底物磷酸化生成 ATP　在琥珀酸硫激酶（succinate thiokinase）的作用下，琥珀酰-CoA 的硫酯键水解，释放的自由能用于合成 GTP，此时，琥珀酰-CoA 生成琥珀酸和辅酶 A。

6. 第三次脱氢——琥珀酸脱氢酶　琥珀酸脱氢酶（succinate dehydrogenase）催化琥珀酸氧化成为延胡索酸。该酶结合在线粒体内膜上，而其他三羧酸循环的酶则都是存在线粒体基质中的，这酶含有铁硫中心和共价结合的 FAD，来自琥珀酸的电子通过 FAD 和铁硫中心，然后进入电子传递链到 O，丙二酸是琥珀酸的类似物，是琥珀酸脱氢酶强有力的竞争性抑制物，所以可以阻断三羧酸循环。

7. 延胡索酸的水化　延胡索酸酶仅对延胡索酸的反式双键起作用，而对顺丁烯二酸（马来酸）则无催化作用，因而是高度立体特异性的。

8. 第四次脱氢——苹果酸脱氢酶（草酰乙酸再生）　在苹果酸脱氢酶作用下，苹果酸仲醇基脱氢氧化成羰基，生成草酰乙酸（oxalocetate acid），NAD^+ 是脱氢酶的辅酶，接受氢成为 $NADH + H^+$。

从呼吸作用角度看，四次脱氢产生 H^+，二次脱羧产生 CO_2。

三羧酸循环具有重要的生物学意义。一方面，三羧酸循环是机体将糖或其他物质氧化而获得能量的最有效方式，在糖代谢中，糖经此途径氧化产生的能量最多，每分子葡萄糖经有氧氧化生成 H_2O 和 CO_2时，可净产生 32 分子 ATP 或 30 分子 ATP；另一方面，三羧酸循环是糖、脂、蛋白质，甚至核酸代谢，联络与转化的枢纽。此循环的中间产物（如草酰乙酸、α-酮戊二酸）是合成糖、氨基酸、脂肪等的原料，某些代谢物质，还能参与嘌呤和嘧啶的合成，甚至合成卟啉，参与血红蛋白合成。且三羧酸循环是糖、蛋白质和脂肪彻底氧化分解的共同途径，蛋白质的水解产物（如谷氨酸、天冬氨酸、丙氨酸等脱氨后或转氨后的碳架）要通过三羧酸循环才能被彻底氧化，产生大量能量，脂肪分解后的产物脂肪酸经β-氧化后生成乙酰-CoA 以及甘油，甘油经过糖酵解途径也生成乙酰-CoA，最终也要经过三羧酸循环而被彻底氧化，糖代谢的所有途径最后生成丙酮酸，脱氢成为乙酰-CoA，参与三羧酸循环。综上所述，三羧酸循环是联系三大物质代谢的枢纽，也是能量代谢的枢纽。

（三）电子传递链

呼吸电子传递链（respiratory electron-transport chain）由一系列可作为电子载体的酶复合体和辅助因子构成，可将来自还原型辅酶或底物的电子传递给有氧代谢的最终电子受体 O_2生成 H_2O。在电子传递链中，各电子传递体的氧化还原反应从高能水平向低能水平顺序传递，在传递过程中释放的能通过磷酸化而被储存到 ATP 中，ATP 的形成发生在线粒体内膜上。电子从一个底物传递给分子氧的氧化与酶催化的由 ADP 和 Pi 生成 ATP 与磷酸化相偶联的过程为氧化磷酸化（oxidative phosphorylation），磷酸化作用与氧化过程的电子传递紧密相关。

葡萄糖氧化分解代谢的另一种重要方式——磷酸戊糖途径（PPP），也是由 6-磷酸葡萄糖开始，因而称为己糖磷酸支路。PPP 可分为两个阶段：第一阶段由 6-磷酸葡萄糖脱氢生成 6-磷酸葡糖酸内酯开始，然后水解生成 6-磷酸葡糖酸，再氧化脱羧生成 5-磷酸核酮糖。$NADP^+$是所有上述氧化反应中的电子受体；第二阶段是 5-磷酸核酮糖经过一系列转酮基及转醛基反应，经过磷酸丁糖、磷酸戊糖及磷酸庚糖等中间代谢物最后生成 3-磷酸甘油醛及 6-磷酸果糖，后二者还可重新进入 EMP 途径而进行代谢。PPP 主要特点是葡萄糖直接氧化脱氢和脱羧，不必经过 EMP 和 TCA 循环，电子受体是 $NADP^+$而不是 NAD^+，产生的 NADPH，可为脂肪酸、胆固醇等的生物合成提供还原力；产生的 5-磷酸核糖、4-磷酸赤藓糖、景天庚酮糖 7-磷酸等则是核苷酸辅酶、核苷酸、芳香族氨基酸的合成原料；生成的四碳、五碳、七碳化合物及转酮酶、转醛酶等，可以参与光合作用卡尔文循环以及次生代谢物的生物合成；PPP 可以与 EMP、TCA 循环相互补充、相互配合，增强植物体的适应能力。

三、玉米的光饱和点和补偿点以及 CO_2饱和点和补偿点

（一）光饱和点和光补偿点

1. 光饱和点 在一定的光照强度范围内，光合作用随光照强度的上升而增强，但光照强度达到一定的数值以后，光合作用维持在一定的水平而不再提高，此现象称为光饱和现象（light saturation），而此时的光照强度临界值称为光饱和点（light saturation point，LSP）。光饱和点是植物光合能力的重要体现，光饱和点的高低反映了光合机构暗反应过程对同化力的最大需求量，暗反应能力越强，所需要的同化力越多，光饱和点也相应越高，同时，光饱和点能够反映不同品种对强光的适应能力。

2. 光补偿点 光照强度在光饱和点以下时，随光强减弱，光合速率也降低，当光强减弱到某一值时，光合作用吸收的 CO_2与呼吸作用释放的 CO_2处于动态平衡，这时的光照强度称为光补偿点（light compensation point，LCP）。LCP 能够反映不同品种对光的适应能力。植物在光补偿点时有机物的形成与消耗相等，即净光合速率等于零，没有光

合产物积累，加上夜间的呼吸消耗，还会造成光合产物的亏缺。

（二）CO_2饱和点和CO_2补偿点

1. CO_2补偿点（CO_2 compensation point）　是指在光下植物光合过程所吸收的CO_2量与呼吸过程所释放CO_2量达到动态平衡时外界环境中的CO_2浓度。当外界CO_2浓度处于补偿点时，植物的光合速率与呼吸速率相等，有机物的形成与消耗相等，无干物质积累，当外界CO_2浓度低于补偿点时，则光合速率低于呼吸速率，植物不但不能积累光合产物，反而需要动用贮藏物质，只有在外界CO_2浓度高于补偿点时，才能有效地积累干物质。

根据CO_2补偿点高低可把植物分为三类：一是高补偿点植物，CO_2补偿点较高，一般在40～70 μL/LCO_2，属于这一类的植物都是C_3植物，如小麦、水稻、大豆等绝大多数栽培作物；二是低补偿点植物，CO_2补偿点较低，通常在0～5 μL/LCO_2，属于这一类的植物都是C_4植物，如向日葵、玉米、高粱等；三是不定补偿点植物，属于这一类植物都是具有景天酸代谢途径的植物，如龙舌兰、仙人掌等，这类植物夜间气孔开放，活跃吸收CO_2，其补偿点为0～5 μL/LCO_2，白天气孔关闭，其补偿点或者维持在这一水平上，或者上升甚至高达200μL/LCO_2。相比之下，低补偿点植物（C_4植物）在外界CO_2浓度较低的情况下即有较高的光合速率，因而能够有效地积累干物质。

2. CO_2饱和点（CO_2 saturation point）　当空气中CO_2浓度较低时，植物的光合速率会随着CO_2浓度的增加而提高，但是当空气中的CO_2浓度增加到一定程度后，植物的光合速率就不会再随着CO_2浓度的增加而提高，这时空气中的CO_2浓度就称为CO_2饱和点。此时（光照一定）光合作用光反应阶段速度跟不上，［H］（即还原态氢）和ATP不够，所以CO_2固定的化合物（如三碳化合物）无法被还原导致的。一般C_3植物的CO_2饱和点比C_4植物高，C_4植物在大气CO_2浓度下就能达到饱和，而C_3植物CO_2饱和点不明显，光合速率在较高CO_2浓度下还会随浓度上升而升高。

曲明南（2013）研究结果表明CO_2升高对于根、茎和叶干重均无明显影响。但CO_2升高会增加玉米幼苗的叶面积，这在B76玉米品种中表现更为明显（升高28.8%）。SQ玉米品种具有较快的生长速度。SQ的叶片和茎的干重要明显高于其他2个玉米品种。CO_2升高降低了叶片气孔导度和蒸腾速率，尤其对于B76，其气孔导度和蒸腾速率分别降低了27.4%和22.6%。田间条件下，CO_2升高有利于3个玉米品种的NADP－MDH酶活性升高。CO_2升高使B76和SQ的NADP－MDH酶活性分别升高了20%和31.6%。而CO_2浓度升高会降低PEPCase的活性。在CO_2效应与高温循环对光合生理的交互影响试验中，研究表明在所有生长和热胁迫期间的CO_2浓度等4种组合下，高温处理在所有组合中降低了光合速率。在45 ℃降低从38%到56%。高温处理后，光合速率在更低的处理温度下，其降低量从27%到38%。在低CO_2处理下的光合速率的降低显著低于高CO_2处理的情况。结果也表明，是热胁迫期间的不同CO_2浓度对光合和其他指标的变化产生显著性影响，而非生长期间的CO_2浓度，说明玉米幼苗对CO_2浓度升高无热耐性适应性。

大气CO_2浓度升高必将影响作物光合过程，进而对作物的生长及其产量产生影响。为揭示玉米叶片叶绿素含量、净光合速率、叶面积指数、产量的变化对CO_2浓度升高的响应方式与响应程度，王秋兰等（2018）以玉米品种大丰30为材料，利用开顶式气室（OTCs）法研究了CO_2浓度升高处理下，玉米叶片叶绿素含量、净光合速率、叶面积指数以及籽粒产量的变化，揭示CO_2浓度升高对玉米光合生理特性及籽粒产量的影响机制。结果表明，随着CO_2浓度的升高，叶片叶绿素a、叶绿素b和叶绿素（a+b）的含量均逐步升高，叶片净光合速率也在不断升高，从大喇叭口期开始到生育期结束叶面积指数均表现为增大，最终对单株籽粒产量以及单株生物产量有显著增产作用。

第三节　玉米的氮代谢

一、氮素的吸收与同化

氮素是植物生长发育必需的大量元素之一，也是蛋白质、核酸、叶绿素、酶和次级代谢物等的重要组成部分。氮肥可分为铵态氮肥（如碳酸氢铵）、硝态氮肥（如硝酸钾）、酰胺态氮肥（如尿素）和氰氨态氮肥（如石灰氮）。铵态氮、硝态氮是植物氮素营养的两种不同的形态，玉米氮源主要是无机氮化物，玉米吸收利用的无机氮源主要有两类：硝态氮（NO_3^-）和铵态氮（NH_4^+），主要通过根系吸收土壤中的硝态氮和铵态氮，而根系对不同形态的氮素的吸收、运输和同化的途径不同，吸收的硝态氮在进入植物体后一部分还原成铵态氮，并在细胞质中进行代谢，其余部分可“贮备”在细胞的液泡中，有时达到较高的浓度也不会对植物产生不良影响。铵态氮经过作物吸收进入植物细胞后必须尽快与有机酸结合，形成氨基酸或酰胺。因此单纯施用硝态氮肥一般不会产生不良效果，而单纯施用铵态氮则有可能发生铵盐毒害，在水培条件下更易发生。

二、硝态氮的吸收和同化

（一）硝态氮的吸收

环境中硝态氮通过径流的方式运输到根系表面，通过主动运输被玉米NRT型硝态氮转运蛋白吸收。如图2.14所示，NO_3^-进入细胞后被硝酸还原酶和亚硝酸还原酶还原成铵，硝酸盐通过质膜向内运输，需要克服强烈的电位梯度，因为带负电荷的硝酸根离子不仅需要克服负的质膜电位，还有内部较高的硝酸盐浓度梯度。因此硝酸盐的吸收是一个消耗能量的过程。

被根系吸收的硝态氮主要有以下几种去向：（1）在细胞质中，通过硝酸还原酶被还原成NO_2^-；（2）通过细胞膜流出原生质体，再次到达质外体内；（3）存储在液泡中；（4）通过木质部运输到地上部被还原利用。

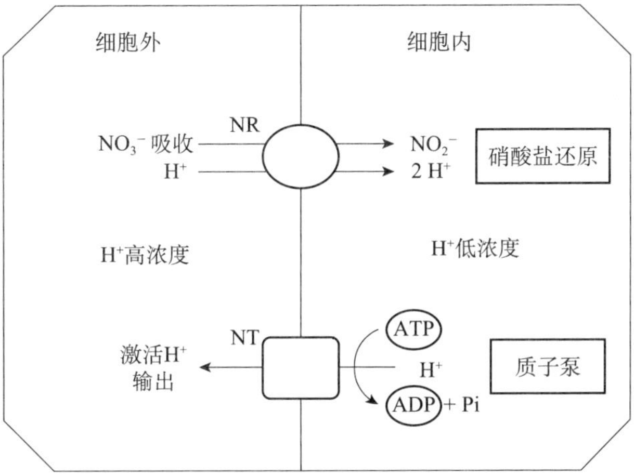

图 2.14　硝酸盐通过植物细胞质膜示意图

（二）硝态氮的同化

在细胞质中，NO_3^-在硝酸还原酶（NR）的作用下还原成NO_2^-。NO_2^-在质体中被亚硝酸还原酶（NiR）还原成NH_4^+，在谷氨酰胺合成酶（GS）和谷氨酸合成酶（GOGAT）的作用下形成氨基酸（图 2.15）。

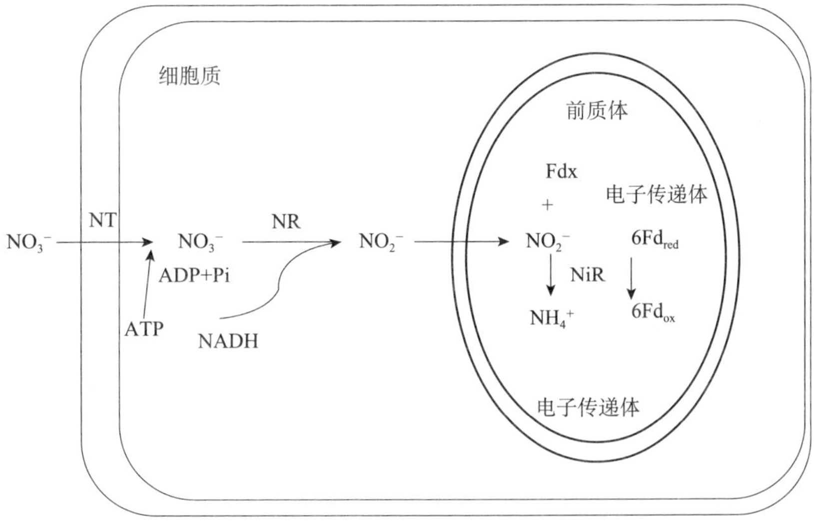

图 2.15　植物体内硝态氮同化示意图

三、铵态氮的吸收和同化

（一）铵态氮的吸收

铵进入植物细胞有多种途径。例如，电生理学研究表明拟南芥根的质膜上存在一种非选择性阳离子通道可以转运铵。由于铵的化学性质与钾离子类似，钾离子通道也可允许铵的通过。另外，铵也可以通过水通道蛋白 TIPs 跨膜向液泡内运输。在高等植物中，高亲和力的 AMT 铵转运蛋白是介导植物根系从土壤中跨膜运输铵态氮的主要途径。AMT 分为两个亚类 AMT1 和 AMT2；每个亚类又包括不同的家族成员，在不同的部位发挥作用。在拟南芥中除了 AMT1.4 特异性在花中表达外，其他的五个基因都在根系中表达。根系吸收的氨态氮，会被同化，或者储存在根细胞的液泡中，或转移到地上部。一般认为氨态氮在植物体内未进行长距离运输，但是植株的木质部可以达到一定的铵浓度，铵盐从根系向地上部转移，涉及铵盐在根系木质部装载和在地上部卸载的转运蛋白目前还未知。

（二）铵态氮的同化

NH_4^+ 主要通过 GS 和 GOGAT 途径形成氨基酸，其中 GS 是 NH_4^+ 同化过程的关键酶。除了通过 GS-GOGAT 途径外，谷氨酸脱氢酶（GDH）和天冬酰胺合成酶（AS）也是同化 NH_4^+ 的两个酶。

不论是铵态氮还是硝态氮，高等植物都是主要通过特定的转运蛋白对其进行吸收。吸收后的氮素一部分在根系中直接同化利用，一部分在叶片中同化利用（图 2.16）。不同氮源在植物体内的运移、存储等过程是有很大差别的，但硝态氮和铵态氮都是植物需要的良好氮源，吸收到作物体后，除硝态氮需先还原成 NH_4^+ 以外，其余同化过程完全相同。

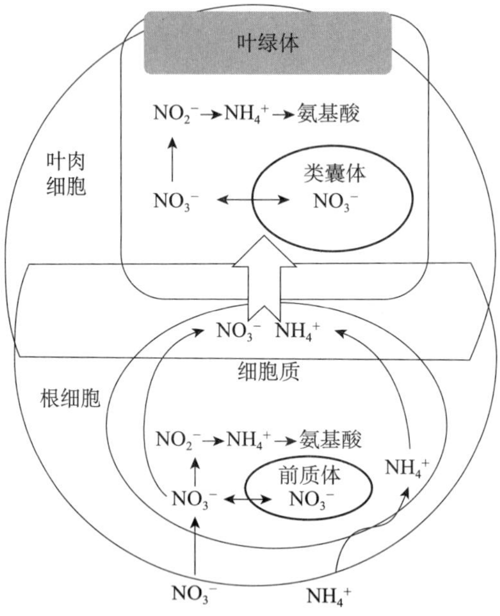

图 2.16 植物吸收利用硝态氮和铵态氮的示意图

（三）氮源的形态和配比

植物对硝态氮和铵态氮的吸收和同化途径不同，两种氮源的混合比例和使用环境亦会对植物生长有显著的影响，因此要根据植物对氮源的需求，以及环境要素来确定氮源的形态和配比。硝态氮在植物体中累积是植物的“贮备”措施，也是适应逆境的表现。营养生长期累积的硝态氮多，即使后期土壤供应养分不足，植物仍能很好地生长和发育；累积的硝态氮越多，后期生长发育越良好。另外，NO_3^-在液泡内还是重要的渗透调节物质，在植物体内碳水化合物合成减少，液泡内有机物含量下降时，NO_3^-可替代它们起渗透调节作用。

由于铵态氮、硝态氮形态不同，对植物产生的效应也有所不同。硝态氮促进植物吸收阳离子，促进有机阴离子合成；而铵态氮则促进吸收阴离子，消耗有机酸。一般而言，旱地植物具有喜硝性，而水生植物或强酸性土壤上生长的植物则表现为喜铵性，这是作物适应土壤环境的结果。

如玉米、小麦，对硝态氮偏好，在等氮量供应情况下，硝态氮的增产效果要更为突出；而蔬菜对硝态氮非常偏爱，水培试验中加入硝态氮，没有铵态氮、尿素酰胺态氮，蔬菜也能正常生长。相反，没有硝态氮而只是施用尿素或铵态氮肥，蔬菜就生长不正常，严重时甚至绝收。另外，烟草也是一种对硝态氮反应良好的作物，施用硝态氮可以提高产量，改善品质。一度认为铵态氮是水稻的最好氮源，但最近有试验表明，水稻也喜欢硝态氮，后期补施一些硝态氮肥会获得更高产量。

同时施用铵态氮和硝态氮肥，往往能获得作物较高的生长速率和产量。同时施用两种形态氮，植物更易调节细胞内 pH 值和通过消耗少量能量来贮存一部分氮。两者合适的比例取决于施用的总浓度：浓度低时，不同比例对植物生长影响不大，浓度高时，硝态氮作为主要氮源显示出一定的优势。

四、氨基酸的生物合成

主要在细胞的叶绿体和线粒体中进行和完成。

（一）氨的同化

植物根部直接吸收的NH_4^+，或由硝酸盐还原和分子氮固定产生的氨，均可与呼吸作用所产生的各种酮酸（a-酮戊二酸、草酰乙酸、反丁烯二酸等）形成氨基酸，即氨的同化。氨的同化可在根、根瘤和叶部进行。谷氨酰胺合成酶（glutamine synthetase，GS）和谷氨酸合酶（gluta－mate synthase）是参与氨同化过程中的两种关键酶，后者又称谷氨酰胺-α-酮戊二酸转氨酶（glutamine：2-oxoglutarate aminotransferase，GOGAT）。高等植物体内95%以上NH_4^+主要是通过谷氨酰胺合成酶/谷氨酸合酶（GS/GOGAT）循环同化。在 GS/GOGAT 循环中，GS 催化下列反应：

$$\text{L-谷氨酸} + ATP + NH_3 \longrightarrow \text{L-谷氨酰胺} + ADP + Pi + H_2O$$

GS 对 NH_3有高的亲和力（Km 为 $10^{-5} \sim 10^{-4}$ mol/L），能迅速将体内的 NH_3同化为氨基酸，以防止 NH_3的积累导致的细胞中毒。

目前在高等植物中发现了两种类型的 GOGAT，一种以 NADH 为还原剂（NADH - GOGAT），另一种以 Fd 为还原剂（Fd-GOGAT），它们催化下列反应：

a-酮戊二酸 + L-谷氨酰胺 + Fd_{red}（或 NADH + H^+）$\longrightarrow$ 2L-谷氨酸 + Fd_{ox}（或 NAD^+）

GS 是高等植物氨同化的关键酶。目前已发现高等植物 GS 至少有两种形式，即细胞质 GS（GS_1）和质体 GS（GS_2）。亚细胞定位研究表明 GS_1主要存在于非光合组织的细胞质部分，为非光合组织 GS 的主要形式；GS_2主要存在于叶绿体基质中，为绿色组织的主要 GS 形式。高等植物叶片 GOGAT 主要存在于质体中，其中 Fd-GOGAT 和 NADH-GOGAT 占总 GOGAT 活性的 96%。过去认为谷氨酸脱氢酶（GDH）是同化 NH_3的主要酶，因为该酶在植物体内广泛分布，可催化下列反应：

$$a\text{-酮戊二酸} + NH_3 + NAD(P)H + H^+ \fallingdotseq \text{L-谷氨酸} + H_2O + NAD(P)$$

GDH 对 NH_3的亲和力低（$Km = 5 \times 10^{-3} \sim 70 \times 10^{-3}$ mol/L），只有当体内 NH_3浓度较高，如 C_3植物在强光下进行光呼吸时线粒体产生大量 NH_3，或植物在环境胁迫以及防御反应中产生较多 NH_3时，该酶才起作用。通常情况下细胞中 NH_3浓度较低，因此，该酶对植物体内 NH_3同化的作用受到怀疑，目前一般认为 GDH 主要起解除氨毒的作用。GDH 对 GS/GOGAT 循环可起到辅助作用。当植物发芽、衰老及种子形成时，GDH 可催化谷氨酸脱氨，使 NH_3进入 GS/GOGAT 循环而得以再利用。

（二）生物固氮

尽管大气中约含 78% 的氮气，但是植物不能直接利用。大气中的 N_2需被转化为结合态氮才能被利用，这种转化主要靠生物固氮来进行。生物固氮是指由固氮微生物体内的固氮酶在常温常压下将空气中的 N_2还原成 NH_3的过程。各种固氮生物无论是共生的根瘤菌、弗兰克氏菌（放线菌）与满江红鱼腥藻，还是自生、联合固氮细菌、蓝藻，它们之所以能将 N_2转化成可供有机体利用的化合态氮，都是通过其体内具有催化功能的蛋白质——固氮酶来完成的。生物固氮作用是地球氮素循环的重要部分。

固氮酶是由钼铁蛋白（MoFe 蛋白）和铁蛋白（Fe 蛋白）组成的复合体，这两种蛋白单独存在时都不呈现固氮酶活性，只有两者形成复合体才具有还原氮的能力。钼铁蛋白被认为是固氮酶的活性中心。铁蛋白是由两个相同亚基组成的二聚体，相对分子质量约为60000，含有一个 $4Fe_24S$ 簇。钼铁蛋白相对分子质量约220000，是由两种特殊的金属原子簇 P_2簇和 FeMoZCo（M_2簇）组成的四聚体。Hagerman、Burris、Thorneley 和 Lowe 等于 20 世纪 70 年代末到 80 年代中期，总结了固氮酶催化 N_2的还原过程：2MgATP 与铁蛋白结合，铁蛋白-2MgATP 与钼铁蛋白结合成复合物，ATP 水解，复合物内发生电子转移，底物结合与还原，铁蛋白-2MgADP 复合物与钼铁蛋白分离，2MgATP 替换出 2MgADP 又形成铁蛋白-2MgATP 复合物，如此完成一次循环。每循环一次传递 1 个电子，并消耗 1 个 ATP。每还原 1 分子 N_2生成 2 分子 NH_3需要循环 8 次。

一般公认的固氮反应化学计量式为：

$$N_2 + 8H^+ + 16MgATP + 8e^- \longrightarrow 2NH_3 + H_2 + 16MgADP + 16Pi$$

固氮菌在固氮过程中，每固定 1 分子 N_2要消耗 8 个电子和 16 个分子的 ATP。据估算，豆科植物依赖与其共生的根瘤菌每固定 1 g 氮素要消耗 12 g 的有机碳水化合物，这是当前阻碍固氮微生物应用的一个重要环节。如何减少这一能耗，提高固氮效率，也是目前研究的一个重点。

五、蛋白质的生物合成

合成场所不固定，可在细胞的核糖体、线粒体、叶绿体上合成，在内质网加工。只有合成蛋白质才能表达出生物性状，因此将蛋白质生物合成比拟为转译或翻译。蛋白质生物合成包括氨基酸的活化及其与可转移核糖核酸（1RNA）的连接、肽链的合成（包括起始、延伸和终止）和新生肽链加工成为成熟的蛋白质三大步骤，其中心环节是肽链的合成。蛋白质生物合成需核糖体、mRNA、tRNA、氨酰转移核糖核酸（氨基酰-tRNA）合成酶、可溶性蛋白质因子等大约 200 多种生物大分子协同作用来完成。当 mRNA 单链合成后，便通过核孔进入细胞质，附着在核糖体的亚基上。核糖体 RNA 能保护 mRNA 的活动，能选择相应的氨基酰-tRNA。氨基酰-tRNA 一臂连着一个特定的氨基酸，另一臂具有与 mRNA 密码子互补的三个暴露的碱基叫作“反密码子”。氨基酰-tRNA 有这一个反密码子，就可以识别 mRNA 上密码子的位置，把特定氨基酸送到一定的位置上。在翻译过程中，通常是多个核糖体与 mRNA 分子结合形成多聚核糖体。核糖体附着在 mRNA 单链的一端，逐渐向 mRNA 另一端移动，识别 mRNA 分子的密码子。同时接受相应的带着氨基酸的氨基酰-tRNA，并一个接一个地将氨基酸结合成多肽。当核糖体移动到 mRNA 单链的终止密码时，形成多肽链的过程便告结束，mRNA 便与核糖体脱离。最后形成的几个多肽链相连，并成为有一定空间结构的蛋白质分子。细胞的结构蛋白、血红蛋白和酶等都是以这样的过程翻译出来的。生物的遗传信息是从 DNA 传递给 mRNA，再由 mRNA 翻译成蛋白质的。1958 年克里克（Crick）将生物遗传信息的这种传递方式称为中心法则。随后，科学家又陆续发现，那些只含有 RNA 不含 DNA 的病毒，在感染宿主细胞后，RNA 与宿主的核糖体结合，形成一种 RNA 复制酶，在这种酶的催化作用下，以 RNA 为模板复制出 RNA。也就是说，RNA 的遗传信息可以传向 RNA。

蛋白质（protein）仍是生物活性物质中最重要的大分子组分，生物有机体的遗传学特性仍然要通过蛋白质来得到表达。蛋白质的生物合成包括氨基酸活化、肪链的起始、伸长、终止以及新合成多肪链的折叠和加工等。其生物学机制如下。

1. 氨基酸活化 蛋白质的生物合成是以氨基酸作为基本建筑材料的，且只有与tR-NA相结合的氨基酸才能被准确地运送到核糖体中，参与多肽链的起始或延伸。氨基酸必须在氨酰-tRNA合成酶的作用下生成活化氨基酸-AA-tRNA。研究发现存在20种以上具有氨基酸专一性的氨酰-tRNA合成酶，各种tRNA的3′端都有同样的三个核苷酸的序列（-CCA），氨基酸即结合在tRNA的3′-CCA末端腺苷酸（A）的核糖2′或3′游离-OH上，以酯键相连。同一氨酰-tRNA合成酶具有把相同氨基酸加到两个或更多个带有不同反密码子tRNA分子上的功能。在细菌中，起始氨基酸是甲酰甲硫氨，所以，与核糖小亚基相结合的是N-甲酰甲硫氨酰-tRNAfMet，它由以下两步反应合成：

$$\text{Met} + \text{tRNAfMet} + \text{ATP} \longrightarrow \text{Met-tRNAfMet} + \text{AMP} + \text{PPi}$$

然后，由甲酰转移酶转移一个甲酰基到Met的氨基酸上。

$$\text{N}_{10}\text{-甲酰四氢叶酸} + \text{Met-tRNAfMet} \longrightarrow \text{四氢叶酸} + \text{fMet-tRNAfMet}$$

真核生物中，任何一个多肽合成都是从生成甲硫氨酰-tRNAiMet开始的，因为甲硫氨基酸的特殊性，所以体内存在两种tRNAMet。只有甲硫氨酰-tRNAiMet才能与40S小亚基相结合，起始肽链合成，普通tRNAMet中携带的甲硫氨酸只能被掺入正在延伸的肽链中。

2. 翻译的起始 蛋白质合成的起始需要核糖体大小亚基、起始tRNA和几十个蛋白因子的参与，在模板mRNA编码区5′端形成核糖体-mRNA-起始tRNA复合物并将甲酰甲硫氨酸放入核糖体P位点。原核生物的起始tRNA是fMet-tRNAfMet，真核生物是Met-tRNAMet。原核生物中30S小亚基首先与mRNA模板相结合，再与fMet-tRNAfMet结合，最后与50S大亚基结合。而在真核生物中，40S小亚基首先与Met-tRNAMet相结合，再与模板mRNA结合，最后与60S大亚基结合生成80S·mRNA·Met-tRNAMet起始复合物。起始复合物的生成除了需要GTP提供能量外，还需要Mg^{2+}、NH_4^+以及3个起始因子（IF-1、IF-2、IF-3）。起始因子与30S小亚基的结合较为松散，用1 mol/L NH_4CI处理即可使之游离。

3. 肽链的延伸 与翻译的起始不同，蛋白质延伸机制在原核细胞和真核细胞之间是非常相似的。起始复合物生成，第一个氨基酸（fMet/Met-tRNA）与核糖体结合以后，肽链开始伸长。按照mRNA模板密码子的排列，氨基酸通过新生肽键的方式被有序地结合上去。肽链延伸由许多循环组成，每加一个氨基酸就是一个循环，每个循环包括AA-tRNA与核糖体结合、肽链的生成和移位。

4. 肽链的终止 肽链的延伸过程中，当终止密码子UAA、UAG或UGA出现在核糖体的A位点时，没有相应的AA-tRNA能与之结合，而释放因子（release factor，RF）能识别这些密码子并与之结合，水解P位点上多肽链与tRNA之间的二酯键。接着，新生的肽链和tRNA从核糖体上释放，核糖体大、小亚基解体，蛋白质合成结束。释放因子具有GTP酶活性，它催化GTP水解，使链与核糖体解离。

六、玉米氮代谢的影响因素

玉米氮代谢的影响既有自然因素，也有人为因素。

吕丽华等（2008b）报道了他们于2006年的试验。研究了低、中、高3个种植密度对夏播玉米CF008、郑单958和金海5号碳氮积累、运转及氮肥利用的影响，以期通过密度调控碳氮代谢，实现产量与氮肥效率协同提高。结果表明，吐丝期茎叶总糖和全氮积累量和茎叶总糖和全氮的运转率均以中或高密度下较高，而籽粒产量、氮素吸收效率、氮素利用效率和氮肥利用率均以中或低密度显著高于高密度。吐丝前地上部氮素积累量以中高密度下较高，但成熟期地上部总氮量及籽粒氮量均以中低密度较高，表明吐丝期后植株氮素积累量对玉米籽粒氮贡献较大。在中低密度下，3个品种夏玉米产量达10262～11461 kg/hm^2，氮肥利用率达23.00%～34.11%。

吕鹏等（2012）于2008—2009年选用玉米品种登海661和郑单958为材料，研究了高产条件下施氮时期对夏玉米产量、氮素利用率、氮代谢相关酶及抗氧化酶活性的影响。结果表明：拔节期一次性施氮不利于夏玉米产量提高和氮素积累，分次施氮且增施花粒肥显著提高了植株和籽粒的吸氮量，并提高了籽粒产量。拔节期、叶期、花后10 d按2∶4∶4施氮，登海661产量最高可达14123.0 kg/hm^2；基肥、拔节期、十叶期、花后10 d按1∶2∶5∶2施氮，郑单958产量最高可达14517.1 kg/hm^2，这两种施氮方式较拔节期一次性施氮分别增产14.5%和17.5%。花前分次施氮可以显著提高开花期硝酸还原酶活性；登海661和郑单958在花后0～42 d中，施氮处理的谷氨酰胺合成酶、谷氨酸合成酶、谷氨酸脱氢酶活性分别平均提高了32.6%、47.1%、50.4%和14.5%、61.8%、25.6%，减缓了其下降趋势；超氧化物歧化酶、过氧化氢酶活性提高了22.0%、36.6%和13.4%、62.0%，丙二醛含量显著降低。在高产条件下，分次施氮且适当增加花粒肥施入比例可以提高氮代谢相关酶活性，延缓植株衰老，促进氮素吸收利用，进而提高籽粒产量。

徐洪文等（2012）曾在大田条件下，以农大364和郑单958为材料，对两种基因型玉米各生育时期雄穗可溶性糖、蔗糖以及可溶性蛋白质积累状况进行了研究。结果表明，随着玉米生育进程的推进，可溶性糖、蔗糖含量呈现先升后降的变化趋势，在散粉期达最高值，说明抽雄期至散粉期是一个碳水化合物积累的过程。可溶性蛋白质呈现不断下降的变化规律，成熟期降至最低值。

谷岩等（2013）曾以先玉420为试验材料，研究在大垄双行膜下滴灌种植模式下，氮素水平对玉米穗位叶光合特征及氮代谢关键酶活性的影响。结果表明：①玉米穗位叶氮素含量、光合速率（P_n）、蒸腾速率（T_r）、气孔导度（G_s）、水分利用效率（WUE）、最大光化学效率（F_v/F_m）、实际光化学效率（ΦPSⅡ）和光化学猝灭（qP）均以N3（300 kg/hm^2）水平最高。②PEP羧化酶对氮肥的响应较RUBP羧化酶敏感，氮肥少于100 kg/hm^{2}才显著降低RUBP羧化酶活性。③施用氮肥均增加穗位叶硝酸还原酶（NR）和谷氨酰胺合成酶（GS）活性，以 N3 处理增幅最大，蛋白水解酶活性则相反。④相关分析表明：穗位叶氮含量与内肽酶和氨肽酶呈现负相关，与其他各项指标均呈现正相关，差异显著性因花后不同时期而不同。⑤在供试试验区，在氮肥施用总量为 300 kg/hm^{2}时，玉米穗位叶保持较高的光合特性和相关酶活性，为玉米籽粒产量的形成奠定了基础。

张倩等（2013）曾于 2011 年在 67500 株/hm^2、82500 株/hm^{2}密度水平下，以常规等行距种植方式为对照，比较分析不同缩行宽带种植方式（三行一带、四行一带、五行一带）对夏玉米碳、氮代谢与氮素利用效率的影响。结果表明，缩行宽带种植方式成熟期地上部总氮累积量、氮收获指数均高于对照等行距种植方式，其中三行一带、四行一带、五行一带种植方式地上部总氮累积量分别高于对照 16.2%、16.9%、20.0%。籽粒产量较等行距种植方式均有不同程度增加，并达到显著水平。本研究中，成熟期地上部总氮量、叶片氮转运量与籽粒产量呈显著正相关，说明成熟期较高的地上部总氮积累、叶片高氮转运量可促进籽粒产量提高。而成熟期叶片 C/N 与籽粒产量呈显著负相关，各处理中，三行一带种植方式在低密度和高密度条件下成熟期叶片 C/N 均最低，而对照等行距种植方式值最高。

宋航等（2016）曾于 2012—2013 年以玉米单交种豫玉 22 为材料，设置 2 个光照处理和 3 个氮肥水平，研究光、氮及其互作下玉米酶活性、干物质生产和产量变化特征及其对玉米氮素吸收利用和物质生产的影响。结果表明，弱光胁迫下玉米叶片硝酸还原酶和谷氨酰胺合成酶活性降低，植株和籽粒氮积累量下降；干物质积累量显著降低；果穗穗长、行粒数和穗粒数减少，导致产量显著降低。但弱光胁迫下增施氮肥可以提高叶片硝酸还原酶和谷氨酰胺合成酶活性，增加干物质积累量，穗长、行粒数和穗粒数增加，产量显著提高，并且随施氮量的增多，产量增加效果也越显著。可见，光、氮及其互作对玉米氮素吸收利用及物质生产具有显著影响，弱光胁迫条件下增施氮肥可以部分缓解其致害效应，减少玉米产量损失。

牛巧龙等（2017）曾于 2013 年、2014 年为了研究玉米不同生育期叶片酶活性在不同施氮水平的差异及其与产量间的关系，阐述酶活性的变化特性，探讨玉米高产节肥的适宜施氮量。选用天津市主推玉米品种中单 509，设置 5 个施氮水平，测定不同生育期叶片的硝酸还原酶（NR）、超氧化物歧化酶（SOD）、过氧化物酶（POD）和过氧化氢酶（CAT）活性及玉米产量。2 年试验回归分析结果表明，随着施氮量的增加，玉米产量先升高后下降，呈单峰曲线变化，理论施氮量达到 137.01 kg/hm^{2}时，产量达到最大值。玉米叶片中 NR、SOD、POD 和 CAT 活性也是随着施氮量的增加呈单峰曲线变化，施纯氮量为 180.00 kg/hm^{2}时，玉米在拔节期叶片 NR 活性、开花期叶片 SOD 活性和 CAT 活性达到最大；纯氮施用量 135.00 kg/hm^{2}时，大喇叭口期叶片 POD 活性达到最大。不同施氮量处理对玉米叶片的酶活性及产量有一定的影响，增施适量的氮肥有利于玉米叶片的氮代谢和产量的提高。

苌建峰等（2017）介绍，在不同氮肥水平下研究了不同夏玉米品种碳、氮代谢差异，分析其协调性，提出高产、稳产的生理学指标，以期探索根据代谢性进行差异化管理的新途径。2009—2011 年在河南温县和郑州，利用大田和盆栽两种种植方式，60000 株/hm^2密度，设计 0 kg/hm^2、120 kg/hm^2、240 kg/hm^2、360 kg/hm^2这 4 个氮肥水平，比较郑单 958（ZD958）、农大 108（ND108）、浚单 20（XD20）、豫单 2002（YD2002）等 4 个夏玉米品种的产量、叶片持绿性、氮吸收和转运、不同器官 C/N、叶片 PEP 羧化酶和 RUBP 羧化酶活性等指标的差异，分析 4 个品种在不同氮肥水平下的碳、氮代谢协调性。结果：①盆栽试验中，不同氮肥水平间产量比较，XD20 差异最大，ZD958 差异最小；随着氮肥水平提高，产量呈增加趋势。但大田试验中，除 XD20 之外，其余品种在 N240 和 N360 条件下差异不显著。②对灌浆期氮的吸收和转运比较，低氮条件下，ZD958 营养器官氮优先向叶片转移，能保持较好的持绿性；ND108 对氮的吸收和运转量都较大，持绿性好，但有效利用较低；XD20 在低氮条件下氮的吸收量较低，缺乏优先供应叶片的机制，易早衰；YD2002 在 4 个氮肥水平下均表现为灌浆期营养器官氮向籽粒转移量过大，根系吸收量小，易早衰。③在灌浆期，正常施肥条件下，ZD958 和 XD20 叶片碳氮比介于 YD2002 和 ND108 之间；在成熟期，ZD958 和 XD20 的籽粒碳氮比较高。④在灌浆中期，ZD958 的 PEPCase/RUBPCase 最高，且与其余 3 个品种差异显著；YD2002 始终处于较低水平；XD20 和 ND108 随氮肥水平增加提高显著。研究结论是玉米品种良好的碳氮代谢协调性表现在碳水化合物和氮素的转运过程中，碳氮代谢协调性较好的品种能很好地协调光合产物和氮素在籽粒灌浆和维持营养器官功能需求之间的矛盾，具有较高的 PEPCase/RUBPCase，从而保证高产、稳产。

吴雅薇等（2017）曾在 2013 年主要探讨了氮肥对不同耐低氮性玉米品种生育后期叶片叶绿素含量和氮代谢关键酶活性及籽粒蛋白质含量和产量的影响，以期为西南地区不同耐低氮性玉米品种的高产高效施肥技术提供依据。采用裂区试验设计，主区为前期筛选的不同耐低氮性玉米品种：耐低氮品种正红 311（ZH311）和低氮敏感品种先玉 508（XY508），副区为不同施氮量：包括 6 个氮水平（0 kg/hm^2，90 kg/hm^2，180 kg/hm^2，270 kg/hm^2，360 kg/hm^2和 450 kg/hm^2）。结果表明，施氮可以显著提高玉米生育后期叶片叶绿素含量和氮代谢关键酶活性，并最终提高籽粒蛋白质含量和产量。增施氮肥对低氮敏感品种先玉 508 各生理指标的促进作用较耐低氮品种正红 311 更明显，但耐低氮品种正红 311 生育后期叶片叶绿素含量及氮代谢关键酶活性均显著高于低氮敏感品种先玉 508，尤其是灌浆中后期和低中氮水平下，使其最终籽粒产量及籽粒蛋白质含量均显著高于先玉 508，这可能是其较低氮敏感品种先玉 508 耐低氮能力强的重要生理机制。

张曼丽（2019）介绍，光周期、光强度、温湿度等是环境信号，能够调节植物中不同酶的活性及各种代谢途径。光照条件能诱导固定 CO_2的关键酶 PEPC 的合成以及调节其活性。光周期影响着玉米碳氮代谢相关的酶活性。玉米碳氮代谢也受积温、水分供应影响。在不同栽培环境下，相同品种的产量与碳氮代谢水平显著相关，相对较低的

C/N 环境中产量高。玉米碳氮代谢受环境影响是显著的，除了基因的影响，环境的影响也不容忽视。

聂良鹏等（2019）曾试验，通过设置 4 种尿素施用方式，即控释尿素侧施 5 cm（C5）和 10 cm（C10），控释尿素底施 15 cm（CB），普通尿素侧施 5 cm（U5），研究其对玉米穗位叶可溶性蛋白和游离氨基酸含量，以及硝酸还原酶、内肽酶和羧肽酶活性的影响。结果表明，与常规尿素相比较，控释尿素深施能够显著提高玉米灌浆中后期穗位叶可溶性蛋白和游离氨基酸含量，以及硝酸还原酶和蛋白水解酶活性；4 个处理中以底施效果最优，其次是侧施 10 cm。

王彬等（2020）曾以平安 18 和金玉 1 号为试验材料，设置 7 种施氮模式（0 kg/hm^2、175 kg/hm^2、175 kg/hm^2 + 增效剂、175 kg/hm^2 + 生物肥、175 kg/hm^2 + 增效剂 + 生物肥、225 kg/hm^2、225 kg/hm^2 + 增效剂、275 kg/hm^2），对玉米叶片光合速率、叶绿素含量、硝酸还原酶（NR）和谷氨酰胺合成酶（GS）活性进行测定，研究氮肥、氮肥增效剂和生物肥对玉米光合特性和氮代谢关键酶的影响。结果表明，施用氮肥能够提高叶绿素含量，增加玉米叶片光合速率，过量氮肥会产生抑制作用。施氮 225 kg/hm^2 + 增效剂在整个生育期有较高的叶绿素含量和光合速率，NR 和 GS 活性也高于其他处理，该施氮模式更好地协调光合作用和氮代谢之间的关系，充分发挥氮肥的作用，能够增加百粒重和产量，平安 18 和金玉 1 号产量分别达 13116.94 kg/hm^{2}和 13585 kg/hm^2。

第四节　玉米的水分代谢

一、水分的生理作用

水在玉米生长发育过程中缺一不可，也是进行正常生理活动必不可少的物质，玉米没有水就无法正常进行生长发育。

（一）水是细胞原生质的重要主要组成部分

水占原生质组成部分达 80%～90%，液泡中则含 90% 以上。原生质水分含量的多少决定着细胞生命活动的状态。只有在水分充足的条件下，细胞才能进行分裂、生长、代谢等生命活动。水分含量高，原生质呈溶胶状态，细胞代谢旺盛；水分缺乏，原生质则转变为凝胶状态，细胞代谢减弱。当细胞原生质水分严重亏缺时，则会导致原生质体破坏，细胞死亡。水在原生质中以两种形式存在：一种是自由水，约占 95%；另一种是结合水，通过氢键或其他键同蛋白质结合，占 4%～5%。随着细胞的生长和衰老，细胞的含水量逐渐下降，但是活细胞的含水量不会低于 75%。细胞中自由水含量较多时，代谢较强；结合水含量较多时，细胞的抗性较强。大多数成熟种子的原生质都呈凝胶状态，故休眠的种子生命活动很弱；玉米柔嫩组织含水多，处于旺盛代谢状态，一旦缺水，植株代谢紊乱，则会萎蔫，甚至死亡。

（二）水是许多代谢过程的反应物质

植物的光合作用、呼吸过程、有机物的合成和分解、转运等都需要水分的参与，缺少水，这些生理和生化过程就无法正常进行。例如植物在光合作用中，通过利用光能氧化水，释放氧气，还原二氧化碳生成糖等碳水化合物。植物通过呼吸作用将碳水化合物、蛋白质及脂类等呼吸底物氧化成二氧化碳和水。

（三）水是生化反应和物质吸收运输的溶剂

许多生物化学反应都是在水中进行的，玉米细胞中有机质的合成和分解、离子的交换、都必须在水中进行，离开了水，有机物质和无机物质无法溶解，也无法被植株吸收与转化。土壤中肥料等营养物质必须先溶解在水中，才能被植物根系吸收，通过维管束运输到植物各器官中参与各项生理活动。

（四）水可使植株保持固有姿态

玉米体内水分充足，细胞膨压高，才能保持组织较高的紧张度，从而使植株保持固有姿态。水分通过维管束在体内保持运转，植株处于膨胀状态，茎叶从而挺立舒展，便于接受阳光和进行气体交换。植物缺水时，细胞膨压低，组织紧张度弱，植株萎蔫，影响正常生理过程。例如夏季烈日下，玉米植物幼叶卷曲成筒，叶片耷拉下垂。短暂时间发生萎蔫，不会影响作物生长，长时间发生萎蔫，光合作用减弱，生长发育受阻，严重时会导致植物死亡。

（五）细胞分裂和伸长都需要水分

植物细胞通过有丝分裂、减数分裂、无丝分裂等方式，数量由一个细胞分裂为两个细胞，这一过程均需要水提供溶质场所。细胞体积的扩大，细胞各细胞器的增加或者变大，都需要水。在充足的水分情况下，植物营养器官和生殖器官，发育进程协调，生育期稳定。而水分过多或者干旱胁迫则导致生育进程减慢，生育期延长。尤其干旱胁迫条件下，细胞分裂和伸长受阻，玉米营养器官生长缓慢，雌、雄穗发育失调，根系生长受限，生育进程和对营养物质的吸收变得困难。

（六）在“源、流、库”的关系中，玉米各组织也离不开水

“源”指的是同化物的供应能力，即作物将二氧化碳和水通过光合作用同化有机物的能力；“库”是光合产物的贮存能力，即玉米籽粒的大小、多少、代谢活性，决定着籽粒中贮存物质的数量；“流”是指光合产物转运到籽粒库的转运系统。同化物的形成需要水作为反应物参与到光合作用中，“流”的畅通更需要水作为运输介质将光合产物

转运到籽粒库中，三者间关系的协调离不开充足的水分供给。光合能力强，并且光合产物输出顺利，即为“源足库丰”，是作物高产的根本。

二、玉米需水量和需水节律

（一）玉米需水量

玉米的需水量，指的是玉米在整个生育期内所消耗的水量，包括了玉米叶面蒸腾作用所散失的水分和棵间蒸发所消耗的水量，用 mm 或者 m^3/hm^2 表示，玉米的需水量受到自然条件、品种特性、栽培管理措施等的影响而发生变化，一般在 300～700 mm 内。

需水量＝播前土壤贮水量＋有效降水量＋灌溉总量－收获时土壤贮水量

有效降水量＝实际降水量－地面径流－重力水

1. 玉米各生育期主要需水量 玉米生育期间多处于高温季节，叶面蒸腾和棵间蒸发要消耗大量的水分，生育前期棵间蒸发耗水量较大，生育中、后期以蒸腾耗水为主。播种至拔节期，植株矮小，叶面积指数小，受太阳辐射面积小，地面覆盖率低，耗水量以棵间蒸发为主，植株蒸腾量所占比例小，棵间蒸发比例为一生中最大。拔节—抽雄阶段，植株生长迅速，叶面积增长较快，受太阳辐射面积大，对地面的覆盖面积大，棵间蒸发量大幅下降，植株的蒸腾耗水量明显增加，在此阶段以蒸腾耗水量为主。玉米抽雄—开花期，植株叶面积达到最大值，是玉米一生中生理需水最高峰，蒸腾耗水量达到最大值，棵间蒸发比例占一生中最低值。这种高蒸腾耗水量、低棵间蒸发的模式会持续一段时期，一般在一个月左右。随着进入成熟期，植株叶片从下部开始枯萎、变黄，叶面积渐渐减小，棵间蒸发量随之又回升，但是田间耗水量仍以植株蒸腾耗水量为主。在玉米生育过程中，应设法减少棵间蒸发量，保证必要的叶面蒸腾，以减少水分的无益消耗。

蒸腾耗水与棵间蒸发耗水虽有一定联系，但基本上属于两个独立的过程。植株蒸腾耗水量与棵间蒸发量均与玉米群体叶面积变化相关，并随着玉米植株群体叶面积的变化而变化，主要表现为蒸腾耗水量随群体叶面积的增加而增加，呈正相关关系；而棵间蒸发耗水量随着群体叶面积的增加而减少，呈负相关关系。

2. 玉米需水量与产量的关系 玉米的需水量与产量高低有着密切的联系。玉米需水量因产量的高低而变化，在相同产量水平下玉米品种的需水量也不完全一致，在各年份间也有差异。但是需水量随产量变化而变化的规律是不变的。通常情况下，在正常的气候条件和合理的农业技术措施下，玉米需水量会随着产量的提高而增加。实行合理灌溉，正确运用农业技术，玉米的需水量虽然随着产量的增加而提高，但形成每单位重量籽粒所需要的水量还表现有减少的趋势。在玉米需水量不足的情况下，如果田间管理技术得当，需水量增加，产量也随之提高。但当需水量增加到一定限度后，产量并不一定增加，可能与其他措施不配套有关。

（1）产量与需水系数 玉米需水量系数指的是每生产 1 kg 籽粒所消耗的水量，即需水量与籽粒产量的比值。玉米需水系数反映的是玉米对水分的利用效率，也是衡量玉米需水量的指标。其表达式为：

$$K = E/Y$$

式中：K 为需水系数（kg 水/kg 籽粒）；E 为需水量（kg/hm^2）；Y 为籽粒产量（kg/hm^2）。

从公式可以看出，需水系数与籽粒产量呈负相关关系，与需水量呈正相关关系。通过降低玉米的需水系数，可以提高玉米的水分利用效率。

（2）最适需水量与最优需水量　最适需水量是作物产量最高时的需水量。最优需水量则是最经济的需水量。两者可作为优化灌溉和节水灌溉的重要指标。在玉米需水的3个主要生育阶段——即播种至拔节期、拔节至抽雄期和抽雄至成熟期中，拔节至抽雄期的需水量是玉米一生中的最大值，关注玉米拔节至抽雄期的最适需水量和最优需水量是提高经济效益的重要环节。

（二）玉米需水节律

玉米需水节律指玉米生育期内的需水量、需水动态、需水强度及不同生育阶段对水分需求的特点。掌握了玉米需水节律，就可以合理调控水分的配给量和时期，提高玉米用水效率。玉米的需水动态是由其自身生物学特性所决定的，它反映了玉米的需水特点和需水规律。玉米需水量因品种、自然环境、栽培条件和产量的高低而不同，但是都遵循着相同的规律而变化。玉米不同生育阶段需水量变化幅度较大，而玉米不同生育阶段对水分反应的敏感程度与其需水量保持基本一致，故也可将不同生育阶段对水分的反应作为田间灌水时期及灌水量的依据之一。

玉米不同生育阶段有着不同的生育中心，处于生育中心的组织和器官对水分反应敏感，需求迫切。处于生长发育中心的组织或器官之间也往往表现出对水分敏感程度的差异。通常在不同供水条件下变化大的组织或器官，对水分反应敏感。种子萌发阶段，玉米种子首先发生膨胀。种子的膨大过程通过细胞膜的渗透作用吸收水分，此时种子吸水较快、较多，后期主要通过发生氧化作用促进种子中细胞分裂。所以播种时需要保证充足的水分供给，过度的水分则容易导致种子发生霉烂。苗期阶段，玉米的生长中心以根系为主，根系生长对轻度缺水反应不敏感，但对水分过多或涝害反应敏感。故苗期阶段轻度控水有利于根系生长，增加根叶比，对产量有益。穗期阶段，营养体生长量很大，生长发育的中心器官，前半期以茎、叶为中心，对水分反应最敏感的器官是茎，其次是叶。孕穗至抽雄期，雄穗对水分反应最敏感，水分不足导致果穗发育受阻，穗长及穗粒数大幅度下降。抽雄至吐丝期是玉米一生中对水分反应最敏感，要求最迫切的时期，称为需水临界期。在需水临界期，细胞原生质的黏度和弹性都剧烈下降，忍受和抵抗干旱的能力减弱，此时原生质必须有充足的水分代谢活动才能顺利进行。此期是玉米的需水高峰期。花粒期是玉米籽粒建成和增重时期，此阶段对水分反应的敏感性虽比前一时期有所降低，但仍需充足的水分才能维持叶片的正常功能，促进粒重增加，干旱缺水将导致穗粒数及粒重降低。

三、玉米体内的水分循环与平衡

玉米体内的水分循环和平衡是确保其正常生长和发育的重要过程，包括了玉米对水分的吸收、在植株体内的运输和散失到大气中的过程，这一过程必须保持平衡，即使微弱的失衡都可以导致水分亏缺，从而影响植物生理活动。

（一）根系吸水的动力

根据玉米根系吸水的动力来源不同，根系吸水机理可分为两种：一种是主动吸水，其动力来自根系本身的生理活动；另一种是被动吸水，其动力来自蒸腾拉力，玉米所吸收的绝大部分水是靠这种方式吸收的。不论主动吸水，还是被动吸水，都属于细胞的渗透吸水。

1. 主动吸水与根压 主动吸水是指由植物根系生理活动而引起的吸水过程，主动吸水与地上部的活动无关，其吸水动力来自根压。根压是指由于植物根系生理活动而促使液流从根部上升的压力。植物根系可以利用呼吸作用释放的能量主动吸收土壤溶液中的离子，将其转运到根的中柱和木质部导管中，使中柱细胞核导管中的溶质增加，溶质势下降。当导管水势低于土壤水势时，土壤中的水分便可自发顺着内皮层内外的水势梯度从外部渗透进入中柱和导管，并沿导管向上运输。因此，主动吸水和根压是植物在吸收水分过程中的两个重要环节，两者相辅相成，共同作用。

2. 被动吸水与蒸腾提升压 被动吸水是叶片蒸腾作用而引起的根部吸水，被动吸水的动力来自叶片的蒸腾作用。当叶片进行蒸腾作用时，靠近气孔下腔的叶肉细胞含水量减少，水势降低，向相邻细胞吸取水分，当相邻细胞水势减低时，转向其相邻细胞吸水，如此依次传递而直至导管吸水，把导管中的水柱拖曳上升，结果引起根部水分不足，根部细胞就从土壤吸收水分。被动吸水的实现是由于从叶片到根外土壤始终存在水势梯度（$\Delta\Psi$），即：$\Psi_{气} < \Psi_{叶} < \Psi_{茎} < \Psi_{根} < \Psi_{土壤}$。蒸腾拉力是被动地从根部向上牵引水分的过程，它主要受到环境因素的影响，如光照、风速等。蒸腾作用使得土壤中的水能通过扩散作用进入根系，这个过程叫作渗透。渗透作用是扩散作用的一种特殊形式。根细胞中通常会积聚有比土壤溶液中更多的可溶性物质，由于蒸腾作用引起根细胞水分又减少，使得土壤溶液中水的浓度比根细胞的更高，所以土壤中的水就能进入根系。因此，被动吸水和蒸腾拉力在植物吸收水分的过程中发挥着重要作用。

一般土壤水势在 -1.0 ~ 0 MPa，作物水势在 -2.0 ~ -0.2 MPa，空气中水汽的水势在 -100 ~ -10.0 MPa。可见，水在植株体内运动的阻力主要来自叶片与大气之间的阻力。被动吸水过程中，根系只提供吸收水分的通道，被动吸水速度主要受蒸腾强度控制。玉米对水的吸收以被动吸水为主，但由于根系的生理活动可影响地上部蒸腾作用，因此并不能把主动吸水和被动吸水截然分开。

（二）玉米体内的水分循环与平衡

玉米根系从土壤中吸收水分，少部分用于各种代谢活动，大部分则通过叶片的蒸腾作用排到大气中，散失水分，从而使玉米一生处于吸水和失水的动态循环与平衡过程。要维持这种动态平衡就需要大量的水分，一般一株玉米一生需要水约0.4 kg以上。

1. 水分的吸收 玉米吸收水分主要依靠根。吸收水分的主要器官是根系，尽管叶片也能吸收水分，但只是辅助性的，玉米根系吸水的主要部位在根毛区，特别是距离根尖1.5~2.5 cm处吸水力最强。根毛深入土壤空隙中，与土粒密切接触，根压使得土壤空隙中的水分被吸入根毛，然后通过细胞间的压力传递，将水分向上推到玉米的茎和叶子等部位。大量的根毛增加了吸收面积，因此可以大量地吸收土壤中的水分，满足地上部的需要。

2. 水分的运输 水分在植株体内循环运输途径为：根毛→根的皮层→根的中柱鞘→根的导管→茎的导管→叶鞘的导管→叶脉的导管→叶肉细胞→叶肉细胞间隙→气室→气孔→空气。一部分水分在整个运输途径中短距离径向运输，另一部分是通过导管和管胞长距离运输。径向运输虽然距离短，但由于水分通过细胞原生质体遇到的阻力大，运输速度很慢。通过导管和管胞的水分运输距离虽长，但由于成熟的导管和管胞都是中空而无原生质的死细胞，所以水分运输阻力小、速度快。水分在植物体内的运输并不局限于自下而上的运输，还存在侧向和向下的运输，不过都远远低于向上的运输量。

3. 水分的散失

（1）玉米的蒸腾作用 水分从玉米地上部分以水蒸气的形式向外界散失的过程就称为蒸腾作用。玉米根系吸收的水分绝大部分都是通过蒸腾作用散失到体外，只有一小部分参与到光合作用和呼吸等代谢过程。蒸腾过程中散失的水分约占玉米吸水量的99%。蒸腾作用具有重要的生理意义，蒸腾不仅可以调节玉米植株的体温，还可以形成蒸腾拉力，而蒸腾拉力是玉米吸收和运输水分的主要动力。玉米蒸腾作用主要通过叶片进行，由蒸腾作用产生的蒸腾拉力将玉米吸收的水分和溶解在其中的矿物质及其他营养物质运送到植株各部位中去，满足植株生长发育的需要。

叶片的蒸腾可分为角质蒸腾和气孔蒸腾，气孔蒸腾是玉米散失水分的主要方式，占玉米蒸腾总量的80%~90%。气孔蒸腾分两步进行，水分首先在细胞间隙及气孔下腔周围叶肉细胞蒸发，然后水蒸气分子通过气孔下腔及气孔扩散到空气中去。玉米叶片气孔散失水分的速度很快。一日之内，蒸腾速率的变化基本上与太阳辐射变化一致，以中午最高，上午和下午次之，早、晚最低。

（2）影响蒸腾作用的外界因素 影响玉米蒸腾作用的因素很多，凡是影响叶片内外蒸汽压差的外界条件和影响植株失水阻力的因素都能影响蒸腾作用。①空气湿度：空气相对湿度影响叶片内外蒸汽压差，叶外大气相对湿度高，蒸汽压差变小，水蒸气分子不易扩散，蒸腾强度低；反之，大气相对湿度低，蒸腾强度增高。②温度：温度升高时水从细胞表面蒸发及水蒸气分子通过气孔扩散均加快，从而促进蒸腾。在 10 ~ 30 ℃范围内气孔开张程度随温度升高而增加，蒸腾强度随之增强。③光照：光对蒸腾作用的影响首先是引起气孔开放，其次是提高大气与叶面温度，增加叶内外蒸汽压梯度，加速蒸腾强度，故一般中午前后蒸腾强度达到高峰。④风速：风速较大时，促进叶面水蒸气分子扩散，增加了叶外与气孔下腔间的蒸汽压梯度，又减少了外部阻力，故促进蒸腾。但若风速过大往往引起气孔关闭，反而抑制蒸腾。⑤种植密度：种植密度不同，直接或间接引起群体内的光、温、湿度及风速等因素的变化，蒸腾速率亦发生变化。⑥矿质元素：矿质元素对蒸腾作用的影响也很大。钾刺激气孔开放，钙抑制气孔关闭，两者都能影响气孔蒸腾。施氮能促进营养生长，增加蒸腾表面积，促进根系下扎深度，从而促进玉米蒸腾作用。磷则引起蒸腾作用减弱。

四、玉米水分代谢的影响因素

水分代谢指的就是植物对水分的吸收、运输、利用和散失的过程。影响玉米水分代谢的因素很多，凡是能影响到玉米叶面蒸腾、棵间蒸发和引起土壤水分变化的一切生物、环境因素及栽培措施都能引起水分代谢发生变化。这些因素中，既有自然因素，也有人为因素，它们主要通过影响根系吸水和蒸腾来产生作用。

（一）自然因素

包括玉米种植地区的气候条件、土壤条件。在相同栽培条件下，如气温高、风速大、空气湿度低、日照时间长等，均会加大蒸腾量和蒸发量，玉米水分代谢也相应增加。反之，水分代谢相应降低。降雨量、空气湿度、气温、风速等都会影响玉米的水分吸收和运输。高温和干旱的气候条件下，玉米根系水分吸收受阻、植株水分散失加快，植株萎蔫，导致后期生长不良和产量下降。不同的土壤条件下玉米在根系吸收水分效果不同。土壤质地、土壤湿度、地下水位高低等都能影响玉米的水分代谢。相同产量水平下，因沙土保水能力较弱，沙土栽培玉米需要吸收更多的水分；盐碱土壤吸湿能力强，其也需要吸收更多的水分。在其他条件相同的条件下，土壤湿度愈高，玉米叶面蒸腾和棵间蒸发愈大，水分代谢也更多。一般地下水位越高，土壤湿度愈大，玉米根系分布层和土壤表层含水量愈大，玉米叶面蒸腾和棵间蒸发量也愈大，植株需要吸收和运输的水分也愈大。

（二）品种特性

玉米品种不同，其生育期长短、植株体大小、株型、耐旱性等均有差异，因而需水量也各异。一般来说，晚熟品种因其生育期长，其需水量要大于中、早熟品种；平展型品种植株叶面蒸腾更强，其需水量要大于紧凑型品种；植株高大、叶片数多、叶片宽大的品种，耗水量较大；产量相近情况下，耐旱性强的品种水分利用效率更高，其需水量要少于耐旱性弱的品种。

（三）栽培措施

种植密度、灌水量、施肥及田间管理等都是影响玉米水分代谢变化的重要因素，正确运用栽培技术措施，可以相对减少玉米需水量，达到经济用水，提高产量的目的。同一品种，随种植密度增加，群体增大，叶面积增加，因而蒸腾量相应增加，玉米需水量增多。增加灌水量可增加土壤湿度，促进蒸腾作用和棵间蒸发，玉米需水量也相应增加。增加施肥量，可以促进玉米植株的生长发育，加强植株对水分的吸收和利用，因而玉米需水量也会增加。雨后及时中耕除草，可减少杂草对水分的无效消耗，减少棵间蒸发量，降低玉米的需水量。

参考文献

曹勇，张建平，李涛，等，2018. 不同控光条件对春玉米耗水规律的影响［J］. 灌溉排水学报，37（12）：10－18.

苌建峰，董朋飞，王秀珍，等，2017. 氮肥运筹对不同夏玉米品种碳氮代谢协调性的影响［J］. 中国农业科学，50（12）：2282－2293.

陈传永，王荣焕，赵久然，等，2014. 遮光对玉米干物质积累及产量性能的影响［J］. 玉米科学（2）：70－75.

陈辉云，侯定基，石志斯，2020. 播期对不同熟期玉米品种生长特性和产量的影响［J］. 安徽农业科学（5）：41－42，47.

陈平，2012. 气候条件对玉米生长发育的影响［J］. 科技与企业（15）：2.

陈晓，王新涛，李思远，等，2009. 玉米光周期敏感特性研究及长日照光周期诱导差减文库构建［J］. 玉米科学，17（1）：13－17.

陈彦惠，张向前，常胜合，等，2003. 热带玉米光周期敏感相关性状的遗传分析［J］. 中国农业科学，36（3）：248－253.

董秀梅，晁青，王柏臣，2013. 植物磷酸烯醇式丙酮酸羧激酶（PEPCK）研究进展［J］. 植物学报，48：320－328.

董洋，沈杰，王柏臣，2013. 玉米丙酮酸磷酸双激酶（PPDK）研究进展［J］. 黑龙江大学自然科学学报，30（5）：642－652.

方华，李青松，郭玉伟，等，2010. 中国玉米品种生育期的研究［J］. 河北农业科学，14（4）：1－5.

谷岩，胡文河，徐百军，等，2013. 氮素营养水平对膜下滴灌玉米穗位叶光合及氮代谢酶活性的影响［J］. 生态学报，33（23）：7399－7407.

谷岩，曹梦可，张玉秋，等，2015. 低温对孕穗期玉米叶片光合及碳代谢酶活性的影响［J］. 植物生理学报，51（6）：941－948.

郭翠荣，高丽娜，公芙萍，2013. 论春玉米生长发育期与气象条件的关系［J］. 科学种养（10）：234.

郭玉朋，2014. 植物光呼吸途径研究进展［J］. 草业学报，23（4）：322－329.

韩玉薪，2021. 不同 CO_2 浓度下调亏灌溉对玉米光合特性和气孔参数的影响［D］. 邯郸：河北工程大学.
何启平，2009. 不同类型玉米品种果穗维管束结构的差异研究［J］. 安徽农业科学，37（34）：16798－16800.
赫忠友，谭树义，1998. 不同光照强度和光质对玉米雄花育性的影响［J］. 中国农学通报，14（4）：3.
侯春玲，刘晶，2013. 涝害对玉米不同生育期的影响［J］. 民营科技（5）：1.
侯学文，李英杰，钟琪，等，2019. 光呼吸代谢途径及其调控的研究进展［J］. 植物生理学报，55（3）：255－264.
蒋紫薇，刘桂宇，安昊云，等，2022. 种植密度与施氮对玉米/秣食豆间作系统饲草产量、品质和氮肥利用的影响［J］. 草业学报，31（7）：157－171.
李潮海，栾丽敏，王群，等. 2005. 苗期遮光及光照转换对不同玉米杂交种光合效率的影响［J］. 作物学报，31（3）：381－385.
李海燕，史振声，李凤海，等，2013. 玉米群体结构对年际间气象因子变化的反应［J］. 干旱地区农业研究，31（6）：50－56.
李明学，周立清，田华林，等，2018. 武陵山区双季玉米生长特征及气候适应性分析［J］. 湖南农业学报（10）：39－43.
李青松，芳华，郭玉伟，等，2010. 春播玉米品种熟期类型划分研究［J］. 河北农业科学，14（9）：8－11，25.
李妍妍，丰光，王亮，等，2009. 郑单 958 和先玉 335 在不同区域的产量比较［J］. 中国种业（8）：36－37.
李朝霞，赵世杰，孟庆伟，2003. 光呼吸途径及其功能［J］. 植物学通报，20（2）：190－197.
刘锋，孙本普，李秀云，2012. 春玉米叶片数积温及其在生产中的应用［J］. 浙江农业科学（5）：627－630.
刘杰龙，1978. 光周期对玉米生长发育的影响［J］. 新疆农业科学（1）：16.
刘元元，孟娜，2019. 高温热害对玉米生长的危害与预防措施［J］. 吉林农业（20）：28.
卢亚妮，侯青光，韦维，等，2019. 不同熟期玉米品种对桂西北春、秋季播期的响应［J］. 南方农业学报（2）：270－277.
罗璇，郭彤，胡银岗，2014. 小麦和谷子 C_4 光合途径关键酶活性及其与光合和蒸腾的关系［J］. 麦类作物学报，34（8）：1083－1091.
吕静瑶，申丽霞，晁晓乐，2017. 施氮对不同氮效率玉米籽粒碳代谢的影响［J］. 江苏农业科学，45（16）：64－68.
吕丽华，陶洪斌，夏来坤，等，2008a. 不同种植密度下的夏玉米冠层结构及光合特性［J］. 作物学报，3（34）：447－455.
吕丽华，陶洪斌，王璞，等，2008b. 种植密度对夏玉米碳氮代谢和氮利用率的影响［J］. 作物学报，34（4）：718－723.
吕鹏，张吉旺，刘伟，等，2012. 施氮时期对高产夏玉米氮代谢关键酶活性及抗氧化特性的影响［J］. 应用生态学报，23（6）：1591－1598.
马兰，2016. 玉米生长发育与环境条件的关系探讨［J］. 现代农业科技（6）：203－204.

聂呈荣，骆世明，王建武，2006. Bt 玉米光合作用和生长性状的变化［J］. 生态学报，26（6）：1957－1962.

聂良鹏，郭利伟，宁堂原，等，2019. 控释尿素施用方式对玉米穗位叶氮代谢的影响［J］. 天津农业科学，25（1）：29－33.

牛巧龙，曹高燚，杜锦，等，2017. 施氮量对玉米产量及叶片部分酶活性的影响［J］. 华北农学报，32（1）：187－192.

潘业兴，王帅，2016. 植物生理学［M］. 延吉：延边大学出版社.

其其格，李可，李刚，等，2010. 氮素营养水平对春玉米叶片碳代谢的影响［J］. 安徽农业科学，38（19）：9973－9974，9978.

乔海平，武彦芳，2014. 温度对玉米生长发育及生产质量的影响［J］. 农民致富之友（18）：107，59.

覃永媛，时成俏，王兵伟，等，2012. 不同播期对玉米品种桂单 589 产量及性状的影响［J］. 安徽农业科学（30）：14676－14677，14683.

曲明南，2013. CO_2升高和短期高温胁迫对玉米幼苗生理生化指标的影响［D］. 沈阳：沈阳农业大学.

任佰朝，高飞，魏玉君，等，2018. 冬小麦－夏玉米周年生产条件下夏玉米的适宜熟期与积温需求特性［J］. 作物学报，44（1）：137－143.

宋航，周卫霞，袁刘正，等，2016. 光、氮及其互作对玉米氮素吸收利用和物质生产的影响［J］. 作物学报，42（12）：1844－1852.

邰书静，2010. 品种、氮肥和种植密度对玉米产量与品质的影响［D］. 杨凌：西北农林科技大学.

汪义龙，张洁，夏莹萍，等，2014. 水稻乙醇酸氧化酶基因的克隆和表达分析［J］. 扬州大学学报（农业与生命科学版），35（3）：54－58.

王彬，王玉波，佟桐，等，2020. 不同施氮模式对玉米光合特性和氮代谢关键酶的影响［J］. 玉米科学，28（2）：135－142.

王和君，史磊，刘晶，等，2011. 播期对玉米生长发育和产量的影响［J］. 农业科技与装备（6）：1－3.

王丽君，李芸，王存凯，等，2014. 夏玉米不同品种各阶段氮素效应综合评价方法［J］. 作物学报，40（10）：1808－1818.

王丽媛，张玉，徐明怡，等，2017. 植物磷酸烯醇式丙酮酸羧化酶的研究进展［J］. 国土与自然资源研究，（5）：86－89.

王庆成，刘开昌，张秀清，等，2001. 玉米群体光合作用［J］. 玉米科学，9（4）：57－61.

王秋兰，靳鲲鹏，曹晋军，2018. 大气 CO_2浓度升高对玉米叶片光合生理指标及其产量的影响［J］. 山西农业科学，46（12）：2051－2053，2061.

王文志，2016. 积温对春玉米叶面积和产量的影响分析［J］. 中国科技纵横（21）：181－182.

王雪松，李丽，2015. 影响玉米生长发育及产量的主要气象条件［J］. 吉林农业（7）：112.

王玉兰，张玉芳，夏春兰，等，2019. 四种不同碳同化途径植物的 NADP-苹果酸酶基因家族分析［J］. 分子植物育种，17（24）：7969－7978.

吴雅薇，李强，豆攀，等，2017. 氮肥对不同耐低氮性玉米品种生育后期叶绿素含量和氮代谢酶活性的影响［J］. 草业学报，26（10）：188－197.

徐洪文，宋凤斌，童淑媛，等，2012. 玉米雄穗碳氮代谢研究［J］. 湖北农业科学，51（14）：2918－2920.

晏庆九，霍仕平，张芳魁，等，2013. 阴湿环境对玉米杂交种生长发育特性的影响［J］. 应用生态学报，24（12）：3479－3486.

杨海龙，付俊，张丽丽，等，2017. 积温在玉米熟期分类上的应用［J］. 农业科技通讯（5）：177－178.

杨双，韩晓日，2015. 玉米碳代谢关键酶活性的遗传分析［J］. 核农学报，29（8）：1455－1463.

张超男，赵会杰，王俊忠，等，2008. 不同施肥方式对夏玉米碳水化合物代谢关键酶活性的影响［J］. 植物营养与肥料学报，14（1）：54－58.

张晶晶，2014. 浅析温度对玉米产质量的影响［J］. 科技致富向导（5）：46－47.

张军旗，2017. 有效积温数值在玉米选育生产上的修订与应用［J］. 现代农业（10）：190－191.

张曼丽，2019. 基因与环境对玉米碳氮代谢的影响［J］. 农业科技与装备（1）：3－5.

张倩，张洪生，姜雯，等，2013. 种植方式与密度对夏玉米碳、氮代谢和氮利用效率的影响［J］. 华北农学报，28（5）：224－230.

张世煌，石德权，徐家舜，等，1995. 对两个亚热带优质蛋白玉米群体的适应性混合选择研究Ⅰ［J］. 作物学报，21（3）：271－280.

张兴端，霍世平，李求文，等，2006. 海拔高度对武陵山区玉米品种生育期和产量的影响［J］. 玉米科学，14（3）：99－101，106.

张友君，袁永召，张新柱，2014. 武陵山区不同海拔高度春玉米最适播种期研究［J］. 现代农业科技（20）：21－22，24.

张运慈，李月霞，2014. 玉米生长发育和环境的关系［J］. 现代农业科技（2）：87－88.

张智胜，彭新湘，2016. 光呼吸的功能及其平衡调控［J］. 植物生理学报，52（11）：1692－1702.

赵俊姣，钟婷婷，张晔，2017. 积温对玉米生长发育和产量形成的影响分析［J］. 乡村科技（1）：57－58.

赵永翔，2015. 清中期秦巴山区玉米种植及其影响［J］. 华中农业大学学报（社会科学版）（2）：133－140.

郑洪建，董树亭，王空军，等，2009. 生态因素对玉米籽粒发育影响及调控的研究［J］. 玉米科学，9（1）：69－73.

周卫霞，董朋飞，王秀萍，等，2013. 弱光胁迫对不同基因型玉米籽粒发育和碳氮代谢的影响［J］. 作物学报，39（10）：1826－1834.

周武岐，陈占廷，1998. 玉米杂交种子生产与营销［M］. 北京：中国农业出版社.

朱凤娟，邱正明，聂启军，等，2014. 鄂西山区不同海拔与播期对甜玉米生长的影响［J］. 湖北农业科学，53（5）：1069－1072.

左照江，朱晔荣，白艳玲，等，2010. 光呼吸途径中两种转氨酶的研究进展［J］. 植物生理学通讯，46（8）：767－772.

BOLDT R，EDNER C，KOLUKISAOGLU U，et al.，2005. D-Glycerate 3－kinase，the last unknown enzyme in the photorespiratory cycle in Arabidopsis，belongs to a novel kinase family［J］. Plant Cell，17：2413－2420.

BUSCH F A，SAGE R F，FARQUHAR G D，2018. Plants increase CO_2 uptake by assimilating nitrogen via the photorespiratory pathway［J］. Nat Plant，4：46－54.

CARNAL N W，AGOSTINO A，HATCH M D，1993. Photosynthesis in phosphoenolpyruvate carboxykinase－type C_4 plants：mechanism and regulation of C_4 acid decarboxylation in bundle sheath cells［J］. Arch

Biochem Biophys, 306: 360 - 367.

CHRIS R S, 2001. An early Arabidopsis demonstration. Resolving a few issues concerning photorespiration [J]. Plant Physiology, 125: 20 - 24.

FRESCHI L, RODRIGUES M A, TINÉ M A S, et al., 2010. Correlation between citric acid and nitrate metabolisms during CAM cycle in the atmospheric bromeliad Tillandsia pohliana [J]. J Plant Physiol, 167: 1577 - 1583.

HODGES M, DELLERO Y, KEECH O, et al., 2016. Perspectives for a better understanding of the metabolic integration of photorespiration within a complex plant primary metabolism network [J]. J Exp Bot, 67: 3015 - 3026.

IGARASHI D, TSUCHIDA H, MIYAO M, et al., 2006. Glutamate: glyoxylate aminotransferase modulates amino acid content during photorespiration [J]. Plant Physiol, 142 (3): 901 - 910.

LACUESTA M, DEVER L V, MUNOZ - RUEDA A, et al., 1997. A study of photorespiratory ammonia production in the C_4 plant Amaranthus edulis, using mutants with altered photosynthetic capacities [J]. Physiologia Plantarum, 99: 447 - 455.

LEEGOOD R C, OSMOND C B, 1990. The flux of metabolites in C_4 and CAM plants. In: Dennis D T, Turpin D H, eds. Plant Physiology, Biochemistry and Molecular Biology. Essex [M]. UK: Longman Scientific & Technical, 274 - 298.

MOORE P D, 1994. High hopes for C_4 plants [J]. Nature, 367: 322 - 323.

PICK T R, BRÄUTIGAM A, SCHULZ M A, et al., 2013. PLGG1, a plastidic glycolate glycerate transporter, is required for photorespiration and defines a unique class of metabolite transporters [J]. Proc Natl Acad Sci USA, 110: 3185 - 3190.

TAIZ L, ZEIGER E, 2010. Plant Physiology (5th ed) [M]. Sunderland: Sinauer Associates, MA.

TRUSZKIEWICZ W, PASZKOWSKI A, 2005. Some structural properties of plant serine: glyoxylate aminotransferase [J]. Acta Biochim Pol, 52 (2): 527 - 534.

VOLL L M, JAMAI A, RENNÉ P, et al., 2006. The photorespiratory Arabidopsis shm1 mutant is deficient in SHM1 [J]. Plant Physiol, 140: 59 - 66.

WHITNEY S M, VON CAEMMERER S, HUDSON G S, et al., 1999. Directed mutation of the Rubisco large subunit of tobacco influences photorespiration and growth [J]. Plant Physiol, 121: 579 - 588.

WINGLER A, WALKER R P, CHEN Z H, et al., 1999. Phosphoenolpyruvate carboxykinase is involved in the decarboxylation of aspartate in the bundle sheath of maize [J]. Plant Physiol, 120: 539 - 546.

XIE X J, HUANG A Y, GU W H, et al., 2016. Photorespiration participates in the assimilation of acetate in Chlorella sorokiniana under high light [J]. New Phytol, 209: 987 - 998.

YUAN H M, LIU W C, LU Y T, 2017. CATALASE2 coordinates SA-mediated repression of both auxin accumulation and JA biosynthesis in plant defenses [J]. Cell Host Microbe, 21: 143 - 155.

ZELITCH I, SCHULTES N P, PETERSON R B, et al., 2009. High glycolate oxidase activity is required for survival of maize in normal air [J]. Plant Physiol, 149: 195 - 204.

第三章
秦巴山玉米栽培

第一节　鄂西山区玉米栽培

鄂西山区区域范围在东经112°以西，包括恩施自治州全州、十堰市所有县市、神农架林区及宜昌市的夷陵、宜都、长阳、五峰、秭归、兴山、远安和襄阳市的南漳、保康、谷城等25个县（市、区），海拔700～2000 m，耕地面积1500万亩。鄂西山地玉米区常年玉米种植面积490万亩左右，占全省玉米种植面积的50%以上，是湖北省的传统玉米主产区，面积相对稳定。本区域以春播玉米为主，部分低山区种植有少量的夏播玉米。

本区大山众多，地势高耸，随着海拔高度的变化，形成显著的立体气候特点，成为不同的生态带。海拔500 m以下的河谷地区，年均气温15～18 ℃，≥10 ℃积温4500 ℃·d以上，年降水量800～1000 mm，土壤以黄棕壤为主，植被为常绿阔叶林。该区域小斑病、病毒病重，6月中下旬风灾频繁，气温较高，常有伏旱和秋旱。种植的品种要求中早熟，紧凑、抗倒、抗病毒病及小斑病。500～800 m的低山地区，年均气温12～15 ℃，≥10 ℃积温3800～4900 ℃·d，年降水量900～1200 mm。土壤以黄棕壤为主，植被为常绿阔叶林。该区玉米小斑病、纹枯病、茎腐病较重，6月中下旬及7月上旬干旱及强对流天气频繁。虽降水量不少，但在玉米生长期间分布不均匀，常有伏旱。种植的玉米品种要求中早熟，抗茎腐病、小斑病，抗倒性强，耐高温干旱。800～1200 m的二高山地区，年均气温9～14 ℃，≥10 ℃积温3200～4300 ℃·d，年降水量1000～1500 mm，土壤以黄棕壤为主，植被为常绿阔叶林、落叶阔叶林兼有。该区域玉米大斑病、纹枯病、锈病、穗粒腐病较重，生育前期易遭遇低温冷害，抽雄期易遭遇干旱或冰雹、大风等天气，灌浆期易遭遇低温寡照或秋寒等恶劣天气。种植的玉米品种要求苗期耐冷性强，抽雄期耐旱及抗倒性强，株型较紧凑，抗大斑病、纹枯病、锈病、穗粒腐病、灰斑病等多种病害，籽粒灌浆速率快，后期植株耐寒性强。该生态带无霜期较长，宜种植偏晚熟高产品种以充分利用有利的光温条件。1200 m以上的高山区，年均气温7～9 ℃，≥10 ℃积温2000～3200 ℃·d，年降水量1200～1700 mm，属温带气候，土壤以山地黄棕壤为主，植被为落叶阔叶林、针叶林兼有。该区玉米大斑病、茎腐病、纹枯病、穗粒腐病较重，玉米生育前期易遭低温冷害，抽雄期易遭遇冰雹、大风、暴雨等天气，灌浆期易遭遇秋寒等恶劣天气，种植的玉米品种要求熟期早，前期耐冷性好，抽雄期抗倒性好，中后期灌浆速度快，耐寒性强，高抗大斑病、穗粒腐病，抗纹枯病。

一、常规栽培

（一）选茬和整地

鄂西山区玉米种植以春播为主，也有部分夏播。从年内的茬口关系看，旱作玉米可以接小麦茬，也可接油菜茬等。既可播前整地，也可免耕直播，秸秆还田。

1. 选茬　王沛（1999）介绍，玉米茬是“温和”茬，略增产，可以重茬、连作，对其他作物无副作用。玉米所以能够重茬连作是因为玉米重茬后的产量递减率低，甚至感观无法察觉。当然玉米轮作也好于连作，由于玉米为我国主要粮食作物，其播种面积很大，在具体生产田块中很难实现轮作计划，故经常出现重茬连作现象。由于用增加后作施肥办法来提高产量，玉米连作产量递减率低（－4.6%）所造成的微不足道的减产就被掩盖和忽视了。

冯士龙（2016）介绍，玉米对茬口的要求虽不十分严格，但在茬口上最好选择大豆、马铃薯、油菜等肥力较高的前茬。大豆茬是“红茬”“肥茬”“好茬”，后作增产明显。

纪成（2016）介绍豆茬小麦比重茬小麦增产20%以上，豆茬玉米比谷茬玉米增产13%，豆茬谷子比玉米茬谷子增产9%，因此，大豆茬也被称为“肥茬”。而高粱茬、谷子茬、草木樨茬则是“白茬”“瘦茬”“坏茬”，后作减产幅度在10%以上。同时，禁止选用前茬应用磺酰脲类、咪唑啉酮类除草剂的茬口，如豆磺隆系列、普施特系列、绿磺隆等，以免发生药害，造成不必要的损失。

鄂西山区玉米的前茬主要有两种形式，一是春季种植水稻、大豆、玉米等作物，秋天收获后不再种植作物，白茬养地，第二年春季种植玉米。水稻、玉米轮作可改良土壤结构，减少病虫杂草。玉米是中耕作物，与水稻轮作，使土壤改变了长期淹水状态，大孔隙率提高，通透条件改善，还能减少病虫杂草。像稗草之类的伴生杂草，在水稻连作时很难消灭，通过与玉米轮作便能大大减少。玉米大豆十分适合轮作，禾谷类作物能够吸收较多的氮和硅，对钙吸收较少。豆科作物可以吸收大量的钙物质，只能吸收少量的硅元素。选择玉米作前茬，最好调换品种进行种植，以免病害的发生。二是秋冬季种植马铃薯、油菜、小麦等作物，实行马铃薯、油菜、小麦等作物和玉米连作，马铃薯等作物收后及时播种玉米。

2. 选地　玉米适应性较强，对土壤的要求并不十分严格，但具有需水、需肥量大、耐涝性较弱的特点。宜选用地势平坦、土层深厚、土质疏松，肥力中等以上，保肥保水能力较强，茬口好的地块。切忌选用沙土地、瘠薄地、洼地、涝地等地块种植。有机质和速效养分含量相对较高，渗水与保水性能好、pH 值 6.5～7.0 为佳。具体要求是：

（1）地势较平坦　有利于全程机械化，以利精细整地、施肥、播种、田管、收获等工序操作。

（2）土层深厚　玉米根系虽然入土较深，但吸收水肥力强的根系主要分布在表层 33 cm 以内的土壤中。要使玉米有个发育良好活力较强的根系，要求有效土层深厚、松软、肥沃、均匀。整个土层厚度，要求保持在 50 cm 以上，耕作层的熟土层在 20～33 cm 为佳。

（3）土壤肥力较高　玉米根系发达，长势旺盛，植株高大，而且具有喜温、好气、耐肥的特点，要求土壤肥力和施肥水平较高，一般要土壤肥力中等以上。

（4）茬口要好　玉米选择茬口的好坏直接影响其增产效果，要选肥茬，如豆类、小麦、油菜茬口等，土壤肥力高，而非甜菜、向日葵等。

3. 整地　向发洪等（2010）介绍，精细整地可以减少水分蒸发，保住底墒，是冬季及早春整地技术的关键。根据土壤墒情和耙地时间，确定耙深。一般轻耙为 8～10 cm，重耙为 12～15 cm。耙耢后达到上虚下实、耙平、耙碎、耙透、耕层内无大土块，耕层内直径为 5～10 cm 的土块不超过 5 个/m^2，沿播种垂直方向，在 4 m 宽的地面高低差不超过 3 cm，不漏耙、不拖堆。冬季及早春耢、耙、压是保墒保苗的有效措施。在年前冻融交替时期，进行拖、耢整地，目的是拖平地表缝隙，减少土壤水分蒸发，将细土填入地表缝隙。地表被细碎的土覆盖，一般可使表层土壤湿度增加 3%～5%。

李胜兰（2016）介绍，玉米在我国有广泛的种植基础，在玉米的种植过程中，整地是一个十分重要的环节。土壤质量对于玉米生长影响至深，优质的土壤环境是玉米高产稳产的基础。所以在玉米种植过程中必须要重视整地工作，认真把细节落实到位，确保玉米有良好的生长环境，为高产优质打下坚实的基础。

梁玉红等（2020）介绍，整地过程要采用大犁结合浅翻深松犁开展整地，确保深松 40 cm 左右，此外在实际操作中实施三区套耕作业，可以有效防止开闭垄现象的发生。此外，假如条件充分，农户还应该用合墒器开展耕地，从 35°～45°的角度着手，大概 18 cm 的深度、仔细处理土壤、确保地面整齐。要求直径大于 5 cm 的土块不可以超过 3 个，禁止出现湿整地，要把地面杂草整理完。最后，在耕地过程中需要采用先犁平后耙地的措施，以此来保证畦沟平整，节省玉米的栽培成本。

（1）春玉米整地　春玉米整地一般在前茬作物收获后要及时灭茬，深耕翻土，利用冬季降雪，低温冻凌土壤，经过冻融作用还可使土壤变松，改善土壤结构。耕翻宜早不宜晚，但在土壤黏重或秋雨多的低洼潮湿地，土壤耕性差，不宜耕作，也可在早春进行耕地。高产玉米地耕深应达到 25～35 cm。对于前茬腾地晚、来不及进行冬前耕翻的春玉米地，要尽早春耕。在 3 月底 4 月初播前耕耙整地，破碎大的土块，疏松表土，平整地面，以减少水分蒸发。一般分平作和垄作。平作要求整地要平、土壤要细、耕作层要深，一般要厢沟围沟配套，为了排渍，间隔 3 m 左右开一厢沟，沟深 30～40 cm。垄作要求垄宽 70 ~ 90 cm，垄高 25 ~ 35 cm，开沟深浅一致，垄幅均匀，垄沟端直。

（2）夏玉米整地　夏玉米在前茬作物收获后，争取时间早播种是高产的关键。一般不要求深耕，因这段时间农作时间很短，如深耕后，土壤沉实时间短，播种出苗遇雨土壤塌陷，或土壤表面板结，出不了苗，易引起倒伏及断根，深耕后土壤蓄水多，遇雨不能及时排除，容易发生涝害，发生黄苗、紫苗现象，造成减产。因此，夏玉米耕地深度宜浅，以 15 ~ 20 cm 为宜，或铁茬播种，出苗后中耕灭茬。

（3）免耕　杨家利（2011）介绍，玉米免耕栽培技术就是在播种前对耕地表面不进行旋耕、犁耕、耙耱、镇压和清理秸秆、杂草等处理，直接进行播种。它具有省工、省力、省种、省肥、降低成本，保墒播种，有利于全苗的特点。玉米免耕栽培技术，施肥可与播种同时进行，不进行中耕，收获后秸秆可粉碎留在地表，防止土壤水土流失；用专用播种机在狭小的行距上进行精准播种，施用长效缓释复合肥，播种以外不再进行犁耙中耕管理，用除草剂控制杂草，保障玉米正常生长。

赵春永等（2018）介绍，玉米免耕种植技术的内容不仅局限于免耕播种，还包括秸秆处理、化学除草、机械深松、肥料运筹以及病虫害综合防治等方面的工作。玉米免耕种植技术是一项较为先进的农作体系，它适用于现代农业技术、简化栽培技术以及生态需要等各方面的要求。早在 20 世纪 70、80 年代，国外的发达国家就已经大面积应用该项技术，随着科技的进步，我国的玉米种子质量、农业机械化水平以及耕作栽培技术都已经得到了较大的提高，玉米免耕技术正在不断地发展完善。

高松（2018）介绍，近年来，随着科技的进步及市场经济的不断推进，促进了农业产业结构的不断调整，农业的生产方式也发生了巨大的改变。在玉米种植技术方面，免耕技术是比较突出的变革之一。免耕技术是保护性耕作的重要组成部分，其较传统的耕作方式而言，有着许多明显的优势，但也有一些不足，并非所有的地块都适合免耕技术，如果不结合实际情况，科学采用此技术，反而达不到提高产量和品质的目的。

玉米免耕种植技术应满足以下几个条件：一是温度要达到播种条件。播种时气温要稳定通过 10 ℃，土壤表层 5 cm 深处地温稳定在 12 ℃，以便达到种子发芽的要求。早春温度低，不适宜免耕，宜采用少耕，夏季温度高更适宜免耕。二是土壤水分要满足出苗要求。土壤墒情要满足种子萌发和幼苗生长的需求，一般来讲土壤水分应达到田间土壤持水量的 60% ~70% 。三是土层深厚，土质较为疏松，土壤渗水性强，容重变化小，土壤比较肥沃，有机质丰富、酸碱度平衡等，适宜采用免耕。四是免耕要求地表覆盖达到三个“三”，即：30% 秸秆量或 1/3 秸秆留高茬、30% 秸秆覆盖率。在作物收获时，留高茬 20 cm 以上，可以达到 25% ~30% 的覆盖率。

①春玉米免耕直播　李英（2010）介绍了通过研究春玉米免耕播种时播深和播量对出苗、生长及产量的影响，发现春玉米免耕播种以 5 cm 播深和 2. 5 kg/亩播量为宜，且播种时播深和播量应根据土壤墒情适当增减。

于丽（2016）介绍了免耕直播省去了整地作业，节省了作业费，播种期提前，比常规平播提前 1 ~2 d。若遇阴雨天，免耕更会体现争时的增产效应。由于免去了秸秆清理环节，还能减少人工成本，约 100 元/亩。同时，避免了因焚烧秸秆引起大气污染以及火灾隐患。

洪波（2016）介绍了鄂西山区玉米免耕高产栽培技术。山区玉米推广免耕技术可有效缓解劳动力缺失等问题，同时还能协调土壤水、肥、气、热供应，提高土壤保水、保肥、保温能力，玉米生长快、苗情好，有利于争取高产。

播种前 12 d 左右要选用高效、安全的除草剂进行喷洒。坚持使用多草重喷，喷光小草或人工拔除的原则。

想要实现玉米高产的目的，必须要提高玉米播种质量。可以用开沟点播或按需开孔点播方法播种，播种时正确把握好种、肥的量和间距，保证 3 ~4 cm 的播深，间距要控制在 60 cm 左右，每孔 2 ~3 粒种子。播种时位置要一致、整齐，行路要直，要做到“每行的间距相一致、深度相一致”，以避免漏播和重复播种。播种时可采用单行或双行播种，采用单行单株播种时，两行之间的距离为 70 cm；双行单株播种时，大行之间的距离为 80 cm，小行之间的距离为 40 cm；根据品种特性调节株距在 17 ~30 cm，控制密度在 3300 ~4000 株/亩。

②夏玉米麦茬免耕直播　夏播玉米，季节紧张，加之伏天易出现雨涝或干旱，下雨不利于耕翻整地，干旱翻耕整地易损失土壤水分；因此，可因地制宜推广免耕栽培。免耕栽培既有利于抢季节，适时播种，又能抗御雨涝或干旱灾害，提高播种质量。据湖北省现代农业展示中心 2006—2008 年夏季免耕与翻耕栽培试验示范结果，免耕栽培不但能够充分利用耕作层水分，而且还能减少灌溉浇水渗透损失，使根系与水土迅速、密切结合，提高田间保苗率，免耕栽培田间存活率达到 99%，比翻耕栽培提高 5 ~8 个百分点，且幼苗生长整齐。要提高夏玉米免耕栽培质量还需要有配套的小麦收割机、麦秸处理及玉米免耕播种机等配套农用机械。

小麦收获后要及时对麦秸和麦茬进行处理，否则会对夏玉米播种质量及幼苗的生长产生不良影响。小麦收割时要尽可能选用装有秸秆粉碎和抛撒装置的小麦联合收割机，将粉碎后的麦秸均匀抛撒在地表，形成覆盖。另外，小麦机械收获时留茬高度不宜过高，一般应控制在 20 cm 以下，留茬过高，遮光会严重影响玉米幼苗的生长发育，植株长势弱，容易形成高脚苗，抗倒伏能力降低。因此，对留茬较高的地块，可以在播种前用灭茬机械先进行一次灭茬作业，然后再播种玉米。也可在玉米播种时选用带有灭茬功能的免耕播种机，一次性完成秸秆粉碎、灭茬和玉米播种等多项作业。

免耕直播麦秸和残茬处理完后直接在厢面上定距打洞播种，然后喷施玉米专用除草剂。待玉米出苗后，用中耕器对地面及厢沟进行中耕松土和施肥。

麦收后应抢时早播，争取在 6 月 5 日前完成播种，最迟不宜迟于在 6 月 10 日。播种规格可采用 60 cm 等行距或 80 cm ×40 cm 宽窄行种植方式。播种时可采用点播器单粒或双粒点播，尽量做到播深一致。在有条件的地方，可选用单粒精量免耕播种机进行精量播种，可同时完成开沟、播种、施肥、覆土、镇压等一系列工序。采用单粒精量免耕播种机播种，保证了出苗一致，且苗间竞争小，幼苗生长一致，可做到苗全、苗齐、苗壮，免去了后续的间苗和定苗工作，高效、省工、省时。利用单粒精量免耕播种机播种时要注意控制好播种速度，一般不超过 4 km/h，以防漏播或重播，保证播种质量。播种后视土壤墒情浇“蒙头水”，以保证正常出苗。

（4）秸秆还田　秸秆还田使秸秆中的有机质得到充分地利用，避免了长期以来大量焚烧秸秆而造成的环境污染，有利于生态农业和环保农业的发展。因此，农作物秸秆还田技术作为环保农业的一项重要技术，是目前国家重点推广实施的农业新技术之一。

胡发龙等（2015）利用带状建立免耕立茬（NTSSI）、免耕秸秆覆盖（NTSI）、少耕秸秆翻压（TISI）和传统收割（CTI）4 种处理，研究不同耕作和秸秆覆盖处理下土壤呼吸与作物耗水状况。研究得出，在间作中集成应用带状耕作和秸秆覆盖能有效降低系统耗水总量、增加产量、提高水分利用效率，与传统收割处理（CTI）相比，免耕秸秆覆盖处理（NTSI）平均减少耗水量达 4. 1%，增产 29. 7%，水分利用效率提高 15. 6%。最后，小麦间作玉米与保护性耕作结合，并集成应用带状耕作及秸秆覆盖技术可使系统的产量、碳排放和耗水得到有效协调，能促进耗水更多转化为作物产量并降低在该转化过程中产生的碳排放，实现碳减排与水分高效利用的协同促进。

目前秸秆和有机肥还田已成为提高土壤肥力的重要手段。黄涛等（2013）研究发现，与传统碳氮处理相比，基于 N_{min} 测试法的优化碳氮处理和平衡氮素的碳氮处理能够分别节省 52. 7% ~53. 8% 和 48. 2% ~70. 4% 的氮肥用量；而且优化和平衡处理能够将大部分时期的 0 ~1 m 土壤硝态氮累积量控制在 100 kgN/hm^2 以内，而传统碳氮处理的 0 ~1 m 土层硝态氮累积量一直在 200 kgN/hm^2 以上，最高可达 456. 7 kgN/hm^2，其淋洗风险远远大于优化处理和平衡处理；施有机肥的平衡处理的土壤 CO_2 排放最高，分别达 3844. 3 gC/m^2 和 4642. 3 gC/m^2；秸秆还田和有机肥还田能够增加土壤 CO_2 排放，也能增加土层有机碳的含量，培肥土壤。

（二）选用良种

种子是农业的芯片，是农业增产、粮食安全的重要保障。纵观世界各国农业的历史经验，都把种子放在突出位置。推广应用良种是提高产量的最经济、最有效的手段之一。良种在农业丰产的所有因素中贡献是最大的。据联合国粮农组织分析，近几十年来，在全球农作物单产提高中良种的贡献率达 25%，而发达国家良种贡献率达 50% ~60%。选用优良品种一般遵循以下几个原则：

一是选用审定品种。中国拥有健全、科学严谨的品种审定制度，品种审定之前，在不同地区、不同生态条件下经过多年多点区域试验，经有关专家评定后准予推广种植，经过审定的品种，都是安全可靠的。所以在购买种子时，不是审定的品种，不能购买用于生产。

二是选用抗逆性强的品种。抗逆性对于玉米来说主要表现抗病虫及抗倒能力。各方面都好的品种，抗病能力和抗倒能力差，易感染常见的几种病害，也是不能使用。鄂西山区气候复杂多样，灾害性气候频发，冰雹、狂风暴雨等极端天气经常发生，病害种类繁多，近年来茎腐病、大斑病、灰斑病、白斑病等多种病害肆虐。一旦发生了极端气候，就会导致玉米倒伏，某些病害大面积发生，轻则减产重则绝收。所以在选种时，应将品种的抗逆性，放在首位来考虑。

三是选用与当地气候、生产条件相适应的品种。品种都有一定地域性和适应性，例如某一品种在甲地表现良好，而到乙地表现一般，这个品种就不能引种到乙地。因此，在选择品种时，要将该品种需要的条件与当地的条件相对照，基本一致时才能引种。

四是选用高质量种子。种子纯度不低于98.0%，净度不低于98.0%，发芽率不低于90.0%，含水量不高于14.0%。玉米品种纯度的高低和质量的好坏直接影响到玉米产量的高低，玉米一级种子（纯度98%）的纯度每下降1%，其产量就会下降0.61%。选用高质量品种是实现玉米高产的有力保证。优质的种子包装袋为一次封口，有种子公司的名称和详细的地址、电话；种子标签注明的生产日期、纯度净度、水分、芽率明确；种子的形状、大小和色泽整齐一致。最重要的是注意种子包装袋上省审或国审品种的适宜种植范围是否包括当地这个地区。

目前审定的品种很多，市场上销售的品种也很多，经过多年生产应用，谨介绍以下部分优良品种供参考选择。

1. 鄂玉16

品种来源：十堰市农业科学院用Y8G61－512作母本、美22作父本配组育成的杂交玉米品种，主要选育人为刘永忠、谭建国、徐尚忠、吴承国、周刚、徐涛、庹洪章、李永学等。2002年通过湖北省审定，品种审定编号为鄂审玉001－2002；2005年通过国家审定，品种审定编号为国审玉2005025。

生育期：湖北山区全生育期140 d，比对照鄂玉10号长4 d。在西南其他地区出苗至成熟115～118 d。比对照农大108早1 d左右，中熟品种。

特征特性；株型半紧凑，幼苗叶鞘浅紫色，株高273.3 cm，穗位高121.3 cm，茎粗2.1 cm，主茎叶片19.9片，穗上叶较窄，植株健壮，根系发达。雄穗较大，分枝数较多，一般为23～25个，花粉量大，护颖及花药浅紫色，花丝青白色。果穗长锥形，穗长19 cm，穗粗4.8 cm，穗行数为15.2行，行粒数为39.2粒，千粒重为305.1 g，出籽率为85.15%，籽粒为黄色，中间形，穗轴为红色。

品质：经农业部谷物品质监督检验中心（哈尔滨）测定，籽粒容重760 g/L，粗蛋白含量10.12%，粗脂肪含量5.39%，粗淀粉含量72.41%，赖氨酸含量0.27%。

抗性表现：大斑病1级，小斑病1级，青枯病发病率2.5%。经四川省农业科学院植物保护研究所两年接种鉴定，中抗大斑病、小斑病、茎腐病、纹枯病和玉米螟，感丝黑穗病。

产量水平：1999—2000 年参加湖北省山区组品种区域试验，平均单产量 10388.2 kg/hm^2，比对照种鄂玉 10 号增产 2.38%。2003—2004 年参加西南玉米组区域试验，41 点次增产，9 点次减产，平均亩产 596.2 kg，比对照农大 108 增产 8.76%；2004 年参加生产试验，平均亩产 552.4 kg，比对照平均增产 6.82%。

适宜种植地区：湖北、湖南、四川、重庆、云南、贵州、广西等地种植。

推广：在西南地区已累计推广 600 多万亩，出口孟加拉国等中南亚国家种植 50 万亩。

2. 鄂玉 25

品种来源：十堰市农业科学院用 HZ111 作母本、美 C 作父本配组育成的杂交玉米品种。主要选育人为刘永忠、徐尚忠、周刚、徐涛、庹洪章、李永学、吴承国、何邦兴等。2005 年通过湖北省审定，品种审定编号为鄂审玉 2005004；2006 年通过国家审定，品种审定编号为国审玉 2006048。

生育期：在湖北省二高山地区春播全生育期 141 d，在武陵山区出苗至成熟 127.7 d，比对照农大 108 晚熟 3.4 d，中晚熟品种。

特征特性：株高 272.4 cm，穗位 114.5 cm，主茎总叶片数 20 片。幼苗叶鞘绿色，雄穗中等，花粉量大，花药黄色，花丝青色。果穗锥形，穗长 18.9 cm，穗行 16.1 行，穗粗 4.9 cm，行粒 39 粒，穗轴红色，籽粒黄色，中间型，千粒重 299 g。出籽率为 85.6%，籽粒黄色，中间型，穗轴红色，籽粒外观品质优。

品质：经农业部谷物品质监督检验测试中心（北京）测定，籽粒容重为 780 g/L，粗蛋白 9.09%，粗脂肪含量 4.48%，粗淀粉含量 72.4%，赖氨酸含量 0.33%。

抗性表现：大斑病 1 级，小斑病 1 级，青枯病发病率 4.7%，纹枯病病指为 16.9，未发现丝黑穗病，耐旱性强，抗倒性强。经四川省农业科学院植物保护研究所两年接种鉴定，中抗大斑病、小斑病、茎腐病、纹枯病，抗玉米螟，感丝黑穗。

产量水平：2003—2004 年参加湖北省山区组品种区域试验，平均亩产 586.80 kg，比对照（鄂玉 10 号）增产 10.29%，增产极显著，居第一位。2004—2005 年武陵山区国家玉米品种区域试验，两年平均亩产 549.00 kg，比对照（农大 108）增产 9.2%。2005 年参加武陵山区国家玉米品种生产试验，平均亩产 557.98 kg，比对照（农大 108）增产 13.5%，居第 1 位。

适宜种植地区：适宜在湖北、湖南、贵州的武陵山区种植，注意防止倒伏和防治丝黑穗病。

推广：在西南地区已累计推广 800 多万亩。

3. 双玉 919

品种来源：华中农业大学用 O244 作母本、O442 作父本配组育成的杂交玉米品种。主要选育人为刘永忠、徐尚忠、马克军等。2012 年通过湖北省审定，品种审定编号为鄂审玉 2012005。

生育期：该品种为晚熟品种，生育期 137 d。

特征特性：幼苗叶鞘浅紫色，成株穗上叶上冲，叶片窄、短；株型半紧凑，株高 320 cm，穗位高 142 cm。雄穗分枝数 13 ~ 17 个，花柱、花药、颖壳均为浅紫色。果穗较粗、筒形，苞叶略短，穗长 18.5 cm，穗粗 5.6 cm，秃尖长 1.2 cm，穗行数 17.2，行粒数 36.3；穗轴红色，籽粒黄色、半马齿型，百粒重 36.2 g，干穗出籽率 85.6%。

品质：经农业部谷物品质监督检验测试中心测定，容重 774 g/L，粗蛋白（干基）含量 10.01%，粗淀粉（干基）含量 74.68%。

抗性表现：田间大斑病 1 级，小斑病 1 级，茎腐病病株率 8.5%，锈病 1.0 级，穗腐病 1 级，纹枯病病指 16.2，9 级病株率 0.2%。田间倒伏（折）率 7.4%，空秆率 1.1%。

产量水平：2010—2011 年参加湖北省玉米二高山组品种区域试验，两年区域试验平均亩产 712.67 kg，比对照（鄂玉 25）增产 13.41%。其中，2010 年亩产 707.62 kg，比对照（鄂玉 25）增产 15.43%；2011 年亩产 717.72 kg，比对照（鄂玉 25）增产 11.49%。

适宜范围：适于湖北省二高山地区作春玉米种植。

推广：已累计推广 500 多万亩。

4. 华玉 11

品种来源：华中农业大学用 Q736 作母本，Q1 作父本配组育成的杂交玉米品种。主要选育人为刘永忠、徐尚忠、马克军等。2012 年通过湖北省审定，品种审定编号为鄂审玉 2012003。2018 年通过四川省审定，品种审定编号为川审玉 20180007。2019 年通过国家农作物品种审定委员会审定，品种审定编号为国审玉 20190403。

生育期：该品种为晚熟品种，西南山区春播生育期 139 d。西南青贮玉米组出苗至收获期 109 d，比对照雅玉青贮 8 号早熟 0.9 d。

特征特性：幼苗叶鞘浅紫色，大喇叭口后期茎秆较软；成株植株清秀，穗位上部节间较长，呈明显“之”字形，穗上叶短而窄。株型半紧凑，株高 336 cm，穗位高 146 cm，株高穗位偏高。雄穗分枝数 13 ~ 19 个，花药、颖壳浅紫色，花柱浅绿色。果穗筒形，苞叶适中，穗长 18.4 cm，穗粗 5.3 cm，秃尖长 0.3 cm，穗行数 14.7，行粒数 34.8；穗轴红色，籽粒黄色、马齿型，部分籽粒有白顶，百粒重 42.2 g，干穗出籽率 86.7%。

品质：饲料玉米品质经农业部谷物品质监督检验测试中心测定，容重 748 g/L，粗蛋白（干基）含量 10.49%，粗淀粉（干基）含量 73.75%。青贮玉米品质分析，全株粗蛋白含量 8.29%，淀粉含量 32.44%，中性洗涤纤维含量 37.76%，酸性洗涤纤维含量 16.28%。

抗性表现：田间大斑病 1 级，小斑病 1 级，茎腐病病株率 1.6%，锈病 1 级，穗腐病 1 级，纹枯病病指 12.6。空秆率 1.6%，田间倒伏（折）率 3.0%。接种鉴定，抗灰斑病，中抗大斑病、茎腐病、纹枯病、南方锈病，感小斑病。

产量水平：2010—2011 年参加湖北省玉米二高山组品种区域试验，两年区域试验平均亩产 706. 25 kg，比对照（鄂玉 25）增产 12. 39%。其中，2010 年亩产 707. 81 kg，比对照（鄂玉 25）增产 15. 46%；2011 年亩产 704. 69 kg，比对照（鄂玉 25）增产 9. 47%。2016 年参加四川省玉米山区组区试，平均亩产 665. 6 kg，比对照（荃玉 9 号）增产 13. 4%；2017 年续试平均亩产 620. 5 kg，比对照（荃玉 9 号）增产 12. 4%；两年区试平均亩产 643. 1 kg，比对照（荃玉 9 号）增产 12. 9%。2017—2018 年参加西南青贮玉米组区域试验，两年平均亩产（干重）1274. 5 kg，两年平均亩产（鲜重）3575. 6 kg，比对照（雅玉青贮 8 号）增产 11. 12%。2018 年生产试验，平均亩产（干重）1402. 3kg，平均亩产（鲜重）4030. 8kg，比对照（雅玉青贮 8 号）增产 14. 83%。

适宜范围：适于湖北省二高山地区作春玉米种植。

推广：已累计推广 1300 多万亩。

5. 郧单 20

品种来源：十堰市农业科学院用 WD01 作母本，T259 作父本配组育成的杂交玉米品种。主要选育人为周刚、王业红、周华平、李永学、谭建国、吴承国、吴平华、唐余成、陈光勇等。2016 年通过湖北省农作物品种审定委员会审定，品种审定编号为鄂审玉 2016005。

生育期：该品种为晚熟品种，生育期 134 d。

特征特性：郧单 20 株型平展，株高 327. 8 cm、穗位高 155. 6 cm，植株叶片 20～21 片，穗位以上叶片 6 片，雄穗分枝 16～18 个，花丝紫色，颖壳绿色，花药黄色。筒形果穗、红轴、马齿型、黄粒。果穗长 18. 5 cm，粗 5. 3 cm，秃尖长 1. 9 cm；穗行 20. 4 行，每行 36 粒，千粒重 288. 4 g，干穗出籽率 86. 98%。

品质：经农业部谷物品质监督检验测试中心（武汉）检验，容重 760 g/L，粗蛋白（干基）11. 57%，粗脂肪（干基）4. 42%，粗淀粉（干基）70. 92%。

抗性表现：田间大斑病 1 级，小斑病 1 级，灰斑病 1 级，纹枯病 9 级病株率 0. 3%，茎腐病 2. 7%，穗腐病 1 级。倒伏率 1. 3%，折断率 1. 1%。

产量水平：2013—2014 年参加湖北省玉米二高山组品种区域试验，两年区域试验平均亩产 672. 79 kg，比对照（鄂玉 25）增产 10. 41%。其中，2013 年亩产 651. 98 kg，比对照（鄂玉 25）增产 6. 95%；2014 年亩产 694. 44 kg，比对照（鄂玉 25）增产 13. 86%。2015 年生产试验平均亩产 705. 23 kg，比对照（鄂玉 25）增产 11. 2%。

适宜范围：适于湖北省二高山地区作春玉米种植。

推广：该品种自审定以来，共计推广 300 万亩，也在其他省份进行一定面积示范。

6. 宜单 629

品种来源：宜昌市农业科学研究院用 S112 作母本，N75 作父本配组育成的杂交玉米品种。主要选育人为田甫焕、黄声东、许贵民、向欣、贺丽等。2008 年通过湖北省作物品种审定委员会审定，品种审定编号为鄂审玉 2008004。2011 年通过广西作物品种审定委员会审定，品种审定编号为桂审玉 2011005 号。

生育期：该品种属中熟品种，湖北春播平均生育期 108.6 d，广西春播平均生育期 105 d，广西秋播平均生育期 93 d。

特征特性：该品种出苗快，苗势强，幼苗叶鞘紫色。成株叶片数 19 ~ 20 片，中部叶片较宽大，株型半紧凑，株高 246.2 cm，穗位高 100.4 cm。雄穗一级分枝数 18 个左右，花药紫色，雌穗花柱红色。果穗长锥形，穗轴白色，穗长 18.2 cm，穗粗 4.7 cm，每穗 14.4 行，每行 35.3 粒；宜单 629 结实性极好，结实满尖无秃顶，籽粒半硬粒形，黄色，百粒重 33.3 g，干穗出籽率 85.5%。

品质：经农业部谷物及制品质量监督检验测试中心测定，容重 761 g/L，粗淀粉（干基）含量 70.26%，粗蛋白（干基）含量 10.49%，粗脂肪（干基）含量 3.42%，赖氨酸（干基）含量 0.30%。

抗性表现：该品种抗倒、抗病表现优异，经鉴定其倒伏率和折断率总和仅为 0 ~ 2.4%；田间大斑病 1 级，小斑病 1 级，青枯病病株率 2.6%，锈病 1 级，穗粒腐病 1 级，丝黑穗病发病株率 0.5%，纹枯病病指 14.6，无其他玉米病害。

产量水平：宜单 629 在 2006—2007 两年区域试验中平均亩产 607.67 kg，比对照（华玉 4 号）增产 9.58%。其中，2006 年亩产 620.29 kg，比对照（华玉 4 号）增产 6.67%；2007 年亩产 595.05 kg，比对照（华玉 4 号）增产 12.80%，两年均增产极显著。2009 年春秋两季区试平均亩产 514.1 kg，比对照正大 619 增产 5.8%，增产点次 81.8%。2010 年春秋两季生产试验平均亩产 459.1 kg，比对照正大 619 增产 8.7%，增产点 83.3%。

适宜范围：适宜在湖北省及其相邻省份海拔 800 m 以下的玉米产区种植。

推广：已累计推广 900 多万亩。

7. 中玉 335

品种来源：四川省嘉陵农作物品种研究中心、四川中正科技有限公司用 2YH1 -3 作母本，SH1070 作父本配组育成的杂交玉米品种。2009 年通过四川省农作物品种审定委员会审定，品种审定编号为川审玉 2009019。2011 年通过贵州省农作物品种审定委员会审定，品种审定编号为黔审玉 2011018。2012 年通过湖北省农作物品种审定委员会审定，品种审定编号为鄂审玉 2012006。2018 年通过国家农作物品种审定委员会审定，品种审定编号为国审玉 20180180。

生育期：该品种为晚熟品种，生育期 140 d。

特征特性：幼苗叶鞘紫色，叶片深绿色，中下部叶片较宽，上部叶片较稀、上冲；株型半紧凑，株高 306 cm，穗位高 137 cm，株高、穗位略高。雄穗分枝数 13 个左右，颖壳浅紫色。果穗筒形，苞叶较长，穗长 19.4 cm，穗粗 5.2 cm，秃尖长 0.9 cm，穗行数 17.8，行粒数 36；穗轴白色，籽粒黄色、半马齿型，百粒重 32.1 g，干穗出籽率 83.9%。

品质：经农业部谷物品质监督检验测试中心测定，容重 752 g/L，粗蛋白（干基）含量 10.34%，粗淀粉（干基）含量 72.75%，赖氨酸（干基）含量 0.28%。

抗性表现：2007 年四川省农业科学院植物保护研究所抗病虫害人工接种鉴定：高抗茎腐病，中抗大斑病、纹枯病、玉米螟。田间大斑病 1 级，小斑病 3 级，茎腐病病株率 4.2%，锈病 3 级，穗腐病 1 级，纹枯病病指 9.7，9 级病株率 2.9%。田间倒伏（折）率 6.3%，空秆率 1.0%。

产量水平：2007 年参加四川省杂交玉米山区组区域试验，平均亩产比对照（川单 15）增产 9.8%；2008 年续试比对照（川单 15）增产 10.3%，两年比对照（川单 15）增产 10.1%。2009—2010 年参加湖北省玉米二高山组品种区域试验，两年区域试验平均亩产 659.21 kg，比对照（鄂玉 10 号）增产 8.44%。其中，2009 年亩产 661.51 kg，比对照（鄂玉 10 号）增产 3.20%；2010 年亩产 656.90 kg，比对照（鄂玉 10 号）增产 14.27%。

适宜范围：抗病、优质、广适、粮饲兼用型玉米新品种，已广泛参加西南各省区域试验示范，已通过四川省、贵州省、湖北省、云南省审定。适宜西南、华南、华东各春、夏玉米区种植。

推广：已累计推广 1000 多万亩。

8. 恩单 801

品种来源：恩施州农业科学院用 d28 作母本、d788 作父本配组育成的杂交玉米品种。主要选育人员为杜世凯、王黎明、刘传兵、冯春福、刘好梁、李希腾、向发洪、杨秀乾、朱祥芬等。2012 年通过湖北省审定，品种审定编号为鄂审玉 2012004。

生育期：该品种为中晚熟品种，生育期 140 d。

特征特性：株型半紧凑，株高 272 cm，穗位高 134 cm；根系发达，较抗根倒茎折；节间适中，基部叶鞘紫色，叶片较长，叶片色泽深，后期持绿性好，光合势强，成熟时叶青穗黄。雄穗发达，散粉时间长，花粉量大，分枝数 6 ~ 10 个，药壳淡棕色，外颖壳淡紫色，吐丝整齐，花丝红色，结实性好。恩单 801 果穗较粗，筒形，穗长 17.1 cm，穗粗 5.4 cm，白轴，穗行数 16 ~ 20 行，行粒数 35 ~ 40 粒，籽粒黄色、半马齿型，千粒重 307.2 g，出籽率 86.56%。

品质：经农业部谷物品质监督检验测试中心测定，籽粒粗淀粉含量（干基）为 72.00%，容重为 746 g/L，粗蛋白含量（干基）为 8.68%，赖氨酸含量（干基）为 0.26%。

抗性表现：恩单 801 的抗病虫性状为大斑病最高 1.2 级、平均 1.0 级；小斑病最高 1.3 级，平均 1.0 级；纹枯病指 9.6，9 级病株率 0.7%；锈病 1.2 级；穗腐病 2.1 级；茎腐病 1.3%；灰斑病 2.6 级；丝黑穗 0.1%；病毒病 0.2%；螟害 1.2 级。倒伏率 8.1%，折断率 4.4%。

产量水平：2009—2010 年参加湖北省二高山组玉米区域试验，2 年平均亩产 670.96 kg，比对照（鄂玉 10 号）增产 10.37%。其中，2009 年亩产 678.38 kg，比对照（鄂玉 10 号）增产 5.80%；2010 年亩产 663.54 kg，比对照（鄂玉 10 号）增产 15.42%。

适宜范围：适于湖北省二高山地区作春玉米种植。

推广：该品种自审定以来，共计推广 355 万亩，也在其他省份进行一定面积示范。

9. 康农玉 108

品种来源：宜昌盛世康农种子科技有限公司用 FL119 作母本、FL218 作父本配组育成的杂交玉米品种，第一选育人为彭绪冰。2011 年通过湖北省审定，品种审定编号为鄂审玉 2011004；2012 年通过四川省审定，品种审定编号为川审玉 20120111；2015 年通过贵州省审定，品种审定编号为黔审玉 2015001 号。

生育期：春播生育期 138 d 左右，中晚熟品种。

特征特性：株型半紧凑。幼苗叶鞘紫色，成株叶片数 21 片左右。雄穗分枝数 20 个左右，花药浅紫色，颖尖紫色，花丝浅紫色。苞叶适中，果穗锥形，穗轴白色，籽粒黄色、马齿型。区域试验平均株高 288 cm，穗位高 125 cm，穗长 19.0 cm，穗粗 5.3 cm，秃尖长 1.1 cm，穗行数 17.9 行，行粒数 39.2 粒，千粒重 306.4 g，干穗出籽率 87.9%。

品质：经农业部谷物品质监督检验测试中心测定，容重 766 g/L，粗淀粉（干基）含量 73.26%，粗蛋白（干基）含量 10.04%，粗脂肪（干基）含量 4.47%，赖氨酸（干基）含量 0.26%。

抗性表现：田间大斑病 2 级，小斑病 2 级，茎腐病病株率 5.4%，锈病 1 级，穗腐病 2 级，纹枯病病指 13.8。田间倒伏（折）率 18.1%。

产量水平：2009—2010 年参加湖北省山区组品种区域试验，两年区域试验平均亩产 684.11 kg，比对照（鄂玉 10 号）增产 12.54%。其中，2009 年亩产 725.14 kg，比对照（鄂玉 10 号）增产 13.10%；2010 年亩产 643.08 kg，比对照（鄂玉 10 号）增产 11.86%。

适宜种植地区：湖北省二高山地区，四川省平坝、丘陵地区，贵州省的贵阳市、遵义市、安顺市、黔南州、黔东南州、铜仁市、毕节市、黔西南州和六枝特区海拔 1500 m 以下的地区种植。

推广：已累计推广 900 多万亩。

10. 中单 808

品种来源：中国农业科学院作物科学研究所用 CL11 作母本、NG5 作父本配组育成的杂交玉米品种，第一选育人为黄长玲。2006 年通过国家审定，品种审定编号为国审玉 2006037；2006 年通过河北省审定，品种审定号为 2006006 号；2006 年通过贵州省引种认定，黔引玉 2006011；2009 年通过重庆引种认定，渝引玉 2009001；2010 年通过湖北省审定，品种审定编号为鄂审玉 2010012。

生育期：在西南地区出苗至成熟 114 d，与对照农大 108 相当。

特征特性：株型半紧凑，株高 260～300 cm，穗位高 120～140 cm，成株叶片数 20

片。幼苗叶鞘紫色，叶片深绿色，叶缘绿色，花药黄色，颖壳黄色。花丝绿色，果穗筒形，穗长 20 cm，穗行数 14 ~ 16 行，穗轴红色，籽粒黄色、半马齿型，百粒重 32.8 ~ 40.0 g。在西南区域试验中平均倒伏（折）率 7.8%。

品质：经农业部谷物品质监督检验测试中心（北京）测定，籽粒容重 752 g/L，粗蛋白含量 10.73%，粗脂肪含量 4.33%，粗淀粉含量 70.15%，赖氨酸含量 0.29%。经农业部谷物及制品质量监督检验测试中心（哈尔滨）测定，籽粒容重 735 g/L，粗蛋白含量 10.02%，粗脂肪含量 4.68%，粗淀粉含量 74.20%，赖氨酸含量 0.30%。

抗性表现：经四川省农业科学院植物保护研究所两年接种鉴定，抗茎腐病，中抗大斑病、小斑病、纹枯病和玉米螟，感丝黑穗病。经辽宁省丹东农业科学院和吉林省农业科学院植物保护研究所两年接种鉴定，高抗纹枯病和玉米螟，抗丝黑穗病、大斑病和灰斑病，感弯孢菌叶斑病。

产量水平：2004—2005 年参加西南玉米品种区域试验，45 点次增产，3 点次减产，两年区域试验平均亩产 632.8 kg，比对照农大 108 增产 19.6%。2005 年参加该组生产试验，平均亩产 571.3 kg，比对照增产 17.9%。

适宜种植地区：适宜在北京、天津、河北北部、四川、云南、湖南、重庆、广西、湖北春播种植。

推广：在西南地区已累计推广 4000 多万亩。

11. 腾龙 1 号

品种来源：腾龙 1 号是腾龙种业有限公司以 DZ01 为母本，SL06 为父本组配而成，主要选育人员为腾峰、加春光、瞿立红等。2010 年通过湖北省审定，品种审定编号为鄂审玉 2010011；2011 年通过贵州省农作物品种审定委员会审定，品种审定编号为黔审玉 2011002；2017 年通过湖南、重庆、四川、陕西的引种认定；（湘）引种〔2017〕第 2 号、渝备玉 2017012、川引种 2017 第 096 号、陕引玉 2017127。

生育期：在湖北省山区春播生育期 139.8 d，贵州生育期 133 d，重庆生育期 132 d，四川生育期 124 d。

特征特性：株型半紧凑，幼苗叶色浓绿、叶鞘紫色、叶缘浅紫色，叶片宽厚清秀，花药黄色，花丝青色，雄穗较发达，分枝数 8 ~ 13 个。果穗锥形，白轴，黄白粒，半硬粒型。株高 268.6 cm，穗位高 104.7 cm，果穗长 20.1 cm，穗行 17 行，每行 39.5 粒，千粒重 343 g，干穗出籽率 85.5%。

品质：品质经农业农村部谷物品质监督检验测试中心测定，容重为 769.5 g/L，粗蛋白（干基）8.69%，粗脂肪（干基）5.0%，粗淀粉（干基）71.5%，赖氨酸（干基）0.22%。

抗性表现：抗病性经恩施州植保站在鹤峰燕子镇自然诱发鉴定：抗弯孢菌叶斑病、中抗大、小斑病，中感灰斑病和锈病，感纹枯病。经四川省农业科学院植物保护研究所鉴定：抗大小斑病和纹枯病，中抗小斑病和茎腐病，感丝黑穗病，中抗玉米螟。

产量水平：2008—2009 年参加湖北省恩施州玉米品种区域试验，两年平均亩产 631.94 kg，比对照兴单 13 增产 11.41%。其中，2008 年亩产 599.44 kg，比对照兴单 13 增产 5.27%，增产显著；2009 年亩产 664.44 kg，比对照兴单 13 增产 17.60%，增产极显著。2009—2010 年参加贵州省东部组玉米区域试验，两年平均亩产 584.8 kg 比对照增产 7.58%。其中，2009 年亩产 565.2 kg，比对照增产 10.22%，增产极显著；2010 年亩产 604.4 kg，比对照增产 5.24%，增产极显著。

适宜范围：湖北省恩施州海拔 1200 m 以下地区；贵州省遵义市、黔南州、黔东南州、铜仁地区、金沙县海拔 1500 m 以下地区；重庆市海拔 800 m 以下的平坝、丘陵、低山地区；四川省平坝、丘陵春玉米区；湖南省除长沙、株洲以外的其他地区；陕南春玉米区。

推广：已累计推广 1000 多万亩。

12. 正大 999

品种来源：襄樊正大农业开发有限公司 1999 年用自选的自交系 CTL20 为母本、CTL26 为父本配组而成的玉米单交种。鄂审玉 2007009、鄂引种 2018050、陕审玉 2008009、渝引玉 2005005、黔引玉 2004004、黔引种 2022 第 150 号、湘审玉 2012002、桂审玉 2003003、粤审玉 2014005、川引种 2017 第 057 号。

生育期：春播全生育期湖南 110 d 左右、陕西南部 116 d 左右、广西 118 d 左右、广东 101～106 d、贵州 117 d 左右，秋播广西 104 d 左右。

特征特性：株型半平展，植株整齐粗壮，成熟青枝蜡秆，抗倒性强，但果穗秃顶稍长。株高 260 cm 左右，穗位 109 cm 左右。果穗长筒形，穗轴红色，穗长 17.8cm，轴粗 5.2 cm 左右，穗行 17 行，籽粒黄色、半马齿硬粒型，千粒重 304 g。

品质：2015 年经农业部谷物品种监督检验测试中心测定，该品种容重 780 g/L、粗蛋白 11.45%、粗脂肪 4.71%、粗淀粉 70.09%、赖氨酸 0.30%。

抗性表现：在广西抗性鉴定：大斑病 0.0～2.0 级，小斑病 0.0～1.1 级，纹枯病 4.2%，穗腐病 0 级，轻度锈病，丝黑穗病 0.1%，螟害 4.2%。陕西省抗病性鉴定：高抗茎腐病、穗粒腐病和大、小斑病，抗丝黑穗病。广东省抗病性接种鉴定：中抗纹枯病和小斑病，田间调查中抗纹枯病和小斑病，高抗茎腐病。

产量水平：2015 年重庆市玉米生产试验结果显示，在平丘生产组试验中，正大 999 亩产变幅 430.5～656.2 kg，平均亩产 548.9 kg，比对照渝单 8 号增产 5.2%，5 个试点 4 增 1 减，增产点率 80.0%；田间表现抗大小斑病、茎腐病和丝黑穗病，中抗纹枯病，无倒伏倒折和空秆。在山区组生产试验中，正大 999 亩产变幅 477.8～676.3 kg，平均亩产 613.5 kg，比对照渝单 8 号增产 8.4%，居第 1 位。6 个试点 5 增 1 减，增产点率 83.3%。2010 年湖南省区试平均亩产 508.9 kg，比对照临奥 1 号增产 9.91%，增产极显著；2011 年省区试平均亩产 549.2 kg，比对照增产 7.43%，增产极显著。两年区试平均亩产 529.05 kg，比对照增产 8.69%。2012 年、2013 年两年春季参加广东省区试，平均亩产分别为 459.4 kg 和 383.5 kg，比对照种华玉 8 号分别增产 10.95% 和 20.54%，增产均达极显著水平。2013 年春季参加省生产试验，平均亩产 511.4 kg，比对照种华玉 8 号增产 17.68%。

适宜范围：湖北省恩施州海拔 1200 m 以下及宜昌、襄阳、十堰的海拔 800 m 以下地区，陕西南部春播区，重庆，湖南，广西，广东，贵州遵义市、铜仁地区、黔东南州、黔南州，四川省平坝、丘陵区。

推广：已累计推广 6000 多万亩。

（三）播种

1. 种子的播前处理　玉米在播种前，可通过晒种、浸种和药剂拌种等方法，增加种子活力，提高种子发芽势和发芽率，减轻病虫危害，以达到出苗早和苗齐、苗壮的目的。

（1）精选种子　首先要选择购买符合国家相关规定和标准并适宜当地种植的玉米品种种子。然后再剔除小粒、瘪粒、碎粒、病虫粒，优选大小均匀、色泽一致、具有良种特征的饱满粒种子。

（2）晒种　在播种前选择晴天，摊在干燥向阳的晒场上，连续晒种 2～3 d，并注意翻动，使种子晒均匀，可提高出苗率。但注意水泥场上可达到 60 ℃高温，不能暴晒，这样很容易破坏胚乳和胚芽，降低出芽率；包衣种子播前不能暴晒或长时间晾晒，只需摊开晾晒 10 min 即可。

（3）浸种　在播种前用冷水浸种 12 h，或用温水（水温 55～57 ℃）浸种 6～10 h。还可用 0.15%～0.20% 的磷酸二氢钾浸种 12 h。用微量元素浸种时，可用 Zn、Cu、Mn、B、Mo 的化合物配成水溶液浸种；浸种常用的浓度中，硫酸锌为 0.1%～0.2%，硫酸铜为 0.01%～0.05%，硫酸锰或钼酸铵为 0.1% 左右，硼酸为 0.05% 左右，浸种时间为 12 h 左右。

（4）药剂拌种　为了防止病害，在浸种后晾干，再以用种量 0.5% 的硫酸铜拌种，可减轻玉米黑粉病的发生；还可用 20% 的萎锈灵拌种，用药量是种子量的 1%，可以防止玉米丝黑穗病。防治地下害虫可用 50% 辛硫磷乳油拌种，药、水、种子三者的配比为 1:(40～50):(500～600)；或用 40% 甲基异柳磷乳油拌种，药、水、种子配比为 1:(30～40):400。

（5）种衣剂包衣　种衣剂是由杀虫剂、杀菌剂、微量元素、植物生长调节剂、缓释剂和成膜剂等加工制成的药肥复合型产品。用种衣剂包衣，既能防治病虫，又可促进玉米生长发育，具有提高产量和改进品质的功效。当前生产上应用的 20% 种衣剂 19 号是玉米专用种衣剂，可以防治玉米蚜虫、蓟马、地下害虫、线虫以及由镰刀菌和腐霉菌引起的茎基腐病，防止玉米微量元素的缺乏，促进生长发育，实现增产增收。包衣用量 1 kg 种子需有效成分 4g，1 kg 种衣剂可包种子 50 kg，药量为种子量的 2%。种衣剂要直接用于包衣，不能再加水或其他物质。包衣时间不能太晚，最迟在播种前两周包衣备用，以便于种衣膜固化而不至于脱落。人工包衣时要注意安全，避免中毒。

（6）做好发芽试验　种子处理完成以后，要做好发芽试验，一般要求发芽率达到90%以上，如果略低一些，应酌情加大播种量，如果发芽率太低，就应及时更换，以免播种后出苗不齐，缺苗断垄，造成减产。

2. 适期播种　在鄂西山区范围内，玉米以春播为主。一些地区在特定条件下，也可夏播，极少地区也有秋播的条件。

鄂西山区因气温、地温上升慢，播期较平原丘陵地区晚，低海拔300～500 m山区春玉米露地种植最佳播种期为3月中下旬；高海拔800～1500 m地区春播通常在4月份完成。玉米和其他作物连作或轮作时，玉米的适播期还需考虑前、后茬作物的熟期和接茬关系，接油菜茬或小麦茬夏玉米播种期为5月底至6月初，不宜晚于6月10日；秋玉米主要以种植鲜食玉米和青贮玉米为主，适宜播期为7月上中旬左右。

（1）春播　春播玉米播期主要限制因子是温度，其次是土壤水分。春播玉米要考虑以下三个原则：土壤表层5～10 cm地温稳定在10～12 ℃或更多；土壤田间持水量在60%以上；把春玉米的需水高峰期与自然集中降雨期吻合，避免遭受“卡脖旱”和后期涝害；尽可能充分利用农时和季节。春玉米自3月底至5月初播种结束，播种至出苗天数随播期的推迟而递减，苗期（出苗—拔节）、生育前期（出苗—吐丝）及后期（吐丝—成熟）都随播期延后而呈现递减现象，每推迟10 d播种，生育期缩短8 d左右；生育期随着海拔升高而延长，同一品种海拔每升高100 m，生育期延长3 d左右。实验结果表明，玉米种子发芽的最适温度为24～31 ℃，玉米种子在6～7 ℃时开始发芽，但发芽极慢，易霉烂；温度在10～12 ℃时，播种后8～20 d出苗，温度20 ℃以上时仅需5～6 d。因此，在3月中旬以前播种时，一定要覆膜加强防寒保暖，如遇持续低温冷害时应加强管理。3月中旬以后气温逐渐升高，光照时长变长，有利于植株生长发育，因而在3月下旬及以后播种则出苗较整齐一致，及时田间管理较易培育壮苗。鄂西山区在4月上旬至5月初播种为宜。

分期播种结果表明，对春玉米而言，早播或晚播都不利于形成高产。原因可能是因为提早播种时日均温度低，积温少，致使出苗历期延长，容易产生弱苗和造成前期长势差，单株干物质积累不够，株高变矮，穗位降低，茎秆变细，导致“源”不足。延迟播种，虽出苗整齐一致，但幼苗前期生长过快，生育期缩短；转入生殖生长后遭遇持续高温，在幼穗分化期时影响雄穗和雌穗分化：雌穗分化时间缩短，小花分化数量减少，导致穗行数和行粒数下降，果穗变小，降低每穗粒数；高温同样不利于花粉形成，开花散粉受阻，主要表现在雄穗分枝变小、数量减少，小花退化，花药瘦瘪，花粉活力降低，受害的程度随温度升高和持续时间延长而加剧。玉米籽粒形成和灌浆成熟期间，适宜的日平均温度为24～26 ℃，其中早熟品种适宜的日均温高于晚熟品种。高温（>35 ℃）使籽粒胚乳细胞增长率降低，细胞分裂时间缩短，细胞大小下降，胚乳细胞数最大值出现时间推迟；另外，高温还会使淀粉粒数下降。高温胁迫会导致叶片、根系加速衰老，致使叶片和果穗脱水速率加快，出现高温逼熟现象，降低千粒重导致减产。总而言之，在保证出苗整齐一致的情况下尽可能提早播种，有利于增加干物质累积，为获得丰产奠定基础。

张友君等（2014）对春玉米在武陵山区低海拔地区不同海拔地点，进行分期播种，对不同播种期的生育期、农艺性状和经济性状的差异进行分析比较，结果表明，武陵山区海拔 300～600 m 的低海拔山区春玉米露地栽培最佳播种期为 3 月中旬，过早或过迟播种均不利于春玉米的高产和稳产。播期通过地温直接影响玉米的出苗时间和出苗率。适时播种能保证苗齐、苗壮及植株的正常生长，为后期增产打下良好的基础。晚播处理受霜期影响生育期短，水分高产量低。播期的选择应考虑玉米品种在当地各生育进程的长短因素，使其能够充分合理利用好气象条件。由于播种时间不同所带来的各生育阶段有效积温的变化，影响了各生长期持续时间的长短，使得不同处理间农艺性状表现出明显差异。

李洁等（2016）以特早熟、早熟、中熟 3 个不同熟期玉米品种为测试材料，测定不同播期下玉米的生育期和产量及其构成。结果表明，随着播期的提前，所有不同熟期的玉米品种产量均呈上升趋势。早熟和中熟品种的产量显著大于特早熟，但早熟与中熟品种之间的产量差异不显著。产量差异的主要原因是由于百粒重之间的不同引起的。

播期对玉米生育期的影响：不同播期对玉米全生育期有一定影响，表现为随着播期的提前，全生育期呈逐渐增加的趋势，且主要表现在播种至拔节期的延长。这可能是因为随着播期的提前，营养生长阶段气温低，发育慢，则延长了生育期；反之，气温逐渐升高，细胞和组织分化加速，促进植株的快速生长，加快了营养生长阶段，就缩短了生育期。

播期对玉米产量的影响：播期是影响玉米产量提高的主要栽培因子。随着播期提前，产量都呈上升趋势，其中中熟品种上升幅度最大，对播期表现最为敏感。又因其生育期长，播种越早，就越能保证其成熟，而播种越迟，其成熟的安全性越低，主要表现在玉米后期的籽粒灌浆，影响籽粒千粒重，从而影响产量。

综上可知，决定玉米适宜的播种期，必须要根据当时、当地的温度、墒情和品种特性综合考虑，既要充分利用有效的生长季节和有利的环境条件，又要发挥品种的高产特性。因此，高产条件下玉米适宜播期的确定要从两个方面考虑，第一，要考虑花后的生态条件，玉米产量形成期避开高温胁迫，减轻后期低温影响。第二，确保播种后出苗整齐一致，幼苗生长健壮无弱苗。所以，生育期长的中、晚熟品种宜早播，如，郁青 272、康农玉 901、楚单 139 等，这些品种的生育期都在 110～120 d 左右。生育期短的早、中熟品种可适当晚播，如，宜单 629、蠡玉 16、登海 9 号、中农大 451、汉单 777、创玉 38 等，这些品种的生育期均在 100～110 d 左右。

（2）夏播　农谚说：“夏播无早，越早越好”。早播可以争取生长季度，预防苗期芽涝，避开后期低温冷害，减轻各种病害发生。但“三夏”期间农活紧张，播种失时，将招致严重减产。夏播玉米播种期为5月底至6月初，6月5日前最佳，最迟不宜超过6月10日。延迟播种会对夏玉米生产造成四个方面的影响：第一，前期温度高营养生长过快，拔节期、吐丝期和散粉期提前，全生育期缩短，干物质积累减少，减产风险大。第二，湖北省十堰市低山丘陵地区7月底8月初易发生伏旱，夏玉米播种过晚易遭遇“卡脖旱”。研究表明，干旱对玉米发育后半期的影响大于生育前半期，干旱使经济器官严重损伤，使玉米的空秆率增高，穗长、穗粒数、千粒重减少及经济系数降低，对“库”的损伤程度极大，导致严重减产。第三，夏玉米播种过晚，后期温度降低，灌浆时遭遇低温会使胚乳细胞分裂时间和胚乳细胞数值最大值出现时间推迟，低温也会使淀粉粒数下降。第四，低温不利于果穗脱水成熟，增加机械化收获时的损失率和烘干成本。高产条件下玉米播期的确定应首先考虑花后的生态条件，玉米产量形成期避开高温胁迫，减轻后期低温影响是夏玉米夺取高产的关键所在。

（3）秋播　玉米生长期所处气候条件特殊，前期高温，后期低温、阴雨。故应选用苗期耐高温，后期籽粒灌浆成熟快且抗性好的高产早熟品种。秋播播种过早时，气温过高，植株发育过快导致节间细长，机械组织欠发达，秆细弱，易倒折；同时，节间变长致使穗位增高，也增加了倒伏的风险。另外，秋玉米播种过早，幼穗分化期、开花散粉期、籽粒灌浆期还处于高温阶段，高温胁迫会导致果穗变小、授粉困难，结实不良、植株早衰过快等问题。播种过迟，后期气温下降、光照不足，致使植株矮小，结实差，灌浆延迟，脱水慢，不利于收获晾干。因此，秋玉米播种过早、过迟均使得秃尖长度增加、穗粒数减少、百粒重下降。秋玉米最迟不能迟于7月中旬播种。

李明学等（2018）认为，推广双季玉米（春玉米 + 秋玉米）种植模式是有效提高土地利用率的重要途径。为研究武陵山区种植双季玉米的可行性，在武陵山区开展不同品种秋玉米地理分期播种试验，结合平行气象观测资料分析秋玉米生育期、产量等生长特征及其气候适应性。结果表明：①武陵山区发展双季玉米是可行的，湘玉2号、晋鲜糯6号等是适宜的秋玉米品种，但随着播期推迟，生育期延长。②影响武陵山区秋玉米种植的主要气象灾害是生育前期的晴热高温天气、生育后期的秋季阴雨天气；中海拔山区秋玉米种植应避开生育前期高温干旱；前期灌溉是高产稳产的基础；秋玉米还受暴雨、大风等天气影响。③武陵山区秋玉米适宜播种中熟品种，应在8月1日之前播种，而早熟品种也应在立秋之前播种才能保证正常灌浆成熟；适当提前播种有利于高产，最佳播期为7月中旬前后。

3. 合理密植　玉米产量由每亩穗数、每穗粒数和粒重所组成。合理密植就是为了充分有效地利用光、热、水、气和养分，协调群体与个体间的矛盾，在群体最大发展的前提下，保证个体的健壮生长和发育，以达到穗多、穗大、粒多、粒重的目的，提高产量。

玉米的种植密度影响着玉米植株对土壤养分、光照及水分的吸收，是影响玉米产量和品质的重要因素。种植密度过低，土壤养分、光照、空间及水分等自然资源不能被充分利用，品种的特征特性难以充分发挥，造成产量不高；种植密度过高虽然自然资源得到充分利用，但容易发生个体间互相争养分，造成个体徒长，茎秆细高易倒伏，通风透光不良，影响玉米进行光合作用，最终会对玉米生长、产量和品质造成不利的影响。合理的种植密度可以使玉米受到更多的阳光照射，更好地促进玉米植株进行光合作用，提升玉米的光合强度，提高玉米产量及土地的利用质量，从而提高玉米的产量和品质。大量研究证明，在一定的密度范围内玉米的产量随着密度的增大而提高，当密度达到一定值后，增加密度反而使产量下降。由于遗传改良和种植习惯的改变，玉米的种植密度有不断增加的趋势，但最适种植密度在不同地区、不同栽培水平和不同品种之间仍然存在差异。

玉米的适宜种植密度受品种特性、土壤特性、生态环境、气候条件、栽培技术等因素的影响。因此，确定适宜密度时应根据上述因素综合考虑，因地制宜，灵活运用。一般应掌握以下原则：

（1）品种特性　不同类型的品种具有不同的耐密性，紧凑型杂交种耐密性强，密度增大时产量较稳定，适宜种植的密度较大；平展型耐密性差，密度增加范围小，若增加密度就会减产。抗倒伏性好的品种宜密，抗倒性差的品种宜稀。早熟品种一般植株较小，单株生产力较低，适宜密植；晚熟品种一般植株高大，单株生产力高，适宜稀植。

（2）土壤特性　土壤一般分为沙土、壤土和黏土，这三种土的通透性是不一样的，一般是沙土和壤土好于黏土，土壤越通透，玉米就可以种植密些，相反，就需要种植稀一些。所以，如果在品种相同的前提下，沙土和壤土宜密，黏土宜稀。土壤肥力较低、水肥等条件较差时宜稀植；肥力基础较高、水肥条件好时宜密植。

（3）生态环境　海拔较高的山区种植密度宜稀，海拔较低的低山丘陵地区种植密度宜密。阳坡地宜密，阴坡地和低洼地宜稀。

（4）气候条件　日照时间长、气温较高、雨水充沛、通风透光条件好的地区宜密；日照时长短、气温较低、降水较少、通风透光条件差的地区宜稀。南种北引宜稀，北种南引宜密。

（5）栽培技术　精细管理的宜密，粗放管理的宜稀。春播宜稀，夏播宜密。

李宗新等（2012）以平展大穗型品种鲁单 981（LD981）和紧凑中穗型品种鲁单 818（LD818）为材料，比较研究了不同种植密度下根系时空分布动态，以期为玉米品种的选育和高产栽培提供理论依据。结果表明，随生育进程，2 个品种的根系总体积、总表面积、活跃吸收面积与总干重均呈先升后降趋势，多为开花期至乳熟期达最大。随种植密度递增，LD981 和 LD818 的根层数与数量、总体积、总表面积、活跃吸收面积以及水平与垂直方向各分布区域的干重均呈递减趋势，LD981 的递减速率明显大于 LD818。生育期内，不同种植密度下 LD981 和 LD818 的根系干重水平方向 0 ~ 6 cm、6 ~ 12 cm 和 12 ~ 18 cm 分布表现为高密度区、中密度区和低密度区；垂直方向 0 ~ 20 cm、

20～40 cm、40～60 cm 和 60～80 cm 土层分别表现为高密度层、中密度层、低密度层和稀密度层；LD981 水平方向 0～6 cm 范围根系干重所占比例比 LD818 的低 2.96%，6～18 cm 则高 14.33%，垂直方向 0～40 cm 土层根系干重所占比例前者比后者高 3.71%，40～80 cm 土层则低 35.97%。本研究说明不同类型玉米品种对根系伸展空间方向和大小的要求存在差异，平展大穗型品种 LD981 单株根量多，吸收能力强，根系分布较浅，对种植密度递增导致的水平方向空间受限制的反应更为敏感，宜适当增大株距稀植；紧凑中穗型品种 LD818 单株根系呈现“横向紧缩，纵向延伸”的特点，更能适应随着种植密度递增导致的水平方向空间受限制的“拥挤”，宜适当减小株距密植。

任佰朝等（2016）研究了种植密度对不同株高夏玉米品种茎秆性状与抗倒伏能力的影响，认为倒伏是影响夏玉米在密植条件下获得高产的重要限制因素之一。以矮秆品种登海 661（DH661）和高秆品种鲁单 981（LD981）为试验材料，通过设置 45000 株/hm^2、67500 株/hm^2和 90000 株/$hm^2$3 个种植密度，研究茎秆节间长度、茎秆穿刺强度、茎秆显微结构以及倒伏率等方面的变化。结果表明，随种植密度增加，夏玉米的基部第 3 茎节间和穗位节间变细，茎秆穿刺强度显著下降，较密度 45000 株/hm^2，DH661 和 LD981 67500 株/hm^2、90000 株/hm^2地上第 3 节间茎秆穿刺强度分别降低了 8.5%、22.6% 和 13.3%、29.6%；茎秆皮层和维管束内部厚壁细胞厚度及维管束数目均随种植密度的增加显著下降，倒伏风险增加，但矮秆品种的下降幅度小于高秆品种，而产量的增加幅度大于高秆品种，说明矮秆品种在高密度下能够保持较好的抗倒伏性能，有助于其在高密度种植条件下获得高产、稳产。

易永等（2018）为了研究种植密度对武陵山区夏玉米生长和产量的影响，设置 51400 株/hm^2（现有正常密度）、59800 株/hm^2、65500 株/hm^2和 70800 株/$hm^2$4 个田间密度进行了试验。结果表明，各种植密度生育进程基本相同，群体干物质增长速度具有低密度前慢后快和高密度前快后慢的特点，各种植密度群体最终总生物量差别不大。种植密度和产量呈抛物线变化趋势，通过种植密度的增加，以促使群体生物量转化为产量，试验中设置的 3 个较高密度较正常密度增产 8%～14%，以种植密度 65500 株/hm^2产量最高。

郑伟等（2021）以先玉 335、京科 968、迪卡 159 和赤单 228 为供试材料，采用随机区组设计，设有高中低 3 个密度处理，研究其对 4 个玉米品种产量及其生长发育特性的影响。结果表明，随着种植密度的增加，4 个玉米品种穗长、穗粒数和千粒重均呈逐渐减少的规律性变化，这表明种植密度的增加影响玉米果穗的形成和灌浆。玉米不同品种果穗生长情况均是前期较慢，后期呈现指数增长，增长迅速。从产量结果看，赤单 228 和迪卡 159 最佳种植密度为 82500 株/hm^2，而京科 968 和先玉 335 产量在 75000 株/hm^2时，产量达到最大。

薛源清等（2018）设置品种、密度二因素试验，研究不同种植密度对 8 个玉米品种产量和农艺性状的影响。结果表明，种植密度对玉米产量影响明显，种植密度由 67500

株/hm^2增加到82500株/hm^2时，华丹336、郑单958、陕单609、华宇16、华丹405均表现为增产，增幅为1.01%～21.85%，其中陕单609增产幅度最大，华丹405增幅最小；陕单618、先玉335、华丹8000产量下降，降幅为0.01%～15.23%；密植对玉米主要农艺性状的影响不同，对不同品种的株高、穗位高、穗粒数、百粒重、籽粒含水量等影响效应不同，对品种生育期无影响，但倒伏率明显增加，增幅达23.98%。因此，在生产中不能盲目密植，要根据品种特性适度密植。

姜宇鹏等（2020）通过对国内外相关研究成果进行分析和整理，对种植密度与玉米生长发育、籽粒产量的关系进行归纳和总结。从玉米株型、株高、穗位、茎粗等方面归纳了种植密度对玉米性状选择和植株生长发育的影响；从产量构成因子及籽粒品质等方面总结了种植密度与玉米产量的关系。指出在玉米生产过程中，应根据不同的种植条件，选择适宜的玉米品种，综合考虑种植密度与株型、株高、穗位、抗逆性等因素，合理提升玉米的种植密度。

生产实践表明，鄂西山区玉米种植呈现多元化，不仅有传统的普通玉米，也有鲜食甜玉米和糯玉米，还有近几年发展起来的青贮玉米。适宜种植的普通玉米品种有：宜单629、汉单777、蠡玉16、登海9号、中农大451、康农玉901、楚单139、创玉38、郧单21、郧单22、华玉11、康农玉108、郧单20、中玉335、华玉707、华玉17、宜单1628、郑单958、裕丰303、湖广123等。其中，宜单629、汉单777、蠡玉16、登海9号、中农大451、康农玉901、楚单139、创玉38、郧单21、郧单22等品种适宜在低山丘陵地区做春玉米种植，种植密度为48000～60000株/hm^2；华玉11、康农玉108、郧单20、中玉335、华玉707、华玉17、宜单1628等品种适宜在二高山地区做春玉米种植，种植密度为45000～52500株/hm^2；汉单777、蠡玉16、郑单958、裕丰303、湖广123等品种适宜在低山丘陵地区做夏玉米种植，种植密度为52500～60000株/hm^2。适宜种植的甜玉米品种有：华甜玉2号、华甜玉3号、鄂甜玉3号、鄂甜玉4号、华甜玉4号、金中玉、堰甜玉28、福甜玉18、京科甜183、鄂甜玉5号、鄂甜玉6号、福甜玉98、蜜脆68、宏中玉、粤甜16等品种，种植密度为42000～54000株/hm^2。适宜种植的糯玉米品种有：禾盛糯玉1号、农科糯1号、白金糯玉、彩甜糯6号、渝糯7号、京科糯2000、渝糯3000、渝科糯1号、万糯2000、苏玉糯5号等品种，种植密度为42000～54000株/hm^2。适宜种植的青贮玉米品种有，雅玉青贮8号、华玉11、华青贮1号、华青贮2号、华青贮3号等品种，种植密度为60000～67500株/hm^2。

（四）种植方式

鄂西山区是湖北省传统玉米主产区，常年玉米种植面积在490万亩左右，占全省玉米总面积的50%左右。本区域以春播玉米为主，在低山丘陵地区有少量的夏播玉米种植。玉米曾是山区农民的主粮，为他们解决温饱发挥过重要作用。在长期的生产实践中，勤劳的山区农民创造了多种多样的种植方式，例如：小麦/玉米/大豆、油菜/玉米/

马铃薯、玉米/甘薯、马铃薯/玉米/菜、玉米/大豆、玉米/绿豆、玉米/辣椒等间套作模式，以达到充分利用季节、空间、养分、水分、光照等自然资源，提高复种指数，从而获得更高的产量和经济效益。

大量研究表明，从种植密度和种植方式对产量作用来看，种植密度起主导作用。在密度增大时，配合适当的种植方式，更能发挥密植的增产效果。所以，在合理密植的同时，应采取适宜的种植方式。

1. 单作 单作是鄂西山区玉米主要种植方式。随着生产力的发展、农村青壮劳动力的流失以及机械化水平的提高，玉米种植也由传统的间作套种发展为以单作为主的种植方式。

（1）春玉米—秋（冬）蔬菜一年两熟 3月底至4月初及时整地，低山丘陵地区可适当提前10 d左右，具体时间以当年气候为准，地温稳定在10 ℃以上时抢墒播种春玉米，8月底至9月初收获。春玉米收获后接茬种植秋（冬）蔬菜。

（2）夏玉米—冬小麦一年两熟 夏玉米一般在5月底至6月初播种，6月5日以前最佳，最迟不超过6月10日，9月底至10月初收获。10月中旬左右及时抢播冬小麦。低山丘陵地区是该模式的主要种植区。

（3）夏玉米—冬油菜一年两熟 该种植模式与夏玉米—冬小麦一年两熟模式相似。油菜在5月上旬至中旬收获，比小麦早10～20 d，夏玉米播种时间比较长，条件允许的情况下宜抢墒早播，以期获得较高产量。该模式适合鄂西山区大部分地区。

（4）青贮玉米一年两熟 随着农业供给侧结构性改革的持续推进，湖北省青贮玉米不断发展壮大，为增加青贮饲料供给，各地农技推广部门先后研究了青贮玉米一年两熟高产种植模式。雅玉青贮8号在十堰市春、秋两季种植适宜的播种期为春播在4月上旬、秋播在7月中旬；春、秋两季种植模式可生产青贮玉米鲜饲料122158.3 kg/hm^2。该种植模式适合在低山丘陵地区推广。青贮玉米品种宜选择中熟、高产、抗逆性好的品种，以期生产较高产量的青贮饲料。

（5）鲜食玉米一年两熟 鲜食玉米主要指甜玉米和糯玉米。春季鲜食玉米一般在3月底至4月初抢墒播种，6月底至7月初收获。秋季鲜食玉米在7月20日以前播种，10月初收获。该种植模式与青贮玉米一年两熟模式相似，适合在低山丘陵地区推广。

单作种植方式下，玉米种植以平作为主，只有在排水较差的地块和水田改旱地的地块有少量垄作。行距以等行距为主，也有少数是宽窄行。播种方式以条播为主，在面积较小或不适合小型机械作业的地块采用人工点播。

2. 间、套作 为了充分利用玉米田的光、热、气、空间以及土壤肥力等条件，鄂西山区通常采用与其他作物套种的栽培模式。玉米采用间套种植，能够改善田间小环境，提高作物光、热、水、气的利用效率，增加复种指数，不仅提高了单位面积的农作物总产量，显著提高经济效益，还能维持并提高土壤肥力，对促进农村经济发展、农民增收有十分重要的作用，也为农业的可持续发展创造条件。

（1）常用模式　冯春福等（2012）在武陵山区研究了玉米与多种作物间套作模式。

①马铃薯/玉米/菜套作　适宜在海拔 800～1200 m 的高山地区推广。厢宽 1.6 m，冬播 2 行马铃薯，行距 30 cm，预留空行 1.2 m，春季移栽 2 行玉米，密度为 52500 株/hm^2，马铃薯收获后种蔬菜；在 1200 m 以上地区推广厢宽 1.3 m，冬播 2 行马铃薯，春季移栽 2 行玉米，密度为 60000 株/hm^2，夏栽 6 行青包菜。

②马铃薯/玉米/红薯—菜间套作　适宜低山地区推广，马铃薯于 12 月下旬至 1 月上旬保温育芽，2 月上旬移栽，宽窄行套种，宽行中开沟垄作马铃薯，垄宽 70 cm，垄上定植 2 行，窄行 40 cm，株距 25 cm，预留 90 cm 套作玉米，玉米于 3 月上旬育苗，3 叶 1 心时移栽于预留行中，双行移栽，窄行 40 cm，株距 24 cm，红薯于马铃薯收后大垄双行种植，垄宽 90 cm，垄高 40 cm，交叉错窝栽植，株距 20 cm，8 月上中旬收获玉米，及时种植蔬菜。

③玉米/魔芋套作　适宜海拔 1200 m 以下地区推广。行比 1∶4，种 1 行玉米套作 4 行魔芋。玉米行距 2.1 m，株距 20 cm，密度为 23250 株/hm^2。魔芋种 2 垄，大行距 50 cm，垄面窄行距 30 cm，株距 40～50 cm，错穴播种。

（2）马铃薯/玉米套作　高剑华等（2011）以马铃薯品种"鄂马铃薯 7 号"和玉米品种"帮豪 838"为试验材料，通过育芽带薯移栽、覆膜和追施肥处理，探讨马铃薯、玉米套作高产栽培技术。结果显示，马铃薯直播双行覆膜（底肥与追肥分期施入）处理下马铃薯产量最高，为 41805 kg/hm^2；马铃薯直播双行覆膜（底肥与追肥一次性施入）处理下玉米产量最高为 9202.5 kg/hm^2；马铃薯直播双行覆膜（底肥与追肥分期施入）处理和马铃薯直播双行覆膜（底肥与追肥一次性施入）处理下粮食总产量最高分别为 50445 kg/hm^2、47872.5 kg/hm^2。

郭光耀（2014）在湖北恩施州中国南方马铃薯研究中心经过多年研究形成了完善的马铃薯—玉米套作移栽新技术，已在西南山区不同海拔地区大面积推广。采用宽窄行双行套种模式，即 1.67 m 的行宽，播种 2 行马铃薯，2 行玉米。马铃薯行距 40 cm，株距 30～33 cm，密度 30000～37500 株/hm^2，玉米行距 40 cm，株距 23～27 cm，密度 45000～52500 株/hm^2。马铃薯—玉米套作，一般可产马铃薯 19500～22500 kg/hm^2、玉米 5250～6000 kg/hm^2。马铃薯按照 1.2 元/kg 计算，玉米按照 2.2 元/kg 计算，比单种一季马铃薯增收 4500 元/hm^2，比单种一季玉米增收 7500 元/hm^2。

方运生等（2014）在湖北房县高寒山区研究了马铃薯和地膜玉米立体间套高效栽培模式，适宜在鄂西北高寒山区推广应用。实行带状种植，带宽 1.5 m，每带种 2 行玉米、2 行马铃薯。马铃薯在土壤解冻后播种，一般在 2 月上旬—3 月中旬，行距 45 cm，株距 35 cm，开沟点播，播种深度 15～20 cm，播后起低垄，密度 37500 穴/hm^2。玉米于 3 月下旬—4 月上旬播种，双行马铃薯间套双行玉米，行距 40 cm，株距依密度调节，海拔 1200 m 以上的高山地区，种植密度为 60000～67500 株/hm^2。海拔 800～1200 m 的二高山地区，密度 52500～60000 株/hm^2。播后土壤水分充足才能盖膜，可以趁墒盖膜或等墒盖膜，两行玉米覆盖60 cm宽的超微膜。2011—2013年进行了马铃薯地膜玉米间套作示范333 hm^2，马铃薯平均产量达16950 kg/hm^2，玉米平均产量达9105 kg/hm^2，马铃薯地膜玉米模式可产粮食12495 kg/hm^2，产值38550元/hm^2，比单种玉米增加产值20040元/hm^2。

（3）大豆/玉米带状复合种植　该种植模式为国家近年来大力推广模式，适宜在鄂西山区推广。行比采用4：2模式。春玉米于3月中旬至4月中旬播种，夏大豆于5月下旬至6月中旬于预留行间播种。单元宽度2.6 m，大豆种植4行，行距33 cm，大豆与玉米间距60 cm，玉米种植2行，行距40 cm。紧凑型春玉米品种亩有效株数4000株左右，亩播种粒数5000粒左右，播种株距10 cm左右。半紧凑型玉米品种亩有效株数3000株左右，亩播种粒数4000粒左右，播种株距13 cm左右或移栽株距17 cm左右。夏大豆亩有效株数10000株左右，亩播种粒数11000粒左右，播种株距10 cm左右。该种植模式玉米不减产，另外多收一季大豆，提高了土地复种指数，增加了农民收入。

（4）玉米/中药材间作模式

①玉米/白芷间作　该模式实行带状种植，玉米于每年的3月中旬播种，9月上旬收获；白芷于每年的3月中旬播种，于第三年8月中旬收获。玉米株距90 cm，行距1.6 m；玉米与白芷间作，每2行玉米间移栽3行白芷，白芷株距15 cm，行距35 cm。据研究，玉米+白芷间作处理3年经济纯收入为28800元/hm^2，玉米单作处理经济纯收入仅为6787.5元/hm^2，与玉米单作处理相比，玉米+白芷间作处理增加收入22012.5元/hm^2。玉米+白芷间作处理经济纯收入是玉米单作的4.24倍。

②玉米/黄精间作　该模式为带状种植，实行垄作，垄宽1.6 m，每垄种植2行玉米，2行黄精，黄精种在2行玉米中间，玉米与黄精的行距约25 cm。黄精3月中旬开沟移栽，玉米3月中下旬至4月上旬点播。黄精行距25～30 cm，株距25 cm，种植密度为150000～195000株/hm^2。玉米行距80 cm，株距50～60 cm，种植密度为19500～22500株/hm^2。

③玉米/北柴胡套作　该模式为林下种植。北柴胡3月中旬开沟直播，株距4～6 cm；玉米3月中下旬至4月上旬点播，株距50～60 cm，种植密度为28200～39900株/hm^2。

（5）辣椒/（鲜食）玉米带状复合种植　适宜在鄂西山区推广。行比采用4：2模式。辣椒于上年11月育苗，于3月中旬至4月中旬移栽，同时在辣椒预留行间播种或移栽玉米。一般单元宽2.2 m，带间距60 cm，辣椒两边种植，共种植4行，行距50 cm，株距40 cm；玉米种植于辣椒第2和第3行之间，行距40 cm，株距25 cm，玉米与辣椒间距40 cm，种植2行。玉米种植密度为36000株/hm^2，辣椒种植密度为45000株/hm^2。

（6）其他间套作模式　除了以上间套作模式外，在鄂西山区还有玉米/绿豆、玉米/冷豆、玉米/花生、茶叶/玉米等间套作模式。

（五）田间管理

田间管理是按照玉米的生长发育规律，针对各个生育阶段的特点，发挥人的主观能动作用，运用肥水管理等措施，进行适当的促控，满足玉米不同生育时期对养分水分的需求，使个体与群体协调发展，充分发挥其增产潜力，达到高产、稳产、高效的目的。

1. 中耕　中耕是玉米田间管理的一项重要工作。中耕的作用在于疏松土壤，流通空气，有利于根系呼吸，使根向下深扎，减少病虫害的中间寄主，有利于土壤微生物活动，促进土壤有机质分解，增加速效养分。中耕还可以灭除各种杂草，减少养分和水分消耗，垄面干净，可增加热量的吸收，提高地温，这些都有利于玉米的生长发育。

中耕在降雨、灌溉后及土壤板结时进行，效果尤为明显。鄂西山区玉米中耕一般在苗期和穗期进行。苗期中耕有保持土壤墒情，提高地温，灭除杂草，促进根系生长作用。一般在5～6片叶时进行，此时幼苗较小，要避免压苗，苗旁宜浅，一般4～6 cm为宜；行间宜深，一般10～15 cm为宜。穗期中耕有疏松土壤，改善通气和肥水供应状况，也有灭除杂草，蓄水保墒，防止倒伏的作用。一般在12～13片可见叶时进行，并结合追施穗肥，培土壅蔸。苗旁宜浅，一般6～8 cm为宜；行间宜深，一般10～15 cm为宜。

2. 科学施肥　施肥的主要目的是满足玉米的营养需要。玉米对氮肥很敏感，需要量大，利用率高，与农家肥和P肥配合使用时，在3～10 kg/亩范围内，每增施1 kg尿素可增产6～11 kg玉米。玉米需磷较少，但不能缺，三叶期时缺磷，将导致以后的空秆秃顶。玉米需磷量仅次于氮，尤其对马铃薯、玉米间套地块，增施钾肥不容忽视。玉米施肥原则是以有机肥为基础，重施氮肥、适施磷肥、增施钾肥、配施微肥。采用有机肥与磷、钾、微肥混合作底肥，氮肥以追肥为主。

春玉米追肥应前轻后重，夏玉米则应前重后轻。比如，直播露地春玉米追拔节肥（6～7叶期）时N素肥料需占施N总量的三分之一，喇叭肥（10～11叶期）占三分之二；直播夏玉米因农活忙、农时紧，多数是白籽下种，追肥显得十分重要，拔节肥（5～6叶期）应占总施氮量的三分之二，喇叭肥（10～11叶期）占三分之一。

玉米施肥量的确定因土壤肥力不同，达到的目标产量也不同，所需的施肥量也不一样。一般情况，高肥力地块通过施肥提供的产量占总产量30%以上，中等肥力地块占总产量40%以上，低肥力地块占计划产量的50%左右。也就是说，土壤肥力低的地块，施肥增产效果显著。试验表明，在中等肥力地块上，每增产100 kg玉米需要施氮5 kg、磷2 kg、钾3 kg。这种施肥量的运用十分简便，只需将增产的百千克数乘以百千克粮食需要的肥料数量即可。这仅是一个参照的计算方法，具体运用还应因地、因品种不同而作适当调整。亩产500 kg玉米的参考施肥量为，有机肥80～100 kg、氮肥9～11 kg、磷肥4～5 kg、钾肥5～6 kg、锌肥1 kg。

（1）底肥　播种前施用的肥料为底肥。底肥可培肥地力，改良土壤结构，在玉米的整个生育期间源源不断地供给养分，以保证玉米的正常生长发育。底肥应以有机肥料或者生物菌肥为主，化学肥料为辅。一般每亩有机肥料40～80 kg，尿素6～7 kg，磷肥的三分之二可以做底肥，钾肥可将绝大部分或全部作底肥施入。

底肥的施用方法应根据底肥的数量、种类和播种期的不同而灵活掌握。如果数量不多，应开沟条施，这样可提高根系土壤的养分浓度，农谚有“施肥一大片，不如一条线”的说法。底肥数量较多时，可在耕前将肥料均匀地撒在地面上，结合耕地翻入土内。钾肥、磷肥和锌肥等化肥最好与有机肥料混合施用。套种玉米可于播种前条施底肥。

种肥是在播种时施在种子附近的肥料，也称口肥。种肥应以幼苗容易吸收的速效肥料为主。施肥时要注意肥料不要与种子接触，施用数量也不能过多，否则会影响出苗。每亩可施用氮肥 1～1.5 kg，磷肥或钾肥各 0.8～1 kg；锌肥则适宜做拌种，方法是锌肥 10 g 加水 50 g，拌种 1.5～2 kg，堆闷 1 h、摊开阴干即可播种。

（2）追肥　为提高玉米单位产量，实现高产优质的目的，掌握追肥最佳时间、肥料数量、追施肥料种类是非常重要的。在玉米生长、发育过程中，吸收氮、磷、钾的比例是比较固定的，吸收比例大约为 3∶1∶2.8，前期吸收磷、钾比较多，后期吸收氮比较多。因此，磷、钾肥宜作底肥或种肥，氮肥的 2/3 宜作追肥。掌握最佳追肥时间，实现科学施肥、经济施肥，为玉米增产增收打下坚实的基础。

①追肥种类　追肥的种类主要以速效氮为主，比如尿素；以钾肥、磷肥为辅，比如硫酸钾、过磷酸钙或磷酸二氢钾。

②追肥数量　高产田、地力基础好、底肥数量多的宜采用轻追苗肥、重追穗肥和补追粒肥的追肥法。苗肥用量约占总追氮量的 30%，穗肥约占 50%，粒肥约占 20%。中产田、地力基础较好、底肥数量较多的宜采用施足苗肥和重追穗肥的二次追肥法，苗肥约占 33%，穗肥约占 67%。低产田、地力基础差、底肥数量少的采用重追苗肥、轻追穗肥的追肥法，苗肥约占 60%，穗肥约占 40%。

A. 苗肥　一般在定苗后至拔节期（叶龄指数 30% 左右）追施。即将过去的提苗肥和拔节肥合为一次施用，有促根、壮苗和促叶、壮秆的作用，为穗多、穗大打好基础。苗肥除施用速效氮肥外，还可同时施入磷肥和钾肥，也可施入腐熟的有机肥。

B. 拔节肥　拔节肥能促进中上部叶片增大，增加光合面积，延长下部叶片的光合作用，为促根、壮秆、增穗打好基础。追施拔节肥以氮肥为主，每亩可用 10～15 kg 尿素沟施或穴施，避免大雨前追施，以防被雨水淋溶。对于土壤中磷、钾肥不足的田块，追肥时也可掺入三元素复合肥，用量 7.5～10 kg/亩。

C. 穗肥　玉米在大喇叭口期追施穗肥，既能满足穗分化的养分需要，又能提高中上部叶片的光合生产率，使运入果穗的养分多，粒多而饱满，穗肥追施以速效氮肥为主，每亩以追施尿素 15～20 kg 为宜。

D. 粒肥　粒肥是指玉米抽雄以后追施的肥料，一般在灌浆期追施为宜。玉米抽雄以后至成熟期，还要从土壤中吸收氮、磷总量 40% 左右的养分。同时籽粒产量的 80% 左右是靠后期叶片制造光合产量。因此，后期一般应施入一定数量的速效化肥，保证无机营养的充分供给，延长叶片功能期，提高光合效率，增加光合产物积累，促进粒多、粒重，以获得优质高产。

在追施磷肥时需要把握住两个时期，以提高追肥效果：一个是作苗肥与速效氮一起追施，防止红苗；一个是作为粒肥，在开花、灌浆期追施或叶面肥喷施。叶面喷施时，一般每亩用磷酸二氢钾 250 g 兑水 75 ~ 100 kg，在授粉后 5 ~ 10 d 抢晴均匀喷叶。

（3）控（缓）释肥的应用　控释肥是一种具有肥效长、稳定、利用率高等特点的新型肥料。控释肥作为一种新型的复合肥料，可以通过外层包膜材料的控制，避免肥料因空气蒸发、雨水淋溶、地下渗透等原因引起的流失，同时能够控制肥料释放养分的速度与作物需要养分的量相一致，因此能够满足植物在整个生长期对养分的需求，减少了营养元素的损失，使肥效利用率达到 80% 以上。此外，施用控释肥减少了作物施肥的次数，减少了人工劳动成本的投入，节约了成本，起到了高产节能减排，省时省工环保的效果。

综合各方面的研究结果，控释肥最佳的施用方法是：在整地时作底肥旋耕翻施或播种时作底肥沟施，用量为常规肥料的 60% ~ 80% ，即约 600 ~ 750 kg/hm^2，一次性施入，施肥深度 10 ~ 15 cm，能够保障玉米正常生长需求，能够显著提高玉米籽粒产量，增加籽粒中蛋白质、游离脂肪酸和粗脂肪的含量。

葛均筑等（2013）曾通过大田试验，研究了一次性施肥方式对长江中游春玉米产量及养分吸收、转运和利用的影响。研究结果表明，一次性施肥方式与农民常规施肥方式相比，一次性施肥方式对春玉米全生育期内干物质积累、氮素转运和利用效率的影响不显著；一次性施肥能减少磷素和钾素的投入，但并不影响春玉米整个生育期磷素和钾素的积累和转运，同时显著提高了磷素和钾素的养分利用效率，产量差异不显著，但经济效益提高 1429 ~ 1725 元/hm^2。

卫丽等（2010）、赵斌等（2012）分别研究了控释肥一次性施肥对夏玉米生长和品质的影响。结果表明，在等养分量条件下，与常规施肥技术相比，控释肥能有效协调吐丝期至成熟期植株体碳、氮代谢，叶片可溶性蛋白的含量增加 2. 20% ~ 10. 39% ，硝酸还原酶（NR）活性提高 3. 22% ~ 32. 10% ，植株叶片和茎鞘可溶性总糖分别增加 6. 78% ~ 46. 71% 和 1. 26% ~ 35. 99% ，全氮含量分别增加 0. 50% ~ 10. 69% 和 1. 09% ~ 41. 92% ；而可溶性总糖和氮素转运率均小于常规施肥。说明控释肥能较好满足夏玉米在吐丝期至成熟期生长需要，协调其碳、氮代谢。一次性施肥的玉米籽粒的粗蛋白和可溶性糖含量和产量都显著高于等量普通复合肥；淀粉的含量，施肥量少的处理要高于施肥量多的处理，但差异不显著；控释肥与普通肥间淀粉支/直比差异均未达到显著水平，缓释肥一次性施肥能提高和改善玉米品质。

另外，还应大力推广应用测土配方施肥技术，实行平衡施肥，要稳施或适当少施氮肥，适施磷肥，增施钾肥；合理利用与管理耕地土壤，达到耕地土壤养分协调、均衡供给；还应该发展有机肥料，培肥耕地地力。

鄂西山地以黄壤土和棕壤土为主。黄壤土分布于恩施自治州和宜昌地区海拔 500 ~

1200 m 的中高山区，土壤层次分异明显，呈酸性，有机质含量较高，平均比红壤高 22.4%，其他矿质养分与红壤相近或略丰。棕壤土主要分布于鄂西自治州和郧阳地区各县、市和神农架、长阳、五峰、秭归、兴山、保康等县（区），土壤呈酸性，肥力较高，但矿物质淋失较多，普遍缺 K、Fe、Ca、Mn。

鄂北襄樊、郧阳及荆州北部，海拔 800 m 以下的低山、丘岗、盆地及平坝阶地，黄褐土集中分布于此，质地较为黏重，整个土体结构紧实，难犁难耙，不易利用墒情，土壤有机质、速效磷、钾的含量及保肥性能尚可。

徐祥玉等（2010）在固定 N 肥用量情况下研究了鄂西北山区磷、钾不同配比组合对玉米产量及养分累积的影响。结果表明，在 45 ~ 75 kg/hm^2 磷肥用量下，增施 K 肥有利于提高功能叶面积；在 75 ~ 120 kg/hm^2 K 肥用量下，增施磷肥可以提高株高和穗位高；钾肥可通过提高穗位叶宽来提高穗位叶面积。

但需要注意的是，施磷量并不是越多越好。在一定施磷量范围内，春玉米叶片数、株高和产量随着施磷量的增加而增加，但当施磷量达到一定值后，再继续增加施肥量，产量反而开始下降。磷肥过量导致负效应的原因很多，主要有三点：造成土壤中养分失衡，进而导致玉米营养失调，最终导致减产；导致其他营养元素的有效性降低，如磷过量会造成锌、钼等营养元素缺乏，最终导致减产；促进作物呼吸作用，消耗的干物质大于积累的干物质，造成繁殖器官提前发育，引起作物过早成熟，籽粒小，产量低。

3. 水分管理 鄂西山区海拔在 200 ~ 2000 m，大山众多，地势高耸，随着海拔高度的变化，立体气候显著，年降水量也有显著差异。海拔 500 m 以下的丘陵地区，年降水量为 800 ~ 1000 mm，6 月中下旬风灾频繁，气温较高，常有伏旱和秋旱；海拔 500 ~ 800 m 的低山地区，年降水量为 800 ~ 1200 mm，6 月中下旬及 7 月上旬强对流天气频繁，由于降水分布不均，常有伏旱；海拔 800 m 以上的高山地区，年降水量为 1000 ~ 1700 mm，玉米抽雄期易遭遇干旱或冰雹等强对流天气；降水一般集中在 4—11 月，由于降雨量时空分布不均，经常出现季节性干旱，鄂西山区经常是春旱、初夏旱、伏旱和伏秋连旱重叠发生。

杨小华等（2012）研究了近 51 年鄂西山地降水量的变化，结果表明近 51 年鄂西山地降水量呈下降趋势，季节分配很不均匀，夏季多、冬季少，春季多于秋季，夏季集中了全年降水量的 41%，冬季仅占全年降水量的 7%。夏、冬季降水量呈上升趋势，春季降水量呈下降趋势，尤其秋季降水量呈显著下降趋势。

玉米全生育期都需要适当的水分才能满足正常的生长发育，相比禾本科其他作物，玉米是对水分反应最敏感的作物之一，也是旱地作物中需水量最大的。玉米从播种到出苗，需水量较少，土壤水分应控制在田间持水量的 65% 左右，有利于出苗。幼苗期植株矮小，生长缓慢，叶面蒸发量较小，土壤水分应控制在田间持水量的 60% 左右，有利于蹲苗，促进根系生长及培育壮苗。拔节孕穗期玉米生长旺盛，营养生长与生殖生长并进，需水量较大，此时若水分供应不足，容易造成“卡脖旱”，土壤水分应控制在田间持水量的70%左右。抽穗开花期玉米由营养生长转入生殖生长，对水分需求达到最高峰，称为需水临界期，土壤水分应控制在田间持水量的80%左右为宜。灌浆成熟期是玉米产量形成的主要阶段，也需要较多的水分，土壤水分应控制在田间持水量的75%左右为宜。

何俊欧等（2017）研究了1980—2014年湖北省低山平原区玉米需水量，结果表明，春玉米从播种至拔节期需水量为50.6 mm，占总需水量的11.6%；从拔节至吐丝期需水量为105.0 mm，占总需水量的24.1%；从吐丝至乳熟期需水量为176.8 mm，占总需水量的40.5%；从乳熟至完熟期需水量为103.6 mm，占总需水量的23.8%。夏玉米从播种至拔节期需水量为33.9 mm，占总需水量的8.2%；从拔节至吐丝期需水量为102.8 mm占总需水量的24.8%；从吐丝至乳熟期需水量为183.9 mm占总需水量的44.3%；从乳熟至完熟期需水量为94.3 mm占总需水量的22.7%。

玉米生长发育所需的水分主要靠降水供给。但是鄂西山区各地降水量差异悬殊，季节分布不均匀，常常发生季节性干旱，难以满足玉米正常生长的需要。因此，在降水量较少或出现季节性干旱的地区，必须进行灌溉来补充土壤水分的不足，以满足玉米生长发育对水分的需求。掌握正确的灌溉技术，保证适时、适量地满足玉米不同生育阶段对水分的需求，是提高玉米产量的重要手段。目前玉米节水灌溉的方式主要有喷灌、微灌（包括滴灌、微喷灌、渗灌等）、沟灌等。

（1）喷灌　是一种机械化高效节水灌溉技术，利用专门的设备把水加压，或利用水的自然落差将有压水送到灌溉地段，通过喷头喷射到空中形成细小的水滴，均匀地洒布在田间进行灌溉。这种灌溉方式具有节省水量、不破坏土壤结构、调节地面气候、适用于各种地形等优点。与地面灌溉相比，一般可省水30%～50%，增产10%～30%，提高工效20～30倍。因此，喷灌被广泛应用于灌溉大田作物、经济作物、蔬菜等。但是，这种灌溉方式容易受到大风的影响，造成喷洒不均匀，蒸发损耗大，一次性投资也较大。

（2）微灌　是利用微灌系统将有压力的水输送到田间，通过灌水器以微小的流量湿润作物根部附近土壤。微灌又可分为滴灌、微喷灌、小管灌和渗灌4种。这种灌溉方式由管道输水、基本没有沿途渗漏和蒸发损失，主要实现局部灌溉，不易产生渗漏，比地面灌溉省水50%～70%，比喷灌省水15%～20%。微灌具有最大限度提高作物产量和降低水分消耗的特点，同时控制杂草，降低土壤蒸发，提高根系活力和吸收能力，减少根际水分和土壤盐分的深度渗漏。

（3）沟灌　是起垄玉米地常用灌溉方式，这种方式能较好保持耕层土壤团粒结构，改善土壤通气情况，促进玉米根系发育，增强抗倒伏能力。这种方法既省工又节水，还可以防止玉米因降雨过多造成涝害。

冯春福等（2012）介绍，武陵山区全境处于亚热带范围内，受季风影响，气候温暖湿润，雨热同期，有利于玉米生长，年降水量的70%～80%集中在4—10月，基本上与玉米生长季节一致。但时空分布极不均衡，并且由于季风的影响，在年季之间有较大变化，反映在玉米生长季节雨期的长短及其热量、雨量具有不稳定性的特点。因此，经常出现干旱、洪涝、低温、霜冻等主要气象灾害。其中旱灾尤为频繁，伏旱、秋旱更为严重，直接威胁玉米增产增收。玉米无灌溉条件保证，多靠雨养，武陵山区多为坡地槽田，保水保肥能力差，干旱已成为影响武陵山区玉米生产的主要限制因素。

冯春福等（2012）介绍了膜侧集雨节水灌溉技术。该技术的关键是改 80 cm 幅宽地膜覆盖大垄双行玉米为 40 cm，在行间实行膜际栽培，并组装集成“沟施底肥、小垄双行、待雨盖膜、膜际栽苗、交替用水”等关键技术，达到集雨节水高产的目的。该技术节水增产的原因：一是能有效集蓄盖膜后降水，通过间歇性降水与干旱使玉米根部处于干湿交替环境，有利于促进根系发育，使根量增加和根活性增强；二是有利于降低根部高温危害，维持生长中后期根系正常生长所需的温度，可极大地缓解全垄覆盖玉米后期早衰的问题，延长籽粒灌浆期；三是降低成本，用膜成本降低 40% ~60% ，减少全膜覆盖引苗出膜的用工；四是可再利用，减少残留，降低“白色污染”，保护农业生态环境。

与灌水相对应的就是排水，鄂西山区坡地多，平地少，一般不需要排水，但是在低山丘陵地区若遇到季节性连阴雨或大暴雨，就会对玉米产生伤害。在易发生涝渍灾害的地块则需要在播种前开好排水沟渠，防止因降雨过多对玉米生长造成影响。

（六）适期收获

玉米的成熟需经历乳熟期、蜡熟期、完熟期三个阶段。完熟期是玉米的最佳收获期；若进行茎秆青贮时，可适当提早到乳熟末期或蜡熟初期收获。甜玉米一般在吐丝后 21 ~24 d 收获，糯玉米一般在吐丝后 22 ~26 d 收获，正确掌握玉米的收获期，是确保玉米优质高产的一项重要措施。

1. 成熟标准 每一个玉米品种都有一个相对固定的生育期，只有满足其生育期要求，在玉米正常成熟时收获才能实现高产、优质。判断玉米是否正常成熟不能仅看外表，而是要着重考察籽粒灌浆是否停止，以生理成熟作为收获标准。玉米籽粒生理成熟的主要标志有两个，一是籽粒基部黑色层形成，二是籽粒乳线消失。玉米成熟时是否形成黑色层，不同品种之间差别很大，有的品种成熟以后再过一定时间才能看到明显的黑色层。因此最简单的判断方法是当全田 90% 以上的植株茎叶变黄，果穗苞叶枯白，籽粒变硬（指甲不能掐入），显出该品种籽粒的固有色泽时即表明已经成熟可收获了。

2. 收获方法 适时晚收有利于提高产量、降低收获时籽粒含水量。玉米灌浆时间越长，灌浆强度越大，玉米产量就越高，所以在玉米生长后期延长灌浆期是提高产量的重要途径。玉米收获时，可人工收获果穗晾干后脱粒，也可用机械收获。玉米机械化收获可分为摘穗型和籽粒直收型，相较于传统人工收获更高效、省事，特别是籽粒直收型，可一次性实现摘穗、剥皮、脱粒、清粒、集装、自卸、粉碎秸秆等作业。

据试验资料，玉米自蜡熟开始至完熟期，每晚收 1 d，千粒重会增加 3 ~ 4 g，亩增产 5 ~ 7 kg，如按晚收 10 d 计算，亩增产可达 50 kg 以上。另外，推迟收获的玉米籽粒饱满、均匀，小粒、秕粒减少，籽粒含水量较低，蛋白质含量高，商品性好，也便于脱粒储存。特别是持绿性好的品种如：宜单 629，适时晚收增产效果更明显；另外，利用机械化收获时，推迟 5 ~ 8 d 收获更合适。

（七）玉米生产的全程机械化

玉米生产全程机械化是指玉米从播种到收获的全过程中应用机械作业的轻简化生产技术，包括耕整、播种、施肥、中耕除草、防虫治病、收割脱粒、烘干贮藏等配套技术。其中，机械耕整地、机械播种和机械收获是重点环节，一般以此 3 个环节综合计算玉米生产全程机械化程度。一般单项作业水平达到 85% 以上称为实现玉米生产全程机械化。玉米实行机械化生产，不仅可减轻农民的劳动强度，还有利于缓解抢收抢种压力，抵御自然灾害的影响，而且可确保农艺措施到位，降低生产成本，实现玉米生产节本增效，增加农民收入。据统计，通过采用玉米密植高产全程机械化生产技术，亩增产 10%，亩省工节本增效 220 元左右。通过机械收获，每公顷可减少损失 3% ~5%。

玉米是湖北省第三大粮食作物，常年种植面积 1100 万亩左右，是重要的粮食、饲料和工业原料兼用农作物。当前，湖北省玉米机播水平 20% 左右、机收水平 40% 左右，低于全国平均水平。2020 年，湖北省玉米生产综合机械化水平达 57%，在鄂北岗地夏玉米区、平原丘陵玉米区和部分鄂西山地春玉米区推广应用玉米全程机械化节本高效生产技术 250 余万亩。鄂西山地玉米区是湖北省玉米相对稳定的主产区，由于该区域地形复杂、土地分散、市场上现有的机械对山地的适应性差等问题，导致鄂西山区玉米生产机械化程度较低。2020 年十堰市农机总动力达 182 万 kW，同比增长 2.17%，实现机耕面积 418 万亩，机播面积 108 万亩，机收面积 200 万亩。恩施州玉米生产综合机械化水平为 35%。

吴承国等（2016）探索了适宜鄂西北低山丘陵区的夏播玉米全程机械化集成生产技术，以加快机械化进程，促进鄂西北山地玉米产业发展。2012—2015 年连续开展了夏玉米品种筛选试验、播期试验和种植密度试验，筛选适宜鄂西北山区机械化生产的夏玉米品种，研究相应的栽培技术，并结合农机具进行了机械化生产试验，论证其可行性以及评价其生产效益。筛选出了最适宜鄂西北低山丘陵地区夏播玉米机械化生产的玉米品种郑单 958，播种时间控制在 6 月 15 日前最佳，种植密度为 5000 株/亩最佳。研究出了一套适宜低山丘陵地区的夏播玉米全程机械化生产模式。

李俊（2018）针对谷城县内地势结构复杂，农业种植结构多样的特点，通过市场调研、组织培训班、举办现场演示会、技术示范等方式，探索了谷城县推进玉米全程机械化的思路与对策，认为推广玉米生产全程机械化技术，不仅可大幅度减轻农民的劳动强度，降低生产成本，解放劳动力，而且还可最大限度地为玉米生长创造最佳的生育条件，发挥良种、肥料等生产要素增产作用，具有显著提高玉米单产的功效。同时还将有效实现玉米种植的标准化、规模化，进而大幅度提高玉米生产的市场竞争力。

王华等（2018）介绍了秭归县玉米全程机械化项目，玉米全程机械化项目示范户亩平单产608.8 kg，而传统种植玉米亩平单产552.5 kg，项目示范户亩平增产56.3 kg，亩平增收112.6元，亩增10.2%。全程机械化种植田从种到收实行机耕、机防、机收、机运，每亩节省用工8个以上，每亩节约成本200元左右，减轻劳动强度60%以上，破解了农村劳动力老龄化加剧，无人来种田的难题，初步评估亩平节本增收500元以上。另外，推进玉米机收后秸秆科学还田，有利于土壤改良。减少焚烧秸秆造成的环境污染，有利于高效农业的可持续发展。

朱祥芬等（2020）结合湖北省山地玉米区现有生产技术模式及其特征，山地玉米机械化生产技术模式的研究现状，分析归纳湖北省山地机械化生产制约因素，并提出具体的解决措施，为山地玉米机械化生产快速发展提供理论基础。

2015年湖北省农机局发布了《湖北省玉米生产机械化技术指导意见》，为鄂西山区玉米生产全程机械化发展指明了方向。结合鄂西山区玉米生产实际，将鄂西山区玉米生产全程机械化技术要点总结如下：

玉米生产全程机械化技术主要包括播前整地、播种、灌溉、中耕、植保、收获等环节。其中播前耕地、灌溉、中耕、植保可采用通用机械作业，制约玉米生产机械化作业操作环节主要是玉米机播、机收两大环节。

1. 播前准备

（1）机具选择　玉米播种机配套80马力①以上的驱动机械，机播、直播玉米主要采用的是玉米精（少）量播种机械，建议使用集播种、施肥、喷洒除草剂等多道工序于一次完成的播种机，可采用免耕直播技术。生产上使用的播种机械有雷沃欧豹TB604拖拉机、东风804拖拉机、亚澳SGTNB-180Z4/8F型旋播机、大华宝来2BFJ型、2BYM-2型、2BYJLS-2型等。

（2）品种选择　应选择密植抗旱、抗病、抗倒、适宜机械化收获的稳产、高产、优质玉米品种，种子必须用种衣剂进行处理。精（少）量机械播种的地区，必须选用高质量的种子并进行精量处理，处理后的种子纯度应达到96%以上，净度达98%以上，发芽率达95%以上。

（3）选地整地　应选择土质肥沃，灌、排水良好的地块。墒情以10 cm深土壤含水率70%为宜。播种前开沟整地，耕翻宜早不宜晚，对土壤黏重，或秋雨多的低洼潮湿地，可在早春进行耕地；对于前茬腾地晚、来不及进行冬前耕翻的春玉米地，要尽早春耕；对于无浇灌条件的旱地，春季要进行耕耙整地，破碎大的土块、疏松表土、平整地面，以减少水分蒸发。在地势平坦的地方，可按照保护性耕作技术要点和操作规程实施

① 1马力=0.746千瓦（kW）

免耕播种，或利用圆盘耙、旋耕机等机具实施浅耙或浅旋。在山区小片田地，可使用微耕机耕整。夏玉米播种前小麦秸秆留茬高度不高于 15 cm，秸秆粉碎后抛撒于地表。

2. 播种

（1）播种时间　一般情况下，春玉米土壤 5 cm 深处土壤温度稳定在 8 ~ 12 ℃，土壤含水率在 14% 左右时，即可进行播种。春玉米在 3 月底至 4 月上旬抢晴天播种，夏玉米在 6 月 10 日前完成播种。

（2）精量播种　各地应按照当地的玉米品种特性，选定合适的播量，保证亩株数符合农艺要求。应尽量采用机械化精（少）量播种技术，作业要求是，单粒率≥85%，空穴率<5%，伤种率≤1.5%。

（3）播深准确　种子播在耕层土壤中的位置保证在镇压后种子至地表的距离为 3 ~ 4 cm，误差不大于 1 cm。

（4）科学施肥　种肥应施在种子下方或侧下方，并尽可能分层施肥，与种子相隔 5 ~ 7 cm，且肥条均匀连续。

（5）株距均匀　精密播种要求株距均匀一致，误差量≤20%，株距根据不同品种对密度的要求进行调整。

（6）行距一致　种子落在种床后的左右偏差要小，以种床中心线为基准，左右偏差不大于 4 cm，出苗后一条线，以利于田间管理。等行种植，行距采用 50 cm 或 60 cm，玉米行距的调节，既要考虑当地高产种植规格和管理要求，还要考虑玉米联合收获机机收的适用行距要求，一般要求行距 50 ~ 70 cm。

3. 田间管理

（1）化学除草　玉米田间化学除草主要有苗前封闭除草和苗后除草，可用植保无人机进行作业。苗前封闭除草剂主要有乙草胺、莠去津、异丙草胺、2·4-D 丁酯等。苗后除草剂主要有烟嘧磺隆、莠去津、磺草酮等，玉米苗 3 ~ 5 叶期喷施。

（2）中耕施肥　根据土壤肥力状况及玉米田间长势，分别在玉米 3 ~ 5 叶期或小喇叭口期，采用高地隙中耕施肥机具或轻小型田间管理机械，进行中耕追肥机械化作业，一次完成开沟、施肥、培土、镇压等工序，追肥机各排肥口施肥量应调整一致。中耕追肥机具一般为微耕机或多行中耕机、中耕追肥机。应具有良好的行间通过性能，追肥作业应无明显伤根，伤苗率<3%，追肥深度 6 ~ 10 cm，追肥部位在植株行侧 10 ~ 20 cm，肥带宽度>3 cm，无明显断条，施肥后覆土严密。

（3）害虫防治　苗期用 2.5% 高效氯氟氰菊酯乳油防治地老虎、蛴螬等地下害虫，穗期用氯虫苯甲酰胺（5%）、虱螨脲等防治草地贪夜蛾、玉米螟等害虫，可用植保无人机进行作业。

4. 收获　完熟期适时进行收获作业，根据地块大小和种植行距及作业要求选择合适的联合收获机、青贮饲料收获机型。

（1）机具选择　玉米收割机的驱动机械需要 100 马力左右，收获机行距应与玉米种植行距相适应，行距偏差不超过5 cm。目前玉米收获机型主要有摘穗型和摘穗脱粒型两种，摘穗型玉米联合收割机，可一次完成摘穗、集穗、自卸、秸秆还田作业；摘穗脱粒型可一次完成收割、脱粒、清选、集装、自卸、粉碎还田等作业。各地可根据生产实际需要进行选择，鄂西山地玉米产区应以中小型玉米机型为主。生产上使用的摘穗型玉米联合收割机有东华4YZB-2型联合收割机和谷王CE30型联合收割机，摘穗脱粒型玉米联合收割机有久保田4LZ-2.5型、雷沃谷神RG70等。

（2）作业质量要求　玉米果穗收获，籽粒损失率≤2%，果穗损失率≤3%，籽粒破碎率≤1%，果穗含杂率≤5%，苞叶未剥净率<15%；玉米脱粒联合收获，玉米籽粒含水率≤23%；玉米青贮收获，秸秆含水率≥65%，秸秆切碎长度≤3 cm，切碎合格率≥85%，割茬高度≤15 cm，收割损失率≤5%。秸秆还田作业留茬高度≤10 cm、还田茎秆切碎合格率≥90%、还田茎秆抛撒不均匀率≤20%。

（3）作业要点

①正确选择作业速度　在正常情况下，若地块平坦、玉米成熟一致田间杂草又较少时，可以适当提高收割机的前进速度。雨后或早晚露水大，作物秸秆湿度大，在收割时前进速度要慢一些；晴天的中午前后，作物秸秆干燥，前进速度选择快一些；对于密度大、植株高大的在收割时前进速度要选择慢一点，密度小又稀矮的前进速度可选择快一些。新收割机刚开始投入作业时，各部件技术状态处在使用观察阶段，作业负荷要小一些，前进速度要慢些，观察使用一段时间后，技术状态确实稳定可靠且玉米又成熟干燥，前进速度可快些，以便充分发挥机具作业效率。

②收割幅宽大小要适当　在收割机技术状态完好的情况下，尽可能进行满负荷作业，割幅掌握在割台宽度的90%为好，但喂入量不能超过规定的许可值，在作业时不能有漏割现象。

③正确掌握留茬高度　在保证正常收割的情况下，割茬尽量低些，但最低不得小于6 cm，否则会引起割刀吃泥，这样会加速刀口磨损和损坏。留茬高度一般不超过15 cm。

④作业时应保持直线行驶　收割机作业时应保持直线行驶，允许微量纠正方向。在转弯时一定要停止收割，采用倒车法转弯或兜圈法直角转弯，不可图快边割边转弯，否则收割机分禾器会将未割的作物压倒，造成漏割损失。

⑤合理使用收割机　作物在乳熟期也就是在没有断浆时，严禁收割；对倒伏过于严重的作物不宜用机械收割；刚下过雨，秸秆湿度大，也不宜强行用机械收割。操作手在具体作业时，要根据实际情况，能够使用机械收割的，尽量使用机械收割。

二、其他栽培方式

（一）免耕、秸秆还田

1. 免耕、秸秆还田定义　免耕通常指零耕，又称少耕或直接播种。指播种前不用犁、耙整理土地，直接在茬口地上播种，在播后和生长期间不使用农具进行土壤管理，并用上茬作物的秸秆、残茬覆盖地表，减少对耕作土壤的耕、翻等搅拌作业，降低土壤风蚀、水蚀，提高土壤肥力和抗旱能力的一项先进农业耕作技术。玉米免耕种植技术的核心是在未耕土地上一次性完成开沟、播种、施肥、覆土和镇压等多道作业工序，免耕直播技术已经非常成熟。由于该技术具有轻简化、节本增效、环境友好等多项优点，深受农户欢迎。

玉米免耕、秸秆还田种植技术包括秸秆处理、免耕播种、化学除草、机械深松、肥料运筹、病虫害综合治理等技术环节，是与现代农机技术、简化栽培技术及生态需求相适应的先进农作体系，国外发达国家在20世纪70年代、80年代已大面积生产应用。中国从20世纪90年代开始开展玉米免耕种植机械化技术研究，随着种子质量、农业机械化作业水平、耕作栽培技术等逐步提高，我国玉米免耕种植技术体系不断发展和完善。

鄂西地区山大人稀、交通不便，青壮年劳力大都外出务工，家中留守大部分为老人、小孩、妇女和残障人士，山区青壮年劳力紧缺已成现状，因此，鄂西地区玉米免耕栽培技术运用效果较为突出。在海拔较低地区，主要应用于小麦—夏玉米连作中的夏玉米栽培和水稻—夏播玉米（秋玉米）连作中的玉米栽培，适宜地区有湖北省的十堰市、恩施州、宜昌市等地的部分区域。

2. 玉米免耕、秸秆还田的优势　洪波（2016）介绍了免耕栽培的优势：①土壤保温功能强；②因为土地表面有玉米秸秆的覆盖，土壤的水、肥、气、热可协调供给；③免耕栽培技术与翻耕技术种植的玉米相比，生长快，苗情好；④免耕栽培技术不但肥料不易流失，而且产量也会得到相应提高；⑤使用免耕栽培技术的玉米抗倒伏性较好；⑥秸秆粉碎增加了土壤有机肥含量，使土壤肥力得以提高，土壤结构得以改善，产量提高。

免耕栽培与传统意义上的栽培模式相比较，是现代农业发展的一个趋势，在有条件的地区，免耕、秸秆还田栽培模式更加受农户的欢迎。其相比较传统栽培模式有以下优势：一是上茬作物的秸秆粉碎还田后增加了土壤有机质含量，使土壤结构得以改善，土壤肥力得以提高，从而促使当季作物产量提高；二是免耕栽培技术减少了农机具的使用和人力、畜力的投入，既减少田间作业次数，又节省时间、劳动力和能耗，大大降低生产成本，提高相对经济效益；三是免耕栽培技术因为土地表面有上茬作物秸秆的覆盖，土壤中的水、肥、气、热可协调供给，与翻耕技术种植的玉米相比，出苗快、生长快、苗情好、抗倒伏性强，从而使产量得到相应提高；四是免耕、秸秆还田能够大大降低水和风对土壤的侵蚀，保持土壤自我保护机能和营造机能，增加土壤有机质，提高水分利用率，提高土壤对水土的保持能力，改善土壤的可耕作性；五是培肥土壤，秸秆还田后可促进土壤微生物的活动，土壤中有机质增加，使土壤中的有机磷、有机氮、全磷、全氮等增加，有利于土壤有机质积累，培肥地力。

3. 茬口安排及操作步骤

（1）茬口安排　因为茬口衔接及作物生育期影响，鄂西山区免耕茬口衔接主要以冬小麦—夏玉米和冬油菜—夏玉米连作为主，也有少量马铃薯—春玉米或豌豆（蚕豆）—春玉米连作模式，因马铃薯、豌豆等主要作为菜用及小杂粮，种植面积较小，此种轮作模式也相对较少。

（2）品种与播期　春玉米免耕播种时多为平作不起垄，因玉米萌芽所需地温≥10 ℃，春季地温提升较慢，一般较传统耕作模式推迟 3 ~4 d 播种，最佳播种时间应在 4 月 15 日前后，最迟应在 5 月 15 日前完成播种。品种应选用生育期略短、抗病、抗虫性强、稳产性好的品种，低洼地湿度大、地温低时应适当推迟播种期。夏玉米品种应选择生育期短、抗涝耐高温、抗病性强、稳产性较高的品种，小麦或油菜收割后晾田 3 ~5 d 即可播种，最佳播期应在 5 月 25 日—6 月 5 日，因上茬作物收获较晚时，可适当推迟播种，一般最晚不宜超过 6 月 15 日。

（3）播种质量　播种质量也是保障玉米出苗率和出苗质量的一个重要因素。根据播种地的土壤温度、墒情含量及土壤类型，合理调整播种深度，一般播种深度 4 ~6 cm 为宜，土质较好的情况下可适当浅播，为 3 ~5 cm，土壤质地疏松的地块应适当深播，为 5 ~7 cm，有利于土壤保墒增温，促使种子早萌发。参考品种密度、种子千粒重和发芽率确定播种量，播行内、播行间播种量误差不超过 5% 。

（4）肥料管理　秸秆还田情况下，适当增加底肥中氮素用量利于秸秆的腐烂，增加土壤中有机质含量，可培肥土壤，改善地力；前茬秸秆少的情况下，要适当提高追肥的用量。底肥应在播种同时分层深施或侧施，底肥集中使用可适当提高肥料利用率，但是切记种、肥隔离，防止烧苗，也可以播前旋耕时把底肥均匀撒施于田间。追肥一般分 2 次进行，即苗肥和穗肥，一般结合中耕深松采用条施或穴施，苗肥和穗肥用量要根据苗情和地力条件相结合，贫瘠地块要适当加大用量，反之可适当减少用量。

（5）水分管理　免耕及秸秆还田栽培一般要抢农时，尽可能早播，免耕夏玉米时要先播种再浇“蒙头水”，以保证玉米种子能够正常萌发和出苗。在苗期、拔节期、孕穗期、乳熟期及蜡熟期时，视季节气候及田间土壤墒情，实时关注水分供应，若土壤墒情不足时，应及时灌溉，以保障土壤墒情。遇雨涝灾害，应及时开沟排涝，防止因特殊气候导致玉米减产甚至绝收。

（6）病、虫、草害防治　详见以后有关章节。

4. 玉米免耕、秸秆还田的效益分析　免耕和秸秆直接还田，技术内容在不断完善和创新，方式方法也各不相同，应用范围逐步扩大，取得了良好的经济效益、社会生态效益。

（1）经济效益　据毛亚勋等（2010）研究表明，免耕栽培最直接的作用是减少机耕费用、节省劳力、降低能耗，据试验计算，免耕栽培比常规栽培节约人畜机械费 60 元/亩左右，增加收入达 9% ~17% 。

罗晓明（2017）研究表明，免耕玉米亩产 550 kg，高产栽培亩产 700 kg，虽然免耕栽培模式下少了 150 kg，但是免耕玉米种植每亩投入 680 元，高产栽培每亩投入 1450

元、投入和产出相比较，免耕玉米每亩经济纯收入 420 元，高产栽培每亩经济纯收入亏损 50 元；免耕玉米种植与一般种植相比较，产量免耕玉米亩产 550 kg，一般种植亩产 600 kg 少了 50 kg，但是免耕玉米种植每亩投入 680 元，一般种植每亩投入 1280 元，投入和产出相比较，免耕玉米每亩经济纯收入 420 元，一般种植每亩经济纯收入亏损 80 元；总之免耕玉米种植比高产栽培经济纯收入亩产高 470 元；比一般种植亩产高 500 元。

实施冬季作物（如冬小麦、冬油菜等）加夏玉米两茬秸秆直接还田保护性耕作技术，既能减少投入成本，又能提高作物产量，其经济效益明显高于传统耕作方法。利用免耕玉米种植相对低投入，对比高产栽培的高投入，虽然免耕措施下产量有所下降，但是免耕措施下的投入较低，直接降低了成本，还间接减轻了种植户的劳动强度，从而产生的经济效益却更高。免耕栽培技术在当前及今后能源供需矛盾日趋紧张和人力劳动工资上涨的形势下，是最佳的栽培方式。特别是在十年九旱的大部分山区，越是干旱的年份，实施免耕及秸秆还田带来的增产幅度越大，玉米增产增收可达到 30% ~40% 。

（2）社会生态效益　实施免耕栽培及秸秆还田技术，具有显著的蓄水保墒、培肥地力、提高水分利用率等优势。具体而言，秸秆覆盖后，可以减少地表径流，降低雨水冲刷带走地面耕作层土壤，减少水土流失；覆盖的秸秆可遮阴，减少水分蒸发，提高水分利用率，特别是在干旱年份，增强了土壤的蓄水能力和对水分的利用能力；覆盖的秸秆经腐烂后，能增加土壤中的有机质含量，促进耕作层土壤微生物的活动，从而改善土壤团粒结构，减少化肥的施用量，若逐年秸秆还田覆盖，土壤有机质含量会递增，土壤中的全磷、全氮、速效磷、速效氮也会增加。这些都有利于绿色种植的可持续发展，生态效益非常明显。

5. 玉米免耕、秸秆还田的注意事项

免耕生产技术对播种机具和播种质量的要求高，应尽量选择适合本地区生产模式的免耕播种机具，在机械操作中，要注意安全。

种、肥同播时要注意种、肥隔离，防止烧苗。

注意掌握好除草剂施用时期、用药浓度，防止药害发生；加强免耕条件下病虫害监测与防治工作。

夏玉米免耕种植与冬小麦的深耕或深松相结合统筹考虑。

（二）地膜覆盖栽培

地膜覆盖，是指以农用塑料薄膜覆盖地表的一种措施，具有减轻雨滴打击、防止冲刷与结皮形成的作用；可有效减少土壤水分的蒸发，天旱保墒、雨后提墒，促进作物对水分的吸收和生长发育，提高土壤水分的利用效率；能使土壤保持适宜的温度、湿度，使地温下降慢、持续时间长，利于肥料的腐熟和分解，提高土地肥力。地膜覆盖成本低、使用方便、增产幅度大，是一项既能防止水土流失，又能提高作物产量的常用措施。

地膜覆盖栽培的最大效应是提高土壤温度，一般应用地膜覆盖是为了抢抓农时季节，抢墒播种，为提早作物成熟服务。当前地膜不仅用于露地栽培，也用于早春保护设施内的覆盖。不仅在早春覆盖，夏、秋高温季节覆盖也取得良好效果。多雨季节地膜覆盖也有防雨、排涝效果，地膜覆盖在蔬菜类作物及经济作物种植上应用较多，近年来，在大田作物及玉米种植上应用地膜覆盖技术也逐步增加。早春种植玉米，运用地膜覆盖技术，可有效提早播期，抢在清明前后播种，能有效提高土壤中墒情，减少水分蒸发，提高水分利用率，促使玉米成熟期提前，特别是在特色玉米种植上，如早春甜玉米、糯玉米种植，能大大提早上市时间，间接增加有效土地的经济价值。地膜覆盖的增温效应因覆盖时期、覆盖方式、天气条件及地膜种类不同而异。

1. 应用地区和条件 20 世纪中期，部分工业发达的国家利用塑料薄膜覆盖地面，进行蔬菜和其他作物的生产均获得良好效果。日本最早从 1948 年开始研究利用，1955 年首先应用于草莓覆盖生产，并进行推广，1965 年正式开展了研究工作。1961 年法国开始在其本国的东南部试用薄膜栽培覆盖瓜类作物。意大利于 1965 年对蔬菜、草莓、咖啡及烟草等主要作物进行地面覆盖栽培。美国于 20 世纪 60 年代末开始用黑色薄膜覆盖栽培棉花。苏联主要在低温干旱季节进行薄膜地面覆盖栽培，用以提高地温，减少土壤水分蒸发。

地膜覆盖技术在我国于 20 世纪 70 年代初期开始进行试验，最开始是利用废旧薄膜进行小面积的平畦覆盖，种植蔬菜，棉花等作物，于 1978 年进行试验，1979 年开始在华北、东北、西北及长江流域一些地区进行试验、示范、推广。随即生产出厚度为 0.015～0.02 mm 的聚乙烯薄膜，为发展地面薄膜创造了条件。由于薄膜的气密性强，地膜覆盖后能显著地减少土壤水分蒸发，使土壤湿度稳定，并能长期保持湿润，有利于根系生长。在旱区可以采用人工造墒、补墒的方法进行抗旱播种。在较干旱的情况下，0～25 cm 深的土层中土壤含水量一般比露地高 50% 以上。随着土层的加深，水分差异逐渐减小。

地膜覆盖栽培玉米在我国大面积地区均可适用，尤其是在山区，鄂西山地面积较大，使用地膜覆盖种植玉米技术较为适合。据有关调查发现，一般年平均气温在 5 ℃以上、无霜期 125 d 以上、有效积温在 2500 ℃ · d 左右的地区适宜推广玉米地膜覆盖栽培技术。覆膜玉米要选地势平坦、土层深厚、肥力中上等、排灌条件较好的地块，避免在陡坡地、低洼地、渍水地、瘦薄地、林边地、重盐碱地种植，切忌选沙土地、严重干旱地、风口地块。地膜玉米怕涝，选地时要考虑排水条件，尤其在雨水较多的地区。地膜玉米整地要平整、细致、无大块坷垃，有利于出苗。地膜覆盖种植玉米，需考虑以下因素：

（1）春季墒情 可满足玉米出苗需要和有一定的灌溉条件。地膜覆盖的作用是保墒、提墒，但不能造墒。因此，地膜覆盖时土壤必须拥有一定的水分，可满足玉米出苗的需要，方能保证玉米的顺利出苗。

（2）土层较厚，肥力中上等 深厚的土层，可保蓄较多的水分和养分，覆膜后，玉米才有可能健壮生长。

（3）有适宜的生育期的高产品种 地膜覆盖的作用是增加积温、延长生育期，只有具有适宜生育期的高产品种，才能充分发挥地膜覆盖的作用，达到高产的目的。玉米覆盖地膜，使玉米生长发育所需的环境发生了改变，从而对玉米个体发育和群体动态产生了影响，使其生长发育规律有了很大变化，继而提高了玉米的产量。

2. 地膜规格和模式 根据农业生产各个方面的需要，地膜有各种不同的品种和规格。根据使用的塑料原料不同，分为聚氯乙烯塑料薄膜、聚乙烯塑料薄膜；根据塑料薄膜的制造方法不同，分为压延薄膜、吹塑薄膜；根据塑料薄膜所具有的某些特殊性能，分别有无滴薄膜、有色薄膜、超薄覆盖薄膜、宽幅薄膜、包装薄膜等；根据塑料薄膜的不同厚度和宽度，又有各种不同规格，同一厚度地膜又有不同宽度。

（1）聚氯乙烯和聚乙烯塑料薄膜 聚氯乙烯薄膜和聚乙烯薄膜，是目前农业生产中用量最大的两种塑料薄膜。其中，聚氯乙烯薄膜由于有较好的综合性能，是我国农业生产上推广应用时间最长、数量最大的一种。聚乙烯薄膜是近年推广应用的品种，由于它的性能优越，用量正在大幅度地增长。

通过对比，这两种常用的膜各有优点：①聚氯乙烯膜的机械强度较大，抗老化性能较好，弹性好，韧性强；而聚乙烯薄膜的机械强度约为聚氯乙烯薄膜的 70% 左右，韧性和回弹性较差，透光和表面老化性能不及聚氯乙烯薄膜；②聚乙烯薄膜的透气性及传导热量的速度都比聚氯乙烯薄膜大，聚氯乙烯薄膜的保温性能要比聚乙烯薄膜好，增温效果也较显著；③使用聚氯乙烯薄膜，当水蒸气增多时，容易附着在薄膜上，形成雾层和水油，在聚乙烯薄在应用上的情况要好得多；④聚氯乙烯薄膜和聚乙烯薄膜损坏后，都可用热焊法和胶黏剂修补。但用胶黏剂修补聚乙烯薄膜的效果，不如修补聚氯乙烯薄膜好；⑤聚乙烯薄膜透过光线的速度比聚氯乙烯薄膜慢。但是，聚氯乙烯薄膜容易黏附灰尘，洗涤也比较困难，使用时间一长，它的透光性能往往要比聚乙烯薄膜差；⑥聚氯乙烯薄膜洗净后，如果水渍没有揩干或晾干，就收藏保管，容易在薄膜表面上形成白色水渍印；在折叠堆放时，如不撒上些滑石粉，一旦天热或受重压，就容易使薄膜黏附在一起。而聚乙烯薄膜则没有这些缺点，洗涤、收藏都比较方便；⑦聚乙烯薄膜比重小，仅为聚氯乙烯薄膜的 76% 左右；⑧聚氯乙烯薄膜在制造时，使用的辅助材料的品种和数量较多，生产工序也较多，工艺较难控制；而聚乙烯薄膜成型加工方便，可用吹塑法生产门幅较宽的薄膜，在使用时可省去不少拼接薄膜的劳力和时间。

（2）无滴薄膜 农用塑料薄膜较好的保温性能，虽能在使用地膜后，能造成比露天高的地温，但在冬春季节由于地膜内外的温度差异较大，地膜内的水蒸气容易在薄膜内表面上凝结细小的雾珠，这些雾珠又会结成水膜，最后聚集成小水珠，一滴滴落下。聚乙烯薄膜凝聚水珠的现象要少些，但也会形成一层阻挡光线的雾珠。薄膜附着了雾珠和水膜后，不仅会影响它的透光性能，阻碍光线进入，而且由于水珠对太阳热量的吸收，会造成地膜内地面温度的降低；为了解决这个问题，薄膜制造厂在薄膜配方中增加一种或几种表面活性剂，使水与薄膜之间的表面亲和力大为减弱，或者完全消除。这样，就能使地膜内水蒸气形成的水珠，不附着在薄膜上，以保持薄膜原有的透明度。这种加有表面活性剂的塑料薄膜称为无滴薄膜。据测试，使用无滴薄膜比使用一般薄膜可提高温度 2 ~4 ℃，对紫外线的透光率也提高 1% ~5% 。

（3）有色塑料薄膜　有色塑料薄膜是一种分别带有各种颜色的塑料薄膜，也可把它视为一种改变光质的塑料滤光，它可以是不透明的，也可以是透明的。透明有色薄膜的透光率在 80% 左右，主要有红、橙、黄、绿、蓝、紫等颜色，不透明的有色薄膜主要是黑色的覆盖薄膜。

有色塑料薄膜在中国农业生产上的应用时间不长，但从试验结果来看，它与无色塑料薄膜相比，有增加农作物产量，提高农作物质量，减轻植物病虫害等效果。但是在玉米地膜覆盖应用上，主要为无色地膜或黑色地膜。

（4）可降解地膜　可降解地膜是一种可降解的新型地膜。其降解原理是塑料成分中掺入可降解的生物质，使得大块塑料容易降解为小块塑料。但是这种可降解并非真正、完全的降解，被降解成小颗粒的塑料依旧残留在土壤中，此种材料对小块塑料的后续降解无能为力。类似这种将易降解物质掺入塑料中的材料被称为“第一代可降解塑料”，由于这种降解只是表象，实际上是变为塑料微粒存在环境中，这种材料已经被淘汰。随着人类社会对环境问题认识水平的不断深化，解决废弃地膜造成的“白色污染”建立环境友好型社会，建立人与环境的良性互动，唯一的办法就是推广应用完全可降解地膜。

对于地膜厚度，国家执行的标准是 0. 01 mm，微膜 0. 008 mm，超微膜 0. 005 mm。根据不同作物的不同需要，也有稍微厚一些 0. 015 mm 和 0. 03 mm 的；地膜的宽度也是根据不同需要有不同的宽度，有 0. 6 m、0. 8 m、0. 9 m、1 m、1. 2 m、1. 5 m、2 m、3 m等。在选择地膜时，要根据使用习惯及地理环境等要素进行考量，鄂西山区种植玉米一般适用 0. 8 ~1. 2 m 宽度、厚度为 0. 01 mm（ ±0. 005 mm）的地膜。

3. 地膜覆盖的具体做法　地膜覆盖的方式依当地自然条件、生产季节及栽培习惯不同而异。根据不同地理条件可采用人工覆膜或者机械覆膜及半机械化覆膜等方法。

（1）沟厢覆盖　厢面平整，厢沟平直，厢宽 0. 8 ~1. 1 m，沟深 0. 2 ~0. 3 m，厢长依地块而定。播种或定植前将地膜平铺厢面，四周用土压紧，然后在厢面打孔播种，控制好株距，一般 1 m 左右的厢面播种 2 行玉米；也可以先于厢面上播种后再覆膜，用厢沟内浮土压紧地膜四周，待种子在膜内出苗后再人工破膜。若墒情不足，覆盖后厢沟内可灌水，遇雨水较多则可控墒，暴雨季节也可排水，此覆盖方法有增温保墒作用，墒情足够时，可保证出苗率，有利于培养壮苗，保产增收。多用于早春抢墒抢季节播种，更多用于特色玉米种植，如甜玉米、糯玉米、甜糯玉米种植等。

（2）高垄覆盖　此方法类似于沟厢覆盖，不管是人工起垄还是机械起垄，垄都不易过高，以 0.1 ~0.2 m 为宜，垄面为平顶，垄宽 1 ~1.5 m，地膜平铺在高垄的面上。高垄覆盖提温增温效果较好，但垄中心容易发生干旱，且不利于后期干旱时灌溉。

（3）平作覆盖　播前将厢面整平，无坷垃，不用开沟起垄，直接将地膜覆盖于地表，将地膜四周压紧，地膜间距 0.2 ~0.4 m 作为走道，不建议全田覆盖，可先覆地膜再打孔播种，也可以先播种再覆膜。

4. 地膜覆盖的效益　由于地膜覆盖有增温保湿的作用，因此有利于土壤微生物的繁殖，使腐殖质转化成无机盐的速度加快，有利作物吸收。据测定，覆盖地膜后速效氮可增加 30% ~50%，钾增加 10% ~20%，磷增加 20% ~30%。地膜覆盖后可减少养分的淋溶、流失、挥发，可提高养分的利用率。

可以减少中耕的劳力，并能使土壤疏松，提高土壤通透性。能增加土壤的总孔隙度 1% ~10%，可增加土壤的稳性团粒 1.5%，使土壤中的肥、水、气、热条件得到协调。同时可防止返碱现象发生，减轻盐渍危害。

地膜覆盖后，减少地表土壤裸露，在晴天高温时，经常出现 50 ℃左右的高温，致使草芽及杂草枯死，使杂草不利于生长，可减少草害，减少除草的劳作，降低劳力成本投入，间接增加经济收入。

地膜覆盖后，中午可使植株中、下部叶片多得到 12% ~14% 的反射光，比露地增加 3 ~4 倍的光量，可以使中、下部叶片的衰老期推迟，促进干物质积累，可提高产量。

覆盖地膜后植株生长健壮，可增强抗病性，减少发病率。覆盖银灰色反光膜更有驱蚜作用，可减少病毒病的传播危害。

地膜覆盖栽培一般都能获得早熟增产的效果，其效应表现在增温、保水、保持养分、增加光效和减少病虫草危害等几个方面。

（三）育苗移栽

1. 玉米育苗移栽的好处　育苗移栽，即在苗床内提前育苗，待幼苗长大到一定程度后再移栽入大田的一种技术。这项技术在我国人多地少的地区比较适用。鄂西地区山地较多，且倒春寒、秋寒等自然灾害频发，加上早春地温回暖较慢、秋后降温迅速，高山地区日照不足等因素，对部分生育期较长的玉米成熟度有较大影响。鄂西地区人口密度较小，尤其青壮年劳力大都外出务工，家中留守绝大部分为老、弱、病、残、孕人员，青壮年劳力紧缺，通过育苗移栽措施，能显著提高经济效益。育苗移栽有以下几个显著特点，一是能解决茬口衔接矛盾；二是使得玉米与其他共生作物的共生期缩短，有效提高土地利用率；三是育苗移栽可以省种、省工、省投入；四是能提质增产，增效；五是可有效防御早春季节干旱和低温天气，确保苗齐、苗壮，一栽全苗。

冯春福等（2012）针对武陵山区玉米生产用地土壤“酸、黏、瘦、薄”，玉米直播深浅不一，出苗不整齐，田间管理“一步跟不上，步步跟不上”，难以壮苗健株夺高产的实际，采用育苗移栽技术，可确保玉米一次性实现苗全、苗齐、苗壮。可针对不同土壤生态特点，选择推广软盘和营养钵等简化高效的育苗移栽技术。育苗移栽的好处：育苗在保护地上进行，可以人为控制幼苗生长，培育出适龄壮苗；可以采用生育期较长的品种而获得高产；节省用种量，一般可减少一半左右；育苗移栽的玉米，一般比直播玉米株高降低 20 ~ 30 cm，可以增加栽植密度；在 1 年 2 熟或 3 熟地区，可以调节作物之间茬口衔接的矛盾，使几种作物都获得高产，从而增加有效单位面积的总产量。

2. 应用地区和条件 向发洪等（2010）介绍，在鄂西山区的低山区，3 月中下旬播种，二高山区 3 月上旬至 4 月上旬播种，高山区需采用两段覆膜栽培技术，在 4 月中下旬播种。采用营养块（或盘）育苗。选用地势平坦、土质肥沃的土壤做苗床，开沟整厢，精细整土，施腐熟农家肥 10 kg/hm^2，磷肥 1.5 kg/hm^2，锌肥 100 g/hm^2，进口呋喃丹 100 g/hm^2，加稀粪拌湿，能攥成团，放能散，堆制发酵 2 ~ 3 d 后，按大田 7.5 万块/hm^2 以上制作营养块。播种时胚根向下，种背向上，撒薄层细土覆盖。播种后搭棚盖膜，注意将膜周围压实谨防鼠雀危害。出苗前不揭膜，出苗至 1 叶 1 心时，白天揭膜，夜晚盖膜。栽前 2 ~ 3 d 炼苗，用稀粪水追送嫁肥。

3. 育苗 育苗移栽有利于争取季节，解决茬口矛盾。育苗移栽首先要注意培育壮苗，在 2 ~ 3 叶期时，要根据气温及育苗棚内温度、湿度等适当加强炼苗，以达到培育壮苗目的。其次要注意移栽质量，一般移栽时间可选择在晴天的下午或阴天为宜，带土移栽、浇足定根水。最后就是要适当早播，有利于茬口衔接。一般育苗时间可比直播提前 15 ~ 20 d 左右。育苗方法一般有以下几种，无论采用哪种方法育苗，都要加强苗床管理，控制水分和温度。

（1）营养钵育苗 用预先配好的营养土制成钵，在钵内播种并育苗，待长成适龄壮苗时，连钵一起移栽到大田。用这种方法移栽，幼苗成活率高，玉米产量一般比直播增产 20% 以上。

（2）营养块或营养球育苗 营养土配料方法与营养钵相同。营养块育苗，是将营养土平铺到苗床上，再用铲刀按一定尺寸切割成方格块，在方块中央播种。营养球育苗，是手工将营养土做成圆球状，平码在苗床上。

（3）苗床育苗 苗床上的营养土配制与上述育苗方法相同，播种后覆土，播种密度比较大，移栽时幼苗带土较少或不带土。

（4）营养盘育苗 营养土配方与营养钵相同。将育苗盘平铺于苗床，在营养盘内均匀装入营养土，然后点播种子于穴盘内，浇足水分，此方法在移栽时较方便，目前应用较多。

4. 移栽 向发洪等（2010）介绍，幼苗 2 叶 1 心时定向移栽，去除弱小苗。在垄两侧掏窝，将营养块放入后覆土，土的厚度以将营养块盖紧为宜。恩施州地形复杂，各地海拔差异大，气候条件也各有不同，因此玉米品种的种植密度有适当差异。试验示范表明，采用等行或宽窄行种植，低山区适当密植，二高山、高山区适当稀植。单作 4.5 万 ~

5.4 万株/hm^2；套作 3.75 万 ~4.20 万株/hm^2。

冯春福等（2012）提到，玉米育苗移栽技术是武陵山区玉米生产上推广最成功的栽培技术之一。

（1）苗龄要求　一般移栽时的苗龄以 2 ~4 叶为最佳时期，根据当地气候及大田墒情酌情考虑。若墒情不足，也可以适当推迟移栽期，也有用6 ~8 片叶子的大苗移栽的，叶片较多移栽的可在移栽时去掉一部分叶片，如此可适当减少移栽后的水分蒸发量，提高移栽成活率。此技术一般难以掌握，管理不当会造成缓苗慢，并影响到玉米穗分化而导致减产。

（2）移栽时间　一般在晴天的下午或者阴天为宜。

（3）移栽方法　先开沟或挖穴，然后移栽，并尽快浇水，定根水一定要浇足，促进新根生长，待定根水沉降后，及时覆土掩窝，防止水分过度蒸发。

（4）田间管理　移栽后要加强田间管理，及时查苗、补苗，栽苗 5 ~7 d 后进行田间检查，及时淘汰剔除病苗、弱苗以及虫口苗，补栽健康苗。移栽半月后结合中耕松土，及时除草、追肥，为玉米拔节和幼穗分化创造条件。

第二节　陕南山区玉米栽培

一、概述

玉米的栽培历史已经有4000 多年了。1492 年哥伦布发现美洲大陆时，发现了玉米，并将其带回西班牙，并由此传播到世界各地。玉米也叫苞米，近几十年来，随着科学技术的不断进步，世界玉米生产得到了迅速发展，已成为世界上第三大粮食作物，种植面积20 多亿亩，仅次于小麦和水稻，主产国有美国、中国、巴西、墨西哥、印度、俄罗斯等国。

中国幅员辽阔，玉米的分布极广。东自台湾和沿海各省，西至新疆及西藏高原，南自北纬 18°的海南岛，北至北纬 53°黑龙江省的黑河以北地区都有栽培。但主要集中分布在东北、华北和西南山区，大致形成一个从东北向西南的斜长形地带。在这一地带内包括黑龙江、吉林、辽宁、河北、山东、河南、山西、陕西、四川、贵州、广西和云南12 个省（区），其播种面积占全国玉米总面积的 80% 以上。在这个斜长形地带以外，新疆内陆灌溉区和东南沿海江苏、浙江等省（区）的丘陵山区玉米分布也比较集中。

陕南地处秦巴山区，属亚热带、温带的湿润和半湿润气候，各地因受地形地势的影响，气候变化较为复杂。该地区全年降水量在 1200 mm 左右，多集中在 4—10 月份，雨量分布比较均匀，有利于多季玉米栽培。除个别高山外，4—10 月的日平均气温均在15 ℃以上。在陕南玉米生长的有效期一般都在 205 d 以上，南部及低谷地带多在 300 d左右。即使在高山地带玉米生育期也超过 100 d，但阴天过多（一般在 200 d 左右），日照不足，是本区玉米栽培的主要不利因素。

陕南属于西南玉米栽培区，栽培制度因受地理环境的影响，主要有以下三种栽培方式：一是高山地区，以一熟春玉米为主；二是丘陵地区，以两年五熟的春玉米或一年两熟的夏玉米为主；三是平原川道地区，以一年二熟的春、夏玉米为主。其中，两年五熟制、一年两熟制是本区的主要栽培方式。

2021 年，陕南三市玉米播种面积 329. 175 万亩，总产玉米 78. 87 万 t，播种面积和总产分别占全省的 18. 56% 和 13. 1% 。其中，安康市玉米播种面积 123. 72 万亩，总产玉米 29. 31 万 t，平均单产 236. 88 kg/亩，播种面积处于全省第 6 位，总产处于全省第 7 位，单产处于全省第 11 位。

中华人民共和国建立以来，陕南地区玉米作物在栽培技术上经历了两次大变革：第一次是在 20 世纪 70 年代，推广以旱玉米为主的“三旱”作物栽培，最高年份的“三旱”面积达到人均一亩；第二次是 80 年代，研究与推广以营养钵育苗移栽为主的“三项”栽培技术，两次变革都促进了玉米单产上台阶。其中，安康市玉米平均亩产水平在两次玉米技术栽培变革后呈现稳步增长，1980 年比 1970 年提高了 45 kg/亩；1990 年又比 1980 年提高了 38. 5 kg/亩；2020 年比 2010 年提高了 17. 87 kg/亩。

陕南地处全国南北交接中心，种植的粮食作物有十多种，但农业生产基础薄弱，坡地、瘠薄地、旱地多，应在继续抓好水稻、小麦等粮食作物同时，坚定主攻玉米新战略，保面积、上措施、攻单产，将对陕南粮食安全及养殖业的发展，具有决定性作用。

第一，玉米生产在陕南市各大作物中居重要地位。2021 年陕南三市玉米种植面积超过粮食种植面积的 33. 1% 。总产超过粮食总产量的 32. 78% 。同时，玉米是高产作物，增产潜力最大。其净光合效率一般比小麦、水稻等作物高出 2 ~ 3 倍。目前，玉米在安康市的高产纪录已达到亩产 882 kg，比全区平均亩产高出 4. 18 倍。这不仅充分表明玉米自身还有很大的增产潜力，也说明了玉米的增产潜力是其他作物不可相比的。同时，玉米产量与粮食总产关系最大，经常因受伏旱、秋涝等灾害的影响，年际间产量波动大，直接左右着全年粮食生产的形势。据灰色关联度分析，玉米产量曲线与粮食总产曲线的关联度最大，达 0. 918，大于水稻（0. 87），更大于洋芋（0. 743）、红苕（0. 609）和小麦（0. 608）。

第二，主攻玉米生产是稳定脱贫攻坚成果的需要。“民以食为天”，陕南三市地处秦巴山区，农业生产条件落后，粮食生产长期低而不稳，制约着农村经济全面、迅速地发展。所以，陕南地区脱贫问题中的粮食问题，很大程度上取决于中高山地区的玉米生产。陕南中高山区由于春迟秋早，积温不足等因素，限制着玉米单产的提高，长期成为解决温饱问题的一大障碍。因此，只有主攻玉米，把玉米生产搞上去，吃饭问题才能迎刃而解，农村建设和脱贫攻坚也就有了好的基础。

第三，主攻玉米是发展国民经济和改善人民生活的需要。畜牧业的发展，有赖于玉米的发展。据资料，凡畜牧业发达的国家，都把玉米作为饲料的主要来源，饲料用量占到玉米产量的 75% ~80%；通过转化，生产出肉、蛋、奶、鱼等，以达到增值和改善生活的目的。美国从 1914 年以后，一直重视玉米生产，连年开展高产竞赛，增加玉米产量，不仅促进了畜牧业、酿造业、食品业的发展，而且扩大了出口贸易量。据陕西省专家考察，美国有一超级食品市场，食品的品种 1100 多种，其中利用玉米加工的食品就有 500 多种，美国还自称是靠玉米种植发家的。近年来，玉米深加工在我国也出现了崛起的势头，从现代农业发展形势看，玉米需求量还将大大增加。

陕南玉米还有巨大增产潜力，有待以积极的态度和科学的方法尽快去挖掘，陕南玉米的增产潜力主要表现在：一是农业技术有待规范。以玉米地膜覆盖栽培和拱膜育苗移栽两项栽培技术为例，还较为严重地存在着老、晚、稀、少等问题。陕南地区 92.32% 的面积采用的是杂交组合，但有相当的面积沿用农家种；72.73% 的面积没有种在高产期，播期偏晚；48.11% 的面积亩株数在 2800 株以下，密度偏稀；平均亩施纯氮 8 kg，施磷面积仅占 32.7%，满足不了高产的要求；88.3% 的面积集中在海拔 800 ~1200 m，海拔 1200 ~1400 m 只占 9.08%，1400 m 以上高寒山区，几乎全是传统方法种植。二是生产水平有待提高。2021 年，陕南三市玉米播种面积 329.175 万亩，总产玉米 78.87 万 t，平均单产 239.6 kg/亩，详见表 3.1 和表 3.2。虽然陕南三市中种植面积较大，但亩产却远低于陕西全省的 339.22 kg/亩。三是均衡发展有待促进。在陕南三市中，玉米的发展还很不平衡，安康市单产远低于汉中和商洛，安康个别低产县平均亩产只有 170 余千克，高产县也不到 280 kg，远低于全省 339.22 kg 的平均亩产。因此，陕南三市玉米生产高产县要挖潜力，低产县则要迈大步。

总之，陕南抓住以玉米为首的粮食生产，不仅是玉米这一作物的内因所决定，也是陕南立足秦巴山区农业发展实际，陕南气候条件详见表 3.3。因此，必须以坚决的态度和得力的措施，紧紧抓住玉米这一关键作物，在较短的时间里，彻底甩掉陕南玉米低产帽子，促进粮食再上新台阶。

表 3.1　陕南三市 2021 玉米播种面积及产量

市	面积/万亩	产量/万 t	单产/(kg/亩)
安康	123.72	29.31	236.88
汉中	102.39	22.3	217.8
商洛	103.065	27.26	264.47

表 3.2　陕南三市近十年玉米生产情况

年度	播种面积/万亩	总产/万 t	单产/(kg/亩)
2012	334.05	76.14	227.92
2013	343.845	78.45	228.155
2014	344.805	65.7	190.5
2015	342.855	73.34	213.91

续表

年度	播种面积/万亩	总产/万 t	单产/(kg/亩)
2016	341.535	74.16	217.14
2017	339.12	72.52	213.85
2018	342.555	77.56	226.42
2019	340.65	77.99	228.94
2020	341.985	79.9	233.64
2021	329.175	78.87	239.6

来源：陕西省统计年鉴（李成军整理）

表 3.3　陕南三市 2021 年平均每月气温降雨量及日照时数

月份	气温/℃			降水量/mm			日照时数/h		
	汉中	安康	商洛	汉中	安康	商洛	汉中	安康	商洛
1	2.7	3.9	1.6	1.3	3.8	2.5	140.4	155	159.5
2	7.7	8.3	6.6	32.8	34.3	41.4	150.5	153.6	161.5
3	11.1	11.5	10.3	27	34.6	22.5	131.3	165.6	143.4
4	14	14.4	12.9	79.8	126.8	128.9	103.5	165.2	116.6
5	20.3	20.4	19	57.6	44.6	36.8	193.1	235.7	178
6	22.9	23.4	22.9	183.8	146.1	51.1	144.3	202	141.7
7	25.5	26.1	24.8	191.4	153.7	167.9	192.2	254.4	162.6
8	23.3	23.8	22.5	263.6	372.4	260.9	122.4	176.4	109.4
9	20.9	21.7	20.0	377.9	325.6	385.8	105.7	176.8	133.9
10	13.5	14.5	12.9	201.3	102.6	82.3	32.2	118.6	67.8
11	7.5	8.7	7.0	13.1	17	7.3	96.6	149.4	156.9
12	3.9	5.0	3.0	3.1	6.9	6.6	99.4	137.7	153.4
合　计				1432.7	1368.4	1193.7	1517.6	2090.3	1684.7
平均	14.4	15.1	13.6						

来源：陕西省统计年鉴，李成军整理

二、常规栽培

（一）整地

玉米在我国南北各地均有栽培，陕南山区多为春玉米栽培，川道地区多以夏玉米栽培为主。玉米的适应性较强，对土壤的要求并不十分严格，但具有对水、肥需求量较大，耐涝性较弱的特点。因此，为了创造玉米良好的生育条件，首先要整好土地，使玉米种植的田地达到土质疏松，透气性和排水性良好，土层肥沃深厚，水、肥保蓄力强，这样才能使玉米植株生长良好。

陕南山区春玉米播种前整地，一般在前茬作物收获后，要及时深耕耙地，以利秋冬积蓄雨雪，开春解冻后及早顶凌耙耱镇压，对加速养分分解，减少越冬病虫源有重要作用。播前施肥浅耕，耙耱碾压整地，做到地平土碎，上虚下实，无残茬物。总的要求是适时翻耕，精细平整，疏松土壤，上虚下实，清除杂草根茬，无大的土块。另外可结合施足底肥，达到深、松、细、平、净、肥、软、润等标准。一般翻耕深度 18 ~ 22 cm 为宜。

赵存厚（2019）介绍，在玉米种植耕地中，翻耕深度要能达到 18 ~ 20 cm 之上，期间要做好地块粉碎与土地平整操作。对种植区域进行深度清洁，清除前茬秸秆与环境杂草，对其进行深埋与堆肥，还要及时清除种植区域地面中各类杂物等。

在陕南山区适时耕作，蓄水保墒尤为重要，“干时犁不动，湿时犁不成”；“天干三日大口张，雨下三天稀泥烂浆”。这都是陕南黄褐土地区耕作的一些特点。因此，对于这类黄泥土区域，土壤适耕期一般只有 3 ~ 5 d。应在雨后天晴 3 ~ 5 d 抓紧翻耕，以利蓄水保墒。陕南山区秋季多雨，地势低洼潮湿的地区，土壤宜耕性较差，不宜耕作，也可在早春土地解冻后及时早耕，就陕南山区总体土壤和气候看，秋耕整地宜早不宜迟。

安康旬阳在播种前精细整地，总结出了“五（土）头”耕作法：犁起生土（深耕加厚土层），不漏茆头（要精细犁地，不留一点空白），挖好弯头（在不能用牛犁的地头边或有大石头的周围，用锄头挖净挖好，将肥细的泥土充分利用起来），拣净石头，用好粪土（看地施肥）。这是陕南人民在长期生产实践中总结完善出的宝贵生产经验。

1. 前茬处理　耕地前的前茬处理称为灭茬，它是保证耕作质量，保墒除草的重要步骤。玉米前茬作物为玉米、高粱的，可先用圆盘耙浅耙 1 ~ 2 遍，将其切碎，然后耕地。亦可用畜力浅耕或人工刨茬，然后再进行秋耕。前茬为大豆、小麦，因根茬较小，可直接耕作翻埋。若秋季来不及进行秋耕，应先灭茬保墒，接纳雨雪，第二年春季及时耕翻整地，准备播种。

2. 耕地技术　有条件的地区应大力推荐机械翻耕，在山区机械不便作业地块，可以采用畜力翻耕。

（1）旋耕灭谷作业　适用于前茬为深翻或深松基础的旱田软茬地或水田的浅层耕作，深度应达到 12 ~ 14 cm；土壤细碎、地面平整，每平方米耕层内大于 5 cm 的土块不得超过 5 个；4 m 宽地面上高低差不大于 4 cm；根茬破碎长度应小于 8 cm，其合格率应大于 80%；均匀一致，无漏耕，到头到边，不拖堆；相邻作业幅重耕量小于 15 cm。

（2）翻地作业　要达到耕深一致，误差不超过 1.5 cm；耕堑直，100 m 直线度左右偏差不超过 5 cm；耕幅一致，实际幅宽与设计幅宽误差不超过 4 cm，立垡与回垡率小于 5%，残株杂草覆盖率大于 95%；不漏耕，不重耕，地头整齐。

（3）旱田深松整地作业　必须打破犁底层，深松深度必须达到 35 cm 以上。首先地头要打堑，一个往复（两个工作幅宽）。位置距地头 1.8 ~ 2 个机具长度；深松要求耕深一致、各行深度误差不超过 2 cm；松土要到地头到边，不漏松；作业后地表平整细碎；残茬覆盖率大于65%（免耕除外）。

（4）旱田耙地作业　坚持宜耕期作业，重耙深16～18 cm，轻耙10～12 cm，达不到深度要采取农具加重措施，耙后地表平整，耙后每平方米内直径大于5 cm的土块不超过5个。耙茬地要耙深耙透，到头到边，不漏耙，相邻两作业幅宽重叠量为10～20 cm，耙后带耢子。

（5）旱田起垄作业　要达到垄形直，100 m弯曲度不大于5 cm；垄体宽度按农艺要求形成标准垄形，垄距误差不超过2 cm，往复结合垄距误差不超过3 cm；垄高20 cm，大垄顶宽度不能少于70 cm；各铧入土深度误差不超过2 cm；垄高一致，各垄高度误差不超过2 cm；垄型整齐，地头整齐，到地边。

（6）旱田镇压作业　及时镇压，防止跑墒，不拖堆，不重压，不漏压，镇压作业达到压碎土块、压实耕作层的目的。

（7）水田旋耕、翻地作业标准　除执行旱田旋耕、翻地作业标准外，水田翻地作业深度要达到16～18 cm。

3. 垄作耕法　垄作耕法是提高地温，防旱抗涝栽培的一种耕作方式。一般于秋耕后或早春在已耕地上顶浆起垄，也可破旧垄为新垄，耕种同时进行。

垄作耕法，地表呈凹凸状，地表面积比平地一般增加33%，因此，受光面积大，吸收热量多，利于玉米早播和幼苗生长。据黑龙江省农业科学院1977年测定，在一昼夜内，垄作地温高于平作的时间有16～18 h，低于平作的有6～7 h，这对玉米的光合作用和营养物质的积累与变化，促进玉米的生长发育十分有利。

在多雨的季节，垄作比平作便于排水；干旱时，还可用垄沟灌水，又利于集中施肥。促进土壤熟化和养分分解，增加熟土层厚度，有利于玉米根系发育和产量提高。

（1）翻耕起垄　一般伏、秋翻好于春翻，须每隔2～3年深翻一次。翻地深度以20～23 cm为宜，翻耙、起垄连续作业。

（2）旋耕起垄　其特点是一次作业土层不乱，土壤活化好，耕地质量好，地板干净，旱地农业应大力推广。

（3）耙茬起垄　麦茬种玉米，不宜深翻、应原茬起垄或耙茬起垄，耙茬深度12～15 cm，不重耙，不漏耙。耙茬地种玉米不但地温高、发苗快，而且降低作业成本。生产实践证明，秋耙好于春耙，做到耙耢结合，达到播种状态。

（4）深松起垄　先松原垄沟施入底肥，再破原垄台合新垄，及时镇压。

4. 整地技术　玉米播种前，土壤耕作的任务是精细整地，为玉米的播种和种子萌芽出苗创造适宜的土壤环境。一般要求播种区内地面平整，土壤松碎，无大土块，表土层上虚下实。这样可以使播种深浅一致，并将种子播在平实而不再下沉的土层中，种子上面盖上一层松碎的覆盖层，促进毛管水不断流向种子处，可保证出苗整齐均匀。

精细整地，减少水分蒸发，保住底墒，是早春整地技术的关键所在。根据土壤墒情和耙地时间，确定耙深。一般轻耙为8～10 cm，重耙为12～15 cm。耙耢后达到上虚下实、耙平、耙碎、耙透、耕层内无大土块，每平方米耕层内，直径为 5 ~ 10 cm 的土块不得超过 5 个，沿播种垂直方向，在 4 m 宽的地面高低差不超过 3 cm，不漏耙、不拖堆。

早春耢、耙、压是保墒保苗的有效措施。在 3 月上、中旬，冻融交替时期，进行拖、耢整地，其目的是拖平地表缝隙，减少土壤水分蒸发，将细土填入地表缝隙，地表被细碎的土覆盖，一般可使表层土壤湿度增加 3% ~5% 。耙、压的目的在于破碎土块，压实耕层，具有保墒提墒作用，利于全苗。

秋整地是农业可持续发展的一项根本性措施。整地的基本步骤为：浅耕灭茬、翻耕、耙地、耢地、镇压、平地、耖田、起垄等，陕南川道平坝区主要是机械整地，山区坡地主要为牛耕整地。

在没有进行秋耕地的地块，可早春顶浆打垄，当早春化冻深达一犁土时（4 月上中旬），结合深施有机肥和无机肥，顶浆打垄，最好是先耙茬后起垄，然后及时镇压。

不论秋耕或春耕，应做到随翻随耙，干旱地块应秋翻秋耙耢，达到播种状态，耙地作业时应掌握适宜土壤水分。若上年 8—10 月降水量不足 130 mm，当年 4 月份雨量不足 25 mm，气温偏高时，可实行“三三轮耕法”，即每年平翻三之一，深松三分之一，原垄种三分之一，三年轮耕一次，深松解决犁底层。

（1）春玉米整地　陕南春玉米一般是冬闲田及春马铃薯套种玉米。前作收后，应抓紧时间尽早进行秋冬深耕，在冬季雨雪少，春秋干旱多风的地区，深耕后，应及时耙耱保墒，在低洼潮湿、雨雪多或有水利条件的地区，耕后不必耙耱，使其冻消，以改良土壤结构。

山区和丘陵地区，采用垄沟耕作和水平沟耕作法，或挖“坑田”“条田”等，进行局部深耕，蓄水保墒，改良土壤。

有灌水条件的地区，秋耕后进行灌水，以增加土壤水分防止春旱，压实土壤，同时通过冻融交替作用熟化土壤，冻死越冬害虫。

开春后，对冬前深耕过的土壤，不论冬前已耙或未耙，都必须在土壤开始解冻时进行耙作保墒工作，特别是冬季干旱多风地区更应多耙或镇压提墒。

（2）夏玉米整地　陕南夏玉米生长季节短，抢时早播，延长玉米生长期是夺取高产的关键。有灌水条件的地区应在小麦成熟前灌好麦黄水，麦收后不进行深翻，而趁墒耙耱后立即播种。在小麦播种前进行深翻，夏玉米利用麦田深耕的后效，达到高产的目的。

（3）秋整地　秋整地作业时间一般为 9 月 20 日开始至 11 月 5 日结束，水田整地在 10 月 20 日前结束。秋整地是一季管两年的关键作业期。制定各项作业的检验考核细则。认真执行作业质量标准，才能为下一年丰产丰收奠定基础。

①抢抓秸秆早倒地　玉米秸秆倒地的快慢，决定秋整地进度。首先要安排好本地农机合作社玉米收获机的作业日程表，动员农民适时早收秸秆，早锄地、早整地，使待播

地块接到秋雨蓄墒保墒。积极引导农机合作社和农户采取玉米秸秆根茬还田和秸秆打捆倒地。

②深松作业　必须打破犁底层　没有深松基础的地块使用翼型铲深松犁或浅翻深松犁作业，为起垄作业垄体饱满提供前提条件。

③耙地　实行与深松方向夹角耙，较硬地块采取对角耙，重耙深达到 16～18 cm，轻耙深达到 10～12 cm。耙深、耙透、耙细才能保证起垄不出现凹心垄，才能保证翌年苗齐苗壮。

④起大垄　要严格执行起垄机的起垄数与播种机播种垄数相一致，同时做到起垄在哪个位置开第一垡，播种就要在相同位置播第一幅，因此要建立相应起垄地块作业档案。

⑤垄形　是否标准是决定翌年播种质量的一个关键因素，是影响明年能否播偏垄的决定性因素。因此，秋起大垄一定要满足三个必要条件，即垄距必须是 110 cm，垄顶宽度必须是 70 cm，垄高不能高于 20 cm。

⑥深松　整地前必须把秸秆除净，硬茬要全部灭茬还田，防止起垄拖堆，垄体内不准有秸秆，防止散墒。

（4）春玉米的标准化整地技术　春玉米前作收获后应立即灭茬，结合施用有机肥进行冬前深耕。这样经过冬春冻融，有利于促进土壤熟化，改善土壤物理性状；有利于冻死虫蛹，减轻虫害；有利于积蓄雨雪，减少地表径流，提高蓄水保墒能力；有利于土肥相融，提高土壤肥力。春玉米耕深一般以 20～30 cm 为宜，具体耕作要因地制宜，凡上沙下黏或上黏下沙、耕层以下紧接着有黏土层的，可适当深耕，以便沙黏结合，改造土层：如果土较薄，下层为沙砾或流沙，则不宜深耕；上碱下不碱的，可适当深耕；下碱上不碱的，要适当浅耕，不要把碱土翻上来；土层深厚、地力较高、施基肥较多的地块可耕深一些，反之，应浅耕。

农时紧来不及秋耕必须春耕时，也可以结合施用基肥春季耕地。春季耕地要及早进行，宜浅不宜深，耕后立即耙耢，避免失墒。特别是春旱多风地区，应多次耙耢，使土壤上虚下实。播种前再镇压提墒，确保出苗。干旱和半干旱地区也可采用深耕不翻土的整地方法，这种方法对地表覆盖破坏小，利于保墒和防止风蚀。

5. 土壤耕作质量检查

（1）耕深及有无重耕或漏耕　玉米标准化耕作措施包含对土壤作用深度的指标，如翻耕深度、播前耙地、开沟深度等。这些指标与玉米出苗、根系发育等有密切关系，是耕作质量的重要指标。检查深度可在作业过程中进行，也可以在作业完成后，沿农田对角线逐点检查。

有无重耕和漏耕可以由作业机工作幅宽与实际作业幅宽求得。重耕会造成地面不平，降低工效，增加能耗；漏耕则会使玉米出苗不齐、生长不匀，增加田间管理的难度。生产中如果出现大面积耕作深度不够和漏耕，则需返工。

（2）地面平整度　地面平整度是指地块内不能有高包、洼坑脊沟存在，否则会引起农田内水分再分配，导致一块田地土壤肥力和玉米生长状况出现显著差异。尤其对灌溉农区和盐碱土壤，平整度更是重要的质量指标。

土地平整度检查，必须从犁地作业开始把关，如正确开犁、耕深一致、没有重耕和漏耕等。辅助作业的平地效果只有在基本作业基础上才能更好地发挥作用。

（3）碎土程度　要求土壤碎散到一定程度，即绵而不细。理想的土壤团块大小应该是既没有比0.5～1 mm小得多的土块，也没有比5～6 mm大得多的土块。因为微细的土粒将堵塞孔隙，而大土块会影响种子与土粒紧密接触吸收水分，还会阻碍幼苗出土。

土壤碎散程度，间接反映水分状况。在过湿或过干的情况下耕作是造成大土块的原因，出现这一情况，说明土壤水分已被大量损失，所以检查碎土状况的同时要检查耕层墒情。

检查耕作后的碎土程度，通常是以每平方米地面上出现某一直径的土块数为指标。同时也要检查在耕层内纵向分布的土块，这些土块的存在是造成缺苗、断垄的主要原因。

在过干时耕作所造成的土块，只有等待降雨和灌溉后去消除它们，过湿时耕作所造成的土块，如耕后水分合适，应及时用表土耕作措施将土块破碎。

（4）疏松度　过于紧实和过于疏松的土层均对玉米生长发育不利。检查疏松度一要抓住耕层有无中层板结，二要注意播前耕层是否过于松软。

由于土壤过湿或多次作业。耕层中容易形成中层板结，而地表观察时，不易发现。所以疏松度的检查不能观察土表状态，而要用土壤坚实度测定仪，检查全耕层中有无板结层存在。破除中层板结的较好办法是播前全面深松耕以及玉米五叶期现行后及时中耕松土。

播种前耕层不能太松，太松不仅使种子与土粒接触不紧，而且使播种深度不匀，幼苗不齐，甚至引起幼苗期根系接触不到土壤而受旱。播前或播后镇压可调节过松现象，一般是播前松土深度不超过播种深度为宜。

（5）地头地边的耕作情况　机械化生产的单位，因农具起落、机车打弯、地边地头的耕作质量常被忽视，这些地方玉米生长较差，单产较低。犁地、播种按起落线作业，并有精确的行走路线，才能改善和提高地头地边的耕作质量和玉米生长状况。

（二）选用品种

陕南三市玉米种植历史比较悠久，种植区域较为广阔，近年来，经过农业工作者的大力推广和广大农户的辛勤示范，目前，主要推广的有以下优质杂交品种。

1. 康农玉108

育种单位：湖北康农种业有限公司、四川高地种业有限公司，用自选自交系FL119

作母本，与自选自交系 FL218 作父本组配育成。

审定编号：川审玉 2012011。

熟期类型：该品种为中熟玉米品种。

特征特性：四川春播全生育期约 123 d。第一叶鞘颜色紫，第一叶尖端形状匙形。株高 242.8 cm，穗位 85.5 cm。叶片与茎秆角度中，茎“之”字程度无，叶鞘颜色绿。雄穗一级侧枝数目中，雄穗主轴与分枝的角度大，雄穗侧枝姿态中度弯曲，雄穗最高位侧枝以上主轴长度长，雄穗颖片基部颜色紫，颖片除基部外颜色紫，花药颜色（新鲜花药）紫，花丝颜色绿，散粉期晚，抽丝期晚。果穗形状圆筒形，穗行 18 行，行粒 41 粒，粒色黄，籽粒类型中间型，籽粒顶端主要颜色橘黄，籽粒背面颜色橘黄。千粒重 297 g。籽粒容重 732 g/L，粗蛋白质含量 10.5%，穗轴颖片颜色白色。粗脂肪 4.7%，粗淀粉 70.7%，赖氨酸 0.34%。

抗性表现：接种鉴定，中抗大斑病、茎腐病，感小斑病、纹枯病、玉米螟。

产量水平：2009 年省区试平均亩产 500.5 kg，较对照川单 13 增产 18.9%，6 试点均增产。2010 年省区试平均亩产 417.84 kg，较对照川单 13 增产 9.39%，9 试点 8 点增产。2011 年生产试验，平均亩产 534.8 kg，较对照增产 19%。

适宜种植区域：四川省及陕南平坝、丘陵地区，湖北省二高山地区做春玉米种植。

已推广面积：已在陕南地区推广 130 万亩。

2. 陕单 2001

育种单位：陕单 2001 是西北农林科技大学农学院玉米研究所于 1999 年冬在海南基地用自选系 Y289 作母本，Y605 作父本杂交选育而成。是一个适合陕西省春播种植的高产、稳定、优质、适应性广、抗逆性强、综合农艺性状优良的新品种。

审定编号：2006 年 2 月通过陕西省品种审定委员会审定，陕审玉 2006008。

特征特性：该品种春播生育期 120 d 左右，夏播 98 ~ 100 d 左右。株高 260 ~ 280 cm，穗位高 100 ~ 118 cm，果穗长筒形，穗长 22 ~ 24 cm，每穗 16 ~ 18 行，每行 40 ~ 45 粒，穗轴红色，出籽率 86.9%。百粒重 29.0 ~ 31.0 g。株型紧凑，叶色深绿，成熟时茎叶呈绿色，保绿度好，抗倒性强。该品种籽粒外观橘黄偏硬，色泽光亮，商品性好。经陕西省粮油质量监督检验站检测，淀粉含量 66%，粗蛋白含量 9.4%，赖氨酸含量 0.2982%。

抗性表现：高抗穗粒腐病和大、小斑病，抗丝黑穗病。

产量水平：参加省春播区试，增产点次占总点次的 71.4%，3 年总评亩产 615.2 kg，较农大 108 增产 4.4%；2005 年 7 点平均亩产 623.4 kg，较沈单 10 号增产 4.4%。2004 年参加省春播生产示范，4 点次平均亩产 567.6 kg，较对照农大 108 增产 4.0%，居于试验第 6 位；2005 年参加省春播生产示范，4 点次平均亩产 625.7 kg，较对照沈单 10 号增产 8.15%，居于第 4 位。

适宜种植地区：经多年区试和生产示范，该品种适宜陕南、陕北及同类生态区春播种植，因后期灌浆速度快，同时也适宜于关中及同类生态区夏播种植。

已推广面积：已在陕南地区推广 150 万亩。

3. 临奥一号

育种单位：河北省蠡县玉米研究所 1994 年以自选系 618 为母本，自改系 811 为父本杂交育成的单交种。

审定编号：陕审玉 2002002。

熟期类型：该品种为晚熟玉米品种。

特征特性：该品种生育期 141 d。幼苗顶土能力强，苗期生长健壮，叶色浓绿，叶鞘紫红色。株高 243 cm，穗位高 112 cm，株型半紧凑。穗位以上叶片半上举，以下叶片平展。全株 19 ~ 21 片叶。果穗筒形，穗长 21 ~ 26 cm，穗粗 5.5 ~ 6 cm，穗行数 16 ~ 18 行，行粒数 36 ~ 46 粒，穗轴红色。籽粒黄色、半硬型，千粒重 380 g，出籽率 85% 以上，单穗粒重 230 g。经宁夏农业科学研究院分析测试中心化验分析，籽粒粗蛋白含量 9.23%，赖氨酸含量 0.33%，粗脂肪含量 3.94%，粗淀粉含量 74.25%。活秆成熟。

抗性表现：抗小斑病、大斑病、青枯病、黑粉病、矮花叶病、粗缩病、穗腐病等多种主要病害。

产量水平：2002 年区域试验平均产量 589.3 kg/亩，比对照掖单 13 号增产 10.6%；2003 年区域试验平均产量 648.2 kg/亩，比对照沈单 16 号增产 2.2%。两年区域试验平均产量 618.75 kg/亩，比对照增产 6.9%。2003 年生产试验平均产量 605 kg/亩，比对照沈单 16 号减产 6.2%。

适宜种植地区：适宜引黄灌区及陕西、湖北等省区单种、套种。

已推广面积：已在陕南地区推广 160 万亩。

4. 华盛 2000

育种单位：汉中华盛种业科技有限公司，品种来源：勉 K3 × 勉 R6。

审定编号：陕审玉 2011019 号。

特征特性：该品种属杂交玉米。全生育期平均 126.6 d，比对照渝单 8 号长 1.6 d。成株叶片数 17.8 片，叶鞘浅紫色，叶片深绿色。株型半紧凑，株高 247 cm，穗位高 90.2 cm。雄花药黄色，花丝淡红色。穗长 25 cm，穗粗 5.5 cm，秃尖 0.3 cm，穗行数 18.2 行，行粒数 45.2 粒；穗形筒柱形，穗轴白色，籽粒黄白色、半硬粒型，百粒重 32.5 g，出籽率 86.1%。

抗性表现：高抗纹枯病、穗腐病，抗大斑病、小斑病，感茎腐病。

产量水平：2017 年一年适应性试验，12 点平均亩产 595.5 kg，比对照渝单 8 号增产 13.7%。

适宜种植区域：适宜重庆市及陕南海拔 800 m 及以下的丘陵、平坝、低山地区种植。

已推广面积：已在陕南地区推广 130 万亩。

5. 鄂玉 30

选育单位：湖北清江种业有限责任公司利川分公司。

审定编号：2007006。

特征特性：该品种属中熟杂交玉米，在试验 3000 株/亩密度下，出苗至成熟 116 ~ 144 d，平均 128.9 d。株型半紧凑，株高 264 cm，穗位高 106 cm，穗长 19.8 cm，穗行数 16.0 行，行粒数 35.9 粒；穗形长筒形，穗轴白色，籽粒黄白色、半马齿型，百粒重 33.8 g。

抗性表现：人工接种鉴定，该品种抗大斑病和茎腐病，中抗小斑病和纹枯病，感丝黑穗病和玉米螟。

产量水平：两年引种试验平均亩产 513.0 kg，比对照渝单 8 号增产 8.20%，产量变幅 405.1 ~ 579.9 kg，16 个试点 13 增 3 减，减产点为涪陵、潼南和荣昌。

适宜种植区域：适宜重庆市、陕南海拔 900 m 以下地区种植。以 3 月份播种育苗为宜；亩种植密度 2800 ~ 3000 株，注意防治丝黑穗病和玉米螟。

已推广面积：已在陕南地区推广 90 万亩。

6. 华玉 5 号（五号黄）

育种单位：镇坪县农业科学研究所，品种来源：99/471 × 7697 选育。

审定编号：陕审玉 2007008。

熟期类型：中晚熟玉米品种。

特征特性：全生育期 145 d，属中晚熟品种。幼芽顶土力强，苗期长势好；根系发达，茎秆粗壮、坚硬，抗倒伏。幼苗叶鞘浅紫色，成株叶鞘紫色，叶片绿色；总出叶 19 片，上部叶片平展略上挺。株高 260 ~ 280 cm，穗位高 1.0 ~ 1.2 cm。雄花颖壳绿色紫条纹，花药土红色；雌穗花柱粉红色；果穗长锥形，穗轴红色；穗长 25 ~ 27 cm，穗粗 6 cm，穗行数 16 ~ 18 行，行粒 40 ~ 44 粒，粒色黄白粒相间，半马齿型；千粒重 380 ~ 400 g。抗大斑病、小斑病，丝黑穗病和青枯病，适应性强。经陕西省农产品质量监督检验站检测：粗蛋白（干基）含量 9.2%，粗脂肪（干基）含量 6.4%，淀粉（干基）含量 73.1%；赖氨酸含量 0.28%。

抗性表现：抗大斑病、小斑病，丝黑穗病和青枯病，适应性强。

产量水平：安康市高山区区试平均亩产 476.7 kg，生产试验平均亩产 541.0 kg。

适应种植区域：适宜陕南安康、汉中海拔 800 ~ 1400 m 春玉米区种植。

已推广面积：已在陕南地区推广 80 万亩。

7. 安科 106

育种单位：安康市农业科学研究所。主要育种人谢世学、潘光堂、王祖桥、兰海、林海建。品种来源：R08 × AY369。

审定编号：陕审玉 2017029 号。

特征特性：两年区试平均生育期 119 d。全株叶片 19 片。幼苗叶鞘紫色，苗期生长健壮。株高 270 ~ 290 cm，穗位 112 ~ 117 cm。植株半紧凑、叶片上冲。雄穗分枝 8 ~ 11 个，护颖浅红色，花药浅紫色。花丝浅红色。果穗圆筒形，籽粒橙黄色、马齿型、偏硬粒型；穗轴红色，穗长 22 ~ 23 cm，穗行数 16 ~ 18 行，千粒重 330 g，出籽率 87% 左右，容重为 769 g /L，粗蛋白（干基）为 11. 01%，粗脂肪（干基）为 4. 44%，粗淀粉（干基）为 72. 17%。

抗性表现：高抗纹枯病、丝黑穗病和小斑病，抗穗腐病，中抗茎腐病和大斑病。

产量水平：两年区试平均亩产 604. 2 kg。

适宜种植地区：适宜陕南海拔 700 m 以下地区春播种植。

已推广面积：已在陕南地区推广 100 万亩。

8. 瑞玉 998

选育单位：瑞玉 998 是由甘肃金大地种业有限公司、汉中市瑞丰生物科技有限责任公司共同选育、审定的玉米品种。

审定编号：陕审玉 2015038 号。

熟期类型：该品种为晚熟玉米品种。

特征特性：瑞玉 998 是由甘肃金大地种业有限公司、汉中市瑞丰生物科技有限责任公司共同选育、审定的玉米品种。该品种在陕西南部春播全生育期天数 123. 8 d 左右，夏播 90 ~ 100 d 左右。株型半紧凑型，株高 2. 5 m 左右，穗行数 16 ~ 18 行，行粒数45 ~ 50 粒左右，籽粒黄色、马齿型、活秆成熟。经陕西省粮油产品质量监督检验，粗蛋白含量 9. 66%，粗脂肪含量 4. 5%，粗淀粉含量 71. 1%，容量 740g/L。

抗性表现：抗小斑病、中抗丝黑穗病、灰斑病，感大斑病、纹枯病、茎腐病、穗腐病。区（D 组）试验，比对照临奥 1 号增产 10. 3%；参加陕西省陕南春播玉米品种区试，比对照增产 6. 5%。

产量水平：瑞玉 998 参加了陕西省陕南春播玉米品种区试，两年区试比对照增产 8. 4%，陕西省陕南春播玉米品种生产试验（A 组），比对照增产 7. 5%，位居参试品种第一位。亩产达 750 kg。四川 2017 年 8 试点平均亩产 603 kg，比对照成单 30 增产 5. 8%，8 个试点均增产。

适宜种植区域：陕西、四川、湖北等省市春玉米区。

已推广面积：已在陕南地区推广 80 万亩。

9. 镇玉 208

育种单位：镇玉 208 是镇坪县农业科学研究所 2001 年用自育系 7697 做母本与自选系 47112 为父本，于 2001 年组配而成的中秆半紧凑大穗型中熟玉米杂交种。2005 年参加省级区试预备试验，2006 年至 2008 年参加省级区域试验和生产试验，2009 年通过审定并大面积推广。

审定编号：陕审玉 2009025。2017 年重庆引种推广，引种号：渝备玉 2017088 号。

熟期类型：该品种为中晚熟玉米品种。

特征特性：全生育期 117.7 d。幼苗叶鞘浅紫色，叶片厚实深绿色。株高 240 cm，叶片宽大上挺，透光性好。籽粒黄色、马齿型，穗轴红色，出籽率 86%，果穗长锥形，穗长 22～25 cm，穗粗 5.5 cm，穗行数 16～18 行，行粒数 40～42 粒，千粒重 420 g。根据陕西省粮油产品质量监督检验站测定镇玉 208 籽粒容重 800 g/L，含粗蛋白质（干基）10.5%，粗淀粉（干基）65.0%，粗脂肪（干基）5.1%。

抗性表现：根据西北农林科技大学植物保护学院 2008 年鉴定，镇玉 208 高抗茎腐病、穗粒腐病和大斑病，抗小斑病，感丝黑穗病，其表现型是：丝黑穗发病率为 28.3%，茎腐病发病率为 19.1%，穗粒腐病病情指数为 10.0，大斑病病级为 3，小斑病为 1。

产量表现：镇玉 208 在 2007 年参加陕南玉米 B 组区试，6 点汇总，6 点全部增产，平均亩产 662.7 kg，比对照豫玉 22 增产 5.6%，居 B 组试验第 2 位；2008 年 5 点汇总，5 点全部增产，平均亩产 695.0 kg，比对照增产 6.2%，居本组试验第 2 位。两年 11 个点次平均单产 679 kg，比对照增产 6.1%。

2008 年在区试的同时进行了生产试验，5 点平均亩产 653.9 kg，比对照增产 7.5%，居试验第 1 位。

适宜种植区域：四川省平坝、丘陵地区，湖北省二高山地区作春玉米种植。

已推广面积：已在四川、湖北、陕南地区推广 150 万亩。

10. 隆玉 1608

育种单位：安徽隆平高科种业有限公司，品种来源：F1919×H801。

审定编号：国审玉 20196226。

熟期类型：该品种属于晚熟春玉米品种。

特征特性：西南春玉米组出苗至成熟 118.8 d，与对照渝单 8 号熟期相当。幼苗叶鞘紫色，叶片绿色，叶缘紫色，花药黄色，颖壳绿色。株型半紧凑，株高 310 cm，穗位高 125 cm。成株叶片数 19 片。果穗锥形，穗长 21.2 cm，穗行数 14～16 行，穗粗 5.1 cm，穗轴红，籽粒黄色、半马齿型，百粒重 35.7 g。品质分析，籽粒容重 754 g/L，粗蛋白含量 11.34%，粗脂肪含量 3.94%，粗淀粉含量 73.09%，赖氨酸含量 0.31%

抗性表现：中抗丝黑穗病、茎腐病、小斑病，感大斑病、穗腐病、纹枯病，高感灰斑病。

产量水平：2016—2017 年参加西南春玉米组绿色通道区域试验，两年平均亩产 629.47 kg，比对照渝单 8 号增产 8.58%。2018 年生产试验，平均亩产 610.57 kg，比对照渝单 8 号增产 15.81%。

适宜种植区域：西南春玉米区的四川省、重庆市、湖南省、湖北省、陕西省南部海拔 800 m 及以下的丘陵、平坝、低山地区。

已推广面积：已在陕南地区推广 110 万亩。

11. 冠玉 1129

育种单位：山东冠丰种业科技有限公司，品种来源：1101×3187。

审定编号：国审玉 20196230。

熟期类型：该品种为晚熟春玉米品种。

特征特性：西南春玉米组出苗至成熟 121.8 d，与对照渝单 8 号相当。株型半紧凑，株高 289 cm，穗位高 116 cm。成株叶片数 20 片。幼苗叶鞘紫色，叶片绿色，叶缘绿色。花药紫色，颖壳浅紫色。果穗筒形，穗长 19.6 cm，穗行数 16～18 行，穗粗 5.3 cm，穗轴白，籽粒黄色、半马齿型，百粒重 34.4 g。品质分析，籽粒容重 767 g/L，粗蛋白含量 9.24%，粗脂肪含量 4.0%，粗淀粉含量 73.42%，赖氨酸含量 0.26%。

抗性表现：抗小斑病、丝黑穗病，中抗大斑病、茎腐病，感灰斑病、穗腐病、纹枯病。

产量水平：2016—2017 年参加西南春玉米组绿色通道区域试验，两年平均亩产 650.68 kg，比对照渝单 8 号增产 9.7%。2017 年生产试验，平均亩产 644.1 kg，比对照渝单 8 号增产 8.8%。

适宜种植区域：西南春玉米区的四川省、重庆市、湖南省、湖北省、陕西省南部海拔 800 m 及以下的丘陵、平坝、低山地区。

已推广面积：已在陕南地区推广 70 万亩。

12. 瑞康 1 号

育种单位：瑞康 1 号玉米新品种系王志荣、曾广莹、何安平、廖晖等人于 2005 年选育而成，其组合为 2275×7697。

审定编号：2010 年通过陕西省审定，陕审玉 2010014。

熟期类型：该品种为中晚熟春玉米品种。

特征特性：该品种在汉中、安康海拔 1000 m 以下春播出苗至成熟生育期约 125 d，与对照（豫玉 22、临奥 1 号平均 125.7 d）生育期相当。幼苗叶鞘紫色，叶色深绿，茎秆粗壮。株型半紧凑，株高 275 cm，穗位高 115 cm。叶片数 21 片。茎秆粗壮，根系发达。雄穗分枝较多，花药紫色。活秆成熟。果穗筒形，红轴，穗长 21～22 cm，穗行数 16～18 行，黄粒、半马齿型，千粒重 380 g。陕南汉中、安康海拔 1000 m 以下地区春播种植。

籽粒容重 762 g/L，粗蛋白（干基）11%，粗淀粉（干基）63.5%，粗脂肪（干基）5.6%。

抗性表现：高抗茎腐病、穗粒腐病、大斑病和小斑病，中抗丝黑穗病。

产量水平：陕西省陕南两年区试平均亩产 650 kg。

适宜种植区域：西南春玉米区的四川省、重庆市、湖南省、湖北省、陕西省南部海拔 800 m 及以下的丘陵、平坝、低山地区。

已推广面积：在汉中、安康、商洛已推广 150 万亩。

13. 创玉 118

育种单位：四川创世嘉农业科技有限公司、贵州日月丰农业科技有限公司、贵州梵净山种业有限公司。

审定编号：黔审玉 2017009。

熟期类型：该品种为中熟玉米品种。

特征特性：该品种属杂交玉米。全生育期平均 119 d，与对照渝单 8 号相当。株型半紧凑，株高 254 cm，穗位高 97 cm。雄花护颖紫色，花药浅紫色，雌穗花柱浅紫色。穗长 20.9 cm，穗行数 18.1 行，行粒数 40.4 粒，秃尖 0.8 cm；穗形长筒形，穗轴白色，籽粒黄色、半马齿型，百粒重 38 g。

抗性表现：高抗穗腐病，中抗纹枯病，抗大斑病、小斑病、茎腐病。

产量水平：2017 年一年适应性试验，5 点平均亩产 622.4 kg，比对照渝单 8 号增产 8.8%。

适宜种植区域：适宜重庆市及陕南海拔 800 m 及以下的丘陵、平坝、低山地区种植。

已推广面积：已在陕南地区推广 100 万亩。

14. 西大 211

选育单位：西南大学。

品种来源：MB095 ×082。

审定编号：渝审玉 2011008。

熟期类型：中熟杂交玉米品种。

特征特性：该品种属中熟杂交玉米，在区试 3000 株/亩密度下，出苗至成熟 128 ~ 151 d，平均 142.9 d。株型半紧凑，株高 286 cm，穗位高 117 cm。叶色绿色，成株叶片数 21 片。花药黄色，颖壳绿色，花丝浅紫色；穗长 20.6 cm，穗行数 16.2 行，行粒数 38.8 粒；穗形长筒形，穗轴红色，籽粒黄白色、马齿型，百粒重 31.7 g。籽粒容重 696 g/L，粗蛋白含量 10.97%，粗脂肪含量 4.32%，粗淀粉含量 70.48%，赖氨酸含量 0.33%。

抗性表现：经人工接种鉴定，中抗大斑病、纹枯病，感小斑病、丝黑穗病和玉米螟，中抗茎腐病。

产量水平：两年区试平均亩产 553.9 kg，比对照渝单 8 号增产 10.82%，产量变幅 431.5 ~610.9 kg/亩，11 个试点增产，无减产点次；生产试验平均亩产 498.7 kg，比对照增产 5.06%，产量变幅 373.1 ~592.5 kg。

适宜种植区域：适宜重庆市、陕南地区海拔 700 m 以上地区种植。

已推广面积：已在陕南地区推广 90 万亩。

15. 农科大 8 号

申请单位：甘肃省敦煌种业股份有限公司研究院。

选育单位：西北农林科技大学、杨凌三秦种业有限公司。

审定编号：甘审玉 20180046，2012 年陕西省审定（陕审玉 2012022 号）。

熟期类型：春播晚熟品种。

特征特性：普通玉米品种。生育期 137 d。幼苗叶鞘紫色，叶片深绿，叶缘紫色。株型紧凑，株高 283 cm，穗位高 103.5 cm。成株叶片数 20 片。茎基绿色，花药粉红色，花丝紫色。果穗锥形，穗长 20.4 cm，穗行数 17.8 行，行粒数 37.9 粒，穗轴白色。籽粒黄色、马齿型，百粒重 31.4 g。籽粒容重 762 g/L，粗蛋白含量 9.00%，粗脂肪含量为 4.32%，粗淀粉含量 74.63%，赖氨酸含量 0.31%。

抗性表现：抗病性经接种抗性鉴定，高抗茎腐病和穗腐病，中抗大斑病，感丝黑穗病。

产量水平：在 2015—2016 年甘肃省玉米品种区试中，平均折合亩产 686.4 kg，比对照增产 7.1%。2017 年生产试验平均折合亩产 612.7 kg，比对照先玉 335 增产 13.1%。

适宜种植区域：适宜在陕西省中晚熟旱地春玉米区种植。

已推广面积：已在陕南地区推广 110 万亩。

16. 瑞玉 518

育种单位：瑞玉 518 是镇坪县农科所于 2006 年冬在海南用自育系 206－1 做母本，与自选系 A335 为父本组配而成的中秆紧凑中大穗型中熟玉米杂交种。于 2013—2014 年参加陕西省夏播玉米品种区域试验，2014 年参加陕西省夏播玉米品种生产试验。2015 年通过审定并大面积推广。

审定编号：陕审玉 2015002。2019 年被河南引种推广，引种号：豫引种 2019 玉 052 号。

特征特性：瑞玉 518 在陕南春播出苗至成熟生育期 101 d 左右。总叶片数 19 片，苞叶长，苞口紧。幼苗叶鞘淡紫色，成株株高 275 cm，株型半紧凑型，穗位高 115 cm。穗筒形。穗长 21.8 cm；穗粗 5.0 cm，穗行数 18～22 行；行粒数 40～43 粒左右，穗轴白色，籽粒黄色，硬粒，出籽率 89.7%，千粒重 387.2 g。经农业部谷物及制品质量监督检验测试中心（哈尔滨）测定：瑞玉 518 容重 766 g/L，粗蛋白质（干基）含量 9.01%，粗淀粉（干基）含量 75.43%，粗脂肪（干基）含量 3.91%。

熟期类型：该品种为中熟玉米品种。

抗性表现：经西北农林科技大学植保学院 2013—2014 年鉴定，瑞玉 518 抗穗腐病和小斑病；中抗茎腐病和大斑病。

产量表现：2013 年参加陕西省夏播玉米品种区域试验（12 组），10 个点汇总，10 个点全部增产，平均亩产 637.16 kg，比对照增产 7.1%，增产达极显著，增产点次率为 100%，居本组试验第 2 位；2014 年参加陕西省夏播玉米品种区域试验（6 组），8 个点增产，1 个点减产，9 个点汇总，平均亩产 604.08 kg，比对照增产 6.2%，增产达显著水平，增产点次率为 89%，居本组试验第 4 位。2014 年参加陕西省夏播玉米生产试验（5 组），5 个点汇总，4 个点增产，1 个点减产，5 个点平均亩产 554.2 kg，比对照增产

6.4%，居试验第6位。

适宜种植区域：适宜于鄂西、川北及陕南海拔650 m以下地区春播，陕西关中及黄淮海、西南春播区示范种植。

已推广面积：已在鄂西、川北及陕南地区推广100万亩。

17. 镇玉213

选育单位：镇玉213是镇坪县农业科学研究所曾广莹、李丛斌等2006年用自育系2006－1和自育系F－13成功育成的优质高抗高产广适的玉米杂交种镇玉213。

审定编号：2015年经陕西省农作物品种审定委员会审定通过。陕审玉2015034。

熟期类型：中晚熟春玉米品种。

特征特性：在陕南春播出苗至成熟生育期119 d左右。熟期中晚熟，该品种幼苗叶鞘淡紫色。成株株高275 cm，穗位高115 cm。穗筒形。总叶片数19，穗位适中。株型半紧凑型。穗长17 cm，粗约4.5 cm，穗行16～18行，穗轴白色，籽粒黄色、马齿型，千粒重380 g左右。穗大无空秆，封顶性好，保绿性强。中密大穗，活秆成熟。经多年多点试验，宜于陕南海拔900 m以下及同类春播生态区种植。

经陕西省粮油产品质量监督检验站检测：容重达标率732 g/L，粗蛋白质（干基）含量8.49%，粗淀粉（干基）含量71.7%，粗脂肪（干基）含量4.3%。

抗病性表现：经西北农林科技大学植物保护学院鉴定，镇玉213高抗丝黑穗病、茎腐病和大斑病，抗穗腐病和小斑病，综合抗性强。

产量表现：陕西省陕南春播玉米品种区域试验平均亩产628.9 kg，比对照增产11.4%。自审定推广以来，深受秦巴山区农民喜爱。

适宜种植区域：陕南秦巴山区；2020—2021年已分别被重庆和四川两省市引种。

已推广面积：至目前已推广150万亩。

18. 镇玉508

选育单位：镇玉508是陕西省镇坪农业科学研究所曾广莹、李丛斌等人用自交系4640做母本与自选系D606－132为父本组配出强优中晚熟杂交种。

审定编号：2020年3月通过陕西省农作物审定委员会审定。陕审玉2020066。

熟期类型：中晚熟春玉米品种。

特征特性：该品种陕南春播出苗至成熟生育期122.4 d左右，比对照晚熟1.0 d。株型半紧凑，株高279.5 cm，穗位高106.1 cm，成株叶片数19片。幼苗叶鞘紫色，花丝浅粉色，花药黄色。果穗筒形，穗长19.8 cm，穗行数17.3行，行粒数38.0粒，单穗粒重207.9 g，穗轴红色，籽粒黄色、马齿型，百粒重33.3 g，出籽率88.7%。籽粒商品品质较好，抗倒力强，活秆成熟。适合在陕南中高山区种植。经农业农村部谷物及制品质量监督检验测试中心（哈尔滨）测定：容重764 kg/L，粗蛋白（干基）含量9.35%，粗脂肪（干基）含量3.72%，粗淀粉（干基）含量76.07%，赖氨酸（干基）含量0.26%。

抗病性表现：经西北农林科技大学植物保护学院2017—2018年鉴定镇玉508高抗灰斑病和南方锈病，抗纹枯病、穗腐病、大斑病和小斑病，中抗茎腐病。

产量表现：陕西省陕南春播玉米品种区域试验平均亩产696.8 kg，比对增产10%。

适宜种植区域：2020—2021年已分别被四川、陕西和重庆两省一市引种。

已推广面积：已推广种植80余万亩。

19. 四号黄

选育单位：四号黄是由镇平县农业科学研究所曾广莹、何安平等科研人员用自选系65－471为母本自育系，7697为父本组配而成的中秆大穗型玉米新品种。

审定编号：2003年通过陕西省农作物品种审定委员会审定。陕审玉2003003。

熟期类型：中晚熟春玉米品种。

特征特性：全生育期139 d，属中晚熟品种，活秆成熟。该品种幼苗叶绿色、叶鞘绿色。株高220 cm，穗位100 cm左右。总叶数19片，上部叶上挺。属半紧凑型。雄花颖壳紫红色、花药土黄色花丝红色。果穗长棒形、穗长24～26 cm，穗行数14～16行，行粒数38粒，籽粒黄白相间、马齿型，千粒重380 g左右，穗轴红色，根系发达，茎秆坚韧。高抗倒伏、抗茎折。适宜陕南海拔1400 m以下的中高山区及同类生态区春播。

经陕西省产品质量监督检验所测定，四号黄籽粒含粗蛋白质含量9.6%，赖氨酸含量0.46%，脂肪含量4.4%，淀粉含量67.93%。

抗病性鉴定：高抗倒伏，高抗大斑病和小斑病。中抗丝黑穗病、青枯病及病毒病。

产量表现：陕西省陕南区试平均亩产500 kg，自1998年推广以来，因高产、优质、抗病、适应性强、活秆成熟等优点，深受农民的欢迎。

适宜种植区域：被川、陕、鄂、渝三省一市的20多个县（市）推广应用。

已推广面积：累计推广面积达300余万亩。

20. 镇玉101

选育单位：镇玉101镇坪县农科所曾广莹、王文章，安康市农作物种子站张涛等科研人员于2012年冬在海南用自育系“206－1”做母本，与自选系“D606－132”为父本组配而成的中秆半紧凑大穗型中熟玉米杂交种。

审定编号：于2019年3月通过陕西省农作物审定委员会审定。陕审玉2019057。

熟期类型：中晚熟春玉米品种。

特征特性：该品种从播种出苗至成熟121 d左右。总叶片数19。幼苗叶鞘淡紫色。成株株高315 cm。半紧凑型，穗位高125 cm。穗筒形。苞叶长，苞口紧，穗长21.8 cm、穗粗5.9 cm，穗行数18～20行，行粒数42～46粒左右，单穗粒重218.2 g。穗轴红色籽粒黄色、粒马齿型，出籽率88.7%，千粒重368 g。籽粒商品品质较好，抗倒力强，活秆成熟。适应陕南秦巴及云贵川等同类生态区，海拔900 m以下浅中山、丘陵、川道及同类生态区域种植。

经陕西省粮油产品质量监督检验站测定：镇玉101容重744 g/L，粗蛋白质（干基）

含量 8.81%，粗淀粉（干基）含量 63%，粗脂肪（干基）含量 4.3%。

抗病性鉴定：经西北农林科技大学植物保护学院 2016—2017 年鉴定：镇玉 101 中抗丝黑穗病和小斑病、高抗灰斑病，茎腐病，大斑病，南方锈病，抗穗腐病和纹枯病。

产量表现：经试验、示范，区试平均亩产 704.1 kg。

适宜种植区域：被川、陕、鄂、渝三省一市的 20 多个县（市）推广应用。

已推广面积：已在川、陕、鄂、渝等地区推广种植 100 余万亩。

21. 汉玉 9 号

选育单位：汉玉 9 号是汉中市农业科学研究所玉米研究室李勤、张选明、张秀英等科研人员利用高密度、低氮环境胁迫，结合系谱选育与空间穿梭育种法选育出的优良玉米。2010 年以自交系 L0431 为母本，以自交系 L0598 为父本进行组合配制选育成的新玉米杂交种。

审定编号：于 2014 年 8 月通过陕西省农作物品种审定委员会评选审定。陕审玉 2014020。

熟期类型：中晚熟春玉米品种。

特征特性：该品种春播全生育期 118 d，比对照临奥 1 号迟 3 d。成株叶数为 17 ~ 18 片，下叶较平展，上叶上冲、稍宽。苗期特征为叶鞘呈紫红色叶色，绿叶较浓、幼苗长势强。早发性好。成株高 260 cm 左右、穗位高 105 cm 左右。株型为半紧凑型。雄花序特征为花粉量大，花序分枝数为 27 个，花药呈黄色，护颖呈绿色。雌穗花柱红色。雌花吐丝与雄花散粉相差 1 ~ 2 d。雌花吐丝期与雄花散粉期相遇较好。穗部特征为筒形果穗、红色穗轴。籽粒黄色、半马齿型。出籽率 86% 左右、结实好。百粒重 30 ~ 38 g。根系扎根深，较发达，抗倒性好，抗病性好，耐涝性好。适宜陕南海拔 900 m 以下地区春播种植。

经陕西省粮油产品质量监督检验站检测，结果表明，汉玉 9 号的品质优良、容重为 733 g/L，粗蛋白质（干基）含量为 10.09% 粗脂肪（干基）含量为 3.5%，粗淀粉（干基）含量为 72.24%。

抗病性鉴定：经西北农林科技大学植保学院抗病性鉴定，汉玉 9 号高抗茎腐病、大斑病和小斑病；抗穗腐病；中抗丝黑穗病，综合表现抗病性强。

产量表现：试验平均产量为 576.4 kg/亩，比对照（临奥 1 号）增产 6.1%。

适宜种植区域：被川、陕、鄂、渝三省一市的 20 多个县（市）推广应用。

已推广面积：已推广 100 万亩。

（三）种子的播前处理

玉米为主茎成穗且单株生产力较高，因而一株玉米在构成单产中的意义也就比较大。生产过程中如果发现缺株，细密不均和生长不整齐等现象，对产量影响很大，所以争取苗全苗匀、苗壮，才能为穗多、穗大、粒多、粒重奠定基础。所以，播种是玉米丰产的关键环节。

1. 精选种子　为了提高种子质量，在播种前应做好以下种子精选工作。根据玉米果穗和籽粒较大的特点，精选玉米种子可采取穗选和粒选等方法。穗选是在收获时进行，选择具有本品种特征、穗大、粒多、颜色鲜明、籽粒排列整齐的果穗留种。如系双果穗或多果穗品种，最好是选留植株上部果穗。据国外资料，上部果穗，具有发芽率高、染病率低等特点。

播种前将当选果穗顶部（1 寸①左右）和基部（0.5 寸左右）的籽粒去掉，留中部籽粒作种用。生产实践证明，用果穗中部籽粒作种能早熟、增产。因为果穗中部的丝状花柱抽出和受精时间较早，籽粒充实饱满，酶的含量较多，特别是氧化酶多，播种后内部养分转化快，发芽出苗早，幼苗健壮。同时，中部籽粒整齐，便于精量机械化播种，有利于苗全、苗齐、植株生长整齐一致，减少空秆、倒伏，提高产量。

据国外试验，果穗不同部位种子的发芽率和染病率也不相同，其中以果穗中部的种子发芽率高，染病率最低，其幼苗对病害有很强的抵抗力；果穗基部种子次之；顶部最差。因此，播种时尽可能选用果穗中部种子做种。

经过穗选及果穗去头去尾的种子，播种前最好再经过筛选和粒选，除去霉坏、破碎、混杂及遭受病虫危害的籽粒，以保证种子有较高的质量。

对选过的种子，特别是由外地调换来的良种，都要做好发芽试验。一般要求发芽率达到 90% 以上，如低于 90%，要酌情增加播种量。

2. 种子处理　玉米在播种前，通过晒种、浸种和药剂拌种等方法，增强种子发芽势提高发芽率，并可减轻病虫为害，以达到苗早、苗齐、苗壮的目的。

（1）晒种　粒选后播种前进行。晒种能促进种子后熟，降低含水量，增强种子的生活力和发芽能力。试验证明，经晒种后，出苗率可提高 13% ~28%，提早出苗 1 ~2 d，并且能减轻玉米丝黑穗病的危害。方法是选晴天把种子摊在干燥向阳的地上或席上，连续晒 2 ~3 d，并要经常翻动种子，晒匀。

（2）浸种　可增强种子的新陈代谢作用，提高种子生活力，促进种子吸水萌动，提高发芽势和发芽率，并使种子出苗快，出苗齐，对玉米苗全、苗壮和提高产量均有良好作用。方法如下：

用冷水浸种 12 ~24 h，温烫（两开兑一凉或水温 55 ~58 ℃）浸种 6 ~12 h，均比干种子播种有增产效果。在生产上，也有用腐熟人尿 25 kg 兑水 25 kg 浸泡 6 h 或用腐熟人尿 15 kg 兑水 35 kg 浸 12 h，有肥育种子，提早出苗，促使苗齐、苗壮等作用，但必须随浸随种，不要过夜；还有用 500 倍磷酸二氢钾溶液浸种 12 h，有促进种子萌发，增强酶的活性等作用。

但必须注意，在土壤干旱又无灌溉条件的情况下，不宜浸种。因为浸湿的种子胚芽

① 1 寸≈3.33cm。

已经萌动，播在干土中容易造成“回芽”（或叫烧芽），不能出苗，招致损失。

（3）药剂拌种　为了防治病害，在浸种后可用0.5%的硫酸铜拌种，可以减轻玉米黑粉病的发生，还可用20%萎锈灵拌种，用药量是种子量的1%，可防治玉米丝黑穗病。

对于地下害虫如金针虫、蝼蛄、蛴螬等，可用50%辛硫磷乳油，用药量为种子量的0.1%～0.2%，用水量为种子量的10%稀释后进行药剂拌种，或进行土壤药剂处理或用毒谷、毒饵等，随播种随撒在播种沟内，都有显著的防治效果。

种子包衣是一项种子处理的新技术，就是给种子裹上一层药剂。它是由杀虫剂、杀菌剂、复合肥料、微量元素、植物生长调节剂和成膜物质加工制成的，能够在种子播种后具有抗病、抗虫以及促进生根发芽的能力。拌种用量一般为种子量的1%～1.5%。包衣的方法有两种：一是机械包衣。由种子部门集中进行，适用于大批量种子处理。另一种是人工包衣。即在圆底容器中按药剂和种子比例，边加药边搅拌，使药液均匀地涂在种子表面。

（四）适期播种

玉米适时早播是增产的重要经验。适时早播，可以充分利用生长季节的有效积温，提早成熟，防止后期低温危害，达到增产的目的。所以低海拔的平坝浅丘区，以4月上旬至中旬播种较适宜，对于山区4月中下旬至5月上旬播种较为适宜。

陕南低海拔的平坝浅丘区夏玉米早播可争取汛前的干燥季节，躲过“芽涝”，促进根系发展，形成健壮植株，错过病害高发期，达到稳产高产。春玉米适时早播，幼苗在低温干旱条件下，地上部生长缓慢，根系发达，基部节间短粗，增强了抗旱、抗倒伏的能力。但是春玉米过早播种，地温低，种子萌发缓慢，易造成霉烂、缺苗或幼苗发红，生长势差，影响玉米产量；一般当5 cm土温稳定在12 ℃时播种较为适宜。

适时早播增产的主要原因是延长了玉米的生育期，增加了营养物质的积累，为穗大、粒多、粒重奠定了物质基础。俗话说“春争日，夏争时”。据镇坪农科所试验，玉米有效积温每减少100 ℃·d，亩产减产10 kg左右；灌浆期每延长一天，平均可增产2.5%左右。

1. 春玉米的播期及播种技术　春玉米的播种期，主要根据温度、墒情和品种特性来确定。

（1）温度　玉米在水分、空气条件基本满足的情况下，播后发芽出苗的快慢与温度有密切关系。在一定温度范围内，温度越高，发芽出苗就越快，反之就越慢。生产上当土壤表层5～10 cm深处温度稳定在8～10 ℃时开始播种为宜。播种过早、过晚，对春玉米生长都不利。

（2）墒情　玉米种子发芽，除要求有适宜的温度、空气外，还需要一定的水分，即需要吸收占种子绝对干重的48%～50%的水分，也就是说播种深度的土壤水分，达到田间持水量的60% ~70%，才能满足玉米种子发芽出苗的需要。因此，春季做好保墒工作，是保证玉米发芽出苗的重要措施。

（3）品种特性　中国各地玉米品种（包括杂交种）很多，各有适应不同气候条件的特性。由于玉米品种特性不同，各有其适宜的播种期。经验证明，必须按照品种特性来掌握播种期，才能使各个品种或杂交种在适宜的环境条件下生育良好。中国北方种植的早熟、中熟和晚熟三种玉米生育类型，生育期长的晚熟种一般适当早播，迟播则在生育后期会遇到低温或早霜，不能正常成熟，降低产量和品质；生育期较短的早、中熟种可适当晚播。

由上述可知，决定玉米适宜的播种期，必须根据当地当时的温度、墒情和品种特性，当然也与土质、地势和栽培制度有关，加以全面考虑，既要充分利用有效的生长季节和有利的环境条件，又要发挥品种的高产特性，既要使玉米丰产，也要为后茬作物创造增产条件以达到全年丰收。

（4）春玉米适时早播　春玉米早播，能充分利用生长季延长生育期，使植株积累更多的营养物质，供雌穗分化、形成以及籽粒灌浆的需要，使果穗发育充分，籽粒饱满，提早成熟。早播不但有利于在地下害虫危害旺盛前发芽出苗长壮，减轻危害程度，而且可以避免或减轻黑粉病和玉米螟的为害。早播玉米苗期处在地温较低的季节里，地上部分生长缓慢而根系发达，茎的组织坚实节间短粗，株形紧凑，抗旱、耐涝和抗倒伏。早播可以早发、早熟，使高原山区玉米生长后期免遭早霜为害，还可使抽穗开花期避过伏旱，有利授粉受精，籽粒饱满。

玉米种子播种过早，种子长期处于低温条件下，发芽缓慢，或者吸水不发芽，易引起种子霉烂而出苗不齐，出苗后还可能遇到晚霜危害。生产中通常以土壤表层5 ~10 cm深处地温稳定在10 ~12 ℃时为播种适期。春玉米的播期大致为秦岭山区4月上、中旬；巴山山区3月下旬到4月上旬。

2. 夏玉米播种技术　早播是提高陕南生态区玉米产量的有效措施之一，特别是对夏玉米尤为重要，群众有“夏播无早，越早越好”的说法。4月上旬日平均温度稳定通过8 ℃时即可播种。早播的方法：覆膜栽培的播期可比当地露地玉米最佳播期提早7 ~10 d，在陕南海拔1000 m左右在3月26日至4月2日播种，海拔1200 m地区在4月1—5日播种，海拔1400 m左右地区在4月7—12日播种。育苗移栽在海拔800 m左右的地区一般3月2O—25日播种为宜。海拔每升高100 m播期向后推迟4 d。间作套种的可于前茬作物收获前7—10 d播种。回茬（夏播 ）玉米越早越好。

第一，适时早播可以延长玉米生长期，充分利用光能地力，合成并积累更多的营养物质，满足雌、雄穗分化发育以及籽粒形成的需要。促进果穗充分发育，种子充实饱满，提高产量。据东北农学院李振华等（1987—1988年）对覆膜玉米播种期的研究表明，适时早播对玉米产量等性状均有良好影响；过晚播种，穗粒数、千粒重下降，秃尖增长。

第二，适期早播，可做到抢墒播种，充分利用早春土壤水分，有利于种子吸水萌发，提高保苗率。

第三，可以减轻病虫危害。对玉米增产影响严重的害虫，苗期有地老虎、蝼蛄、金针虫、蛴螬等危害幼苗，造成玉米缺株；中后期有玉米螟危害茎叶和雌雄穗，导致减产。根据各地经验，适期早播可以在地下害虫发生以前发芽出苗，至虫害严重时，苗已长大，增强抵抗力，从而减轻苗期虫害，保证全苗，同时，还可以避免或减轻中后期玉米螟危害。

春玉米适时早播还能够有效地减轻病害。因为玉米早播，在春季低温条件下，不利于黑粉病孢子发芽，可以减轻或避免玉米发病。

第四，早播玉米可以增强抗倒伏能力。玉米适当早播可使幼苗在低温和干旱环境条件下经过锻炼，地上部生长缓慢而根系发达，根群能向下深扎，为后期植株生长健壮打下基础，早播茎组织生长坚实，节间短粗，植株较矮，增强抗旱、耐涝和抗倒伏能力。

第五，早播玉米可以避过不良气候的影响，尤其对高原山区玉米后期有秋霜危害的地方，更为重要。“春种晚一天，秋收晚十天”，晚熟易遭受霜害，使籽粒不能充分成熟而降低产量和品质。在干旱地区适当早播既有利于趁墒出苗，又可避过伏旱，使玉米授粉受精良好，获得丰产。但是过早播种，对玉米生长也不利，常因种子长期处在土壤低温条件下，发芽缓慢，容易引起霉烂或出苗不齐，有时还可能遇到晚霜危害，招致严重减产。

夏玉米抢时早播是玉米增产的关键。夏玉米生产区的气候特点是后期阴雨多，气温下降快，如关中 10 月上旬已下降在 16 ℃以下。对玉米正常成熟不利。目前陕南应用的夏玉米杂交种的生育期多在 100 d 以上，而该地区的小麦成熟期在 6 月上、中旬，为保证在 9 月下旬成熟，必须在 6 月 15 日以前种完，最迟不得晚于 6 月 20 日。收种时间非常紧迫。所以应在收麦前做好各项准备工作，如浇好麦黄水，提前送粪到地头，准备播种机具，适时偏早收麦等。麦收后立即集中力量抢种。采用边浅耕、边在规定行距的行沟内撒肥、播种，用犁翻土盖籽，再进行耙耱或人工整理。还可采用播种沟局部整地，集中施肥，半软茬下种，出苗后及时进行行间细犁或深中耕。此外，为了抢早，必要时采用硬茬播种，即在麦茬地按株行距、施种肥、播种、盖籽一次进行，出苗后再进行行间深中耕。

（五）合理密植

赵强等（2009）认为，在生产实践中，玉米通过增加种植密度，确保收获穗数，达到高产，比其他作物更重要。玉米的适宜种植密度受品种特性、土壤肥力、气候条件、土地状况、管理水平等因素的影响。因此，确定适宜密度时，应根据上述因素综合考虑，因地制宜，灵活运用。一般应掌握以下原则：①株型紧凑和抗倒品种宜密，株型平展和抗倒性差的品种宜稀；②肥地宜密，瘦地宜稀；③阳坡地宜密，低洼地宜稀。品种适宜的种植密度与土地的地理位置也有关，一般阳坡地，由于通风透光条件好，种植密度宜高一些；低洼地通风差，宜种得稀一些，一般每亩可相差 300～500 株；精细管理的宜密，粗放管理的宜稀。

徐玉华等（2010）认为，随着紧凑型玉米品种的推广，需要增加密度，才能充分发挥品种的增产优势，实现增产。根据汉中市玉米生产水平，紧凑型品种的应用，种植密度可控制在 4000～4500 株/亩；一般品种应在 3300～3800 株/亩，大穗型品种控制在 2600～2800 株/亩为宜。同时把握肥地宜密，瘦地宜稀；阳坡地宜密，低洼地宜稀；精细管理的宜密，粗放管理的宜稀的原则。

徐海军等（2018）介绍了他们在 2016 年的春播试验。为明确玉米新品种汉玉 9 号在陕南秦巴山区的高产最适宜种植密度，以汉玉 9 号为材料，在相同施肥力水平条件下，设置不同种植密度，探讨种植密度对汉玉 9 号的主要产量构成因素及籽粒产量的影响，确定汉玉 9 号的高产最适种植密度，为陕南秦巴山区玉米生产提供高产依据。结果表明，不同种植密度处理对汉玉 9 号产量影响由高到低顺序为：4000 株/亩 >4500 株/亩 >3500 株/亩 >5000 株/亩 >3000 株/亩。玉米新品种汉玉 9 号的产量随种植密度的增加呈现先增加再降低的趋势，最高产量种植密度为：4000 株/亩，表明汉玉 9 号增加种植密度有增加产量的潜力，4000 株/亩～4500 株/亩密度范围为汉玉 9 号在陕南秦巴地区高产最适种植密度。

玉米产量由每亩穗数、每穗粒数和粒重所组成。合理密植就是为了充分有效地利用光、水、气、热和养分，协调群体与个体的矛盾，调节穗数、粒数、粒重之间的关系，以充分利用光能和地力，最大限度地发挥农业措施的综合效益，达到穗多、穗大、粒多、粒重，提高产量。梁永贤等（2022）研究表明，施氮量和种植密度的互作效应有效优化了产量构成因素，直接作用对产量影响显著，通过提高单位面积的成穗率，降低空秆率，增加粒重和结实率，进一步提高产量。随着科学进步和生产条件的改善，特别是紧凑耐密、抗病高产杂交种的选育和推广，合理密植提高光能利用率，使玉米产量大幅度增长。

建立玉米合理的群体结构，是根据当时当地的自然条件、生产条件和品种特性而确定的。所谓合理的群体结构即是群体与个体、地上部与地下部、营养器官与生殖器官、前期生长与后期生长都能比较健全而协调发展，从而经济有效地利用光能和地力，促使穗多、穗大、粒多、粒饱，最后达到高产优质低成本的目的。

首先应该重视合理密植，协调群体与个体关系，达到群体增产；其次应不断选育理想型玉米，对春玉米来说，要求中秆大穗，穗位以上叶较直立，下叶较平展，便于透光，雄穗小而花粉多，减少雄穗遮光面积，使叶片充分利用光能。此外，可用植株生长调节剂，延长玉米成熟期，每延长一天可增产 3% 左右；增施气体肥料，追施二氧化碳，提高田间二氧化碳浓度，可以提高光能利用。

1. 叶面积与光能利用 绿色叶片是玉米进行光合作用的重要器官。玉米群体的光能利用与群体的光合面积有密切关系。叶面积可以作为分析产量形成的生理指标。群体叶面积大小用叶面积指数表示。叶面积指数是单位土地面积上的叶面积总数，这种表示法比单纯用单株叶面积表示更方便。叶面积指数计算公式如下：

$$\text{叶面积指数}=\frac{\text{单株平均绿叶面积}\ (m^2)\times\text{每公顷株数}}{10000\ (m^2)}$$

玉米群体叶面积指数越大，产量越高。但是，叶面积达到一定限度后，由于叶片的相互遮阴，降低了叶片的光合效率，产量反而下降。叶面积的合理范围决定光分布特性，而光分布又取决于群体结构。特别是叶片的分布层次和生长态势。据测定，平展型玉米品种，群体消光系数都在0.7左右，叶面积指数最多不超过4.0；紧凑型玉米品种，群体消光系数都在0.5左右，叶面积指数可达5.0左右。紧凑型玉米的叶面积指数与平展型相比，具有上升快、峰值高、下降慢的特点。

在生产上扩大叶面积指数，一是增加群体密度；二是增加肥水管理措施，促进单株叶面积加大使产量提高。合理密植增加产量，就是增加了光合面积的结果。玉米抽雄吐丝期，叶面积达最大值。合理群体结构最大叶面积指数稳定期较长而下降很慢，在玉米成熟前仍保持叶面积指数2.0以上。密度过大时，最大叶面积指数稳定期短，吐丝后叶面积指数急剧下降产量不高。

2. 玉米群体的光分布及需光量 光分布是指光通过各层叶片被吸收和反射后的光强度变化状况，也就是各叶位实际受光情况。玉米群体内的光分布状况与产量关系密切。改善群体内光分布状况，是提高光能利用率及产量的重要途径。据研究，玉米田叶层大体吸收入射光的80%以上，反射或透过的光强度约占10%。由于群体多层叶片对光吸收的结果，使光照强度自上而下逐渐减弱，下层叶片往往由于光照不足，甚至低于光补偿点，成为影响光合作用的主要矛盾。

3. 玉米高产的群体结构 根据不同地区的自然条件、生产条件和玉米不同品种的生育特点，确定不同生育时期合理群体结构指标，因地制宜地规划出当地玉米高产的群体结构图形，作为主攻方向，做到目的明确，心中有数，然后根据具体情况，采取促控措施，实现各时期的群体指标。

据山东农业科学院生理室在济南地区试验，公顷产量6000 kg以上，其结构如表3.4。

表3.4 不同时期叶面积指数、光合势、光合生产率、干物质积累动态变化（李成军整理）

出苗后天数/d	30	40~50	50~60	60~70	70~80	80~90	90~100
叶面积指数	0.5	1.3	2.7	3.5	3.5	3.0	2.0
光合势/($m^2\cdot d$)	2500	6300	14000	20000	22000	20000	34000
光合生产率/[g/($m^2\cdot h$)]	11	14	10	10	8	8	15
干物质/(kg/hm^2)	412.6	1323.0	2100.0	3000.0	2640.0	2400.0	11875.6

表3.4说明，玉米出苗后30 d，叶面积指数0.5；出苗后60~70 d，叶面积指数达

到最大值3.5；收获时，维持在2.0左右。光合势，抽雄吐丝期20000 m^2·d，其光合生产率为10 g/(m^2·h)，此后20 d，光合势仍维持这一水平，而光合生产率稍有下降为8 g/(m^2·h)。这说明高产的合理群体结构不仅要有较大的光合势，而且也要有较高的光合生产率，它代表群体的生产效率。光合势与光合生产率的乘积就是群体的生产效率。光合势与光合生产率的乘积就是群体的生产总值，也是光合作用积累的干物质重量，因此，玉米群体产量的高低，光合生产率是一个重要指标。

4. 合理密植的增产原因　玉米合理密植之所以能增产，就是妥善地解决了穗多、穗大、粒重三个因素之间的矛盾，增加了适量的绿色光合面积和根系吸收面积，充分利用了光、热、水和矿质营养，增加了同化物的实际积累，从而提高了产量。

（1）密植与穗数、粒数和粒重的关系　在密度过高时，玉米单株生产力随密度而递减，主要表现在穗粒数减少，千粒重降低；密度过稀时，单株生产力虽高，但总穗数过少，因此产量不高。只有在适宜密度下，穗数、粒数和粒重的乘积达最大值时，才能获得高产。同时还要注意种植方式，在密度相似的情况下，合理的种植方式具有一定的增产作用。

（2）密植与叶面积的关系　增加密度可增加每亩的叶面积，可减少漏光损失，提高叶片光合作用能力，生物产量增加。密度与每亩绿叶面积变化的关系很大。密度越稀，叶面积达最大值后，保持稳定时间越长，曲线比较平缓而稳定；密度越高，叶面积达到最大程度后，保持稳定时间越短，曲线的升降急剧而呈锐角。密度合适时产量较高。其叶面积的发展特点是叶面积达到最大值后，能稳定地保持一个相当长的时期，这时期的长短，因地区、栽培水平和品种等因素而异。

玉米叶面积经历着一个由小到大的发展过程，到抽雄吐丝期达到最适叶面积的群体。如过早地达到最适叶面积，封垄早，发生荫蔽，到后期就因叶面积过大，对群体造成不利影响，如降低透光率影响株间光照，群体下部叶片常因光合积累等于或不足呼吸的值造成叶片早衰变黄枯死，光合面积显著下降等。有些丰产田的玉米，前期看起来长相好，但后期产量不高，主要在于中后期群体结构不合理。合理密植的叶面积，早期能发挥增加光合能力和物质积累的有利作用，又能减少后期叶面积过大，增加呼吸，消耗物质的不利作用，前后期生长比较协调。

（3）密植与光照强度的关系　玉米不仅喜光，而且是光合能力强和低光呼吸的高光效作物，因此，玉米一生中要求很高的光照条件。密度增加后，对光的反应十分突出，当玉米封行后，由于茎叶互相遮光，群体内光照强度显著降低。据原苏北农学院于抽穗末期上午10时，在玉米行间近地面处测定结果，每亩2000株时光照强度为22000 lx，每亩3000株时为9400 lx，每亩4000株时为8200 lx，每亩6000株为6200 lx。这说明密度越高，光照强度越弱，必然影响到光合效率。合理密植，由于光合势增大，可弥补因净同化率降低所受的损失，仍能获得较高产量。

不同密度吸收光能是不一样的。密度与叶面积多少有关，而叶的着生角度及其面积是影响光能利用的主要因素，直立叶比平展叶更能利用散射光，不同密度反射光量也有差异。不同密度与种植方式，漏射光也不同，漏射光一般是随密度增加而减少。叶面积指数达 4 以上，群体漏光损失就不多了。因此增加叶面积对提高光能利用是极为有利的。

（4）合理密植的原则 合理密植是实现玉米高产、优质、高效的中心环节。影响玉米适宜密度的基本因素是品种（内因）和生活条件（外因）。因此，合理密植的原则，就是根据内外因素确定适宜的密度，使群体与个体之间的矛盾趋向统一，使构成产量的穗数、粒数和粒重的乘积达最大值，以达到提高单位面积产量的目的。

①密度与品种特性 密度与品种关系最为密切。在同一地区同样条件下，各品种株高、叶数和叶向有很大差异，所以同一地区的适宜密度又因品种而异。一般晚熟品种生长期长，植株高大，茎叶繁茂，单株生产力高，需要较大的个体营养面积，应适当稀些；反之，植株矮小的早熟品种，茎叶量较小，需要的个体营养面积也较小，可适当密些；而株型紧凑，叶片直立的品种可更密些。特别是 20 世纪 90 年代以来紧凑型玉米杂交种的推广，它和平展型玉米群体光分布特性差异很大，需根据品种特性确定适宜的密度，紧凑型玉米和平展型玉米每亩密度要相差 1000～2000 株。赵刚等（2018）研究表明，不同株型玉米品种，随着密度增加田间耗水量差异不显著；紧凑型玉米品种产量大于平展型，在同等栽培条件下，平展型最佳播种密度为 7.07 万株/hm^2，紧凑型较之增加 0.91 万株/hm^2，产量增加 2085.9 kg/hm^2；密度增加单株干物质和根冠比均呈减小趋势，两种株型玉米品种规律一致，在灌浆和成熟期，紧凑型玉米品种 7.5 万株/hm^2、9.0 万株/hm^2根冠比基本一致，平展型玉米品种密度为 6.0 万株/hm^2干物质量最高（32310 kg/hm^2），紧凑型在 7.5 万株/hm^2时产量为 29226 kg/hm^2，干物质积累量平展型大于紧凑型；灌浆速率参数平展型较紧凑型玉米品种最大灌浆速率高 0.18 g/d，平均灌浆速率高 0.03 g/d，灌浆持续期相差不大；低密度较高密度灌浆速率快 0.01 g/d，但灌浆持续期延长 5～15 d。

②密度与肥水条件 玉米种植密度与土壤肥力、施肥水平以及土壤水分状况关系密切，总的原则是“肥地宜密，瘦地宜稀”“水足地宜密，水少地宜稀”。一般地力较差和施肥水平较低，每亩株数应少些；反之，土壤肥力高，密度可以增大。因为肥力高，较小的营养面积，即可满足个体需要。根据各地研究和实践证明，在提高肥水条件的基础上，适当增加株数，有明显的增产效果。据中国农业科学院作物科学研究所春播晚熟品种试验，高肥区密度 2500 株比对照每亩 2000 株增产 17.7 kg；少肥区每亩 2500 株比对照 2000 株，每亩减产 17.4 kg。生产水平越高，适宜密度越大。如在良好栽培条件下，每亩 3000 株产量最高，每亩 2000 株及 4000 株以上，都显著减产。而同一品种在更高的栽培水平情况下，以 4000 株产量最高，说明适宜密度随不同栽培水平而改变。

密度加大后，每亩地上的绿叶面积随着增加，蒸腾量也有提高，耗水量也增加。据调查，密度越大，土壤含水量越低，密植后需水量也增多。据山西农业科学院春玉米试验，金皇后品种在水浇地，以每亩 2500 株产量最高，四年结果平均比每亩 2000 株增产 11.6%。每亩 3000 株产量占第二位，比每亩 2000 株增产 7.6%。旱地试验，金皇后玉米品种以每亩 1500 ~ 2000 株产量最高。

③密植与气候因素的关系　玉米的适宜密度，随温度、雨量、日照条件不同而异。短日照、气温高可促进发育，从出苗到抽穗所需日数就缩短；反之，生育期就延长。若北种南移，植株变矮，成熟提早，种植密度应该大些；反之，南种北移，发育延迟，植株比南方高大，密度宜稀一些。光照条件好的地区，留苗密度宜适当密些；光照条件差的地区，留苗密度适当稀些；同一地区，向阳山坡的玉米应比阴坡或平原的密度大些。总之，应根据不同气候条件、植株生育状况来确定适宜密度。

各地玉米密植的适宜幅度，应根据当地的自然条件、土壤肥力及施肥水平、品种特性、栽培水平等确定。一般平展型粒用玉米，早熟种每公顷 60000 ~ 70000 株，中晚熟种 45000 ~ 60000 株/hm^2。紧凑型粒用玉米中晚熟种 60000 ~ 75000 株/hm^2。

（5）密度与种植方式　各地研究结果表明，从种植密度和种植方式对产量作用来看，密度起主导作用。据中国农业科学院对春玉米密度及种植方式的研究，在等行距、宽行窄距、每穴双株及带状间作等五种方式，都是每亩 2500 株产量高，并不因种植方式不同改变其适宜密度。在密度相同条件下，不同种植方式，对产量影响不大，一般增减幅度 5% 左右。

美国 7 个种植玉米州的试验站，总结 39 年次试验结果指出，条栽玉米平均产量只比穴栽高 3%，在统计和经济上都是不显著的。在密度相同每穴株数不同的各种方式的试验中，中国报道每穴 1 ~ 4 株的差异较小，苏联每穴 5 株，美国每穴 7 株以内差异不大，超过此限，才有较明显的减产趋势。

但生产实践证明，在密度增大时，配合适当的种植方式，更能发挥密植的增产效果。所以，在确定合理密植的同时，应考虑采取适宜的种植方式。合理密植是丰产的中心，生产实践和科学实验证明：玉米在密度较稀的情况下，适当增加每亩株数，有显著的增产效果。

陕南玉米种植密度的适宜幅度根据陕南三市目前的肥水条件，栽培水平和品种现状，玉米的适宜密度范围是，早熟矮秆品种 3500 株/亩左右，中晚熟品种，在山区旱原地上 2500 ~ 3000 株/亩，可增至 3000 株/亩以上。春播可适当减少，夏播可适当增加。地膜覆盖栽培，由于覆膜改善了生态条件，特别是限制因子的改善，一般较露地栽培增加 20% ~ 30%，即每亩 5000 ~ 8000 株。

玉米种植方式多种多样，目前各地仍以等行距和宽窄行方式为主。

①等行距种植　这种方式是行距相等，株距随密度而有不同。其特点是植株在抽穗前，地上部叶片与地下部根系在田间均匀分布，能充分地利用养分和阳光；播种、定苗、中耕锄草和施肥培土都便于机械化操作。但在肥水高密度大的条件下，在生育后期行间郁蔽，光照条件差，光合作用效率低，群体与个体矛盾尖锐，影响进一步提高产

量。据测定，等行距玉米穗部的光照强度，相当于自然光的 18.8%，植株反光相当自然反光的 3.7%，植株下部风速为 0.05m/s，中上部风速为 0.17m/s，窄行差些。

②宽窄行种植（大垄双行栽培） 也称大小垄，宽窄行距一宽一窄，一般大行距 80～100 cm 左右，窄行距在 40～50 cm 左右，株距根据密度确定。其特点是植株在田间分布不匀，生育前期对光能和地力利用较差，但能调节玉米后期个体与群体间的矛盾，所以在高肥水高密度条件下，大小垄一般可增产 10%。在密度较小情况下，光照矛盾不突出，大小垄就无明显增产效果，有时反而会减产。据测定，大小垄种植的玉米，穗部光照强度相当于自然光的 62.5%，植株反光相当自然反光的 60%，植株下部风速为 0.39 m/s，中上部为 0.27 m/s。大小垄比等行距白天气温高 1.5～2.0 ℃，晚上低 1.0～1.7 ℃，温差较大，利于干物质积累，产量较高。

等行距种植行距相等，行距根据密度而定，春玉米行距 65～75 cm，夏玉米 60～70 cm，其特点是植株的叶片与根系在田间分布均匀，能充分利用地力和阳光，且便于田间管理。但在肥水条件好，密度大的情况下，生育后期行间郁闭，光照条件差，光合效率低，群体与个体矛盾激化，影响产量进一步提高。为了使田间封行较晚，通风透光更好，可适当放宽行距，缩小株距，形成“宽行窄株”或“单行条播”的方式较好。

宽窄行种植。宽行 80～90 cm，窄行 42～48 cm，株距视宽度而定。宽窄行利于改善田间的通风透光条件，但植株根系分布不够合理，对土壤水分养分利用不能够均衡，适宜于高水肥、高密度情况下采用。

（六）种植方式

1. 单作

单作是陕南玉米主要种植方式。

（1）播种量与播种方法 合适的播种量，因密度、播种方法、种子大小，发芽率高低、整地质量、土壤墒情以及鸟、兽、虫害等情况而定。通常播种的有效种子数为计划苗数的 3～5 倍。条播每亩用种 3～4 kg，点播 1.5～2.5 kg。用玉米机播与耧播条播，开沟、播种、施肥、覆土等作业一次完成，下籽匀、失墒少，深浅一致，工作效率高，进度快，有利于缩短播期，但用种量大。点播是按规定的行株距挖穴、施肥、点种、覆土，目前多是以人工为主，能保证播种质量，节省种子，便于集中施肥。但工作效率低，劳动强度大。各地应积极创造条件，大力发展玉米机械化播种。

播种过深，幼苗在出土过程中消耗过多的物质与能量，出苗缓慢，幼苗瘦弱；播种过浅，表土干燥，种子发芽困难，引起大量缺苗。各地应依土质、墒情、地势和温度条件确定具体深度，一般深度为 3～7 cm。播种之后，应及时耙地镇压，使种子与土壤密接以利于吸水发芽，特别是土壤水分较差时，更应做好这一工作，以保全苗。

（2）麦垄点播（豁行点播） 小麦播种时，每 3～4 行（行距 15～20 cm），预留 27～33 cm 的空带。麦收前 10～15 d（小麦估产在 250～350 kg 的田块在麦收前 10 d 左右，估产在350 kg/亩以上的，应在麦收前7 d左右）套种一行玉米（中晚熟品种），以延长玉米生育期，解决夏、秋作物争时的矛盾。套种玉米出苗后，多处在表土板结，透气性差，地下水分少，地薄养分缺的环境条件下，容易发生缺苗或形成弱苗。所以麦收后应及时进行间苗，深锄灭茬移苗补栽，加强肥水管理和病虫防治，特别是黏虫的防治。

（3）抗旱播种方法　在严重干旱的情况下，先挖窝，再浇水，然后将催过芽的种子播于窝内、覆土。这种方法可以抗旱保全苗，早出苗2～3 d，较干籽坐水种增产10%～15%。

2. 间、套作

根据各地实际，有多种不同的规格和模式。玉米与其他作物开展间作套种能充分利用土地，增加复种指数及耕地的平均产量；扩大了小麦和玉米种植面积。较好地解决了小麦与早玉米争地的矛盾。同时能避开伏旱、防秋封；能做到用地养地结合。玉米套种豆类作物，增加了产量，豆类秆子压了青，有利于恢复地力；发挥了边际优势。玉米小麦套种窄带比宽带更有边际优势，0.8 m带同2.7 m带比较，在同一地块，可增加20%的小麦种植面积，三行小麦有两边边际优势，套早玉米的行数也增加60%，小麦收获后，播种豆类，小麦不减产，玉米能增产，豆类夺高产。

夏播玉米分布在关中平原和陕南川道浅山丘陵地区。栽培制度主要是夏收作物收获后进行夏种或育苗移栽。一般6月上中旬播种，10月上旬收获，一年两熟。夏播玉米在抽雄期，常遇“伏旱”，影响正常开花授粉。近年来发展麦垄点播使生育期提前10～15 d，授粉期避过“伏旱”威胁。

玉米为高秆喜光，要求行、株距较宽的中耕作物，适合与多种矮秆、耐阴、蔓生等作物间、套作，以改善通风透光条件，提高光能利用率，充分利用土壤养分，培养地力，提高产量和品质，安康玉米间、套的方式有：小麦套玉米，高水肥地块采用三密一稀，二密一稀，即种3行或2行小麦空一行，空行套种1行玉米，一般地力地块采用1.66 m带，行比1∶1，空行种两行玉米。旱塬则多为2 m带，行比1∶1，空行种两行玉米；玉米与大豆间作在水肥条件较好的地区，以1.5～1.65 m带为主，玉米和大豆行比为2∶2或2∶1。在旱塬和山区一般为2～2.33 m宽带，玉米与大豆的行比为2∶2；甘薯与玉米间作，以甘薯为主采用1.33 m带（0.83∶0.5 m），甘薯与玉米的行比为2∶1；陕南洋芋套玉米为0.73 m带一行洋芋套一行玉米。陕北则是3.3 m带，1.65 m带内播3行洋芋，另1.65 m空带套种3行玉米。玉米间种绿肥，春玉米种植区，在玉米拔节前后，间种毛苕子、绿豆等，玉米收后绿肥继续生长一段时间再翻压，作冬小麦底肥。

玉米对前茬要求不严。而玉米地施肥量大，多次中耕，地面清洁、疏松，是许多作物良好前作，所以玉米可以和多种作物轮作。湖北省玉米主要和小麦、油菜、薯类、棉花、蔬菜等进行轮作。

农作物间作套种技术，是在增加物质能量的基础上，依靠智力投入，利用不同作物之间生长发育的时间差、空间差、位置差和养分差，对作物结构与田间配置进行科学运筹，使高、中、矮、爬地作物和早、中、晚熟品种，形成若干“优化组合”方式，更加合理地利用光、热、水、土资源，发挥更大的生物效益和经济效益，成为发展集约农业的奠基石。这项技术经多年的实践总结，不断完善和提高，在秦巴山区形成了 10 种间套类型。陕南浅山丘陵地区主要采用以下套种方式。

①麦套早玉米套大豆或红薯　浅山地区光热资源丰富，有利于一年多熟。但此区为秦巴山区干旱发生中心，严重伏旱成为粮食生产的主要障碍因素。推行小麦/早玉米/大豆或红薯的套作主要是为了增种早秋作物，达到避伏旱、粮食增产的目的。据安康市农业技术推广站 1988—1989 年两年定点对海拔 700 m 的安康市白河县宋家乡中心村 47.5 亩耕地的产量调查，粮粮薯套种，平均年耕地亩产 572.7 kg，亩增产 319.8 kg，增产率超过 1 倍。该村自 1984 年以来，坚持一年三料规格间套，连续 6 年耕地亩产超过 500 kg，最高亩产达 981 kg。粮粮豆（薯）套种，在技术要点上注意掌握，带型为 233 cm 或 200 cm 中带型。233 cm 带型的带比为 4∶3，133 cm 带幅秋播 6 ~7 行小麦；200 cm 带型的带比对半开，100 cm 秋播 5 ~6 行小麦，预留 100 cm 来年套种两行早玉米。小麦收获后，在麦茬带内及时硬茬播 4 ~5 行夏大豆或起垄插 4 行红薯。

②夏玉米间作豆类　对适宜生产小麦的丘陵地区，采用玉米间作豆类作物，首先保证了小麦种植面积，秋季作物不仅能充分利用夏季热量充足的有利条件，且能够增收一季豆类。同时对养地起到促进作用。安康市 1988—1989 年在丘陵地区，推广夏玉米间作豆类 56.12 万亩，平均亩增产 44.1 kg、增产率 20.6%。其中，1989 年示范推广的移栽夏玉米间作豆类，面积 16.04 万亩，一季亩产 296.3 kg，平均亩增产 53.6 kg。2005 年安康市农技推广站在安康市长岭乡抓点示范 260 亩，一季亩产 343.8 kg，亩增产 116.2 kg，增产率达 51.1%。

粮豆间作技术要点：带型 200 cm，带比 5∶5，双行夏玉米间作 3 行绿豆或 2 行夏大豆，玉米亩密度 3000 ~2800 株。

③夏玉米间作红薯　在丘陵地区，夏玉米与红薯有比例地间作，利于获取秋季高产，又促进陕南山区畜牧业的发展。1989 年安康推广 13.8 万亩，玉米和红薯两作物亩产合计 331 kg，亩增产 95.9 kg，增产率达 40.8%。其中，示范推广的移栽夏玉米间作红薯 5.06 万亩，一季亩产达 413.5 kg。安康市张滩乡王湾村推广 502 亩，占夏玉米面积的 89.6%，从对该村 28 户、51.32 亩产量调查，移栽夏玉米平均亩产 371.18 kg、红薯 230.36 kg，两作物一季亩产达 601.54 kg，亩增产 244.2 kg，成为丘陵地区的高产典型。

粮薯间作技术要点：双行玉米间作双行红薯，带型 133 cm，带比 3∶7；单行玉米间作双行红薯，带型 80 cm，红薯实行垄作，亩密度 3000 株左右。

④粮油间套　即夏玉米间作芝麻，通过粮油间套，可部分缓解陕南山区粮食作物与油料作物争地的矛盾，促进粮油生产同步发展。1989 年安康推广夏玉米与芝麻间作 6.12 万亩，亩产玉米 219.1 kg、芝麻 42 kg，一季亩产值 203.18 元，亩增值 79.49 元。

小麦地里套种花生0.78万亩，亩产小麦175 kg、花生120 kg，亩产值345元，较粮粮连作亩增收83.77元。

技术要点：夏玉米间作芝麻，带型100 cm，带比1∶2，33 cm播1行夏玉米，67 cm幅宽匀播芝麻。小麦套花生，200 cm带型，对半开带，100 cm秋播5～6行小麦，预留100 cm来年4月上旬套种3～4行花生，小麦收后再套种两行玉米。

⑤与魔芋间套作　崔鸣（2005）介绍了魔芋玉米立体种植模式。

近年来，安康市根据魔芋喜荫怕晒的生理特性和秦巴山区的自然经济条件，合理地安排魔芋与玉米的立体种植，既满足魔芋生长发育的要求，又能合理地利用时间和空间，提高复种指数。减轻魔芋病害发生程度，增收一季玉米。2004年推广面积达到5200 hm^2，玉米和魔芋平均单产分别达到228.1 kg/亩和1422 kg/亩。产值262155元/亩，效益十分显著。实践证明，魔芋玉米立体种植是协调粮经争地矛盾，提高山区种植魔芋的经济效益和增加农民收入的有效途径。

魔芋间作玉米，玉米种在沟旁偏下处，魔芋种在垄上，以免玉米与魔芋争水争肥。9月份后及时收获玉米并砍掉玉米秆，或摘除玉米上部叶片，以利魔芋球茎后期充分成熟。魔芋喜遮阴，怕强日光长期直射，间作高枝叶作物玉米利用玉米在生长旺季的遮阴作用，既能较好地满足魔芋喜荫怕晒的生理特性；通过垄作带状栽培，又能改善大田通风透光条件，发挥边行优势，充分利用光能。而且，高秆作物玉米的遮阴，降低了地温、减轻了病害。一般魔芋行间荫蔽度50%～60%时可有效减轻魔芋软腐病和白绢病的发生，提高魔芋单产。据调查魔芋间作玉米可以减轻软腐病发生26.16%～31.36%，减轻白绢病发生73.68%～84.14%。试验结果表明，间作玉米后魔芋发病绝收率由25.7%下降到7.6%。2%～11.4%间作魔芋单产较纯种提高了16.55%～42.13%。

魔芋玉米立体种植模式适宜于陕南秦巴山区海拔900 m以上区域应用。商品魔芋产量为2.25万～3.7万 kg/hm^2，玉米产3000～4500 kg/hm^2。种植规格根据种芋的大小和所处的光照条件及土壤肥力状况，确定间作带型：

150 cm带型：2～3行魔芋间作1行玉米，150～300 g的芋种，魔芋与玉米播种行数比为2∶1，魔芋行距60 cm，预留90 cm播1行玉米，魔芋密度为3.3万～4.5万株/hm^2，50～150 g大小芋种，魔芋与玉米播种行数比为3∶1，魔芋行距40 cm，预留70 cm播1行玉米，魔芋密度为4.95万～6.60万株/hm^2。玉米株距27～30 cm，密度为2.25万～2.40万株/hm^2。种芋生产也可采用双行魔芋间作双行玉米。

200 cm带型：3行魔芋间作2行玉米，魔芋行距50 cm，预留100 cm播2行玉米，二者行比为3∶2。魔芋株距33～35 cm，密度为4.2万～4.5万株/hm^2，玉米行间距35 cm，株距30～35 cm，密度3万株/hm^2。

魔芋按照预定的播种密度和播种要求。挖窝播种，然后将垄面整好。玉米采用拱膜覆盖营养钵育苗移栽。3月下旬播种，4月底移栽。

⑥与蔬菜作物间套作　陕南秦巴山区海拔450 m内河谷川道区域，年均气温15 ℃左

右，无霜日 >255 d，土层厚 80 ~ 100 cm，土壤肥沃，有机质积累作用强，土体松、热量充沛，灌排方便，是秦巴山区粮食作物和蔬菜主产区。此区适宜生姜与玉米立体种植的最佳区面积约 21 万 hm^2，仅安康就达 0.7 万 hm^2。通常生姜产量为 225 ~ 375 t/hm^2，产值 7.5 万 ~ 12.0 万元/hm^2，玉米产量能达 4375 ~ 5250 kg/hm^2，产值 0.875 万 ~ 1.05 万元/ hm^2。立体种植年产值合计 23 万 ~ 31 万元/ hm^2，较其他粮食作物一年两熟模式产值提高了 3 ~ 4 倍，经济效益十分可观。生姜根系不发达入土浅，主要分布在 30 cm 范围内。姜喜温暖湿润的环境条件，不耐低温霜冻，16 ℃以上开始萌芽，幼苗生长适 20 ~ 25 ℃，枝叶生长适温 25 ~ 32 ℃，15 ℃以下停止生长。气温在 15 ℃以上的低热河谷区域对生姜的生长非常适宜，产量也相对较高。根据生姜喜温湿荫蔽、怕高温强光照的生理特点和秦巴山区的自然气候条件，因地制宜安排玉米与生姜立体种植，利用高秆作物玉米在生长旺季的遮阴作用来满足生姜的生理生长需要，同时利用生姜繁密枝叶对地表的遮蔽来抑制玉米田间的多种杂草，有效改善大田通风透光及水汽循环条件，减轻了生姜在强光下剑叶（新叶）焦枯和高温高湿下姜瘟病的发生。从而提高了生姜单产同时还能增收一季玉米。

陕南秦巴山区河谷川道玉米生姜立体高效种植技术：带型 150 cm，2 行生姜间作 1 行玉米。生姜种植密度为 66000 株/hm^2，株距 22 cm。玉米种植密度 27000 株/hm^2，株距25 cm，播种行比 2∶1。带型 200 cm，3 行生姜间作 2 行玉米。生姜种植密度为 60000 株/hm^2，株距 25 cm，玉米种植密度 33000 株/hm^2，株距 30 cm，播种行比 3∶2。经济效益十分显著。

3. 陕南中高山区主要套种方式

（1）粮粮套种　即马铃薯套玉米。陕西省镇坪、平利、岚皋等地采用马铃薯和玉米宽窄行双套种（4 尺①带型）1.33 m 带型。即一行马铃薯（开沟单垄），两行玉米。马铃薯的行距是 133 cm，株距 17 ~ 20 cm，行间套种双行玉米；玉米的小行距 40 cm 左右，大行距 93 cm，株距 35 ~ 38 cm。马铃薯每亩 2500 ~ 2800 株，玉米每亩 2500 ~ 3000 株。马铃薯应尽量选择早熟，分枝少，株型矮小而直立的品种，以缩短共生期。

陕西省安康市的镇坪、商洛市的镇安等地中高山区采用 2 行马铃薯 2 行玉米宽幅套种（1.5 m 带型）。马铃薯与玉米间套种各地常采用 2∶2 种植方式，即 2 行玉米 2 行马铃薯，此种种植方式比较普遍。早熟马铃薯早春播种与玉米 4 月上中旬育苗移栽，前期马铃薯与玉米高度差不多，接受光线互不影响；后期玉米长高了，而马铃薯正需要温差大的生长条件；当马铃薯收获后又为玉米提供了通风透光的生长空间。马铃薯行距 40 cm，株距 30 cm，每亩 3200 株；玉米行距 40 cm，株距 30 cm，每亩 3200 株左右。此类带型多为平田种植。

中高山区积温只能满足一年一熟，一季马铃薯或一季玉米。由于低温、高湿和寡照，产量长期低而不稳。采用马铃薯/玉米，由一年一熟低产变为两熟稳产，提高土地利用率和粮食产量。1988—1989 年，共推广马铃薯/玉米 100.77 万亩，年耕地亩产

① 1 尺≈33.33cm。

316.1 kg，平均亩增产 111 kg，增产率达 54.11%。平利县 1989 年推广 8.4 万亩，平均耕地亩产达 405 kg，亩增产 155 kg，其中，有 1.7 万亩耕地，亩产超过 500 kg。

马铃薯/玉米的技术要点：带型 150～167 cm，对半开带，双行马铃薯套种双行玉米。马铃薯行距 45 cm，亩密度 3000～3300 窝；玉米距马铃薯 35～40 cm，亩密度 2600 株。

陕南中高山地区玉米和马铃薯的套种规格、规模和效益分析：选用优质马铃薯良种，选择 50 g 左右无病的整薯。或大薯切块，要求单块重 30～50 g，用 5～10 mg/L 赤霉素溶液浸泡 15 分钟，捞起放在散光下的湿沙壤中催芽，待芽变紫色且生长粗壮时播种。切块播种时切刀要消毒，每个薯块要有芽眼，并用草木灰拌种 1～2 月在起好的垄面中间，按 20～30 cm 的窝距打窝。保证每亩种植 2000 窝，窝深 10～15 cm，播种覆土。出苗后，每亩用腐熟人畜粪水 1000～2000 kg 或尿素 5 kg 兑水稀释后浇施壮苗；后期根据苗的生长情况施肥，增加钾肥，防植株早衰和促进块茎膨大。雨水多时，及时疏沟排水；如遇干旱，可在傍晚浇水 1 次，但次数不宜过多。在封行后每亩用 15% 多效唑兑水 60 kg 喷施，抑制植株生长。

选择质量好，产量高，抗逆性强的优质玉米杂交种。包衣种子不浸泡，否则会导致种子的种膜脱落，导致包衣失去效果。未包衣的种子，在播种前用“两开一冷”的温汤浸种，消毒杀菌。3 月中旬至 4 月上旬采用方格育苗或营养坨育苗，确保苗齐苗壮，分级定向移栽，双行玉米。

玉米与马铃薯的共生期较长，为克服玉米和马铃薯之间争肥争水的矛盾，合理密植，确保高产，种植密度 2800～3200 株/亩，直立型品种或肥力低的地块可适当密植。

（2）粮药套种　主要是玄参套玉米，在中高山较肥沃的地块上，实行粮药套种，既收了粮食，又增加了药材收入，以促进粮食生产投入的增加。1988—1989 年推广 13 万亩，玉米亩产 168.4 kg、药材 113.7 kg，年亩产值 356.7 元，亩增收 215.1 元。镇坪县 1988 年推广粮药套种 1200 亩，年平均亩产值 618.06 元，亩产增值 457.1 元。

粮药套种在技术上应注意，玄参“冬至”后开种，行距 50 cm，亩密度 2800～3200 株，来年套种 1 行玉米，每亩 1600～1700 株。

（3）马铃薯、大豆复合套种　陕南中高山区采用 5 尺带玉米间套马铃薯复种大豆的间套作，带型布局是：带宽 1.66 m，2 行玉米套 2 行马铃薯（马铃薯收后种 1 行大豆）。具体做法：上年冬季或本年早春种马铃薯时，按 5 尺（1.66 m）开带，先播种 2 行马铃薯，马铃薯行距 0.4 m，株距 0.3 m，亩密度 2700 穴；宽带余下的 1.26 m 种植 2 行玉米，玉米行距为 0.4 m，株距 0.29 m，亩密度 2800 株，4 月上旬育苗移栽。马铃薯 6 月中旬收后种植 1 行大豆，大豆与玉米行距为 0.63 m，大豆株距 0.3 m，亩密度 4000 株。此套种模式一直为安康市镇坪、平利中高山区沿用，优点是较好地避开了三种作物的争时争地争光，合理衔接了三种作物的种植顺序和茬口，使之和谐统一。据镇坪农科所多年试验，此套种模式，玉米亩产 650 kg，马铃薯亩产 280 kg（折主粮），大豆亩产 100 kg，三种作物合计亩产 1030 kg。

（七）田间管理

1. 中耕 中耕松土除草，玉米根系的呼吸与合成作用极为旺盛，特别是根系建成期，土壤通气性好，有利于发根苗。苗期中耕，先浅后深，苗旁浅耕，行中深耕。幼苗 3 叶期，次生根旺发之前，进行第一次浅中耕 3 ~ 5 cm，以促进幼根生长，控制杂草滋生。第二、三次中耕应在定苗后拔节前进行，这时根系已向下发展，土壤中下层也都变得紧实板结，须进行 8 ~ 13 cm 深的中耕，以疏松深厚的土体。并做到有草必锄，雨后必锄。麦套玉米，麦收后行间的深中耕，对疏松土壤，消除板结和杂草十分重要。

2. 科学施肥 玉米形成一定的产量，需要从土壤和肥料中吸收相应的养分，产量越高，需肥越多。在一定的范围内，玉米的产量随着施肥量的增加而提高。在当前大面积生产上，施肥量不足仍然是限制玉米产量提高的重要因素。生产实践表明，玉米由低产变高产，走高投入、高产出、低消耗和高效益的路子是行之有效的。当然，这并不意味着施肥越多越好，当投入量小于产出量时就要减少施肥量。

玉米的施肥量应根据玉米的需肥规律、产量水平、土壤供肥能力、肥料养分含量、肥料利用率、气候条件变化等多因素考虑。一般施肥量可以根据下述公式计算：

$$\text{施肥量}=\frac{\text{计划产量对某元素的需要量}-\text{土壤对某元素供应量}}{\text{肥料对某元素含量}\times\text{肥料利用率}}$$

上式中计划产量对某元素的需要量 = 作物全干重 ×1.2%；土壤对某元素的供应量 = 土壤矿化氮量 + 土壤余留氮量。

各种肥料的利用率，不仅因肥料种类和形态而不同，而且与氮、磷、钾用量和比例，施用时间和方法，以及土壤水分和养分状况，都有密切关系。因此上述施肥量的计算仅供计划用肥参考。

李晓燕（2016）介绍，以陕西省南部丘陵坡地为例，在种植期选种不同品种的玉米，施用不同量的氮、磷、钾等肥料，收获后测定玉米千粒重和籽粒产量，对比得出施用钾肥对玉米产量提高的显著优势。

马晓丽等（2015）介绍了 2014 年在陕南丘陵山区所做的玉米“3414”试验。采用“3414”完全实施设计，即氮、磷、钾三因素，每个因素 4 个水平，共 14 个处理，小区随机排列，不设重复，小区面积为 25 m^2。4 个水平是：0 水平指不施肥；2 水平指当地最佳施肥量的近似值；1 水平 =2 水平 ×0.5；3 水平 =2 水平 ×1.5（该水平为过量施肥水平）。试验结果是，各处理中，产量最高的为处理⑥（N2P2K2），较不施肥处理增产 95.54%；产量最低的施肥处理为处理②（N0P2K2），较不施肥对照增产 27.88%。经济效益最高的为处理 N1P1K2，较不施肥处理增收 75.51%；收益最低的施肥处理为处理②（N0P2K2），较对照增收 19.00%。试验结论是，试验田块基础地力对产量的贡献率为 51.14%，表明土壤肥力较低。根据玉米产量建立三元二次肥料效应方程，得出最佳产量为

6921.45 kg/hm^2，最佳氮、磷、钾经济施肥量分别为 236.10 kg/hm^2、126.75 kg/hm^2、108.00 kg/hm^2。

科学地施用肥料与玉米的高产、优质、高效有着极为密切的关系。任何优良品种和先进的栽培技术，如果没有以科学的施肥为基础，其高产、优质、高效就不能充分发挥。配方施肥技术是近年来大力推广的科学施肥技术，取得了明显的节肥增产、节支增收的效果，取得了较好的经济效益、生态效益和社会效益。

所谓配方施肥是指综合运用现代农业科技成果，根据作物需肥规律、土壤供肥性能与肥料效应，在以有机肥为基础的条件下，提出氮、磷、钾和微量元素肥料的适宜用量比例体积相应的施肥技术。

配方施肥的特点是产前测定土壤基础肥力状况，根据目标产量确定肥料用量及比例，从而实现经济施肥、合理施肥。

玉米配方施肥方法很多，在生产中常用的有氮、磷比例法、目标产量法、肥料效应函数法和微量元素临界值法。

（1）氮、磷、钾比例配方法　此种方法是根据田间试验和生产经验相结合的一种综合估算配方法。氮、磷最佳配比田间试验，为开展玉米配方施肥奠定了基础。氮、磷比例配方的具体做法是，应用土壤普查结果，按地块划分的等级（土壤中有效氮、磷、钾含量），计算土壤养分含量。再应用多年玉米肥料试验资料和生产经验估算出氮、磷、钾的利用率和施肥量。再根据氮、磷、钾配比田间实验资料，找出当地玉米施肥的最佳氮、磷、钾的比例，再计算出氮、磷、钾的实际用量。

（2）目标产量配方法（地力减差法）　此法主要依据土壤、肥料两方面供给玉米养分的原理计算肥料的用量。目标产量（ 计划产量）确定后，根据养分情况确定施肥用量。具体做法是：

空白产量，玉米在不施肥的条件下，所得的产量为空白产量，其养分全部来自于土壤。计划产量减去空白产量后，增加的产量就是施用化肥所得到的产量。再根据玉米施用化肥当年利用率和施用氮、磷、钾比例计算氮、磷、钾化肥的施用量。

（3）养分平衡法　多年试验证明，养分平衡也是一种指导玉米配方施肥的较好方法，根据试验得到的施肥参数，利用公式，即可求出玉米整个生育期所需的肥料量。

$$\text{肥料需要量}=\frac{\text{生产百千克籽粒养分吸收量}/100\times\text{目标产量}}{\text{肥料中养分含量}\times\text{肥料利用率}}$$

（4）玉米的施肥　施足基肥是玉米增产的重要条件。陕南山区土壤有机质含量一般比较低，这是影响陕南山区玉米产量不高的重要原因。因此，必须广开肥源，增施肥料，如广种绿肥，实行粮肥套种，积极推广秸秆还田，大力发展养猪积肥等，增加肥料来源，使土壤有机质含量达 1.3% 以上，速效氮在 30 ppm① 以上，速效磷在 20 ppm

① 1 ppm = 10^{-6}。

以上。

玉米基肥以有机肥料为主，以便在玉米生长发育过程中，缓慢分解源源不断地供给玉米所需养分。据调查，用毛苕子压青，玉米亩产可达 300 ~ 350 kg，增产 14.3% ~ 33.3% 。肥用量与地力基础、计划产量、肥料来源和质量有关，一般应占总施肥量的 50% ~70% ，每亩可施农家肥 2500 ~ 5000 kg，过磷酸钙 10 ~ 15 kg，硫酸锌 1 ~ 1.5 kg。基肥结合秋冬耕地施入比春施增产 13.8% 。在基肥数量较少的情况下，可结合播种进行条施或穴施；在基肥数量较多的情况下，应全面、分层施入土中。

基肥又称底肥，播种前施入，应以有机肥料为主，化肥为辅。基肥的主要作用是培肥地力，疏松土壤，缓慢释放养分，供给玉米幼苗期和生育后期生长发育的需要。春播玉米地区，随秋耕或冬耕施入基肥，可以促进肥料分解，春季只要春耙即可播种，这样能减少土壤水分蒸发，保蓄水分，提高肥效。

有机肥主要有畜禽粪便、杂草堆肥、秸秆沤肥以及各类土杂肥等。肥效时间长，有机质含量高，含有氮、磷、钾和各种微量元素。种植豆科绿肥，也是解决玉米基肥的重要来源。绿肥中含有机质多，能改良土壤结构，氮的含量又比磷钾多；适合玉米的营养要求。因此，不论休闲地种植绿肥或玉米地套种绿肥，均对第二年玉米有显著的增产效果。据安康市农技推广中心 2019 年试验，施用绿肥的，比未施肥的增产 40% ~48% 左右。有机肥做基肥时，最好与磷肥一起堆沤，施用前再掺入氮肥，减少土壤对磷的固定。氮、磷混合施用，以磷固氮，可以减少氮素的挥发损失，提高肥效。

常用化肥有尿素、碳酸氢铵、磷酸二铵、过磷酸钙、硫酸钾、氯化钾等。化学肥料的养分含量高，发挥肥效快。在有机械作业以及秋耕和春耕习惯的地区，常在冬、春季耕作时给玉米施用有机肥和秸秆还田时配合施用化肥作为基肥。

基肥施用方法要因地制宜。主要有撒施、条施和穴施三种方法。基肥充足时可以撒施后耕翻入土，或大部分撒施、小部分集中施。如肥料不足，可全部沟施或穴施。“施肥一大片，不如一条线（沟施），一条线不如一个蛋（穴施）”，群众的语言生动地说明了集中施肥的增产效果。

用好种肥。在播种时施在种子附近或随种子同时施入，供给种子发芽和幼苗生长发育的所需的肥料，称为种肥。有些地方也叫口肥、盖粪、窝肥。施用种肥以速效化肥为主，也有施用腐熟农家肥的。

氮素化肥种类和形态很多，因其性质和含量不同，对种子发芽和幼苗生长有不同的影响。有的适宜作种肥，有的不适宜作种肥，应在了解肥料性质后选择使用。就含氮形态来说，固体的硝态氮肥和铵态氮肥，只要用量合适，施用方法恰当，作种肥施用安全可行。硝态氮肥和铵态氮肥均容易被玉米根系吸收，并被土壤胶体吸附，食粮的铵态氮对玉米无害。各地生产实践证明，磷酸二铵做种肥比较安全，碳酸氢铵、尿素作种肥时，必须与种子保持 10 cm 以上的距离，避免烧苗。

在玉米播种时配合施用磷肥和钾肥有明显的增产效果。根据试验，在中等氮元素水平条件下（有机质 1.71%，全氮 0.10%，速效磷 5 mg/kg，速效钾 40 mg/kg），增施钾肥或磷、钾肥，比单施氮肥分别增产 11.6% 和 17.0%。表明氮、磷、钾肥料配合施用效果更好。种肥施用数量应根据土壤肥力、基肥用量而定。在施用基肥较多的情况下，可以少施或不施用种肥；反之，可以多施种肥。种肥宜穴施或条施，施用化肥应使其与种子隔离或与土壤混合，预防烧伤种子。

巧用追肥。玉米是需肥较多和吸肥较集中的作物，出苗后单靠基肥和种肥，还不能满足拔节孕穗和生育后期的需要。

我国北方各地农民群众，对玉米合理追肥都有着丰富的经验，如“头遍追肥一尺高，二遍追肥正齐腰，三遍追肥出毛毛”“三看”（看天、看地、看苗）、“三攻”（攻秆、攻穗、攻粒）、“单株管理”和“吃偏饭”等，这在一定条件下，概括了玉米的追肥技术。

按照玉米不同生育时期追施的肥料，可分为苗肥、拔节肥、穗肥和粒肥四种。

苗肥是指从出苗至拔节前追施的肥料。这一时期处于雄穗生长锥未伸长期。拔节肥，是指拔节至拔节后 10 d 左右至抽雄前追掩的肥料。这一时期处于雄穗生长锥伸长期至雌穗生长锥伸长期前，为茎叶迅速生长时期。穗肥，是指拔节后 10 d 左右至抽雄穗期前追施的肥料，此期为雌穗分化形成的主要时期。粒肥，是指雌、雄穗处于开花受精到籽粒形成期，进行追肥以增加粒重。

苗肥的使用，凡是套种或抢茬播种没有施底肥的玉米，定苗后要抓紧追足有机肥料。追施有机肥料，既发苗又稳长。对弱苗必须实行“单株管理”，给三类苗追施“捉苗肥”，可用“打肥水针”的办法，或用稀人粪尿偏攻弱苗，使它们能迅速生长，赶上一般植株高度，才能保证大面积上株株整齐健壮，平衡增产。

拔节肥的使用，拔节肥能促进中上部叶片的增大，增加光合叶面积，延长下部叶片的光合作用的时期，为促根、壮秆、增穗打好基础。玉米进入拔节期以后，营养体生长加快，雄穗分化止在进行，雌穗分化将要开始，对营养物质要求日渐迫切，故及时追施拔节肥，一般均能获得增产效果。拔节肥的施用量，要根据土壤、底肥和苗情等情况来决定。在地力肥，底肥足，植株生长健壮的条件下，要适当控制追肥数量，追肥的时间也应晚些；在土地瘠薄，底肥少，植株生长瘦弱的情况下，应适当多施和早施。

拔节肥以施速效氮肥为主，但在磷肥和钾肥施用有效的土壤上，可酌量追施一部分磷、钾肥。据中国农业科学院试验，用氮、磷之比 1∶1 混合肥料追拔节肥，增产效果显著。

穗肥的使用，穗肥是指在雌穗生长锥伸长期至雄穗抽出前追施的肥料。此时正处于雌穗小穗、小花分化期，营养体生长速度最快，雌雄穗分化形成处于盛期，需水需肥最多，是决定果穗大小、籽粒多少的关键时期。这时重施穗肥，肥水齐攻，既能满足穗分化的肥水需要，又能提高中上部叶片的光合生产率，使运入果穗的养分多，粒多而饱满，产量提高。

据安康市多年玉米丰产经验和试验证明，只要苗期生长正常的情况下，重施穗肥都能获得显著的增产效果。特别在化肥不足的情况下，一次集中追施穗肥，增产效果显著。

在土壤较肥沃、施基肥和种肥的情况下，如果追肥数量不多，集中施用穗肥的效果很好。如前期幼苗生长正常，追肥数量多，品种生育期长，以分期追肥重施穗肥的增产效果好，穗肥可占追肥总量的60% ~70%，拔节肥可占20% ~30%。

粒肥的使用，根据春玉米的需肥规律，在生育后期适时适量地增施以氮肥为主氮磷配合的粒肥，是春玉米丰产的重要环节。为了防止春玉米后期脱肥，在抽雄后至开花授粉前，可结合浇水，追施攻粒肥；粒肥用量不宜过多，占追肥总量的10%左右。攻粒肥要适期早施，因雌穗受精后籽粒中有机物质的积累，在前期速度较快，因而早施比晚施效果大。在前期施肥不多，玉米生长较弱时，施攻粒肥能发挥玉米的增产潜力。施粒肥的主要作用是防止叶片早衰，提高光合效率，促进粒多、粒重、获得高产。

另外，在玉米抽雄开花以后，可以根外喷施磷肥，以茎叶吸收达到营养目的，对促进养分向籽粒运输，增加粒重有明显的作用。一般用0.4% ~0.5%的磷酸二氢钾水溶液或用3% ~4%的过磷酸钙澄清浸出液，每公顷用量1200 ~1500 kg，喷于茎叶上，效果显著。

据国外报道，给玉米施用二氧化碳（CO_2），可提高玉米产量。方法是在玉米田间，以一米左右等距施放一磅重的二氧化碳干冰，玉米产量可提高1/3以上。也可在田间间歇地喷CO_2亦有增产效果，这种办法，除在高额丰产田里经分析确认为CO_2不足时可以考虑外，在一般产量情况下，CO_2不是限制产量提高的主要因素。

（5）缓（控）释肥的应用　缓（控）释肥料是以物理或化学调控机制使其养分释放速率缓慢，释放期增长，所含养分形式在施肥后延缓被作物吸收与利用，继而满足作物整个生长周期养分需求的肥料。相比于速效肥料，缓（控）释肥料一次性施用可以节省追肥成本、减少施肥用量以及提高玉米产量。适合保肥容量较高的土壤。

缓（控）释肥料的选择　应符合标准和国家肥料登记制度要求的肥料，以含有缓释肥料、控释肥料、稳定性肥料、脲醛缓释肥料等复混肥料作为一次性施肥的肥料为宜。缓（控）释氮占总氮比例为30% ~50%，氮肥释放期50 ~60 d。

缓（控）释肥料施肥方法　将玉米全生育期所需要的全部肥料于播种前或播种时一次性施于种子侧下方12 ~15 cm深土层。

缓（控）释肥料推荐施肥量　根据土壤肥力和目标产量确定合理施肥量。一般农田低目标产量（小于4500 kg/hm^2）：推荐施氮量为160 ~180 kg/hm^2，施磷量50 ~70 kg/hm^2、施钾量为50 ~70 kg/hm^2；中目标产量（5250 ~7500 kg/hm^2）：推荐施氮量为180 ~200 kg/hm^2，施磷量为70 ~85 kg/hm^2、施钾量为70 ~90 kg/hm^2；高目标产量（大于8250 kg/hm^2）：推荐施氮量200 ~220 kg/hm^2、施磷量为85 ~95 kg/hm^2、施钾量为90 ~110 kg/hm^2。

缓（控）释肥在保水保肥性差的沙质土壤上应用效果较差，同时，施肥时应保证施肥深度，注意种肥隔离，以免烧种或烧苗。

3. 水分管理　在生长发育的关键需水期缺水或季节性缺水，需进行补充灌溉。玉米是需水较多的作物，从种子发芽，出苗到成熟的整个生育期间，除了苗期应适当控制土壤水分进行蹲苗外，自拔节至成熟，都必须适当地满足玉米对水分的要求，才能使其正常生长发育。因此，必须根据降水情况和墒情，及时灌溉或排水，使玉米各个生育阶段处在一个适宜的土壤水分条件下，再配合其他栽培技术措施，才能获得玉米的高产稳产。我国3亿多亩玉米中，有1亿多亩为灌溉玉米。应根据玉米的需水特点和需水指标，科学地制订灌水定额，推广节水灌溉技术，提高水分利用率，实现玉米的高产量和高效益。

（1）玉米的需水规律　玉米全生育期每公顷需水量为3000～5400 m^3，而不同生育时期对水分的要求不同，由于不同生育时期的植株大小和田间覆盖状况不同，所以叶面蒸腾量和棵间蒸发量的比例变化很大。生育前期植株矮小，地面覆盖不严，田间水分的消耗主要是棵间蒸发，生育中、后期植株较大，由于封行，地面覆盖较好，土壤水分的消耗则以叶面蒸腾为主。在整个生育过程中，应尽量减少棵间蒸发，以减少土壤水分的无益消耗。玉米整个生育期内，水分的消耗因土壤、气候条件和栽培技术有很大的变动。

①种子出苗期　玉米从播种发芽到出苗，需水量少，占总需水量的3.1%～6.1%。玉米播种后，需要吸取本身绝对干重的48%～50%的水分，才能膨胀发芽。如果土壤墒情不好，即使勉强膨胀发芽，也往往因顶土出苗力弱而造成严重缺苗；如果土壤水分过多，通气性不良，种子容易霉烂也会造成缺苗，在低温情况下更为严重。据陕西省武功灌溉试验站试验结果，玉米播种期土壤田间持水量为41%，没有出苗；田间持水量为48%时，出苗率为10%；田间持水量为56%时，出苗率为60%；田间持水量为63%时，出苗率为90%；田间持水量为70%时，出苗率高达97%；而土壤田间持水量为78%时，出苗率反而下降到90%。因此，播种时，耕层土壤必须保持在田间持水量的60%～70%，才能保证良好的出苗。

②幼苗期　玉米在出苗到拔节的幼苗期间，植株矮小，生长缓慢，叶面蒸腾量较少，所以耗水量也不大，占总需水量的15.6%～17.8%。这时的生长中心是根系，为了使根系发育良好，并向纵深伸展，必须保持在表土层疏松干燥和下层土比较湿润的状况，如果上层土壤水分过多，根系分布在耕作层之内反而不利于培育壮苗。因此，这一阶段应控制土壤水分在田间持水量的60%左右，可以为玉米蹲苗创造良好的条件，对促进根系发育、茎秆增粗、减轻倒伏和提高产量都起一定作用。

③拔节孕穗期　玉米植株开始拔节以后，生长进入旺盛阶段。这个时期茎和叶的增长量很大，雌雄穗不断分化和形成，干物质积累增加。这一阶段是玉米由营养生长进入营养生长与生殖生长并进时期，植株各方面的生理活动机能逐渐加强；同时，这一时期

气温还不断升高，叶面蒸腾强烈。因此，玉米对水分的要求比较高，占总需水量的23.4% ~29.6%。特别是抽雄前半个月左右，雄穗已经形成，雌穗正加速小穗、小花分化，对水分条件的要求更高。这时如果水分供应不足，就会引起小穗、小花数目减少，因而也就减少了果穗上籽粒的数量。同时还会造成“卡脖旱”，延迟抽雄授粉，降低结实率而影响产量。据试验，抽雄期因干旱而造成的减产可高达20%以上，尤其是干旱造成植株较长时间萎蔫后，即使再浇水，也不能弥补产量的损失。因为水是光合作用重要原料之一，水分不足，不但会影响有机物质的合成，而且干旱高温条件，能使植株体温升高，呼吸作用增强，反而消耗了已积累的养分。所以，浇水除了溶解肥料便于根部吸收保证养分运转外，还能加强植株的蒸腾作用，使体内热量随叶面蒸腾而散失，起到调节植株体温的作用。这一阶段土壤水分以保持田间持水量的70% ~80%为宜。

④抽穗开花期　玉米抽穗开花期，对土壤水分十分敏感，如水分不足，气温升高，空气干燥，抽出的雄穗在三两天内就会“晒花”，甚至有的雄穗不能抽出，或抽出的时间延长，造成严重的减产，甚至颗粒无收。这一时期，玉米植株的新陈代谢最为旺盛，对水分的要求达到它一生的最高峰，称为玉米需水的“临界期”。这时需水量因抽穗到开花的时间短，所占总需水量的比率比较低，为2.8% ~13.8%；但从每日每亩需水量的绝对值来说，却很高，达到3.32 ~3.69 m^3/亩。因此，这一阶段土壤水分以保持田间持水量的80%左右为最好。

⑤灌浆成熟期　玉米进入灌浆和蜡熟的生育后期时，仍然需要相当多的水分，才能满足生长发育的需要。这时需水量占总需水量的19.2% ~31.5%，这期间是产量形成的主要阶段，需要有充足的水分作为溶媒，才能保证把茎、叶中所积累的营养物质顺利地运转到籽粒中去。所以，这时土壤水分状况比起生育前期更具有重要的生理意义。灌浆以后即进入成熟阶段，籽粒基本定型，植株细胞分裂和生理活动逐渐减弱，这时主要是进入干燥脱水过程，但仍需要一定的水分，占总需水量的4% ~10%来维持植株的生命，保证籽粒最终成熟。

（2）不同生育时期的灌溉作用

①玉米播种期灌水　玉米适期播，达到苗齐、苗全、苗壮，是实现高产稳产的第一关。玉米种子发芽和出苗最适宜的土壤水分，一般在土壤田间持水量的70%左右。根据实验，玉米播种时土壤田间持水量为40%时，出苗比较困难。所以，玉米播种前适量灌溉，创造适宜的土壤墒情，是玉米保全苗的重要措施。

安康春玉米区冬前耕翻整地后一般不进行灌溉，春季气候干旱，春玉米播种时则需要灌溉，做到足墒下种。

②玉米苗期灌水　玉米幼苗期的需水特点是：植株矮小，生长缓慢、叶面积小，蒸腾量不大，耗水量较少。据陕西省水科所试验，春玉米幼苗期生育天数占全生育期30%，需水量占总耗水量的19%。这一阶段降水量与需水量基本持平，加上底墒完全可以满足幼苗对水分的要求。因此，苗期控制土壤墒情进行“蹲苗”抗旱锻炼，可以

促进根系向纵深发展，扩大肥水的吸收范围，不但能使幼苗生长健壮，而且增强玉米生育中、后期植株的抗旱、抗倒伏能力。所以，苗期除了底墒不足而需要及时浇水外，在一般情况下，土壤水分以保持田间持水量的60%左右为宜。

③玉米拔节孕穗期灌水　玉米拔节以后雌穗开始分化，茎叶生长迅速，开始积累大量干物质，叶面蒸腾也在逐渐增大，要求有充足的水分和养分。这一时期应该使土壤田间持水量保持在70%以上，使玉米群体形成适宜的绿色叶面积，提高光合生产率，生产更多的干物质。据陕西省水科所试验，春玉米拔节孕穗时间占全生育期的20%左右，需水量占总耗水量的25%左右。由于拔节孕穗期耗水量的增加，这个阶段的降水量往往不能满足玉米需水的要求，进行人工灌溉是解决需水矛盾获得增产的重要措施。抽雄以前半月左右，正是雌穗的小穗、小花分化时期，要求较多的水分，适时适量灌溉，可使茎叶生长茂盛，加速雌雄穗分化进程，如天气干旱出现了“卡脖旱”，会使雄穗不能抽出或使雌、雄穗出现的时间间隔延长，不能正常授粉，这对于玉米产量会产生严重影响。

④玉米抽穗开花期灌水　玉米雄穗抽出后，茎叶增长即渐趋停止，进入开花、授粉、结实阶段。玉米抽穗开花期植株体内新陈代谢过程旺盛，对水分的反应极为敏感，加上气温高，空气干燥，使叶面蒸腾和地面蒸发加大，需水达到最高峰。这一时期土壤田间持水量应保持在75%～80%。据陕西省水科所试验，春玉米抽穗开花约占全生育期的10%，需水量却占总耗水量的31.6%，一昼夜每亩要耗水4m^3。如果这一时期土壤墒情不好，天气干旱，就会缩短花粉的寿命，推迟雌穗吐丝的时间，授粉受精条件恶化，不孕花数量增加，甚至造成“晒花”，导致严重减产。农谚“干花不灌，减产一半”，说明了这时灌水的重要性。据调查，花期灌水，一般增产幅度11%～29%，平均增产12.5%。

⑤玉米成熟期灌水　玉米受精后，经过灌浆、乳熟、蜡熟达到完熟，从灌浆到乳熟末期仍是玉米需水的重要时期。这个时期干旱对产量的影响，仅次于抽雄期。因此，农民有“春旱不算旱，秋旱减一半”的谚语。这一时期田间持水量应该保持在75%左右。玉米从灌浆起，茎叶积累的营养物质主要通过水分作媒介向籽粒中输送，需要大量水分，才能保证营养运转的顺利进行。玉米进入蜡熟期以后，由于气温逐渐下降，日照时间缩短，地面蒸发减弱，植株逐渐衰老，耗水量也逐渐减少。据陕西省水科所试验，春玉米这阶段约占全生育期的30%，需水量仅占总耗水量的22%左右，一昼夜每亩耗水仅为2～3 m^3。实践证明，这期间维持土壤水分在田间持水量的70%，可避免植株的过早衰老枯黄，以保证养分源源不断向籽粒输送，使籽粒充实饱满，增加千粒重，达到高产的目的。据河北农大的研究，灌浆期灌水，进入果穗的养分较不灌水的增产2.4倍，一般产量可提高10%左右。据试验，在缺水情况下，多灌一次灌浆水可使玉米增产8%～10%，在干旱年份增产更为显著。

（3）灌溉方式　随着科学技术的发展，20世纪90年代以来各地大力推广节水灌溉技术，以取代长期以来沿用的耗水较多的淹灌法和漫灌法。节水灌溉方法主要有畦灌、沟灌、管灌、喷灌和渗灌等。

①畦灌　是高产玉米采用最多的一种灌溉方法。它是利用渠沟将灌溉水引入田间，水分借重力和毛细管作用浸润土壤，渗入耕层，供玉米根系吸收利用。在自流灌溉区畦长为30～100 m，宽要与农机具作业相适应，多为2～3 m。畦灌区适宜地面坡降在0.001%～0.003%范围内。据试验，畦灌比漫灌（淹灌）节水30%左右；采用小畦灌溉比大畦灌溉又节约用水10%左右。

②沟灌　是在玉米行间开沟引水，通过毛细管作用浸润沟侧，渗至沟底土壤。沟灌适宜地面坡度为0.003%～0.008%。沟宽60～70 cm，灌水沟长度30～50 m，最多不超过100 m。与畦灌相比，可以保持土壤结构，不形成土壤板结，减少田间蒸发，避免深层渗漏。

③管灌　管道灌溉是20世纪90年代大力推广的实用灌溉技术，主要用于井灌区。采用预制塑料软管在田间铺设暗管，将管子一端直接连在水泵的出水口，另一端延伸到玉米畦田远端，将灌溉水顺沟（垄）引入田间，减少畦灌的渠系渗漏。灌水时随时挪动管道的出水端头，边浇边退，适时适量灌溉，缩短灌水周期，有明显的节水、节能、节地的效果。

④喷灌　是利用专门的压力设备，将灌溉水通过田间管道和喷头喷向空中，使水分散成雾状细小水珠，类似于降雨散落在玉米叶片和地表。其优点如下。

一是节约用水，喷灌不产生深层渗漏和地表径流，灌水均匀，并可根据玉米需水情况，灵活调节喷水强度，提高水分利用率。据试验，喷灌比地面灌溉节约用水30%～50%，如果用在保水力差的沙质土壤，节约用水达70%～80%，喷灌比畦灌也减少用水量30%以上。

二是省地保土，喷灌可以减少畦灌的地面沟渠设施，节约农地10%；将化肥或农药溶于喷灌水滴，提高肥效和药效，还减轻劳动强度。喷灌可实现三无田（无埂、无渠、无沟），土地利用率可提高到97%，节水55%～60%，提高肥料利用率10%以上。

三是移动方便，采用可移动式喷灌系统，喷头为中压或低压，体积较小，一般轻型移动喷灌机组动力为2.2～5.0 kW，每小时流量为12～20 m^3，控制灌溉面积2～3 hm^2。

四是提高产量，喷灌调节农田小气候，改善光照、温度、空气和土壤水分状况，为玉米创造良好的生态环境。高产玉米全生育期喷灌3～5次，每次每亩灌水18～20 m^3，较地面灌溉节水50～70 m^3，随着喷灌次数增加，玉米的光合强度、灌浆速度以及产量性状均有所改善。

⑤渗灌　渗灌是迄今为止最节水的灌溉技术。它是在机械压力下，以橡塑共混渗水细管在田间移动，管壁上布满许多肉眼看不见的细小弯曲渗水微孔，在低压力（0.02 MPa）下，水分通过微孔缓慢渗入植物根区，为作物吸水利用。它的优点是：节约水源，提高水分利用效率，比沟灌节水50%～80%，比喷灌节水40%；使用压力低，节约能耗，

比畦灌节能 70% ~80%，比喷灌节能 60% ~83%；减少蒸发，保温性能好，并降低植物生长过程中空气湿度；充分利用水分和养分，疏松土壤，有利于植物生长。

（4）防渍排水　玉米是需水量比较大但不耐涝的作物。在土壤湿润度超过田间持水量的 80% 时，对玉米生长发育产生不良影响。我国大部分玉米产区，玉米生长期间都处在雨季，易形成田间积水而遭受涝害。播种后淹水 2 ~4 d，出苗率降低 50% ~70%；三叶期受涝，营养生长受到抑制，生育期延迟；拔节期受涝，穗行数和粒数明显减少；小花分化期、乳熟期受涝，粒重降低。

我国因受季风气候的影响，玉米产区的降雨量多集中在 6—8 月。北方春玉米区，在低温多雨年份，玉米拔节至抽雄后易受涝害，特别在低洼和排水不良地块更为严重。因此，采取有效措施排水防涝对玉米增产有重要作用。

陕南玉米产区采取的主要排水方法有：

①畦作排水　陕南 6—8 月份雨水较多，地下水位高，畦作便于排水。要求畦平沟直，腰沟深于畦沟，围沟深于腰沟，主沟深于围沟。达到“沟沟相通，雨到随流，雨停水泄，田无积水”。

②高垄种植　采取垄作既可以提高地温，保墒保苗，又利于夏秋季排涝，是保证玉米丰收的一项有力措施。垄底宽 50 ~60 cm，高 12 ~16 cm，垄沟宽 10 ~12 cm。

③台田栽培　是排水防涝，排水洗碱，抗御灾害的良好栽培措施。在田块四周开排水沟，沟土翻叠堆铺于中部，修筑高畦，将玉米以带状方式种于畦面，减轻碱害和涝害，并改善通风透光条件。台田一般高出地面 12 ~16 cm，四周沟深 40 ~50 cm，沟宽 1 m。

④修筑堰下沟　丘陵地区土壤底部有岩石，土层薄，蓄水少，即使雨量不多，也会造成重力水的滞蓄，农民称为“渗山水”。堰下沟就是在受半边涝的梯田里堰，挖一条沟深低于活土层 16 ~32 cm、宽 60 ~80 cm 的明沟，承受和排泄上层梯田下渗的水流，并结合排除地表径流，是解决山区梯田涝害的有效措施。

4. 防病治虫除草及应对环境胁迫

（1）主要病害防治

①玉米大斑病　玉米大斑病主要是叶片上出现大片的病斑，严重时叶片会枯黄，并会发展到叶鞘和苞叶部位。最终会使整个玉米植株枯死。

综合防治技术：一是要注意选用抗病性强的品种。二是种植时要注意密度，减少氮肥用量，多用有机肥和磷钾肥。三是用多菌灵或退菌特等药物制成药液喷洒防治。

②玉米小斑病　玉米小斑病为害部位与大斑病比较相似，只是病斑比较小，但其为害范围比大斑病要广。从苗期到成熟期各个阶段都有可能发生，尤其是在玉米抽雄后，发病更加严重。

综合防治技术：一是应注意选用抗病性强的品种。二是实行合理轮作，避免重茬，秋季要对土壤进行深耕，将病残体彻底清除。播种前要提早将秸秆和根茬处理干净。三是加强中耕培土除草、做好灌溉及排涝等田间管理，多用有机肥，穗期可适当追施氮肥。四是用多菌灵或甲基托布津可湿性粉剂制成药液进行喷施。

③玉米丝黑穗病　玉米丝黑穗病是寒冷区域玉米生长过程中容易发生的病害之一，会造成玉米减产，严重时会绝收。对于玉米丝黑穗病的防治主要是选择抗病品种，进行杂交品种的研制；同时要进行轮作，对于发病率超过20%的病重地块要至少3年进行一次玉米轮作；可以用育苗移栽方法来减少玉米丝黑穗病的发生概率，选用消毒后的土壤进行育苗，待幼苗长到5叶时进行大田移栽；对于发病的植株要及时进行焚烧和深埋处理。

④玉米褐斑病　玉米褐斑病仍以斑纹呈现，主要侵染茎秆及叶片、叶鞘。同样会导致玉米植株枯死，造成减产或绝产。

综合防治技术：一是玉米田应实行三年以上的轮作。二是当年玉米收获后，要对土壤进行深翻，将病残组织彻底清除，雨季要及时排水，减少田间湿度。在播种前用有机肥作为底肥并施足，生长期要进行追肥，抓好中耕培土除草等环节，提高植株的抗病能力。三是用苯来特和氧基萎锈灵兑水制成药液喷施叶面。

⑤玉米纹枯病　玉米纹枯病主要对叶鞘、籽粒产生危害。呈现的病斑为云纹状，病情严重时会导致植株茎秆变得松软，出现倒伏。

综合防治技术：一是选择抗病性强的品种，种植时密度适当，保持田间透光和通风良好。二是要加强田间管理，施肥要科学合理，不要过多用氮肥，控制好田间的湿度。三是发病初期可用井冈霉素或农抗120兑水制成药液进行喷洒。

（2）主要虫害防治

①玉米螟　玉米螟是玉米的主要虫害，对玉米植株地上的各个部位都会产生为害，受害部位会失去活力，导致玉米产量降低。

综合防治技术：一是将田间秸秆处理干净，减少越冬幼虫和虫卵。二是人工摘除玉米螟卵块，在远离玉米田处进行彻底销毁。三是利用频振式杀虫灯具，对玉米螟成虫进行诱杀。四是利用玉米螟的天敌赤眼蜂进行防治。五是心叶后期，在喇叭筒里撒入辛硫磷乳油颗粒剂。

②玉米蓟马　蓟马主要为害玉米苗期，危害部位是叶片，严重时可导致叶片干枯死亡。干旱天气发病严重，雨后蓟马的发生和危害会得到一定的抑制。

防治技术：主要采用药剂进行防治，在玉米出苗后，应立即喷施农喜1号或邯科140，这两种药剂可在防治玉米蓟马的同时，也可对灰飞虱、瑞典秆蝇等多种害虫发挥防治作用。

③玉米黏虫　玉米黏虫是玉米的主要害虫之一，它的幼虫食量非常大，严重时会迅速吃光玉米植株的叶片，导致玉米大幅度减产甚至颗粒无收。

防治技术：可利用黏虫成虫具有的趋光性和趋化性，用杀虫灯、性诱捕器和糖醋液等防治技术对其进行诱杀，可使成虫产卵量减少。防治幼虫可用辛硫磷乳油或毒死蜱等药剂，兑水进行喷洒。

④玉米灰飞虱　玉米灰飞虱以吸食叶片及茎秆中的汁液为害，玉米植株会因汁液丧失而枯黄。同时，灰飞虱还可传播叶枯病等，所造成的危害更大。

综合防治技术：一是要选用抗虫害玉米品种，科学管理水肥，破坏有利于灰飞虱滋生繁殖的生态条件。二是利用其天敌进行防治，灰飞虱的天敌很多，有寄生蜂、瓢虫、蜘蛛、线虫等。加强对灰飞虱天敌的保护和利用，可有效控制灰飞虱发生率。三是用吡虫啉、吡蚜酮等药剂进行防治。

⑤草地贪夜蛾　草地贪夜蛾是一种非常能吃的害虫，幼虫寄生在农作物植株上，以农作物叶、茎为食，对于玉米、水稻、高粱、甘蔗等十几种农作物危害很大，就拿玉米为例，一个草地贪夜蛾幼虫就能破坏一株玉米幼苗！因此草地贪夜蛾又被业内人士称为“大胃王”“吃货”。种群数量大时，幼虫如行军状，成群扩散。环境有利时，常留在杂草中。

有条件的地区可与非禾本科作物间作套种，保护农田自然环境中的寄生性和捕食性天敌，发挥生物多样性的自然控制优势，形成生态阻截带。

成虫发生期，集中连片使用杀虫灯诱杀，可搭配性诱剂和食诱剂提升防治效果。抓住低龄幼虫的防控最佳时期，施药时间最好选择在清晨或者傍晚，注意喷洒在玉米心叶、雄穗和雌穗等部位。（a）生物防治：在卵孵化初期选择喷施白僵菌、绿僵菌、苏云金杆菌制剂以及多杀菌素、苦参碱、印楝素等生物农药。（b）应急防治：玉米田虫口密度达到10头/百株时（参考玉米田二代黏虫防控的虫口密度指标），可选用防控夜蛾科害虫的高效低毒的甲氨基阿维菌素苯甲酸盐、茚虫威、四氯虫酰胺、氯虫苯甲酰胺、高效氯氟氰菊酯、氟氯氰菊酯、甲氰菊酯、溴氰菊酯等杀虫剂喷雾防治。

（3）玉米地下害虫　玉米的地下害虫主要有蛴螬、金针虫、蝼蛄、地老虎等，会对玉米的刚播下的种子、幼根、嫩茎等产生危害，危害最为严重的是播种期和苗期。

综合防治技术：一是春秋两季都要对玉米田进行深翻，破坏地下害虫的越冬环境，可使地下害虫数量减少。二是进行合理轮作，避免重茬，如果有条件的话可以与直根系作物进行轮作。三是在施用有机肥时，必须做到充分腐熟，并深施。如果施用未腐熟的有机肥，会增大害虫对田间的危害。四是在播种前要及早将田间的杂草铲除，可破坏地下害虫的成虫停留并产卵的环境。五是可结合铲镗地人工捕拾消灭害虫。六是可利用成虫的趋光和趋化特性，设置黑光灯、糖醋液等进行诱杀。七是利用药剂进行防治。可采用辛硫磷乳油对种子进行闷种处理，将辛硫磷乳油兑水喷洒在土壤中，对种子和土壤进行消毒灭菌。八是用药剂和味重的食物及野菜等混合，制成毒饵撒在田间土壤或玉米植株根部进行防治。

（八）适期收获

杂交玉米成熟时，表现为秆青叶绿，苞叶黄白松散，籽粒完全硬化并呈现出本品种固有色泽。

玉米的适宜收获时期，春玉米一般在完熟期。收获过早，籽粒不饱满，且籽粒含水量高，需要较长的晾晒时间；收获过晚，茎秆容易折断或受鸟兽害，产量均不高。夏玉米收后复种小麦等其他作物，则应提前在蜡熟末期收获。据试验由蜡熟末期至完熟期不同时期进行收获，籽粒产量差别不大，其千粒重和容重也没有显著差别。在蜡熟末期收获，还可以对略带绿色的茎叶进行青贮。有时，为了抢种小麦提前收获，应在收获后采取“后熟”措施，即将玉米秆带穗砍倒后竖立起来堆积一段时间，使茎秆里的养分，继续向粒中转运，增加粒重。据山东莱阳农校试验，割后后熟 10 d 的千粒重比未经后熟的高 128 g。

（九）玉米生产的全程机械化

1. 品种选择 应选用当地农业技术推广部门主要推广的，通过国家或省级审定的稳产玉米品种。

应选用经过精选、分级和包衣处理的玉米种子。玉米种子质量应符合 GB 4404. 1 的规定。

未包衣的种子，播种前应根据当地病虫害常年发生情况，有针对性地选择防治药剂进行拌种处理。

2. 耕整地

（1）应根据当地的种植模式、农艺要求、土壤条件和地表秸秆覆盖状况，选择机械耕整地作业方式与作业时机。

（2）深松作业宜在秋季或春播前进行，一般每隔 3 年进行一次。深松深度应能打破犁底层，且不小于 25 cm。深松作业宜采用大中型拖拉机牵引，拖拉机功率应根据不同耕深、土壤比阻选配。深松机具的耕作幅宽应与拖拉机轮距相匹配。

（3）底肥深施可采用先撒肥后耕翻或边耕翻边施肥的方式，肥料撒施应均匀，施肥量应符合当地农艺要求。

（4）春玉米区应在前茬作物收获后，适时进行秸秆粉碎、灭茬、深耕作业，宜采用多功能联合作业机具进行联合耕整地作业。深耕深度应不小于 18 cm。

（5）前茬小麦的收获宜采用带有茎秆切碎功能的联合收割机进行作业，割茬高度应不大于 18 cm，小麦秸秆切碎长度应不大于 15 cm。

（6）西南山地玉米区根据当地的种植模式，可在前茬作物收获后及时抢墒直播，也可在未种植地预留空行深翻晒土、平整或条带旋耕后播种。

（7）旱地玉米区应在前茬作物收获后，适时进行秸秆粉碎、深耕晒垡或深松整地作业，宜采用大中型拖拉机牵引复合作业机具一次完成深松、耙茬和碎土作业。

3. 播种 根据品种特性、土壤肥力、水分条件、光照条件和地形等因素合理确定种植密度。西南山地玉米区和西北旱地玉米区的种植密度宜为 2800～3500 株/亩。

应根据各地玉米产量目标和地力水平进行测土配方施肥，且与播种同时进行。肥料应施在距种子侧下方 5 ~6 cm 处。

宜采用精量播种方式，可采用机械式精量播种机和气动式精量播种机进行作业。采用单粒（精密）播种时，其作业质量应符合 NY/T503 的规定。

春玉米区的适宜播期为当地 8 cm 处土层的地温连续 3 d 稳定在 8 ℃以上。在地温允许的情况下，土壤绝对含水率大于 20% 的地区可及早抢墒播种，土壤绝对含水率小于 20% 的地区可采用坐水播种。覆膜栽培可比露地早播 7 ~10 d。

小麦前茬收获后适时播种，应根据小麦播种时间和玉米生育期，控制玉米最晚播种时间。

山地玉米区和西北旱地玉米区应根据当地的地温、土壤墒情、茬口和种植模式适时播种。

春玉米区应选择等行距、宽窄行、大垄双行播种方式。等行距播种时，行距为 65 cm；宽窄行播种时，宽行行距为 80 cm，窄行行距为 40 cm；大垄双行播种时，垄距为 130 cm，垄上两行行距为 40 cm。

旱地玉米区可采用等行距和宽窄行播种方式。等行距播种时，行距为 60 cm；宽窄行播种时，宽行行距为 70 cm，窄行行距为 40 cm。

保护性耕作地区的机械化作业技术规范应符合 NY/T1409 的规定。

4. 田间管理　中耕施肥，在玉米拔节或大喇叭口期，采用高地隙中耕施肥机具，进行中耕追肥机械化作业，完成开沟、施肥、培土、镇压等工序。

中耕追肥作业机具应具有良好的行间通过性能，无明显伤根，伤苗率小于 3%，追肥深度为 5 ~10 cm，追肥部位在植株行侧 10 ~20 cm，肥带宽度大于 3 cm，无明显断条，施肥后覆土严密。施肥量应根据土壤肥力、产量水平和肥料养分含量等情况来确定。

5. 病虫防控　根据当地玉米病虫草害的发生规律，在苗期、穗期和花粒期合理选用农药品种及用量，采取综合防治措施进行防治作业。

在玉米播种后出苗前或播种同时，喷洒除草剂进行封闭除草作业。未封闭除草或封闭失败时，应进行苗后化学除草作业。苗后化学除草作业应在玉米 3 ~5 叶期进行。

在玉米生育中后期，宜采用自走式高架喷杆喷雾机或农用航空施药机械进行机械施药防治病虫害作业。

在风大、易倒伏地区和水肥条件较好、生长偏旺、种植密度大、品种易倒伏的田块，根据需要喷施生长调节剂进行化学调控作业。

植保作业应严格执行相关农药安全使用规范，提高药液喷施的均匀性和对靶性，提高农药利用率和病虫害防治效果。

6. 收获　在玉米完熟期进行机械收获作业。采用籽粒收获时，玉米籽粒含水率应不大于 25%。当玉米籽粒含水率大于 25% 时，宜采用摘穗收获方式。玉米收获应选用行距与玉米种植行距相适应的机械。玉米收获机的作业质量应符合 NY/T1355 的规定。

玉米收获后，应采用根茬粉碎还田机将残留在地里的玉米根茬进行粉碎还田，其碎茬深度应不小于 8 cm，根茬粉碎率和碎土率应不小于 90%，根茬覆盖率应不小于 80%。

采用地膜覆盖种植地区，应在玉米收获后适时回收残地膜。残地膜回收机具的表层拾净率应不小于 75%，深层拾净率应不小于 65%。

7. 烘干 收获后的玉米应及时进行降水处理。采用摘穗收获的，可集中进行通风晾晒；采用籽粒收获的，宜采用玉米烘干机械进行降水处理。

8. 秸秆处理 玉米收获后的秸秆应进行粉碎还田或回收处理。当采用秸秆粉碎还田机直接粉碎还田时，其秸秆粉碎长度应不大于 10 cm，残茬高度应不大于 8 cm，粉碎长度合格率不小于 80%。秸秆还田后，可按还田干秸秆量的 0.5% ~1% 增施氮肥。玉米秸秆如需回收，宜打捆后运出。

二、其他栽培方式

（一）免耕、秸秆还田

免耕种植技术在保留地表覆盖物的前提下免耕播种，不翻动土壤，不仅减少作业次数，节省时间、劳动力和能耗，大幅度降低生产成本，而且能控制土壤水土流失，保持土壤自我保护机能和营造机能，增加土壤有机质，提高水分利用率，改善土壤的可耕作性，是对传统生产方式的重大变革，是未来玉米可持续生产的技术发展方向。

玉米免耕种植技术包括秸秆处理、免耕播种、化学除草、机械深松、肥料运筹、病虫害综合治理等技术环节，是与现代农机技术、简化栽培技术及生态需求相适应的先进农作体系，国外发达国家在 20 世纪 70 和 80 年代已大面积生产应用。我国从 20 世纪 90 年代开始开展玉米免耕种植机械化技术研究，随着种子质量、农业机械化作业水平、耕作栽培技术等逐步提高，我国玉米免耕种植技术体系不断发展和完善。

玉米免耕种植技术的核心是在未耕土地上一次性完成开沟、播种、施肥、覆土和镇压等多道作业工序，目前免耕直播技术已经非常成熟，近年已在北方春玉米及黄淮夏玉米区大面积推广应用，在全国各玉米主产省区均广泛开展了试验示范，技术应用效果良好，技术先进可行。由于该技术具有简化、节本、环境友好等多项优点，深受农户欢迎。

1. 玉米免耕播种

（1）品种与播期 北方春玉米免耕播种时有秸秆覆盖且多为平作不起垄，地温提升较慢，较传统耕作模式推迟 3 ~4 d。品种应选用生育期略短、抗病、抗虫性强、稳产性好的品种，低洼地湿度大、盐碱地不宜免耕播种或适当推迟播种期。

（2）播种质量 采用免耕播种机播种，播种深度 3 ~4 cm 为宜。参考品种密度要求、种子千粒重和发芽率确定播种量。播行内、播行间播种量误差不超过 5%。

（3）肥料运筹 秸秆还田情况下，增加底施氮肥用量利于秸秆的腐烂；前茬秸秆少的情况下，要提高追肥的用量。底肥与播种同机分层深施或侧施，结合旋耕或造墒撒施。追肥结合中耕深松采用条施或穴施。

2. 夏玉米免耕播种

（1）前茬处理 麦秸和麦茬对夏玉米播种质量及幼苗的生长均会产生一定影响。小麦收割时留茬高度控制在 20 cm 以下，选用装有秸秆切碎和抛撒装置的小麦联合收割机作业，将粉碎后的麦秸均匀地抛撒在地表并形成覆盖。

（2）品种选择 夏玉米免耕种植能够减少农时消耗，品种选择标准与当地常规生产相同，适宜选择产量潜力高、抗逆力强，通过国家或当地审定推广的耐密型品种，所选种子应达到国家大田用种种子质量标准，种子要经过精选和包衣处理。

（3）精细播种 由于小麦收获后土壤干、硬，麦秸和麦茬也给播种作业带来一定难度，提高播种质量成为夏玉米免耕直播技术的关键。播种时要做到“深浅一致、行距一致、覆土一致、镇压一致”，防止漏播或重播。种肥同播的要注意种肥隔离，肥料施入土壤的位置距离种子行 >4 cm。

（4）水肥管理 为抢时早播，免耕夏玉米先播种再浇“蒙头水”，以保证玉米种子能够正常萌发和出苗；施肥指导原则为“重施氮钾肥、酌施磷肥、补施锌锰微肥”。一般采用种肥、穗肥 2 次的施肥策略。

3. 播后管理

（1）化学除草 受秸秆覆盖以及遗留杂草的影响，免耕播种玉米田的宜采用播后苗前除草和苗后除草相结合的“封杀”除草策略。根据田间杂草发生情况，合理配方，药剂搅拌均匀，适时适量均匀喷洒，漏喷、重喷率≤5%。选择合理的喷洒方式和机具，注意操作安全。

（2）病虫害防治 免耕地块病虫害的发生情况和程度与常规生产方式存在一定差别，应坚持“预防为主、综合防治”的原则。

（3）深松、施肥 春玉米区在土壤水分适宜的生长季节进行中耕深松，以打破犁底层为原则，一般耕深为 20～25 cm。深松不翻动土壤，不破坏地表覆盖，一般在苗期进行。夏玉米区可结合机械追肥进行中耕。

（4）秸秆还田 玉米秸秆可采用联合收获机自带粉碎装置粉碎，或收获后采用秸秆粉碎还田机粉碎还田。也可以利用饲草捡拾打捆机将秸秆打捆做饲料。玉米茎秆粉碎还田，茎秆切碎长度≤100 mm，切碎长度合格率≥85%，抛撒均匀。

（二）地膜覆盖栽培

玉米覆膜栽培技术大发展有四个特点：一是速度快，效益高。覆膜栽培首先在园艺作物上应用，尔后迅速发展到经济作物和粮食作物。二是科研、示范、推广结合，促进农膜技术的完善和发展。三是覆膜技术、塑料生产与铺膜机械研制同步进行。四是从北方发展到南方，从丘陵发展到平原，从低纬度向高寒冷凉高纬度地区发展，最后扩大到全国各地。

玉米地膜覆盖栽培农业在玉米生产中具有重要的作用和意义。

一是推动玉米种植面积的增长。覆膜栽培技术的推广，增加了玉米生长发育期间的有效积温，使得一些长期以来被视为玉米生产“禁区”的高海拔、高纬度地区，克服了气温偏低，生育期短等对玉米生长发育的不利条件，使玉米在当地能够安全成熟。

二是提高了玉米单位面积产量。玉米覆膜栽培的增温保墒效果为玉米增产创造了条件。一般增产 30% ~60%，高产田增产一倍以上。

三是加快了农业技术的推广。玉米覆膜栽培是一项完整的综合配套技术，从杂交良种、配方施肥、育苗移栽、带状种植、间作套种、田间管理等多方面组装了先进的科技成果，使科学技术迅速普及和推广。

四是促进了农村产业结构的调整。玉米覆膜栽培提高了粮食的单产和总产，解决了贫困地区农民的吃饭问题，这为农业结构的进一步调整创造了条件。

玉米覆膜栽培成为我国传统精细农艺与现代科学相结合而显著增产的典范。至今还没有任何一项技术像玉米覆膜栽培发展那样快和增产效果那样显著。

1. 玉米地膜覆盖栽培的增产机理 玉米覆膜栽培协调土壤耕层的水、热、气、养和改善土壤物理性状，创造一个相对稳定的适于种子萌发和幼苗生长的生态环境，并使玉米籽粒灌浆阶段处于适宜的气候条件下，增加粒重，提高产量。

（1）生态学效应

①增温效应 玉米覆膜后，阳光透过薄膜使土壤获得辐射热，从而地温升高；再通过土粒的传导作用，逐渐使耕层土温增高。同时把大部分热量贮存在土壤中，还有一部分转化为热能，用于土壤水分蒸发。覆膜的阻隔作用减少了膜内外平行与垂直热对流消耗的土壤热量，抑制土壤中热量向大气中扩散。据研究，太阳辐射波透射率为 80% ~90%，覆膜减少长波辐射的透射，这部分热量被覆膜下面的水汽和二氧化碳吸收，保存在塑膜与地表空间。水汽在膜下的缝隙间循环，减少汽化热损失，相应地增加了土壤热容量。即使有一部分水分从土壤中蒸发出来，到了夜间或阴凉天气，在塑膜下凝聚一层细小水滴，使膜内土壤的温度在较长的时间内保持稳定。

覆膜玉米比露地玉米全生育期增加积温约 200 ~300 ℃ · d，其中 90% 的有效积温集中在幼苗期，对玉米发芽、出苗整齐和壮苗有重要作用。覆膜玉米比露地玉米土层 10 cm 处增温效果明显，播种后高 6.3 ℃，孕穗期高 7.9 ℃；土层 5 cm 处播种后高 4.7 ℃，孕穗期高 6.8 ℃。土壤 10 cm 以下随着土壤深度的增加，地温差值递减。

②水分效应 玉米覆膜有保墒、提墒和稳定土壤水分的作用。覆膜后，土壤的水分阻挡在膜内，改变了土壤水分运行规律，切断了土壤水分与大气的直接交换，从而抑制了土壤水分的蒸发。由于膜下温度较高，土壤热梯度差异加大，导致深层土壤水分向土壤表层聚集，耕层含水量提高。同时，由于土壤蒸发的水汽凝聚在膜下与地表之间，因昼夜温差不断变化，在膜下形成一个“气态—液态”不断蒸上滴下的水分循环，最后

遇到冷气凝结成细小的水珠进入土壤，使耕层含水量不断提高。覆膜玉米比露地玉米0～10 cm土壤含水量增加33.5%，10～20 cm增加11.0%，20～30 cm增加6.8%。每亩一米土层增加水分3.4～4.2 t。

③土壤效应　玉米覆膜使土壤表层避免或减缓了雨水和灌溉水的淋洗或冲刷，以及因中耕、除草等田间作业次数减少，减轻了人、畜、机械等对土壤的碾压和践踏，从而使土壤结构保持在播种时的良好状态。同时，由于膜下地温变化，膜内水汽不断发生涨缩运动，使土粒间空隙变大，疏松通气，改善了土壤的物理性状。土壤容重降低，空隙度增大。在玉米覆膜及揭膜后，土壤容重明显降低，总空隙度提高。覆膜0～10 cm土壤容重降低0.095 g/cm^3，10～20 cm降低0.091 g/cm^3；空隙度分别增加了3.64%和1.71%。

④养分效应　玉米覆膜改善了土壤的物理性状，促进了微生物的活动，才能进而增加土壤可给性养分。覆膜玉米比露地玉米土壤中各类微生物种群增加，细菌数量多82%～140%，放线菌数量增加70%～125%，硝化细菌增加40%～57%，自生固氮菌数量增加4%～8%。土壤微生物数量增加及其活动增强，加速矿质营养转化为速效可给态。

（2）生物学效应　玉米腹膜栽培使土壤温度提高，保水保肥能力增强，改善了土壤疏松透气性，增强了群体的光合强度，为玉米的生长发育创造了良好的条件。

①早出苗，出齐苗　玉米覆膜加快出苗速度，苗齐、苗全。据甘肃省酒泉地区农业技术推广站（1992）试验，覆膜玉米7～10 d出苗，2～3 d后全苗；露地玉米13～16 d出苗，4～6 d后全苗。

②根系发达，植株健壮　玉米覆膜改善了土壤生态环境，促进根系发育，不同生育时期的次生根层数、条数、根长度、根干重均明显高于露地玉米，而且对根的促进效应主要是在生育前期和中期。根据河北农业大学（1987）测定，覆膜玉米幼苗期根层数和根条数比露地玉米高一倍；玉米拔节期覆膜玉米单株根干重比露地玉米多88%～98%，抽雄期多60%，成熟期多44.3%。

③增强群体光合作用　覆膜玉米植株生长健壮，叶片宽展，群体叶面积增加，有利于光合作用和干物质积累。覆膜玉米在3叶期、5叶期、拔节期，叶面积指数分别比露地玉米多2倍、2.5倍、6.2倍，籽粒灌浆阶段叶面积指数保持在3.9。覆膜玉米叶面积消长规律表现为：前期叶面积增长快，中期稳定期长，后期衰亡较慢。由于前期叶面积增长快，使绿叶较早覆盖地面，减少前期漏光损失。后期仍保持较大的绿叶面积，尤其在乳熟至蜡熟阶段，有利于积累更多的光合产物向籽粒中运转。据黑龙江省嫩江地区试验，覆膜玉米比露地玉米叶面积指数增加35.5%，叶绿素含量增加19.0%，因而每亩光合势增加38.3%，净同化率增加32.9%，群体生长率增加67.1%，相对生长率增加4.9%，光能利用率提高32.9%，从而显著地促进了玉米生长发育。

④增加粒重，早熟高产　玉米覆膜最重要的作用在于控制热量条件满足玉米生长发

育的需要，促进早熟高产。由于覆膜玉米早出苗，出苗全，壮苗早发，促进生长发育，从而把籽粒灌浆期提早在最适宜温度条件下。覆膜玉米比露地玉米早出苗 3～4 d，抽穗早 2～4 d，蜡熟期早 6～13 d，完熟期早 8 d，全生育期缩短 4～5 d。

玉米覆膜栽培的增产机理就在于增温保墒，特别是为玉米播种和出苗创造良好的生态环境条件，攒前促后，争取积温和农时，把玉米籽粒灌浆阶段安排在适宜的气温条件下，显著增加粒重，提高产量。我国东北、西北和华北地区的春玉米腹膜栽培亩产吨粮田，千粒重一般都在 350～380 g。

2. 覆膜技术 玉米覆膜栽培田间管理全过程基本上与大田栽培相同，仅在播种至揭膜阶段略有差异，形式虽然多种多样，但只要抓住铺膜和揭膜两个关键技术阶段，就能确保全苗、壮苗。

（1）精细整地 选择土层深厚、结构良好、有机质含量高的中等以上肥力地块。北方地区春季风大，土壤失墒快，在无灌溉条件的地区，要做到秋整地、秋施肥、秋起垄，早春顶凌耙地。要做到地表平整，无碎石、无大土块，清除根茬，土壤细碎、上虚下实。

（2）选用良种 玉米覆膜栽培延长了生长季节，争取了 250～400 ℃·d 的有效积温，应该选择比当地露地栽培的玉米生育期长 10～15 d、增产潜力大的杂交种。据试验，我国从南到北每增高一个纬度，玉米生育期延长 2～4 d，高寒山区海拔每升高 100 m，气温下降 0.6 ℃，要注意越区种植生育期长的玉米品种，特别是从低纬度地区向高纬度地区引种，要经过试验示范，逐渐扩大。

（3）合理密植 玉米覆膜栽培种植密度，应该遵循“密度适宜，用膜较少，管理方便”的原则。据各地经验，通常采用大小垄种植，即大行距 80 cm，小行距 25 cm，用 70～75 cm 宽的地膜，覆盖两行玉米；大行距为 100 cm，小行距为 40 cm，选用 90～100 cm 的地膜，两边压入塑膜 10 cm。宽窄行种植，有利于通风透光，发挥边行优势；每亩可保苗 3800～4500 株，收敛型品种还可增加密度 10%～15%。

（4）选用地膜 当前生产上使用的多为聚乙烯无色透明膜，为了减少耕地农膜残留，建议积极推广全生物降解膜，以及厚度在 0.015 mm 以上的加厚高强度膜，以利于回收，减少耕地环境污染和人工成本。

①农膜厚度与宽度 农膜厚度对增温保墒的影响不大，因此，不宜选用过薄的膜，容易撕裂，不易覆盖。所以，选膜以不影响增温保墒，又能降低成本为原则。农膜的宽度直接影响增温保墒效果，随着农膜宽度的增加，增温保墒效果加强，但成本也相应增加。

②覆盖率与用膜量

覆盖率是指地膜面积与土地面积之比。用以下公式计算：

$$\text{覆盖率（\%）} = \frac{\text{膜\quad 宽}}{\text{平均行距} \times 2} \times 100\%$$

农膜覆盖率高，增温保墒作用大，但投资过大，在不影响产量的情况下，采用较低的覆盖率，有利于提高经济效益。调整覆盖率，一是减小膜宽，二是加大行距。

在生产实践中真正决定用膜量的因素，主要是膜的厚度和覆盖率。

$$膜用量（kg/亩）= 农膜密度（g/cm^3）\times 农膜厚度（mm）\times 覆盖率（\%）\times 666.7（单位转换系数）$$

（5）覆膜时间　适时播种覆膜主要考虑以下三个因素，一是保证覆膜玉米能够充分利用当地的热量资源，选用生育期相对较长的品种，使玉米从播种到成熟所需要积温与当地实际积温相吻合。二是玉米幼苗不至于遭受晚霜危害。覆膜玉米一般比露地直播玉米早出苗 10 ~ 15 d。三是土壤墒情能满足玉米种子发芽和幼苗生长。土壤田间持水量一般保持在 60% ~70% 。按覆膜和播种的先后顺序，可分为先覆膜后播种，或先播种后覆膜两种。这两种方法可因地制宜。但都要做到足墒下种、种肥错开、浅播薄盖，保证播种质量。

在陕南海拔较高、春雨早、土壤墒情好的地块，以先播种（或移栽）后覆膜，再打孔引苗出膜方式为好，避免先覆膜后打孔播种（或移栽）带来的操作困难，以及膜孔过大，降低保温效果。

在干旱少雨，土壤墒情差的地块，可在足墒时、或抢墒整地施肥后提前覆膜，等播种时期一到，在膜面上按要求的株行距，用简易打孔器打孔播种（或移栽）。

（6）田间管理 先播种后覆膜的玉米，适时揭膜放苗是重要的栽培措施。覆膜玉米从播种到出苗约 10 ~ 15 d，在幼苗第 1 片叶展开后及时破膜放苗。放苗过迟，容易封口时压住植株，或温度升高烫伤叶片。破膜放苗宜在晴天下午进行，使幼苗逐渐得到锻炼，培育壮苗，放苗方法是用小刀片或竹片将薄膜破直径 1 ~ 2 cm 小孔，放出幼苗，随即用细湿土沿幼苗茎基部封严间隙，防止夜晚进入冷空气，以保持膜内温度和水分。播种质量较高的地块，一次就可以完成破膜放苗的过程。在日平均气温升到 25 ℃以上时，应该设法除去塑膜，有利于玉米气生根入土和便于田间管理。玉米拔节后若有分蘖发生，要及时掰除。玉米收获后要将废旧地膜拣拾干净，减少对环境的污染。

陕南三市地膜覆盖栽培技术 20 世纪 80 ~ 90 年代，被列入国家的“温饱工程”项目，在高寒山区应用这项技术可以早播种 15 d，早出苗 17 d，早成熟 24 ~ 32 d，从而有效地防御春迟秋早，积温和光照不足的问题，增产率高达 138.39% 。尽管这项技术投入大，1988 年，安康市地膜覆盖栽培技术较常规直播亩新增投入 46.78 元，新增投入的投入产出比仍达 1∶2.11，尤其对贫困地区的社会效益则更大。

地膜覆盖玉米栽培，可以克服高海拔、高纬度丘陵山区低温冷害和干旱的制约。改变玉米单产低而不稳的局面，改变山区栽培技术落后，耕作粗放的状况，是一项具有广阔发展前景的技术。

地膜玉米应选用比当地露地栽培品种生育长期 7 ~ 15 d，或积温多 150 ~ 300 ℃・d 的品种。播种期一般比当地露地栽培播期提前了 7 ~ 10 d，即在覆膜后土壤 5 cm 处地温稳定在 8 ~ 10 ℃，土壤含水量为田间持水量的 60%；出苗后避过 -3 ℃的低温。掌握

“霜前播种，霜后放苗”的原则。如果是先穴播后覆膜，留有苗穴的，也可以霜前出苗，霜后放苗。

玉米地膜覆盖栽培，提高覆膜质量能够起到一定的杀草效果，但若覆膜不严，或在放苗，追肥等管理时造成地膜破裂时，也易滋生杂草。而覆膜后除草困难，所以，应采用化学除草剂。通常在覆膜前每亩用43%拉索150～200 g，或西玛津150 g，或用五氯酸钠100 g＋除草醚50 g，也可用40%阿特拉津和60%丁草胺各200 g混用，以每亩用药量兑水30～40 kg或细土40 kg左右，均匀喷洒在畦、垄面上。

覆膜时要使地膜与地面紧贴，铺平铺展，无皱褶，膜的边缘入土角度尽量接近垂直，膜入土10 cm，压土要实，在能防止大风揭膜的前提下，膜面要尽量宽，以增加透光面。在低温干旱年份，土质较沙，采取先覆膜后播种，即趁雨后立即覆膜保墒，到播种适期，按行、株距打孔播种；底墒好，土质黏重，则先播种后覆膜，通常于晴天中午覆膜，播种深度4～5 cm。

先播种后覆膜的，当幼苗有30%出苗，幼苗有2～3片真叶时进行放苗。放苗前如气温较高，先应每隔40 cm破孔炼苗。放苗在早晚用小刀在膜面划十字或一字口，把膜下幼苗引出膜外，随即把地膜压实，用湿土将膜孔封严；先覆膜后播种的，要及时破除播种孔的板结，以防幼苗在膜下横向生长，并及时补苗。

玉米有10～12片展开叶时，采用梅花式或隔两行打一深10～13 cm的小孔施肥，每亩施尿素7.5～10 kg，施肥后用土盖严小孔。结合施肥在空行间进行渗透灌水，并注意培土塑根、防治病虫。

（三）育苗移栽

陕南地区中高山区玉米育苗移栽技术是获得玉米高产的有效途径之一，其特点是把玉米田间栽培作业的主要过程，包括播种、出苗、选苗及幼苗管理等，提前到保护地里进行，由此改变了玉米传统的栽培方式，为获得玉米高产创造了条件。

1. 玉米育苗移栽的高产生理基础 玉米育苗移栽可以有效地延长玉米的生育期。因此，选择生育期比当地品种长15～20 d的品种进行育苗移栽，以获高产。由于育苗棚内温度、水分适宜，出苗快，生长发育迅速，育苗移栽玉米在7月中旬以前，生育进程提前，但7月中旬以后，育苗移栽与直播玉米生育进程基本同步。

玉米通过育苗，提早播种，增加积温，早生，快发，前期光合面积迅速增大。玉米最适叶面积指数在3～4，而育苗移栽的玉米叶面积指数在7月20日左右即可达到3.0，比直播玉米提早10 d。根据中国科学院海伦生态实验站研究，玉米育苗移栽可以延长生育期10～15 d，并能加速生育进程；可以促使玉米叶面积合理消长，即前期增长快，后期下降缓慢。全生育期光合势增加23%；育苗移栽建立起高产的群体光合系统，使全生育期的光合生产率达到11.4 g/(m^2·d)，比直播［9.3 g/(m^2·d)］增长22.6%。

2. 玉米育苗移栽技术

（1）品种的选择 玉米育苗移栽是利用中晚熟品种，通过育苗的方法，增加积温，发挥中晚熟品种的增产特征，提高玉米的产量和品质。显然，当地原来的主栽品种不能适应育苗移栽的要求。应选择比当地品种生育期长 10 ~ 15 d，叶片数多 2 ~ 3 片叶，所需积温比当地品种多 250 ~ 300 ℃ · d 的高产、抗病、优质的品种。

（2）苗床的准备　选择地势平坦、背风向阳、排灌方便、土质肥沃、运输方便的地块育苗。苗床两侧做好排水沟，防止积水涝苗。中棚或大棚育苗的，应该在秋季选好床址，打上木桩，为春季育苗做准备。苗床长 5 ~ 7 m，宽 1.5 ~ 2 m。适当增大苗床面积，可提高早春抗低温霜冻的能力。苗床底部可铺上细沙或炉灰，便于起苗。

床土的质地要适宜。床土过于黏重，影响根系的生长；过于疏松，起苗时又容易使营养块散落。床土还要肥力适度。过于贫瘠，幼苗营养不良，出现弱苗；氮肥过多，容易导致幼苗徒长。可按营养土 60% 或 40% 、腐熟有机肥 40% 或 60% 的比例配制。同时，每 50 kg 床土再加入磷酸二铵 250 g 和锌肥 50 g 稀释后拌入。

3. 育苗方法　育苗阶段的主要目标是培育出适龄、整齐的壮苗，它是决定育苗移栽产量的重要因素。在育苗过程中，除了考虑秧苗生长的自身特点外，还必须考虑到机械化移栽的各种要求。目前，陕南主要采取以下几种育苗方式。

（1）苗床育苗，裸苗移栽　选择土质肥沃疏松的地块作苗床，秧苗育成后起苗，不带土移栽。这种方式省时省力，运输量减少。但移栽后缓苗较慢，移栽时需要及时灌溉。

（2）苗床育苗，带土移栽　苗床秧苗育成后，将营养土连同秧苗一起切块铲起，带土移栽。这种方式可以提高成活率。但移栽时，根块土壤容易脱落，形成裸根，影响成活率。而且切块不规则，难以采用机械移栽。

（3）营养钵育苗　将营养土制钵育苗，这种育苗方式的特点是，秧苗健壮，带钵移栽，为秧苗的生长创造了良好的条件，移栽后缓苗快，成活率高。但是，这种育苗方式需要大量的营养土，并需要制作钵体。在移栽时由于钵体体积较大，移栽机容纳数量有限。因此，钵苗的运输量较大。

（4）盘育苗　盘育苗最大的特点是可以进行机械化和立体化育苗，减少育苗时间和空间，易于控制秧苗的生长。但是，由于穴盘底部的根系相互交错，分苗困难，容易损伤秧苗。为解决这一问题，吉林工业大学研究了空气整根技术，但尚未达到实用阶段。

（5）营养液钵盘育苗　营养液育苗移栽投资少，增产增收效果显著。营养液育苗可以及时补充幼苗生长所需养分，可以延长育苗时间，争得较多的积温。在 25 d 左右的育苗期可以育出 3.5 ~ 4.0 叶龄的壮大幼苗，增强了在玉米幼苗生长过程中人为的可控制能力。该方法有三个突出特点：第一，解决了育苗面积小与培育壮苗的矛盾，降低了育苗成本；第二，解决了平盘育苗根系相互盘结取苗伤根的问题，从而提高了移栽成活率；第三，为工厂化育苗、机械化移栽创造了条件。

4. 苗床管理

（1）温度的管理　温度管理是指采取响应的措施，调节控制苗床温度，使之适宜玉米苗期生长发育的要求。一般以 25 ~28 ℃为宜，最高不能超过 38 ℃。通常玉米育苗的温度管理分为出苗前管理，出苗后管理和移栽前管理三个阶段。

第一阶段，出苗前棚膜要封闭，以增温为主，但最高温度不应超过 38 ℃。只要积温达到 128 ℃ · d 左右，玉米种子就很快发芽出土。这段时间的温度一般不用做特殊管理。第二阶段，出苗后，棚内温度随环境气温的升高而升高，可上升到 35 ℃以上。这时就要严格控制棚内温度，一般应控制在 25 ℃左右为宜。控制温度的办法就是将棚的一端或两端接缝，进行空气对流，通风降温。随着温度的变化，下午 3—4 时再把两端压严。晚间气温过低，达到 -3 ~ -4 ℃时，还要加盖草帘等进行防寒。第三阶段，移栽前 5 ~7 d，气温可升高到 25 ℃以上，棚内温度更高，有时达到 38 ~40 ℃。这段时间棚内温度的调节：前 2 ~3 d 内，早 8 时左右把棚膜全部打开，晚上 5 时左右再把棚膜盖好压严；后 3 ~4 d 内，晚间也不用盖膜，使玉米逐渐适应外界环境条件，以增强其适应能力。

（2）水分的管理　在育苗过程中，土壤水分、棚内湿度与温度是决定能否培育壮苗的关键。棚内温度高，土壤湿度大，就容易造成幼苗徒长，长势弱，移栽后成活率低。所以，水分管理的关键是如何控制水分。一般前期土壤含水率以 50% ~70% 为宜；中后期以 30% ~40% 为宜。具体做法是，播种同时把水浇透，土壤含水率可达 80% 左右，以后基本就不用再浇水。特别是在起苗前的 5 ~6 d，要严格控制水分，进行蹲苗、炼苗。移栽前一天下午，要浇一遍透水，农民称之为“送嫁水”，使秧苗吸足水，加快移栽后的缓苗速度。

（3）炼苗　炼苗是培育壮苗，缩短缓苗时间，提高产量不可缺少的措施。炼苗内容有两方面，一是把温度调节到较适宜的温度，或偏低一点，降低土壤水分，使苗缓慢生长，称之为蹲苗。二是把苗床内的小气候条件逐渐改变，使之逐渐接近棚外气候。这段过程的主要目的是提高秧苗素质，增强秧苗的适应性和抗逆能力。一般在育苗的第三阶段，温度控制在 20 ~25 ℃，土壤含水率在 30% 左右为宜。最后把棚膜揭去，昼夜炼苗。但应该密切注意天气预报，遇到零下低温仍需采取防寒措施。

（4）育苗日期和移栽时间的确定　寒地育苗移栽的关键问题是育苗日期和移栽时间的确定。育苗过早，迟迟不移栽，苗龄长。在棚内徒长，难以控制，移栽到田间成活率低；移栽过早，易遭终霜危害，有绝产的可能。育苗过晚，虽然温度适宜，但土壤返浆期已过，土壤水分下降，移栽时若不浇水则缓苗困难。

（5）移栽后的田间管理　秧苗移栽大田后，在良好的栽培条件下，一般没有缓苗期或缓苗期很短。移栽后需要加强田间管理。

施足“安家肥”，移栽时每亩开沟施用尿素 10 ~15 kg，有机肥 0.5 ~1.0 吨，对缓苗和后期增产有明显作用，如果配合施用过磷酸钙 30 kg，效果更好。

及时松土，移栽后一周之内及时松土，有利于尽早提高地温，促进次生根系发育的作用。

5. 拱膜营养钵育苗移栽　在秦巴山区，由于高温伏旱和低温冷害等灾害对玉米正常生育的阻碍，严重地影响了玉米的稳产高产。低山丘陵地区雨热同季，热量资源较丰富，是夏玉米生长的有利条件。但是，水热时空分布极不均匀。据多年气象资料，夏播玉米从开花到授粉结束，一般年份气温都处于 32 ℃以上，尤其在 7 月下旬至 8 月上旬常出现高温天气，35 ℃以上的高温天气长达 10. 7 d；48%～71. 8% 的年份因高温引起的伏旱使夏玉米生殖生长受到严重威胁，轻则影响授粉结实，重则禾苗干枯，颗粒无收。中高山区热量资源不足。据气象部门推算，该区随着海拔每升高 100 m，年均气温下降 0. 56～0. 63 ℃。中山地区在正常年份，积温基本可满足玉米生理需要的下限值；高山地区一年一熟热量不足，玉米一生的日照只及正常需要的 62. 9%，雨量则超过需要量的 34. 36%，尤其在玉米授粉至灌浆阶段，连阴雨时常发生，玉米出现“秋封”的概率达 40%～68%。

拱膜营养钵育苗移栽集地膜覆盖栽培的覆膜增温和露地育苗移栽的营养钵育苗等优点为一体，是热量优于高寒山区，不及浅山丘陵地区的中山地区一项投资小、效益高、先进适用的抗灾栽培技术。这一地区改地膜覆盖栽培为拱膜育苗移栽，投入少，效益高。据多年的试验资料和大面积调查，仅地膜投入一项，拱膜育苗移栽亩减少地膜用量 3 kg，只及地膜覆盖栽培的 17%，亩节约地膜支出达 24. 16 元。

营养钵矮化育苗。将钵床一端留下约 30 cm 的空当，待出苗后，每出 2 片叶即移动靠钵一次，共移动 3～4 次，雨多时还应增加移动次数，以扯断老根，促发新根，移栽后易成活。其余方法均同一般营养钵育苗。玉米出 7～8 叶即可移栽。

地膜覆盖营养钵育苗。苗床宽度以地膜或农膜的宽度而定，苗床低于地面 15～20 cm，床梗高于地面 10 cm。配料制钵同营养钵育苗。播期与地膜玉米基本一致、播后立即覆膜。可在床上每隔一定距离横放一根竹棍支撑膜，竹棍呈倾斜状，以防降水膜上积水，最后将四周用土压实封严。从播种、出苗到三叶期，一般不揭膜，三叶期后，晴天中午将苗床间揭开、通风。下午盖好，并进行第一次移位，以后根据气温回升情况，逐渐增加揭膜面直至夜间不盖膜，于移栽前两天第二次移位。四叶后即可移栽。

（四）鲜食玉米生产技术

近年来，安康市汉阴、宁陕、石泉等县区积极开展鲜食玉米种植，通过采取企业发放玉米种，订单保底回收的方式，有效地促进了玉米种植效益的提高，汉阴县主要种植徽甜糯 9 号、徽彩糯 6 号、金百甜 10 号，收购企业汉阴县小仓农林科技有限公司，收购单价 0. 58 元/500 g（带苞叶）。宁陕县主要种植品种黑珍珠、荆彩田 11 号、黄糯（佳农 626）、白糯（佳农 86）等，收购公司有宁陕县供销经营开发有限公司，宁陕县滨海科技有限公司，一等品穗长 18 cm 以上，每穗 0. 9 元；二等品穗长 15～17. 9 cm，每穗 0. 5 元；三等品穗长 15 cm 以下，每穗 0. 2 元。一般情况下，鲜食玉米每亩可生产带苞叶玉米 1500～2000 kg，亩收益 1500 元左右。通过采取订单生产鲜食玉米，农户种植效益较种植普通玉米每亩多收益300元左右，而且还可以实现早腾地15～20 d，有利于提前整地，提早播种油菜等秋季作物。

第三节　四川巴山山区玉米栽培

大巴山是四川盆地北部的天然屏障，阻滞或削弱了冬季北方冷空气的南侵，对四川冬暖春旱气候的形成影响重大。大巴山南面的四川盆地为中亚热带，而北面的汉中盆地则属于北亚热带。

广义的大巴山系指绵延重庆市、四川省、陕西省、甘肃省和湖北省边境山地的总称，长1000 km。为四川盆地、汉中盆地的界山，属褶皱山。东端与神农架、巫山相连，西与摩天岭相接，北以汉江谷地为界。西北—东南走向。山峰大部分海拔2000 m以上，因石灰岩分布广泛，喀斯特地貌发育，有峰丛、地下河、槽谷等，还有古冰川遗迹。河谷深切，山谷高差800～1200 m，只有重庆城口、四川万源等少数小型山间盆地。

狭义的大巴山，在汉江支流经河谷地以东，渝、川、陕、鄂四省（市）边境，为汉江与嘉陵江的分水岭，海拔1300～2000 m。主峰神农顶，海拔3105.4 m，位于湖北省神农架林区，富林、矿资源。

大巴山是中国中亚热带气候和北亚热带气候的分界线，大部分地区属北亚热带气候。年平均气温：米仓山、大巴山、神农顶等山脊14 ℃以下；大巴山南麓（奉节、巫山一带）16～18 ℃；其余地区14～16 ℃。平均年降水量：米仓山东部1200 mm以下，神农架林区1400 mm左右，其余地区1000～1200 mm。万源、巫溪一带是川陕鄂大巴山暴雨区的中心，平均年暴雨日6～8 d。

大巴山区土地贫瘠，农作物以水稻、玉米、小麦、甘薯为主。玉米是大巴山区重要的农作物。

据赵永祥（2015）在清中期秦巴山区玉米种植及影响一文中介绍玉米的引进、传播及发展的历程。明朝中叶，玉米作为一种外来新作物引入中国后，很快就打破了中国以往的粮食作物种植格局，在山区农业生产中占据了至关重要的地位，同时也改变了中国社会既有的饮食种类以及农作方式。玉米最初在福建、广东一带种植，以后随着闽粤人口迁徙以及官方的推广，而向江西、湖南等地传递。至清朝乾隆年间，随着“湖广填四川”的移民潮，原先在东南沿海省份种植的玉米，也随着移民流动的路线而传播开来。川、陕、湖交界地带的秦巴山区，作为这一时期移民的重要迁入地，玉米也随移民的迁入而引入了，因玉米强大的适应性，迅速扩展起来，短短数十年间就成为大巴山山区百姓竞相种植的主要作物。

本节就四川大巴山山区玉米栽培进行介绍。

一、玉米常规栽培

（一）选茬整地

由于玉米的适应性很强，其自身对土壤的要求并不十分严格。但是，要实现玉米高产则需要有一定的土壤基础。因此，种植玉米的地块必须不断加深耕层、熟化土壤、改善结构、培肥地力，增强土壤的供肥供水和保肥保水能力。由于不同的耕作栽培制度，玉米的整地时间及整地的要求也不一样。在山区受海拔、温度、光照等因素的影响，在大巴山区有一年一熟制、一年两熟制等耕作制度。

1. 一年一熟制地区　一年一熟制地区主要分布在热量不足两季，海拔较高的山区、半山区。种植形式主要为冬闲土种植春玉米。

王润记（1989）总结了春玉米整地技术。在秋作物收获完成后及时进行秋耕，使板结的土壤疏松，不仅便于接纳较多的雨雪，起到蓄水保墒的作用，而且有利于恢复地力。因此，秋作物成熟后，就应收一块，耕一块。先浅耕灭茬，再施足底肥，最后进行深耕深翻。

（1）浅耕灭茬　前茬作物收获后，随即用灭茬圆盘等农具浅耕（玉米茬可用人工刨掉），破除板结，疏松表层土壤，耕碎（拣掉）作物残茬，同时消灭坷垃，准备施肥。

（2）施足底肥　施足底肥对玉米种植很重要。根据对玉米生产农户的调查，亩施农家肥均在 2000 ~ 3000 kg 左右。底肥在秋季施用，避免了春季深耕深翻施肥造成水分大量蒸发。同时，肥料在土壤中有一个较长时间的腐熟过程，土壤中微生物的活动促进了土壤的熟化，改良了土壤的团粒结构，提高了土壤肥力。据测定，秋季施用比春季施用土壤中速效氮提高 0.7 mg/100 g 土，速效磷 0.3 mg/100 g 土。

（3）深耕深翻　据试验，秋深翻比春深翻 0 ~ 30 cm 土壤储水量多 11.2 mm，土壤保墒能力增强。

2. 一年两熟制地区　一年两熟制主要分布在低山及丘陵地区。种植形式主要有小麦—玉米、油菜—玉米、马铃薯—玉米、春玉米—秋大豆、玉米‖魔芋。

玉米魔芋间作是山区栽培的一种模式。刘培勋等（2016）提出了秦巴山区玉米魔芋间作高效种植模式。秦巴山区以山地为主，地面崎岖不平，土壤瘠薄，灌溉条件差，主要是雨养农业，玉米种植水平低于平原地区，农业科技应用推广率低，农民增收困难。该区种植业以传统净作模式为主，玉米单产不足 380 kg/亩，生产效益极低。秦巴山区大部分地区远离城市、无工业污染，有良好的生态、环境资源优势，是发展优质魔芋产业的天然生产基地。魔芋适宜荫蔽、温暖和湿润的环境条件，忌高温、寒冷和强光。玉米魔芋间作模式，可利用玉米的高秆为魔芋遮阴，减少水分蒸发，同时魔芋种植所需的肥料可促进玉米增产。结合秦巴山区的自然经济条件，将玉米和魔芋进行间作立体种植，既能满足魔芋生长发育的要求，又能合理利用时间和空间，提高复种指数，减轻魔芋病害发生程度，增收玉米，是协调粮经争地矛盾，提高山区种植业经济效益和增加农民收入的有效途径。

魔芋种植选择土壤深厚、土质疏松、有机质丰富和通气排水良好的沙壤土，避免黏重、排水透气不良、容易板结的土壤。选择前茬为禾本科作物的地块，避开前茬为十字花科、茄科及姜等作物的地块。前茬收获后，清除田间杂草，栽种前用 25 kg/亩石灰撒施进行消毒，再深耕细整。按照 1.2 m 开厢，排水沟宽 30 cm，深 15～20 cm，厢面开魔芋种植沟。将种芋按照大、中、小 3 级分类，播种前，选晴天晒种 1～2 d，用 72% 1000 万单位农用链霉素 800 倍液，或 40% 福尔马林 500 倍液、50% 多菌灵可湿性粉剂 800 倍液浸种消毒 30 分钟，晾干备用。

成守安（2017）在山区玉米套种马铃薯的套种模式中，提出马铃薯整地采用冬前深耕翻土，充分利用冬季低温和霜雪的侵蚀，杀灭地下越冬病虫，疏松土壤；播种前耙细整平，在播种前 30 d，按照 1.3～1.5 m 的行距开厢起沟，沟深 20 cm 左右，施入农家肥 2000～3000 kg/亩，再施入 20～30 kg/亩复合肥后起垄，垄宽 40～50 cm、高 15～20 cm，将施入的肥料埋在垄中，使农家肥充分腐熟。玉米整地在马铃薯的行间进行深耕 20～25 cm 耙细，在玉米播种（栽植）前 30 d 起沟，沟深 15～20 cm，每亩施入农家肥 2000～3000 kg，加入 40～50 kg 复合肥起垄，垄宽 40 cm，高 15～20 cm；将施入的肥料埋在垄中，使农家肥充分腐熟。

（二）选用良种

1. 中单 808

审定编号：国审玉 2006037。

品种来源：CL11 × NG5。

申请单位：中国农业科学院作物科学研究所。

育种单位：中国农业科学院作物科学研究所。

特征特性：在西南地区出苗至成熟 114 d，在东北地区出苗至成熟 129 d，均与对照农大 108 相当。幼苗叶鞘紫色，叶片深绿色，叶缘绿色，花药黄色，颖壳黄色。株型半紧凑，株高 260～300 cm，穗位高 120～140 cm。成株叶片数 20 片。丝状花柱绿色，果穗筒形，穗长 20 cm，穗行数 14～16 行，穗轴红色。籽粒黄色、半马齿型，百粒重 32.8～40.0 g。在西南区域试验中平均倒伏（折）率 7.8%。

经四川省农业科学院植物保护研究所两年接种鉴定，抗茎腐病，中抗大斑病、小斑病、纹枯病和玉米螟，感丝黑穗病。经辽宁省丹东农业科学院和吉林省农业科学院植物保护研究所两年接种鉴定，高抗纹枯病和玉米螟，抗丝黑穗病、大斑病和灰斑病，感弯孢菌叶斑病。经农业部谷物品质监督检验测试中心（北京）测定，籽粒容重 752 g/L，粗蛋白含量 10.73%，粗脂肪含量 4.33%，粗淀粉含量 70.15%，赖氨酸含量 0.29%。

经农业部谷物及制品质量监督检验测试中心（哈尔滨）测定，籽粒容重735 g/L，粗蛋白含量10.02%，粗脂肪含量4.68%，粗淀粉含量74.20%，赖氨酸含量0.30%。

产量表现：2004—2005年参加西南玉米品种区域试验，45点次增产，3点次减产，两年区域试验平均亩产632.8 kg，比对照农大108增产19.6%。2005年参加该组生产试验，平均亩产571.3 kg，比对照增产17.9%。2004—2005年参加东华北玉米品种区域试验，36点次增产，8点次减产，两年区域试验平均亩产680.6 kg，比对照增产8.4%。2005年参加该组生产试验，平均亩产612.5 kg，比对照增产4.3%。

栽培要点：春播和夏播均可，每亩密度3200～3500株，间套作可适当降低密度。重施底肥，轻施苗肥与拔节肥，猛攻穗肥。

适宜区域：适宜在北京、天津、河北北部、四川、云南、湖南春播种植，注意防止倒伏。已推广面积3000万亩。

2. 中玉335

审定编号：国审玉20200554；川审玉2009019；黔审玉2011018；鄂审玉2012006；滇审玉米2012018。

品种来源：2YH1－3×SH1070。

申请单位：四川中正科技有限公司、四川省嘉陵农作物品种研究有限公司。

育种单位：四川省嘉陵农作物品种研究有限公司、四川中正科技有限公司。

特征特性：该品种活秆成熟，抗性好，增产点近100%，适应性广。在四川春播全生育期约130 d，在贵州全生育期149 d，在湖北生育期140 d。幼苗长势旺，幼苗叶鞘紫色。平均株高250 cm，穗位高约100 cm。株型半紧凑。叶片深绿色。雄穗分枝12～20个；穗行数17.8行，行粒数35.2粒，千粒重310.5 g，单穗粒重171.95 g，籽粒黄色、半马齿型。2009年经农业部谷物品质监督检验测试中心测定：容重757 g/L，籽粒粗蛋白含量10.5%，粗脂肪含量4.2%，粗淀粉含量77.0%，赖氨酸含量0.31%。2007年四川省农业科学院植物保护研究所抗病虫害人工接种鉴定：高抗茎腐病，中抗大斑病、纹枯病、玉米螟。

产量表现：2007年参加四川省杂交玉米山区组区域试验，平均亩产比对照川单15增产9.8%，在汇总的9个试点中9点增产；2008年续试比对照川单15增产10.3%，在汇总的10个点次中9点增产。两年比对照川单15增产10.1%。2008年参加四川省山区组生产试验比对照川单15增产11.9%。2009年贵州生产试验高山组平均亩产较对照增产26.21%，试点全部增产；在湖北两年区域试验平均亩产比对照鄂玉10号增产8.44%。在云南生产试验平均亩产803.8 kg，较对照增产13.7%，表现抗灰斑病力强。

栽培要点：根据当地情况适时播种，宜春播，也可夏播。在3月中旬至4月上旬为佳。也可育苗移栽，肥团育苗移栽，一般亩植3000～4000株，肥水好的区域可植5000株。要求重施底肥，早追肥，以有机肥为主，早施提苗肥，稳施拔节肥，在12叶时早施重施攻苞肥。加强田间管理，一次性全苗。及时防治病虫害。适期收获。

适宜区域：适宜西四川、重庆、云南、贵州、湖南、湖北等省（市）籽粒玉米种植。在黄淮海区域做青贮玉米种植。已推广面积1500万亩。

3. 同玉609

审定编号：国审玉20176100。

品种来源：R62×S909。

申请单位：四川同路农业科技有限责任公司。

育种单位：四川同路农业科技有限责任公司。

特征特性：西南春玉米区出苗至成熟121 d，比对照品种渝单8生育期晚3 d。幼苗叶鞘浅紫色，叶片深绿色，叶缘绿色，花药绿色，颖壳绿色。株型半紧凑，株高279 cm，穗位高114 cm。成株叶片数20片。丝状花柱绿色，果穗锥形。穗长18.5 cm，穗行数16～18行，穗轴白色。籽粒黄色、半硬粒型，百粒重31.1 g。接种鉴定，中抗纹枯病、茎腐病、小斑病，感大斑病、丝黑穗病、穗腐病。籽粒容重786 g/L，粗蛋白含量12.54%，粗脂肪含量4.24%，粗淀粉含量69.06%，赖氨酸含量0.36%。

产量表现：2015—2016年参加西南春玉米品种绿色通道区域试验，两年平均亩产604.0 kg，比对照增产14.4%；2016年生产试验，平均亩产608.5 kg，比对照增产12.7%。

栽培要点：中等肥力以上地块栽培。3月上旬至5月上旬播种。一般亩种植密度2800～3000株，云南的部分地区亩种植密度可以达3600～4000株。

适宜区域：适宜在四川、重庆、云南、贵州、广西、湖南、湖北、陕西汉中地区的平坝丘陵和低山区等西南春玉米区种植。注意防治大斑病，丝黑穗病、穗腐病重发区慎用。已推广面积800万亩。

4. 川单99

审定编号：国审玉20210096。

品种来源：ZNC442×SCML0849。

申请单位：四川农业大学。

育种单位：四川农业大学、广西壮族自治区农业科学院玉米研究所。

特征特性：西南青贮玉米组出苗至收获期113.6 d，比对照雅玉青贮8号晚熟1 d。幼苗叶鞘紫色，叶片绿色，叶缘紫色。花药黄色，颖壳紫色。株型半紧凑，株高302 cm，穗位高124 cm。接种鉴定，中抗大斑病，中抗灰斑病，抗茎腐病，中抗小斑病，中抗纹枯病，抗南方锈病。全株粗蛋白含量8.5%，淀粉含量31.9%，中性洗涤纤维含量36.5%，酸性洗涤纤维含量17.8%。西南春玉米（中低海拔）组出苗至成熟126.6 d，比对照中玉335晚熟0.6 d。幼苗叶鞘紫色，叶片绿色，叶缘紫色，花药黄色，颖壳紫色。株型半紧凑，株高318 cm，穗位高127 cm。成株叶片数21片。果穗长筒形，穗长19.2 cm，穗行数14～20行，穗粗5.1 cm，穗轴红色。籽粒黄色、马齿型，百粒重33.05 g。接种鉴定，中抗大斑病、灰斑病、小斑病、纹枯病，抗茎腐病、南方锈病。

籽粒容重 755 g/L，粗蛋白含量 10.66%，粗脂肪含量 4.47%，粗淀粉含量 72.85%，赖氨酸含量 0.33%。

产量表现：2019—2020 年参加西南青贮玉米组区域试验，两年平均亩产（干重）1290.7 kg，比对照雅玉青贮 8 号增产 8.2%。2020 年生产试验，平均亩产（干重）1244.5 kg，比对照雅玉青贮 8 号增产 6.7%。2019—2020 年参加西南春玉米（中低海拔）组区域试验，两年平均亩产 581.5 kg，比对照中玉 335 增产 14.0%。2020 年生产试验，平均亩产 572.8 kg，比对照中玉 335 增产 11.1%。

栽培要点：选择近牛羊养殖基地、路道便捷的中上肥力田地，以方便收获运输。3 月下旬至 4 月中旬播种。种植密度 4000～4500 株/亩。施含氮量 45% 的复合肥或者玉米专用肥 40～50 kg/亩，加硫酸锌 1～2 kg/亩作底肥；拔节期施复合肥 20～30 kg/亩或尿素 20 kg/亩，另加钾肥 5～8 kg/亩，中后期还可结合灌溉施尿素 30 kg/亩。在乳熟末期植株含水量为 61%～68% 即乳线下移到籽粒 1/2～3/4 阶段整株带穗收获。乳熟后期至蜡熟前期收获为最佳，此时整株营养含量最高，纤维品质最优。注意防治纹枯病、南方锈病和灰斑病。

适宜区域：适宜在西南春玉米区的四川省、重庆市、湖南省、湖北省、陕西省南部海拔 800 m 及以下的丘陵、平坝、低山地区，贵州省贵阳市、黔南州、黔东南州、铜仁市、遵义市海拔 1100 m 以下地区，云南省中部昆明、楚雄、玉溪、大理、曲靖等州市的丘陵、平坝、低山地区作青贮玉米种植。适宜在四川省、重庆市、湖南省、湖北省、陕西省南部海拔 800 m 及以下的丘陵、平坝、低山地区，贵州省贵阳市、黔南州、黔东南州、铜仁市、遵义市海拔 1100 m 以下地区，云南省中部昆明、楚雄、玉溪、大理、曲靖等州市的丘陵、平坝、低山地区，广西桂林市、贺州市种植。已推广面积 580 万亩。

5. 渝单 59

审定编号：国审玉 20220474。

品种名称：渝单 59。

申请者：重庆市农业科学院。

育种者：重庆市农业科学院。

品种来源：渝 7889×渝 22。

特征特性：西南春玉米（中低海拔）组出苗至成熟 117 d，比对照中玉 335 晚熟 1 d。幼苗叶鞘紫色，花丝浅紫色，花药紫色，颖壳紫色。株型半紧凑，株高 300 cm，穗位高 119 cm。成株叶片数 20 片。果穗长筒形，穗长 19 cm，穗行数 14～20 行，穗轴红色，籽粒黄色，百粒重 32.1 g。经鉴定，感大斑病，抗茎腐病，中抗穗腐病，感小斑病，高感灰斑病，感纹枯病，抗南方锈病。经测定，籽粒容重 754 g/L，粗淀粉含量 69.06%，粗蛋白含量 11.37%，粗脂肪含量 5.01%，赖氨酸含量 0.34%。

产量表现：参加国家玉米品种统一试验西南春玉米（中低海拔）组。2020 年区域试验初试平均亩产 567 kg，比对照增产 12.6%；2021 年区域试验复试平均亩产 582 kg，比对照增产 11.6%；两年区域试验平均亩产 574 kg，比对照增产 12.1%；2021 年生产试验平均亩产 591 kg，比对照增产 6.9%。

栽培技术要点：适宜播种期 3 月中下旬，密度 2800 ~ 3200 株/亩。注意防治纹枯病、大斑病、小斑病、灰斑病。

适宜区域：适宜在四川省、重庆市、湖南省、湖北省、陕西省南部海拔 800 m 及以下的丘陵、平坝、低山地区，贵州省贵阳市、黔南州、黔东南州、铜仁市、遵义市海拔 1100 m 以下地区，广西桂林市、贺州市等西南春玉米（中低海拔）区域种植。已推广面积 50 万亩。

6. 渝单 821

审定编号：国审玉 20200406。

申请者：重庆市农业科学院。

育种者：重庆市农业科学院。

品种来源：渝 8 × 渝 213。

特征特性：西南春玉米组出苗至成熟 118.9 d，比对照渝单 8 号晚熟 2.2 d。幼苗叶鞘紫色，叶片绿色，花药浅紫色，颖壳浅紫色。株型半紧凑，株高 298 cm，穗位高 122 cm。成株叶片数 19 片。果穗长筒形，穗长 20.25 cm，穗行数 14 ~ 16 行，穗粗 4.9 cm，穗轴白色。籽粒黄色、硬粒，百粒重 34.35 g。接种鉴定，感大斑病，感灰斑病，高抗茎腐病，感穗腐病，感小斑病，感纹枯病，籽粒容重 798.0 g/L，粗蛋白含量 9.77%，粗脂肪含量 3.66%，粗淀粉含量 76.57%，赖氨酸含量 0.24%。

产量表现：2017—2018 年参加西南春玉米组区域试验，两年平均亩产 578.9 kg，比对照渝单 8 号增产 4.19%。2019 年生产试验，平均亩产 596.5 kg，比对照中玉 335 增产 6.96%。

栽培技术要点：中等肥力以上地块栽培种植，3 月上旬至 4 月下旬播种，亩种植密度 3000 ~ 4000 株；亩施尿素 30 kg，过磷酸钙 40 ~ 50 kg，氯化钾 10 ~ 15 kg；注意防治纹枯病。

适宜区域：适宜在西南春玉米区的四川省、重庆市、湖南省、湖北省、陕西省南部海拔 800 m 及以下的丘陵、平坝、低山地区，贵州省贵阳市、黔南州、黔东南州、铜仁市、遵义市海拔 1100 m 以下地区，云南省中部昆明、楚雄、玉溪、大理、曲靖等州市的丘陵、平坝、低山地区及文山、红河、普洱、临沧、保山、西双版纳、德宏海拔 800 ~ 1800 m 地区，广西壮族自治区桂林市、贺州市种植。已推广面积 60 万亩。

7. 康农玉 007

审定编号：国审玉 2015030。

品种来源：FL316 × FL218。

申请单位：四川高地种业有限公司。

育种单位：湖北康农种业股份有限公司。

特征特性：在西南地区出苗至成熟 117 d，比对照渝单 8 号晚 1 d。株高 260 cm 左右，穗位高 108 cm 左右。株型半紧凑。幼苗叶鞘紫色。成株叶片数 19 片左右。雄穗分枝数约 14 个，花药浅紫色，花丝淡紫色。果穗与茎秆夹角中，穗柄短，苞叶长。果穗锥形，穗长 18.4 cm，穗行数 16～18 行，穗轴白色，籽粒黄色、半马齿型，百粒重 34.9 g。接种鉴定，中抗大斑病和小斑病，感丝黑穗病、灰斑病和纹枯病，高感茎腐病和穗粒腐病。籽粒容重 718 g/L，粗蛋白含量 9.48%，粗脂肪含量 3.54%，粗淀粉含量 70.29%，赖氨酸含量 0.32%。

产量表现：2012—2013 年参加西南玉米品种区域试验，两年平均亩产 632.3 kg，比对照渝单 8 号增产 7.2%。2013 年生产试验，平均亩产 602.8 kg，比对照渝单 8 号增产 11.4%。

栽培要点：在中等肥力以上地块栽培，适宜播种期 3 月下旬至 4 月中旬，每亩适宜密度 3200～3500 株。

适宜区域：适宜四川、重庆、贵州、云南、湖南、湖北、广西和陕西汉中地区的平坝丘陵和低山区春播种植。注意防治茎腐病、穗粒腐病。已推广面积 600 万亩。

8. 荃玉 9 号

审定编号：国审玉 2015030；皖玉 2011007；四川省农业厅 2011 第 008 号。

品种来源：YL051 ×910 –1。

申请单位：安徽荃银高科种业股份有限公司。

育种单位：安徽荃银高科种业股份有限公司。

特征特性：在西南地区出苗至成熟 119 d，比对照渝单 8 号早 1 d。幼苗叶鞘紫色，叶片绿色，叶缘绿色，花药浅紫色，颖壳绿色。株型半紧凑，株高 271 cm，穗位高 109 cm。成株叶片数 18 片。丝状花柱浅紫色，果穗锥形，穗长 19.1 cm，穗行数 16～18 行，穗轴红色，籽粒黄色、马齿型，百粒重 32.5 g。平均倒伏（折）率 4.9%。

经四川省农业科学院植物保护研究所两年接种鉴定，中抗大斑病，感小斑病、丝黑穗病、茎腐病、纹枯病和玉米螟。经农业部谷物品质监督检验测试中心（北京）测定，籽粒容重 706 g/L，粗蛋白含量 12.10%，粗脂肪含量 3.76%，粗淀粉含量 69.04%，赖氨酸含量 0.42%。

产量表现：2009—2010 年参加西南玉米品种区域试验，两年平均亩产 606.2 kg，比对照渝单 8 号增产 7.6%。2010 年生产试验，平均亩产 555.1 kg，比对照渝单 8 号增产 6.8%。

栽培要点：在中等肥力以上地块种植。适宜播种期 3 月中旬—4 月下旬。每亩适宜密度 2800～3500 株。注意防治纹枯病、丝黑穗病和小斑病。

适宜区域：适宜在重庆、湖南、四川（雅安除外）、贵州（铜仁除外）、陕西汉中地区的平坝丘陵和低山区春播种植。已推广面积 800 万亩。

9. 中单 901

审定编号：川审玉 2013010。

品种来源：SCML203 × CA211。

申请单位：中国农业科学院作物科学研究所。

育种单位：中国农业科学院作物科学研究所、四川农业大学玉米研究所。

特征特性：中晚熟，春播全生育期 132 d。第一叶鞘颜色紫色，尖端形状匙形。平均株高 242 cm，穗位 109 cm，株型紧凑。叶片与茎秆夹角中，茎"之"字形程度无，叶鞘绿色。雄穗一级侧枝数目少，雄穗主轴与分枝的角度小，雄穗侧枝直立，雄穗最高位侧枝以上主轴长度短，雄穗颖片基部绿色，颖片除基部以外浅紫色，花药颜色紫。果穗形状圆筒形，穗行数 18 行，行粒数 36 粒，千粒重 310.5 g。籽粒类型马齿型，籽粒顶端主要颜色黄，背面橘黄，穗轴颖片颜色红，籽粒排列整齐。籽粒容重 725 g/L，粗蛋白质含量 8.0%，粗脂肪含量 3.7%，粗淀粉含量 73.1%，赖氨酸含量 0.25%。经接种鉴定，抗大斑病，中抗丝黑穗病、茎腐病和纹枯病，感小斑病。

产量表现：2010 年省区试平均亩产 541.2 kg，比对照川单 15 增产 11.1%，7 个试点均增产；2011 年平均亩产 563.5 kg，比对照川单 14 增产 11.3%，6 个试点 5 点增产。2012 年生产试验，平均亩产 569.8 kg，比对照川单 14 增产 9.2%，7 试点均增产。

栽培要点：适宜春播，密度每亩 3000 株为宜。施肥和管理同一般单交种，重施底肥，适时施拔节肥，猛攻穗肥；及时防治病虫害。

适宜区域：适宜在四川山区春播种植。已推广面积 1200 万亩。

10. 冠玉 57

审定编号：国审玉 20196257。

品种来源：YJ4404 × YJ247。

申请单位：山东冠丰种业科技有限公司。

育种单位：山东冠丰种业科技有限公司。

特征特性：西南春玉米组出苗至成熟 121.2 d，比对照渝单 8 号晚熟 0.5 d。幼苗叶鞘紫色，叶片绿色，叶缘绿色，花药紫色，颖壳绿色。株型紧凑，株高 285 cm，穗位高 110 cm。成株叶片数 21 片。果穗筒形，穗长 19.8 cm，穗行数 16～18 行，穗粗 5.1 cm，穗轴白，籽粒黄色、半马齿型，百粒重 34.3 g。接种鉴定，抗茎腐病，中抗大斑病、灰斑病、南方锈病，感小斑病、纹枯病、穗腐病。品质分析，籽粒容重 771 g/L，粗蛋白含量 13.9%，粗脂肪含量 4.3%，粗淀粉含量 76.9%，赖氨酸含量 0.33%。

产量表现：2017—2018 年参加西南春玉米组区域试验，两年平均亩产 674.5 kg，比对照渝单 8 号增产 10.7%。2018 年生产试验，平均亩产 659.7 kg，比对照渝单 8 号增产 10.5%。

栽培要点：中等以上肥力土壤种植，适宜播种期 3 月下旬—4 月下旬；每亩适宜种植密度 3200～3500 株左右；播种前精细整地，施足底肥，亩用 40 kg 玉米专用复合肥作底肥；苗期及时匀苗定苗，田间结合中耕除草追拔节肥和穗肥各 1 次，每亩追施尿素 30 kg；注意防治病虫害，苗期注意防治地老虎，成株期注意防治纹枯病、小斑病及穗腐病；成熟后及时收获。

适宜区域：适宜在西南春玉米区的四川省、重庆市、湖南省、湖北省、陕西省南部海拔 800 m 及以下的丘陵、平坝、低山地区，贵州省贵阳市、黔南州、黔东南州、铜仁市、遵义市海拔 1100 m 以下地区，云南省中部昆明、楚雄、玉溪、大理、曲靖等州市的丘陵、平坝、低山地区及文山、红河、普洱、临沧、保山、西双版纳、德宏海拔 800 ~ 1800 m 地区，广西桂林市、贺州市种植。已推广面积 850 万亩。

11. 康农玉 109

审定编号：川审玉 20180010；渝备玉 2019040。

品种来源：FL2182 × FL1411。

申请单位：湖北康农种业股份有限公司、成都华科农作物研究所、四川康农高科种业有限公司。

育种单位：湖北康农种业股份有限公司、成都华科农作物研究所、四川康农高科种业有限公司。

特征特性：四川山区春播，生育期 133. 9 d。第一叶鞘颜色浅紫，第一叶尖端形状圆倒匙形，叶片与茎秆角度小，叶鞘颜色绿，雄穗一级侧枝数目中，雄穗主轴与分枝的角度大，雄穗侧枝姿态轻度弯曲，雄穗最高位侧枝以上主轴长度长，雄穗颖片基部颜色绿，颖片除基部外颜色浅紫。花药颜色浅紫，花丝颜色浅紫。果穗形状中间型，籽粒类型中间型，籽粒顶端主要颜色黄，背面颜色橘黄。穗轴颖片颜色白，籽粒排列形式直。两年区试平均株高 263. 9 cm，穗位高 115. 2 cm，穗长 18. 9 cm，穗粗 5. 4 cm，秃尖 0. 6 cm，穗行数 17. 2 行，行粒数 36. 0 粒。百粒重 33. 5 g，出籽率 83. 5%，单穗粒重 187. 7 g。籽粒容重 758 g/L，粗蛋白质 8. 87%，粗脂肪 4. 2%，淀粉 73. 6%，赖氨酸 0. 31%。经接种鉴定，中抗穗腐病、大斑病，感纹枯病、小斑病、丝黑穗病，高感茎腐病。

产量表现：2016 年参加四川省玉米山区组区试，平均亩产 638. 7 kg，比对照荃玉 9 号增产 12. 5%，2017 年续试平均亩产 585. 9 kg，比对照荃玉 9 号增产 6. 2%，两年区试平均亩产 612. 3 kg，比对照荃玉 9 号增产 9. 4%。2017 年参加生产试验，平均亩产 640. 4 kg，比对照荃玉 9 号增产 13. 7%。两年区试和生产试验平均增产点率 91%。2019 年重庆引种适应性试验，10 点平均亩产 526. 2 kg，比对照渝单 8 号增产 12. 2%。

栽培要点：适宜春播，每亩种植 3000 株（高原地区 4000 株）左右为宜。加强田间管理，施足底肥。注意防治病虫害。

适宜区域：适宜四川省山区春玉米类型区种植及重庆市海拔 800 m 以上地区种植。已推广面积 380 万亩。

12. 雅玉 988

审定编号：国审玉 20180145。

品种来源：YA74737×YA8201。

申请单位：四川雅玉科技开发有限公司。

育种单位：四川雅玉科技开发有限公司。

特征特性：西南春玉米组出苗至成熟 116.8 d，比对照渝单 8 号晚熟 1.15 d。幼苗叶鞘紫色，叶片绿色，花药浅紫色，颖壳紫色。株型平展，株高 309 cm，穗位高 133 cm。成株叶片数 23 片。果穗长锥形，穗长 19.9 cm，穗行数 14～16 行，穗粗 5.1 cm，穗轴红，籽粒黄色、半马齿型，百粒重 33.9 g。接种鉴定，中抗大斑病，感丝黑穗病、感灰斑病、感茎腐病，中抗穗腐病、中抗小斑病，感纹枯病。品质分析，籽粒容重 714 g/L，粗蛋白含量 10.80%，粗脂肪含量 3.99%，粗淀粉含量 70.02%，赖氨酸含量 0.29%。

产量表现：2015—2016 年参加西南春玉米组区域试验，两年平均亩产 606.67 kg，比对照渝单 8 号增产 11.28%。2017 年生产试验，平均亩产 614.3 kg，比对照渝单 8 号增产 11.7%。

栽培要点：中等肥力以上地块栽培，3 月下旬至 4 月上旬播种，亩种植密度 3200～3500 株。注意防治丝黑穗病。

适宜区域：适宜在西南春玉米区的四川省、重庆市、湖南省、湖北省（十堰除外）、陕西省南部海拔 800 m 及以下的丘陵、平坝、低山地区，贵州省贵阳市、黔南州、黔东南州、铜仁市、遵义市海拔 1100 m 以下地区，云南省中部昆明、楚雄、玉溪、大理、曲靖等州市的丘陵、平坝、低山地区及文山、红河、普洱、临沧、保山、西双版纳、德宏海拔 800～1800 m 地区，广西桂林市、贺州市春播种植。茎腐病高发区慎用。已推广面积 350 万亩。

13. 雅玉 891

审定编号：滇审玉米 2015004 号；川引种 2017 第 137 号。

品种来源：YA741×YA8219。

申请单位：四川西南科联种业有限责任公司。

选育单位：四川雅玉科技开发有限公司。

特征特性：平均生育期 128 d。幼苗第一叶顶端圆形、叶鞘花青甙显色强。叶片弯曲程度弱、与茎秆夹角小到中。植株叶鞘花青甙无显色或极弱，植株矮到中、穗位适中。散粉期晚到极晚，雄穗颖片除基部外花青甙显色强度中，侧枝弯曲程度强、与主轴的夹角大，雄穗最低位侧枝以上的主轴长度及最高位侧枝以上的主轴长度、侧枝长度长，一级侧枝数目少。花药、花丝花青甙显色中。植株茎秆“之”字形程度较弱，果穗穗柄长度适中，锥形到筒形穗，籽粒中等黄色偏马齿型，穗轴颖片花青甙显色中。品质检测：容重 768 g/L，水分 11.5%，粗蛋白质 12.28%，粗脂肪 4.26%，粗淀粉 71.33%，赖氨酸 0.33%。病害接种鉴定：抗大斑病、小斑病、弯孢霉叶斑病、锈病、茎腐病、丝黑穗病，中抗灰斑病，中感纹枯病，感穗腐病。

产量表现：2013—2014 年参加云南省杂交玉米品种区域试验（中海拔组）。两年区域试验平均亩产 714. 1 kg，比对照海禾 2 号增产 5. 8%，增产点率 75. 0%。2014 年生产试验平均亩产 710. 8 kg，比对照海禾 2 号增产 12. 4%，增产点率 100%。2017 年四川引种 15 个试点平均亩产 652. 1 kg，比对照荃玉 9 号增产 11. 1%。全生育期 135 d。

适宜区域：适宜在云南省海拔 1000～2000 m 适宜区域种植。注意防治纹枯病，穗腐病高发区慎用。四川省高原中熟春玉米类型区，春播注意防治穗腐病和丝黑穗病。已推面积 650 万亩。

14. 正红 507

审定编号：国审玉 20210609。

品种来源：K169×K61。

申请单位：四川正红生物技术有限责任公司。

育种单位：四川正红生物技术有限责任公司、四川农业大学农学院。

特征特性：西南春玉米（中高海拔）组出苗至成熟 121. 9 d，比对照渝单 8 号晚熟 0. 7 d。株型半紧凑，株高 294 cm，穗位高 119 cm，成株叶片数 20 片。幼苗叶鞘紫色，叶片绿色，叶缘紫色。花药黄色，颖壳绿色。果穗筒形，穗长 17. 2 cm，穗行数 18～20 行，穗粗 5. 0 cm，穗轴红色，籽粒黄色、马齿型，百粒重 31. 8 g。接种鉴定，感大斑病、茎腐病、穗腐病、小斑病、纹枯病，抗丝黑穗病，中抗灰斑病、南方锈病。籽粒容重 739 g/L，粗蛋白含量 10. 00%，粗脂肪含量 4. 00%，粗淀粉含量 73. 00%，赖氨酸含量 0. 30%。

产量表现：2017—2018 年参加西南春玉米（中高海拔）组联合体区域试验，两年平均亩产 637. 7 kg，比对照渝单 8 号增产 12. 8%。2018 年生产试验，平均亩产 646. 7 kg，比对照渝单 8 号增产 25. 3%。

栽培要点：选择中等以上肥力地块适期播种，四川在 3 月下旬到 4 月上旬播种为宜。施足底肥，早施苗肥，重施拔节孕穗肥（大喇叭口期），氮、磷、钾肥配合施用。合理密植，播种密度 4000 株/亩。加强田间管理，注意防旱排涝。苗期注意防治地下害虫，拔节孕穗期到乳熟期注意防治黏虫，后期应加强玉米螟的防治。

适宜区域：适宜种植在西南春玉米（中高海拔）区的四川省甘孜州、阿坝州、凉山州海拔 800～2200 m 的地区，也适宜种植在贵州省贵阳市、毕节市、安顺市、六盘水市、黔西南州海拔 1000～2200 m 地区，以及云南省昆明市、楚雄州、大理州、保山市、丽江市、德宏州、临沧市、普洱市、玉溪市、红河州、文山州、曲靖市、昭通市。已推广面积 35 万亩。

15. 成单 716

审定编号：国审玉 20190330。

品种来源：Y1211×Y9614。

申请单位：四川省农业科学院作物研究所、四川众望种业有限责任公司。

育种单位：四川省农业科学院作物研究所。

特征特性：西南春玉米组出苗至成熟 117 d，比对照渝单 8 号早熟 0.9 d。幼苗叶鞘紫色，成株叶片数 20 片。叶片绿色，叶缘绿色。花药紫色，颖壳绿色。株型半紧凑，株高 274 cm，穗位高 101 cm。果穗筒形，穗长 19.3 cm，穗行数 14 ~ 18 行，穗粗 5.1 cm，穗轴红，籽粒黄色、马齿型，百粒重 32.8 g。接种鉴定，中抗纹枯病，感大斑病、丝黑穗病、穗腐病、小斑病，高感灰斑病、茎腐病。品质分析，籽粒容重 716 g/L，粗蛋白含量 11.75%，粗脂肪含量 3.71%，粗淀粉含量 69.85%，赖氨酸含量 0.32%。

产量表现：2016—2017 年参加西南春玉米组区域试验，两年平均亩产 596.4 kg，比对照渝单 8 号增产 6.9%。2018 年生产试验，平均亩产 619.5 kg，比对照渝单 8 号增产 8.9%。

栽培要点：宜春播，西南地区一般在 3 月中旬到 4 月下旬播种为好。每亩种植密度 3000 ~ 3800 株。最好采用肥团（或方格、营养体）盖膜育苗移栽，在条件差的地区也可直播。足施底肥，多施苗肥和拔节肥，重施攻穗肥。一般总施肥量每亩纯氮 20 kg、磷 10 kg、钾 12 kg 左右。加强田间管理，抓好全苗，确保密度，及时防治病虫害，适期收获。

适宜区域：该品种符合国家玉米品种审定标准，通过审定。宜在西南春玉米区的四川省、重庆市、湖南省、湖北省、陕西省南部海拔 800 m 及以下的丘陵、平坝、低山地区，贵州省贵阳市、黔南州、黔东南州、铜仁市、遵义市海拔 1100 m 以下地区，云南省中部昆明、楚雄、玉溪、大理、曲靖等州市的丘陵、平坝、低山地区及文山、红河、普洱、临沧、保山、西双版纳、德宏海拔 800 ~ 1800 m 地区，广西桂林市、贺州市种植。已推广面积 255 万亩。

16. 成单 3601

审定编号：国审玉 20220400。

品种来源：Y9614 × H8211。

申请单位：四川省农业科学院作物研究所。

育种单位：四川省农业科学院作物研究所。

特征特性：西南春玉米（中高海拔）组出苗至成熟 131.8 d，比对照中玉 335 晚熟 2.6 d。幼苗叶鞘紫，花丝绿色，花药浅紫色，颖壳绿。株型半紧凑，株高 292 cm，穗位高 115 cm。成株叶片数 20 片。果穗长筒形，穗长 19.5 cm，穗行数 14 ~ 20 行，穗轴白色，籽粒黄色，百粒重 33.8 g。经鉴定，中抗大斑病、中抗茎腐病、感穗腐病、感小斑病、中抗灰斑病、感纹枯病、感南方锈病、感丝黑穗病。经测定，籽粒容重 772 g/L，粗淀粉含量 75.24%，粗蛋白含量 9.76%，粗脂肪含量 4.25%，赖氨酸含量 0.28%。

产量表现：参加国家玉米品种统一试验西南春玉米（中高海拔）组。2020 年区域试验初试平均亩产 807 kg，比对照增产 11.9%；2021 年区域试验复试平均亩产 748 kg，比对照增产 5.3%；两年区域试验平均亩产 778 kg，比对照增产 8.6%；2021 年生产试验平均亩产 764 kg，比对照增产 8.8%。

栽培技术要点：适宜播种期春播和夏播均可。密度 2800～4500 株/亩，注意防治纹枯病等，适期收获。

适宜区域：适宜在西南春玉米（中高海拔）区的四川省甘孜州、阿坝州、凉山州、攀枝花市海拔 800～2200 m 的地区，贵州省贵阳市、毕节市、安顺市、六盘水市、黔西南州海拔 1000～2200 m 地区，云南省昆明市、楚雄州、大理州、保山市、丽江市、德宏州、临沧市、普洱市、玉溪市、红河州、文山州、曲靖市、昭通市、迪庆州、怒江州、西双版纳州海拔 1200 m 及以上地区种植。已推广面积 180 万亩。

17. 南玉 88

审定编号：国审玉 20200409。

品种来源：南 5983×南 7020。

申请单位：南充市农业科学院。

育种单位：南充市农业科学院。

特征特性：株型半紧凑，株高 275 cm，穗位高 112 cm。成株叶片数 19 片。幼苗叶鞘浅紫色，叶片深绿色，叶缘白色，花药浅紫色，颖壳紫色。果穗锥形，穗长 19.4 cm，穗行数 16～18 行，穗粗 5.2 cm，穗轴红色，籽粒黄色、半马齿型，百粒重 31.4 g。接种鉴定，中抗大斑病，感灰斑病，感茎腐病，感穗腐病，感小斑病，感纹枯病，抗南方锈病。籽粒容重 752 g/L，粗蛋白含量 10.73%，粗脂肪含量 3.94%，粗淀粉含量 72.93%，赖氨酸含量 0.34%。

产量表现：2017—2018 年参加西南春玉米组联合体区域试验，两年平均亩产 602.5 kg，比对照渝单 8 号增产 10.78%。2018 年生产试验，平均亩产 587.4 kg，比对照渝单 8 号增产 12.92%。

栽培要点：适宜早春播及春播。播种前精细整地，使土壤疏松、平整。可采用直播或育苗移栽，做到苗齐、苗全、苗壮。合理密度，密度适宜 3000～3600 株/亩。加强田间管理，科学施肥。底肥以有机肥为主，苗肥宜早，稳施拔节肥，重施穗肥。其中穗肥是高产关键，在小喇叭口期根据玉米长势亩施 15～20 kg 尿素、20 kg 复合肥，同时进行中耕、培土。注意防治纹枯病和茎腐病，苗期防治地老虎，大喇叭口期防治玉米螟、草地贪夜蛾。成熟后及时收获、脱粒，晾干贮藏。

适宜区域：适宜在西南春玉米区的四川省、重庆市、湖南省、湖北省、陕西省南部海拔 80 m 及以下的丘陵、平坝、低山地区，贵州省贵阳市、黔南州、黔东南州、铜仁市、遵义市海拔 1100 m 以下地区，云南省中部昆明、楚雄、玉溪、大理、曲靖等州市的丘陵、平坝、低山地区及文山、红河、普洱、临沧、保山、西双版纳、德宏海拔 800～1800 m 地区，广西壮族自治区桂林市、贺州市种植。已推广面积 150 万亩。

18. 梦玉 298

审定编号：国审玉 20216218。

品种来源：L648×TLB115。

申请单位：四川同路农业科技有限责任公司。

育种单位：四川同路农业科技有限责任公司。

特征特性：西南春玉米（中低海拔）组出苗至成熟 121.0 d，比对照中玉 335 晚熟 1.4 d。成株叶片数 21 片。幼苗叶鞘紫色，叶片绿色，叶缘紫色。花药浅紫色，颖壳浅紫色。株型半紧凑，株高 286 cm，穗位高 118 cm。果穗长锥形，穗长 19.8 cm，穗行数 16~20 行，穗粗 5.3 cm，穗轴白色，籽粒黄色、半马齿型，百粒重 35.4 g。接种鉴定，感大斑病、灰斑病、穗腐病、小斑病、纹枯病、南方锈病，中抗茎腐病。籽粒容重 780 g/L，粗蛋白含量 10.39%，粗脂肪含量 4.93%，粗淀粉含量 71.88%，赖氨酸含量 0.33%。

产量表现：2019—2020 年参加西南春玉米（中低海拔）组绿色通道区域试验，两年平均亩产 577.4 kg，比对照中玉 335 增产 7.1%。2020 年生产试验，平均亩产 595.8 kg，比对照中玉 335 增产 8.1%。

栽培要点：中等肥力以上地块种植。西南春玉米中低海拔区，3 月上旬—4 月中旬播种，种植密度 2800 株/亩。注意防治大斑病、小斑病、纹枯病，穗腐病重发区慎用。

适宜区域：适宜在西南春玉米（中低海拔）区的四川省、重庆市、湖南省、湖北省、陕西省南部等海拔 800 m 及以下的丘陵、平坝、低山地区，贵州省黔南州、黔东南州、铜仁市、遵义市海拔 1100 m 以下地区，广西壮族自治区桂林市、贺州市春播种植。已推广面积 350 万亩。

（三）播种

在四川大巴山地区，玉米播种通常有两种方式，一种是直播，一种是育苗移栽。玉米播种主要有以下几个关键环节。

1. 种子的播前处理

如精选种子、晒种、种子包衣等。

（1）挑选品种　自从国家品种审定政策放开以来，通过国家及省级玉米区试、各级联合体试验、绿色通道试验审定的品种出现“井喷”状态，审定品种成倍增加，品种多、乱、杂，给玉米种植户带来极大的困惑。玉米的品种不同，优势及劣势也不同。与此同时，不是每个品种都适合所有地区。要想种植好玉米。第一，要根据当地的生长环境特点来选择适合当地种植的，这样因地制宜种植出来的玉米才有可能获得高产；第二，要选择适应性强的品种。在不同的生产环境中，表现不错的品种，对环境适应强；第三，选稳产品种，选择产量稳定性好的品种，风险小；第四，选择抗病、抗逆品种。不但要选择抗玉米主要病害如大斑病、纹枯病、穗腐病、茎腐病、灰斑病的品种，还要选择耐低温、抗高温、耐瘠薄、耐阴湿能力强的品种。

（2）晒种　晒种可以有效杀灭种子表面的病菌，促进种子后熟，降低种子含水量，增加种子吸水力，提高种子出苗率 13%~20%。并能提早出苗 1~2 d。方法是选择晴天上午 10 时至下午 4 时，将种子摊晾在向阳干燥的地方，勤加翻动，下午 4 时后收贮室内，避免受潮，连续暴晒 2 ~ 3 d，使种子充分干燥。切忌种子摊在铁器、水泥地上晾晒，以防温度高烫坏种子。

（3）种子包衣　种子包衣是指在种子外面包上一层含水药剂和促进生长物质的“外衣”，这层外衣物质称“种衣剂”。种子包衣有综合防治农作物苗期病虫危害，抗旱、防寒作用，确保一次播种保全苗，促进作物生育，培育壮苗，提高产量，改善品质等作用，一般可增产 10% 左右。种子包衣还有减少农药用量，降低成本，减轻环境污染，便于机械作业，省工省时，节约用种等作用。

玉米种子包衣之前，必须经过精选，以减少有效成分的用量。

①确定药种比　药种比指每千克种衣剂可包衣种子数量。目前药种比国产种衣剂采用 1∶40 ~ 50，进口种衣剂采用 1∶250 ~ 300。

②机械包衣　确定药种比后利用种子包衣机进行包衣。目前比较好的机型有：北京燕京风雷农牧机械有限公司生产的 R5 型种子包衣机和江苏省南京畜牧机械厂生产的 5BY-500 型种子包衣机。种子包衣注意事项：A. 运输种衣剂和使用包衣种子时，一定要有防护措施，要戴上口罩和专用手套，严防触及皮肤、眼睛等。如种衣剂溅到皮肤上，应及时用肥皂水冲洗；触及眼睛要用清水冲洗眼睛 15 min；误入口中，应送医院及时治疗。B. 种子应集中包衣，包衣车间要通风良好，工作时不许抽烟、饮食，工作结束后要立即脱下工作服和防护用具，彻底清洗脸、手后方可饮食。

③存放　种衣剂和包衣种子要专库存放，专人保管，严防人、畜中毒。

④包装和运输　包衣种子只能用聚丙烯纺织袋或塑料袋包装、运输。袋子用后要妥善处理，不能他用。

⑤使用　种衣剂是种子包衣专用剂型，不能喷雾，使用时不能再加水或其他药物、肥料等；各作物要用专用剂型，剂型不能互相代替，以免产生药害或使食用部分产生药品残留。

（4）育苗及管理　播种前先将玉米种晒 2 ~ 3 d，然后用清水浸种 8 ~ 12 h 见露白即可播种。每钵点 1 粒健康的种子，播种结束后用细土均匀地覆盖播种孔，用洒水壶将覆盖土浇湿。拱膜用 180 cm 长的细竹条若干，交叉拱于畦上，再用 1 ~ 3 mm 厚的薄膜覆盖于拱上为小拱棚，拱棚内两头各挂一酒精温度计，将边沿四周用土压实。这个阶段以控制棚内温度和湿度为管理目标，温度以 30 ~ 35 ℃为宜，最高不超过 38 ℃。若太阳光强和温度过高时要将棚膜两头揭开通风降温，营养钵湿度要视情况而定，该浇水时要及时浇水，保持营养钵一定的湿度利于出苗。

2. 适期播种

（1）玉米生产的正常播期　四川巴山玉米种植季节有春播、秋播，也具备夏播的条件。生产上以春播为主，秋播比较少。

杨启金（2016）在山区玉米高产栽培技术探索一文引用孟子的一段话：“不违农时，谷不可胜食也；数罟不入洿池，鱼鳖不可胜食也；斧斤以时入山林，材木不可胜用，是使民养生丧死无憾也。”这句话深刻阐明农业耕种和收获要按照自然规律办事，不可违背自然法则，这样才会粮谷满仓。同样，适期播种对玉米生产非常重要，在山区进行玉米种植的时候要选择恰当的播栽时间，过早过晚都不可取。半高山地区 3 月 10 日开始播种，高山地区 3 月 15 日塑料软盘双膜保温育苗。

王安忠等（2011）以四川省通江县为例，根据秋玉米生长期所处气候条件特殊，前期高温干旱，后期秋雨绵绵的特点，应选用苗期耐高温，后期籽粒灌浆成熟快且抗性好的高产杂交品种。一般选秋播生育期在 100 d 左右，株型紧凑、茎秆粗壮、抗逆性强，高产稳产的品种。关于播种季节，秋玉米主要是在旱地“麦—玉—苕”或“芋—玉—苕”三熟的基础上，在春玉米收获行内再增种一季玉米，达到一年四熟。播种期宜在 7 月 15 日前后，即在春玉米收获前 7 ~ 10 d 播种。在春玉米灌浆中后期及时剔除雌穗下部叶片，以利秋玉米通风透光；成熟后及时收获倒秆，减少共生、荫蔽，以利秋玉米生长。为确保一播齐苗，一般采取直播方式播种，每窝放种 3 ~ 4 粒，深度 5 ~ 6 cm，播后保持土壤湿润。

刘传林等（2016）介绍了大巴山山区玉米播种要求海拔 800 m 以下地区 3 月上、中旬播种；海拔 800 ~ 1400 m 地区在 3 月底 4 月初播种；1400 ~ 1700 m 的地区 4 月上、中旬播种。海拔高度每上升 100 m，播期推迟 3 ~ 4 d。播种要求先阳坡后阴坡。足墒播种是地膜玉米一播全苗的关键。要做到这一点，一定要饱墒播种，播一垄覆盖一垄，减少水分散失，如果播种时缺墒，可先播种，暂时不盖膜，等雨后饱墒盖膜；如果播种期遇到连阴雨，土壤湿度过大，不利盖膜，应等合墒时播种覆盖。开沟点播，底肥要求在播种垄中间开沟先施农家肥，再施碳铵、磷肥或磷酸二铵、锌肥分层深施。然后在施肥沟的两侧各开 33. 3 ~ 50. 0 cm 的浅沟，按照设计的密度进行点播，每穴播 2 粒，播后用细土盖种。

陈德（2017）介绍丘陵山区秋玉米适宜播期。由于秋玉米的种植地以旱地为主，因而在播种方面，应按照“一麦二玉三苕”的方式，确保土壤肥力能满足秋玉米的生产需求。其次则是应将播种期控制在 7 月中旬，或在春玉米收获前的 5 ~ 10 d 进行播种，并待到春玉米灌浆时，将其雌穗下部的叶片剪除，以免影响到秋玉米的通风与透光；而当春玉米成熟后，需将其茎秆全部清除，从而为秋玉米的生产创造良好条件。在播种方式方面，采取直接播种的方式即可，每窝玉米种的投放量保持在 3 ~ 4 粒左右，深度则控制在 5 ~ 6 cm 为最佳，切忌土壤干燥，以免影响到种子的出芽与生长。

瞿晓苍（2016）在秦巴山区地膜马铃薯套作玉米规范间套集成栽培技术中提出，选择适宜的马铃薯播期，既能确定适宜的收获上市时间，获取最大经济效益，又能避免低温冻害和晚霜危害。低热区马铃薯冬播应选择在 12 月 15 日以前或翌年 1 月 15 日以后，翌年以 1 月 15 日播种最为适宜；中温区马铃薯冬播应选择次年 1 月中旬，12 月 20 日—1 月 10 日不宜播种（土壤正处结冰时期）。中温区和高寒区的春播马铃薯一般在当地晚霜前 20 ~ 25 d，10 cm 土层地温稳定在 5 ~ 7 ℃时，作为当地地膜马铃薯的适宜播期，播期不能迟于3月中旬。玉米4月上旬—中旬、土壤表层5～10 cm地温稳定通过10～12 ℃为适宜播期，一般在谷雨前完成播种。

孙胜等（2016）在丘陵山区玉米高产栽培技术探索与实践文章中提出：在玉米的适宜播期范围内争取早播，要做到“春争日，夏争时”。实践证明，早播是提高玉米产量的有效措施之一。早播方法：①地膜覆盖。主要适用于海拔600 m及以上无霜期短、积温不足的地区。采用此法一般可提早播种10～15 d；②间作套种。适宜于海拔400 m以上一年两熟区，一般在前作收获前7～15 d播种玉米。

张友君等（2014）在研究不同海拔春玉米最适播种期研究中，总结了武陵山区气候规律：3—4月多阴雨，且气温起伏不定，气温极不稳定的特点，结合玉米生长规律，播种过早如果提前到3月初或更早，容易受低温阴雨危害，加之近年来农村大量青壮年劳动力进城务工，从事粮食生产的人越来越少，山区大量山地撂荒，鸟害十分严重，往往会造成出苗较好，但由于鸟兽的危害，造成缺苗严重，基本苗不足，有效穗大幅降低。如果推迟到4月下旬后，此时虽然气温稳定，有利于出苗，出苗后玉米苗会迅速生长，但近年来高温天气越来越早，甚至有时会出现在6月中下旬，夏旱频率越来越高，高温逼熟，造成减产减收。

（2）播期对玉米生育期的影响　张友君等（2014）在不同海拔春玉米最适播种期研究结果表明，播种越早，海拔越高，播种至齐苗时间越长，反之则越短。海拔每升高100 m，播种至齐苗时间延长1～3 d，播种期每推迟10 d，播种至齐苗时间缩短2～5 d。同一品种随着播种期推迟，齐苗至抽雄时间会缩短，每推迟10 d，缩短4.5 d左右；同一品种同播期随着海拔升高，齐苗至抽雄时间会有所延长，每升高100 m，延长1.5 d左右；播种期和海拔高度对抽雄至成熟时间长短影响很小。分析其根本原因，一个品种，从播种至成熟，其所需的积温应该是一个稳定值，播期越早，前期气温相对较低，每天的有效积温也相对较低。因此，播种越早，其生育期也越长。

（3）播期对玉米产量的影响　张友君等（2014）以三北六号、正大999为试验研究对象，在不同海拔春玉米最适播种期研究中，从各试验点不同播期的平均单产来看，三北六号、正大999在各个试验点都是3月13日播种期产量最高，比其他3个播种期产量增幅6%以上，4月3日播期最低。不同海拔地点，海拔越高，产量相应有所下降。两个品种同一播种期，随着海拔升高，平均千粒重依次降低。同一播种期，不同海拔试验点，随着海拔升高，两个品种的平均穗粒重依次降低。同一播种期不同海拔试验点，随着海拔的升高，两个品种的平均秃尖比有所上升。

卢庭启等（2019）以仲玉3号为例，研究了在四川丘陵区雨养条件下播期对玉米产量和品质的影响。研究结果表明：全生育期降水量与产量呈负相关，适度干旱利于产量形成；通过分析自然降水量可预测穗长、千粒重、穗数、产量、淀粉含量的变化。丘陵区旱地套作玉米播种的适宜播期在4月14日前后，而播期过迟，有蛋白质含量降低、容重下降、黄曲霉素B1发生增加等风险。合理安排玉米播种期意义重大。

3. 合理密植 因地制宜，合理安排种植密度。王安忠等（2011）介绍四川通江丘陵山区秋玉米高产栽培技术时提到，合理密植是指在适宜的行、株距的基础上形成合理的群体结构，从而达到理想的产量结构。在春玉米种植带内种植一行秋玉米，实行单行双株种植，行距 90～100 cm，窝距 20～25 cm，亩基本苗 3000 株左右。

陈德（2017）介绍丘陵山区秋玉米的种植密度。认为保持合理的种植密度也是确保秋玉米优质高产的重要条件。通常情况下，秋玉米应采取单行双株的种植方式，行距与窝距分别保持在 90～100 cm、20～25 cm 为最佳。此外，合理的种植密度，每亩土地不宜超过 3000 株，过多则可能导致玉米因争抢土壤营养而发育不良。合理密植是指在适宜的行、株距的基础上形成合理的群体结构，从而达到理想的产量。

瞿晓苍（2016）在秦巴山区地膜马铃薯套作玉米规范间套集成栽培技术中提出主推两种规范化套种模式，一是双套双模式（167 cm 对开带，即 5 尺对开带型），即带宽 167 cm，2 行地膜马铃薯占 83. 5 cm，株距 23 cm，每亩 3490 窝；2 行春玉米占 83. 5 cm，株距 30 cm，每亩 2700 株。该模式适宜在热区和中温川道区，以早熟马铃薯和蔬菜生产为主的区域进行推广种植，但要适当增大玉米株距，为马铃薯和后期蔬菜生长提供通风透光条件。二是双套单模式，即带宽 110 cm，2 行地膜马铃薯占 80 cm，株距 26 cm，每亩 4600 窝；1 行春玉米占 30 cm，株距 26 cm，每亩留苗 2300 株。该模式适宜在高寒山区和中温浅山区，以中晚熟马铃薯和玉米生产为主的区域进行推广种植，但要适当减小玉米株距，增加玉米密度，提高单位面积粮食产量。

（四）种植方式

1. 单作

是大巴山种植玉米的主要方式。大巴山土地瘠薄，种植方式主要有平作、等行距、宽窄行等方式。

（1）单行单株种植 一般行距 70～80 cm，株距 30～35 cm，每穴留苗 1 株。这种种植方式，每株获得的营养面积较多，生长前期光照较充分，植株生长较均匀。

（2）单行双株种植 一般行距 85～100 cm，株距 50～60 cm，每穴 2 株。这种方式便于套种其他作物，田间管理较方便，省工省肥。但由于每穴 2 株，互相争夺养分和水分，大苗欺小苗，植株生长不均匀，常出现大小苗现象。

（3）双行单株即大小行种植 大行距 80～90 cm，小行距 35～40 cm，株距 25～33 cm。这种方式，既保证了单位面积株数，又便于田间管理，单株受光吸肥较均匀，植株生长一致，大小苗现象较少。

2. 间、套作

（1）玉米与大豆间套作 大豆是中国重要的粮油饲作物，国内生产供应不足，需长期大量从美国、巴西、加拿大等国进口，2021 年中国大豆自给率仅为 14. 5%。随着中美贸易战和全球疫情的影响，中国供需缺口不断扩大。为筑牢中国粮食安全防线，从中央到地方各级政府都十分重视大豆的扩面增产。

近年来，在农业部、四川省各级政府的高度重视下，在国家大豆产业技术体系技术的支撑下，四川大豆发展迅速，播种面积逐年扩大。四川省内各地均进行了大豆玉米带状复合种植，主要集中在川东北和川南地区，其中达州任务量以35667 hm^2，位居全省第一，而广元、巴中、南充、内江、宜宾五市的任务量紧随其后。

大豆玉米带状复合种植的主要优势就是“玉米不减产、多收一茬豆”，其关键技术有两点：一是缩株保密，使玉米的亩植密度接近或达到单作玉米的亩植密度；二是要保证该模式下的玉米单株施肥量要达到单作玉米的量，这二者是实现玉米不减产的根本保障。大豆玉米套作的技术环节有以下几个方面：四川“大豆＋玉米”间套作模式中，大豆品种一般选用耐阴、耐密、抗倒、宜机收的中迟熟夏品种（如南豆12、南豆25、南豆38、贡选1号、贡秋豆8号、贡秋豆5号、川农夏3号等）。按四川省内主推的“3行大豆＋2行玉米”“4行大豆＋2行玉米”的农艺要求进行种植，行距、株距、带宽等重要参数符合技术标准，便于后续机械化管理和收获。

（2）玉米与粮食作物间套作　成守安（2017）介绍了山区玉米套种马铃薯的栽培要点。在玉米套种马铃薯的过程中，由于采用了高矮结合的原则，合理利用光能，有效利用土地，实现了玉米、马铃薯双丰收。

（3）玉米与魔芋间作　刘培勋等（2016）介绍，魔芋是全世界植物中唯一能大量提取葡甘聚糖的植物，葡甘聚糖作为优质膳食纤维对防止肥胖、三高、糖尿病等有奇特功效。此外，葡甘聚糖具有良好的黏弹性和保湿性能，还可以用来生产化妆品，如面膜、香乳、膏霜等。魔芋被誉为“魔力食品”。秦巴山区以山地为主，地面崎岖不平，土壤瘠薄，灌溉条件差，玉米种植水平弱于平原地区，农业科技应用推广率低。山区大部分地区远离城市、无工业污染，有良好的生态、环境资源优势，是发展优质魔芋产业的天然生产基地。魔芋适宜隐蔽、温暖和湿润的环境条件，忌高温、寒冷和强光。玉米魔芋间作模式，可利用玉米的高秆为魔芋遮阴，减少水分蒸发，同时魔芋种植所需的肥料可促进玉米增产。结合秦巴山区的自然经济条件，将玉米和魔芋进行间作立体种植，既能满足魔芋生长发育的要求，又能合理利用时间和空间，提高复种指数，减轻魔芋病害发生程度，增收玉米，是协调粮经争地矛盾，提高山区种植业经济效益和增加农民收入的有效途径。

（4）玉米与花生间作　玉米是典型的禾本科植物，而花生是豆科植物，豆科植物与禾本科植物间作使得田地营养供给与田地小气候得到有效改善。有利于增强花生与玉米的弱光吸收性，豆科植物可以通过固定空气中的氮元素，为禾本科玉米提供氮肥，充分发挥玉米边际效应等优势。这样既缓解二者间作的竞争压力，也减少了氮肥的使用。间作具有增加田间通风和透光，提高田间有机物质积累，保存土壤肥力，提高不同农作物产量等优势。

花生是矮生作物，是地上开花，地下结果，特别是夏花生主茎12叶时，开花后果针下扎时易遇高温、干旱天气，高温对花生授粉也有影响，干旱不利于果针下扎。间作后有玉米的遮阴，可以降低田地小气候的温度，减少花生蒸腾作用，有利于果针下扎。间作玉米具有边行优势，间作玉米之间可以相互传粉，有利于授粉，使玉米不存在空粒的问题，有利于稳定单位面积玉米的产量，花生也能增产。

（5）玉米与甘薯的套作 玉米是一种 C_4作物。与水稻等作物相比，它具有更强的 CO_2合成淀粉的能力，并能提高光合产物的积累，表现出明显的增产优势。此外，甘薯是一种蔓生块茎作物。与玉米间作可以充分利用空间和阳光，延长玉米和甘薯的有效生长期，使两种作物都获得高产。通过多年的技术推广，总结出玉米套种红薯高产的经验，现介绍如下。

①种植确定地块后，打开厢沟、围挡沟、腰沟，做到沟沟相连，保证排水通畅，雨天不积水。开春后及时起垄，垄距 70～86 cm，垄高 20～26 cm。

②种子选择了徐庶 18、皖薯 197、福薯 210 等脱毒甘薯品种。选用早熟或中早熟玉米品种，如叶丹 2 号、单农 5 号、惠单 4 号和莫单 4 号。不要选择中熟或晚熟品种。

③适时种植起垄后，甘薯苗在温床中培育。当苗高 25 cm 时，将苗扦插在苗圃中，培育壮苗。当气温开始稳定在 15 ℃左右，浅层土壤地温达到 17～18 ℃时，即可种植甘薯，一般为 45000～52500 株/hm^2。实践证明，马铃薯苗直栽和斜栽都只能出一个大马铃薯。虽然单个马铃薯重量大，但由于马铃薯苗种植密度稀疏，很难获得高产。而马铃薯苗浅平栽，每株可出 2～3 个大薯，大小均匀。适当施肥后，可获得较高的马铃薯单株重，容易获得高产。红薯插秧后 7 d，检查成活情况。对于死苗和短枝，剪壮苗补枝，及时浇水成活。当气温达到 8 ℃，浅层土壤温度达到 10～12 ℃时，可以播种玉米。红薯每两垄套种一行玉米，玉米种在红薯垄沟里，每穴种 2～3 粒。株距约 33 cm。套种玉米的数量约为 3 万株/hm^2。套种玉米时，如果土质较差，土壤肥力较弱，可每隔 3～4 垄套种一行玉米和红薯。

④施用足底肥 施用 30 t/hm^2优质棒肥配碳酸铵 450 kg/hm^2，磷肥 300 kg/hm^2，钾肥 225 kg/hm^2，锌肥 75 kg/hm^2或水稻混合肥 750 kg/hm^2。移栽前先开深畦条，然后覆土施肥，在覆土上种植玉米。但注意不要直接接触化肥，以免伤根死苗。

⑤追肥 当玉米长到 3～4 片真叶时，幼苗就固定了。成苗后及时施肥，施肥量为 300 kg/hm^2碳酸氢铵或 52.5 kg/hm^2尿素。大喇叭口期玉米浇水施肥一次，穴施碳酸氢铵 900 kg/hm^2或尿素 300 kg/hm^2。红薯栽后，松土除草 1～2 遍，培土 1 遍。红薯藤长到 60 cm 时，修剪一次，玉米苗生效时，轻轻锄一次。结合第一次追肥，深耕一次。在喇叭口期再次翻耕土壤。玉米授粉期间，要注意病虫害防治和人工授粉，提高结实率。遇到干旱，及时浇一次水。

⑥适时收获 当 80% 以上的玉米苞叶干燥时，就可以收割了。连同稻草一起砍下，运出田间。当日平均气温降至 15 ℃时，红薯就可以收割了。甘薯块根为无性营养体，没有明显的成熟标准和采收期。但收获时间与甘薯的产量、留种、贮藏、加工和利用密切相关。早期收获会降低产量，后期收获会受到低温冷害的影响。一般气温降到 15 ℃

就可以开动刨床，要在霜露出现之前收割完毕。

（五）田间管理

1. 中耕　随着作物耕种的长期开展，受轮作制度限制，土壤硬结，会直接影响土壤的空隙密度和透气性，根部受损，所以在适当时候要对玉米进行中耕，这样既可以使土壤疏松，改善理化土壤，保肥料，保温度，保护幼苗，也可以清杂草，灭土壤中的害虫。玉米在一叶期、三叶期进行中耕处理。机械化中耕最佳，但要考虑玉米幼苗的生长高度和土壤情况，选择适合的机械操作，不能破坏幼苗的根系和茎叶。

中耕可以疏松土壤，促进根系发育，控制地上部分生长，有利于土壤微生物的活动；还可以消灭杂草，减少养分和水分的消耗和病虫的传播，为玉米生长创造适宜的环境。苗期一般应进行三次中耕，第一次在定苗之前，幼苗4～5片时进行，深度3～5 cm；第二次在定苗后，幼苗30 cm高时进行，深度为7～8 cm；第三次在拔节前进行，深度5～6 cm。应遵循“头遍不培土，二遍少培土，三遍地起大垄”的原则。

牛丽群（2023）在玉米不同生长阶段田间管理工作中介绍，中耕除草是玉米苗期的主要管理手段，通过该项措施能够提高土壤的透气性，增加养分积累，更好地促进根部吸收养分和水分。在高温干燥的天气环境下，该项措施能够有效调节土壤中的水分状况，增强土壤的蓄水保墒能力。在拔节之前需要中耕2～3次，深度控制在3～5 cm。幼苗附近应浅耕，行间应深耕。在中耕的过程中可以进行除草作业，除草的方式包括化学除草和人工除草。结合幼苗的生长情况选择适合的除草剂，将杂草消灭在萌芽状态，提高玉米生长质量。

2. 科学施肥　玉米需肥量大，应遵循“有机肥为主，化肥为辅；底肥为主，追肥为辅；重施底肥，稳施拔节肥、穗肥”的原则。玉米喜肥，必须多次施肥才能确保需要的养分。除整地阶段和播种阶段需要施入种肥以外，还需要在玉米生长阶段追施肥料，在植物每个生长阶段，确保玉米根部、穗分化、玉米籽粒灌浆时肥料供给。根据深施基肥、掌握种肥、追肥，根据监测土壤配方进行追肥，要根据土壤的肥力情况进行均匀有针对性地供给肥料，可以以氮肥配合磷、钾等微肥进行合理的追肥，要想玉米快速成长，尽快成熟可以适当补充微肥。也可以根据玉米生长情况判断长势的强弱，早进行追肥，追肥主要是攻秆和攻穗，挖沟添加或者是结合中耕培土追肥，玉米苗太小会烧苗，深度必须控制在7 cm，株间距控制在7～10 cm，这样玉米根系可以有效吸收养分。

（1）底肥　玉米底肥一般是有机肥（猪粪、腐熟的牛粪、羊粪等）、复合肥、过磷酸钙、钾肥。底肥的施肥方法是：玉米移栽前在预留行中开沟，每亩深施有机肥1000 kg、尿素15 kg、过磷酸钙30～40 kg、氯化钾12 kg、硫酸锌1～1.5 kg，条施于预留行中间，深度以25 cm为最佳，再覆土掩肥。

有机肥俗称农家肥，是指含有大量生物物质、动植物残体、排泄物、生物废物等物质的缓效肥料。有机肥中不仅含有植物必需的大量元素、微量元素，还含有丰富的有机养分，有机肥是最全面的肥料。有机肥在农业生产中的作用主要表现在以下几个方面：

①改良土壤、培肥地力　有机肥料施入土壤后，有机质能有效地改善土壤理化状况和生物特性，熟化土壤，增强土壤的保肥供肥能力和缓冲能力，为作物的生长创造良好的土壤条件。

②增加产量、改善品质　有机肥料含有丰富的有机物和各种营养元素，为农作物提供营养。有机肥腐解后，为土壤微生物活动提供能量和养料，促进微生物活动，加速有机质分解，产生的活性物质等能促进作物的生长和提高农产品的品质。

③提高肥料的利用率　有机肥含有养分多但相对含量低，释放缓慢，而化肥单位养分含量高，成分少，释放快。两者合理配合施用，相互补充，有机质分解产生的有机酸还能促进土壤和化肥中矿质养分的溶解。有机肥与化肥相互促进，有利于作物吸收，提高肥料的利用率。

④过磷酸钙的作用　供给植物磷、钙、硫等元素，具有改良碱性土壤作用。可用作基肥、根外追肥、叶面喷洒。与氮肥混合使用，有固氮作用，减少氮的损失。能促进植物的发芽、长根、分枝、结实及成熟，可用作生产复混肥的原料。

⑤钾肥的作用　钾肥的作用及功能：

A. 促进酶的活化　酶的活化作用对于植物很重要。钾能保障作物正常生长发育，增加蛋白质的含量，并能促进糖分和淀粉的生成，促进蛋白质合成，促进纤维素的合成。

B. 钾肥可以协同铁肥　当植物出现缺铁症状时候，增加施用一部分钾肥，可以促进钾肥的吸收。

C. 钾能促进光合作用的运输　叶片产生的干物质钾肥可以促进其运输，提高产量。另外，钾肥可以调节气孔的运动，也就是说，有利于作物经济用水。干旱时，增加钾肥施用量，提高作物的抗旱性；另外，植物体内 60 多种酶，需要钾的激活；钾能调节细胞液浓度和细胞壁渗透性，能提高作物抗病虫害、抗干旱和寒冷的能力；促进豆科作物早结根瘤，能提高固氮能力。钾能增强作物的抗病、抗寒、抗旱、抗倒伏及抗盐能力，改善作物产品品质，提高粮食作物蛋白质的含量；钾肥能使树木茎秆强健，提高抗病虫、抗寒、抗旱和抗倒伏的能力，促使根部发达，球根增大，并能促使果实膨大，色泽良好。

（2）追肥　玉米的追肥主要是尿素及复合肥，苗期追肥亩施尿素 5 ~ 8 kg，拔节肥亩施尿素 10 ~ 15 kg，在大喇叭口施攻苞肥亩施尿素 20 ~ 25 kg。采用兑清粪或清水淋施，或者打窝窝施，再回土覆盖。

尿素是一种高浓度氮肥，属中性速效肥料，也可用于生产多种复合肥料。在土壤中不残留任何有害物质，长期施用没有不良影响。畜牧业可用作反刍动物的饲料。但在籽粒中温度过高会产生少量缩二脲，又称双缩脲，对作物有抑制作用。中国规定肥料用尿素缩二脲含量应小于 0.5% 。缩二脲含量超过 1% 时，不能做种肥、苗肥和叶面肥，其他施用期的尿素含量也不宜过多或过于集中。

尿素是有机态氮肥，经过土壤中的脲酶作用，水解成碳酸铵或碳酸氢铵后，才能被作物吸收利用。因此，尿素要在作物的需肥期前 4 ~ 8 d 施用。

尿素适用于作基肥和追肥，有时也用作种肥。尿素在转化前是分子态的，不能被土壤吸附，应防止随水流失；转化后形成的氨也易挥发，所以尿素也要深施覆土。土壤转化施入土壤中一小部分尿素以分子态溶于土壤溶液中，通过氢键作用被土壤吸附，其他大部分在脲酶的作用下水解成碳酸铵，进而生成碳酸和氢氧化铵。然后铵根离子能被植物吸收和土壤胶体吸附，碳酸氢根离子也能被植物吸收，因此尿素施入土壤后不残留任何有害成分。另外尿素中含有的缩二脲也能在脲酶的作用下分解成氨和碳酸，尿素在土壤中转化受土壤 pH 值、温度和水分的影响，在土壤中呈中性反应，水分适当时土壤温度越高，转化越快；当土壤温度 10 ℃时尿素完全转化成铵态氮需 7 ~ 10 d，当 20 ℃时需 4 ~ 5 d，当 30 ℃时需 2 ~ 3 d 即可。尿素水解后生成铵态氮，表施会引起氨的挥发，尤其是在碱性土壤上更为严重，因此在施用尿素时应深施覆土，水田要深施到还原层。

尿素适用于一切作物和所有土壤，可用作基肥和追肥，旱水田均能施用。由于尿素在土壤中转化可积累大量的铵离子，会导致 pH 升高 2 ~ 3 个单位，再加上尿素本身含有一定数量的缩二脲，其浓度在 500 ppm 时，便会对作物幼根和幼芽起抑制作用，因此尿素不宜用作种肥。

尿素（氮肥）能促进细胞的分裂和生长，使枝叶长得繁茂。

（3）缓（控）释肥的应用 玉米生产上为了减少劳动力投入，减轻劳动强度，实现玉米轻简化栽培，采用一次性施肥技术，就是将玉米全生育期所需要的肥料于播种前或播种时一次性施入土壤之中的施肥方法。生产上通常又叫作“一炮轰”。使用的肥料不同于普通的肥料，叫缓（控）释肥，是缓释肥料和控释肥料的简称。缓释肥料：通过养分的化学复合或物理作用，使其对作物的有效态养分随着时间而缓慢释放的化学肥料（中华人民共和国国家质量监督检疫总局 等，2009）。控释肥料：能按照设定的释放率（%）和释放期（d）来控制养分释放的肥料（中华人民共和国工业和信息化部，2011）。

①施用缓（控）释肥的原则 第一，要深施并覆土；第二，肥料与种子最好为左右结构并且两者隔开 8 至 10 cm；第三，缓（控）肥的元素要全，并达到标准含量；第四，缓（控）肥的质量一定要合格，否则引起后期脱肥。

②使用量及施用技术 选择适宜的土壤类型。土层深厚、土质黏重、中性或微酸性的土壤，保水保肥效果好，适宜玉米一次性施肥。土壤瘠薄、沙性土壤、盐碱土等不适合采取一次性施肥，因为瘠薄沙性土壤，渗漏性强，保水保肥效果差，肥效短；盐碱土，氮肥易挥发、肥效不长，不适宜进行一次性施肥。主要注意施肥的深度和玉米的距离。控释肥使用的深度要达到标准，并且做到种子与肥料隔离，并且要选择好的肥料品种，以达到肥效长的效果。种肥同播时一般在 10 ~ 15 cm，一次性施足底肥。

3. 水分管理 在生长发育的关键需水期缺水或季节性缺水，需进行补充灌溉。多雨季节田间积水则注意排涝。

陈德（2017）介绍，秋玉米的生长需汲取大量的水分，因而土壤需始终保持一定的湿润度，方有利于播种后的出苗，若中后期天气干旱，则可进行人工浇水。反之，若秋雨连绵则需及时做好排水工作。

4. 防病治虫除草及应对环境胁迫

具体见第四、第五章。

玉米目前发生普遍而又严重的病害有玉米大小斑病、纹枯病、茎腐病、穗粒腐病、玉米丝黑穗病、锈病等；虫害有亚洲玉米螟、黏虫、草地贪夜蛾、玉米蚜虫、地老虎等。做好病虫害防治对提高亩产，增加效益意义重大。

王安忠等（2011）在丘陵山区秋玉米栽培中研究发现，秋季玉米的主要病害有：大小斑病、纹枯病、茎腐病、黑粉病，一般在苗期和穗期用井冈霉素、多菌灵等混合防治2～3次。主要害虫苗期有地老虎、黏虫等，用辛硫磷等防治。苗期、穗期主要有玉米螟及蚜虫，在4叶期、6叶期和大喇叭口时期用毒·辛、马拉·杀螟松等杀虫剂，防治玉米螟等害虫；用吡虫啉、啶虫脒等兑成1000～1500倍液喷施，防治蚜虫等害虫。

（1）常见病害

①玉米大斑病　发病初期其患处呈水浸状，之后慢慢变为青灰色，严重时可长出20 cm长的斑，最后变成褐色的枯死斑，若遇雨水，其病斑还会长出黑色的霉状物。

②玉米小斑病　在玉米苗期到成熟期都可发生，患病时叶片出现很多很小的褐色病斑，病斑呈椭圆形。

③玉米纹枯病　是一种真菌性病害，对春玉米的危害主要在籽粒形成期至灌浆期，对夏玉米危害时间长，从苗期（2叶期）即发生危害。该病主要侵害叶鞘和叶片。基部叶鞘感病后，初在叶鞘基部产生淡褐色水渍状小斑，中央灰白色，边缘褐色；病斑多时，可形成云纹状灰白色大斑，使叶鞘腐败，叶片枯死，并逐渐向上扩展。该病初侵染主要是散落于玉米田土表或浅土层的菌核。6月上中旬玉米田温湿度条件适宜时，土表的菌核开始萌发形成菌丝，侵染玉米基部叶鞘，并逐渐向上蔓延发展。

④玉米茎腐病　该病是土传病害，病原菌在种子或土壤、肥料中的病残体上越冬，带病种子和病残体是主要初侵染源，从根部伤口侵入，一般在乳熟后期开始发病。

玉米生育前期施肥时，氮（尿素）、磷（磷酸二氢钾）、钾（氯化钾）之比应为1∶4∶5，生育后期为1∶1∶5，亩氯化钾用量15 kg为宜，发现病株及时拔除。

播种时用生物型种剂ZSB、卫福等包衣，可降低部分发病率；发病初期用4000倍液的农用硫酸链霉素喷施进行防治。

⑤玉米穗粒腐病　又称赤霉病、果穗干腐病，是由禾谷镰刀菌、串株镰刀菌、青霉菌、曲霉菌、枝孢菌、单瑞孢菌等近20多种霉菌侵染所引起的玉米病害。玉米果穗及籽粒均可受此病危害。

⑥玉米丝黑穗病　雌穗发病较健穗短，下部膨大顶部较尖，整个果穗变成一团黑褐

色粉末和很多散乱的黑色丝状物；有的增生，变成绿色枝状物；有的苞叶变狭小，簇生畸形，黑粉极少，分蘖增多。感病品种是导致丝黑穗病严重发生的因素之一。

防治措施：种子处理，用种子重量 0.2% 的 2% 戊唑醇拌种剂拌种。

消灭初侵染源，清洁田间，拔除病株，处理病残组织。

⑦玉米锈病　发病初期其叶片两面长出浅黄色的长形和卵形褐色小脓疱，之后小疱破裂并出现铁锈色粉状物，后期玉米叶片上会出现黑色椭圆形或长条的凸点。玉米锈病防治：选种抗病品种，加强田间管理，清除田间杂草；玉米生长过程中，养分的补充一般有 3 点，分别是底肥、追肥、叶面肥，合理补充肥料，利于玉米的正常生长，增加自身的抗性，减少病害的危害；高温高湿条件下，利于锈病的发生，而 7—8 月份温度高，降雨多，因此，降低田间的湿度很重要，注意做好雨后的排水工作，对于相对低洼的地块，很容易形成积水，在雨前就应该提前挖好排水沟。

⑧玉米粗缩病　主要由灰飞虱传播，患病植株会严重矮化，一般只有正常植株的一半高，其叶背侧脉上会出现蜡白色突起物。

玉米病害防治，一是种抗病品种，并实行轮作，深翻土壤，以减少菌源、减轻发病，前期将病株拔出，并集中销毁。

（2）常见虫害　危害玉米的虫害主要有玉米螟、玉米蚜、玉米蓟马、玉米红蜘蛛、地老虎、蛴螬、金针虫、蝼蛄、大垫尖翅蝗、亚洲飞蝗、宽须蚁蝗、小翅雏蝗、狭翅雏蝗、西伯利亚蝗、苜蓿夜蛾、小麦皮蓟马、赤须盲蝽、叶蝉类、粟茎跳甲、粟灰螟、甜菜夜蛾等。

①亚洲玉米螟　玉米心叶期，初孵幼虫大多爬入心叶内，群集取食心叶叶肉，留下白色薄膜状表皮，呈花叶状。2 ~ 3 龄幼虫在心叶内潜藏为害，心叶展开后，出现整齐的排孔。4 龄后陆续蛀入茎秆中继续为害。蛀孔口周围常有大量的粪屑，茎秆遇风易从蛀孔处折断。

防治措施：及时处理田间及周边的残枝落叶和玉米秸秆。减少越冬虫源，压低虫口密度；玉米心叶期用 1.5% 辛硫磷颗粒剂，亩用量 1 ~ 2 kg，使用时加 5 倍细土或细沙混匀，撒入喇叭口内。穗期玉米螟，可用 50% 辛硫磷乳油在雌蕊上喷雾；或用 5% 敌敌畏乳油 1500 倍液，直接滴在雌穗的花丝上，每株滴 3 ~ 5 mL。

②玉米红蜘蛛　学名玉米叶螨，先危害下部叶片，渐向上部叶片转移，被害处先呈现失绿斑点，以后斑点逐渐变大、褪绿变黄，严重发生时干枯，造成减产，对玉米生产造成严重影响。由于玉米红蜘蛛虫体小、为害隐蔽，群众对其危害性认识不足，而错失最佳防治期。防治措施：清除田间、田埂、沟渠旁的杂草，减少玉米红蜘蛛食料和繁殖场所；选用 1.8% 阿维菌素、20% 哒螨灵乳油 2000 倍液喷雾防治。尽量将药液喷在玉米叶片背面，重发田块，每 10 d 喷洒 1 次，连喷 2 ~ 3 次，均能取得良好的效果。有条件的地方可选用哒螨灵乳油、阿维菌素乳油，使用烟雾机于早晨或傍晚气压低时进行防治。

③黏虫　是粮食作物和牧草作物的主要害虫，对玉米也危害较重，主要危害玉米叶片，初期若不及时防治，进入6龄阶段的幼虫可在3～5 d内将整株玉米苗、叶片吃光。农业防治措施，首先要采用合理的轮作制度，对玉米田地进行管理，在玉米收获之后可以对玉米田地进行彻底清理，将其中的残叶败草清理。对于发生过黏虫的地块，避免在同一地块上继续种植玉米等禾本科植物。其次，要加强栽培管理，选择抗虫能力较强的品种，加强玉米生长期的田间管理，做好灌溉和肥料管理、中耕除草，提高玉米生长水平；化学防治措施。化学防治指的是使用化学药物对玉米黏虫进行防治的措施，一般在产卵之前、卵孵化之前以及幼虫3龄之前最适宜使用药物。可以使用卡死克乳油、灭幼脲系列对3龄之前的幼虫进行防治，如果幼虫生长到3龄及3龄以上，则要使用更高效的化学药剂进行防治，比如乐斯本乳油、灭幼脲、氯氰菊酯或甲氰菊酯等。

④玉米蚜　主要以刺吸叶片汁液为害，分泌蜜露并产生霉状物，严重影响玉米植株叶片的光合作用。同时玉米蚜还可传播玉米病毒病。玉米心叶期，发现中心蚜株时即可针对性施药，喷洒0.5%乐果粉剂或40%乐果乳油1500倍液。当有蚜株率达30%～40%，出现“起油株”（指蜜露）时，应进行全田普治。每亩用40%乐果乳油50 g兑水稀释后喷在20 kg细沙土上，边喷边拌，然后把拌匀的毒沙均匀地撒在植株上。

⑤草地贪夜蛾　俗称秋黏虫，是杂食性害虫，是世界十大植物害虫之一，玉米种植中的重大迁飞性害虫。玉米苗期受害一般可减产10%～25%，严重危害田块可造成毁种绝收。实际上，草地贪夜蛾繁殖能力远超当前玉米的头号害虫玉米螟，成蛾每晚可飞行100 km，且具备繁殖倍数高、孵化的幼虫暴食危害重等特点。

草地贪夜蛾防治措施如下。

理化诱杀：在成虫发生高峰期，采取高空杀虫灯、性诱捕器以及食诱剂等理化诱控措施，诱杀成虫、干扰交配，减少田间落卵量。在集中连片种植区，按照每亩设置1个诱捕器的标准（集中连片使用，面积超过1000亩，可按1.5～2亩1个诱捕器标准设置）全生育期应用性诱剂诱杀成虫。田边、地角、杂草分布区诱捕器设置密度可以适当增加。苗期诱捕器进虫口距离地面1～1.2 m，后期则高于植株顶部15～25 cm，随着作物生长，应注意调节诱捕器高度。在使用期内，根据诱芯的有效期，及时更换诱芯，以达到最佳的诱杀效果。

生物防治：作物全生育期注意保护利用夜蛾黑卵蜂、半闭弯尾姬蜂、淡足侧沟茧蜂等寄生性天敌和益蝽、东亚小花蝽、大草蛉和瓢虫等捕食性天敌，在田边地头种植显花植物，营造有利于天敌栖息的生态环境。在草地贪夜蛾卵期积极开展人工释放赤眼蜂等天敌昆虫控害技术。抓住低龄幼虫期，选用苏云金杆菌、甘蓝夜蛾核型多角体病毒、金龟子绿僵菌、球孢白僵菌等生物农药喷施或撒施，持续控制草地贪夜蛾种群数量。

科学用药：在全生育期实施性诱防控等综合防控措施的基础上，根据虫情调查监测结果，当田间玉米被害株率或低龄幼虫量达到防治指标时（玉米苗期、大喇叭口期、成株期防治指标分别为被害株率5%、20%和10%，对于世代重叠、危害持续时间长、需要多次施药防治的田块，也可采用百株虫量10头的指标），可选用甲氨基阿维菌素苯甲酸盐、乙基多杀菌素、氯虫苯甲酰胺、四氯虫酰胺、茚虫威、虱螨脲、虫螨腈等高效低风险农药，注意重点喷洒心叶、雄穗或雌穗等关键部位。注重农药的交替使用、轮换使用、安全使用，延缓抗药性产生，提高防控效果。

（六）适期收获

1. 玉米成熟的标准　果穗苞叶变黄而松散；籽粒脱水变硬乳线消失；籽粒基部（胚下端）出现黑色层。

2. 收获的方法　一是人工收获。将成熟后的玉米剥去叶片，将果穗全部摊开晾晒，同时勤翻动，以加速脱水速度和防止霉变。待果穗含水量降至20%以内时再脱粒，脱离时先将被虫危害及霉变的果穗选出单独脱离，脱离后的种子不能堆捂，要及时晾晒至含水量13%以下，同时进行粒选，去掉烂粒、瘪粒、杂粒，风选打包备售。

二是机械收获　根据其种植方式、农艺要求及借鉴山东等地较成功的玉米机收模式，主要是用机械来完成对玉米摘穗、输送、集箱、秸秆处理等生产环节的作业技术，即利用机械手段对果穗收获、秸秆田间处理的一种作业方式。玉米收获的籽粒含水率一般在25%～35%，甚至更高，收获时不能直接脱粒，所以一般采取分段收获的方法。

3. 玉米割晒+人工摘穗模式

（1）用割晒机将玉米割倒、放铺，经几天晾晒后，籽粒湿度降到20%～22%，用机械或人工摘穗、剥皮，然后运至场上经晾晒后脱粒。秸秆进行回收做燃料（烧材）、喂牲畜或粉碎还田。这种模式属于分段收获，其技术路线是在小四轮拖拉机较多的地区，在小四轮拖拉机上安装玉米割晒机，将玉米带穗切割，铺放在田间，人工进行摘穗，秸秆进行回收或粉碎还田。其工艺流程为：玉米带穗机械切割—人工摘穗—机械或人工剥皮—秸秆处理三个环节分步分段进行。

（2）人工果穗收获+秸秆机械化割晒　收集或粉碎还田模式这种模式属于分段收获，其技术路线是在玉米成熟期，采用人工将玉米穗摘下，然后利用秸秆割晒机或秸秆粉碎还田机直接将秸秆粉碎还田。这种技术路线的工艺流程为：人工摘穗—机械或人工剥皮—秸秆处理三个环节分段进行。

4. 机械摘穗+秸秆机械割放或秸秆机械化粉碎还田模式　这种模式的技术路线是果穗收获与秸秆收割或粉碎还田联合作业，一次完成摘穗、果穗升运、集箱、秸秆割铺或粉碎还田作业，是目前绝大部分地区主要推广的技术模式。其工艺流程为：机械摘穗—输送集箱—秸秆处理等三个连续的环节。

5. 穗茎兼收模式　这种模式的技术路线是将玉米果穗收获（包括摘穗、升运、集箱）的同时，将秸秆粉碎集箱回收，用作青贮饲料。该模式适用于牛羊养殖区域。其工艺流程为：机械摘穗—输送集箱—秸秆收集等三个连续的环节。

（七）玉米生产的全程机械化

浦旭（2016）以宣汉县为列，立足宣汉县玉米生产，介绍了宣汉玉米全程机械化种植的各个环节技术要点，为大巴山玉米全程机械化提供技术支撑和参考。

宣汉县地处四川东北部，大巴山南麓，湿润亚热带季风气候区，总体地貌“七山一水两分田”，属于典型的山区农业大县，耕地面积6万hm^2，常年种植玉米2万hm^2。但由于种植玉米比较效益低下，种植面积呈逐年减少趋势。特别是大量青壮劳动力外出务工，直接影响了玉米的生产发展。为此，宣汉县开展了山地玉米全程机械化配套种植技术研究与探索，经过几年的试验示范和推广应用，探索出了新的农机化栽培技术模式，不仅提高了山地玉米单产，节省了劳力，而且取得了良好的社会效益和经济效益。

1. 农机化种植技术发展历程 宣汉县农业机械化起步早，但发展缓慢，拖拉机主要用于运输。20世纪70年代，已有中型拖拉机用于耕地，但由于当时土地未经平整，拖拉机质量不好，拖拉机作业未能大面积推广。20世纪90年代，从事农业生产的微型农机具主要是微型旋耕机。2000年后，玉米生产机械的发展经历了手动式、半机械化式，直到目前的全程机械化。山地玉米全程机械化种植技术经过多年的试验示范，突破了农机农艺结合的瓶颈，全程机械化配套种植取得了成功。目前，山地玉米大型生产机具增加迅速，玉米机耕、机播、机收面积逐年扩大，玉米秸秆综合利用机械逐年增加。

2. 玉米农机化种植经济效益 在经济效益方面，人工整地直播每公顷玉米需4800元工时费，而机耕、机播每公顷只需油料、工时费及拖拉机折旧维修费1500元，每公顷节省投入3300元。同时，玉米机播有效地保证了山地玉米以密度为高产核心的技术途径，提高了产量，经试验示范实收测产，人工整地直播产量为9.981 t/hm^2，个别地块高达15.765 t/hm^2。玉米机收省工省时，玉米秸秆综合利用增产增效显著，促进了宣汉县玉米产业的高效可持续发展。

3. 玉米全程机械化的技术规程

（1）规划选地 宜选择土地成片、土层厚的缓坡地。若是小块台地，须改成大块台地缓坡地，以易于沥水排水，少挖排水沟，便于农机化作业。渗透排湿，选用田园管理机理好排水沟，特别是背沟，降低土壤含水率。

（2）机具选择 机头选择40～45 kW的中型拖拉机，动力强劲、爬坡力强，转弯半径小。

（3）施肥播种机 施肥播种机经过多年多型号筛选，选择2BYJLS-2型玉米精量播种机更为适用。该机结构紧凑简单、自重轻、单粒播种，可调节行距及施肥量；特别是配置的气压弹簧支撑施肥播种驱动轮，在地面不平时播种凸显优势，漏播少。

（4）玉米籽粒收获机 玉米籽粒收获机宜选用“艾禾”牌纵轴收获机。

（5）秸秆切碎回收机 秸秆切碎回收机选用山东曲阜新阳牌4JQH-130型秸秆切碎回收机。

（6）品种选择　为确保机播玉米高产稳产，选用抗逆性强，穗层、株高整齐一致，耐密性较好，品质较优，籽粒脱水较快，适宜机收或植株粗大适宜青贮的新品种。

（7）种子处理　为降低机播漏穴率、提高玉米出苗率，播种前抢晴天翻晒种 2～3 d，同时精选种子，除去霉变、破损、瘪粒、小粒种子，尽量做到种子大小均匀一致。

（8）虫害防治　玉米螟每公顷用 10% 的四氯虫酰胺悬浮剂 300 mL 拌细沙 75 kg 点心，或喷雾防治。为降低机播漏穴率、提高玉米出苗率，播种前抢晴天翻晒种 2～3 d，同时精选种子，除去霉变、破损、瘪粒、小粒种子，尽量做到种子大小均匀一致。

4. 播前准备

（1）提前耕整土壤　耕地前每公顷撒优质农家肥 30.0～37.5 t，耕地时翻入土中。播种前 20 d，选晴好大气深耕，耕深 25～30 cm，可把杂草秸秆旋耕入土，既可改善土壤板结，又可增加土壤肥力。地块每处都应平整。土壤水分多时，不要耕地，以免造成耕作层土壤板结，耕作层下部年复一年的碾压板结更为严重，不利于雨水渗入土壤。

（2）根据玉米品种用途调整播种量　根据玉米品种、生产用途适当调整玉米种植密度，确保合理密植。一般行距为 1 m，在习惯种植密度上增加 10%，用来弥补缺穴，减少人工补苗量。

5. 适时播种适时早播　促进早生快发，降低夏伏旱危害，减少病虫害。播种前浅耕 1 次，耕深 15～20 cm；不可耕太细太疏松，否则遇干旱，土壤失水更快，遇多雨，土壤板结积水，出苗不整齐，缺穴严重；选择晴好天气和土壤墒情好时及时播种；海拔 600 m 以下区域在 3 月 20 日前播种，海拔 600 m 以上区域在 3 月底前播种。

6. 配方施肥　施用氮、磷、钾肥改善土壤结构，培肥地力。每公顷用氮 225.0～262.5 kg、P_2O_5 112.5 kg、K_2O 112.5 kg、锌肥 15～30 kg 或用锌肥 22.5 kg、缓释性玉米专用肥 1500～1875 kg。

7. 田间管理　玉米苗 3～4 叶时，及时匀苗补苗，每穴留壮苗 1 株；匀苗后抢雨天及雨后，每公顷用尿素 150 kg 追施提苗肥，15 d 后再施弱苗肥；在大喇叭口期，每公顷用尿素 300～375 kg，进行人工追施。

8. 病虫防控

（1）绿色防控　采用频振杀虫灯、性诱剂、生物导弹防治玉米害虫。

（2）化学防治　重点防治玉米大小斑病、纹枯病、锈病和玉米螟虫。大小斑病每公顷用 30% 苯甲丙环唑乳油 450 mL，于晴天下午均匀喷于叶面；纹枯病每公顷用 15% 井冈霉素 1500 mL 兑水 750 L 喷洒植株中下部；锈病每公顷用 25% 三唑酮 1.5 kg 喷雾。

防治玉米螟每公顷用 10% 的四氯虫酰胺悬浮剂 300 mL 拌细沙 75 kg 点心，或喷雾防治。

9. 适期收获　玉米乳熟期末至蜡熟初期，此时生物产量最高，应及时收获青贮，采用秸秆切碎回收机收获玉米全植株，同时粉碎揉丝，再用圆捆包膜机打捆包膜。

玉米籽粒机收：适时收获玉米籽粒是增加粒重、提高产量和品质的重要生产环节。

净作、大地块、有干燥贮藏条件的可选用联合收获机，在玉米完熟后 10～15 d 或全株变黄、籽粒含水量降到 28% 以下时进行籽粒直收。

秸秆黄贮：为提高玉米利用率，秸秆黄贮应在人工收获玉米穗后，抢晴天及时用秸秆切碎回收机收获玉米秸秆。

二、其他栽培方式

（一）免耕秸秆还田

向传术（2013）介绍，实行免耕栽培，注意地块选择。玉米对土壤选择性不强，只是免耕玉米须选择土质深厚的沙壤土及壤土为宜，不宜选择土层浅的沙土。

杨启金（2016）介绍山区玉米高产栽培技术时提到聚土垄作免耕技术。山区土地坡度大，耕作层浅，导致沙土流失大。为确保玉米高产，应采取聚土垄作技术，增加土壤耕作层，减少水土流失。其技术是 1 m 起垄，垄高 30～35 cm，垄面宽度 40 cm，第一次起垄在玉米收割后进行，待第二年 3 月上中旬，亩用 41% 的草甘膦异丙胺盐 200～300 mL 喷雾防除杂草，在沟内亩施用 100 g 免耕宝，增加垄沟土层深度，三年后可重新起垄，交换垄、沟位置。

税红霞等（2017）针对川北丘区土壤耕层“浅实少”和质量下降等问题，采用裂区设计研究秸秆还田对川北丘区玉米产量、病虫害发生及土壤物理特性的影响，为川北丘区玉米改土、高产增效提供理论依据。结果表明：①秸秆还田特别是免耕处理能获得较高的产量；采用秸秆还田，穗粗与产量的相关性最大，行粒数、穗粗对产量的直接通径系数为正值，穗粗对产量直接作用最大，秸秆还田处理可能通过增加穗粗来提高产量；②采用秸秆还田处理，4 个副处理的茎腐病平均发病率、螟虫平均受害率比秸秆不还田处理要高，但纹枯病平均病情指数比秸秆不还田处理低，秸秆还田可能增加了玉米的病虫害发生风险；③在 0～20 cm 土层，秸秆还田垄作轮耕的处理紧实度小，孔隙度最大，田间持水量最大，秸秆还田增施有机肥的容重最小。20～40 cm 土层，秸秆不还田增施有机肥的紧实度最小、孔隙度最大，秸秆不还田免耕处理的田间持水量最大，秸秆还田垄作轮耕处理的容重最小。秸秆还田可能对 0～20 cm 土层的作用较明显，土壤紧实度变小，孔隙度增大，容重降低以及田间持水量增大，而对 20～40 cm 土层的作用不明显。

（二）育苗移栽

1. 应用地区和条件 播种育苗是玉米栽培的关键，只有掌握好播种适期、提高播种质量、加强苗床管理，才能培育壮苗。壮苗移栽是获得较高产量和经济效益的基础。张长军（2014）总结介绍了一套玉米育苗移栽技术。玉米塑盘育苗定向栽培技术不仅可以使玉米早熟 7～15 d，还能解决玉米生育期积温不足，并且当地作物收割和播种时间较为紧张的矛盾也能得以解决。此项技术一方面可以在苗棚等地使用，增加当地经济收入，根据气候条件，以少量的占地面积，系统调控玉米育苗的各项指标，保证育苗的玉米能够又壮又齐。另一方面充分利用生长季节的气候条件，延长玉米的生育期，从而更有利于其他作物的套种，提高复种指数等。此技术还有利于使玉米的扬花期错过伏旱的天气，提高授粉等。所以，塑盘育苗定向栽培技术对玉米的播种与生长具有重要意义。

2. 育苗

（1）苗床准备　选择土质肥沃、疏松透气、背风向阳、水源和管理方便而又靠近本田的旱地作苗床地，不宜选择石骨子地、土质瘠薄的沙地、坡地、遮阴地。将地翻挖，按厢宽 1.4 ~ 1.5 m、走道 0.5 m、床深 0 ~ 13 cm 做成茶盘型苗床。

（2）肥团制作　营养土按每栽 1 亩地用有机质含量高的表层细土 400 ~ 500 kg，加 120 ~ 150 kg 腐熟厩肥、6 ~ 7 kg 过筛的过磷酸钙、腐熟水肥 150 kg 左右混匀，干湿度以手捏成团、丢下可散为准。配制营养土要注意三点：一是不能掺尿素等化学氮肥，以免烧根不出苗；二是不能用未腐熟的猪、鸡等畜禽粪土，以防烧苗伤根；三是不能掺谷壳、麦麸等谷物残渣，以防鼠害、破坏肥团。将配制好的营养土，用手捏成直径 5 ~ 7 cm，约鹅蛋大小的肥团，上部按一小窝（深 1 ~ 2 cm）待播种，然后均匀排放在苗床内。

（3）播种　将已浸泡吸胀水分或催芽的玉米种子在每个肥团的小窝内播一或两粒。然后用过筛细土盖种，厚度以盖后不见种子为宜。少量施用腐熟水肥，促早出苗、出壮苗；禁止施用未腐熟水肥或喂饲料猪的粪水。

（4）盖膜　用竹片做低拱架于苗床上，竹片的长度 2.3 ~ 2.5 m，竹片间距 40 ~ 50 cm，拱的高度离地面 30 cm，然后用地膜覆盖于竹片上，膜的四周用细土压实、压严。

（5）苗床管理　床内温度保持在 20 ~ 25 ℃，不超过 30 ℃，如晴天上午床温上升到 28 ℃时，要把苗床两端揭开，通风降温，下午 4 时左右盖膜保温。要保持床土湿润，表土不现白。当苗子长到两叶一心时，白天揭膜，晚上盖膜，炼苗 3 ~ 4 d。如遇低温寒潮，可适当延长炼苗期，寒潮过后再移栽。

3. 移栽　玉米移栽时间的确定也很有讲究，不能太早，也不能太晚。太早就会导致移栽之后幼苗不能快速适应当地的气候环境，从而导致移栽工作失败。太晚就会难以成活，导致移栽后的成活率急剧下降。从而达不到预期的效果，甚至不如直播效果好。玉米移栽的时期最好是三叶一心时期，带土移栽。但是在移栽之前要注意杀菌消毒。移栽后要淋定根水，保证移栽苗能够正常成活。除此之外移栽套作亩植密度应为每亩 3000 株，行距 1 m，窝距 0.45 m。与移栽烟苗类似，这样不仅能提高成活率，还能为以后的补苗和管理省下众多劳动力。最好是在阴天或者下午太阳落山后进行此项工作，因为这样有利于提高栽培后玉米苗的成活率。并且根据早春时有倒春寒的特点，应予以地膜覆盖移栽，地膜覆盖的优点是保温、保湿、保肥等。

（三）地膜覆盖栽培

玉米地膜覆盖栽培是在玉米生育期间，通过地面覆盖一层薄膜，并应用优质中晚熟玉米良种、平衡施肥、防治病虫等综合配套技术措施，达到增温、保墒、除草、促进早熟，实现高产的一项新栽培技术。近几年玉米地膜栽培技术已广泛应用于无霜期短、热量不足的冷凉地区，也带动了洋芋、棉花、花生等作物的地膜栽培种植。地膜覆盖是使用化肥和推广杂交种以来玉米生产的又一突破性增产技术。具有明显的增温、保墒、保肥、保全苗、抑制杂草增长、减少虫害、促进玉米生长发育、早熟、增产的作用。旱地、缓坡地或一水地块，覆膜前浅耕，平整地表，耕层深5～8 cm。对土层深厚、肥力中等以上、保水保肥能力较强的望天田、坝地及坡度小于15°的缓坡地可实行地膜覆盖，在土壤墒情较好时及时抢墒覆膜，选用厚度为0.005～0.008 mm、宽度70～80 cm的薄膜或超薄膜（或略小于预留行宽进行膜侧沟播），放苗孔及膜的四周用细土压严盖实，每隔5～7 m压一道腰土防风鼓膜。掌握“盖早不盖晚、盖湿不盖干、膜与土壤充分接触”的原则。玉米大喇叭口期施攻苞肥时揭膜，以免膜内温度太高烧伤根系和底部叶片。

1. 播前准备选好地块，精细整地 地膜玉米应选择土层深厚，土质肥沃的田地种植为宜。在秋深翻的基础上，一犁一耙，把前茬残留根茬、秸秆、石块、废膜等杂物清除干净，达到地表平整，土壤细碎，上虚下实，以便覆膜。

基肥施用与起垄：在播种玉米的行内用犁开15 cm深、20～25 cm宽的沟，先把配备的化肥施入，再混施足量的农家肥，然后进行土壤处理，盖土起垄。一般要求垄高10～12 cm、宽70 cm。基肥亩用优质农家肥1500 kg，玉米配方肥50 kg，玉米配方肥按氮磷钾14∶5∶6的比例配制。土壤处理可选用5%辛硫磷颗粒剂或2%甲基异柳磷粉剂2 kg掺细土30～40 kg，于施好基肥后撒施覆土。

2. 人工盖膜 此项技术与增温保墒关系很大，要针对不同地区的种植制度、栽培水平、选地整地质量和土壤墒情等特点，注意选择地膜的类型、厚度、宽度及覆盖方式，改进盖膜技术，提高盖膜质量。人工盖膜的操作方法，一般每组4人，在垄的一头挖沟，将地膜一端埋入沟内10～15 cm。然后沿垄方向放膜，膜要放正拉紧；两人在垄两侧挖沟，把地膜两边放进沟内，膜边用土埋严压实，保证盖膜质量。

3. 机械铺膜 机械铺膜有许多优点。一是质量好。机械作业能连续开沟、放膜，起土封压地膜，使地膜受力均匀、紧贴地面、压土严实。二是效率高。

4. 盖膜注意事项 把好盖膜质量关，关键是盖膜紧贴地面，铺平压实，加压土带，防止风揭。盖膜质量容易出现的问题，主要表现在地面土块高低不平、粗细不匀、顶破薄膜、跑温漏气，盖膜粗放、不紧不严、风吹揭膜，以及压土过多减少受光面等。这些问题会大大降低盖膜的效果。对此，必须引起高度重视，切实把好盖膜质量关，真正达到严、紧、平、宽的要求，同时做到适墒盖膜。盖膜以前，要注意喷施除草剂。盖膜以后，还要注意护膜净膜，防止人畜践踏弄破薄膜。如有破损，要及时用细土盖严。要经常保持膜面干净，防止泥土遇雨污染膜面。

5. 播种

（1）适时播种　播种适期的确定以出苗避开晚霜期为宜，一般较当地玉米早播 10 d 左右。有灌溉条件的地块先播种，旱地待雨水下透后播种。播种时必须做到足量下种，确保全苗，为此应以每次下种 3 ~ 4 粒为妥，并及时覆土压实。

（2）播种方法

①先覆膜后播种　早春整地后立即覆膜的田块，适播时应采用打孔播种的方法下种。具体做法是用 2 cm 粗的木棒在垄膜播种处扎孔穿 3 ~ 5 cm 深的穴后下种，并立即用土填实种穴，封好膜孔。

②先播种后覆膜　起垄后未覆盖地膜的田块，趁墒先播。播种深度以 3 ~ 5 cm 为宜，每穴下种 3 ~ 4 粒，播种后立即覆好膜。播种一般采用穴播法。一垄双行，每穴 3 ~ 4 粒，行距 40 cm，株距 30 cm。选用的地膜规格为宽 90 cm，厚 0.008 mm。覆膜时，将膜两边每边压入内约 10 cm，铺展拉平，紧贴垄面，用土覆盖严实。

（3）播种密度　播种密度应根据选用品种的特征特性、田块的水肥条件、管理水平等而定。一般田块以每亩 3500 ~ 4500 株为宜。

6. 及时破膜放苗　当田间出苗 50% 左右时，开始分期分批连日破膜放苗。放苗时间：幼苗第一片叶展开后就应及时破膜放苗，防止高温烫伤幼苗叶片。放苗时要掌握放大不放小，放绿不放黄，阴天突击放，晴天避中午，大风不放苗的原则，一般每穴只放一株壮苗，苗孔一般以一寸为宜。放苗应选在无风晴天的上午 10 时前或下午。

参考文献

陈德，2017. 丘陵山区秋玉米高产栽培技术［J］. 南方农机，48（15）：69 – 70.

陈防，鲁剑巍，万运帆，等，1997. 鄂西山区不同海拔高度玉米施钾锌效果［J］. 植物营养与肥料学报，3（2）：191.

陈庆甫，1991. 玉米地膜覆盖栽培应向低山地区发展［J］. 湖北农业科学（3）：37 – 38.

陈艳，黄纯勇，田霖，等，2017. 武陵山区康农玉 999 玉米新品种高产栽培技术［J］. 中国农业信息（13）：69 – 70.

成守安，2017. 山区玉米套种马铃薯栽培技术要点［J］. 南方农业，11（18）：7，9.

崔鸣，2005. 秦巴山区魔芋玉米立体高效种植技术［J］. 耕作与栽培（2）：53 – 54.

杜季能，2015. 四川省宣汉县山地玉米标准化技术模式［J］. 北京农业（2）：37.

方运生，罗建华，刘定和，2014. 高寒山区马铃薯—地膜玉米立体间套高效栽培技术［J］. 北京农业（9）：31 – 32.

封海东，张泽志，张振，等，2018. 北柴胡与玉米套种技术［J］. 湖北农业科学，57（15）：61 – 62，66.

冯春福，王黎明，杜世凯，2012. 武陵山区玉米低产原因及关键增产栽培技术［J］. 现代农业科技（17）：62 – 64，68.

冯士龙，2016. 优质玉米高产栽培技术［J］. 农民致富之友（3）：15.
高剑华，田恒林，张远学，等. 2011. 马铃薯—玉米套作高产栽培技术试验［M］//中国作物学会马铃薯专业委员会. 马铃薯产业与科技扶贫（2011）. 哈尔滨工程大学出版社，2011：3.
高松，2018. 玉米免耕种植技术［J］. 吉林农业（10）：39.
葛均筑，展茗，赵明，等，2013. 一次性施肥对长江中下游春玉米产量及养分利用效率的影响［J］. 植物营养与肥料学报，19（5）：1073－1082.
葛茜，张万春，马晓丽，等，2015. 汉中市丘陵山区马铃薯玉米一体化套种带型试验研究［J］. 陕西农业科学，61（3）：33－35.
郭光耀，2014. 马铃薯－玉米套作高产栽培技术［J］. 农家顾问（3）：40.
韩兴涛，张万磊，田正林，等，2015. 郧阳山区玉米防倒伏田间实验研究［J］. 现代园艺（6）：3－5.
郝兰春，谭秀山，毕建杰，2009. 玉米产量与种植密度的相关性研究［J］. 河北农业科学，13（5）：9－10，23.
何俊欧，凌霄霞，张建设，等，2017. 近35年湖北省低丘平原区玉米需水量及旱涝时空变化［J］. 作物学报，43（10）：1536－1547.
洪波，2016. 鄂西山区玉米免耕高产栽培技术［J］. 北京农业（5）：73.
洪晓强，2001. 秦巴山区春玉米丰产栽培技术研究［J］. 河南农业大学学报（z1）：7－10.
胡发龙，柴强，甘延太，等，2015. 少免耕及秸秆还田小麦间作玉米的碳排放与水分利用特征［J］. 中国农业科学，49（1）：120－131.
黄涛，仇少君，杜娟，等，2013. 碳氮管理措施对冬小麦/夏玉米轮作体系作物产量、秸秆腐解、土壤CO_2排放的影响［J］. 中国农业科学，46（4）：756－768.
纪成，2016. 大豆的轮作和重迎茬保产技术［J］. 农民致富之友（17）：57.
姜心禄，李旭毅，池忠志，等，2013. 四川丘陵山地玉米机械化生产技术［J］. 耕作与栽培（2）：49－50.
姜宇鹏，钱春荣，姜宇博，等，2020. 种植密度对玉米生长发育及产量的影响研究进展［J］. 现代农业科技（3）：25，27.
赖铭隆，王小强，1995. 武陵山区玉米丰产栽培组装技术及其效应［J］. 核农学通讯（1）：33－34.
李冬梅，王春艳，王淑芬，1994. 氮磷肥配合施用对玉米生长发育和籽粒性状的影响［J］. 内蒙古农业科技（6）：12－15.
李建春，2017. 川北旱区玉米高产栽培技术集成与应用［J］. 农业工程技术，37（26）：50.
李洁，晋凡生，张冬梅，等，2016. 播期对不同熟期玉米品种生育期及产量的影响［J］. 农学学报，6（12）：1－7.
李俊，2018. 谷城县推进玉米全程机械化的思路与对策［J］. 湖北农机化（3）：21－22.
李明伟，2005. 锌肥在鄂西山区水稻玉米上的施用方法及效果［J］. 湖北农业科学，44（6）：62－64.
李明学，周立清，田华林，等，2018. 武陵山区双季玉米生长特征及气候适应性分析［J］. 湖南农业科学（10）：39－43.
李胜兰，2016. 玉米种植过程中的整地技术［J］. 吉林农业（20）：83.
李涛，戢正华，蔡建波，等，2020. 丹江口库区坡耕地玉米间作模式经济与环境效益分析［J］. 湖北农业科学，59（7）：77－81.
李文洙，李京浩，彭祥锋，2016. 玉米免耕播种技术要点［J］. 吉林农业（1）：64.

李晓燕，2016. 陕南坡地施用钾肥对玉米产量的影响研究［J］. 乡村科技（2）：5 - 6.
李学玲，2021. 玉米栽培密度研究［J］. 种子科技，39（16）：127 - 128.
李英，2010. 免耕播种的播深和播量对春玉米生长及产量的影响［J］. 北京农业（18）：9 - 12.
李忠英，2003. 陇南地区玉米施钾肥的效果研究［J］. 甘肃农业科技（4）：44 - 45.
李宗新，陈源泉，王庆成，等，2012. 高产条件下种植密度对不同类型玉米品种根系时空分布动态的影响［J］. 作物学报，38（7）：1286 - 1294.
梁永贤，魏廷邦，2022. 氮肥用量与种植密度互作对旱作区玉米光合特性及产量的影响［J］. 中国土壤与肥料（10）：147 - 155.
梁玉红，于丽娜，2020. 优质玉米栽培技术与病虫害防治研究［J］. 新农业（23）：6 - 7.
刘传林，任莅莅，王怀海，等，2016. 秦巴山区玉米品种原生态栽培技术［J］，中国种业（2）：66 - 68.
刘培勋，刘和平，罗仁革，等，2016. 秦巴山区玉米魔芋间作高效种植技术［J］. 四川农业科技（11）：24 - 25.
刘晓敏，2019. 玉米后期降氮对产量的影响［J］. 现代化农业（6）：19 - 20.
刘兴文，1996. 玉米移栽的最佳苗龄期［J］. 农村百事通（4）：26.
卢庭启，张华，税红霞，等，2019. 四川丘陵区雨养条件下播期对玉米产量和品质的影响［J］. 农业科技通讯（12）：5.
罗晓明，2017. 墨江县孟弄乡坡耕地免耕玉米种植效益分析［J］. 农家参谋（6）：17.
马兰，2016. 玉米生长发育与环境条件的关系探讨［J］. 现代农业科技（6）：203 - 204.
马晓丽，张万春，李厚华，等，2015. 陕南丘陵山区玉米在“3414”试验中的氮磷钾效应［J］. 安徽农业科学，43（22）：78 - 79，98.
毛亚勋，卢峰，何晓明，2010. 玉米免耕栽培技术试验效果效益分析［J］. 耕作与栽培（5）：45，54.
牛丽群，2023. 玉米不同生长阶段的田间管理工作［J］. 种子科技，41（8）：60 - 62.
庞业文，2012. 武陵山区旱作一年四熟高产高效栽培技术［J］. 现代农业科技（13）：44.
彭宣和，王军民，肖能武，等，2012. 鄂西北地区玉米高产栽培技术［J］. 吉林农业（12）：85.
蒲旭，2016. 宣汉县山地玉米全程机械化配套种植技术［J］. 四川农业与农机（6）：43 - 43.
瞿晓苍，2016. 秦巴山区地膜马铃薯春玉米规范间套集成栽培技术［J］. 科学种养（1）：14 - 15.
任佰朝，李利利，董树亭，等. 2016. 种植密度对不同株高夏玉米品种茎秆性状与抗倒伏能力的影响［J］. 作物学报，42（12）：1864 - 1872.
税红霞，王秀全，卢庭启，等，2017. 川北丘区玉米改土培肥高产增效技术研究［J］. 安徽农学通报，23（2）：13 - 16.
宋亮，2003. 陇南地区马铃薯 - 玉米 - 大蒜“三熟”高效栽培技术［J］. 甘肃农业（4）：56 - 60.
孙胜，黄川，2016. 丘陵山区玉米高产栽培技术探索与实践［J］. 农业科技通讯（3）：133 - 135.
唐余成，周刚，杨虎，等，2022. 十堰市青贮玉米一年两季高产栽培模式研究［J］. 现代农业科技（19）：23 - 28，36.
王安忠，郑光跃，2011. 丘陵山区秋玉米高产栽培技术［J］. 四川农业科技（8）：22.
王华，马尚万，赵军，2018. 秭归县玉米全程机械化项目作业情况报告［J］. 湖北农机械化（7）：26 - 27.
王沛，1999. 玉米等作物茬口效应综述［J］. 国外农学 - 杂粮作物，19（4）：34 - 35.
王润记，1989. 旱地春玉米制种整地技术［J］. 种子科技（4）：2.

王习林，刘鑫，2016. 陕南浅山丘陵马铃薯玉米间套作种植模式攻关技术探讨［J］. 农业科技通讯（6）：223－224，226.

王祖桥，谢世学，解松峰，2012. 陕南秦巴山区河谷川道玉米生姜立体高效种植技术［J］. 陕西农业科学，58（6）：247－249.

卫丽，马超，黄晓书，等，2010. 控释肥对夏玉米碳、氮代谢的影响［J］. 植物营养与肥料学报，16（3）：773－776.

魏旭斌，2005. 陇南地区春播玉米春旱时可采用地膜窝播［J］. 农业科技与信息（2）：7.

吴承国，肖能武，周刚，等，2016. 鄂西北山地夏玉米全程机械化生产技术集成研究［J］. 安徽农业科学，44（32）：9－11.

习慧梅，2015. 山地玉米丰产栽培新技术［J］. 农村实用技术（4）：36－38.

向传术，2013. 丘陵山区玉米免耕栽培法［J］. 中国科技投资（A23）：305.

向发洪，王黎明，刘传兵，等，2010. 武陵山区玉米高产栽培技术［J］. 现代农业科技（1）：72－72.

徐海军，李勤，张秀英，等，2018. 不同种植密度对玉米新品种汉玉 9 号产量的影响［J］. 陕西农业科学，64（8）：59－61，100.

徐祥玉，彭成林，袁家富，等，2010. 鄂西山区玉米不同磷钾用量对产量及养分积累的影响［J］. 湖北农业科学，49（12）：3011－3014.

徐玉华，赵强，史崇英，等，2010. 汉中市玉米高产集成配套栽培技术［J］. 陕西农业科学，56（6）：208－210.

薛吉全，马国胜，陆海东，等，2002. 秦巴高海拔山区春玉米高产高效施肥技术研究［J］. 玉米科学，10（3）：78－81.

薛源清，张满良，张俊丽，等，2018. 种植密度对玉米品种产量及主要农艺性状的影响［J］. 农业科技通讯（4）：76－78.

杨海龙，付俊，张丽丽，等，2017. 积温在玉米熟期分类上的应用［J］. 农业科技通讯（5）：177－178.

杨家利，2011. 玉米免耕栽培技术［J］. 吉林农业（19）：64.

杨克梅，彭涛，2012. 对秦巴山区玉米生产的若干思考［J］. 陕西农业科学，58（1）：162－164.

杨启金，2016. 山区玉米高产栽培技术探索［J］. 低碳世界（7）：219－220.

杨小华，杨军，骆亚军，等，2012. 近 51 年鄂西山地降水变化特征及突变分析［J］. 安徽农业科学，40（7）：4254－4258，4262.

杨孝楫，1999. 秦巴山区粮薯间套高产栽培技术［J］. 马铃薯杂志（3）173.

姚平，2014. 川北丘区玉米高产栽培技术［J］. 农家科技（12）：59.

姚启伦，2006. 播期效应对武陵山区地方玉米品种经济性状配合力的影响［J］. 西北农林科技大学学报（自然科学版），34（11）：61－64.

易法栋，沈康荣，1984. 鄂西北高寒山区玉米地膜育苗栽培试验示范增产效果［J］. 湖北农业科学（2）：12－16.

易永，李民华，姚秋云，等，2018. 种植密度对武陵山区夏玉米生长和产量的影响［J］. 湖北农业科学，57（10）：21－23，30.

于丽，2016，春玉米免耕种植技术［J］，新农业，2016（13）：19－20.

张长军，2014. 玉米塑盘育苗定向移栽技术［J］. 农家参谋，645（3）：13.

张凡，2008. 十堰山区不同海拔玉米高产模式［J］. 农业科技通讯（8）：124－126.

张军旗，2017. 有效积温数值在玉米选育生产上的修订与应用［J］. 现代农业科技（10）：190－191.

张小霞，2011. 春玉米移栽地膜栽培新技术［J］. 农业技术与装备（24）：71－72.

张友君，袁永召，张新柱，2014. 武陵山区不同海拔高度春玉米最适播种期研究［J］. 现代农业科技（20）：20，22－24.

张云慈，李月霞，2014. 玉米生长发育和环境的关系［J］. 现代农业科技（2）：87－88.

赵斌，董树亭，张吉旺，等，2012. 不同控释肥对夏玉米籽粒品质的影响［J］. 山东农业科学，44（8）：69－72.

赵春永，张瑞，2018. 玉米免耕种植技术［J］. 吉林农业（7）：31.

赵存厚，2019. 陕西洛南县山区玉米生产的制约因素与高产种植技术［J］. 农业工程技术（8）：69.

赵刚，王淑英，樊廷录，等. 2018，西北旱塬区不同株型玉米增密对产量的影响［J］. 干旱地区农业研究，36（4）：101－108.

赵利梅，王贵平，高炳德，等. 2000. 氮磷钾平衡施肥对春玉米籽粒建成及品质形成影响的研究［J］. 内蒙古农业大学学报（21）：16－20.

赵强，屈发科，张万春，2009. 汉中丘陵山区玉米综合高产栽培技术［J］. 陕西农业科学，55（1）：203－204.

赵永翔，2015. 清中期秦巴山区玉米种植及其影响［J］. 华中农业大学学报（社会科学版），（2）：133－140.

郑全新，2021. 玉米免耕播种技术推广应用初探［J］. 种子科技（9）：46－47.

郑伟，边丽梅，董喆，等，2021. 不同种植密度对玉米品种产量形成及生长发育特性的影响［J］. 陕西农业科学（8）：52－55.

中华人民共和国工业和信息化部，2011. 控释肥料：HG/T4215－2011［S］.

中华人民共和国国家质量监督检疫总局，中国国家标准化管理委员会，2009. 缓释肥料：GB/T 23348－2009［S］.

周涛，刘运华，2010. 秦巴山区玉米生产存在问题及对策［J］. 现代农业科技（7）：112.

朱凤娟，邱正明，聂启军，等，2013. 鄂西山区越夏甜玉米栽培技术［J］. 长江蔬菜（5）：11－13.

朱凤娟，邱正明，聂启军，等，2014. 鄂西山区不同海拔与播期对甜玉米生长的影响［J］. 湖北农业科学，53（5）：1069－1072.

朱祥芬，刘好梁，杨秀乾，等，2020. 湖北省山地春玉米机械化生产现状及其制约因素［J］. 安徽农业科学，48（2）：248－252.

第四章 防病治虫除草

病害、虫害和草害是玉米整个生长发育过程中，要时刻面临的生物因素逆境胁迫，它们使玉米植株生长发育受阻、死亡，严重影响玉米的品质和产量，本章即对玉米生长期主要的病、虫、草害的发生和防治分别进行阐述。

第一节 玉米主要病害及其防治

一、玉米主要病害种类

全世界现已有报道的玉米病害多达 80 余种，中国有 30 多种，主要为害玉米根、茎、叶和穗部。我国玉米种植带范围广泛，各种植生态区由于气候、栽培、生态等条件及主栽品种的影响，病害种类及发生频率和程度是不相同的。

秦巴山区地理气候条件和种植制度多变，玉米病害流行比较复杂，常见病害有 20 多种，主要有大斑病、小斑病、矮花叶病、纹枯病、穗粒腐病、黑粉病等。大田常常几种病害同时发生，如玉米大斑病、弯孢叶斑病和灰斑病经常混合发生。

（一）病毒性病害

由病毒引致植株矮缩、花叶等畸形的一类系统性侵染病害。常见有矮花叶病（别名花叶条纹病、花叶病毒病、条纹花叶病、黄绿条纹病等）、红叶病、粗缩病和鼠耳病等，造成玉米产量降低、品质下降，对玉米生产危害严重。

1. 矮花叶病 玉米矮花叶病是禾本科作物的重要病毒病害，是我国玉米产区的主要病害之一，该病害具有暴发性。

（1）病原 矮花叶病原为病毒，造成严重为害的玉米矮花叶病病毒主要有两类，一类为 1965 年 Willims 确定的由玉米矮花叶病毒（Maize dwarf mosaic virus，MDMV）侵染所致的玉米矮花叶病，另一类是由甘蔗花叶病毒（Sugar cane mosaic virus，SCMV）侵染所致的玉米矮花叶病。中国学者曾认为，矮花叶病在中国由玉米矮花叶病毒 MD-MV-B 株系引起，目前已证实，SCMV 是中国玉米矮花叶病的主要病原。

（2）传播途径 玉米矮花叶病毒来源，一是种子带毒，二是越冬杂草上寄生。毒源主要借助蚜虫吸食叶片汁液而传播，枝叶摩擦和种子也有传毒作用。蚜虫介体，主要是麦二叉蚜、高粱缢管蚜、玉米蚜、桃蚜和菜蚜等，以麦二叉蚜最为重要。初侵染毒源来自多年生禾本科杂草。初春，越冬蚜虫复苏或越冬卵孵化为若虫后，在新长出的带毒杂草嫩叶上取食而使蚜虫获毒，有翅蚜迁飞将病毒传播到春玉米及杂草上，以后在春、夏玉米上辗转为害，造成病害流行；夏玉米收获后，蚜虫又回到杂草上产卵或以若虫越冬。玉米种子带毒不仅为矮花叶病提供初侵染源，而且为病毒的远距离传播创造了条件。但不同玉米品种，种子带毒率存在差异，一般为0.15%～6.52%。矮花叶病毒经由玉米种子传播过程中，主要通过被侵染的种皮和胚乳来完成，花粉不能带毒传播。

（3）发生规律　影响玉米矮花叶病发生流行的因素较多，病害的流行及程度，取决于品种抗性、毒源及介体发生量，以及气候和栽培条件等。田间观测玉米矮花叶病的发病适温为20～30 ℃，超过30 ℃病害隐症。25 ℃以上，30 ℃以下，温度越低潜育期越长，病症不太明显，发病率也低；温度越高潜育期越短，病症越明显，发病率也越高。

传毒介质为蚜虫，田间虫口量大，迁徙频繁，均易造成感病期玉米植株染病，导致发病率明显增加。6—7月是蚜虫迁飞高峰期，蚜量大，引起病害流行，这个期间的降雨次数、降雨量对蚜虫繁殖为害影响大，生产中，若大面积种植易感病玉米品种，在对蚜虫活动有利的气候条件下，即5—7月天气干旱、降雨不多，不利于玉米生长发育，利于蚜虫繁殖、迁飞，蚜虫将迁飞到玉米田吸食传毒，大量繁殖后辗转为害，从而造成该病流行。播期对病害的影响主要与传毒蚜虫有关。春玉米晚播，夏玉米早播，玉米幼苗期正值麦收前后为蚜虫迁移高峰期，扩大了侵染，则发病严重。降雨次数多，雨量充沛的年份，不利于蚜虫迁飞和传毒，病害发生轻。所以，灭蚜是预防矮花叶病的有效措施。

研究发现，20世纪90年代以来，中国玉米矮花叶病流行的主导因素是品种（自交系）抗病性普遍较差，加上适宜的气象条件和较多的蚜虫数量成为该病流行成灾的重要原因。美国从20世纪60年代起至今持久地进行玉米矮花叶病基础研究，利用高抗自交系Pa405和B68作为抗病亲本，通过系谱法和回交改良成功地将抗病基因导入甜玉米种质中，得到了一批高抗玉米矮花叶病的甜玉米材料，成功解决了美国甜玉米种质中严重缺乏抗矮花叶病基因的问题。因此，培育和种植抗病品种应是有效防治玉米矮花叶病的最佳途径。

（4）危害症状　玉米全生育期均可感染，受害幼苗最初在心叶基部叶脉间出现许多椭圆形褪绿小点或斑纹，沿叶脉排列成断续的长短不一的条点，病情进一步发展，叶片上形成较宽的褪绿条纹，尤其新叶上明显，叶绿素减少，叶色变黄，组织变硬，质脆易折断，有的从叶尖、叶缘开始，出现紫红色条纹，最后干枯。一般第一片病叶失绿带沿叶缘由叶基向上发展成倒“八”字形，上部出现的病叶待叶片全部展开时，即整个成为花叶。病株黄弱瘦小，生长缓慢，株高不到健株一半，多数不能抽穗而早死，少数病株虽能抽穗，但穗小，籽粒少而秕瘦。病株根系发育弱，易腐烂。

带毒种子萌芽出土后成为发病中心。病叶间相互摩擦也能传毒。感病越早，病株矮化越明显。

（5）对玉米生长和产量的影响　玉米矮花叶病是世界也是我国玉米主要病害之一，在我国分布甚广，玉米重要栽培区都有此病发生，但在我国的西南及西北地区的局部为害较重。玉米整个生育期都能感染发病，幼苗期到抽雄前最易感病，以苗期感染发病受害最重，抽雄后发病受害较轻。玉米植株受侵染后约有 7 ~ 15 d 的潜育期，受侵染的部位褪绿黄化，影响光合作用，重病植株还会表现出不同程度的矮化，株高降低 1/3 ~ 1/2，且雄穗扭曲或抽不出来，所结的玉米穗籽粒瘦小、千粒重较低，重者减产 80% ~ 100%，轻者减产 20% 左右。

2. 粗缩病　玉米粗缩病（maize rough dwarf disease，简称 MRDD）是由灰飞虱传播的一种病毒病，为玉米生产上的重要病害之一。

（1）病原　引起玉米粗缩病的病原有 4 种：玉米粗缩病毒（MRDV）、马德里约柯托病毒（MRCV）、水稻黑条矮缩病毒（RBSDV）和南方黑条矮缩病毒（SBSDV）。它们都属于呼肠孤病毒科（Reoviridae）斐济病毒属（Fijivirus），只能通过昆虫介体进行传播。经鉴定，引起我国玉米粗缩病的病原主要是 RBSDV。

玉米粗缩病毒寄主范围广泛，除玉米外，还可侵染 57 种禾本科植物。

（2）传播途径　病毒粒体为球状，钝化温度为 80 ℃，20 ℃可存活 37 d。病毒借昆虫传播，主要传毒昆虫为灰飞虱，属持久性传毒。潜育期 15 ~ 20 d。还可侵染小麦（引起蓝矮病）、燕麦、谷子、高粱、稗草等。主要在小麦和杂草上越冬，也可在传毒昆虫体内越冬。第二年当玉米出苗后，小麦和杂草上的灰飞虱即带毒迁飞至玉米上取食传毒，引起玉米发病。在玉米生长后期，病毒再由灰飞虱携带向高粱、谷子等晚秋禾本科作物及马唐等禾本科杂草传播为害，秋后再传向小麦或直接在杂草上越冬，构成发病循环。

（3）发生规律与条件　玉米粗缩病的发生程度与当年灰飞虱的虫口密度和带毒虫率呈正相关，发生发展与灰飞虱在田间的活动有密切的关系。当田间小麦近于成熟时，第一代灰飞虱带毒传向玉米，因此播种越早发病越重，一般春玉米发病重于夏玉米，夏玉米套种发病重于纯作玉米。

由于该病毒和其介体灰飞虱的寄主范围都非常广泛，包括小麦、水稻、玉米及看麦娘、狗尾草、稗草、画眉等多种禾本科杂草，病毒常年在各种寄主之间循环寄生，保证了病毒的来源。因此，在玉米粗缩病流行地区，因管理粗放而田间杂草多或麦/玉米种植模式是玉米粗缩病易暴发流行的主要原因之一。

玉米 5 叶期以前易感病，10 叶期以后抗性增强，即便受侵染发病也轻。试验证明玉米出苗至 5 叶期如果与传毒昆虫迁飞高峰相遇，发病严重，所以玉米播期和发病轻重关系密切。

（4）危害症状　玉米粗缩病又称“坐坡”，玉米整个生育期都可感染发病，以苗期受害最重，5～6 叶期即可显症，开始在心叶基部及中脉两侧产生透明的油浸状褪绿虚线条点，逐渐扩及整个叶片。病苗浓绿，叶片僵直，宽短而厚，心叶不能正常展开，病株生长迟缓、矮化叶片背部叶脉上产生蜡白色隆起条纹，用手触摸有明显的粗糙感，植株叶片宽短僵直，叶色浓绿，节间粗短，顶叶簇生状如君子兰。叶背、叶鞘及苞叶的叶脉上具有粗细不一的蜡白色条状突起，有明显的粗糙感，又称脉突。至 9～10 叶期，病株矮化现象更为明显，上部节间短缩粗肿，顶部叶片簇生，病株高度不到健株一半，多数不能抽穗结实，个别雄穗虽能抽出，但分枝极少，没有花粉。果穗畸形，花丝极少，植株严重矮化，雄穗退化，雌穗畸形，严重时不能结实。

（5）对玉米生长和产量的影响　1993 年以来，玉米粗缩病（MRDV）的发生具有明显上升之势，一般病田病株率 40%，平均减产 10%～30%，病株中有 85.2% 的植株基本绝产，株高仅为健株的 1/2，无雌穗或雌穗无粒。如何控制玉米病毒病，尤其是玉米粗缩病（MRDV）的危害，已成为一个极具现实意义的问题。

3. 红叶病

（1）病原　玉米红叶病（Corn Yellow Dwarf），又称玉米黄矮病，病原物为大麦黄矮病毒 Barley yellow dwarf virus，简称 BYDV。

（2）传播途径　黄矮病毒主要危害麦类作物，也侵染玉米、谷子、糜子、高粱及多种禾本科杂草。该病毒由蚜虫以巡回型持久性方式传播，传毒蚜虫主要有禾谷缢管蚜、麦二叉蚜、麦长管蚜、麦无网蚜和玉米蚜等。蚜虫不能终生传毒，也不能通过卵或胎生若蚜传至后代。在冬麦区，传毒蚜虫在夏玉米、自生麦苗或禾本科杂草上危害越夏，秋季迁回麦田危害。传毒蚜虫以若虫、成虫或卵在麦苗和杂草基部或根际越冬。翌年春季又继续危害和传毒。病毒在寄主体内系统分布。冬季，病毒多聚集在分蘖节部位越冬。次年拔节时沿筛管细胞移动，多集中在茎、叶部位。在叶和根的筛管细胞质内可见到病毒粒体。16～20 ℃时，病毒潜育期为 15～20 d，温度低，潜育期长，25 ℃以上隐症，30 ℃以上不显症。麦二叉蚜在病叶上吸食 30 min 即可获毒，在健苗上吸食 5～10 min 即可传毒。获毒后 3～8 d 带毒蚜虫传毒率最高，可传 20 d 左右。以后逐渐减弱，但不终生传毒。刚产若蚜不带毒。

（3）发生规律　秋、春两季是黄矮病传播侵染的主要时期，春季更是主要流行时期。玉米红叶病发生流行与传毒介体、寄主抗性和栽培管理有关。麦田发病重，传毒蚜虫密度高，玉米发病也加重。田间蚜虫发生的早晚、数量及活动程度与病害流行程度密切相关。一般降雨少、气候温和、干燥，易导致蚜虫发生早、数量大，易引起病害严重流行，反之则发病轻。不同玉米品种间存在感病性和抗病性的明显差异，户单 4 号发病尤其重。感病品种种植面积越大，病害造成的损失越大；如果大面积种植抗病品种，则可以明显控制病害的发生，是预防病害大流行的关键措施。玉米红叶病的发生与该品种灌浆快慢有关，当大量合成的糖分因代谢失调不能迅速转化则变成花青素，绿叶变红；

在玉米灌浆期若遇低温、阴雨，则叶片变红。自生苗等病毒寄主量大，麦田间蚜虫口密度大易造成红叶病的大流行；阳坡发病重、阴坡轻，旱地重、水浇地轻，粗放管理重、精耕细作轻，瘠薄地重。

（4）危害症状　玉米感染红叶病后，叶绿体色素遭到破坏，降低了光合作用，使植株发育生长受阻。玉米红叶病的症状随植株龄期不同而异。在抽穗前由上部叶片开始，从叶尖变红或紫红并向下干枯，病叶光亮，质地略硬。灌浆期症状特别明显，最后整株叶片、叶鞘、茎、穗全部变红或紫红色，但也有少数植株叶片不红化，仅在叶中央或边缘呈条状纹，叶片黄化干枯死亡。发病早的植株矮小，茎秆细瘦，叶片狭小。

（5）对玉米生长和产量的影响　红叶病在秦巴山区的一些玉米种植区有不同程度的发生，对玉米产量造成的直接损失为10% ~20% ，损失严重者可达30% 。

4. 鼠耳病

（1）病原　玉米鼠耳病毒（Maize wallaby ear virus，MWEV）为双链RNA病毒，基因组包含10条dsRNA，病毒粒子为球状，由外膜包裹，直径约为85nm。MWEV目前还没有明确的分类地位，但研究结果显示MWEV与呼肠孤病毒科斐济病毒属的病毒成员有较多相似性，例如带毒的玉米和叶蝉提取物可以与MRDV特异抗体发生反应，且两者具有相似的dsRNA电泳图谱，因此推测其可能为该病毒属成员。

（2）传播途径　鼠耳病毒可通过叶蝉取食及根部嫁接传播，种子、土壤、机械方法及其他昆虫均不能传毒，我国发生的MWEV仅与二点叶蝉 Cicadulina bipunctella（Mats.）及斑翅二室叶蝉 Balclutha punctata（Fabricius）有关。

（3）发生规律　玉米鼠耳病最早于1910年在澳大利亚昆士兰被发现，因感病玉米叶片症状类似于当地有袋动物耳朵而被形象地称为玉米鼠耳病。1988年我国四川南充暴发了一场毁灭性的玉米病害，最终被确认为鼠耳病，由此该病害开始被我国专家重视。随后在2001年贵州省也暴发了此病害。目前玉米鼠耳病主要在我国的四川北部、重庆及贵州地区发生。

（4）危害症状　发生玉米鼠耳病的玉米植株矮小，节间缩短，叶片厚小，叶缘内卷，叶被有白色蜡泪状瘿瘤，发病严重时呈交错网格状，心叶卷缩，根系短小，易折断。雌雄穗畸形，花粉与籽粒均少或无。

（5）对玉米生长和产量的影响　20世纪80年代，玉米鼠耳病在我国西南地区一度成灾。雌雄穗畸形，花粉与籽粒均少或无，玉米减产严重。

（二）细菌性病害

为害玉米根茎部或叶茎部细菌性病害有茎腐病、枯萎病、内州萎蔫病等；为害叶部细菌性病害有叶疫病、条纹病、褐斑病、叶斑病等。

1. 茎腐病　在已报道的玉米病害中，玉米细菌性茎腐病是一种重要的细菌病害。

（1）病原　玉米细菌性茎腐病主要由玉米狄克氏菌（*Dickeya zeae*）引起，也有研究发现短小芽孢杆菌（*Bacillus pumilus*）、铜绿假单胞菌（*Pseudomonas aeruginosa*）和成团泛菌（*Pantoea agglomerans*）也可以引起玉米细菌性茎腐病。近年也有报道称极端东方假单胞菌（*P. extremorientalis*）也可以引起玉米细菌性茎腐病。*D. zeae* 的寄主范围很广，可以侵染马铃薯的块茎，洋葱鳞茎，豆类果荚，胡萝卜、萝卜和甜菜的根茎，番茄、茄子、辣椒和木瓜的果实，高粱、谷子、茄子、番茄、烟草和甘蓝的整个植株。*D. zeae* 是一种革兰氏阴性细菌，大小为（0.8～3.2）μm×（0.5～0.8）μm（平均 1.8 μm×0.6 μm），周生鞭毛 3～14 根，通常为 6～8 根。在 King's B 培养基上菌落呈白色、黏稠和光滑，病原菌最适生长温度为 32～36 ℃。

（2）传播途径　玉米细菌性茎腐病菌主要在田间病残体上越冬，翌年从植株气孔、伤口和叶鞘间隙侵染寄主。低温可使病原菌在病残体中存活更长时间。在病残体中，*D. zeae* 可以在 20～28 ℃下存活 8 个月，在 0～5 ℃下可以存活 22 个月。玉米螟也是玉米细菌性茎腐病病菌的传播介体，其携带的细菌可以从虫蛀伤口侵入玉米植株，玉米 60 cm 高时组织柔嫩易发病，害虫为害造成的伤口利于病菌侵入，害虫携带病菌同时起到传播和接种的作用。病菌还可以在种子中存活，并通过种子运输的方式传播病害。

（3）发生规律　气候和土壤肥力是影响玉米细菌性茎腐病流行的重要因素。陈斌等（2021）报道，有研究发现，玉米细菌性茎腐病最适发病温度是 35 ℃，最适相对湿度为 70%。且多个品种在不同的生长季中，光照时间与玉米细菌性茎腐病发病率均呈正相关，即光照时间越长，玉米细菌性茎腐病发病率越高。

高温高湿利于发病。均温 30 ℃左右，相对湿度高于 70% 即可发病；均温 34 ℃，相对湿度 80% 扩展迅速。地势低洼或排水不良，密度过大，通风不良，施用氮肥过多，伤口多发病重。轮作，高畦栽培，排水良好及氮、磷、钾肥比例适当地块，植株健壮，发病率低。

不同生态区病原菌分离频率不同，同一生态区内病原菌分离频率在年度间、区域间存在明显差异。多雨地区往往以腐霉菌型茎基腐为主，而在干旱地区以镰刀菌型茎基腐为主。该病属于典型的土传病害，病菌在病残体组织内外、土壤中存活越冬，成为翌年主要侵染源。在田间可借风雨、灌溉水、机械和昆虫进行传播，发生多次再侵染。连作年限越长，土壤中积累病菌越多，发病重。而生茬地菌量少发病轻。

一般早播和早熟品种发病重，这是因为土壤中适宜的温湿度病菌孢子易萌发，与玉米的适宜生育期相吻合，导致发病率增高。一般平地发病较轻，洼地发病重。土壤肥沃，有机质丰富，排灌条件良好，玉米生长健壮的发病轻，而沙质土壤瘠薄，排水条件差，玉米生长弱而发病重。玉米散粉期至乳熟初期遇大雨，雨后天晴，气温回升快，青枯症状出现较多。

（4）危害症状　该病害主要危害中部叶茎和叶鞘，玉米 10 片叶时，叶鞘上出现水渍状腐烂，病组织开始软化，散发出腐臭味。叶鞘上病斑呈不规则形，边缘浅红褐色，病健组织交界处水渍状尤为明显。湿度大时，病斑向上下迅速扩展，严重时植株常在发病后 3 ~4 d 病部以上倒折、倒伏，溢出黄褐色腐臭菌液。在干旱的条件下发展较慢，但也往往因病株中部折断而不能抽穗结实。病菌存于土壤中病残体上，自植株的气孔或伤口侵入。高温高湿，害虫为害造成伤口时发病严重。

主要为害玉米的茎秆，一般发病田块病株率 70% 左右，病株 1/3 ~ 1/2 叶片发黄，较周边健株矮 1/4 ~ 1/3；发病严重田块，病株率达 100%，病株 1/2 ~ 2/3 叶片发黄，较周边健株矮 1/2 ~ 1/3，程度严重的要毁种。

（5）对玉米生长和产量的影响　玉米茎腐病最早在 20 世纪 20 年代在韩国发生，并于 20 世纪 50—60 年代传入我国，目前，在我国各种植区均有该病发生，给玉米生产造成了不同程度的损失。

2. 枯萎病　玉米细菌性枯萎病曾是我国进境危险性检疫病害，迄今在我国还未有发生。该病起源于美洲，此后相继在世界上其他玉米生产区发现，主要发生在北美洲、欧洲和南部非洲的一些国家和地区，如美国的马里兰州、加拿大、墨西哥、巴西、意大利、波兰等。

（1）病原　学名：*Erwiniastewartii*（Smith）Dye，异名：*Pantoea stewartii subsp. stewartii*（Smith）Mertaert et al.（现用名），英文名：Stewart's bacterial wilt of corn。分类地位：原核生物界，薄壁菌门，肠杆菌科，多源菌属。引起该病的病原是斯氏泛菌 *Pantoea stewartii* Mergaert，是一种无鞭毛、不产生芽孢、革兰氏染色阴性、兼性厌氧杆菌，大小为（0.4 ~0.7）μm ×（0.9 ~2.0）μm，以单个或短链形式存在。在葡萄糖琼脂培养基上形成奶黄、柠檬黄或橙黄色菌落。

（2）传播途径　病菌通过病种子进行远距离传播，病区通过玉米叶甲和杂草寄主传播并越冬。玉米细菌性枯萎病是维管束型病害，受害后植株矮缩或枯萎，对玉米特别是甜玉米能造成极大危害。

（3）发生规律　在玉米生长的各个阶段均能发生，但以开花前最明显。它是一种典型的维管束萎蔫性细菌病，玉米的茎、叶、雄穗和果穗均可被害。

（4）危害症状　该病在玉米生长的各个时期都能发生，玉米的各个部位都可以受到侵染。主要症状为植株矮化和枯萎。幼苗感病源于种子带菌。叶片首先表现水渍状其后叶片变褐色，卷曲，幼苗枯萎或矮缩。

病株上的病菌可以由鞘翅目跳甲取食传至健株。昆虫传染的叶片首先自昆虫取食处开始，发生水渍状斑点，然后逐渐向上下扩展，形成不规则形淡绿色或黄色的条纹，随着条纹的扩展，叶片萎蔫死亡，中后期症状类似水稻白叶枯病。重病株可以全株萎蔫枯死，轻病株多半矮化，茎节变褐，雄蕊早熟，枯萎变白，雌蕊不孕或产生发育不全的果穗。其上所结的种子，内部可能带菌，如果将病株的茎、叶、花序等部分加以横切，则有黄色黏液（菌脓）从维管束切口处溢出，易拉成丝。

（5）对玉米生长和产量的影响　该病一旦发生，能造成严重的产量损失，对甜玉米的危害尤为严重，可减产 90% ~100%。

3. 叶斑病

（1）病原　目前已经报道的由细菌引起的玉米叶部病害有以下几种：斯氏泛菌（*Pantoea stewartii* Mergaert *et al.*）引起的细菌性枯斑病（stewart's wilt）；高粱假单胞菌［*Pseudomonas andropogonis*（Smith）Stapp］引起的细菌性条纹病（bacterial stripe）；丁香假单胞菌丁香变种（*P. syringaepv. syringaevan* Hall）引起的细菌性褐斑病（holcus spot）；燕麦食酸菌燕麦亚种（*Acidovorax avenaesubsp. avenae* Willems *et al.*）引起的细菌性叶疫病（bacterial leaf blight）；野油菜黄单胞菌绒毛草致病变种［*Xanthomonas campestrispv. holcicola*（Elliott）Dye］引起的细菌性叶斑病（bacterial leaf spot）；密执安棒形杆菌内布拉斯加亚种［*Clavibacter michiganensissubsp. nebraskensis*（Vidaver）Davis *et al.*］引起的戈氏细菌性萎凋病（Goss's bacterial wilt and blight）；丁香假单胞菌燕麦晕斑致病变种（*Pseudomonas syringaepv. coronafaciens*）（syn. P. coronafacienspv. zeae）引起的巧克力斑点病（chocolate spot）；凤梨泛菌［*Pantoea ananatis*（Serrano 1928）］引起的细菌性白斑病（white spot）；巨大芽孢杆菌［*Bacillus megaterium*］引起的玉米细菌性叶斑病等。

（2）传播途径　可在玉米种子或病残体、土壤、粪肥、杂草寄主或昆虫体内越冬或越夏，成为下一个生长季的初侵染源，并能在田间发生再侵染。一般高温、多雨、潮湿天气有利于细菌病害的发生。细菌通过寄主的伤口或气孔、水孔、皮孔等自然孔中侵入；田间主要通过雨水、灌溉流水、介体昆虫或农事操作等传播。暴雨等不良条件不但易使植物表面产生伤口，而且利于细菌的传播及削弱寄主植物的抗病性，诱发细菌病害流行。

（3）发生规律　随着全球气候变化、新品种的推广，玉米细菌性叶斑病危害也可能逐步扩散。该病的发生与环境温度和湿度有很大的关系，当气候温暖、多雨时，有利病害发生。2008 年夏季全国降雨量普遍较大，气温略低于常年，因此导致该病害在局部地区发生较往年严重。由于细菌性叶斑病发生地域广泛，同时寄主类型（普通玉米、鲜食玉米等）和寄主品种多、发病的环境条件多样，因此在症状上表现为多样性。

（4）危害症状　主要发生在玉米叶片上，目前我国发生的玉米细菌性叶斑病归纳为 4 种主要症状类型：枯死斑型、褪绿斑型、条斑型和褐斑型。

枯死斑型（初期感病植株的叶片上出现平行于叶脉的褪绿条带，整个叶片上分散有小的黄色水浸状斑点，随着病害的发展，病斑逐渐扩大，变为黄色干枯的坏死斑；感染后期，病斑扩大并相互结合，在叶片上形成大面积的枯死斑，进而引起叶片枯死）。

褪绿斑型（初期感病植株的叶片上分散有黄色水浸状不规则斑点，随着病害的发展，病斑逐渐扩大，变为黄色至褐色坏死斑，且坏死斑周围有黄色晕圈围绕；病斑经常沿着叶脉方向平行扩展；感染后期，病斑扩大并相互结合，在叶片上形成大面积的褪绿坏死斑）。

条斑型（典型症状为植株矮缩和萎蔫。叶片形成淡绿色至黄色、具有不规则或波浪状边缘的条斑，与叶脉平行，有的条斑可以延伸到整个叶片的长度，病斑干枯后呈褐色。受害严重的植株表现为明显矮缩，甚至萎蔫）。

褐斑型（发病初期，叶片上出现小点状褪绿斑，病斑逐渐扩展，呈圆形或椭圆形，病斑变褐且周围有褪绿晕圈，受害严重的植株病斑连片，导致叶片枯死）。

（5）对玉米生长和产量的影响 该病分布于世界温暖潮湿的玉米种植区，在玉米生产上具有一定的影响。细菌侵染玉米叶片后，引起叶肉组织发病，细胞坏死，最终导致叶片早衰和枯死，致使植株提早失去充足的光合能力，同化产物减少，玉米籽粒因营养不足而灌浆不充分，造成减产。

（三）真菌性病害

1. 瘤黑粉病

（1）病原 玉米瘤黑粉菌［*Ustilago maydis*（DC.）Corda］为担子菌门黑粉菌属。冬孢子球形或椭圆形，暗褐色，壁厚，表面有细刺。玉米瘤黑粉菌有生理分化现象，存在多个生理小种。冬孢子无休眠期，在水中和相对湿度 98%～100% 条件下均可萌发，萌发的适温为 26～30 ℃。担孢子和次生担孢子的萌发适温为 20～26 ℃，侵入适温 26～35 ℃。分散的冬孢子不能长期存活，无论在地表或土内，集结成块的冬孢子存活期都较长。

（2）传播途径 玉米植株的腋芽、叶片基部、雌雄穗等有分生能力的地上组织均能受侵染，形成大小形状不同的瘤状物，外面包有由寄主表皮组织所形成的薄膜，初为白色或浅紫色，逐渐变成灰色，后期变黑灰色，外膜破裂散出大量黑粉（即冬孢子）。主要以冬孢子在田间土壤、地表和病残体上，以及混在粪肥中越冬，成为来年主要的初侵染源。种子表面带菌对该病的远距离传播有一定作用。

越冬的冬孢子在适宜的条件下萌发产生担孢子和次生担孢子，它们经风雨传播至玉米的叶片、节、腋节、雄雌穗等细嫩分生器官上，萌发并直接穿透寄主表皮或经由伤口侵入，在组织内生长蔓延，并产生一种类似生长素的物质，刺激寄主局部组织的细胞旺盛分裂，逐渐肿大形成病瘤。病瘤成熟破裂，又散出黑粉（冬孢子）进行再次侵染。冬孢子没休眠期，在玉米的整个生育期可进行多次再侵染，直到玉米老熟后停止侵染。冬孢子也可萌发产生芽管侵入寄主。

（3）发生规律 玉米在整个生育期可多次再侵染，尤其以抽穗前后 1 个月蔓延较快，形成发病高峰期。潮湿的气候是侵染的必要条件，雨水多和湿度过大有利于发病；施用动物粪便可增加玉米瘤黑粉病的发病率，磷酸化肥可降低其发病率；单独增加 K 肥可增加发病率。品种间发病也存在较大的差异，一般马齿型品种较硬粒型品种抗病；早熟种较晚熟种发病轻；苞叶短小、包裹不严的品种易感病；甜玉米易感病。春播玉米比夏播玉米易感病；山区丘陵地带比平原地区发病重、发病早、病瘤大；密度大、通风不良、连作年限长的田块发病较重；低温、干旱、少雨的地方，土壤中的冬孢子存活率高，存活时间长，发病重，因为微雨、夜露就可以满足黑粉病孢子的萌发和侵染需要；

前期干旱，后期多雨，或旱湿交替出现，延长染病期，易发病；过度密植或灌溉的间隔时间长，造成水分时缺时足，以及偏施过量氮肥，都会削弱植株抗病力而使病害发生较重。螟害、冰雹、暴风雨，以及人工去雄作业等造成伤口，也利于病害发生。

（4）危害症状　玉米瘤黑粉病是局部侵染病害，被侵染的组织因病菌代谢物的刺激而形成瘤，菌丝扩展距离不大，这是区别于丝黑穗病的一个特征。其最显著的特征是所有地上部分都可以产生大小形状不同的菌瘿，如植株的气生根、茎、叶、叶鞘、雄花及雌穗等细嫩组织均可发病，而且幼株的组织也可以感染病菌使地下部分产生菌瘿。在幼苗株高达 30 cm 左右发病，多在幼苗基部或根茎交界处产生菌瘿，造成幼苗扭曲矮缩，叶鞘及心叶破裂紊乱，严重的造成早枯。若植株在拔节前后感病，叶片或叶鞘上可出现菌瘿，叶片上的较小，多如豆粒大小，常从叶片基部向上成串实生。在茎或气生根上的菌瘿大小不等，一般如拳头大小。雄花主梗上产生菌瘿后，主梗向菌瘿的相反方向曲折，而雄花大部分或个别小花形成圆形的角状菌瘿。雌穗侵染后，多在果穗上半部或个别籽粒上形成菌瘿，严重的全穗变成较大的肿瘤。菌瘿外包有同寄主表皮组织形成的薄膜，未成熟时呈白色发亮或淡红色，有光泽，内部含有白色松软组织，受轻压常有水流出，随着冬孢子的形成而呈现灰白色或黑色。病瘤直径一般在 3 ~ 15 cm。当菌瘿成熟后，外膜破裂散出大量黑粉，即冬孢子（或称厚垣孢子）。若细胞迅速成熟，菌瘿的发育受阻而呈现小而硬的形态，不产生或只产生少量的冬孢子。一般同一植株上可多处生瘤，有的在同一位置有数个病瘤堆聚在一起。受害的植株茎秆多扭曲，变得矮小，果穗变小甚至空秆。

（5）对玉米生长和产量的影响　瘤黑粉病是玉米生产中的重要病害，可侵染玉米不同部位，由病菌侵染所形成的黑粉瘤消耗大量的植株养分，导致植株空秆不结实，进而造成 30% ~80% 的产量损失。若胚球被侵染会导致绝收；果穗以下茎部感病平均减产 20%；果穗以上茎部感病减产 40%；果穗上、下茎部都感病减产 60%；果穗感病减产 80%。通常只要发病就会导致植株矮小、籽粒小且不饱满，严重影响玉米的产量和品质，从而制约玉米生产。

2. 丝黑穗病　玉米丝黑穗病又名灰包、哑玉米、黑疸，是玉米生产上重要病害之一。

（1）病原 病原物为黍轴黑粉菌［*Sphacelotheca reiliana*（Kuhn）Clint.］，属担子菌纲，黑粉菌属。

（2）传播途径　玉米丝黑穗病是土传病害，病菌以冬孢子散落在土壤中、混入粪肥中或黏附在种子表面越冬，成为来年的初侵染源。冬孢子在土壤中能存活 2 ~3 年，甚至 7 ~8 年，且侵染期较长。种子带菌是病菌远距离传播的主要途径，尤其对于新区，带菌种子是重要的第一次传播来源。带菌的粪便也是重要的侵染来源，冬孢子通过牲畜消化道后不能完全死亡。总之，土壤带菌是最重要的初侵染来源，其次是粪便，再次是种子。此病没有再侵染。

玉米丝黑穗病菌冬孢子萌发后在土壤中直接侵入玉米幼苗的分生组织，病菌侵染最适时期是从种子破口露出白尖到幼芽长到 1～1.5 cm 时，幼芽出土前是病菌侵染的关键阶段。

（3）发生规律 玉米丝黑穗病是幼苗系统侵染的土传病害，只有初侵染，无再侵染。

冬孢子萌发产生的双核菌丝侵入寄主幼苗生长锥，完成侵染过程。以侵染胚芽为主，根部侵染次之。康绍兰等（1995）证明，冬孢子还可以从叶片侵入，引起局部黄斑症状，病菌在寄主的组织间或细胞内扩展，接种后 50 d 就可以在寄主组织内形成冬孢子。冬孢子侵染玉米的适宜温度为 21～28 ℃，适宜含水量为 18%～20%，土壤缺氮时易发病。冬孢子能否顺利完成侵染则取决于寄主植物的抗性、土壤中的孢子数量、侵染时期的温度和土壤湿度。土壤冷凉、干燥，有利于病菌侵染。玉米从种子萌发到 5 叶期都可以侵染发病，但最适宜的时期是从种子萌发到 1 叶期，到 8 叶或 9 叶期不易侵染发病。因此，玉米适期播种，使幼苗加快生长，就可避开侵染时期。玉米幼芽出土前的温湿度、播种深度、出苗快慢、土壤中的病菌含量、玉米品种抗性等因素，与玉米丝黑穗病的发生程度关系密切。促进幼芽快速出苗、减少病菌侵染概率，可降低发病率。播种时覆土过厚、保墒不好的土块，发病率显著高于覆土浅和保墒好的地块。玉米不同品种，以及杂交种和自交系间的抗病性差异明显。在种植感病品种和土壤菌量较多的情况下，从播种到玉米 4～5 叶期这段时间的土壤温、湿度是决定病菌侵入数量多少的主导因素。

（4）危害症状 玉米受害前期，表现为笋状型、矮缩丛生型、黄条型，顶叶紧紧卷在一起弯曲呈鞭状等特异症状。穗期表现典型症状，雌穗表现果穗短小、基部粗顶端尖、不吐花丝，除苞叶外整个果穗变成一个大黑粉苞，后期有些苞叶破裂散出黑粉，黑粉飞散后显露丝状物（玉米维管束组织），这是与瘤黑粉病的又一个主要区别。雄穗表现花器变形，不形成雄蕊，颖片呈多叶状。田间病株多为雌雄同时受害。受害严重的植株苗期可表现症状，分蘖增多呈丛生型，植株明显矮化，节间缩短，叶色暗绿挺直，有的品种叶片上呈现与叶脉平行的黄白色条斑，有的幼苗心叶紧紧卷在一起弯曲呈鞭状。成株期病穗分两种类型：①黑穗型：受害果穗较短，基部粗顶端尖，不吐花丝；除苞叶外整个果穗变成黑粉包，其内混有丝状寄主维管束组织；②畸形变态型：雄穗花器变形，不形成雄蕊，颖片呈多叶状；雌穗颖片也可过度生长成管状长刺，呈刺头状，整个果穗呈畸形。

（5）对玉米生长和产量的影响 此病属苗期侵入、系统侵染性病害，一般在穗期表现典型症状，主要为害雌穗和雄穗，一旦发病，往往全株无收成。该病遍布世界各玉米产区，在我国西南、华南和西北等地区普遍发生，以北方春玉米区、西南丘陵山地玉米区和西北玉米区发病较重。一般年份发病率在 2%～8%，个别地块达 60%～70%，发病率几乎等于损失率，损失惨重，对玉米生产影响极大。20 世纪 80 年代以后，玉米丝黑穗病已基本得到控制，但仍是玉米生产的主要病害之一，近年又有上升趋势。

3. 玉米大斑病　又称条斑病、煤纹病、枯叶病等。主要为害玉米的叶片、叶鞘和苞叶。二类农作物病害。

（1）病原　由大斑刚毛球腔菌［*Setosphaeria turcica*（Luttr.）Leonard et Suggs］，属子囊菌亚门座囊菌目真菌。分生孢子梗多由病斑上的气孔抽出，单生或2～6枝束生，不分枝，榄褐色，直或膝曲，基细胞较大，顶端色淡，具2～8个隔膜，大小（35～160）μm×（6～11）μm。分生孢子着生在分生孢子梗顶端，一个或几个，淡榄褐色，梭形或长梭形，顶细胞钝圆形或长椭圆形，基细胞尖锥形，有2～7个隔膜，大小（45～126）μm×（15～24）μm，脐点明显，突出于基细胞外部，多数直，少数向一边微弯。分生孢子在越冬期间能形成厚壁孢子。成熟的子囊果黑色，椭圆形至球形，大小（359～721）μm×（345～497）μm，外层由黑褐色拟薄壁组织组成。子囊果壳口表皮细胞产生较多短而刚直、褐色的毛状物。内层膜由较小的透明细胞组成。子囊从子囊腔基部长出，夹在拟侧丝中间，圆柱形或棍棒形，具短柄，大小（176～249）μm×（24～31）μm。子囊孢子无色透明，老熟呈褐色，纺锤形，多为3个隔膜，隔膜处缢缩，大小（42～78）μm×（13～17）μm。子囊孢子表面被一长而薄的管状的黏质鞘所包围。

（2）传播途径　玉米大斑病为真菌病害，病菌以菌丝体潜伏在病株残体上或以分生孢子附着在病株残体上越冬，翌年生长季节在病株残体上产生分生孢子，并随雨水飞溅或气流传播到叶片上进行侵染，引起发病。田间传播发病的初侵染菌源主要来自玉米秸秆上越冬病组织重新产生的分生孢子。一般温度20～28 ℃、相对湿度90%以上有利于孢子萌发、侵染和形成。6—8月气温多在15～28 ℃，而且雨量和雨日也比较集中，这为玉米大斑病病菌孢子的形成、萌发和侵染提供了有利条件，因此6—8月是玉米大斑病发生、扩展为害季节，在种植感病品种的情况下，遇多雨年份常流行成灾，造成严重损失。

（3）发生规律　该病菌主要以菌丝形态在病叶组织中越冬，在第二年5—6月若遇适宜的温、湿度条件，便产生大量的分生孢子，借气流和雨水飞溅传播到田间植株叶片上进行初次侵染，形成病斑，病斑又形成分生孢子进行再侵染。种子也能带少量病菌。田间侵入玉米植株，经10～14 d，在病斑上可产生分生孢子，借气流传播进行再侵染。玉米大斑病的流行除与玉米品种感病程度有关外，还与当时的环境条件关系密切。温度20～25 ℃、相对湿度90%以上利于病害发展。气温高于25 ℃或低于15 ℃，相对湿度小于60%，持续几天，病害的发展就受到抑制。从拔节到出穗期间，气温适宜，又遇连续阴雨天，病害发展迅速，易大流行。土壤肥力差，玉米孕穗、出穗期间氮肥不足发病较重。低洼地、密度过大、连作地易发病。6—8月份气温大多处于发病适温范围，因此这3个月的降雨天数和降雨量是发病轻重的决定因素。低洼地、密度过大、种植不抗病品种（如先玉335）、多年连作地易发病。气温冷凉的丘陵山区发病重（徐凌 等，2013）。玉米整个生育期间皆可发生大斑病，但在自然条件下，苗期很少发病，到玉米生长中后期，特别是抽穗以后发病较重。

（4）危害症状　主要危害玉米叶片，严重发生时苞叶和叶鞘上也会受害。常由植株下部叶片先开始发病，向上扩展。发病初期，叶上出现水浸状青灰色小斑点，后逐渐沿叶脉向两端扩展，形成中央黄褐色、边缘褐色的梭形大斑，中间色泽较浅，边缘较深，一般大小为 50～100 mm，宽 10～20 mm，有些病斑可长达 200 mm。病斑的大小、形状、颜色及反应因品种抗病性不同而不同。在叶上的病斑类型因品种的抗性基因不同而分成两类，一般在具有 Ht 基因型的玉米品种上产生褪绿型病斑，在不具有 Ht 基因型的玉米品种上产生萎蔫型病斑。叶片上病斑多时，常相互连接汇合成不规则形，长度可达 50～60 cm，导致整叶枯死。叶鞘和苞叶的病斑初呈水浸状，后变为不规则形暗褐色病斑。受害果穗籽粒干瘪，严重时果穗下垂。田间湿度大时，病斑在叶正反两面产生大量灰黑色霉层，即病菌的分生孢子梗和分生孢子，此为田间常见的典型症状。

（5）对玉米生长和产量的影响　主要危害玉米的叶片、叶鞘和苞叶，是世界性的病害。据报道，在大斑病严重流行的年份和地区，可使叶片迅速青枯，植株早死，造成玉米雌穗秃顶，籽粒发黑，千粒重下降，可以导致玉米减产 50%，甚至更多。玉米大斑病几乎遍布中国各玉米种植区，在 20 世纪 70 年代以前，除个别地区、个别年份危害较重外，一般危害不严重。自 70 年代以来，随着感病杂交种的推广及栽培制度的改变，玉米大斑病逐年加重，感病品种减产达 20%～50%；20 世纪 80 年代，由于广泛利用并推广了具有抗大斑病特性 Mo17 为亲本培育的抗病杂交种，该病大面积流行为害才得以控制。近年来，由于病菌新小种的产生和某些感病品种扩大种植，此病在部分地区又有回升之势，仍是春玉米产区的主要病害之一。

4. 玉米小斑病　玉米小斑病又称玉米斑点病、玉米南方叶枯病。

（1）病原　病原菌是玉蜀黍平脐蠕孢菌（*Bipolaris maydis*）（Nisikado et Miyake）Shoeml，有性态是异旋孢腔菌（*Cochliobolus heterostrophus*）属半知菌类，丛梗孢目，暗梗孢科，长蠕孢属。现已知有两个生理小种。“O”小种分布最广，主要侵害叶片；“T”小种，对具有 T 型细胞质的玉米有专一的侵害能力，可以侵入花丝、籽粒、穗轴等，使果穗变成灰黑色造成严重减产。

（2）传播途径　主要以休眠菌丝体和分生孢子在病残体上越冬，成为翌年发病初侵染源。分生孢子借风雨、气流传播，侵染玉米，在病株上产生分生孢子进行再侵染。发病适宜温度 26～29 ℃。产生孢子最适温度 23～25 ℃。孢子在 24 ℃下，1 h 即能萌发，从表皮细胞直接侵入，少数从气孔侵入，叶片正反面均可侵入，整个侵入过程 24 h 即可完成，侵入后 5～7 d 形成典型的病斑。小斑病菌的分生孢子越冬前和在越冬过程中，细胞原生质逐渐浓缩，形成抗逆力很强的厚垣孢子，每个分生孢子可形成 1～6 个厚垣孢子。因此，越冬的厚垣孢子也是大斑病菌初侵染来源之一。

（3）发生规律　小斑病在玉米苗期到成熟期均可发生，以玉米抽雄后发病最重。其发生与流行程度和气候、菌源量、栽培条件、品种等密切相关。尤其是 5—10 月，月均温度在 25 ℃以上，水分条件充足时，小斑病常流行。该病喜高温高湿，在 15～20 ℃时发展很慢，20 ℃以上时逐渐加快，所以如 5 月气温比常年高，雨水多，雾浓露重，菌量有所积累，小斑病可能提早流行。如在 7—8 月，雨日、雨量、露日、露量多的年份和地区，小斑病发生重。低洼地、过于密植荫蔽地、连作田发病较重；玉米连作地病重，轮作地病轻；过密种植和单作病重，与矮秆作物间作套种病轻；夏玉米比春玉米发病重。合理间作套种，能改变田间小气候，利于通风透光，降低行间温度，有利于玉米生长，增强抗病力，不利于病菌侵染。小斑病常和大斑病同时出现或混合侵染，发生地区以温度较高、湿度较大的丘陵区为主。

（4）危害症状　主要为害叶片，但叶鞘、苞叶和果穗也能受害。叶片上病斑小，但病斑数量多。初为水浸状，以后变为黄褐色或红褐色，边缘颜色较深，椭圆形、圆形或长圆形，大小（5～10）mm×（3～4）mm，病斑密集时时常互相连接成片，形成较大型枯斑。多雨潮湿天气，有时在病斑上可看到黑褐色霉层，但一般不易见到。多从植株下部叶片先发病，向上蔓延、扩展。叶片病斑形状，因品种抗性不同，有 3 种类型：①不规则椭圆形病斑，或受叶脉限制表现为长方形，有较明显的紫褐色或深褐色边缘。这是最常见的一种感病病斑形。②椭圆形或纺锤形病斑，扩展不受叶脉限制，病斑较大，灰褐色或黄褐色，无明显、深色边缘，病斑上有时出现轮纹，也属感病病斑型。③黄褐疤坏死小斑点，基本不扩大，周围有明显的黄绿色晕圈，此为抗性病斑。高温潮湿天气，前两种病斑周围或两端可出现暗绿色浸润区，幼苗上尤其明显，病叶萎蔫枯死快，叫“萎蔫性病斑”；后一种病斑，当数量多时也连接成片，使病叶变黄枯死，但不表现萎蔫状，叫“坏死性病斑”。T 型雄性不育系玉米被小斑病菌 T 小种侵染后，叶片、叶鞘、苞叶上均可受害，病斑较大，叶片上的病斑大小（10～20）mm×（5～10）mm，苞叶上为直径 2 cm 的大型圆斑、黄褐色、边缘红褐色，周围有明显的中毒圈，病斑上霉层较明显。T 小种病菌可侵染果穗，引起穗腐，是与小斑病菌 0 小种的主要区别。此病除危害叶片、苞叶和叶鞘外，对雌穗和茎秆的致病力也比大斑病强，可造成果穗腐烂和茎秆断折。其发病时间比大斑病稍早。发病初期，在叶片上出现半透明水渍状褐色小斑点，后扩大为 5～16 mm 大小的椭圆形褐色病斑，边缘赤褐色，轮廓清楚，上有二、三层同心轮纹。病斑进一步发展时，内部略褪色，后渐变为暗褐色。天气潮湿时，病斑上生出暗黑色霉状物（分生孢子盘）。

（5）对玉米生长和产量的影响　玉米从幼苗到成株期均能受害，常和大斑病同时出现或混合侵染。病斑主要集中在叶片上，一般下部叶片先发病，逐渐向上蔓延。发生规律与大斑病相同，流行的关键时期是 7—8 月份。川道、平坝区发病重。叶片被害后，常使叶绿组织受损，影响光合机能，导致减产。是我国玉米产区重要病害之一，在温暖潮湿地区发生普遍而严重。大流行的年份可造成产量的重大损失，一般减产 15%～20%，严重的达 50% 以上，甚至无收。

5. 玉米弯孢菌叶斑病　玉米弯孢菌叶斑病（Maize Curvularia leaf spot）又称黄斑

病、拟眼斑病、黑霉病等，主要发生在热带和亚热带地区，是近年来我国玉米产区的一种新病害。在部分玉米产区曾造成较大灾害，已引起普遍重视。

（1）病原　病原菌为无性世代，属半知菌亚门，丝孢纲，丝孢目，暗色菌科，弯孢属真菌（*Curvularia*）；有性世代属旋孢腔菌属（*Cochlibolus*）真菌。

引起玉米弯孢菌叶斑病的病原菌均为半知菌亚门真菌弯孢霉，其中，中国玉米弯孢霉叶斑病的主要致病菌为弯孢霉属新月弯孢霉 *Curvularia lunata*（Walker Boedijn）种，菌落墨绿色丝绒状，呈放射状扩展，老熟后呈黑色，表面平伏状。分生孢子梗褐色至深褐色，单生或簇生，较直或弯曲。分生孢子花瓣状聚生在梗端。分生孢子暗褐色，弯曲或呈新月形，具隔膜 3 个，大多 4 胞，中间 2 细胞膨大，其中，第三个细胞最明显，两端细胞稍小，颜色也浅。病菌分生孢子最适萌发温度为 30～32 ℃，相对湿度低于 90%则很少萌发或不萌发。

（2）传播途径　病菌以菌丝或分生孢子潜伏于病残组织中越冬，成为翌年玉米弯孢菌叶斑病的初侵染来源。越冬的病菌菌丝或分生孢子在气温 25 ℃以上、叶面湿润时间充足情况下，侵染玉米叶片，经 2～5 d 潜伏期，开始表现病状，7～10 d 即可完成一次侵染循环，短期内侵染源急剧增加，而且分生孢子易为风雨所传播，如遇高温高湿，则在 8 月中下旬形成田间病害流行。在一个生长季节内可进行多次再侵染，在寄主生长期间不断扩大蔓延为害，病斑密布全叶，病斑间可联合，严重时叶片局部或全部枯死。

（3）发生规律　病菌以菌丝潜伏于病残体组织中越冬，也能以分生孢子状态越冬，遗落于田间的病叶和秸秆是主要的初侵染源。一般田间发病始于 7 月底至 8 月初，7～10 d 即可完成一次侵染循环。病菌可随风雨传播，短期内侵染源急剧增加，如遇高温高湿则在田间形成病害流行（高峰期）。但由于受生态因子影响，各地在病害发生的始发期、进入高峰期的时间，以及发病严重程度上都有一定差异。

影响玉米弯孢菌叶斑病流行的因素主要包括田间菌源积累量、气候因素、耕作制度和栽培技术等。秋翻地不及时，地里残留带病菌的植株、残叶，是翌年发病的初发菌源。发生程度与7—8 月的气候条件密切相关，高温高湿有利该病发生。耕作制度和栽培技术对该病的发病程度也有严重影响。现在主栽的玉米品种绝大多数是感病和高感病，高抗品种很少，不存在免疫品种，这就为该病的大发生创造了条件。玉米大面积连作，造成田间病残体多，增加了菌源数量。栽培管理粗放也是造成玉米弯孢菌叶斑病发生流行的主要原因。有机肥施用量少，偏施化肥，氮磷钾及微量元素失调；播种量大，植株密度大，田间郁闭，通风透光条件差，湿度增加，光照不足，降低了玉米植株的抗病性，有利病害发生流行。

（4）危害症状　该病主要发生在叶片上。初期叶片上出现大量的水渍状斑点，暗绿色，以后病斑逐渐扩展，逐渐形成病斑，呈圆形、椭圆形、长条形，大小一般为 0.5～4.0 mm×0.5～2.0 mm，最大可达 4.0～7.0 mm×3.0～5.0 mm。成熟病斑为圆形或椭圆形，直径 1～5 mm，中央为乳白色，外围有褐色环带，最外围是半透明的褐绿色晕圈。严重时，叶片上的病斑可出现联合现象，导致全叶干枯，或与玉米小斑病混合发生，造成叶片枯死，影响玉米的正常生长。潮湿条件下，病斑正反两面均可产生灰黑色霉状物，即病原菌的分生孢子梗和分生孢子，以背面为多。感病品种叶片密布病斑，病斑连接后形成大面积组织坏死，导致叶片枯死。田间观察，在高温、高湿气候条件下，病害发展迅速，5 ~7 d 即可蔓延全田。

（5）对玉米生长和产量的影响　玉米弯孢菌叶斑病是20 世纪80 年代中后期在华北地区发生的一种为害较大的新病害，现在玉米各产区均有发生。近30 年来，随着栽培制度的改进、作物品种更换、气候条件变化，玉米弯孢菌叶斑病已成为继玉米大斑病、小斑病和黑穗病之后，我国玉米产区的又一重要病害。一般减产20% ~30%，严重减产达50%，制种田可绝收。

6. 玉米锈病　玉米锈病是玉米上常见的一种气传病害，发生范围较广，遍及南北主要玉米产区，已经对中国部分玉米产区产生严重影响。南方锈病被列入国家一类农作物病害名录。

（1）病原 玉米锈病根据病原菌的不同分为3 种：分别为由玉米柄锈菌（*Puccinia sorghi* Schw）引起的普通型锈病、由多堆柄锈病（*Puccinia polysora* Unedrw）引起的南方型锈病和由玉米壳锈菌（*Physoplla zeae* [mains] Cummins and Ramaxhar）引起的热带型锈病。普通型锈病和南方锈病是中国主要发生的锈病类型。

（2）传播途径　玉米锈病在南方以夏孢子辗转传播、蔓延，不存在越冬问题。北方则较复杂，菌源来自病残体或来自南方的夏孢子及转主寄主——酢浆草，成为该病初侵染源。田间叶片染病后，病部产生的夏孢子借气流传播，进行再侵染，蔓延扩展。生产上早熟品种易发病。高温多湿或连阴雨、偏施氮肥发病重。

（3）发生规律　一般田间叶片染病后，病部产生的夏孢子或借气流传播，进行世代重复侵染及蔓延扩展（以普通型锈病为例）。在海南、广东、广西、云南等我国南方温热地区，病原锈菌以夏孢子借气流传播侵染致病；由于冬季气温较高，夏孢子可以在当地越冬，并成为当地翌年的初侵染菌源。但在甘肃、陕西、河北、山东等我国北方省份，病原锈菌则以冬孢子越冬，冬孢子萌发产生的担孢子成为初侵染接种体，借气流传播侵染致病；发病后，病况产生的夏孢子作为再侵染接种体。除本地菌源外，北方玉米锈病的初侵染菌源还可以是来自南方通过高空远距离传播的夏孢子。

孢子诱发试验表明，无论是普通型锈孢子或南方型锈孢子，几乎在2 h 内就全部发芽。依温度而论，普通型锈病在12 ~28 ℃均发芽良好，但以12 ~16 ℃为最佳；而南方型锈病仅在24 ~28 ℃较优，这也说明了为何锈病多发生在热带和亚热带地区。夏孢子的萌发试验表明，普通型锈病孢子在 -40 ~5 ℃保存150 d 以后，仍有60% ~70% 的发芽率；普通型锈病夏孢子在28 ℃条件下，经过60 d 后发芽率降至14%。这表明普通型锈菌孢子的保存较为容易，而且在低温下更为理想，但南方型锈病菌的夏孢子保存则比较困难，同时也说明了南方型锈病比普通型锈病要求温度较高。

（4）危害症状　玉米锈病主要为害叶片和叶鞘，有时甚至侵染苞叶，其中，以叶片受害最重。被害叶片最初出现针尖般大小的褪绿斑点，以后斑点渐呈疱疹状隆起形成夏孢子堆。夏孢子堆细密地散生于叶片的两面，通常以叶表面居多，近圆形至卵圆形，直径0.1～0.3 mm，初期覆盖着一层灰白色的寄主表皮，表皮破裂后呈粉状，橙色到肉桂褐色。叶片上表面的夏孢子堆有时为锈寄生菌所寄生。玉米生长的末期，在叶片的背面，尤其是在靠近叶鞘或中脉及其附近，形成细小的冬孢子堆。冬孢子堆稍隆起，圆形或椭圆形，直径0.1～0.5 mm，棕褐色或近于黑色，长期埋生于寄主的表皮下。

（5）对玉米生长和产量的影响　我国发生的多为普通锈病，主要分布于西南地区，其他地区虽有分布，但为害较小。玉米锈病多发生在玉米生育后期，一般危害性不大，但在有的自交系和杂交种上也可严重染病，使叶片提早枯死，造成较重的损失。一般在发病中度的田地，可以减产10%～20%，感病较重的可以达到50%以上，部分田地可能绝收。

7. 灰斑病　玉米灰斑病又称尾孢菌叶斑病。

（1）病原　灰斑病菌的无性态为玉蜀黍尾孢菌 *Cercospora zeae－maydis* Tehon & Daniels、属无性孢子类，尾孢属；有性态为子囊菌门球腔菌属 *Mycosphaerelle*，少见。

（2）传播途径　灰斑病病原菌以菌丝体、子座在病残体上越冬，病原菌在地表的病残体上可存活7个月，但埋在土壤中的病残体则很快失去生命力，不能越冬。翌年春季，子座组织重新产生分生孢子，借风雨传播到寄主上。分生孢子在适宜条件下萌发产生芽管，分枝的芽管在气孔表面形成多个附着胞，进一步产生侵染钉从气孔侵入，侵入后约9 d可见褪绿斑点，12 d后出现褐色的长条斑。条件适宜时，病斑产生分生孢子借风雨传播进行多次再侵染。

（3）发生规律　病害的发生条件与品种的抗病性有关，连续多年大面积种植感病品种，是灰斑病严重流行的重要因素。近几年的抗性鉴定结果表明，品种和自交系间有明显的抗性差异。灰斑病与气候条件关系密切，均在高温、高湿条件下易流行，其流行所需温度比玉米大斑病所需最高温度要高出5～10 ℃。在温度条件满足的情况下，湿度便成为病害发生的关键因素，其中，尤以7—8月份的降水对病害的影响最大。降水早，病害发生就早，雨量大、雨日多、雨量分布均匀和气温高，病害发生就重，雨后又遇高温，病害发展迅速。此外，玉米生长后期遇到高温干旱不利于植株的生长发育，降低了植株的抗病性，也有利于病害的发生。沿海地区和温暖潮湿的山区发病较重，主要与这些地区温暖润湿和雾日数较多有关。灰斑病在早播玉米田发病重，晚播玉米田发病轻，在山地发病轻，平地和洼地发病重；壤土发病轻，沙土和黏土病害发生重。

（4）危害症状　灰斑病发病初期为淡褐色斑点，以后逐渐扩展为浅褐色条纹或不规则的灰色至褐色长条斑，这些条斑与叶脉平行延伸，病斑大小为0.5～3.0 mm×0.5～2.9 mm，有时病斑汇合使叶片连片枯死，通常在叶片两面产生灰色霉层，即分生孢子梗和分生孢子，以叶背面产生最多。

（5）对玉米生长和产量的影响　我国20世纪90年代以前发生轻微，是玉米上的次要病害。1991年突然在辽宁省丹东、庄河等地大量发生，许多玉米杂交种和自交系感染此病。1996年辽宁省玉米灰斑病大流行，发病面积20余万 hm^2，产量损失达2亿多kg。随着病原菌逐年积累日趋严重，目前，该病已成为国内玉米产区继玉米大斑病、小斑病之后的新型重要叶部病害，是玉米生产的新威胁。一般减产20%左右，严重的地块减产30%～50%，对玉米生产影响很大。

8. 穗腐病　玉米穗腐病为多种病原菌侵染引起的病害，主要由禾谷镰刀菌、串株镰刀菌、青霉菌、曲霉菌、枝孢菌、单核孢菌等近20多种霉菌侵染引起。其中的曲霉菌在新陈代谢过程中，会产生一种叫黄曲霉素的毒素，这种毒素也会对人和畜禽产生毒害作用，如果不慎误食含有黄曲霉素的玉米，会引起人和畜禽的中毒，严重的可导致器官功能衰竭，甚至死亡。

（1）病原　玉米穗腐病病原较多，包括禾谷镰孢菌（*Fusarium gminearum* Schwabe）、轮枝镰孢菌［*Fusarium verticillioides*（Sac.）Nirenberg］、草酸青霉菌（*Penicillium oxalicum Currie*. et Thom.）、黄曲霉菌（*Aspergillus flavus*）、绿色木霉菌、串株镰刀菌、青霉菌（*Penicillium* spp.）、枝孢菌（*Cladosporium* spp.）、单瑞孢菌（*Trichothecium* spp.）等近20多种霉菌。

（2）传播途径　玉米穗腐病病菌在种子、病残体或土壤中越冬，成为第二年的侵染源。病菌主要从伤口侵入，分生孢子借风雨传播。

（3）发生规律　引起玉米穗腐病的20多种霉菌会附着在玉米的种子、根茬、茎秆、穗轴等病残体上，在经过冬季以后，第二年一遇阴雨潮湿的环境条件，病菌的子囊孢子就会很快生长成熟，遇风飞散，飘落在玉米的花丝上，引起病害，特别是进入夏季，多雨潮湿，温度在25℃以上，湿度达80%的条件正适合病菌的生长和流行，穗腐病往往伴随着虫害的发生而同时发生。如果收获后的玉米在入库时没有充分降水风干，含水量偏高，再加上贮藏期仓库密封程度不好，仓库内温度过高，这些情况都比较有利于各种霉菌腐生蔓延，引起玉米粒腐烂或发霉。

温度在15～28℃，相对湿度在75%以上，有利于病菌的侵染和流行；玉米灌浆成熟阶段遇到连续阴雨天气，发生严重；高温多雨，以及玉米虫害发生偏重的年份，玉米穗腐病发生较重。玉米粒没有晒干，入库时含水量偏高，以及储藏期仓库密封不严，库内温度高，也利于各种霉菌腐生蔓延，引起玉米穗腐病或发霉。

丝状花柱多、苞叶长而厚、穗轴含水量高、籽粒排列紧密、水分散失慢的玉米品种易感病；丝状花柱少、苞叶薄、雌穗顶部籽粒外露、收获前雌穗已成熟下垂，雨水不易淋入的品种抗病性较强；地膜覆盖和适期早播的发病轻。

（4）危害症状　穗腐病是对玉米为害比较严重的一种病害，因为其病害一旦产生，不像其他病害只在玉米的生长的某一阶段产生为害，而是在玉米的各个生长阶段都会产生严重的为害。在种子阶段，病菌污染黏附在种子表面，如果发病会导致种子霉烂，坏死掉的种子不能发芽出苗，造成缺苗断垄；如果在出苗阶段发病会使幼苗长势趋弱，生长缓慢，或是停止生长，形成弱苗；如果在开花期发病会导致玉米的颈部腐烂而失去再生长的机会；如果在抽穗阶段发生病害，这样就不会结实。发病初期果穗花丝黑褐色，水浸状，穗轴顶端及籽粒变成黄褐色，粉红色或黑褐色，并扩展到果穗的1/3～1/2处，当多雨或湿度大时可扩展到全部果穗。患病的籽粒表面生有灰白色或淡红色霉层，白絮状或绒状，果穗松软，穗轴黑褐色，髓部浅黄色或粉红色，折断露出维管束组织。

收获后的玉米如果管理不善也可染病，果穗病部苞叶常被密集的菌丝贯穿，黏结在一起贴于果穗上不易剥离，病粒无光泽，不饱满，质脆，内部空虚，常为交织的菌丝所充塞。仓储玉米受害后，粮堆内外则长出疏密不等，各种颜色的菌丝和分生孢子，并散出发霉的气味。

（5）对玉米生长和产量的影响　玉米穗腐病是玉米生长后期的重要病害之一，又称玉米穗粒腐病，玉米赤霉病。一般年份发病率5%～10%，严重的可达50%。发病以后不仅导致玉米产量降低、品质下降，而且病菌还会产生毒素，引起人和家畜、家禽中毒，给农牧业都造成严重的损失。

9. 青枯病　玉米青枯病又称茎腐病或茎基腐病，是多种病原菌单独或复合侵染造成玉米根系或茎基腐烂症状的一类病害的总称，是世界玉米产区普遍发生的一种重要土传病害。

（1）病原　玉米青枯病是由多种病原真菌侵染造成的，且不同地区及不同时期病原类群存在着差异，主要是由腐霉菌和镰刀菌侵染引起的。镰刀菌 *Fusarium* 主要有禾谷镰刀菌 *F. graminearum* Schawbe，有性态为玉蜀黍赤霉菌 *Gibberella zeae*（Schw.）Petch和串珠镰刀菌 *F. moniliforme.* Sheldon，有性态为串珠赤霉菌 *Gibberella moniliforme* Wineland，属无性孢子类，半知菌类镰刀菌属。腐霉菌 *Pythium* 主要有瓜果腐霉菌 *P. aphanidermatum*（Eds.）Fitzp，肿囊腐霉菌 *P. injlatum* Matth 和禾生腐霉菌 *P. graminicola Subram*，属无性孢子类，鞭毛菌门腐霉菌属。

（2）传播途径　不同病原菌越冬初侵染源不同，侵入途径和传播途径不尽相同。禾谷镰刀菌以菌丝和分生孢子，腐霉菌以卵孢子在病残体及土壤中越冬，镰刀菌的种子带菌率很高，因此，田间残留的病茬、遗留于田间的病残体及种子是该病发生的主要侵染来源。越冬后的病菌借风雨、灌溉水、机械、昆虫传播，镰刀菌主要从胚根，腐霉菌主要从次生根和须根侵染，从伤口或表皮直接侵入，病菌侵入后逐渐蔓延扩展，引起地上部症状。到后期，禾谷镰刀菌和串珠镰刀菌借风雨传播侵染穗部（穗苞叶、穗尖）或玉米螟幼虫带菌通过蛀孔传染，造成穗腐，最终造成种子带菌。

（3）发生规律　该病害的发生与田间温度、湿度、土壤肥力、品种抗性、栽培管理等因素密切相关。

玉米青枯病的发生受温、湿度的影响十分明显，高温高湿是青枯病发生流行的重要条件。腐霉菌的游动孢子可借助于水分传播，在潮湿的条件下在其侵染的病斑上可长出白色絮状的菌丝体。湿度主要取决于降水。25 ℃左右的温度下如果降水过多，土壤湿度势必上升，对镰刀菌和腐霉菌的繁殖、侵染和病斑扩展十分有利。玉米生长前期持续低温有利于病害发生，后期温度高对病害扩展有利。玉米散粉期至乳熟初期遇大雨，雨后暴晴，土壤湿度大，气温急剧升高，往往该病容易大发生，青枯症状出现较多，玉米茎腐病的发生最快。夏玉米生长季如前期干旱、中期多雨、后期温度偏高的年份发病重。

在土壤肥沃、有机质丰富及排灌条件好的情况下玉米生长健壮，发病轻；反之，在瘠薄的沙土地，排灌条件差，玉米长势弱，发病重。玉米品种之间对茎腐病的抗性存在明显差异。一般感病品种发病早、发病重，对产量影响较大，而抗病品种则相反。如掖单 12 在灌浆至乳熟期才开始发病，一般发病较轻，对产量的影响小。矮秆品种、早熟品种易发病。玉米茎腐病菌以分生孢子、卵孢子和菌丝体在土壤中和病残体上存活。因此，轮作田块发病较轻，而连作田块发病较重。玉米早播发病重于晚播，尤其是感病品种。套种玉米亦是随播期延迟而发病减轻。

（4）危害症状　玉米茎基腐病发生时期和被害部位不同，表现的症状有明显差异。玉米茎基腐病通常在玉米灌浆期开始发病，乳熟末期至蜡熟期为显症高峰期。病菌自根系侵入，在植株体内蔓延。病茎地上部第一、第二节间有纵向扩展的褐色不规则病斑，茎基松糠，剖茎检查，其内部组织腐烂，维管束呈丝状游离，茎秆变软易倒，潮湿条件下在茎节上可见絮状白色或粉红色的霉状物。根系发育不良，变成红色，根毛稀少，抓地力弱而使植株极易拔起；条件适宜时，病情发展迅速，叶片迅速失水枯萎，全株叶片自下而上表现急性青枯或逐渐黄枯而死，特别是雨后忽然天晴时，萎蔫和青枯更为明显，因此，该病也被称为青枯病；病株果穗下垂，穗柄柔韧，籽粒秕瘦，松脱，无光泽。

（5）对玉米生长和产量的影响　近些年，在我国由于玉米自交系、杂交品种在地区之间引种频繁，使本来抗病性较差的自交系和部分杂交种的原种在地区之间广为种植，从而导致该病在东北、西南、华东和华南等玉米产区普遍发生，造成植株早枯，病株籽粒结实不饱满，对玉米产量和品质影响很大。一般年份发病率 10% ~20%，严重年份可达 50% ~60%，减产约 25%，重者甚至绝收。

10. 纹枯病

（1）病原　有性态为瓜亡革菌 *Thanatephorus cucumeris*（Frank）Donk，属担子菌亚门亡革菌属，自然条件很少见，在侵染循环中作用不大。无性态为立枯丝核菌 *Rhizoctonia solani* Kuhn。菌丝呈直角、近直角或锐角分枝，分枝处缢缩且有一横膈膜。培养 2 ~3 d 后，在培养皿的周围可产生菌核，菌核初白色，后变黑褐色，不规则形，较紧密，表面粗糙，大小约为 0.5 ~6.4 mm ×0.5 ~4.0 mm。纹枯病菌生长适温为 26 ~30 ℃。菌核形成适温 22 ℃。

（2）侵染途径　病菌主要以田间的菌核越冬，玉米田土表和浅土层菌核是玉米纹枯病的主要初侵染源。当翌年或下一季的温度、湿度条件适宜时，越冬菌核萌发长出菌丝。玉米种子萌发后，菌丝从玉米基部叶鞘缝隙侵入叶鞘内侧，引起发病。病部长出的气生菌丝向病组织附近继续扩展或通过病健叶片接触向邻近植株扩展蔓延，进行再侵染。病部形成的菌核落入土中，通过雨水反溅也可进行再侵染。一般拔节期开始发病，抽穗期后发病加重，乳熟期减轻，灌浆中期病情基本稳定。玉米收获后菌核落入土中，成为翌年的初侵染源。

（3）发病规律　纹枯病发生的轻重与雨水的多少、湿度高低密切相关，尤其与6月下旬—7月上旬的湿度关系更为密切。6月下旬雨日多、湿度大时，发生严重。常年病害的始盛期在6月下旬；当6月中旬相对湿度达到80%以上时，始盛期提前到6月中旬；玉米品种间对纹枯病的抗性存在差异，一般生育期长的品种比生育期短的品种发病重；连作重茬田病情明显加重，单作田重于间作田，连茬田重于轮茬田。据调查，种植密度大，田间郁蔽，湿度增大，病害发生严重；稀植田块发病轻，密植田块发病重。氮肥施用量大，玉米茎叶徒长使植株的抗病性减弱，而钾肥对玉米纹枯病有明显的控制作用。

（4）危害症状　纹枯病从苗期至成株期均可发生。主要危害叶鞘、叶片、果穗及茎秆。最初多由近地面的叶鞘发病，由下而上逐渐发展，病斑开始时呈水浸状，椭圆形或不规则形，中间灰白色，边缘浅褐色，随后病斑扩大或多个病斑融合形成云纹状大斑，包围整个叶鞘，致使叶鞘腐败，叶片早枯，严重时侵入茎秆。茎秆被害，病斑褐色，不规则，后期茎秆质地松软，组织解体，露出纤维束，病株极易倒伏。果穗受害，苞叶上也产生云纹状大斑，严重时果穗干缩、霉变、穗轴腐败。病害发生后期，在潮湿情况下，病斑上可见白色菌丝体并陆续产生初为乳白色，后变淡褐色，最后为深褐色的菌核，菌核形状、大小不一，极易从病组织中脱落，遗留于土壤中。

（5）对玉米生长和产量的影响　玉米纹枯病是玉米产区广泛发生、为害严重的世界性病害之一。20世纪70年代后，随着玉米种植面积的扩大，杂交种的推广应用，施肥量及种植密度的提高，玉米纹枯病的发生、发展和蔓延日趋严重，已成为我国玉米产区的主要病害之一。每年均有不同程度的发生，一般年份损失减产5%～10%。

二、玉米病害综合防控措施

我国植保贯彻“预防为主，综合防治”的总方针，始终强调从生态观点出发，综合利用一切有效的防治措施，包括植物检疫、选抗病品种、农业防治、物理防治、生物防治和化学防治，并把它们协调起来，根据不同作物、不同病虫害而灵活运用各种防治手段，避免单纯依赖单一种措施来解决植物保护问题。

玉米病害是以玉米为中心的农业生态系统的一个组成部分，其发生、为害情况受气候因素、栽培因素、寄主和其他生物因素的影响。玉米病害种类较多，发生流行因素复杂多变，防治方法应多种多样，要根据具体情况采取相应措施，才能达到有效防控的目的。

（一）植物检疫

植物检疫是通过法律、行政和技术的手段，对新调入种子、苗木或繁殖材料进行检查，检验是否带有病害、病菌等有害生物。为了防止危害农作物的病害远距离传播蔓延，保护农业生产的安全，国家颁布了植物检疫相应的法令、法规、要求对某些新调入和调出的植物及其产品进行检疫检验，并采取相应的限制和防治措施。植物检疫通常分为对外检疫和对内检疫。

2020 年 11 月 4 日，中华人民共和国农业农村部公告第 351 号根据《植物检疫条例》的规定，组织修订了《全国农业植物检疫性有害生物名单》和《应施检疫的植物及植物产品名单》，并予发布施行。玉米褪绿斑驳病毒、玉蜀黍霜指霉菌被列入检疫性有害生物名单，严禁带有这两种病害的玉米种子、秸秆进入保护区，或向保护区输出。同时，也要对疫区采取有效的隔离措施，控制其向外传播蔓延。

（二）选用抗（耐）病品种

生产实践证明，同一作物的不同品种，在同一生态条件下，受病害为害的程度有较大差别，有抗性的品种常不受害或受害较轻。我国玉米的主要病害有大斑病、小斑病和丝黑穗病等，都是主要依靠大面积应用抗病品种而得到全面控制的。对许多难以运用农业措施和农药防治的病害，特别是土传病害、病毒病害，选育和利用抗病品种几乎是唯一可行的防治途径。

在选用抗病品种时，要根据各地的地理气候条件，选择抗耐当地主要病害的优良玉米品种，注意兼顾对其他病害的抗性及当地的优势小种。李秋玲（2010）认为，一般早熟品种易感病，应注意选用多抗或兼抗当地几种主要病害的杂交种，并做到种植上的合理布局以延缓抗性的“丧失”，同时，要采用优良的栽培措施，良种良法配套使用。

（三）农业防治

农业防治就是根据病害的生物学特征、发生危害特点与农业因素的关系，在保证作物高产、优质的前提下，合理运用各项农业措施对农业生态系统进行调控，以达到提高作物自身抗病能力、减轻病害的目的。农业防治是农作物病虫害综合防治的基础。

1. 轮作倒茬，改进耕作制度　合理轮作倒茬可以恶化单食性害虫的食物链，使其因无法觅食而种群减少，减少病原菌积累。不同作物间套种可以利用作物产生的化感物质抑制病虫害的发生，同时营造最佳的生态环境，利用生物群落内部控制病虫害的发生。合理调整和改进耕作制度，如与非禾本科作物轮作，种植麦套玉米的地区应实行稻旱轮作，实行玉米/大豆带状套种、玉米—水稻轮作倒茬等，对农田生态系统会有很大影响，对防治玉米根腐病、丝黑穗病等有一定作用。改套种玉米为直播，实行适期晚播，避免玉米幼苗期与小麦共栖，减少灰飞虱的传毒概率，预防粗缩病。

2. 清洁田园，减少初侵染病源 玉米播种前，清除田间、田边、沟边的杂草，及时销毁或封存玉米秸秆以减少玉米螟、灰飞虱、叶斑病等病虫源。及时摘除底部病叶，收获后将病残体带出田外销毁，减少病害初侵染源。

3. 加强栽培管理，改进栽培措施

（1）适期播种 根据要防治的病害种类、土壤墒情、品种生育期适时播种，同时提高播种质量，覆土深浅适宜。对玉米大斑病，在气温较低浅山丘陵区早播可以减轻发病；防治玉米茎腐病，春玉米宜在清明前后（4 月上中旬）播种，夏玉米宜于 6 月中旬播种；对于玉米丝黑穗病，适期晚播可减轻发病；对玉米病毒病的控制要调整好播期，避免种植麦套玉米和晚春播玉米，避开灰飞虱迁飞高峰。

（2）合理密植 根据品种特性调节播量，合理密植；实行间作套作，与矮秆作物如大豆、花生、马铃薯等实行间作套种，增加田间的通风透光，降低田间湿度，以降低病害发生的概率和程度。

（3）配方施肥，科学灌水 配方施肥、科学灌水是调节土壤水分、提高土壤肥力、促进作物正常生长发育的重要农业措施，而且还能增强作物的抗病能力，并能提高因病危害的补偿能力。玉米植株从营养生长转移至生殖生长的发育中期，最易受大斑病的侵染，苗期和抽雄期特别要注意增施氮肥以提高玉米的抗病性；对玉米小斑病而言，分期施肥的防病增产效果比一次施肥好，定苗后及时施肥比晚施肥的效果好；防治玉米茎腐病，在施足基肥的基础上，于玉米拔节或孕穗期增施钾肥或氮、磷、钾肥配合施用，可起到防病增产的效果；增施有机肥，调节氮、磷、钾肥的施用量，增施锌、铁等微肥，搞好配方施肥，能有效减轻玉米粗缩病的发生。

（4）补施叶面肥和生长调节剂 在作物生长期间适量、适时喷施磷酸二氢钾、芸苔素等叶面肥料和生长调节剂，提高植株抗性，根据作物表现的缺素症确定适宜的微肥品种，防治微量元素缺乏引起的生理病害，也可通过喷施叶面肥达到提高作物抗病防病能力，实现自身保健的作用。

（四）物理防治

物理防治是指利用各种物理因子和机械设备，对病害生物进行干扰来防治植物病害的方法。这一类防治方法具有简便易行、成本低和不污染环境等优点。如用黄板粘杀病毒病传毒蚜虫，结合田间管理铲除杂草，拔除病株集中销毁和高温杀灭菌等。利用病害适应生存温度范围的特性，变化温度杀死或减少病害，如温汤浸种、蒸汽灭菌、太阳辐射等可杀死土壤病原微生物。霜霉病原菌孢子在 30 ℃以上时活动缓慢，42 ℃以上停止活动而逐渐死亡，可通过如光温室大棚在密闭条件下形成高温灭杀病原菌。

（五）生物防治

利用生物活体、代谢和提取物作为防治农作物病害和调节植物生长，且对人畜安全的农用生物制品，应用于病害防治的主要有两类：微生物农药和农用抗生素。

1. 微生物农药 指自然界存在的用于防治病害等的真菌、细菌、病毒和原生动物或被遗传修饰的微生物制剂。

2. 农用抗生素 有井冈霉素、中生菌素、宁南霉素、多抗霉素等杀菌剂。

微生物农药具有在环境中容易被降解，对靶标生物的专一选择性强；对人、非靶标生物相对安全；防效相对持久、稳定；有自然传播能力等优点。但也存在生效慢，微生物农药是通过生物间的相互作用来控制植物病虫害发生为害的，微生物农药的效果不可能像化学农药那样快速、有效，杀虫谱有限，防效易受环境影响等缺点。

（六）化学防治

化学防治是使用化学农药杀灭或抑制病害的手段，是当前防治作物病害最常用的办法。具有高效、速效、使用方便、经济效益高等优点。但使用不当可引起人畜中毒，杀伤有益微生物，导致病原物产生抗药性。农药的高残留还可造成环境污染，必须严格按照国家有关规定合理使用，既要充分发挥其有利方面，又要尽量减少不利影响，把副作用降低到最小。

1. 加强技术指导 制定主要病害的防治指标，做好预测预报，及时指导种植者开展防治。玉米病害种类较多，各地应结合当地病害发生情况，有针对性地对新老病害的发生和流行情况进行监测，及时发出预报，指导病害防治工作。

2. 种子处理 主要针对黑穗病、茎腐病及苗期病害等土传病害，可以选择国家有关部门批准使用安全的药剂。含有杀虫剂（克百威、丁硫克百威、丙硫克百威、毒死蜱、吡虫啉等）及杀菌剂（戊唑醇、三唑醇等）的种衣剂包衣或者杀菌单剂拌种。如茎腐病、纹枯病、玉米丝黑穗病及全蚀病等土传病害，主要是应用高效杀菌剂拌种，玉米丝黑穗病采用每公顷玉米种子用 150 mL 增产菌浓缩液与粉锈宁种衣剂混合拌种，可培育壮苗，对该病有较好的防效。

3. 田间喷雾 苗期多雨时，应及早喷施多菌灵、禾果利防治苗枯病、纹枯病；偏旱年份，及时喷施蚜虱净、大功臣等防治蚜虫、灰飞虱等传毒介体；在粗缩病、矮花叶病等发生初期，喷施病毒 A、OS-施特灵、吡虫啉、啶虫脒类药剂防虫治病；喷植病灵、菌毒清、83-增抗剂等抗毒剂抑制病毒，促进植物生长，减轻病害。7 月份以后，用多菌灵、百菌清、代森锰锌等喷雾，10～15 d 一次，连喷 2～3 次，可兼治多种病害。

4. 注意事项 化学精准防治技术中选用正确合适的农药品种是非常重要的关键控制点。应特别注意以下几点：使用国家正式注册的农药，不得使用国家有关规定禁止使用的农药；尽可能地选用专门作用于目标病原体、对有益生物影响最小，对环境没有破坏作用的农药；在植物保护预测预报技术的支撑下，在最佳防治时期用药，提高防治效果；在重复使用某种农药时，必须考虑避免目标病原体产生抗药性，药剂应交替轮换使用，避免产生抗药性和同种药剂在土壤和农产品中残留量过大；采用新型施药器械，提高药液雾化效果，以减少农药用量，提高防治效果，如东方红牌 WFB-18G 型、泰山牌-18 型背负式电动（机动）喷雾器械及植保无人机等精准施药药械，可节水省药，降低劳动强度，安全性能好，避免“跑、冒、滴、漏”等问题；按农药安全使用标准（GB4285－89）、农药合理使用准则（GB8321.1、GB8321.2、GB8321.3、GB8321.4、GB8321.5）的要求控制施药量和安全间隔期。

三、玉米主要病害的具体防治技术

玉米病毒类病害、细菌性病害和真菌类病害因症状、侵染循环、发病条件有区别，采用的防控策略也不同，不同的玉米种植区应针对当地发生的主要病害类型，采用不同防治措施。

（一）玉米病毒类病害的防治技术

玉米病毒病一旦发生流行很难控制，预防工作非常重要。针对不同病毒病害，其防控方法也各有侧重，但均应该以种植抗病品种为主，并重点控制相关传毒介体，同时辅以科学的田间管理措施，可以起到较好的防控效果。

1. 矮花叶病的防治 玉米矮花叶病毒主要是借助于蚜虫在植株与植株、田块与田块之间传播，防治此病应重点抓住以下几点：

（1）选用抗病的自交系和杂交种 要合理搭配种植品种，坚决压缩高感品种（如中单2号），扩大高抗耐病品种（如沈10号，豫玉22），并进一步重视和加强高抗耐病品种的引进、筛选和推广。

（2）压低毒源 MDMV 可侵染200多种杂草，并可在多种杂草上越冬，如 MDMV-A 可在约翰逊草上越冬，SCMV－MDB 可在中国雀麦、大油芒、矛叶荩草上越冬并作为初侵染源，供蚜虫在玉米田传播而引起 MDMV 的流行。因此，及时清除田间地边杂草、拔除田间种子带毒苗，减少毒源，可控制玉米矮花叶病的流行。

（3）大力推广地膜化栽培 要引导群众在选用抗病品种的基础上，积极应用地膜栽培技术，减少露地直播玉米，优化田间生态环境，提高玉米的抗逆性，减少损失。

（4）适期播种，注意种植方式 适期早播可以有效避开蚜虫发生传毒的高峰期。北方春玉米一般年份应争取在4月上旬播种地膜玉米，4月中旬播种露地玉米。并根据当年气候条件灵活调整，以最大限度地利用光热水资源，促使玉米早生快长，增强抗逆性，避开蚜虫为害期。

春播玉米最好采用地膜覆盖的方式，地膜覆盖不仅可使玉米早出苗，避开蚜虫迁飞传毒的高峰期，而且还有驱蚜作用。此外，地膜的增温保墒作用还会使玉米生育期提前，延缓病株率的增长。

（5）治蚜防病 一是治蚜要及时。要在蚜虫发生初期，及时把蚜虫消灭，特别是要注意苗期防蚜。二是治蚜要彻底。如果不彻底，即使留下10%的蚜虫，也会继续传毒。三是治蚜要综合。不能只防治玉米田的蚜虫，还要防治小麦田、油菜田、果树等多种作物上的蚜虫，压低蚜虫群体数量，减少传毒介体。四是治蚜要防病。不能只喷杀虫剂，而不喷病毒抑制剂，应将两者混合喷雾，一次防治。五是治蚜要高效。经试验示范，选用10%吡虫啉WP3000倍液或3%啶虫脒（莫比朗）加10%混合脂肪酸AS（菌毒克、83增抗性、扫病康、抑菌灵）100倍液或2%氨基寡糖素AS（好普）、3.85%三氮唑核苷．铜．锌EW（病毒毖克），也可加入0.3%～0.5%的磷酸二氢钾，从蚜虫始发期开始，间隔5～7 d，连续喷雾2～3次，可有效消灭蚜虫，抑制病毒，增强抗性，恢复植株生长，保护健株。

（6）加强田间管理　要合理密植，实行平衡配套施肥技术，培肥地力，培育壮苗，及时清除田间杂草等，以提高抗病性，减少或减轻病害的发生。在施以药剂防治保护的同时，对已经侵染导致矮化的病弱株应拔除烧毁。

及早拔除病株及杂草。田间最早出现的多为种子带毒苗，通常在子叶展开时就表现出发病症状，宜在2叶1心期定苗时将其拔除，在3～4叶1心期再逐块细致检查，彻底拔除种子带毒苗和早期感病的植株，以减少田间毒源。杂草密度大的地块，要及时铲除田间杂草。

施足底肥、合理追肥、适时浇水、中耕除草等项栽培措施可促进玉米健壮生长，增强植株的抗病力，减轻病害的发生。

（7）药剂防治，控制病害发展　在发病初期，可选用1.5%植病灵EC1000倍液，40%抗毒素EC500倍液或83增抗剂100倍液喷雾，间隔10 d喷1次，连续喷施2～3次，可控制病害的发展蔓延。药剂治蚜防病，可用乐果EC1000倍液，或氧化乐果1200～1500倍液于麦蚜迁移盛期喷雾一两次，可杀死蚜虫介体，减轻危害。若与麦田防治蚜虫结合，效果更佳，如早期用3%啶虫脒EC2000～2500倍液灭蚜防病。

（8）抗MDMV的基因工程　利用基因工程技术培育有别于传统育种方法的转基因抗病毒植株。在国内外有报道，采用外壳蛋白（coal protein，CP）介导的抗性策略培育成功的抗病毒转基因植物有烟草、番茄、苜蓿和马铃薯等。鉴于玉米矮花叶病毒源量大、传播途径多、品种抗病力低等特点，进行抗玉米矮花叶病毒的基因工程的研究，是控制玉米矮花叶病的有效途径，应加强这方面的研究工作。

2. 粗缩病的防治

（1）积极“避”病，调整茬口和播期　玉米的播种期是影响粗缩病发生的主要因素。调整播期，使玉米对病害最为敏感的生育时期避开灰飞虱习性的迁飞高峰期可以明显降低发病率或减轻病害发生程度。春玉米应适当提早播种，在4月15—20日播种结束；蒜茬、蔬菜茬夏玉米应适当迟播，在6月15日后播种，避免在5月底6月初灰飞虱的迁飞高峰期播种。

（2）提前“除”病，消灭毒源，防止蔓延　为了预防玉米粗缩病的暴发，应积极关注其他地区病害的发生情况，提前“除”病。在病害常发地区定点、定期调查小麦绿矮病、水稻黑条矮缩病和玉米粗缩病的病株率和严重程度，同时调查灰飞虱发生的密度和带毒率。根据灰飞虱越冬基数和带毒率、小麦和杂草的病株率，确定适合本地区的预测模型。及时发出预警信号，指导防治。同时，及时清除田间及沟渠路边的杂草，破坏灰飞虱的栖息场所。发现病株及时拔除，带出田外集中深埋或烧毁，减少毒源，抑制病害的扩散和蔓延。

（3）力求“抗”病，选用抗病品种　由于生产上对玉米粗缩病高抗或免疫的品种很少。在玉米粗缩病的高发地区，或虫口密度高、玉米播期不能避开灰飞虱迁飞高峰期的田块，应选用耐病性较强的品种，如农大 108、先玉 335、西玉 3 号、鲁单 6018 等，降低病害为害程度。同时，加强水肥管理，采取合适的栽培措施增强植物抗病性。

（4）适时“防”病，治虫防病　统防统治，抓住防治适期，采用化学药剂防治灰飞虱，可以在一定程度上控制病害的发生。玉米播种前，采用 5% 蚜虱净 EC 按种子质量的 2% 拌种，或用 2% 呋．甲种衣剂按种子质量的 5% 进行包衣。5 月上中旬，在小麦田喷施吡蚜酮兼治灰飞虱和麦穗蚜，减少麦田迁出虫源量。根据灰飞虱虫情预测情况及时用 25% 扑虱灵 750 g/hm^2，在套种玉米或直播玉米 5 叶期左右，每隔 5 d 喷一次，连喷 2 ~3 次，同时用 40% 病毒 A500 倍液或 5. 5% 植病灵 800 倍液喷洒防治病毒病。

由于此病为害大、暴发性强，传毒介体具有迁飞性，“统防统治”对于病害的控制非常重要。在病害重发区，最好能够统一协调、因地制宜地进行专业化应急防治，降低灰飞虱虫量，从而减轻玉米粗缩病为害。

（二）玉米细菌类病害的防治技术

玉米细菌性病害具有传播快、发病迅速、控制难度大、生产损失严重等特征，有效防治一直是一个比较困难的工作，缺乏高效的防治药剂和措施，对于玉米细菌性病害防治的相关报道也很少，不过在生产中可通过采用以下措施给予控制：

1. 选育种植抗病品种　培育和种植抗病品种无疑是防治玉米细菌性病害经济有效的措施。在育种过程中，研究人员鉴定和使用了多个抗病自交系，如 Arun-2、CM105、CM105、CM600 等。尽管目前还未报道有对细菌性茎腐病免疫的玉米品种，但有研究人员利用品系 P8 和 YIF62 的 F2 连锁图谱和子代数据，在玉米 2 号染色体上发现了一个与细菌性茎腐病抗性相关的主要基因组区域，可用于抗病育种。

2. 采用合理的耕作措施　提高玉米自身抗病性，改善田间小气候，减低发病率。加强制种管理，提高种子健康水平和种子质量，减少病害的种传率。及时清理玉米田周边杂草，防止杂草上的细菌侵染玉米或病原菌在杂草上寄生。

3. 加强田间管理　提高玉米自身抗病力，以减轻病害的为害和蔓延。施用有机肥可以促进有益菌的繁殖，从而抑制病原菌对玉米的侵染。为避免田间相对湿度过高，应注意排水，避免淹水和过量灌溉。垄作播种也有利于病害的防治。Kumar 等通过调查发现，垄作玉米的细菌性茎腐病发病率和严重度都显著低于平播玉米。

4. 化学防治　生产中曾主要应用链霉素、土霉素等抗生素防治玉米细菌性茎腐病菌（D. zeae），但因其具有生物富集、病原菌抗性增强等风险，现已在农业生产中被禁用。目前，玉米细菌性茎腐病尚无登记用药。试验条件下，研究人员发现铜制剂、漂白粉等可以在一定程度上防治玉米细菌性茎腐病。Kumar 等发现铜制剂联合抗生素能显著抑制玉米细菌性茎腐病病菌的生长。通过比较漂白粉、链霉素、环磷酰胺、王铜和可杀得处理的防效发现，100 mg/kg 浓度的漂白粉对玉米细菌性茎腐病的防效最佳。玉米细菌性茎腐病菌对氯敏感，1 μg/mL 浓度的有效氯可以完全抑制病原菌。也有研究发现，部分化学药剂对细菌性病菌在其他作物上引起的病害有一定的防效，如噻菌铜、琥胶肥酸铜、噻森铜、代森锰锌等，也可考虑结合玉米细菌性病害发生特点在玉米生长早期、中期、中后期用作防治玉米细菌性茎腐病的药剂，如大田发病初期喷施 2% 宁南霉素 AS200 ~ 400 倍液，或 5% 菌毒清 AS300 ~ 500 倍液，或 20% 病毒 A WP500 倍液等，每隔 7 ~ 10 d 喷施 1 次，连续防治 2 ~ 3 次。有研究表明，对于由 *Pantoea ananatis* 引起的玉米细菌性叶斑病，真菌杀菌剂代森锰锌具有防治作用。

（三）玉米主要真菌类病害的防治技术

1. 大斑病和小斑病的防治

（1）选用抗病品种　根据各地的优势小种选择丰产性好、抗逆性强、抗病性强的玉米品种是预防大斑病的首要因素。并注意品种的合理搭配与轮换种植，避免品种单一化。防治小斑病，选用多抗、优质和高产的品种，如 H84、C103、凤白 29 等。

（2）加强预测预报　根据发病期的湿度、雨量、雨日、田间病情，以及历年有关资料、短期天气预报等做短期或中长期测报。

（3）减少菌源　避免玉米连作，实行与其他作物轮作或间套种；秋季深翻土壤，消除病残体，减少病残体组织上的大斑病菌。摘除底部病叶，清除田间病残体，并集中烧毁或深埋病源，以消灭侵染来源。田间病株残体上潜伏或附着的病菌是玉米大、小斑病的主要初侵染来源，玉米收获后清洁田园，将秸秆集中处理，经高温发酵作堆肥。发病初期，及时摘除病株底部病叶并带出田间销毁；秋收后清除田间遗留的病残体，集中烧毁，或深耕深翻，压埋病原，促进植株残体腐烂。

（4）加强田间管理　降低田间相对湿度，摘除底部 2 ~ 3 片叶，使植株健壮，做好中耕除草培土工作，实施宽窄行种植，改善通风透光条件。玉米从营养生长转到生殖生长的发育时期对营养吸收量大，特别对氮素营养吸收量更大，此时若营养跟不上，易出现脱肥现象，导致大斑病的侵染。因此，根据地力和玉米的长势，施足底肥，适期、适量分期追肥，保证玉米生育全期的营养供应，提高玉米植株抗病性。增施有机肥，增施磷钾肥，科学排灌，合理安排株行距提高田间通风透光能力，降低田间湿度，促使玉米健壮生长，增强抗病力，有助于延缓病害发生过程。土壤有机质含量低、通透性差的单作田及玉米多年连作田有利于该病发生。

氮、磷、钾肥合理配合施用，及时进行追肥，尤其是避免拔节和抽穗期脱肥，保证植株健壮生长，具有明显的防病增产作用。大、小斑病菌为弱寄生菌，玉米生长衰弱，抗病力下降，易被侵染发病。玉米拔节至开花期，正值植株旺盛生长和雌雄穗形成，对营养特别是氮素营养的需求量很大，占整个生育期需氮量的60% ~70% 。此时如果营养跟不上，造成后期脱肥，将使玉米抗病力明显下降。

（5）化学防治　常用的药剂有50%多菌灵、75%百菌清、25%粉锈宁、70%代森锰锌、10%世高、50%扑海因、40%福星、10%苯丙甲环唑、50%菌核净、25%丙环唑、12.5%特普唑和45%大生等。防治方法是在心叶末期到抽雄期施药，用药期间隔7 ~10 d，共喷2 ~3 次，用量1500 kg/hm^2药液。此外，在发病初期还可喷50%好速净WP1000倍液，或80%速克净WP1000倍液、75%百菌清WP800倍液、70%甲基硫菌灵WP600倍液、25%苯菌灵EC800倍液、50%多菌灵WP600倍液，隔7 ~10 d喷1次，连防2 ~3 次，有较好的防治效果。

2. 丝黑穗和瘤黑粉病的防治　丝黑穗病和瘤黑粉病是玉米生产上经常发生的两种主要病害，常常同时发生，许多人常将丝黑穗病与玉米瘤黑粉病混在一起，统称“乌米”和“灰包”，但两者的症状、侵染循环、发病规律有很大区别，因此防治措施也不尽相同。

丝黑穗病的防治以种子处理为主；瘤黑粉病的防治则以减少菌源、种植抗病品种为主。具体防治方法如下：

（1）选用抗病品种　因地制宜地利用抗病品种，如掖单2号、掖单4号、中单2号、农大108、吉单342、沈单10号、郑单958、鲁玉16、掖单22、聊93 -1、豫玉23、蠡玉6号、海禾1号等。

（2）合理轮作　避免连作是减少田间菌源、减轻发病的有效措施。理论上讲，轮作3年以上才能达到防病的需要，但轮作1 ~2 年也可明显减少损失。对发病严重的地块必须进行轮作倒茬，可与大豆、高粱、薯类等实行轮作，减少发病概率。

（3）加强田间管理　预防玉米丝黑穗病发生，要求播种时气温稳定在12 ℃以上，提高播种质量，尽量创造利于种子快发芽、快出土、快生长的条件。预防玉米瘤黑粉病，要合理密植，增施磷、钾肥，避免偏施、过量施氮肥，及时灌溉，特别是抽雄前后要保证充足水分供应，及时防治玉米螟，尽量减少农事操作中的机械损伤。

（4）减少菌源　彻底清除田间病残体，进行高温堆肥，合理轮作，不从病区调种子，以上办法对两种病害预防都十分有效。

发现丝黑穗病时要及时拔除病株，其早期特异症状从幼苗3 ~4 叶期即开始表现。苗期剔除病苗、可疑苗。拔节至抽穗期，病菌黑粉散落前拔除病株残体。病株要深埋、烧毁，不要在田间随意丢放。对于瘤黑粉病要在病瘤破裂前割除深埋销毁，摘瘤应定期、持续进行，对减少当年田间再侵染和产量损失有重要作用。病瘤成熟后不能割除，否则易传播病害。

（5）药剂防治

①种子处理　防治玉米丝黑穗病，用药剂拌种或种衣剂拌种。药剂拌种可用种子重量0.5%～0.7%的多菌灵+新高脂膜拌种，或用25%三唑酮200 g拌种50 kg，或选用对丝黑穗病防效好的2%戊唑醇湿拌种剂（立克秀）、2%烯唑醇WP（速保利）等农药拌种。具体方法：10 kg玉米种子用2%立克秀湿拌种剂30 g或2%速保利WP20～25 g拌种，病害严重地区可适当增加药量。也可用12.5%烯唑醇粉剂均匀拌种，具体方法：在春播期前将精选好的玉米种子放入拌种器具内，加入种子质量1%的水先把玉米种子拌湿润，然后把种子质量0.1%～0.2%的12.5%烯唑醇SP倒入搅拌，稍晾干后即可播种。在拌种时拌药一定要均匀，确保防治效果。种衣剂拌种采用种衣剂处理种子对玉米丝黑穗病有很好的防效。可选用17%三唑醇拌种剂按种子量的0.3%拌种，或用2%戊唑醇拌种剂（立克秀）按种子重量的0.2%拌种。15%黑戈玉米种衣剂、16%乌米净种衣剂、20%爱米乐种衣剂等对玉米丝黑穗病都有很好的防治效果。

防治瘤黑粉病，可用15%三唑酮60～90 g拌种100 kg。

②土壤处理　用50%甲基托布津、50%多菌灵WP（湿性粉剂）药土盖种，每50 kg细土拌药粉50 g，播种时每穴用药土100 g左右盖在种子上；或在玉米未出土前用15%三唑酮WP 750～1000倍液，或50%克菌丹WP200倍液进行土表喷雾，以减少初侵染菌源。

③喷药防治　主要针对玉米瘤黑粉病，玉米出苗前用50%多菌灵WP500～1000倍液+新高脂膜进行土表喷雾；玉米抽雄前15%三唑酮750～1000倍液+新高脂膜喷雾。

3. 锈病的防治　由于玉米锈病是一种气流传播的大区域发生及流行的病害，必须采取以选育抗病品种为主、以农业防治和化学防治为辅的综合防治措施。玉米南方锈病的防治关键是掌握防治的最佳时期。在感病品种种植面积较大，而且多雨的情况下，一定要密切关注和观察锈病的发生情况，做到早防早治，力求在病害初期及时防治，以达到事半功倍的效果。

（1）选用抗病品种　抗锈病的玉米有陕科6号、嘉禧100、隆创310、祺华703、汉单777、凉单1号、金穗2001、高油115、农大108等品种在生产中推广种植。美国和中国台湾等地通过种植抗玉米锈病品种，已取得明显成效。

（2）种子包衣　种子收获期淋雨或贮存期湿度大，均会导致种子带菌量大。若播种时不对其进行药剂处理，则有利于玉米苗期病害的发生。对玉米种子进行包衣，或用三唑酮、好力克等药剂对种子进行拌种，杀灭种子携带的病原菌，可减少玉米锈病的发生率和为害程度。拌种可能使种子延迟1～2 d出苗，但不影响出苗率及后期生长。

（3）化学防治　主要是在玉米锈病发病初期施用药剂，可依据使用时的实际情况选择合适的药剂。常用的药剂有40%多．硫SE（灭病威）、25%三唑酮WP（粉锈宁、百理通）、25%敌力脱EC（丙环唑、必扑尔）及12.5%烯唑醇WP（速保利、特普唑）等。

发病初期喷施40%的多．硫SE600倍液，25%三唑酮WP1500～2000倍液，25%敌力脱 EC3000 倍液，12.5% 烯唑醇 WP4000～5000 倍液，隔 10 d 喷 1 次，连续 2～3 次。在气温较高的季节，应早、晚喷药，避开高温。安全间隔期为 7～20 d。大风天或预计 1 小时内有雨时，请勿施药。

4. 穗腐病的防治

（1）选用一些抗病、适应性强的品种进行种植　表现优良的玉米品种有良玉 99、联达 588、联达 598、京科 968 等。

（2）合理稀植　宜缩行距、扩株距　在玉米栽培中普遍留苗偏密，导致病虫害多发及抗倒性降低。白轴玉米品种的栽培密度以每亩 4500 株左右为宜。据试验研究，采用“缩小行距、扩大株距”的栽培方式，可有效提高玉米抗倒性，减轻病虫害，促进增产。采用该栽培方式时，亩仍栽培 4500 株，但株行距须由 60 cm×25 cm 调整为 50 cm×33 cm 或 55 cm×30 cm（调整播种机行株距即可）。红轴玉米品种一般亩比白轴品种少种 500 株左右，可相应适当减小行距、增大株距。

（3）科学施肥　增施钾肥可显著提高玉米抗病、抗旱、抗倒伏能力，有利于优质高产。在玉米大喇叭口期追施尿素、氯化钾，可减轻发病。另外，在玉米生育期内可结合施用杀虫剂或抗倒剂，喷施微量元素肥（锌、硼、锰、钼、铜、铁）及芸薹素类促长性调节剂，以减轻发病和提高产量。需要注意的是，微量元素肥以叶面喷施为宜。

（4）收获和收获后的管理　主要有以下三点：

①及时抢收　强化对玉米含水量、成熟度监测力度。坚持先收成熟度好，再收成熟度差的原则。因地制宜，统筹安排，加快抢收进度，做到成熟一块收一块。对适合采用机械收获的，一律采用大型机械收割，加快收获进度。对不适合大型机械作业的地块，采取人力和小型机械相结合的方式，在玉米穗腐病发病前及时抢收。

②脱水　组织力量去除玉米田中杂草，底部残叶，增加通风量。采取人工机械相结合的办法，除去上半部分秸秆，增加通风透光，加快水分散失。对生育期拖后、低洼、降水量多、易发生玉米穗腐病的地块采取站秆扒皮晾晒、人工割晒等方法，加快玉米脱水。采取机械棒收，人工割晒，人工扒棒等方式收棒，大力推广“科技小粮仓”，在通风条件良好的地方储放脱水。也可采取搭建玉米娄子等方式，科学收储脱水。如果发现堆中有发病的果穗，要及时捡出来，不要和其他的玉米混放在一起，防止病菌的进一步扩散。玉米收获后，要尽早处理玉米秆、玉米穗轴、根茬，可采用粉碎做饲料、氨化、沤制农家肥等措施，并在秋天对土地进行深翻处理，把一些落叶、根茬、倒伏在地的茎秆一同深翻到地下，尽量把病菌越冬的载体全部处理掉，减少第二年发病机会。

③加强技术指导　进村、入户，面对面指导农户，做好宣传和培训指导工作。向农民讲清玉米穗腐病的危害及发生原因，对已发生病变的地块，指导农民将病变部分和病变植株割除出地，单收、单烘、单储，防止霉菌扩散感染其他植株籽粒，降低霉变率。

（5）播种前精选种　剔除秕小病粒　每 10 kg 种子用 2.5% 咯菌腈悬浮种衣剂 20 mL＋3% 苯醚甲环唑悬浮种衣剂 40 mL 进行包衣或拌种；在玉米收获前 15 d 左右用 50% 多菌

灵 WP 或 50% 甲基硫菌灵 WP1000 倍液在雌穗花丝上喷雾防治。

（6）药剂防治　①播前用 200 倍福尔马林浸种 1 h 或用 50% 多菌灵或甲基硫菌灵 WP 剂 100 倍液浸种 24 h 后，用清水冲洗晾干后播种。②抽穗期发病初喷洒 50% 多菌灵或 50% 甲基硫菌灵 WP1000 倍液或 25% 苯菌灵 EC800 倍液，重点喷果穗和下部茎叶，隔 7 ~ 10 d 喷 1 次，防治 1 ~ 2 次。

5. 灰斑病的防治

（1）选用抗病品种　选用适合当地种植、丰产性好、抗玉米灰斑病的优质良种，是保证玉米高产稳产的重要措施。目前南涧县推广的玉米品种有北玉 2 号、海禾 1 号、海禾 2 号、路单 8 号等。

（2）合理轮作，加强监测　尤其是发病严重的地块，在种植技术上，合理布局作物与品种，定期轮换，减少玉米灰斑病病菌侵染源。做好系统调查和玉米灰斑病检测工作，以利于适时指导农户进行有效防治。

（3）合理安排作物布局　利用生物多样性控制灰斑病流行。合理密植，改进种植方式，实行宽窄行种植，采用 2∶2（2 行玉米间种 2 行经济作物）或 2 行玉米间种 1 行豆类作物。通过改善种植方式，能充分利用光热资源，促进田间通风透光，防止玉米倒伏，降低田间湿度，提高玉米抗病性，减缓病害发生和流行，达到控制病害发生的目的，从而提高玉米单产，增加农民收入。

（4）适时播种　在田间湿度大或雨季来临之际，将翌年播期提前 10 ~ 15 d，错开 7—8 月高温多雨多湿季节，以降低灰斑病高发期对玉米生长的影响，减轻其对玉米生长的危害，特别是玉米抽穗期、灌浆期更有利于玉米灰斑病的发生。在海拔 1900 m 以上的高寒地区要抢抓节令，适期早播，同时采用地膜覆盖措施，缩短玉米生育期，从节令上错开发病高峰，提早玉米成熟期，减少产量损失。

（5）合理施肥　增施有机肥，氮、磷、钾肥合理搭配，因地制宜施用微肥，促使玉米健壮生长，提高玉米的抗病能力。根据玉米的生理特性，应遵循施足底肥、轻施提苗肥、重施拔节孕穗肥、巧施粒肥的原则。施足底肥，增施磷钾肥，促进植株健壮生长，从而提高抗病能力。在施农家肥的基础上，亩施尿素 10 kg、普钙 35 kg、钾肥 5 kg（或 25% 以上的复合肥 40 kg）充分混合拌匀后作种肥或移栽肥，施肥时要特别注意肥料不能直接与种子或根系接触。追肥要轻施提苗肥，重施拔节穗肥，巧施粒肥：第 1 次追施苗肥，在玉米五至六叶期结合中耕除草，亩用尿素 75 ~ 120 kg/hm^2，促进幼苗平衡生长；第 2 次追施穗肥，于玉米大喇叭口期追施尿素 30 ~ 35 kg/hm^2，深施于玉米 2 株之间，施后培土，同时进行中耕除草，以促进穗大粒多。第 3 次追施粒肥，抽雄吐丝期，亩追施尿素 5 ~ 10 kg、钾肥 5 ~ 7 kg，深施于玉米 2 株之间，施后盖土，以防玉米早衰，增加粒重，提高单产。

（6）加强田间管理　清洁田园，减少病原菌。枯叶、秸秆等病残体是灰斑病的主要病源，玉米收获后，要及时彻底清除遗留在田间地块中的玉米秸秆、病叶等病残体，尤其是堆过秸秆的地方，重病地块，应彻底清除，并且在雨季开始前处理完毕。处理方法是带出田外用火集中烧毁，秸秆堆肥时要彻底进行高温发酵、加速腐解等，均可减轻病害的发生。

（7）药剂防治　根据灰斑病发生、发展和危害的特点，主要在玉米大喇叭口期、抽雄抽穗期和灌浆初期 3 个关键时期进行药剂防治。根据防治效果和最低使用成本原则，选择对玉米灰斑病防治效果较好的药剂，主要有 25% 丙环唑 WP9 mL 兑水喷雾；43% 好力克 6 mL + 70% 安泰生 25g 兑水喷雾；10% 苯醚甲环唑 30 g 兑水喷雾；75% 三环唑（或硫黄唑或稻瘟净）+70% 甲基托布津（或多菌灵）各 1/2 袋混合兑水喷雾。5 ~ 7 d 防治 1 次，连续用药 2 ~ 3 次，施药时要注意喷匀喷透，若喷后 1 ~ 2 h 遇雨应重喷，确保防治效果。

第二节　主要虫害及其防治

一、主要害虫种类

魏湜等（2010）在《玉米生态基础》中指出，全世界玉米害虫有 400 多种，中国有近 40 种，可分为生长期害虫和贮藏期害虫，生长期害虫又分为地下害虫和地上害虫。生长期害虫在我国为害严重或局部地区造成明显为害的有 20 余种，包括地老虎、玉米螟、黏虫、玉米蚜和草地贪夜蛾等。

（一）地下害虫

地下害虫在我国分布很广，遍及各地。地下害虫食性很杂，如粮食、棉花、油料、蔬菜、糖料作物、烟草、麻类、牧草、花卉、果树、林果等幼苗均可遭受为害，旱田作物受害最重。玉米生长期造成为害的地下害虫常见种类有蛴螬、金针虫、地老虎类、蝼蛄和蟋蟀等。

1. 蛴螬　蛴螬是鞘翅目金龟甲总科幼虫的统称，是地下害虫中种类最多、分布最广、世界上公认的重要地下害虫，是为害最重、给农业生产造成巨大损失的一大类群。

（1）通用名称　蛴螬是金龟子的幼虫，别名白土蚕、核桃虫、壮地虫、地漏子等；是鞘翅目、金龟甲总科幼虫的统称，成虫通称为金龟甲或金龟子。其优势种有暗黑鳃金龟甲（*Holotrichia parallela* Motschulsky）、东北大黑鳃金龟甲（*Holotrichia diomphalia* Bates）、华北大黑鳃金龟甲［*Holotrichia oblita*（Falder mann）］、铜绿丽金龟甲（*Anomala corpulenta* Motschulsky）。

（2）分类地位（纲、目、科、属、种）　昆虫纲、鞘翅目、金龟总科。

（3）形态特征　蛴螬幼虫体肥大，长 30 ~ 40 mm，肥胖，体形弯曲呈 C 形，多为白色，少数为黄白色。头部褐色，上颚显著，尾部肿胀灰白色、光滑。体壁较柔软多皱，体表疏生细毛。头大而圆，多为黄褐色，生有左右对称的刚毛，刚毛数量的多少常为分种的特征，如华北黑鳃金龟的幼虫为3对，黄褐丽金龟幼虫为5对。蛴螬具胸足3对，一般后足较长。腹部10节，第10节称为臀节，臀节上生有刺毛，其数目的多少和排列方式也是分种的重要特征。

成虫椭圆或圆筒形，体色有黑、棕、黄、绿、蓝、赤色等，多具光泽，触角鳃叶状，足3对。

（4）生活习性　蛴螬终年生活在土壤中，幼虫和成虫在土中越冬。成虫金龟子白天藏在土中，20—21时进行取食等活动。有假死和趋光性，还对未腐熟的粪肥有趋性。成虫交配后10～15 d产卵，产在松软湿润的土壤内，以水浇地最多。蛴螬幼虫始终在地下活动，与土壤温、湿度关系密切，当10 cm土温达5 ℃时开始上升土表，13～18 ℃时活动最盛，23 ℃以上则往深土中移动，至秋季土温下降到其活动适宜范围时，再移向土壤上层。越冬幼虫在春季10 cm土温达10 ℃左右时上升活动；秋季土温下降至10 ℃以下时，幼虫向土壤深处转移，5 ℃以下时全部越冬。

生长发育适宜的土壤湿度是8%～20%，以15%～18%为最适宜。水旱地均能发生，但以水浇地、过水地、低洼地和雨水充足的旱地及丘陵岗地发生较重。地头荒坡、果园荒埂、地边草地等非耕地虫口密度明显高于耕地，油料作物茬口密度大；背风向阳地的虫量高于迎风背阴地，坡岗地虫量高于平地。华北大黑鳃金龟甲多发生在水浇地、低湿地等保水力较强的黏重土壤中。一般情况下，背风向阳地的虫量高于迎风背阴地，坡岗地虫量高于平地，淤泥土地多于壤土和沙土地。

（5）生活史　生命周期包括卵、幼虫、蛹和成虫4个虫态。完成1代需1～2年到3～6年，除成虫有部分时间出土外，其他均在地下生活，以幼虫或成虫越冬。成虫有夜出型和日出型之分，夜出型有趋光性，夜晚取食为害；日出型白昼活动。成虫交配后10～15 d产卵，每头雌虫可产卵100粒左右。蛴螬共3龄。1龄、2龄期较短，第3龄期最长。

（6）年发生代数　蛴螬年生代数因种、因地而异，是一类生活史较长的昆虫，一般一年1代或2～3年1代，长者5～6年1代。如大黑鳃金龟两年1代，暗黑鳃金龟、铀绿丽金龟1年1代，小斑鳃金龟在青海4年1代，大栗鳃金龟在四川甘孜地区则需5～6年1代。

（7）迁飞规律　成虫白天潜伏，黄昏出土活动危害。成虫食性杂、食量大，具假死性与趋光性。发生地为害、越冬，无长距离迁飞习性。

（8）危害症状　主要为害麦类、玉米、薯类、豆类、花生等大田作物。取食萌发的种子和嫩根、咬断玉米细嫩的根部及叶鞘，造成缺苗断垄，或直接咬食嫩果或块茎和块根，不仅造成减产，而且伤口容易引起病菌的侵染。据调查统计，植物地下部分受害中86%是由蛴螬为害造成的。

蛴螬的食性很杂，按其食性可分为植食性、粪食性、腐食性3类。其中，植食性蛴螬食性广泛，为害多种农作物、经济作物和花卉苗木，喜食刚播下的种子、根、块茎，以及幼苗，是世界性的地下害虫。蛴螬主要在地下为害，咬断幼苗根茎，切口整齐，造成幼苗枯死，或蛀食块根、块茎，造成孔洞，使作物生长衰弱，影响产量和品质。同时，被蛴螬造成的伤口有利于病菌的侵入，诱发其他病害。成虫金龟子主要取食植物地上部的叶片，有的还为害花和果实。蛴螬的种群动态受植被、土壤理化性质和气候条件的影响较大，这些因素直接影响蛴螬的虫口密度和活动习性。

2. 金针虫

（1）通用名称　金针虫俗称节节虫、铁丝虫、姜虫等。全世界有 8000 多种，中国记载有 600 ~700 种。常见危害作物的主要是沟金针虫、细胸金针虫 、褐纹金针虫、宽背金针虫 4 种，其中，前 3 种主要为害玉米幼苗根茎部，以沟金针虫分布最广。

（2）分类地位（纲、目、科、属、种）　金针虫是鞘翅目、叩头甲幼虫的通称。属鞘翅目，叩甲科，其优势种有沟金针虫（*Pleonomus canalicurtus* Faldermann）、细胸金针虫（*Agriotes subvittatus* Motschulsky ）、褐纹金针虫（*Mrlanotus caudex* Lewis）。

（3）形态特征　成虫叩头虫一般颜色较暗，体形细长或扁平，具有梳状或锯齿状触角。胸部下侧有一个爪，受压时可伸入胸腔。当叩头虫仰卧，若突然敲击爪，叩头虫即会弹起，向后跳跃。幼虫圆筒形，体表坚硬，蜡黄色或褐色，末端有两对附肢，体长 13 ~20 mm。根据种类不同，幼虫期 1 ~3 d，蛹在土中的土室内，蛹期大约 3 周。

分布最广的沟金针虫成虫栗褐色。体扁平，全体被金灰色细毛。头部扁平，头顶呈三角形凹陷，密布刻点。雌虫触角短粗 11 节，锯齿形，约为前胸长度的 2 倍。雄虫触角较细长，12 节，长及鞘翅末端。雌虫鞘翅长约为前胸长度的 4 倍，后翅退化。足浅褐色，雄虫足较细长。卵近椭圆形，长 0. 7 mm，宽 0. 6 mm，乳白色。幼虫初孵时乳白色，头部及尾节淡黄色，老熟幼虫体长 20 ~30 mm，体形扁平，全体金黄色，被黄色细毛。头部扁平，口部及前头部暗褐色，上唇前线呈三齿状突起。由胸背至第十腹节背面正中有 1 明显的细纵沟。尾节黄褐色，其背面稍呈凹陷，且密布粗刻点，尾端分叉。蛹长纺锤形，乳白色。

（4）生活习性　沟金针虫在 8—9 月间化蛹，蛹期 20 d 左右，9 月羽化为成虫，在土中越冬，次年 3—4 月出土活动。金针虫的活动，与土壤温度、湿度、寄主植物的生育时期等有密切关系。其上升表土为害的时间，与春玉米的播种至幼苗期相吻合。其中沟金针虫土壤湿度为 15% ~18% ，最适宜其活动为害；细胸金针虫 13% ~19% 是其最适产卵土壤湿度。沟金针虫以旱作区域有机质较为缺乏而土质较为疏松的沙壤土地发生较重；细胸金针虫多发生在水浇地、水涝地、淤地和保水较好的黏土地。

随着土温的升高降低金针虫在土中上下活动，一般在 10 cm 土温达 6. 7 ~9. 2 ℃时开始出土活动为害，15. 1 ~16. 5 ℃为活动盛期，为害最烈，春季降温、气温低于 6 ℃或大风（5 m/s）天气，则成虫不出土。沟金针虫成虫在 3 月初 10 cm 土温达 7 ℃左右时，越冬代成虫开始出土活动，3 月上、中旬 10 cm 土温稳定在 9. 8 ℃以上时活动频繁，

3 月下旬土温上升到 11. 6 ℃左右时，活动降低。细胸金针虫翌年 3 月上、中旬 10 cm 土温7. 6 ~ 11. 6 ℃、气温 5. 3 ℃时越冬成虫开始出土活动，4 月中、下旬土温 15. 6 ℃、气温 13 ℃左右为活动盛期。褐纹金针虫越冬幼虫于 4 月上、中旬，平均土温达 9. 1 ~ 12. 1 ℃，在表土层活动和为害，4 月下旬至 5 月下旬是为害盛期，6—8 月份大部分大龄幼虫下迁到 20 cm 以下土层，9 月上、中旬土温为 16 ~ 18 ℃ 时，幼虫上移到表土层为害秋播麦苗，10 月下旬土温下降至 8 ℃左右，幼虫下移越冬。

成虫昼伏夜出，白天躲藏在土表、杂草或土块下，傍晚爬出土面活动和交配。雌虫行动迟缓，不能飞翔，有假死性，无趋光性；雄虫出土迅速，活跃，飞翔力较强，只做短距离飞翔，黎明前成虫潜回土中，雄虫有趋光性。

（5）生活史　生命周期包括卵、幼虫、蛹和成虫 4 个虫态。金针虫长期生活于土中，生活史很长，因种类不同而不同，常需 3 ~ 5 年才能完成 1 代，以幼虫或成虫在地下越冬，越冬深度为 20 ~ 85 cm。老熟幼虫从 8 月上旬至 9 月上旬先后化蛹，化蛹深度以 13 ~ 20 cm 土中最多，蛹期 16 ~ 20 d。成虫于 9 月上中旬羽化。越冬成虫在 2 月下旬出土活动，3 月中旬至 4 月中旬为盛期。

成虫交配后，将卵散产在土下 3 ~ 7 cm 深处，卵于 5 月上旬开始孵化，卵历期 33 ~ 59 d。成虫于 4 月下旬开始死亡。初孵幼虫体长约 2 mm，在食料充足的条件下，当年体长可达 15 mm 以上；到第三年 8 月下旬，老熟幼虫多于 16 ~ 20 cm 深的土层内做土室化蛹，蛹历期 12 ~ 20 d，平均 16 d。9 月中旬羽化，当年在原蛹室内越冬。

（6）年发生代数　金针虫约需 3 年完成 1 代，第一年、第二年以幼虫越冬，第三年以成虫越冬。

（7）危害症状　金针虫在地下蛀食玉米种子和地下根部、茎基，可咬断没出土和刚出土的幼苗，也可钻入较大的玉米苗根茎部取食为害。被害处不完全咬断，断口不整齐。还能钻蛀较大的种子及块茎、块根，蛀成孔洞，被害株则干枯而死亡，造成缺苗断垄现象，严重时可使全田毁苗。

3. 蝼蛄

（1）通用名称蝼蛄俗名拉拉蛄、土狗子。全世界 40 多种，中国已知 6 种，其中，以华北蝼蛄（*Gryllotalpa unispina* Saussure）和东方蝼蛄（*Gryllotalpa orientalis* Burmeis · ter）为优势种，分布最广、为害最重。

（2）分类地位（纲、目、科、属、种）属昆虫纲、直翅目，蝼蛄科。

（3）形态特征

①华北蝼蛄　雌成虫体长 45 ~ 66 mm，雄成虫体长 39 ~ 45 mm。体黄褐色，前胸背板中央有一心脏形暗红色斑。前翅短小，仅达腹部的 1/2。前足腿节下缘呈“S”形弯曲，后足胫节背侧内缘有棘 1 ~ 2 个或消失。卵椭圆形，初产时乳白色，后变黄褐色，孵化前呈暗灰色。若虫共 13 龄，形似成虫，体较小，初孵时体乳白色，体长 2. 6 ~ 4 mm，2 龄以后变为黄褐色，5 龄、6 龄后基本与成虫同色，末龄若虫体长 36 ~ 40 mm。

②东方蝼蛄　成虫体长 31～35 mm，浅茶褐色，腹部色较浅，全身密布细毛。头圆锥形。前胸背板卵圆形，中间具一明显的暗红色长心脏形凹陷斑。前翅超过腹部末端。前足腿节下缘平直，后足胫节背侧内缘有刺 3～4 个，有别于华北蝼蛄。卵椭圆形，初产时乳白色，后变黄褐色，孵化前暗紫色。若虫共 8～9 龄，初孵若虫乳白色，体长 4 mm，末龄若虫体长约 25 mm，体形与成虫相近。

（4）生活习性　两种蝼蛄生活习性大致相同，均昼伏夜出，21 时至 23 时为活动取食高峰。华北蝼蛄喜在轻盐碱地的缺苗断垄、无植被覆盖的干燥向阳、地埂畦堰附近或路边、渠边和松软油渍状土壤中产卵，雌虫产卵期长达 1 个月，每雌平均产卵 300 余粒，卵产在土中 15～20 cm 处卵室内。两种蝼蛄孵化后的若虫皆喜群居，成虫、若虫均具较强的趋光性，并嗜好香甜物品，对马粪等未腐熟的有机质也有趋性。喜在潮湿土壤中生活，如沿河两岸、渠道周围、菜园。

（5）生活史　生命周期包括卵、若虫和成虫 3 个虫态。华北蝼蛄约 3 年完成 1 代，以成虫或若虫在 60～120 cm 土层中越冬，翌春 4 月上中旬开始活动，咬食玉米苗。6 月上中旬开始交尾产卵，直至 8 月初，卵期 20 d 左右。7 月初卵开始孵化，秋后生长到 8～9 龄时潜入土中越冬。翌春若虫在地面活动为害玉米，秋后若虫再潜入土中越冬。到第三年春季又开始活动，8 月上中旬若虫老熟，蜕皮后变为成虫，秋后即以成虫越冬。东方蝼蛄 2 年完成 1 代，以成虫或若虫在土中越冬，翌春 4 月上旬越冬成虫开始活动并交尾产卵，直至 8 月上旬产卵结束。卵期 15 d 左右。若虫越冬。翌春越冬若虫开始活动为害，5—6 月份羽化为成虫。

（6）年发生代数　华北蝼蛄约 3 年完成 1 代，东方蝼蛄约 2 年完成 1 代。

（7）危害症状　华北蝼蛄主要分布在北方地区，东方蝼蛄全国都有分布。蝼蛄食性复杂，除危害玉米外，还为害其他谷物、蔬菜及树苗。蝼蛄都在地下生活，吃新播的种子，咬食作物根部，对作物幼苗伤害极大。潜行土中，形成隧道，使作物幼苗与土壤分离，因失水而枯死。蝼蛄活动受温度影响较大，当旬平均温度和 20 cm 土温达 16～20 ℃时，是蝼蛄猖獗为害时期，因此，春、秋两季是蝼蛄为害高峰期。当夏季气温达 23 ℃以上时，则潜入土中，一旦温度降低，又会上升至耕作层活动，秋末则潜入深土层内越冬。土壤类型和湿度影响其分布和密度，盐碱地虫口密度大，壤土地次之，黏土地较少，水浇地的虫口密度大于旱地。另外，距离村庄近的虫口密度显著多于离村庄远的。

4. 地老虎

（1）通用名称　地老虎俗称土蚕、地蚕、切根虫。

（2）分类地位（纲、目、科、属、种）　属昆虫纲，鳞翅目、夜蛾科。种类很多，有小地老虎［*Agrotis ypsilon*（Rottemberg）］、大地老虎（*Agrotis tokionis* Butler）、黄地老虎［*Agrotis segetum*（Denis et Schiffermiiller）］、白边地老虎（*Euxoa oberthuri* Leech）等。以小地老虎分布最广，全国都有发生，为害严重；其次为黄地老虎，在北方地区发

生，尤以西北地区常严重为害；白边地老虎是黑龙江、内蒙古、新疆等地的主要种类。经常发生为害的是小地老虎和黄地老虎。

（3）形态特征　地老虎的一生分为卵、幼虫、蛹和成虫 4 个虫态。

①小地老虎　成虫体长 16 ~ 23 mm，翅展 42 ~ 54 mm。前翅黑褐色，有肾状纹、环状纹和棒状纹各一，肾状纹外有尖端向外的黑色楔状纹与亚缘线内侧 2 个尖端向内的黑色楔状纹相对。卵半球形，直径 0. 6 mm，初产时乳白色，孵化前呈棕褐色。老熟幼虫体长 37 ~ 50 mm，黄褐色至黑褐色。体表密布黑色颗粒状小突起，背面有淡色纵带。腹部末节背板上有 2 条深褐色纵带。蛹体长 18 ~ 24 mm，红褐色至黑褐色，腹末端具 1 对臀棘；蛹背面的点刻比侧面的大，第四节上也有点刻。

②黄地老虎　成虫体长 14 ~ 19 mm，翅展 32 ~ 43 mm。全体黄褐色。前翅亚基线及内、中、外横纹不很明显；肾形纹、环形纹和楔形纹均甚明显，各围黑褐色边。后翅白色，前缘略带黄褐色。卵半圆形，底平，直径约 0. 5 mm，初产乳白色，以后渐现淡红色波纹，孵化前变为黑色。幼虫与小地老虎相似，其区别为：老熟幼虫体长 33 ~ 43 mm，体黄褐色，体表颗粒不明显，有光泽，多皱纹，腹部背面各节有 4 个毛片，前方 2 个与后方 2 个大小相似，臀板中央有黄色纵纹，两侧各有 1 个黄褐色大斑，腹足趾钩 12 ~ 21 个。蛹体长 16 ~ 19 mm，红褐色，腹部末节有臀刺 1 对，腹部背面第 5 ~ 7 节刻点小而多，背面与侧面点刻相同，第四节上很少有点刻。

③大地老虎　成虫为暗褐色，体长 16 ~ 23 mm，肾形斑外有 1 个尖端向外的楔形黑斑，亚缘线内侧有 2 个尖端向内的楔形斑，3 个斑尖端相对，触角雌虫丝状，雄虫羽毛状；幼虫体长 37 ~ 50 mm，黑褐色或黄褐色，臀两条深褐色纵带，基部及刚毛间排列有小黑点。成虫体长 20 ~ 23 mm，翅展 52 ~ 62 mm。前翅黑褐色，肾状纹外有一不规则的黑斑。卵半球形，直径 1. 8 mm，初产时浅黄色，孵化前呈灰褐色。老熟幼虫体长 41 ~ 61 mm，黄褐色，体表多皱纹。蛹体长 23 ~ 29 mm，腹部第 4 ~ 7 节前缘气门之前密布刻点。分布也较普遍，并常与小地老虎混合发生，以长江流域地区为害较重。

（4）生活习性　成虫的趋光性和趋化性因虫种而不同。小地老虎、黄地老虎、白边地老虎对黑光灯均有趋性。对糖酒醋液的趋性以小地老虎最强；黄地老虎则喜在大葱花蕊上取食作为补充营养。卵多产在土表、植物幼嫩茎叶上和枯草根际处，散产或堆产。3 龄前的幼虫多在土表或植株上活动，昼夜取食叶片、心叶、嫩头、幼芽等部位，食量较小。1、2 龄幼虫昼夜群集于幼苗顶心嫩叶处取食危害，3 龄后分散入土，白天潜伏土中，夜间活动为害。有自残现象。幼虫行动敏捷、有假死习性、受到惊扰即卷缩成团，食物不足或寻找越冬场所时，有迁移现象。幼虫老熟后在深约 5 cm 土室中化蛹，成虫有远距离南北迁飞习性，对黑光灯极为敏感，特别喜欢酸、甜、酒味和泡桐叶。

地老虎的越冬习性较复杂。黄地老虎以老熟幼虫在土下筑土室越冬。白边地老虎则以胚胎发育晚期而滞育的卵越冬。大地老虎以 3 ~ 6 龄幼虫在表土或草丛中越夏和越冬。小地老虎越冬受温度因子限制，1 月份 0 ℃（北纬 33°附近）等温线以北不能越冬，以南地区可有少量幼虫和蛹在当地越冬，成虫可从虫源地区交错向北迁飞为害。

越冬基数和越冬代成虫发生量与一代幼虫发生轻重有直接关系。一般上年秋雨较多，洪涝面积较大，在耕作比较粗放和杂草较多环境，适宜越冬代幼虫发生，形成较大越冬基数。初冬和早春的温度变化缓慢，冬季气温偏高，5 月份气温稳定，雨水正常，有利幼虫越冬和春季发育以及第一代卵的发育和幼虫成活，因而发生较重，如初冬幼虫越冬前或早春越冬幼虫恢复活动后，有较强的寒流突然降温或降雪，或冬季气温偏低，造成越冬幼虫死亡率较高；越冬代成虫盛发期遇较强的低温或降雪能影响成虫的发生，并使蜜源植物的花受冻，成虫缺乏补充营养而减少产卵，卵孵盛期地表过于干旱、高温或有中等以上的降雨出现，则对一代幼虫发生不利，即使越冬基数较大也不致发生严重虫害。耕作比较粗放和杂草较多环境适于发生。

（5）生活史　地老虎的一生分为卵、幼虫、蛹和成虫 4 个阶段。幼虫 6 龄。地老虎由北向南 1 年可发生 2 ~ 7 个世代。小地老虎以幼虫和蛹在土中越冬；黄地老虎以老熟幼虫在麦地、菜地及杂草地的土中越冬。两种地老虎虽然 1 年发生多代，但均以第一代数量最多，为害也最重。3—4 月间气温回升，越冬幼虫开始活动，陆续在土表 3 d 左右深处化蛹，蛹直立于土室中，头部向上，蛹期 20 ~ 30 d。4—5 月为各地化蛾盛期。幼虫共 6 龄。第一代幼虫出现于 5 月中旬—6 月上旬，第二代幼虫出现于 7 月中旬—8 月中旬，越冬代幼虫出现于 8 月下旬—翌年 4 月下旬。卵期 6 d，1—6 龄幼虫历期分别为 4 d、4 d、3. 5 d、4. 5 d、5 d、9 d，幼虫期共 30 d。卵期平均温度 18. 5 ℃，幼虫期平均温度 19. 5 ℃。

（6）年发生代数　小地老虎和黄地老虎由北向南 1 年可发生 2 ~ 7 个世代。小地老虎在南方可终年繁殖，由南向北年发生代数递减。黄地老虎一年发生 3 代。两种地老虎虽然 1 个发生多代，但均以第一代数量最多，为害也最重，其他世代发生数量很少，没有明显为害。

大地老虎 3 月下旬至 4 月上旬为蛾盛发期，1 年发生 3 ~ 4 代。

（7）迁飞规律　成虫有南北远距离迁飞习性。

（8）危害症状　地老虎为多食性害虫，为害各种农作物、牧草及草坪草。主要以幼虫为害幼苗。幼虫将幼苗近地面的作物茎部咬断，使整株作物死亡，造成缺苗断垄，甚至毁种。1、2 龄幼虫群集于杂草、幼苗顶心嫩叶处日夜取食。3 龄后开始分散，白天潜伏杂草、幼苗根部周围土干、湿层之间，夜间出动咬断苗茎，尤以黎明前露水多时更烈，把咬断的幼苗拖入穴内啃食，当茎秆木质化后，则食嫩叶，也可咬断茎干端部。3 龄前取食量约占幼虫期食量的 3%。4 龄后，食量大增，常造成严重缺苗断垄现象。小地老虎性情凶暴，行动敏捷，当食料缺乏或环境不适，导致幼虫夜间迁移为害。老熟幼虫受惊，便卷曲作假死状。老熟时，在土层深 5 cm 处做土室化蛹，蛹期约 15 d。各种地老虎为害时期不同，多以第一代幼虫为害春播作物的幼苗最严重。

5. 蟋蟀

（1）通用名称　蟋蟀（拉丁学名：*Gryllulus*；*Gryllus*），又称蛐蛐、夜鸣虫、将军虫、秋虫、斗鸡、促织、地喇叭、灶鸡子、孙旺，土蜇。据研究，蟋蟀是一种古老的昆虫，至少已有1.4亿年的历史，还是在古代和现代玩斗蛐蛐的对象。

（2）分类地位（纲、目、科、属、种）　蟋蟀属直翅目，蟋蟀科，在中国有百余种。

北京油葫芦［*Teleogryllus emma*（Ohmachi & Matsuura）］在中国从南到北广泛分布，尤以华北地区多有发生。食性很杂。主要为害豆类、棉花、麦类、玉米、花生、蔬菜等，也为害小树苗的根部和部分药用植物。

大扁头蟋（*Loxoblemmus doenitxi* Stein）分布于北京、河北、河南、山东、山西、陕西、江苏、浙江、四川、湖南、贵州、广西、云南等省（区、市），华北地区常见发生。为害作物同北京油葫芦。

斗蟋［*Velarifictorus micado*（Saussure）］分布于北京、河北、山东、山西、江苏等省（直辖市）。在农田中常与北京油葫芦、大扁头蟋混合发生。但数量较少，一般占10%以下。食性和为害作物同北京油葫芦、大扁头蟋。

花生大蟋蟀［*Tarbinskiellus portentosus*（Lichtenstein）］分布于浙江、四川、江西、云南、贵州、广西等省（区）。食性极杂。为害豆类、花生、玉米、水稻、瓜类、棉花、麻类、烟草、木薯、蔬菜、咖啡，以及多种果树、林木、药材的幼苗。

（3）形态特征　全身呈褐色，有很长的触角。后足大，善于跳跃。雄虫体长20～25 mm，有2根尾须，得俗称“二尾子”。雌虫有4根尾须，两长两短，中间还有一个产卵管。蟋蟀头顶漆黑且有反光，上有橙黄色纵纹。雄虫前肢长达腹端，大多数个体无后翅，也有少数雄虫有后翅，并能飞翔。雄虫发音镜略呈长方形，鸣声洪亮，音节匀称。发音时，两个前翅竖立起来，因摩擦而发出“吱吱吱吱”的声音，能连续鸣叫不已。

①大蟋蟀　成虫体长40～50 mm，暗褐色或棕褐色，头宽，前胸背板前缘两侧有桃状斑块，色较浅，后足腿节强大。腰部尾须长而稍大，雄虫前翅有明显的褶皱，相互摩擦能发出声响。雌成虫前翅多纵脉，无横脉，不能发音。产卵管短于尾须。卵近圆筒形稍弯曲，浅黄色。若虫外形与成虫相似，但体色较淡，翅未全。

②中华蟋蟀　雄虫体长约28 mm，背面黑褐色有光泽，腹面黄白色。头部光滑，头顶红褐色。触角比体长1.5倍以上，前翅网纹复杂，有圆形发音器，在前翅近基部；雌虫色淡，前翅网纹简单，无发音器，产卵管扁长，约等于尾须的1.5倍。卵长圆形，稍弯曲，乳黄色。若虫比成虫略小，黄褐色，触角短，翅芽长达腹部第三节，各腹节的后缘淡黄色。

蟋蟀多数中小型，少数大型。蟋蟀科种类体长大于3 mm；体色变化较大，多为黄褐色至黑褐色，或为绿色、黄色等；体色均一者较少，多数为杂色。身体不具鳞片。口式为下口式或前口式。触角丝状，远长于体长；触角柄节多为圆盾形，窄于或等于额突；少数类群为长盾形，较大，宽于额突。复眼较大，一般为头长的1/4～1/2；单眼一般3枚，呈倒三角形或线状排列；中单眼位于头背侧、颜面或额突顶端。

（4）生活习性　蟋蟀穴居，常栖息于地表、砖石下、土穴中、草丛间。夜出活动。杂食性，吃各种作物、树苗、菜果等。蟋蟀的某些行为可由特定的外部刺激所诱发。

蟋蟀生性孤僻，一般的情况都是独立生活，绝不允许和别的蟋蟀住一起（仅雄虫在交配时期和一个雌虫居住在一起），因此，它们彼此之间不能容忍，一旦碰到一起，就会咬斗起来。成虫、若虫穴居深达0.6 m甚至更深。新建的洞穴很简单，只有一个逃避孔。在产卵前增建3~5个供产卵用的支穴，并出外搜索嫩茎叶和种子，运回穴内储存，以供饲养初孵的若虫。初孵若虫群居，数天后外出觅食，各自分别掘穴。

（5）年发生代数　一年发生1代，属于不完全变态的昆虫，经历卵、若虫、成虫三个阶段。常见的蟋蟀每年发生1代，以卵在土中越冬。卵单产，产在杂草多而向阳的田埂、坟地、草堆边缘的土中。雄虫筑土穴与雌虫同居。喜栖息于荫凉、土质疏松、较湿的环境中。虫口过于密集时，常自相残杀。若虫在土穴中越冬，翌年3—4月出土，为害幼苗。6月上旬羽化为成虫，继续为害。11月中下旬，以若虫开始越冬。

（6）危害症状　蟋蟀是我国东北地区、华北地区、长江下游和华南地区的重要农业害虫，它们破坏各种作物的根、茎、叶、果实和种子，对幼苗的损害特别严重。在南方，被蟋蟀破坏的花生幼苗达10%~30%，它们也危害玉米、黄麻、烟草、棉花、大豆和木薯，往往造成缺苗，影响收成。

（二）地上害虫

常见种类有黏虫（别名剃枝虫、行军虫、五色虫等）、玉米螟、草地贪夜蛾、玉米蚜、飞虱、蓟马、红蜘蛛、二点委夜蛾、甜菜夜蛾、弯刺黑蝽等。

1. 黏虫　黏虫又叫剃枝虫、五色虫、行军虫，是一种远距离迁飞的杂食性、暴食性害虫。该虫在陕南一年发生4代。以2、3代危害玉米为主，主要以幼虫取食为害，咬食植株茎叶组织，形成缺刻，严重时一夜之间将田间玉米苗全部吃光或仅剩光秆，一般减产50%以上甚至绝收（秦雪峰 等，2013）。黏虫即是这样一种以“突然而至”和“暴食为害”而著称的“神虫”，在中国发生已有2000多年的历史，严重威胁玉米、小麦和水稻三大主粮作物生产安全。国家一类农作物害虫。

（1）通用名称　黏虫［*Mythimna separata*（Walker）］又称东方黏虫、五色虫、夜盗虫、剃枝虫等。

（2）分类地位（纲、目、科、属、种）　属昆虫纲、鳞翅目、夜蛾科。

（3）形态特征　幼虫一般6龄，头黄褐色，有两条“八”字形纹，体色变化大，从浅绿到浓黑均有，食料、环境和虫口密度不同而有变化，虫口密度大时体色较深。

①成虫　体长17~20 mm，翅展35~45 mm。淡黄色或淡灰褐色。前翅灰黄褐色、黄色或橙色，变化很多；内横线往往只现几个黑点，环纹与肾纹褐黄色，界限不显著，肾纹后端有一个白点，其两侧各有一个黑点；外横线和缘线为一列黑点。前翅中央近前

缘处有 2 个淡黄色圆斑，外侧圆斑的下方有一小黑点，由翅尖向后缘有 1 条暗褐色斜线。触角丝状，前翅中央有两个近圆形淡黄斑，一个小白斑，其两侧各有一个小黑点，后翅基部灰白，端部黑褐色。

②卵　直径约 0.5 mm，半球形，初产时乳白色，以后颜色变深。卵表有规则的六角形网状脊纹。卵粒排列成卵块。

③老熟幼虫　体长 38 mm 左右，头部黄褐色至淡红褐色，头盖有网纹，额扁，头部正面两侧沿褪裂线有褐色粗纵纹，略呈“八”字形，外侧有褐色网纹。身体背面有 5 条纵线，气门片黑色。腹足外侧有黑褐色宽纵带，足的先端有半环式黑褐色趾钩。腹部五至七节背面各有一横列粗大的刻点。腹末端有刺三对，中央一对粗直。

④蛹　长 17 ~ 23 mm，红褐色，腹部 5 ~ 7 节背面前缘各有一列齿状点刻，臀棘上有刺 4 根，中央 2 根粗大，两侧的细短刺略弯。

（4）生活习性　成虫对黑光灯有趋性，对糖醋液趋性更强。昼伏夜出，夜间取食、交配、产卵。在玉米苗期，卵多产在枯叶或绿叶尖端的皱缝处；成株期，卵多产在穗部苞叶或果穗的花柱等部位。边产卵边分泌胶质，将卵粒粘连成行或重叠排列粘在叶上，形成卵块。幼虫主要为害玉米等禾本科作物和杂草。幼虫孵化后，群集在裹叶内。幼虫为杂食性，食量随龄期而增加，最喜食禾本科植物，1 ~ 2 龄幼虫取食叶肉，留下表皮，3 龄后吃叶成缺刻，5 ~ 6 龄达暴食期，蚕食叶片，啃食穗轴。幼虫老熟后，钻入寄主根部的松土内作土室化蛹。黏虫喜好潮湿而怕高温干旱，相对湿度 75% 以上，温度 23 ~ 30 ℃利于成虫产卵和幼虫存活。但雨量过多，特别是遇暴风雨后，黏虫数量又明显下降。幼虫畏光，晴天白昼潜伏在麦根处土缝中，傍晚后或阴天爬到植株上为害，还有迁移为害的习性，幼虫发生量大食料缺乏时，常成群迁移到附近地块继续为害，迁移过程中遇到植物多被掠食一空。

（5）生活史　黏虫生命周期包括卵、幼虫、蛹和成虫 4 个虫态。无滞育现象，条件适合可终年繁殖，耐寒能力较差，从北至南年发生世代数各地不一。成虫昼伏夜出，羽化后具有补充营养习性，对糖醋液趋性强，产卵趋向黄枯叶片。雌蛾平均寿命一般14 ~ 18 d，在玉米田产卵多产在发干而卷缩的枯叶尖内，有时也产于穗部苞叶或玉米雌穗的花柱等部位。幼虫共 6 龄，初孵幼虫暂时性群集后分散，幼虫有隐蔽栖居的习性。1 ~ 2 龄幼虫多在麦株基部叶背或分蘖叶背光处为害，3 龄后食量大增，5 ~ 6 龄进入暴食阶段，食光叶片或把穗头咬断，其食量占整个幼虫期的 90% 左右，3 龄后的幼虫有假死性，受惊动迅速卷缩坠地。成虫羽化后必须取食花蜜，并在适宜的温、湿度条件下才能正常发育、产卵。成虫喜食有甜酸味的汁液，对糖、酒、醋的混合液和黑光灯有强烈趋性。白天隐蔽在作物丛中、草堆等处，夜晚取食、交配、产卵。在适宜的条件下，每头雌蛾一般产卵 1000 ~ 2000 粒。

（6）年发生代数　黏虫在中国各地一年发生的代数不同。从北到南一年可发生 2 ~ 8 代。第一代幼虫在 4—5 月份发生，以后各代的发生量很小，第一代各虫态历期大致为：卵期 8 ~ 10 d、第 1 龄幼虫期 6 ~ 7d、第 2 至 5 龄幼虫期各位 3 d 左右、第 6 龄幼虫期 6 ~ 7 d、前蛹期约 3 d、蛹期约 10 d、成虫产卵前期约 5 d、成虫寿命约 12 d。

（7）迁飞规律　黏虫是一种远距离迁飞为害特性的暴发性害虫，成虫群体具有季节性远距离南北往返迁飞规律，有“行军虫”之称。

为揭示黏虫在中国来无影去无踪的“神虫”发生特点，李光博院士根据中国黏虫区域性种群动态变化以及发生为害资料的科学分析，提出全国黏虫季节性南北往返迁飞为害假说，并创造性地开展大规模“标记 - 释放 - 回收”试验，验证了这一假说。即每年春季，在华南的一代及五（或六）代多发区，春季越冬代成虫于 2—4 月间羽化，除少数居留外，大部分向北迁飞到江淮的一代多发区繁殖为害，小部分可能继续北迁到东北和华北的二、三代多发区，形成该区春季世代的迁入虫源。在一代、三代及五代多发区，第一代黏虫发生于 3—6 月，5 月中下旬至 6 月上中旬各区第一代成虫羽化后，除少数居留外，大部分继续向北迁飞到东北的二代多发区。7 月中下旬东北二代成虫羽化后除部分居留外，大部分向南迁飞到三代多发区繁殖。8 月下旬至 9 月上中旬华北三代成虫羽化后，除少数居留外，大部分继续南迁到江南和华南地区越冬。中国西北、西南大部地区属二代黏虫常发区，其虫源性质主要来自江淮流域一代黏虫常发区，除不同纬度之间的水平迁飞外，还存在不同海拔间垂直迁飞，越冬北界与东部地区基本一致。

（8）危害症状　黏虫是一种为害粮食作物和牧草的多食性、迁移性、暴发性大害虫。取食各种植物的叶片，大发生时可把叶片食光；而在暴发年份，幼虫成群结队迁移时，可以将所有绿色植物叶片全部吃光，造成大面积减产或绝收。

幼虫多在早晚活动，即早晨日出到 10 时以前和傍晚前后。喜食禾本科作物和杂草，食量逐龄增长，1 ~ 2 龄幼虫为害叶片造成孔洞；3 龄以上幼虫为害玉米叶片后，被害叶片呈现不规则的缺刻，5 ~ 6 龄幼虫为暴食阶段，可吃光叶片，具有群集危害、暴食、杂食的特点，幼虫常常群集迁移危害，故又名“行军虫”。1 ~ 2 龄幼虫仅啃食叶肉成天窗，3 龄以后沿叶缘蚕食成缺刻，危害严重时吃光大部叶片，只残留很短的中脉。大发生时当主要寄主作物及野生植物被吃光后，也为害各种树木（如柳、榆）、果树（如苹果、柑橘等）、蔬菜（如白菜、辣椒等）、油料（如大豆、花生等）和绿肥（如苜蓿等）作物。尤其是在幼虫成群结队迁移时，更是饥不择食，除极少数几种植物外，几乎所有绿色作物均被掠食一空，能使几十、几百甚至成千上万平方千米范围内的庄稼毁于一旦，造成大幅度减产，甚至颗粒无收的严重灾害。

（9）发生规律及主要影响因子　黏虫是世界性的害虫，我国 20 多个省（区、市）都有不同程度发生。寄主有麦、稻、粟、玉米等禾谷类粮食作物及棉花、豆类、蔬菜等 16 科 104 种以上植物，也为害禾本科牧草和芦苇。因其群聚性、迁飞性、杂食性、暴食性，成为全国性重要农业害虫。受气候如温度、湿度、降水、风等环境因素和食物的影响较大，不同的温度对其越冬、世代数、发生期、发生量和为害程度等都有直接的影响。食物的充足与否对成虫的补充营养、幼虫的生长发育状况都有很大影响。另外，不同植物品种对该虫成虫的产卵数量和幼虫的发育状况影响明显。天敌对黏虫的发生数量也起到了一定的控制作用，寄生性天敌主要有绒茧蜂、姬蜂、寄生蝇及线虫等，捕食性天敌主要有步行甲、蛙类、鸟类等。

黏虫每年的四次大规模远距离迁飞为害，除与气象因素有关外，还与中国农业结构的整体布局分不开。黏虫喜食禾本科植物，我国从南到北各个不同季节差不多都有不同生育期的小麦生长，还有南方的水稻及北方的谷子、玉米、高粱等旱粮作物，都可分期分批地为黏虫提供足够的食料，给黏虫提供理想的栖息与繁殖场所和生境。

除整个农业结构的布局与黏虫发生为害存在密切关系外，具体到一个局部地区的人类生产活动，如栽培制度的改革、垦荒种植、作物及品种的布局、施肥灌溉、密植与其他一系列田间管理技术等，对黏虫发生动态都有一定影响，对其种群数量的变动与发育进度起助长或抑制的复杂作用。一般密植、丰产的作物田发生数量多；田间温湿系数越高，幼虫发生数量越多。

2. 玉米螟　玉米螟是一种食性很杂、分布很广的害虫。可为害玉米植株地上的各个部位，使受害部分丧失功能，降低籽粒产量。除为害玉米外，还为害高粱、棉花和麻类等多种作物。亚洲玉米螟被列入中国一类害虫名录，玉米螟是陕西省二类害虫。

（1）通用名称（附学名）　玉米螟俗称玉米钻心虫、箭杆虫，是玉米田的主要害虫之一。中国发生的玉米螟有两个种：亚洲玉米螟（*Osrinia furnacalis* Guenee）和欧洲玉米螟（*Ostrinia　nubilalis* Hubner）。亚洲玉米螟分布最广泛、以北方春播玉米区和黄淮平原春、夏玉米区发生最为严重，西南山地玉米区和南方丘陵玉米区次之。本部分以亚洲玉米螟为例着重介绍。

（2）分类地位（纲、目、科、属、种）　属昆虫纲、鳞翅目、螟蛾科。

（3）形态特征　成虫黄褐色，前翅有锯齿状条纹，雄蛾较雌蛾小，颜色较深。雄蛾体长 10～13 mm，翅展 20～30 mm，体背黄褐色，腹末较瘦尖，触角丝状，灰褐色，前翅黄褐色，有两条褐色波状横纹，两纹之间有两条黄褐色短纹，后翅灰褐色；雌蛾形态与雄蛾相似，雄蛾长 10 mm 左右，翅展 20～26 mm，色较浅，前翅鲜黄，线纹浅褐色，后翅淡黄褐色，腹部较肥胖。

①卵　扁平椭圆形，长约 1 mm，数粒至数十粒组成卵块，呈鱼鳞状排列，初产时为乳白色，渐变为黄白色，孵化前卵的一部分为黑褐色（为幼虫头部，称黑头期）。

②老熟幼虫　体长 20～30 mm 左右，淡褐色，圆筒形，头黑褐色，背部颜色有浅褐、深褐、灰黄等多种，背线明显，中、后胸背面各有毛瘤 4 个，腹部 1～8 节背面有两排毛瘤每节 6 个，腹足趾钩 3 序缺环。

③蛹　黄褐色，体长 16～19 mm，纺锤形，尾部末端有小钩刺 5～8 个。

（4）生活习性　以老熟幼虫越冬，翌年春，当在玉米出苗—喇叭口时期时，化蛹羽化产卵。卵块多产在叶背主脉两侧。成虫夜间活动，飞翔力强，有趋光性和较强性诱反应。初孵幼虫先群集在卵壳附近，可吐丝下垂转株为害，有趋糖、趋湿和负趋光等特性。幼虫4龄前多在玉米植株上含糖量高、湿度极高的心叶丛、雄穗苞、雌穗顶端花柱基部及叶腋等处活动，4龄后钻蛀为害。

影响玉米螟发生量的重要因素之一是越冬幼虫的多少。越冬虫量大，冬春气候条件适宜，第一代发生重。幼虫在细嫩的植株上迁移频繁。心叶期后，迁移减少；打苞以后，大部分群集到穗内为害；雄穗露出时，开始向下转移；抽穗一半时，大量转移；全部抽穗后，大部分蛀入茎节或刚抽出的雌穗内为害。1～3龄幼虫多在茎穗外部活动，4龄以后开始蛀入茎内。其次是气候条件，温度对其影响不大，在北方，越冬幼虫在零下30 ℃的低温下短时间可以不死；而在南方夏秋季生活的幼虫，在35 ℃左右的高温下亦能正常活动。对湿度则比较敏感，多雨高湿常是虫害大发生的条件；湿度越低，对玉米螟的发生越不利，受害越轻。冬季气温较高，天敌寄生量少，有利于玉米螟的繁殖，危害较重；卵期干旱，玉米叶片卷曲，卵块易从叶背面脱落而死亡，危害较轻。

（5）生活史　玉米螟生命周期包括卵、幼虫、蛹和成虫4个虫态。食性很杂，国内现确认的寄主植物约25种，主要为害玉米、高粱、粟及棉花、大麻等，也能取食大麦、小麦、马铃薯、豆类、向日葵、甘蔗、甜菜、番茄、茄子等。各地均以最后一代的老熟幼虫在寄主的秸秆、穗轴、根茬及杂草里越冬，其中75%以上幼虫在玉米秸秆内越冬。越冬幼虫春季化蛹、羽化、飞到田间产卵。幼虫多为5龄。4龄以下幼虫不能越冬。次年春季4—5月化蛹，蛹经过10 d左右羽化。寿命5～10 d，喜在离地50 cm以上、生长较茂盛的玉米叶背面中脉两侧产卵，一个雌蛾可产卵350～700粒，卵期3～5 d。

（6）年发生代数　玉米螟的发生代数随纬度而有显著的差异，纬度不同亚洲玉米螟的世代数也有差异，在我国从北到南一年可发生1～7代，自北向南代数渐多。在45°—30°N的长江以北地区一年发生2～3代，而长江以南随着纬度的降低年发生在4代以上。海拔越高，发生代数越少。温度高、海拔低，发生代数较多。第一代螟卵发生盛期在一、二、三代区大致6月中旬，常以玉米心叶期受害重，幼虫蛀茎期为雌穗抽丝始期；第二代螟卵及幼虫发生盛期在二、三代区大体为春玉米穗期和夏玉米心叶期，时间约在7月中下旬；第三代螟卵及幼虫发生期在8月中下旬，主要为害夏玉米穗茎。

（7）迁飞规律　玉米螟越冬代不存在迁飞现象，各地虫源以当地为主。

（8）危害症状　以幼虫为害玉米茎、叶及穗部，玉米植株幼嫩部分受害最重，心叶受害，造成花叶和虫孔。在虫孔周围有时还附带着一些虫粪，抽雄后钻蛀茎内，影响雌穗分化与养分输送，使植株易遭风折。打苞叶蛀食雄穗，常使雄穗分枝折断，影响授粉。穗期为害雌穗轴、花柱及籽粒，影响产量及品质。

玉米螟的危害，主要是因为叶片被幼虫咬食后，会降低其光合效率；雄穗被蛀，常易折断，影响授粉；苞叶、花丝被蛀食，会造成缺粒和秕粒；茎秆、穗柄、穗轴被蛀食后，形成隧道，破坏植株内水分、养分的输送，使茎秆倒折率增加，籽粒产量下降。一般年份减产10%左右，大发生年减产20%～30%。田间玉米螟为害株率达30%时，产量损失率为8%～10%，为害率50%时，损失率为10%～15%；严重的地块，损失率可达 20% 以上。

在玉米苗期为害可造成枯心，喇叭口期取食心叶，形成一排排小孔（花叶）；抽穗后钻蛀穗柄和茎秆，遇风被折断；穗期雌穗被害，嫩粒遇损引起霉烂，降低籽粒品质。

（9）发生规律　亚洲玉米螟在各地的春、夏、秋播玉米都有不同程度为害，尤以夏播玉米最重。适合在高温、高湿条件下发育，温度影响玉米螟发生代数和发生期，年平均气温越高，发生代数越多，冬季气温回升早，越冬幼虫化蛹时间也早，湿度和直接影响湿度的降水量常决定发生量的多少，春季越冬幼虫恢复活动后必须取食潮湿秸秆，吸取水分后才能化蛹。成虫产卵也需要吸取水分，80% 的相对湿度最适宜成虫产卵，如果早春气候温暖，6—8 月降水均匀，相对湿度达 70% 以上，玉米螟一般会大发生。冬季气温较高，天敌寄生量少，有利于玉米螟的繁殖，为害较重；卵期干旱，玉米叶片卷曲，卵块易从叶背面脱落而死亡，为害也较轻。

（10）发生主要影响因子　玉米螟发生危害程度主要受越冬基数、气候、寄主等因素影响。

①越冬基数　各地玉米螟均以当地虫源为主，越冬基数与来年第一代发生程度关系密切。一般越冬基数大的年份，田间第一代卵量和被害株率就高。

②气候　亚洲玉米螟的发生消长与气候有着密切的关系。其中以温度、湿度和雨量的影响为最大，光照周期的作用也比较明显。玉米螟各虫态的适宜发生温度为 20 ~ 30 ℃，旬平均相对湿度 60% 以上。在适宜温度范围内，湿度的关系更密切。如越冬幼虫在化蛹、羽化期间，雨量、湿度适宜，则有利于第一代玉米螟的发生。相反，冬、春雨雪比常年少，对成虫羽化、产卵和卵的孵化不利，从而会抑制第一代玉米螟的发生数量。低温和短光照引起玉米螟滞育。

③天敌　国内发现亚洲玉米螟天敌有 70 余种，其中赤眼蜂的寄生作用最为明显。在中国许多地区，赤眼蜂在玉米螟发生后期（进入雨季后）对卵块的自然寄生率可高达 90% ~100% ，对夏玉米穗期的第三代螟虫有很大的抑制作用。赤眼蜂发生越早，数量越大，对玉米螟的抑制作用越明显。多种寄生蜂对玉米螟幼虫和蛹也有一定的控制作用。

④寄主　不同寄主植物及其不同品种或生育期对亚洲玉米螟的生存繁衍有不同的影响。同时，亚洲玉米螟对不同寄主植物也表现明显的选择性，造成发生量和为害程度的差异，在多寄主作物同时存在的地区，玉米螟成虫在玉米上产卵，因而玉米受害比其他寄主作物严重。玉米螟雌蛾产卵量对播期早、生长茂盛、叶色浓绿的植株有明显的选择性。在同一地区、同样发蛾量的情况下，长势好的玉米上的着卵量往往超过一般玉米。此外，雌蛾产卵对玉米植株高度也有选择性，一般在株高不足 35 cm 的植株上较少产卵。幼虫的成活率与寄主的生育阶段有密切的关系。在玉米心叶期，玉米苗越幼小，初孵幼虫侵入后的成活率越低。随着玉米植株的生长发育，从玉米心叶期至穗期，玉米螟幼虫的成活率逐渐增高，至穗期的抽丝授粉期成活率最高；其后，随着花丝干枯，玉米

进入乳熟期，幼虫成活率又趋下降。夏玉米上幼虫的成活率高于春玉米。

⑤寄主作物布局和播种期　寄主作物的布局对玉米螟发生量的为害轻重有十分明显的影响，尤其是在三代区，玉米春播改夏播，并压缩其他春播寄主作物的种植面积，同时在这些小面积春播寄主作物上进行化学防治，可有效地抑制螟害。

3. 草地贪夜蛾　起源于西半球美国到阿根廷的热带地区和亚热带地区，广泛分布于美洲大陆，具有适生区域广、迁飞速度快、繁殖能力强、防控难度大的特点，在巴西被认为是对玉米危害最大的害虫，是联合国粮农组织（FAO）全球预警的重要农业害虫。2016 年，草地贪夜蛾入侵非洲并蔓延为害，对当地的玉米造成严重损害。2019 年 1 月，草地贪夜蛾经缅甸入侵中国云南省，为害玉米、高粱、马铃薯、甘蓝、小麦等作物。2019 年 5 月在秦巴山区发现。草地贪夜蛾对全球范围内的农作物生产造成了重大危害，草地贪夜蛾在美国分为两个生物型：玉米型和水稻型，水稻型主要为害水稻和牧草，而入侵我国的草地贪夜蛾经分子鉴定为玉米型，嗜食玉米和高粱。国家一类农作物害虫。

（1）通用名称　草地贪夜蛾 *Spodoptera frugiperda*（J. E. Smith）又称秋黏虫。

（2）分类地位（纲、目、科、属、种）　属昆虫纲、鳞翅目（Lepidoptera）、夜蛾科（Noctuidae）、灰翅夜蛾属（*Spodoptera*）。

（3）形态特征　成虫体色多变，从暗灰色、深灰色到淡黄褐色均有。雄蛾体长 16 ~ 18 mm，前翅长 10. 5 ~ 15 mm，雌蛾个体稍大，体长 18 ~ 20 mm，前翅长 11 ~ 18 mm。雄蛾前翅灰棕色，翅面上有呈淡黄色、椭圆形的环形斑，环形斑下角有一个白色楔形纹，翅外缘有一明显的近三角形白斑。雌虫前翅多为灰褐色或灰色和棕色的杂色，无明显斑纹。雌蛾和雄蛾的后翅都为银白色，有闪光，边缘有窄褐色带。

①幼虫　1 龄幼虫体色为黄色或绿色，头部青黑色，体长 1. 7 mm 左右。2 龄幼虫头部由青黑色变为橙黄色，从 2 龄末期开始，体背变为褐色。低龄幼虫体表具有白色纵条纹，各腹节背面都有 4 个长有刚毛的黑色或黑褐色斑点，1、2 龄时各腹节背面斑点大小一致。从 3 龄开始，第 8、9 腹节背面的斑点显著大于其他各节斑点，并表现出特有的排列特征，即第 8 腹节 4 个斑点呈正方形排列，第 9 腹节的 4 个斑点呈梯形排列。其他各腹节的 4 个斑点虽然也呈梯形排列，但方向与第 9 腹节相反。同时，也可以观察到头部“V”形纹与前胸盾板中央的条纹一起形成的白色或浅黄色倒“Y”形纹，前胸盾板与头部颜色一致。4 ~ 6 龄幼虫的头部为淡黄色或深棕色，倒“Y”形纹也更明显，有些个体左右颅侧区具有不规则形状的淡黄色斑点。高龄幼虫的体色和体长多变，体色有淡黄色、橄榄绿、棕色、暗灰色或黑色，体长通常为 30 ~ 36 mm。幼虫的表皮粗糙，有皱纹和颗粒状的结构。

②卵　通常 100 ~ 200 粒堆积成块状，多由白色鳞毛覆盖，初产时为浅绿或白色，孵化前渐变为棕色。卵粒为圆顶形，顶部中央有明显的圆形点，底部扁平，直径 0. 4 mm，卵高 0. 3 mm。卵多产于叶片正面，玉米喇叭口期多见于近喇叭口处。适宜温度下，2 ~

3 d 孵化。卵粒呈奶油色、绿色或棕色。卵上通常覆盖浅灰色的绒毛（即雌蛾鳞片）。

③蛹　长椭圆形，长 14 ~ 18 mm，胸径宽 4. 5 mm，初化蛹时为白色，逐渐变为棕色、红棕色。蛹腹部末端有一对短而粗壮的臀棘，两根棘的基部分开；棘基部稍粗，向端部逐渐变细。气门黑褐色，椭圆形并显著外凸。蛹腹部背面第 5 ~ 7 节各节上端有一圈圆形刻点，刻点中央凹陷。

（4）生活习性　草地贪夜蛾无滞育现象，适宜发育温度宽，为 11 ~ 30 ℃，在 28 ℃条件下，30 d 左右即可完成 1 个世代。雌、雄虫均可多次交配，单头雌虫可产卵块 10 块以上，卵量约 1500 粒。低龄幼虫（1 ~ 3 龄）取食玉米叶片形成半透明薄膜“窗孔”，高龄幼虫（4 ~ 6 龄）取食形成不规则的长形孔洞，高龄幼虫也会取食玉米雄穗和果穗。

（5）生活史　草地贪夜蛾生命周期包括卵、幼虫、蛹和成虫 4 个虫态，取食为害阶段为幼虫期，以 6 龄幼虫为害最为严重。

（6）迁飞规律　草地贪夜蛾具有很强的迁飞能力，可借气流进行远距离迁飞，在适宜风速下一个夜晚迁飞距离可达几百千米。随着春季和夏季气温升高及西南季风加强，云南的草地贪夜蛾北迁进入四川、贵州与广西。四川省草地贪夜蛾虫量加上云南省虫源叠加，随着西南气流继续北迁，成为秦巴山区的入侵虫源地。从发生地点看，秦巴山区是草地贪夜蛾迁飞过渡区和北迁南回的桥梁地带。有研究表明，降水、下沉气流和低温的综合作用会迫使草地贪夜蛾降落。

（7）危害症状　在玉米上，1 ~ 3 龄幼虫通常隐藏在心叶、叶鞘等部位取食，形成半透明薄膜“窗孔”；低龄幼虫还会吐丝，借助风扩散转移至周边的植株上继续为害；4 ~ 6 龄幼虫对玉米的为害更为严重，取食叶片后形成不规则的长形孔洞，可将整株玉米的叶片取食光，也会钻蛀心叶、未抽出的雄穗及幼嫩雌穗，影响叶片和果穗的正常发育。苗期严重时生长点被破坏，形成枯心苗。草地贪夜蛾的侵入为害严重威胁我国玉米的安全生产，目前调查发现，虫株率为 5% ~ 25%，百株虫量可达 5 ~ 20 头，最高达 30 头。

4. 玉米蚜　广泛分布于全国各地的玉米产区，为害玉米、小麦、高粱、水稻及多种禾本科杂草。

（1）通用名称　玉米蚜虫（*Rhopalosijhum maidis* Fich）又名腻虫、蜜虫、蚁虫。

（2）分类地位（纲、目、科、属、种）　属昆虫纲、同翅目，蚜科。

（3）形态特征　有翅胎生雌蚜体长 1. 5 ~ 2. 5 mm，头胸部黑色，腹部灰绿色，腹管前各节有暗色侧斑。触角 6 节，触角、喙、足、腹蘸、腹管及尾片黑色。无翅孤雌蚜体长卵形，活虫深绿色，被薄白粉，附肢黑色，复眼红褐色。头、胸黑色发亮，腹部黄红色至深绿色。触角 6 节比身体短，其他特征与无翅型相似。卵椭圆形。

无翅孤雌蚜体长卵形，长 1. 8 ~ 2. 2 mm，活虫深绿色，常有一层蜡粉，附肢黑色，复眼红褐色。腹部第 7 节毛片黑色，第 8 节具背中横带，体表有网纹。触角、喙、足、腹管、尾片黑色。触角 6 节，长度短于体长 1/3。喙粗短，不达中足基节，端节为基宽

1.7 倍。腹管长圆筒形，端部收缩，腹管具覆瓦状纹。尾片圆锥状，具毛 4～5 根。

有翅孤雌蚜长卵形，体长 1.6～1.8 mm，头、胸黑色发亮，腹部黄红色至深绿色，腹管前各节有暗色侧斑。触角 6 节比身体短，长度为体长的 1/3，触角、喙、足、腹节间、腹管及尾片黑色。腹部 2～4 节各具 1 对大型绿斑，第 6 节、第 7 节上有背中横带，第 8 节中带贯穿全节。其他特征与无翅型相似。

（4）生活习性　适应温度广、寄主范围广、繁殖代数多，一年 20 代左右，以成、若蚜刺吸玉米植株的汁液，苗期均集中在心叶内危害。危害的同时分泌“蜜露”，在叶面形成一层黑色霉状物，影响作物的光合作用，导致减产。且传播玉米矮花叶病毒病，其危害更大（邱明生 等，2001）。适温高湿，即旬平均气温 23 ℃左右，相对湿度 85%以上，玉米正值抽雄扬花期时，最适于玉米蚜的增殖为害，而暴风雨对玉米蚜有较大控制作用。杂草较重发生的田块，玉米蚜也偏重发生。

（5）生活史　玉米蚜虫生命周期包括卵、若虫和成虫 3 个虫态。在北方以无翅胎生雌蚜在小麦苗及禾本科杂草的心叶里越冬，4 月底 5 月初向春玉米、高粱迁移。可终生营孤雌生殖，虫口数量增加很快。高温干旱年份发生多。从苗期开始为害，有翅胎生雌蚜在玉米叶片背面为害、繁殖，虫口密度升高以后，逐渐向玉米上部蔓延，同时，产生有翅胎生雌蚜向附近株上扩散，到玉米大喇叭口末期蚜量迅速增加，扬花期蚜量猛增，在玉米上部叶片和雄花上群集为害，条件适宜下为害持续到 9 月中下旬玉米成熟前。植株衰老后，气温下降，蚜量减少，后产生有翅蚜飞至越冬寄主上准备越冬。一般 8 月、9 月玉米生长中后期，均温低于 28 ℃，适宜繁殖，此间如遇干旱、旬降水量低于 20 mm，易造成猖獗为害。

（6）年发生代数　玉米蚜在长江流域每年发生 20 多代，一般以无翅胎生雌蚜在小麦苗及禾本科杂草的心叶里越冬。4 月底 5 月初向春玉米、高粱迁移。一般在 7 月中下旬为第一为害高峰期，8 月下旬—9 月上中旬玉米熟颗时出现第二次高峰，每 10 株蚜量可达 4000～6000 头。

（7）迁飞规律　有翅蚜近距离迁飞为害。

（8）危害症状　玉米苗期以成蚜、若蚜群集在心叶中为害。抽穗后为害穗部，吸收汁液，妨碍生长，还能传播多种禾本科类病毒。成、若蚜主要为害雄花和上层 1～5 叶，下部叶受害轻，刺吸植物组织汁液，导致叶片变黄、发红或枯死，常使叶面生霉变黑色，影响光合作用，影响生长发育，降低粒重，并传播病毒病造成减产。

（9）发生规律　玉米蚜虫全国都有分布，适温高湿，即旬平均气温 23 ℃左右，相对湿度 85% 以上，玉米正值抽雄扬花期时，最适于玉米蚜的增殖为害，而暴风雨对玉米蚜有较大控制作用。杂草较重的田块，玉米蚜也偏重发生。

5. 飞虱　国家一类农作物害虫。

（1）飞虱科，分布在我国各省份，长江中下游和华北发生多。寄主有水稻、茭白、小麦、大麦、玉米、高粱、甘蔗、看麦娘、稗草等禾本科植物。常见种类有褐飞虱

(*Nilaparvata lugens*)、白背飞虱(*Sogatella furcifera*)和灰飞虱(*Laodelphax striatellus*)。

(2)分类地位(纲、目、科、属、种) 昆虫纲，有翅亚纲，半翅目，同翅亚目，飞虱科。飞虱(Delphacidae)是半翅目飞虱科的通称，全世界近2000种，中国约200种。

(3)形态特征

①成虫 有长翅型和短翅型两种。长翅型成虫体长4~5 mm，灰黄色，头顶较狭，突出在复眼前方，颜面部有3条凸起纵脊，脊色淡，沟色深，黑白分明，胸背小盾板中央长有一五角形的白色或蓝白色斑，雌虫的两侧为暗褐色或灰褐色，而雄虫则为黑色，并在前端相连，翅半透明，两翅会合线中央有一黑斑；短翅型雌虫体长约4 mm，灰黄色至淡黄色、翅短，仅及腹部的一半。

②卵 尖辣椒形，细瘦，微弯曲，长约0.8 mm，初产时乳白色，后变淡黄色，并出现2个红色眼点。卵产于下部叶鞘或叶片基部中脉等处组织中，卵粒单行排列成块，卵帽不外露。

③若虫 近梭形长约2.7 mm，初孵时乳白色，有灰斑，后呈淡黄色，体背有灰褐色或灰青色斑纹。

(4)生活习性 趋光性强，趋嫩绿；但灰飞虱的趋光性稍弱。成虫和若虫均群集在玉米下部茎秆上刺吸汁液，遇惊扰即跳落地面或逃离。卵多产在下部叶鞘内。褐飞虱取食时，口针伸至叶鞘韧皮部，唾腺分泌物沿口针先形成“口针鞘”，然后通过口针鞘抽吸汁液。植株嫩绿、荫蔽且积水田虫口密度大。一般是先在田中央密集为害，后逐渐扩大蔓延。玉米孕穗至开花期的植株中水溶性蛋白含量增高，有利短翅型的发生。此型雌虫产卵量大，雌性比高，寿命长，常使褐飞虱虫口激增。在乳熟期后，长翅型比例上升，易引起迁飞。中国各玉米种植区褐飞虱的虫源，目前认为主要由热带终年繁殖区迁来。长翅型从南向北迁飞，秋季又从北向南回迁。褐飞虱的迁飞属高空被动流迁类型，在迁飞过程中，遇天气影响，会在较大范围内同期发生“突增”或“突减”现象。但在中国也有人认为是本地虫源为害。褐飞虱每只雌虫一般产卵150~500粒。产卵痕初不明显，后呈褐色条斑。

白背飞虱的习性与褐飞虱相近似，但食性较广。长翅型成虫也具远距离被动迁飞特性。在玉米植株上取食部位，比褐飞虱稍高，并可在玉米茎秆和叶片背面活动。长翅型雌成虫可产卵300~400粒，比短翅型产卵量约高20%。少数产卵于叶片基部中脉内，产卵痕开裂。灰飞虱先集中田边为害，后蔓延田中。越冬代以短翅型为多，其余各代长翅型居多，每雌产卵量100多粒。

(5)生活史 生命周期包括卵、若虫和成虫3个虫态。

①褐飞虱 生长发育的适宜温度为20~30 ℃，最适温度为26~28 ℃，相对湿度80%以上。在长江中、下游，凡盛夏不热、晚秋不凉、夏秋多雨的年份，易酿成大发生。高肥密植田的小气候有利其生存。褐飞虱耐寒性弱，卵在0 ℃下经7 d即不能孵

化，长翅型成虫经 4 d 即死亡。耐饥力也差，老龄若虫经 3 ~ 5 d、成虫经 3 ~ 6 d 即饿死。食料条件适宜程度，对褐飞虱发育速度、繁殖力和翅型变化都有影响。中或迟熟、宽叶、矮秆品种的性状易构成有利褐飞虱繁殖的生境。

褐飞虱在中国北方各玉米种植区均有分布，长江流域以南各省（自治区）发生较烈。白背飞虱分布范围大体相同，以长江流域发生较多。这两种飞虱还分布于日本、朝鲜、南亚次大陆和东南亚。灰飞虱以华北、华东和华中稻区发生较多；也见于日本、朝鲜。

②白背飞虱　对温度适应幅度较褐飞虱宽，能在 15 ~ 30 ℃下正常生存。要求相对湿度 80% ~ 90%。初夏多雨、盛夏长期干旱，易引起大发生。

③灰飞虱　为温带地区的害虫，适温为 25 ℃左右，耐低温能力较强，而夏季高温则对其发育不利，华北地区 7—8 月降雨少的年份有利于大发生。天敌类群与褐飞虱相似。

（6）年发生代数　1 年发生 3 ~ 4 代以至 10 代以上。湖北、四川、江浙、上海年生 5 ~ 6 代，福建 7 ~ 8 代，北方 4 ~ 5 代，在福建、广东、广西、云南冬季 3 种虫态可见，其他地区多以 3、4 龄若虫在麦田、绿肥田、河边等处禾本科杂草上越冬。翌年早春旬均温高于 10 ℃越冬若虫羽化。发育适温 15 ~ 28 ℃，冬暖夏凉易发生。

飞虱的越冬虫态和越冬区域因种类而异。褐飞虱在广西和广东南部至福建龙溪以南地区，各虫态皆可越冬。冬暖年份，越冬的北线在北纬 23° ~ 26°，凡冬季再生稻和落谷苗能存活的地区皆可安全越冬。在长江以南各省每年发生 4 ~ 11 代，部分地区世代重叠。白背飞虱在广西至福建德化以南地区以卵在自生苗和草上越冬，越冬北限在北纬 26°左右，在中国每年发生 3 ~ 8 代。灰飞虱在华北以若虫在杂草丛、玉米桩或落叶下越冬，在浙江以若虫在麦田杂草上越冬，在福建南部各虫态皆可越冬，长江中、下游 5 ~ 6 代，田间为害期虽比白背飞虱迟，但仍以穗期为害最烈。

（7）迁飞规律　飞虱长翅型成虫均能长距离迁飞。褐飞虱、灰飞虱、白背飞虱等全部植食性，是农业的重要害虫。飞虱体型小，长多在 5 mm 以下。大多以卵或若虫越冬。越冬卵产在寄主组织里。若虫则蛰伏于冬季寄主或杂草中，天气转暖便孵化或活动取食。已知有些种（如褐飞虱、白背飞虱等）只能在南方越冬，每年至植物生长季节，由南方向北方飞迁，侵入农田为害。成虫和若虫都刺吸植物液汁。成虫和若虫都善走能跳。成虫还可以飞迁，大多有趋光性。

（8）危害症状　飞虱对玉米的为害，除直接刺吸汁液，使生长受阻，引起黄叶或枯死，严重时植株枯萎，甚至全田死秆倒伏外，产卵也会刺伤植株，破坏输导组织，妨碍营养物质运输并传播病毒病。天敌有稻虱缨小蜂等。

6. 蓟马

（1）通用名称　蓟马学名 Thripidae。

（2）分类地位（纲、目、科、属、种）　属昆虫纲，缨翅目，蓟马科，蓟马属。3

种玉米品种上植食性蓟马种类为禾花蓟马［*Frankliniella tenuicornis*（Uzel）］、玉米黄呆蓟马［*Anaphothrips obscurus*（Müller）］和稻管蓟马［*Haplothrips aculeatus*（Fabriecius）］。其中，黄呆蓟马体型最小，不到其他蓟马身体的2/3，虫体呈黄灰色，腹部背面有暗斑；禾花蓟马体型最大，腹部宽大，腹部末端无尾管；稻管蓟马体型细长，腹部末端有明显的尾管。

（3）形态特征　体微小，体长0.5～2 mm，很少超过7 mm；黑色、褐色或黄色；头略呈后口式，口器锉吸式，能挫破植物表皮，吸吮汁液；触角6～9节，线状，略呈念珠状，一些节上有感觉器；翅狭长，边缘有长而整齐的缘毛，脉纹最多有两条纵脉；足的末端有泡状的中垫，爪退化；雌性腹部末端圆锥形，腹面有锯齿状产卵器，或呈圆柱形，无产卵器。

（4）生活习性　蓟马一年四季均有发生，春、夏、秋三季主要发生在露地，冬季主要在温室大棚中，危害茄子、黄瓜、芸豆、辣椒、西瓜等作物。发生高峰期在秋季或入冬的11—12月份，3—5月份则是第二个高峰期。雌成虫主要进行孤雌生殖，偶有两性生殖，极难见到雄虫。卵散产于叶肉组织内，每雌产卵22～35粒。雌成虫寿命8～10 d。卵期在5—6月份为6～7 d。若虫在叶背取食到高龄末期停止取食，落入表土化蛹。

蓟马喜欢温暖、干旱的天气，其适温为23～28 ℃，适宜空气湿度为40%～70%；湿度过大不能存活，当湿度达到100%，温度达31 ℃时，若虫全部死亡。在雨季，如遇连阴多雨，叶腋间积水，能导致若虫死亡。大雨后或浇水后致使土壤板结，使若虫不能入土化蛹和蛹不能孵化成虫。

（5）生活史　生命周期包括卵、若虫和成虫3个虫态。稻蓟马在我国南方可终年繁殖为害，江淮稻区一年发生10～14代，以成虫在看麦娘、李氏禾、芒草、麦类及稻桩上越冬。3月中旬，成虫开始活动，先在麦类及禾本科杂草上取食、繁殖，4月下旬水稻秧苗露青后，成虫大量迁往稻秧上，在水稻秧田及分蘖期稻田为害、繁殖，至7月中旬后，气温升高，水稻拔节后，虫口数量急剧下降，大都转移到晚稻秧田为害，以后再转移到麦苗和禾本科杂草的心叶或叶鞘间生活，11月底成虫进入越冬。成虫性活泼，迁移扩散能力强，水稻出苗后就侵入秧田。天气晴朗时，成虫白天多栖息于心叶及卷叶内，早晨和傍晚常在叶面爬动。雄虫罕见，主要营孤雌生殖。卵散产于叶面正面脉间的表皮下组织内，对着光可见产卵处为针尖大小的透明小点。秧苗4～5叶期卵量最多，多产于水稻分蘖期，圆秆拔节后卵量减少。初孵若虫多潜入未展开的心叶、叶鞘或卷叶内取食。自第2龄起大部分群集在叶尖上为害，使叶尖纵卷枯黄。3、4龄隐藏在卷缩枯黄的叶缘和叶尖内，不再取食，也不大活动，直至羽化。稻蓟马不耐高温，最适宜温度为15～25 ℃，18 ℃时产卵最多，超过28 ℃时，生长和繁殖即受抑制。所以在长江流域6月、7月间发生多，为害重，尤以此两月气温偏低的年份易大发生。

（6）年发生代数　据报道，在江苏一年发生9～11代，安徽一年发生11代，浙江一年发生10～12代，福建中部一年发生约15代，广东中南部一年发生15代以上。成虫和若虫都怕光和干旱，喜湿润环境。其生长发育和繁殖的适宜温度在 10 ~ 28 ℃，最适温度为 15 ~ 25 ℃。冬季气候温暖，有利于稻蓟马的越冬和提早繁殖。江淮地区一般于 4 月中旬起虫口数量呈直线上升，5—6 月份达最高虫口密度；在 6 月初到 7 月上旬，凡阴雨日多，气温维持在 22 ~ 23 ℃的天数多，稻蓟马就会大发生；7 月中旬高温少雨，虫数剧降；秋季又稍有回升，数量较少。如后茬种植绿肥和油菜，将为稻蓟马提供充足的食源和越冬场所。

（7）迁飞规律　成虫白天多隐藏在纵卷的叶尖或心叶内，有的潜伏于叶鞘内，早晨、黄昏或阴天多在叶上活动，爬行迅速，受震动后常展翅飞去，有一定迁飞能力，能随气流扩散。

（8）危害症状　稻蓟马寄主有稻、麦、玉米、游草、稗、看麦娘等，稻蓟马除上述寄主外，还可在高粱、甘蔗、烟草、豆类上寄生。

蓟马以成虫和若虫锉吸植株幼嫩组织（枝梢、叶片、花、果实等）汁液，叶片受害，嫩叶受害后使叶片变薄，叶片中脉两侧出现灰白色或灰褐色条斑，表皮呈灰褐色，出现变形、卷曲，生长势弱，易与侧多食跗线螨为害相混淆。

有害蓟马发生的时期是玉米 2 ~ 4 叶期，高峰期是玉米大喇叭口期，此后发生数量减少。春玉米受蓟马为害比夏玉米要严重。田间降雨量对玉米有害蓟马种群数量影响非常大，雨后玉米心叶里有大量死亡的蓟马。玉米蓟马种群数量峰值出现在玉米大喇叭口期，此时玉米生长健壮、抵御能力强，蓟马造成的危害有限，而苗期植株柔嫩、更容易受害。因此，北方春玉米在苗期少雨高温下蓟马发生为害程度重，造成玉米无头苗和多头苗，甚至直接枯死。

7. 红蜘蛛

（1）通用名称　又名棉红蜘蛛，俗称大蜘蛛、大龙、砂龙等，学名叶螨，我国的种类以朱砂叶螨为主。

（2）分类地位（纲、目、科、属、种）　属蛛形纲、蜱螨目、叶螨科。分布广泛，食性杂，可危害 110 多种植物。玉米发生的红蜘蛛主要有二斑叶螨（*Tetranychus urticae*）、截形叶螨（*Tetranychus truncatus*）和朱砂叶螨（*Tetranychus cinnabarinus*）3 种；其中主要以二斑叶螨为主，但 3 种叶螨又常常复合发生。

（3）形态特征　成螨长 0. 42 ~ 0. 52 mm，体色变化大，一般为红色，梨形，体背两侧各有黑长斑一块。雌成螨深红色，体两侧有黑斑，椭圆形。

①卵　圆球形，光滑，越冬卵红色，非越冬卵淡黄色较少。

②幼螨　近圆形，有足 3 对。越冬代幼螨红色，非越冬代幼螨黄色。越冬代若螨红色，非越冬代若螨黄色，体两侧有黑斑。

若螨有足 4 对，体侧有明显的块状色素。

（4）生活习性　玉米红蜘蛛通过受精雌成螨吐丝结网在向阳的枯枝落叶内、土壤裂缝、杂草根际以及树皮内聚集，并在该处安全越冬。4 月上旬从越冬场所向田间转移，主要在小麦、果树、田间杂草上取食、繁殖。随着气温升高，繁殖速度加快，虫口密度急增。由于鲁东南地区 5—6 月多为干旱少雨天气，温度适宜，且田间食料充足，玉米红蜘蛛常呈暴发态势。6 月中旬，随着玉米的播种出苗，红蜘蛛随即迁入玉米植株为害。红蜘蛛往往先危害玉米植株的下部叶，主要在叶背中脉附近以群体聚集、吐丝结网。然后逐渐转移到上部叶，气候环境适宜时蔓延到整个叶背、叶面及茎秆。进入 7 月、8 月，随着雨季的到来，玉米红蜘蛛的数量急剧下降，不再对玉米产生较严重危害。8 月下旬开始，随气温下降，玉米叶片逐渐老化、枯黄，叶螨自然衰落，部分叶螨逐渐向田间其他杂草转移。10 月下旬后，雌成螨转入越冬期，卵、幼螨、若螨因不能越冬而消亡。

（5）生活史　玉米红蜘蛛一生经过卵、幼螨、若螨和成螨，若螨期又分为前期若螨和后期若螨，每龄期蜕皮后羽化为雌性成螨，雄性螨则无后期若螨阶段而提前进入成虫态。玉米红蜘蛛主要是有性繁殖，而雌成螨还有不经交配亦能产卵的功能，其后代均为雄性。

（6）年发生代数　一年发生 10 ~ 15 代。

（7）主要以成螨和若螨刺吸玉米叶背组织汁液，被害处呈失绿斑点，严重时叶片完全干枯；在叶片表面覆盖有不同大小的絮状物、网状物，使植株光合作用受到影响，导致玉米出现早衰、倒伏、干枯、籽粒秕瘦等症状，严重减产。

8. 二点委夜蛾

（1）二点委夜蛾拉丁文学名 *Proxenus lepigone*（Moschler）（*Athetis lepigone* Moschler）

（2）分类地位（纲、目、科、属、种）属昆虫纲、鳞翅目、夜蛾科、委夜蛾属。

（3）形态特征

①蛹　长 10 mm 左右，化蛹初期淡黄褐色，逐渐变为褐色。

②卵　馒头状，上有纵脊，初产黄绿色，后土黄色。直径不到 1 mm；卵产在麦秸基部。单头雌蛾产卵量可达数百粒。

③老熟幼虫　体长 14 ~ 18 mm，最长达 20 mm，黄黑色到黑褐色。头部褐色，额深褐色，额侧片黄色，额侧缝黄褐色。腹部背面有两条褐色背侧线，到胸节消失，各体节背面前缘具有一个倒三角形的深褐色斑纹。气门黑色，气门上线黑褐色，气门下线白色。体表光滑。有假死性，受惊后蜷缩成 C 字形。

④成虫　体长 10 ~ 12 mm，灰褐色，前翅黑灰色，上有白点、黑点各 1 个。后翅银灰色，有光泽。

（4）生活习性　成虫具有较强趋光性。河北省等地 6 月中旬达发生盛期。幼虫在 6 月下旬—7 月上旬为害夏玉米。一般顺垄为害，有转株为害习性；有群居性，多头幼虫常聚集在一株下为害，可达 8 ~ 10 头；白天喜躲在玉米幼苗周围的碎麦秸下或在 2 cm 左右的土缝内为害玉米苗；麦秆较厚的玉米田发生较重。为害寄主除玉米外，也为害大豆、花生，还取食麦秸和麦糠下萌发的小麦籽粒和自生苗。

以幼虫聚集在玉米幼苗周围的碎麦秸下为主，有的在距地面 2 ~ 5 cm 的表层土壤中危害玉米苗。在 3 ~ 5 叶期幼虫主要取食玉米茎基部，危害状为 3 ~ 4 mm 圆形或椭网形孔洞，造成植株萎蔫倒伏。在玉米苗 8 ~ 10 叶期二点委夜蛾幼虫主要咬断玉米根部，造成缺苗断垄，严重可出现大面积枯死或需要毁种情况；幼虫聚集危害：二点委夜蛾雌虫能产 300 ~ 2000 颗卵，产卵量大；而且产卵期最长可达 1 个月；喜荫蔽和潮湿，如在小麦秸秆还田所在地，可隐蔽栖息，且为产卵提供了最佳环境。

（5）生活史　生命周期包括卵、幼虫、蛹和成虫 4 个虫态。

（6）年发生代数　一年发生四代。第一代幼虫 4 月底—6 月上旬在麦田发生，第二代幼虫在 6 月底—7 月上中旬危害玉米幼苗，第三代 8 月份在玉米田、花生田等荫蔽环境发生，9 月下旬以四代幼虫越冬。

（7）迁飞规律　二点委夜蛾包括本地种群和迁入种群。

（8）危害症状　幼虫主要从玉米幼苗茎基部钻蛀到茎心后向上取食，形成圆形或椭圆形孔洞，钻蛀较深切断生长点时，心叶失水萎蔫，形成枯心苗；严重时直接蛀断，整株死亡；或取食玉米气生根系，造成玉米苗倾斜或侧倒。幼虫危害株率一般在 1% ~ 5%，严重地块达 15% ~20%，有的地块危害率可达 50%。地老虎大龄幼虫直接咬断幼苗基部，而二点委夜蛾很少有此现象，多形成孔洞。

二点委夜蛾是中国夏玉米区新发生的害虫，各地往往误认为是地老虎为害。该害虫随着幼虫龄期的增长，害虫食量将不断加大，发生范围也将进一步扩大，如不能及时控制，将会严重威胁玉米生产。

9. 甜菜夜蛾

（1）通用名称　甜菜夜蛾 *Spodoptera exigua*（Hübner）俗称贪夜蛾，又叫白菜褐夜蛾。

（2）分类地位（纲、目、科、属、种）　属昆虫纲、鳞翅目（Lepidoptera）、夜蛾科（Noctuidae）、灰翅夜蛾属（*Spodoptera*）。

（3）形态特征　幼虫头部黑色、淡粉色。体色多变，绿色、暗绿色、黄褐色、褐色至黑褐色。背线有或无，颜色多变，各节气门后上方有 1 个明显白点，体色越深，白点越明显。气门下线为明显的黄白色或绿色纵带，有时带粉红色，纵带直达腹末。体长 22 ~ 30 mm。

①成虫　体长 8 ~ 14 mm，体色深褐色，翅展 19 ~ 30 mm，雄蛾前翅灰棕色，有明显粉黄色的环形斑和肾形斑，翅面上有几条黑色的波浪线，翅外缘有 1 列黑色的三角形斑，雌蛾同雄蛾，后翅银白色，略带粉红色，翅缘灰褐色。

②卵　圆馒头形，白色，表面有放射状的隆起线。

③蛹　体长 10 mm 左右，黄褐色。

（4）生活习性　该虫的食性很杂，主要以玉米、大豆、白菜、萝卜、花菜、白菜、番茄等作物的叶片为食。成虫白天躲在土块、土缝、杂草丛中、枯叶下及其他隐蔽处，受惊时，可作短距离飞行。在夜晚，气温在 20 ~ 23 ℃，相对湿度 50% ~75%，风力 4 级以下，无月光，最适于成虫活动。成虫有趋光性，趋化性较弱。

（5）生活史　生命周期包括卵、幼虫、蛹和成虫 4 个虫态。幼虫共 5 龄，少数 6 龄。成虫产卵前期 1 ~2 d，产卵期为 3 ~5 d。每雌产卵 100 ~600 粒，多者 1700 粒。卵块成单层或双层，多产于寄主植物的叶背，卵块上盖白色绒毛。卵期 2 ~6 d。1 ~3 龄食量小，为害不大，多群集叶背，吐丝结网，在内取食。3 龄后分散为害，4 龄后食量大增，昼伏夜出，有假死性。虫口密度过大时，幼虫可互相残杀。虫口密度大、气温高、又缺乏食料时，有成群迁移习性。幼虫发育历期为 11 ~39 d。老熟幼虫入土吐丝筑室化蛹，蛹发育历期 7 ~11 d。

（6）年发生代数　在长江流域一年发生 5 ~6 代，少数年份发生 7 代，越往南方其每年发生代数会随之增加，在深圳地区一年可发生 10 ~11 代。长江流域主要以蛹在土壤中越冬，在华南地区无越冬现象，可终年繁殖为害。甜菜夜蛾在长江流域各代发生为害的时间为：第 1 代高峰期为 5 月上旬至 6 月下旬，第 2 代高峰期为 6 月上、中旬至 7 月中旬，第 3 代高峰期为 7 月中旬至 8 月下旬，第 4 代高峰期为 8 月上旬至 9 月中、下旬，第 5 代高峰期为 8 月下旬至 10 月中旬，第 6 代高峰期为 9 月下旬至 11 月下旬，第 7 代发生在 11 月上、中旬，该代为不完全世代。一般情况下，从第 3 代开始会出现世代重叠现象。

（7）迁飞规律　甜菜夜蛾具有较强的飞行潜力，是长距离迁飞的昆虫，其最远可连续飞行 3500 km，飞行时间长达 50 h。越冬代甜菜夜蛾属于迁入种群，不同蛾龄及性别对成虫的飞行能力有显著的影响。

（8）危害症状　甜菜夜蛾 3 龄前喜欢聚集到一起，把叶片咬成筛孔状，只留表皮，4 龄后喜欢暴饮暴食，啃食成孔洞。该虫具隐蔽性、区域性、突发性特点，容易造成严重危害后果。严重时，可吃光叶肉，仅留叶脉，甚至剥食茎秆皮层。幼虫可成群迁移，稍受震扰吐丝落地，有假死性。3 ~4 龄后，白天潜于植株下部或土缝，傍晚移出取食为害。一年发生 6 ~8 代，7—8 月发生多，高温、干旱年份更多，常和斜纹夜蛾混发，对叶菜类威胁甚大。

10. 弯刺黑蝽

玉米弯刺黑蝽寄生于玉米、小麦、旱稻，是玉米生产期间的主要害虫之一，对玉米生产构成了极大的威胁，发生严重的田块被害率达到 30% 以上，缺苗率在 20% 以上。种群分布在川、陕、鄂、湘、黔等地。

（1）通用名称　又称打屁虫或枇杷虫，拉丁文名 *Scotinophara horvathin* Distant。

（2）分类地位（纲、目、科、属、种）　属昆虫纲、半翅目，蝽科。

（3）形态特征　成虫的雄虫体长 8 ~9 mm，雌虫 9 ~10 mm。头部黑色，前端呈小缺刻状。前胸背板、小盾片及前翅的爪片、革片暗黄色。后足胫节中部黄褐色，身体其余部分黑色。前胸背板中央有一条淡黄褐色的细纵线。前胸背板前角尖长而略弯，指向前方，其侧角伸出体外，端部略向下弯。小盾片末端远离腹末，两基角各有一小黄斑点。体壁上密布黑点刻，其上着生细毛。由于成虫体表密被短毛，田间采到的成虫常沾满泥土，呈黑褐色。雌虫腹末钝圆，雄虫则有一对向后伸出的突起。

①卵　高约1.1 mm，直径0.9 mm，杯状，卵盖隆起。初产灰绿色或蓝灰色，后变为暗灰色，孵化前呈暗紫色。

②若虫　1龄体长1.8～2.0 mm。腹部背面突出如小瓢虫状，上有桃红色斑。头部中叶比侧叶长，端部较侧叶略宽。2龄体长2.0～2.2 mm，似1龄。头部中叶较侧叶长，但前端与侧叶等宽。3龄体长约5.5 mm，深褐色。头部中叶与侧叶前端几乎等长。翅芽可见。4龄体长约5.5 mm，黄褐色或黑褐色。头部中叶较侧叶略狭，略短。翅芽短，超出后胸侧缘。5龄体长6.5 mm，似4龄。头部中叶较侧叶略短，宽约为侧叶之半。末龄（包括4、5、6龄）若虫，体长6.5～7.5 mm，体色似4龄若虫。头部中叶比侧叶短、狭。翅芽伸至腹部第三节背面。

（4）生活习性　以成虫、若虫在玉米根部、茎基部和田间杂草下的松土中越冬，或在麦地取食，春季气温回升开始活动，成虫、若虫多在土表内玉米基部生活，怕光，成虫有翅，但飞行力不强，雌虫产卵于表土土块下。

（5）生活史　每卵块5～10粒，第一代卵盛期在5月，第二代在8月，卵期5～12 d，若虫期41～100 d，成虫期60～250 d。

（6）年发生代数　1年发生1～2代。

（7）危害症状　若虫和成虫在玉米茎基部和根部刺吸汁液，2～5叶玉米苗被害后，心叶萎蔫，叶片变黄，植株枯死，5～10叶期被害，叶片出现排孔，生长点受刺激，新叶卷曲、色浓、皱缩、纵裂，植株矮化、扭曲、分蘖丛生，呈畸形而无收，拔节后玉米被害较轻。

11. 斜纹夜蛾

（1）通用名称　体褐色，前翅具许多斑纹，中间有一条灰白色宽阔的斜纹，故得名。

（2）分类地位（纲、目、科、属、种）　斜纹夜蛾 *Spodoptera litura*（Fabricius），属昆虫纲、鳞翅目（Lepidoptera）、夜蛾科（Noctuidae）、灰翅夜蛾属（*Spodoptera*）。

（3）形态特征

①幼虫　头部黑褐色，高龄幼虫头部有白色或浅黄色倒“Y”形纹，体色多变，主要有淡灰绿色、黑褐色、暗绿色、黄绿色等，背线、亚背线和气门下线均为灰黄色或橙黄色纵线。从中胸至第9腹节，每节体节的两侧各有1个近三角形黑斑，其中以第1和第8腹节的最大、最明显，老熟幼虫体长35～47 mm。

②成虫　体长16～21 mm，体色深褐色，翅展37～42 mm，雄蛾前翅灰褐色，斑纹复杂，翅基部前半部有数条白线，在环形斑与肾形斑中间有3条明显的白色斜线，雌蛾同雄蛾，后翅白色，没有斑纹，有水红色至紫红色的闪光。

扁平的半球状，初产黄白色，后变为暗灰色，块状黏合在一起，上覆黄褐色绒毛。成虫产卵方式为块状，每块卵平均卵量在350粒左右，明显多于草地贪夜蛾；初产卵粒为绿色，卵块覆盖一层鳞毛保护卵粒，斜纹夜蛾卵块覆盖鳞毛较密且厚。

③蛹　为被蛹，气门明显，呈椭圆形，围气门片黑色，但草地贪夜蛾围气门片颜色更深。斜纹夜蛾蛹体色较深，体长20 mm左右，大于草地贪夜蛾。斜纹夜蛾臀棘较长，且具有弯曲或倒钩，而草地贪夜蛾蛹臀棘没有弯曲或倒钩。

（4）生活习性　以蛹在土下3～5 cm处越冬。成虫白天潜伏在叶背或土缝等阴暗处，夜间出来活动。每只雌蛾能产卵3～5块，每块约有卵100～200个。卵多产在叶背的叶脉分叉处，经5～6 d就能孵出幼虫，初孵时聚集叶背，4龄以后和成虫一样，白天躲在叶下土表处或土缝里，傍晚后爬到植株上取食叶片。卵的孵化适温是24 ℃左右，幼虫在气温25 ℃时，历经14～20 d，化蛹的适合土壤湿度是土壤含水量在20%左右，蛹期为11～18 d。成虫有强烈的趋光性和趋化性，黑光灯的效果比普通灯的诱蛾效果明显，另外对糖、醋、酒味很敏感。

（5）生活史　生命周期包括卵、幼虫、蛹和成虫4个虫态，取食为害阶段为幼虫期，以6龄幼虫为害最为严重。一般以老熟幼虫或蛹在田基边杂草中越冬。各虫态的发育适温为28～30 ℃，但在高温下（33～40 ℃），生活也基本正常。抗寒力很弱。在冬季0 ℃左右的长时间低温下，基本上不能生存。斜纹夜蛾在长江流域各地，危害盛发期在7—9月，也是全年中温度最高的季节。

（6）年发生代数　斜纹夜蛾主要分布在亚洲和大洋洲的亚热带和温带地区，寄主植物高达389种，包括棉花、烟草、玉米、甘薯、向日葵、高粱、豆类以及十字花科蔬菜等，其亦无滞育特性和具有迁飞习性，可在不同纬度迁移为害。斜纹夜蛾在我国华北地区1年发生4～5代，华中地区1年发生5代，华南地区1年发生6～9代，在云南可终年繁殖为害，是冬玉米、蔬菜、烟草等作物的重大害虫。

（7）迁飞规律　在长江流域以北的地区，该虫冬季易被冻死，越冬问题尚未定论，推测当地虫源可能从南方迁飞过去。长江流域多在7—8月大发生，黄河流域则多在8—9月大发生。成虫夜出活动，飞翔力较强。

（8）危害症状　斜纹夜蛾是一种杂食性害虫，危害寄主相当广泛，对玉米、甘蓝、马铃薯、番茄、辣椒、南瓜以及藜科、百合科等近100科、300多种植物都能进行为害。主要以幼虫为害全株、小龄时群集叶背啃食。3龄后分散为害叶片、嫩茎、老龄幼虫可蛀食果实。其食性既杂且食量大，又为害各器官，老龄时形成暴食，是一种危害性很大的害虫。初孵幼虫在叶背为害，取食叶肉，仅留下表皮；3龄幼虫后造成叶片缺刻、残缺不全甚至全部吃光，蚕食花蕾造成缺损；4龄以后进入暴食，咬食叶片后仅留主脉，容易暴发成灾。在包心椰菜上，幼虫还可钻入叶球内危害，把内部吃空，并排泄粪便，造成污染，使之降低乃至失去商品价值。

二、玉米主要虫害的综合防控措施

玉米是中国主要的粮食作物之一，也是良好的牲畜饲料和工业原料，加强田间栽培管理是获得玉米丰产的基础，掌握病虫草害的发生规律，及时有效防治是玉米丰产的保证。玉米虫害的防治要依然遵循“预防为主，综合防治”方针，利用现代经济学、生态学和环境科学的观点实行全面管理。首先，要根据本地的耕作制度和作物布局，查明玉米害虫、天敌的主要种类的发生期，以明确目标害虫及兼治害虫的种类及天敌的保护对象。其次，要掌握主要害虫和天敌的生物学、发生规律，以及与环境因素的关系等历史资料和近期调查数据，并参照天气预报，分析判断玉米田主要害虫的发生期、发生量以及为害趋势和产量损失情况，并及时进行预报。最后，要制定出切实可行、经济有效的综合治理方案，供生产上参照执行。将农业防治、生物防治、理化诱控和化学防治等防治基本方法协调起来，根据玉米不同虫害而灵活运用各种防治手段，以达到精准用药、绿色安全、“虫口夺粮”的目标。

（一）农业防治

农业防治就是根据害虫的生物学特征、发生危害特点与农业因素的关系，在保证作物高产、优质的前提下，合理运用各项农业措施对农业生态系统进行调控，以达到控制病虫为害的目的。农业防治是玉米虫害综合防治的基础，具体措施有：

1. 合理轮作倒茬，间套作，改进耕作制度 合理轮作倒茬可以恶化单食性害虫的食物链，使其因无法觅食而种群减少，不同作物间套种可以利用作物产生的化感物质抑制病虫害的发生或诱集灭敌，降低害虫发生。同时可以营造最佳的生态环境，利用生物群落内部控制虫害的发生。合理调整和改进耕作制度，对农田生态系统会有很大影响。往往会对一些害虫起到较大的控制作用。如危害玉米的地下害虫，采用小麦—玉米、油菜—玉米倒茬改换成水旱轮作 2 ~ 3 年，就能很好地控制其危害。玉米和豆科植物间作或同穴混播，可明显增加天敌种类和数量，减轻虫害。据调查，间作玉米的玉米螟卵赤眼蜂寄生率比单作玉米高 6% ~15% 。

2. 土壤改良，清洁田园

（1）精耕细作 适时抢墒播种，覆膜促进早出苗、出壮苗。秋耕深翻，降低越冬虫源；结合中耕除草，及时清除田间、埂边杂草，减少害虫越冬、越夏场所。及时处理越冬秸秆是较好的农业防治措施。

（2）搞好土壤改良 深耕、细耙、精细整地等措施，可改变土壤的理化性状，也会改变某些有害生物的栖息和生存条件。通过深翻土壤能破坏蛴螬、金针虫、地老虎等害虫洞穴，也可将栖居于土壤内的有害生物翻到地表，使其因环境改变而致死，或有利于天敌的捕杀，增加其死亡率，降低虫口基数，从而控制或减轻为害。合理施肥、灌溉，促进玉米健壮生长，改善小气候环境，以利于天敌的生存和繁殖。

3. 科学栽培，合理密植，加强管理　科学栽培主要包括选用无病虫健康种子，调节播量、播期等。对于播种期伸缩范围较大、遭受害虫危害较短的作物或食性专一但为害期短的昆虫，可通过适当调节播种期，避开害虫为害关键期，减轻为害。合理密植、科学配方施肥是调节土壤水分、提高土壤肥力、促进作物正常生长发育的重要农业措施，而且还能增强作物的抗虫能力，并能提高因害虫为害的补偿能力。

4. 生态控制　通过人工调节环境、食物链加环增效等方法，协调农田内玉米与有害生物之间有益生物与有害生物之间、环境与生物之间的相互关系，达到保益灭害、提高效益、保护环境的目的。如种树种草、绿化荒山荒坡增加植被覆盖度，减少适宜害虫栖息、繁殖的生境。结合农业开发和农田建设，将分散的小块耕地连续成大面积农田或退耕还林还草、最大限度地减少田埂、地边、地角等适宜蝗虫、草地螟产卵场所、在准确预报的基础上，结合当地优势产业的发展，因地因时制宜，种植易发害虫非喜食的作物。

（二）理化诱控

理化诱控是指利用各种物理因子、化学因子和机械设备对有害生物生长、发育、繁殖等的干扰，以防治植物虫害的方法。这一类防治方法具有简便易行、成本低和不污染环境等优点。物理因子包括光、电、声、温度、放射能、激光、红外线辐射等；机械作用包括人力扑打、使用简单的器具器械装置，直至应用现代化的机械设备等。这类防治方法可用于有害生物大量发生之前，或作为有害生物已经大量发生为害时的急救措施。具体方法主要有：

1. 诱杀成虫，捕杀幼虫　利用对玉米螟、棉铃虫、黏虫、蝼蛄等害虫的趋光性，小地老虎对糖醋液的趋性，以及玉米螟、棉铃虫对性诱剂的趋性，可分别采用黑光灯、高压汞灯、性诱剂、糖醋液等进行诱杀，效果很好。并可根据不同害虫的生活习性，如小地老虎有在根际周围活动、为害的习性，利用清晨或傍晚在被害株附近捕杀幼虫，防止转株为害。用黄板粘杀蚜虫、蝇、有翅蚜等小型害虫，黄板大小一般为 0.25 m×0.2 m 或 0.4 m×0.25 m 规格，黄板悬挂高度可随植株生长高度及时调整，悬挂密度 20～30 块/亩。

2. 种植诱集田带杀卵　利用玉米螟喜欢健壮、高大的玉米植株产卵的习性，可以提前早播玉米诱集带，诱集成虫产卵，采摘玉米螟卵进行集中消灭。

3. 人工器械防治　利用某些害虫的栖息场所或特殊习性，可用人工或简单的器具捕杀害虫。如耕地时随犁拾捡杀灭蛴螬、金针虫等地下害虫，能有效减轻为害；根据红蜘蛛具有易弹落的习性，在浇水时，用竹竿将害虫弹落到地，使其落入泥水中，这样可以有效地杀灭害虫；机械灭茬，于冬季或早春虫蛹羽化之前处理玉米秸秆、穗轴、根茬，杀灭越冬幼虫，减少虫源；结合田间管理铲除杂草，拔除病株并去除受害虫危害的枝、叶、果实等；定植前在保护地棚室通风口或门窗外挂 50 目的防虫网阻隔害虫的迁入；在田内间隔铺设银灰条膜，或在棚室通风处悬挂银灰条膜，可驱避害虫，有效降低虫口密度。

4. 应用温度热效应、原子能、超声波、紫外线和红外线等防治 如频振式杀虫灯诱杀，利用害虫较强的趋光、趋波、趋性信息、趋波的特性，将光的波长、波段、波的频率设定在特定范围内，近距离用光、远距离用波，引诱成虫扑灯，灯外配以频振式高压电网触杀或击昏，使害虫落入灯下的接虫袋内，然后用人工防治、生物防治、化学药剂处理等方法消灭害虫。可防治玉米螟、黏虫、地老虎、金龟子等主要害虫的成虫，以减少成虫产卵，降低田间虫口数量。开灯和关灯时间因地而宜。一般以主治对象成虫始盛期开始，如玉米螟从羽化始期开始开灯防治。

高温杀虫灭菌，利用病虫适应生存温度范围的特性，变化温度杀死或减少虫害，如温汤浸种、太阳辐射等可杀死土壤病原微生物和害虫，通过阳光温室大棚闷棚，在密闭条件下形成高温灭杀害虫。

（三）生物防治

生物防治是利用某些生物或生物的代谢产物来控制虫害发生和危害的方法。生物防治大致可以分为以虫治虫、以鸟治虫和以菌治虫三大类。它是降低害虫种群密度的一种方法，充分利用了生物物种间的相互关系，以一种或一类生物抑制另一种或另一类生物。玉米田害虫生物防治可用的天敌和生物制剂较多，包括一些病原微生物、微孢子虫、捕食性天敌和寄生性天敌，以及植物源杀虫剂、生物抑制剂等。

1. 可利用的防治生物

（1）害虫天敌的利用 玉米田害虫天敌主要分为寄生性天敌和捕食性天敌两种。寄生性天敌主要有寄生蜂和寄生蝇，如赤眼蜂，将卵产于害虫卵体内，从而抑制害虫繁殖，捕食性天敌主要包括各种捕食性昆虫、动物，如螳螂、蜘蛛、鸟类、青蛙等。

（2）害虫病原微生物的利用 害虫病原微生物包括真菌、细菌、病毒等，利用人工方法对病原微生物进行培养，然后制成菌粉、菌液等微生物农药制剂，田间喷施后可侵染害虫致其死亡。如色素杆菌［*Chrobacterium suttsuga*（C. Suttsuga）］，能够有效防治地老虎、螟虫、蚜虫等重要害虫。

（3）微孢子虫的利用 微孢子虫是一类极其古老的专性细胞内寄生的单细胞原生动物，几乎感染所有动物（包括人类）。随着防治技术的进步和研究水平的提高，微孢子虫将会作为一种具有广阔前景的生物防治资源发挥其应有的作用，实现对害虫的可持续控制。

（4）杀虫活性植物的利用 主要是利用植物的不选择性、抗生性和耐害性的抗虫三机制，来防治害虫，令害虫不能栖息、不产卵或不取食，或虽能使害虫栖息、产卵或取食，但害虫食用后不能正常发育，甚至死亡。此外，某些害虫嗜食的有毒植物可用于诱杀害虫。现今已培育出的转基因抗虫作物主要有转苏云金杆菌（Bt）内毒素蛋白基因抗虫作物、转蛋白酶抑制基因抗虫作物等。

(5) 特异性昆虫控制剂的利用　昆虫性引诱剂是昆虫分泌的一种外激素，能引诱同种昆虫的异性个体前来交尾。故可以采用激素提取物，或未经交配的活雄虫置于田间诱捕害虫。昆虫生长调节剂可抑制昆虫的几丁质合成，干扰昆虫正常发育，达到防治害虫的目的。可人工合成抑太保、盖虫散等生长调节剂，对防治螨、粉虱、蚜虫、叶蝉及某些鳞翅目害虫有较好的效果。总之，可以利用不同的信息素干扰害虫的取食和生殖行为，达到控制虫害的作用。

2. 利用天敌，以虫治虫　玉米害虫的天敌种类很多，可用人工大量繁殖的寄生蜂类和瓢虫类等天敌有效控制玉米害虫。其中，常用的“以虫治虫”的天敌种类为赤眼蜂和中红侧沟茧蜂。

(1) 赤眼蜂　赤眼蜂在田间寻找玉米螟卵，并将卵产在玉米螟的卵中，吸收玉米螟卵的养分发育为成蜂，把玉米螟消灭在卵期，达到防治目的。防治过程要选择合适的蜂源，赤眼蜂的寄生能力高低，赤眼蜂羽化的高峰期是否同玉米螟产卵高峰期相遇，即蜂与卵是否相遇，玉米螟产卵高峰期的预测等都是应用赤眼蜂防治的最关键技术环节。

(2) 中红侧沟茧蜂　中红侧沟茧蜂寄主涉及鳞翅目夜蛾科和尺蛾科的40多种昆虫，包括棉铃虫（*Helicoverpa armigera* Hubner）、黏虫（*Leucania separata* Walker）和甘蓝夜蛾（*Barathra brassicae* Linnaeus）等农业重要害虫。中红侧沟茧蜂在我国河北一带一年可发生7～8代，对棉铃虫各世代的平均寄生率达22.9%，在田间自然条件下对这些害虫具有显著的控制作用。

3. 昆虫信息素的利用　利用昆虫的性外激素，引诱同种雄性昆虫达到诱杀或迷向的作用，影响害虫的正常交尾，从而减少其种群数量，达到防治的效果。使用性诱剂有效控制玉米螟等害虫。

4. 生物农药的利用　利用生物活体、代谢和提取物来防治农作物病虫害和调节植物生长，是对人畜安全的农用生物制品。可选用天然除虫菊素、苏云金杆菌（Bt）、白僵菌、阿维菌素、烟碱、苦参碱、农用链霉素等防治叶螨、夜蛾类等蔬菜病虫；选用绿僵菌、苦皮藤素防治蝗虫；白僵菌、Bt防治玉米螟、棉铃虫等害虫。如在越冬幼虫化蛹前白僵菌封垛，按100 g/m^3白僵菌粉投放，效果很好。

（四）化学防治

化学防治是使用化学农药杀灭或抑制虫害的发生流行，是当前防治作物虫害最常用的办法。使用中既要充分发挥农药有利作用，又要尽量减少不利方面把副作用降低到最小，就要做到精准用药。通过精准用药（包括适期、适量、对症用药），采用新型施药器械，提高药液雾化效果，以减少农药用量，提高防治效果，其中选用正确合适的农药品种是非常重要的关键控制点。必须是国家正式注册的农药，不得使用国家有关规定禁止使用的农药；尽可能地选用那些专门作用于目标害虫和病原体、对有益生物影响最小，对环境没有破坏作用的农药；在植物保护预测预报技术的支撑下，在最佳防治时期用药，提高防治效果；在重复使用某种农药时，必须考虑避免目标害虫和病原体产生抗药性。

在防治玉米田害虫的药剂选择上，要尽量考虑一药多治和保护天敌的原则。

1. 土壤处理 采用50%辛硫磷EC，按3～3.75 kg/hm^2，加水10倍，喷于25～30 kg细土上拌匀成毒土，顺垄条施，随即浅锄或以同样用量的毒土撒于种沟或地面，随即耕翻或混入厩肥中施用，或结合灌水施入，对地下害虫蛴螬具有很好的防效，并兼治金针虫和蝼蛄。

2. 种子处理 因地制宜使用玉米专用种衣剂进行种子包衣，可防治多种地下害虫，又能兼治苗期旋心虫、蚜虫、蓟马及灰飞虱等害虫。也可采用药剂进行拌种。如在防治地下害虫时，可用辛硫磷乳油或毒死蜱乳油拌种。有效的杀虫剂种类主要有丁硫克百威、毒死蜱等。

3. 生育期防治

（1）苗期施药 在蚜虫等害虫发生盛期，用吡虫啉可湿性粉剂喷雾防治；在黏虫等幼虫盛发期，可选用下列药剂喷雾防治：晶体敌百虫、辛硫磷乳油、敌杀死乳油、毒死蜱乳油；单独防治黏虫时，也可用辛硫磷颗粒剂撒施于玉米心叶内，或在低龄幼虫期，用灭幼脲、Bt等生物农药防治。

（2）心叶期至穗期防治 以防治玉米螟为重点，当预测穗期虫穗率达到10%或百穗花柱有虫50头时，在抽丝盛期应防治1次。若虫穗率超过30%，6～8 d后需再防治1次。在抽丝盛期将前述颗粒剂撒在玉米的“4叶1顶”，即雌穗着生节的叶腋及其上2叶和下1叶的叶腋、雌穗顶的花柱上。也可用功夫乳油或来福灵乳油叶面喷雾。

三、针对主要害虫的具体防治技术

总体来看，玉米害虫发生种类多、范围广、危害程度上升快。防治应根据害虫的特性和危害特点，灵活应用不同的防治措施。

（一）玉米主要地下害虫的防治

1. 蛴螬的防治 蛴螬种类多，在同一地区同一地块，常有几种蛴螬混合发生，世代重叠，发生和为害时期很不一致。因此，只有在普遍掌握虫情的基础上，根据蛴螬和成虫种类、密度、作物播种方式等，因地因时采取相应的综合防治措施，才能收到良好的防治效果。

（1）做好预测预报工作 调查和掌握成虫发生盛期，采取措施，及时防治。

（2）农业防治 实行水、旱轮作；在玉米生长期间适时灌水；不施未腐熟的有机肥料；精耕细作，及时镇压土壤，清除田间杂草；大面积春、秋耕，并耕犁拾虫等。发生严重的地区，秋冬翻地可把越冬幼虫翻到地表使其风干、冻死或被天敌捕食，机械杀伤，防效明显；同时，应防止使用未腐熟的料，以防止招引成虫来产卵。

（3）药剂处理土壤　用50%辛硫磷乳油每亩200～250 g，加水10倍喷于25～30 kg细土上拌制成毒土，顺垄条施，随即浅锄。或将该毒土撒于种沟或地面，随即耕翻或混入厩肥中施用；用5%辛硫磷颗粒剂或5%地亚农颗粒剂，用量37.5～45 kg/hm^2处理土壤。

（4）药剂处理种子　用50%辛硫磷、50%对硫磷与水和种子按1∶30∶（400～500）的比例拌种；用25%辛硫磷胶囊剂或25%对硫磷胶囊剂等有机磷药剂或用种子重量2%的35%克百威种衣剂包衣，或使用玉米专用包衣剂进行种子包衣，未进行包衣的种子应使用药剂拌种，还可兼治其他地下害虫。

（5）毒饵诱杀　亩用辛硫磷胶囊剂150～200 g拌谷子等饵料5 kg，50%辛硫磷乳油50～100 g拌饵料3～4 kg，撒于种沟中，亦可收到良好防治效果。

（6）物理防治　有条件地区，可设置黑光灯诱杀成虫（金龟子），减少蛴螬的发生数量。

（7）生物防治　可利用茶色食虫虻、金龟子黑土蜂、白僵菌等。

2. 金针虫的防治

（1）用40%拓达毒死蜱100倍进行拌种。

（2）苗期可用40%的拓达毒死蜱1500倍或40%的辛硫磷500倍与适量炒熟的麦麸或豆饼混合制成毒饵，于傍晚顺垄撒入玉米基部，利用地下害虫昼伏夜出的习性，即可将其杀死。

（3）玉米可选用包衣种子，可用40%异柳磷100 mL加水2.5 kg拌种50 kg。

3. 地老虎的防治　采取农业防治和药剂防治相结合的综合防治措施。

（1）农业防治　除草灭虫。杂草是地老虎产卵的场所，也是幼虫向作物转移为害的桥梁，春耕前进行精耕细作，或在初龄幼虫期铲除杂草，消灭部分虫、卵。在玉米出苗前彻底铲除杂草，并及时移除田间作饲料或沤肥，勿乱放乱扔。铲除杂草将有效地压低虫口基数。

（2）物理防治　诱杀成虫是防治地老虎的上策，可大大减少第一代幼虫的数量。方法是：①在成虫发生期利用黑光灯和糖醋液诱杀，糖醋液用6份糖、3份醋、1份酒、10份清水混合而成，每晚将该液置于苗圃地内。②用泡桐叶或莴苣叶诱捕幼虫，每日清晨到田间捕捉。③对高龄幼虫可在清晨到田间检查，一旦发现有断苗，拨开附近的土块，进行捕杀。

（3）化学防治　药剂防治仍是目前消灭地老虎的重要措施。对不同龄期的幼虫，采用不同的施药方法。播种时可用药剂拌种，出苗后定点调查，平均每平方米有虫大于等于1头时用药；幼虫3龄前喷雾或撒毒土进行防治，3龄后田间出现断苗，用毒饵或毒草诱杀。

①药剂拌种　用50%辛硫磷EC0.5 kg加水30～50 L，拌种子350～500 kg。

②在播种前或幼苗出土前，于傍晚在苗床周围或苗圃内，放置用25%灭幼脲Ⅲ号300倍药液配制的幼嫩多汗草毒饵每10 m放一堆（每堆药0.5 kg）。

③喷药防治　用90%敌百虫晶体1000～2000倍液、50%辛硫磷EC1000～1500倍液、或2.5%溴氰菊酯EC、或40%氯氰菊酯EC20～30 mL，兑水40～50 kg，在幼虫1～2龄时田间喷雾2～3次，间隔7～10 d。喷药适期必须掌握在幼虫集中为害的3龄前。

④毒土或毒沙　2.5%溴氰菊酯EC90～100 mL，喷拌细土或细沙50 kg配成毒土或毒沙，300～375 kg/hm^2顺垄撒施于幼苗根际附近。

⑤毒饵或毒草　虫龄较大时采用毒饵或毒草诱杀。用90%晶体敌百虫0.5 kg、40%毒死蜱或50%辛硫磷EC500 mL，加水2.5～5 L，喷在50kg碾碎炒香的棉籽饼、豆饼、油渣或麦麸上制成毒饵，于傍晚在田间每隔一定距离撒一小堆，或在玉米根际附近围施，用量75 kg/hm^2。毒草用90%晶体敌百虫0.5 kg、25%灭幼脲Ⅲ号300倍液，拌细嫩多汁鲜草75～100 kg，用量225～300 kg/hm^2，于傍晚撒施。对4龄以上的幼虫用毒饵诱杀效果较好。

（二）玉米主要地上害虫的防治

对地上害虫黏虫、玉米螟、玉米蚜采取预防为主综合防治措施，搞好测报是预防的关键。在害虫生长的各个时期采取对应的防治方法。

1. 黏虫的防治

（1）农业防治　硬茬播种的田块，待玉米出苗后要及时浅耕灭茬，破坏玉米黏虫的栖息环境，降低虫源。

（2）人工捕杀　玉米出苗后，在幼虫取食的早晚人工捕杀幼虫。

（3）物理防治　诱杀成虫可在蛾子数量开始上升时起，用糖醋液（糖3份、醋4份、白酒1份、水2份）或其他发酵有甜酸味的食物酿成诱杀剂。诱杀剂再加入90%敌百虫拌匀，放在盆里深3.3 mm左右，盆要高出30 mm，傍晚摆放田间。每0.3～0.7 hm^2一盆，第二天清晨把死蛾取出，盖好盖子，傍晚再放置地里。诱集产卵可从产卵初期开始直到盛末期止。

（4）保护和利用天敌　黏虫的天敌种类很多，如鸟类、蛙类、蝙蝠、蜘蛛、线虫、螨虫类、捕食性昆虫、寄生性昆虫、寄生菌和微生物等。其中，步甲可捕食大量黏虫幼虫；黏虫寄蝇对一代黏虫寄生率较高；麻雀、蝙蝠可捕食大量黏虫成虫；瓢虫、食蚜虻和草蛉等可捕食低龄幼虫。保护天敌生活环境，天敌数量，能够有效地防治黏虫。

（5）化学防治　黏虫幼虫的虫龄越大，抗药性越强。5龄、6龄幼虫的抗药力比2龄、3龄幼虫的抗药力高10倍，一定要抓住幼虫低龄期防治，才能取得比较好的防治效果。在玉米苗期，黏虫幼虫数量达到每百株20～30头，或者玉米生长中后期每百株幼虫50～100头时，在幼虫3龄前及时喷施杀虫剂。亩用1.8%阿维菌素（金高克）

EC20～30 mL 兑水 30～40 kg、20% 灭幼脲 3 号 SC500～1000 倍液、10% 吡虫啉 WP1000 倍液均匀喷雾，或每公顷用来幼脲 1 号 15～30 g，或灭幼脲 3 号 5～10 g，加水后常量喷雾或超低容量喷雾，田间有效期可达 20 d。

2. 玉米螟的防治

（1）农业防治　主抓越冬期防治。于冬季或早春虫蛹羽化之前处理玉米秸秆、穗轴、根茬，杀灭越冬幼虫，减少虫源。农业防治可消灭越冬虫源。越冬幼虫羽化之前，因地制宜采用各种方法，处理越冬寄主秸秆。如将玉米秆铡碎沤肥，或把有虫的茎秆烧掉，或者在春玉米收割后，用石磙滚压秸秆，压死幼虫和蛹。人工摘除卵块。

（2）生物防治　用青虫菌粉 0.5 kg，均匀拌细土 10 kg，配制成菌土 3 kg 左右，点施于心叶；或用杀螟杆菌粉 0.5 kg（含菌量 120 亿个左右），加细土 100 kg 拌匀，撒在心叶内，每千克菌土可撒施 700 株左右。田间释放天敌赤眼蜂，也可减轻危害，释放赤眼蜂要注意以下技术要点：

①放蜂时期　搞好预测预报，准确掌握玉米螟产卵盛期，要使赤眼蜂产卵期和玉米螟产卵高峰期相遇，是防治的关键。预测玉米螟产卵可以根据玉米螟老熟幼虫化蛹率推算，北方从 5 月末 6 月初开始逐日剖玉米秸秆，调查玉米螟越冬幼虫化蛹情况，当化蛹达 30% 时，再结合田间 1 代玉米螟落卵数量调查，在百株累计螟卵达 1.5～2 块时，向后推 10 d 即为玉米螟第 1 次产卵高峰，也是第一次放蜂的最佳时期，1 周后放第二次蜂。放蜂时间确定得准确，蜂卵和螟卵相遇较好，平均寄生率就高，防治效果就好。

②放蜂数量　根据虫源基数确定放蜂数量。放 22.5 万头/hm^2，分两次进行，第一次放 105000 头/hm^2，第二次放 120000 头/hm^2。均匀释放 45 点/hm^2。

③蜂卡准备　结合室外调查，根据赤眼蜂有效积温进行赤眼蜂蜂种的室内扩繁、保存、加温，达到田间放蜂标准进行释放，最好放蜂当天或者翌日羽化。

④放蜂方法　确定好放蜂日期后，在玉米田人工选择健壮的植株中部的一个叶片，沿主脉撕成两半，取其中一半放上蜂卡，沿茎秆方向向下轻轻卷成筒状，然后用线或其他物品固定牢固即可。

⑤放蜂注意事项　放蜂时间选择清晨或者傍晚，避免日光直射蜂卡，使赤眼蜂失水而大量死亡。如遇雨天可选择阴凉通风的仓库把蜂卡暂时分散放置贮存。蜂卡要用玉米叶卷起来，防止田间蜘蛛等天敌对赤眼蜂的捕食，但叶片不要卷得过紧，以免影响出蜂率。

（3）化学防治

①抽雄前防治　掌握玉米心叶初见排孔、幼龄幼虫群集心叶而未蛀入茎秆之前，用 1.5% 的辛硫磷颗粒剂、或呋喃丹颗粒剂，直接丢放于喇叭口内均可收到较好的防治效果。在玉米心叶末期进行喇叭口施药。玉米螟掌握在玉米心叶初见排孔、幼龄幼虫群集心叶而未蛀入茎秆之前，用 3.6% 杀虫双颗粒剂，直接丢放于喇叭口内，或杀虫双水剂 0.5 kg 兑水 40 kg 喷灌心叶，或 BtEG300～400 倍液喷雾，或 BtEG150g 加颗粒载体（沙

或细土）5 kg，或25% 西维因 WP200 g 加颗粒载体5 kg，制成颗粒剂，撒施于玉米心叶中；或在大喇叭口期，用甲氨基阿维菌素 EC140 mL，拌毒土 10 kg，或 50% 辛硫磷 EC1000～1500 倍液喷雾，均可收到较好的防治效果。

②穗期防治　丝状花柱蔫须后，剪掉花柱，用90% 的敌百虫 0.5 kg、水 150 kg、黏土 250 kg 配制成泥浆涂于剪口；也可用 50% 或 80% 的敌敌畏 EC600～800 倍液，或用 90% 的敌百虫 800～1000 倍液，或 75% 的辛硫磷 EC1000 倍液，滴于雌穗顶部，效果亦佳。

3. 玉米蚜的防治

（1）农业措施　选用中早玉米品种适时套种，可使抽雄期提前，减轻蚜虫为害。增施有机肥，退坡施用化肥，注意 N、P 配合，促进植株健壮，可以减轻蚜害。清除田间杂草，可减少虫源和滋生基地。

（2）提倡生物防治　利用食蚜蝇、瓢虫等天敌，以虫治虫；注意当玉米苗期草间小黑蛛、瓢虫、食蚜蝇、草蛉数量较多情况下，尽量避免药剂防治或选用对天敌无害的农药防治。

（3）药物防治　在玉米心叶期，有蚜株率达 50%，百株蚜量达 2000 头以上时，可用 50% 抗蚜威 3000 倍液，根区施药。或 10% 吡虫啉 WP50～100 g、10% 大功臣 WP20～30 g 加水 40～50 kg 均匀喷雾，也可用上述药液灌心。

在孕穗期前后，选用 0.36% 绿植苦参碱水剂 500 倍、10% 高效氯氰菊酯 EC2000 倍、或 50% 抗蚜威 WP2000 倍液玉米蚜可喷洒。

4. 二点委夜蛾的防治

（1）农业措施　麦收后播前使用灭茬机或浅旋耕灭茬后再播种玉米，同时麦田施用腐熟剂，既可有效减轻二点委夜蛾危害，也可提高玉米的播种质量，苗齐苗壮；及时人工除草和化学除草，清除麦茬和麦秆残留物，减少害虫滋生环境条件；提高播种质量，培育壮苗，提高抗虫能力。

（2）种子处理　用毒死蜱、乙酰甲胺磷和氯虫苯甲酰胺等药剂进行拌种。

（3）灯光诱杀　根据二点委夜蛾具有趋光性的特点，推荐各地在成虫发生期采用频振杀虫灯诱杀成虫，降低落卵量，减轻为害。

（4）化学防治　应采取“治早治小”的原则，幼虫 3 龄前和玉米出苗前为最佳防治时期。防治方法如下。

①撒毒饵　用 60～75 kg/hm^2 炒香的麦麸或粉碎后炒香的棉籽饼，与兑少量水的 90% 晶体敌百虫，或 48% 毒死蜱 EC500 g 拌成毒饵，在傍晚顺垄撒在玉米苗边。

②随水灌药　用 48% 毒死蜱 EC15 kg/hm^2，在浇地时灌入田中。

③喷灌玉米苗　可以将喷头拧下，逐株顺茎滴药液，或用直喷头喷根茎部。药剂可选用 48% 毒死蜱 EC1500 倍液、30% 乙酰甲胺磷 EC1000 倍液、2.5% 高效氯氟氰菊酯 EC2500 倍液或 4.5% 高效氯氰菊酯 1000 倍液等。药液量要大，保证渗到玉米根围 30 cm

左右的害虫藏匿的地方。

5. 弯刺黑蝽的防治

（1）农业防治　玉米弯刺黑蝽重发区域推广水旱轮作或玉米与大豆、红薯等非禾本科作物轮作制度。清除农田周围杂草，破坏其越冬场所，减少来年虫源基数。在玉米收获后，拔出玉米秸秆，带出地外销毁；及时翻耕，有条件的进行跑灌水一次，以恶化害虫越冬环境。

选用抗虫品种，种子包衣，带药播种。还可人工捕杀成虫，当田间零星出现受害症状时，利用成虫早上出土为害的习性，用竹片轻轻拨开被害玉米苗根部表土，捕杀成、若虫。该虫具有世代重叠现象，需要重复捕杀多次才能达到较好效果。

（2）药剂防治　不同药剂防效对比和不同施药方式的试验结果表明，该虫对当前主要杀虫剂（三唑磷、毒死蜱、克百威、灭杀毙）较敏感，用以上药剂采用灌窝防治，其防效都达到95%以上。但如果采用叶面喷雾方式则防效只有40%左右。因此提出对玉米弯刺黑蝽药剂防治方法：

①种子包衣，带药播种　用30%帅苗乳油500倍液干拌玉米种子后再播种，或亩用3%辛硫磷颗粒剂250 g点施于播种窝内后再播种。

②药液灌窝　在玉米出苗至5叶定株前，用5%辛・氰EC或50%辛硫磷、5%高效氯氰菊酯、2.5%保得EC2000～3000倍液，或35%顺丰2号EC1000倍液，或10%氯氰菊酯2000～3000倍液灌窝。

③穴施　收种用玉米地可在播种时，用3%呋喃丹30～45 kg/hm^2，或5%涕灭威15 kg/hm^2，或15%铁灭克3.75～4.5 kg/hm^2穴施，可兼治其他害虫，但食用嫩玉米、甜玉米地禁止使用。

④喷施或灌根　用辛硫磷1.5 kg/hm^2＋敌百虫750 g/hm^2（均为有效浓度），兑水1500 kg进行喷施或灌根。

如果在播种和移栽前施用除草剂清除杂草后，再选择辛硫磷1.5 kg/hm^2＋敌百虫750 g/hm^2喷施，持效期可持续到成株期。巴丹粉1.50～2.25 kg/hm^2和柴灰施于坑底或植株附近防治玉米弯刺黑蝽效果较好。常用药剂为呋喃丹、涕灭威、铁灭克、辛硫磷、敌百虫、巴丹粉等。

6. 草地贪夜蛾的应急防治

（1）理化诱杀　利用草地贪夜蛾成虫的趋光性，夜晚用黑光灯诱杀。采用性诱捕器诱杀成虫。

（2）化学防治　抓住低龄幼虫的防治最佳时期，施药时间最好选择在清晨或者傍晚，注意喷洒在玉米心叶、雄穗和雌穗等部位。可选择的药剂及亩用有效成分量如下：A类甲氨基阿维菌素及其混剂，如甲氨基阿维菌素苯甲酸盐（1 g）、甲维・茚虫威（3 g）、甲维・氟铃脲（1.5 g）、甲维・高效氯氟氰菊酯（2.4 g）、甲维・虫螨腈（2.5 g）、甲维・虱螨脲（3 g）、甲维・甲氧虫酰肼（4 g）、甲维・虫酰肼（1.5 g）、甲维・杀铃脲

(6 g)、甲维·氟苯虫酰胺(1.8 g);B 类双酰胺类及其混剂，如四氯虫酰胺(4 g)、氯虫苯甲酰胺(3 g)、氟苯虫酰胺(2.5 g)、氯虫·高效氯氟氰菊酯(4 g)、氯虫·阿维菌素(3 g);C 类乙基多杀菌素等其他化学药剂及其混剂，如乙基多杀菌素(2.5 g)、虱螨脲(2.5 g)、虫螨腈(5 g)、茚虫威(2 g)、除虫脲·高效氯氟氰菊酯(5 g)、氟铃脲·茚虫威(9 g)、甲氧虫酰肼·茚虫威(10 g);D 类微生物农药，如甘蓝夜蛾核型多角体病毒(2400 亿 PIB)、短稳杆菌(1.2 万亿孢子)、苏云金杆菌(2.4 万亿 IU)、金龟子绿僵菌(4800 亿孢子)、球孢白僵菌(8000 亿孢子)。

ABC 三类药剂，每类药剂在一季使用次数不超过 2 次，轮换使用避免抗药性产生。D 类生物药剂，使用次数不限。

第三节 杂草防除

一、中国杂草区系

自然资源部发布 2022 年度全国国土变更调查初步结果。结果显示，以 2022 年 12 月 31 日为标准时点，全国耕地面积 19.14 亿亩，较上年末净增加约 130 万亩，连续第二年止减回增，实现净增加。病虫草害是农业种植必须要面对的问题，而杂草危害一跃成为影响作物健康的“三大杀手”(病虫草害)之首。国家统计局网站显示，2020 年中国农药总出口 251.4 万 t，其中除草剂 123.6 万 t，远远领先于杀虫剂 36.5 万 t 和杀菌剂 11.6 万 t，而在进口农药排行中，除草剂以 2.6 万 t 依然高居第一。国家统计局 2019 年中国农药行业细分产品产量结构图中显示，除草剂以农药生产总量 41.5% 高居第一。杂草是指生长在有害于人类生存和活动场地的植物，一般是非栽培的野生植物或对人类无用的植物。据联合国粮农组织统计，广义的杂草定义则是指生长在对人类活动不利或有害于生产场地的一切植物，全球经定名的植物有三十余万种，认定为杂草的植物 8000 余种；在中国书刊中可查出的植物名称有 36000 多种，认定为杂草的植物有 119 科 1200 多种。除可按植物学方法分类外还可按其对水分的适应性分为水生、沼生、湿生和旱生，按化学防除的需要分为禾草、莎草和阔叶草，此外，还可根据杂草的营养类型、生长习性和繁殖方式等进行分类。为了保护田园作物，开展杂草调查及其防除技术的研究，是农业持续发展的一项重要任务。李扬汉(1998)介绍了中国主要杂草区系概况，分为寒温带主要杂草区系、温带主要杂草区系、温带草原主要杂草区系、暖温带主要杂草区系、亚热带杂草区系、热带杂草区系、温带荒漠杂草区系、青藏高原高寒带主要杂草区系。

(一) 寒温带主要杂草区系分布概况

为大兴安岭北部山地，是我国最寒冷的地区，海拔 700 ~ 100 m，年降水量平均为 360 ~

500 mm，90%以上集中在7月、8月。年平均温度低于0 ℃，绝对低温达 -45 ℃，夏季最长不超过一个月。杂草分布及其组合受地形影响很大，反映出杂草分布的垂直地带性，可以划分为不同的垂直带。本区的农业仅限于山地基部，农作物有较耐寒的各种麦类、甜菜、马铃薯、甘蓝等，另有少量的玉米、大豆、谷子及瓜类中的耐寒品种。有较耐寒的果树，如苹果、李和草本的草莓。主要杂草有鼬瓣花、北山莴苣及叉分蓼、野燕麦、苦荞麦、刺藜等。

（二）温带主要杂草区系分布概况

东北松嫩平原以南、松辽平原以北的广阔山地，地形复杂，河川密布，范围广大，山峦重叠，地形起伏显著。由于纬度较北，年平均气温较低，冬季长而夏季短，越向北冬季越长。可分北部和南部两个亚地带。

1. 北部亚地带　年平均温度为1～2 ℃，年降水量为500～700 mm，以7月、8月为最多。主要杂草有卷茎蓼、柳叶刺蓼、藜、野燕麦、狗尾草、问荆、大刺儿菜、眼子菜、稗草等分布。

2. 南部亚地带　由于纬度偏南，直接受到日本海湿气团的影响，气候温暖而雨量充沛。年平均气温在3～6 ℃，年降水量500～800 mm，以7月、8月份为最多。典型杂草有胜红蓟、黄花稔及圆叶节节菜等。

（三）温带（草原）主要杂草区系分布概况

主要分布在东北松辽平原，以及内蒙古高原等地，面积十分辽阔；一小部分在新疆北部，地形比较平缓，海拔由东向西逐渐上升，松辽平原中部海拔130～400 m，内蒙古高原海拔800～1300 m，个别山地在2000 m以上。属于半干旱性气候，越到西部，干燥程度越是增加。年降水量由东到西从500 mm左右逐渐降至150 mm，降水大部分集中在夏季。年平均温度由北到南增加。各月差异很大。每天温度变化也大，由东到西由于气候干燥程度不同，所以杂草及其组合也有差异。本区域草原占全国土地面积1/5，野生植物资源丰富，有纤维及药用植物等，绝大部分已开垦为农田。农作物有春小麦、马铃薯、燕麦、玉米等。温带（草原）杂草主要有藜、狗尾草、卷茎蓼、野燕麦、问荆、柳叶刺蓼、大刺儿菜、凤眼莲、燕草、稗草、紫背浮萍、扁秆藨草等。

（四）暖温带主要杂草区系分布概况

东北辽东半岛，华北地区大部分，南到秦岭、淮河一线，略呈西部狭窄东部广宽的三角形。位于冀北山地与秦岭两大山体之间，全区西高而东低，明显分为山地、丘陵和平原三部分。气候特点是夏季酷热，冬季严寒干燥。年平均气温为8～14 ℃。由北向南递增，这种差异是使杂草种类和组合向南逐渐复杂的主要原因。年降水量平均在500～1000 mm，由东南向西北递减。夏季雨量极为丰富，约占全年2/3。华北大平原则占

3/4。暖温带主要的常见杂草有：萑草、田旋花、酸模叶蓼、荠菜、萹蓄、小藜、葶苈、播娘蒿、马唐、反枝苋、马齿苋、牛筋草、扁秆藨草、稗草、茨藻、野慈姑、水莎草、藜、香附子、狗牙根、看麦娘、牛繁缕、千金子、双穗雀稗、空心莲子草、离子草等分布。其中危害严重的萑草和田旋花属喜凉耐旱杂草。本区域因水热条件不同，杂草种类及杂草组合，都有差异，表现为纬向、经向和垂直地带性的变化。因热量不同而引起的纬向变化，是本区域表现最为明显的地带性差异。从南到北，由于热量的逐渐减少，可以看到其分布的规律性，在秦岭、淮河一线以南，杂草种类中南方的亚热带成分很多。许多种类，向北就逐渐减少或不存在。作物种类也存在南北的差异。本区域由水分条件所引起的经向变化，其差异不如纬向变化明显，但仍然可以看到有些区别。水湿条件较高的杂草分布于东部沿海各省。向西则为耐旱的杂草所取代。西部则以比较耐旱的杂草为主。本区域也具有一定的垂直地带性。从山麓起，依次可以看到其变化。丘陵和平原地区，暖温带的落叶果树种类多，产量丰富，以苹果、梨等著名。低矮的丘陵和平原，已开垦为农田，农作物如小麦、玉米、棉花、高粱等最为普遍。随着水利条件的改善，近年来水稻的栽培面积有所增加，一般为两年三熟。也有一年两熟的。不同地区采用不同间套复种模式。

（五）亚热带杂草区系分布概况

位于中国东南部，北起秦岭、淮河一线，南到南岭山脉间，西至西藏东南部的横断山脉，包括台湾省北部在内。自然条件优越，为中国主要产粮地区。四川、湖南、湖北及长江三角洲都在本区域内，中国一半人口居住在本区域。是中国的粮食和经济植物及森林的良好产地。杂草种类约占全国总数的 1/2。主要杂草有：千金子、马唐、稗草、鳢肠、牛筋草、稻稗、扁秆藨草、异型莎草、水莎草、碎米莎草、节节菜、牛繁缕、看麦娘、硬草、岗草、棒头草、萹蓄、春蓼、猪殃殃、播娘蒿、离子草、田旋花、刺儿菜、矮慈姑、双穗雀稗、空心莲子草、臭矢菜、粟米草、铺地黍、牛毛草、雀舌草、碎米荠、大巢菜、丁香蓼、鸭舌草。在中亚热带中，冬季杂草比夏季杂草明显减少。南亚热带还有草龙、白花蛇舌草、竹节菜、两耳草、回头苋、臂形草、水龙、圆叶节节菜、四叶萍、裸柱菊、芫荽菊、腋花蓼等分布。亚热带区域，地形复杂，西部高而东部低，西部包括横断山脉南部，以及云贵高原大部分。海拔 1000～2000 m，东部平均温度都在 15 ℃以上，最冷月平均温度均超过 0 ℃。年降水量为 800～2000 mm，东部大于西部，降雨时间一般都集中在夏秋两季。本区东部主要杂草种类较多，较高的山地杂草属寒温性杂草。本区域野生及栽培植物资源种类都占全国重要地位，开发利用有很大潜力。农作物主要为水稻，还有玉米、小麦等。一般为一年两熟，南部可一年三熟。双季稻在南部甚为普遍。

（六）热带杂草区系分布概况

这是我国最南部的一个杂草区域，从台湾省南部至大陆的南岭以南到西藏的喜马拉雅山南麓，地形多样而复杂。有冲积平原、珊瑚岛、丘陵、山地和高原等。从东到西逐渐上升。东西两部有明显的地形上的差异。此外，东南部海岸线曲折绵长，港湾岛屿甚多，南海海面有南海诸岛。地形复杂而多样。因而出现众多的杂草种类。本区域位于热带，具有热带气候的特点，温度高而雨量多，年平均温度一般为 20 ~ 22 ℃，南部可高达 25 ~ 26 ℃，最冷月平均气温约为 12 ~ 15 ℃，全年基本无霜，是我国年降水量最高的区域，各地年降水量大都超过 1500 mm。降雨集中在 4—10 月为雨季，其余为少雨季节，称为旱季，干湿季分明。由于环境条件复杂而多样，杂草有热带类型和亚热带类型。东部地区有偏湿性的类型，西部则有偏干性的类型，栽培植物更为多样化。水热条件优越，生长季节长，植物资源丰富，杂草种类众多。热带主要杂草有脉耳草、龙爪茅、马唐、臭矢菜、香附子、草决明、含羞草、水龙、圈叶节节菜、稗草、四叶萍、日照飘拂草、千金子、尖瓣花、碎米莎草等；亚热带类型杂草有马唐、草龙、白花蛇舌草、胜红蓟、竹节草、两耳草、凹头苋、铺地黍、牛筋草、臂形草、莲子草、稗草、异型莎草、水龙等分布。

（七）温带（荒漠）杂草区系分布概况

我国荒漠区域占全国面积 1/5 以上，位于西北部，包括新疆、青海、甘肃、宁夏和内蒙古等省（自治区）的大部或部分地区，包括沙漠和戈壁等部分。沙漠的地面由沙质组成，戈壁以砾石为主。地形基本特征是高山与盆地相间，形成不同的地形单位。气候具有明显的强大陆性特点，全区域较干旱或十分干旱，不但冬夏温差大，每天温度变化也很大，年降水量都在 250 mm 以下，大部分地区不到 100 mm，最低的只有 5 mm。西部典型荒漠地区，杂草极为稀少，只有比较湿润的地方有少数杂草，水源较丰富的地方有杂草分布。在荒漠中的绿洲，有不少已开垦为农田，种植一年一熟的春小麦、燕麦、马铃薯、甜菜等，盛产葡萄、瓜类等特产果品。主要杂草有野燕麦、卷茎蓼、问荆、狗尾草、藜、柳叶刺蓼等。

（八）青藏高原高寒带主要杂草区系

青藏高原位于我国西南部，平均海拔 4000 m 以上，是举世闻名的世界最大最高的高原。东与云贵高原相接，北达昆仑山，西至国境线。地形主要有高山、高原、沿湖盆地和谷地。气候有全年气温低、日气温变化大、干湿季和冷暖季变化分明等特点。由于高原面积辽阔，各地海拔不同，地形复杂，与海洋的距离远等特点，因而青藏高原各地的气候极不相同。主要及常见杂草有：薄蒴草、野燕麦、卷茎蓼、田旋花、藜、密穗香薷、野荞麦、大刺儿菜、猪殃殃、苣荬菜、野芥菜、萹蓄、大巢菜、遏兰菜等。青藏高原的东部及东南部，水分充沛，湿润多雨，比较温暖。东北部地区气候寒冷而较湿润，成为著名的高原沼泽区，除沼泽植物外，主要为高寒杂草。藏北高原是明显的高原气候，干冷、风大，气温的年变化和日变化大，分布高寒杂草，西部阿里地区冬季很寒冷，非常干燥，海拔5000 m以上，有高寒杂草。地区高寒，交通不便，人口稀少，尚未充分利用和开发。

二、杂草的生物学特性

农田杂草直接或间接影响着农业生产，影响着农作物的产量、质量和品质。农田杂草的主要危害为：与作物争夺养料、水分、阳光和空间，妨碍田间通风透光，增加局部气候温度，有些则是病虫中间寄主，促进病虫害发生；寄生性杂草直接从作物体内吸收养分，从而降低作物的产量和品质。此外，有的杂草种子或花粉含有毒素，能使人畜中毒。

（一）杂草的发生期、发生量、出苗深度、生长速率和繁殖能力

俞天辉（2002）从杂草的发生期、发生量、出苗深度、生长速率和繁殖能力等方面介绍了杂草的生物学特性。

1. 杂草发生期 根据杂草出苗特点，分春型凉性杂草和春型热性杂草两种。阔叶杂草小藜、灰绿藜、反枝苋、扁蓄均可归为春型凉性杂草。据观察玉米播种（4月10日）后第4天灰绿藜即开始出苗并于4月15—30日出现第1个出苗高峰期，平均82.67株/m^2，占累计发生量的38.51%，第2个高峰期不明显，出现在7月6—10日，平均10.67株/m^2，占累计发生量的4.97%。出苗开始至终止出苗的天数为102 d；小藜的出苗始期为4月24日出苗天数为105 d，第1个出苗高峰期为5月13—31日，平均出苗56933株/m^2，占累计发生量的59.31%，第2个出苗高峰期为6月17—27日，平均出苗193.33株/m^2，占累计发生量的20.14%；反枝苋出苗始见期与灰绿藜相同，为4月14日，出苗天数为88 d，出苗高峰期为4月24—28日，平均出苗13.33株/m^2，占累计发生量的30.30%；扁蓄出苗始期为4月24日，出苗天数很短只有7 d。禾本科杂草狗尾草、无芒稗、马唐可归为春型热性杂草。狗尾草出苗最早为玉米播后20 d，出苗天数为68 d，出苗高峰期为5月13—18日，平均38.67株/m^2，占累计发生量73.42%。无芒稗出苗始期为5月15日，出苗天数只有20 d，高峰期5月20—22日，平均5.33株/m^2，占累计发生量的57.13%；马唐出苗期为5月15日，出苗天数只有6 d，平均5.33株/m^2。

2. 杂草发生量 所观察杂草田间累计发生量小藜最多，为959.99株/m^2，占各类杂草累计发生量的67.80%，占阔叶杂草累计发生量的71.50%；灰绿藜为214.68株/m^2，占各类杂草累计发生量的15.16%，占阔叶杂草累计发生量的15.99%；狗尾草为52.67株/m^2，占各类杂草累计发生量的3.72%，占禾本科杂草累计发生量的73.32%；反枝苋为44.00株/m^2，占各类杂草累计发生量的3.11%，占阔叶杂草累计发生量的3.28%；扁蓄、无芒稗、马唐发生量均低，分别为6.67株/m^2、9.33株/m^2、5.33株/m^2。

3. 杂草出苗深度 杂草2~3叶期，测定从种子至地面的距离。田间挖株测定结果表明：阔叶杂草小藜、灰绿藜、反枝苋、扁蓄平均出苗深度为2.10 cm、2.69 cm、3.78 cm

和3.65 cm；禾本科杂草狗尾草、无芒稗、马唐的平均出苗深度为4.49 cm、4.24 cm和3.04 cm。

4. 杂草生长速率　调查结果表明：小藜、灰绿藜、反枝苋、扁蓄于5月下旬陆续进入花果期，平均株高分别为11.5 cm、19.1 cm、28.7 cm和24.5 cm；籽粒成熟期平均株高为72.6 cm、81.7 cm、74.6 cm和46.7 cm，较玉米株高244.3 cm低162.6～197.6 cm；平均单株茎鲜重为40.2 g、37.4 g、34.8 g和10.8 g；单株根鲜重3.38 g、5.05 g、3.68 g和4.86 g。狗尾草、无芒稗、马唐于6月上旬陆续进入抽穗开花期，平均株高分别为51.0 cm、77.4 cm和38.5 cm，籽粒成熟期平均株高为65.1 cm、82.7 cm和46.8 cm，较玉米株高低161.6～197.5 cm。单株鲜重平均为28.0 g、32.2 g和28.9 g。

5. 杂草繁殖能力　从室内考种结果看：小藜、灰绿藜、反枝苋单株粒重平均为4.23 g、4.31 g和0.72 g，单株结籽量平均为2958.0粒（变幅为1050～5010粒）、2830.5粒（变幅为980～5470粒）、2273.0粒（变幅为1150～3750粒）。无芒稗、马唐单株粒重平均为1.18 g和0.87 g，单株粒数平均为1239.8粒（变幅为210～3110粒）、275.4粒（变幅为40～710粒）；狗尾草单株成穗平均7.9个（变幅为2～16个），穗粒重平均为2.12 g，穗粒数为35～145粒，平均为100.3粒。

（二）杂草的多种传粉途径、多种传播方式和C_4光合途径等10种生物学特性

杂草是影响场区农作物产量能否增加的主要因素之一，农作物田间杂草能否得到有效控制及场区农业生产是否能够达到高产、稳产、优质、高效，与杂草的生物学特性相关。方永生（2013）从10个方面介绍了杂草的生物学特性：多种传粉途径；多实性、连续结实性和落粒性；多种传播方式；种子的长寿性；出苗持续不一；C_4光合途径；杂合性；可塑性；生态适应性和抗逆性强；对作物的拟态性。杂草的10种生物学特性决定了杂草防除的难易程度，也成为了决定产量的主导因素。掌握杂草的生物学特性，有利于今后在农业生产中采取科学合理的方法进行田间杂草防除，具有非常重要的意义。

1. 杂草有多种授粉途径　与场区农作物单一授粉方式不同，杂草一般既能异花授粉又能自花授粉，同时对传粉媒介要求不严格，杂草花粉一般可通过风、水、昆虫等动物或人类活动从一株传到另一株上。杂草多具有远缘杂草亲和性和自交亲和性。异花授粉有利于为杂草种群创造新的变异和生命力更强的变种，自花授粉则可保证杂草单株生存的特殊环境下仍可正常结实，以保证基因的延续。杂草的这一特性为防除杂草增加了难度。

2. 杂草有多实性、连续结实性和落粒性　杂草在长期的选择进化下，绝大多数结实都比农作物多而且连续。杂草的种子一般都较小，一株杂草的种子量往往是农作物种子的几倍、百倍甚至成千上万倍。据笔者多年调查，场区禾本科作物田的杂草藜（灰条）单株结籽量可高达20万粒，黄风的单株结籽量可高达13.5万粒。并且一年生杂草的营养生长与生殖生长一般同时进行，其结实可从其伴生植物生育中期开始一直持续到

生长季节末期，并且在作物收获前其种子从母体脱落下来，进入土壤，或随风、水传播到其他地块，农作物田间杂草不会因为作物收获时而被清除到田外。

3. 杂草有多种传播方式 在不同生态地区同种农作物的田间优势群落经常是大同小异，如大麦田中的黄凤，油菜田中的黄凤、香薷、薄溯（白花草）、藜等类杂草分别起源于不同生态区，通过各种不同的途径从一块地传到另一块地。杂草的传播途径多种多样，其中人为活动起到了主要作用。在场区农业生产中，从引种、播种、灌水、施肥、耕作运输等农业活动都可以直接或间接地将杂草从某一块地传播到另一块地。此外，杂草还可通过风、水、鸟类、牲畜等传播。许多杂草还具有适于传播的植物学性状，如藜、薄蒴、香薷等杂草种子经过动物的消化后仍具有很强的发芽能力，可通过动物及其粪便传播蔓延。

4. 杂草种子的长寿性 杂草种子一般都具有长寿性，相关资料记载，藜的种子可在土壤中存活 1700 年以上，野燕麦的种子寿命比较短，在土壤中也可存活 3 年以上。

5. 出苗持续不一 农作物的种子出苗时间一般整齐一致，这是长期的农业活动选择的结果。而杂草则不然，杂草的出苗期可在作物播种至收获整个生长季节持续出苗，这同样是长期自然选择和人类农业活动共同影响的结果。

6. 杂草的光合途径 杂草具有 C_4 光合途径，光合作用效益高，能迅速生长发育。从光合途径分，植物可以被分为 C_3 植物和 C_4 植物，很多杂草都具有 C_4 光合途径，在 18 种世界恶性杂草中，有 14 种是 C_4 植物，比植物界中的 C_4 植物比例高 17 倍，也远比主要农作物中 C_4 植物比例高（世界 16 种主要农作物中只有玉米、谷子和高粱是 C_4 植物）。C_4 植物比 C_3 植物在光合作用上具有净光合效率高、对 CO_2 的光合补偿点低，饱和点高、蒸腾系数低等特点。正是由于很多恶性杂草具有 C_4 植物的这些特点，所以能够表现出顽强的生命力。

7. 杂草的杂合性 除了一些专性自花授粉植物杂草外，一般杂草都具有杂合性，由于异花授粉及基因突变的缘故，决定了杂草个体的基因型很少是纯合的。此外土壤中杂草种子的多样性，决定了田间杂草群落的混杂性。杂草的这一特性常导致单施一种除草剂后并不能达到防除所有杂草和防止抗性杂草生态型出现的目的，因此目前根据场区杂草杂合性的特征，选择混合型配方农药显得尤为重要。

8. 杂草的可塑性 可塑性是指植物在不同生态环境条件下，对其个体大小、生长量和种群大小的自我调节能力。一般杂草都具有不同程度的可塑性。藜的株高最低可到 1 cm，最高可达 300 cm，结实可少达 5 粒，多可达 100 万粒以上。可塑性是指杂草能在多变的农田生态条件下，自我调节种群结构，尤其是在其密度较低的情况下能够通过提高个体的结实量生产出大量的种子，为其下代大量生育打下基础。此外杂草发芽率也有很大的可塑性，当土壤中草籽密度很大时，草籽的发芽率会相应下降，从而防止其群体过大而引起其个体死亡率的升高。

9. 杂草的生态适应性和抗逆性 杂草抗逆性强、个体小、生长快，生命周期短，群体不饱和，一年一更新，繁殖快、生产力高，如香薷、薄蒴、藜等一年生杂草。杂草是在比较稳定的环境条件下选择下来的植物类型，其个体生长能力强、群体竞争力强、生命周期长，在一个生命期内可多次重复生殖，群体饱和稳定。因此，杂草比作物有更强的生态适应性和抗逆性，表现为对盐碱、旱涝、热害、冷害及人工干扰等较强的忍耐能力。

10. 杂草对作物的拟态性　在长期人类活动的干扰下为了能够使基因延续，很多杂草在植物形态、生长发育规律上以及对环境条件的要求上与伴生作物都有很多相似之处，比如野燕麦和微孔草等杂草的这一特性给除草特别是人工除草带来了极大的困难。从目前场区农业生产杂草防除方面来看，人们对杂草的错误认识和理解不同，大量使用化学除草剂使杂草抗性增强，自我调节种群的能力丧失，新的杂草种群不断出现和蔓延，给场区农业生产带来新的课题。

三、秦巴山区玉米田常见杂草简介

全世界的玉米栽培面积和总产量仅次于小麦和水稻，其中面积大、总产量多的国家依次是美国、中国、巴西和墨西哥。中国 2022 年玉米种植面积达 6.03 亿亩，产量达 2.59 亿 t，总面积和总产量均已超过水稻和小麦跃居第一位。然而，玉米田杂草的发生与危害是制约玉米高产的重要因素之一。据调查，在全球 3 万余种杂草中，约有 1800 多种能够对各类农作物造成不同程度的危害。玉米田杂草发生种类多、数量大、发生期长、危害重，是影响玉米产量和品质的主要因素。杂草危害玉米后，与玉米植株争夺水肥等营养、争夺生存空间，抑或缠绕在玉米植株上为收获带来诸多不便，因而影响玉米的产量和品质。据统计，中国 2013 年玉米田草害面积达 4.02 亿亩，占播种面积的 73.8%，严重地块减产 40% 以上。秦巴山区地形地貌复杂、气候变化迥然。据调查玉米田主要杂草有马唐、牛筋草、稗草、马齿苋、反枝苋、田旋花、藜、香附子、铁苋草、龙葵等。近几年来空心莲子草和鸭跖草以其危害性大和防治成本高成为玉米田的主要杂草。如鸭跖草属寒温带杂草耐低温、出土时间早且持续出土时间长。

（一）禾本科杂草

1. 稗草　学名 *Echinochloa crusgalli*（L.）Beauv.，别称：稗子、扁扁草。被子植物门，禾本目，禾本科，黍族，稗属杂草，具有适应性强、喜潮湿温暖、耐干旱盐碱的特点，一般很难防除，是危害农作物的主要杂草之一，见图 4.1. 稗草根苦、涩，凉。种子甘、辛，平。根、苗可调经止血。用于鼻衄、便血、月经过多、产后出血。种子可益气、健脾，透疹止咳，补中利水。用于麻疹、水痘、百日咳、脱肛、浮肿。

形态特征：稗草一年生。秆高 50～150 cm，光滑无毛，基部倾斜或膝曲。叶鞘疏松裹秆，平滑无毛，下部长，节间上部短。叶舌缺，叶片扁平，线形，长 10～40 cm，宽 5～20 mm，无毛，边缘粗糙。圆锥花序直立，近尖塔形，长 6～20 cm；主轴具棱，粗

图 4.1 稗草

糙或具疣基长刺毛；分枝斜上举或贴向主轴，有时再分小枝；穗轴粗糙或生疣基长刺毛；小穗卵形，长 3 ~4 mm，脉上密被疣基刺毛，具短柄或近无柄，密集在穗轴的一侧；第一颖三角形，长为小穗的1/3 ~1/2，具3 ~5 脉，脉上具疣基毛，基部包卷小穗，先端尖；第二颖与小穗等长，先端渐尖或具小尖头，具5 脉，脉上具疣基毛；第一小花通常中性，其外稃草质，上部具7 脉，脉上具疣基刺毛，顶端延伸成一粗壮的芒，芒长 0.5 ~3 cm，内稃薄膜质，狭窄，具2 脊；第二外稃椭圆形，平滑，光亮，成熟后变硬，顶端具小尖头，尖头上有一圈细毛，边缘内卷，包着同质的内稃，但内稃顶端露出。染色体 $2n=36$。花果期夏秋季。

稗草多生于沼泽地、沟边及水稻田中。

2. 狗尾草 又名狗尾巴草，学名 *Setaria viridis*（L.）Beauv.，狗尾草黍族，狗尾草属，一年生草本植物。见图 4.2，狗尾草植株高大并具有支持根，主要生长在海拔 4000 m 以下的荒野、道路旁，是旱地作物常见的一种杂草。其秆、叶可作饲料，也可入药，治痈瘀、面癣；全草加水煮沸 20 分钟后，滤出液可喷杀菜虫；小穗可提炼糠醛。

图 4.2 狗尾草

（1）形态特征：狗尾草根为须状，高大植株具支持根。秆直立或基部膝曲，高

10～100 cm，基部径达3～7mm。叶鞘松弛，无毛或疏具柔毛或疣毛，边缘具较长的密绵毛状纤毛；叶舌极短，缘有长1～2 mm的纤毛；叶片扁平，长三角状狭披针形或线状披针形，先端长渐尖，基部钝圆形，几呈截状或渐窄，长4～30 cm，宽2～18 mm，通常无毛或疏被疣毛，边缘粗糙。圆锥花序紧密呈圆柱状或基部稍疏离，直立或稍弯垂，主轴被较长柔毛，长2～15 cm，宽4～13 mm（除刚毛外），刚毛长4～12 mm，粗糙或微粗糙，直或稍扭曲，通常绿色或褐黄到紫红或紫色；小穗2～5个簇生于主轴上或更多的小穗着生在短小枝上，椭圆形，先端钝，长2～2.5 mm，铅绿色；第一颖卵形、宽卵形，长约为小穗的1/3，先端钝或稍尖，具3脉；第二颖几与小穗等长，椭圆形，具5～7脉；第一外稃与小穗同长，具5～7脉，先端钝，其内稃短小狭窄；第二外稃椭圆形，顶端钝，具细点状皱纹，边缘内卷，狭窄；鳞被楔形，顶端微凹；花柱基分离；叶上下表皮脉间均为微波纹或无波纹的、壁较薄的长细胞。染色体$2n=18$。颖果灰白色，花果期5—10月。

（2）产地生境：产中国各地，生于海拔4000 m以下的荒野、道旁，为旱地作物常见的一种杂草。原产欧亚大陆的温带和暖温带地区，现广布于全世界的温带和亚热带地区。狗尾草喜长于温暖湿润气候区，以疏松肥沃、富含腐殖质的沙质壤土及黏壤土为宜。

3. 牛筋草　学名：*Eleusine indica*（L.）Gaertn.，禾本科，䅟属，一年生草本。见图4.3，牛筋草的根系很发达，扎根深且耐旱，在人工拔出时很容易将它拔断，其根系依旧在土壤中，而过了一段时间后又会重新长出来，因此很难防除。根系极发达，秆叶强韧，全株可作饲料，又为优良保土植物。全草煎水服，可防治乙型脑炎。

图4.3　牛筋草

（1）形态特征：牛筋草根系极发达。秆丛生，基部倾斜，高10～90 cm。叶鞘两侧压扁而具脊，松弛，无毛或疏生疣毛；叶舌长约1 mm；叶片平展，线形，长10～15 cm，宽3～5 mm，无毛或上面被疣基柔毛。穗状花序2～7个指状着生于秆顶，很少单生，长

3～10 cm，宽3～5 mm；小穗长4～7 mm，宽2～3 mm，含3～6小花；颖披针形，具脊，脊粗糙；第一颖长1.5～2 mm；第二颖长2～3 mm；第一外稃长3～4 mm，卵形，膜质，具脊，脊上有狭翼，内稃短于外稃，具2脊，脊上具狭翼。囊果卵形，长约1.5 mm，基部下凹，具明显的波状皱纹。鳞被2，折叠具5脉。染色体 $2n = 18$。花果期6—10月。

（2）产地生境：分布于中国南北各省区及全世界温带和热带地区。多生于荒芜之地及道路旁。全世界温带和热带地区也有分布。牛筋草根系发达，吸收土壤水分和养分的能力很强，对土壤要求不高；它生长时需要的光照比较强，适宜温带和热带地区。

（3）繁殖方式：大多数杂草种子为抵抗不良环境条件均存在一定的休眠，当种子由休眠状态转变为萌动状态时，需要有适宜的外界环境条件，如温度、光照、水分、氧气、土壤类型及土层深度。当进入生长季节时，种子也开始萌发生长，在环境条件不适宜萌发时，种子休眠，在土壤中多年，仍有生活力。牛筋草杂草可通过有性和无性方法繁殖和生长。有性繁殖通过种子繁殖，无性繁殖通过根、茎、叶或根茎、匍匐茎、块茎、球茎和鳞茎等器官繁殖。杂草可以通过营养繁殖器官散布传播，但主要是通过种子到处散布传播。杂草种子主要是借助自然力如风吹、流水及动物取食排泄传播，或附着在机械、动物皮毛或人的衣服、鞋子上，通过机械、动物或人的移动而到处散布传播。

4. 马唐 学名：*Digitaria sanguinalis*（L.）Scop.，是禾本科、马唐属一年生草本植物。马唐是一种优良牧草，但又是危害农田、果园的杂草。见图4.4。

图4.4 马唐

（1）形态特征：马唐一年生。秆直立或下部倾斜，膝曲上升，高10～80 cm，直径2～3 mm，无毛或节。生柔毛。叶鞘短于节间，无毛或散生疣基柔毛；叶舌长1～3 mm；叶片线状披针形，长5～15 cm，宽4～12 mm，基部圆形，边缘较厚，微粗糙，具柔毛或无毛。总状花序长5～18 cm，4～12枚成指状着生于长1～2 cm的主轴上；穗轴直伸或开展，两侧具宽翼，边缘粗糙；小穗椭圆状披针形，长3～3.5 mm；第一颖小，短三角形，无脉；第二颖具3脉，披针形，长为小穗的1/2左右，脉间及边缘大多具柔毛；第一外稃等长于小穗，具7脉，中脉平滑，两侧的脉间距离较宽，无毛，边脉上具小刺状粗糙，脉间及边缘生柔毛；第二外稃近革质，灰绿色，顶端渐尖，等长于第一外稃；花药长约1 mm。染色体 $2n=28$。花果期6—9月。

（2）生长环境：生于路旁、田野。在野生条件下，马唐一般于5—6月出苗，7—9月抽穗、开花，8—10月结实并成熟。人工种植生育期约150 d。马唐的分蘖力较强。一株生长良好的植株可以分生出8～18个茎枝，个别可达32枝之多。故在放牧或刈割的情况下，其再生力是相当强的。据湖南省畜牧兽医研究所的资料，在生长期内能刈割3～4次，刈割青草应留茬10 cm以上，留茬太低，降低其再生力。马唐是一种生态幅相当宽的广布中生植物。从温带到热带的气候条件均能适应。它喜湿、好肥、嗜光照，对土壤要求不严格，在弱酸、弱碱性的土壤上均能良好地生长。它的种子传播快，繁殖力强，植株生长快，分枝多。因此，它的竞争力强，广泛生长在田边、路旁、沟边、河滩、山坡等各类草本群落中，甚至能侵入竞争力很强的狗牙根（*Cynodon doctylon*）、结缕草（*Zoysia japonica*）等群落中。马唐在疏松、湿润而肥沃的撂荒或弃垦的裸地上，往往成为植被演替的先锋种之一。甚至能形成以马唐为优势的先锋群落。在亚热带地区，马唐常与小白酒草（*Conyza canadensis*）、狗尾草（*Setariaviridis*、*S. Lu-tescens*）、止血马唐（*D. Ischaemum*）等互为优势或亚优势种，形成撂荒地的先锋群落。这类草地产草量较高，草质好，是农区、半农半牧区及林区的主要放牧地和割草地，具有较高的利用价值。

（3）分布范围：马唐产于西藏、四川、新疆、陕西、甘肃、山西、河北、河南及安徽等地；广布于全球的温带和亚热带山地。

（4）繁殖方法：马唐在低于20 ℃时，发芽慢，25～40 ℃发芽最快，种子萌发最适相对湿度63%～92%；最适深度1～5 cm。喜湿喜光，潮湿多肥的地块生长茂盛，4月下旬至6月下旬发生量大，8—10月结籽，种子边成熟边脱落，生命力强。成熟种子有休眠习性。

5. 野黍　学名：*Eriochloa villosa*（Thunb.）属于禾本科、野黍属一年生草本植物。别名：拉拉草（植物名录），唤猪草（种子植物名称）。野黍可作饲料、谷粒含淀粉，可食用。见图4.5。

（1）形态特征：一年生草本。秆直立，基部分枝，高30～100 cm。秆直立或基部曲膝。叶条状披针形，长15～20 cm、宽5～15 mm。总状花序数枚，排列于主轴一侧。总状花序密被柔毛，小穗单生，颖下之穗轴愈合膨大成环状的小穗基盘；第二外稃钝头。叶鞘松弛包茎，节具髭毛；叶舌具纤毛；叶片扁平，表面具微毛，背面光滑，边缘粗糙。圆锥花序由总状花序组成；总状花序密生柔毛，列于主轴一侧；小穗卵状椭圆形，小穗柄极短，密生长柔毛；第一颖微小，第二颖与第一外稃皆为膜质，第二外稃革质，稍短于小穗，花柱分离。颖果卵圆形，7—10月开花结果。成熟前，茎秆细软，适

图 4.5　野黍

口性好，马、牛、羊喜食。可放牧，也可刈割调制干草。

（2）国内分布：产于东北、华北、华东、华中、西南、华南等地区；生于山坡和潮湿地区。我国有 2 种野黍，重庆地区有 1 种，重庆各区县广泛分布于海拔 2000 m 以下。野黍为湿生植物，喜光、喜水，耐酸碱。生长于耕地、田边、撂荒地及居民点、林缘。

6. 狗牙根　学名：*Cynodon dactylon*（L.）Pers.，是禾本科、狗牙根属低矮草本植物，秆细而坚韧，下部匍匐地面蔓延甚长，节上常生不定根，高可达 30 cm，秆壁厚，光滑无毛，有时略两侧压扁。别称百慕达绊根草。

（1）形态特征：狗牙根低矮草本，具根茎。秆细而坚韧，下部匍匐地面蔓延生长，节上常生不定根，直立部分高 10～30 cm，直径 1～1.5 mm，秆壁厚，光滑无毛，有时略两侧压扁。叶鞘微具脊，无毛或有疏柔毛，鞘口常具柔毛；叶舌仅为一轮纤毛；叶片线形，长 1～12 cm，宽 1～3 mm，通常两面无毛。穗状花序 2～6 枚，长 2～6 cm；小穗灰绿色或带紫色，长 2～2.5 mm，仅含 1 小花；颖长 1.5～2 mm，第二颖稍长，均具 1 脉，背部成脊而边缘膜质；外稃舟形，具 3 脉，背部明显成脊，脊上被柔毛；内稃与外稃近等长，具 2 脉。鳞被上缘近截平；花药淡紫色；子房无毛，柱头紫红色。颖果长圆柱形。染色体 $2n=36$。

（2）生长环境：狗牙根多生长于村庄附近、道旁河岸、荒地山坡。狗牙根是适于世界各温暖潮湿和温暖半干旱地区长寿命的多年生草，极耐热和抗旱，但不抗寒也不耐阴。狗牙根随着秋季寒冷温度的到来而褪色，并在整个冬季进入休眠状态。叶和茎内色素的损失使狗牙根呈浅褐色。当土壤温度低于 10℃时，狗牙根便开始褪色，并且直到春天高于这个温度时才逐渐恢复。引种到过渡气候带较冷地区的狗牙根，易受寒冷的威胁，4～5 年就会死于低温。狗牙根适应的土壤范围很广，但最适于生长在排水较好、肥沃、较细的土壤上。狗牙根要求土壤 pH 值为 5.5～7.5。它较耐淹，水淹下生长变慢；耐盐性也较好。

（3）分布范围：广布于黄河以南各省，近年北京附近已有栽培；全世界温暖地区均有。

（4）繁殖方法：狗牙根种子发芽率很低，能出苗的种子很少，故要选土层深厚肥沃的土地进行耕翻，每公顷施畜圈粪6万～7万 kg、过磷酸钙150～225 kg作基肥。其主要栽培方法有以下几种：①播种法。用种子进行繁殖。狗牙根种子小，土地需要细致平整，达到地平、土碎。种子发芽日平均温度18 ℃时最好，每公顷播种量3.75～11.25 kg。播种时可用泥沙拌种后撒播，使种子和土壤良好接触，有利于种子萌发。②条植法。用枝条繁殖。按行距为0.6～1.0 m挖沟，将切碎的根茎放入沟中，枝梢露出土面，盖土踩实即可。③分株移栽法。挖取狗牙根的草皮，分株在整好的土地中挖穴栽植，注意使植株及芽向上。④块植法。把挖起的草皮切成小块，在要栽植的土地上挖比草皮块宽大的穴，把草皮块放入穴内，用土填实即可。⑤切茎撒压法。早春将狗牙根的匍匐茎和根茎挖起，切成6～10 cm的小段，混土撒于整好的土地上，然后及时镇压。可喂猪，牛、马、兔、鸡等也喜食其叶；全草可入药，有清血、解热、生肌之效。

（二）阔叶杂草

1. 苍耳　学名：*Xanthium sibiricum* Patrin ex Widder。是菊科、苍耳属一年生草本植物。别名，卷耳、葹、苓耳、地葵、枲耳、葈耳、白胡荽、常枲、爵耳，苍耳。在北方主要为害玉米、小麦、向日葵、马铃薯等作物，在南方主要为害果树，而且还是棉蚜、棉铃虫等害虫的寄主，对作物的危害比较大。此植物的总苞具钩状的硬刺，常贴附于家畜和人体上，故易于散布。为一种常见的田间杂草。种子可榨油，苍耳子油与桐油的性质相仿，可掺和桐油制油漆，也可作油墨、肥皂、油毡的原料，又可制硬化油及润滑油，果实可供药用。见图4.6。

图4.6　苍耳

（1）形态特征：一年生草本，高20～90 cm。根纺锤状，分枝或不分枝。茎直立不分枝或少有分枝，下部圆柱形，直径4～10 mm，上部有纵沟，被灰白色糙伏毛。叶三角状卵形或心形，长4～9 cm，宽5～10 cm，近全缘，或有3～5片不明显浅裂，顶端尖或钝，基部稍心形或截形，与叶柄连接处成相等的楔形，边缘有不规则的粗锯齿，有三基出脉，侧脉弧形，直达叶缘，脉上密被糙伏毛，上面绿色，下面苍白色，被糙伏毛；叶柄长 3～11 cm。雄性的头状花序球形，直径 4～6 mm，有或无花序梗，总苞片长圆状披针形，长 1～1.5 mm，被短柔毛，花托柱状，托片倒披针形，长约 2 mm，顶端尖，有微毛，有多数的雄花，花冠钟形，管部上端有 5 宽裂片；花药长圆状线形；雌性的头状花序椭圆形，外层总苞片小，披针形，长约 3 mm，被短柔毛，内层总苞片结合成囊状，宽卵形或椭圆形，绿色，淡黄绿色或有时带红褐色。在瘦果成熟时变坚硬，连同喙部长 12～15 mm，宽 4～7 mm，外面有疏生的具钩状的刺，刺极细而直，基部微增粗或几不增粗，长 1～1.5 mm，基部被柔毛，常有腺点，或全部无毛；喙坚硬，锥形，上端略呈镰刀状，长 2.5 mm，常不等长，少有结合而成 1 个喙。瘦果 2，倒卵形。花期 7—8 月，果期 9—10 月。

（2）主要变种：近无刺苍耳，茎较矮小，通常自基部起有分枝；成熟的具瘦果的总苞较小，基部缩小，上端常具 1 个较长的喙，另外有 1 个较短的侧生的喙，两喙彼此分离或连合，有时侧生的短喙退化成刺状或不存在，总苞外面有极疏的刺或几无刺，与苍耳容易区别。

（3）产地生境：苍耳自然生长在平原、丘陵、低山、荒野、路边、沟旁、田边、草地、村旁等处。苍耳喜生长在土质松软深厚、水源充足及肥沃的地块上，pH 值 5 左右。提高土壤的通透性和增强土壤的肥力可促进苍耳种子发芽及营养吸收。分布于我国东北、华北、华东、华南、西北及西南各省（区）。俄罗斯、伊朗、印度、朝鲜和日本也有分布。

（4）繁殖方法：只需将苍耳种子清洗，然后进行风干即可播种。如果需要贮藏一段时间，可将种子放入湿沙中进行贮藏，不过此种子的发芽率会逐渐下降。贮藏时间过长，不仅不利于发芽，出苗也会不整齐。苍耳一般在每年中秋节前后进行播种育苗，播种前做好育苗床，挖好育苗沟。然后将种子放入育苗沟中。施足基肥。覆好地膜，等到出苗率达到 80% 左右时将其揭开。出苗后 15 d 左右及时追肥浇水，做好田间管理。

2. 小飞蓬　学名：*Conyza canadensis*（L.）Cronq.，为菊科、白酒草属。别名小蓬草、加拿大蓬、小白酒草、祁州一枝蒿。植物小白酒草的全草或鲜叶，为越年生或一年生草本植物。其根系发达，种子量很大，繁殖速度快，是田间的主要杂草，目前也成为了常见的恶性杂草之一。见图 4.7。

（1）形态特征：小飞蓬茎直立，株高 50～100 cm，具粗糙毛和细条纹。叶互生，叶柄短或不明显。叶片窄披针形，全缘或微锯齿，有长睫毛。头状花序有短梗，多形成圆锥状。总苞半球形，总苞片 2～3 层，披针形，边缘膜质，舌状花直立、小，白色至微带紫色，筒状花短于舌状花。瘦果扁长圆形，具毛，冠毛污白色。种子繁殖。小飞蓬幼苗除子叶外全体被粗糙毛。子叶卵圆形。初生叶椭圆形，基部楔形，全缘。成株高 40～120 cm，茎直立，上部多分枝，叶互生，条状披针形或矩圆形，基部狭，顶端尖。头状花序，密集成圆锥状或伞房状。花梗较短，边缘为白色的舌状花，中部为黄色的筒状花。瘦果扁平，矩圆形，具斜生毛，冠毛 1 层，白色刚毛状，易飞散。

图 4.7　小飞蓬

（2）生长习性：常生于旷野、荒地、田边、河谷、沟旁和路边，耐寒，土壤要求排水良好但周围要有水分，易形成大片群落。

（3）分布范围：原产于北美洲，世界各地广泛分布。在我国广泛分布于黑龙江、吉林、辽宁、内蒙古、陕西、四川、贵州、云南、山西、河北、山东、河南、安徽、江苏、湖北、江西、浙江、湖南。

（4）繁殖：小飞蓬为一年生或越年生杂草。主要靠种子繁殖。10 月初发生，10 月中、下旬出现高峰期。花期在次年 6—9 月份，果实 7 月份渐次成熟。

3. 苣荬菜　学名：*Sonchus wightianus* DC.，是菊科、苦苣菜属多年生草本植物。生长在海拔 300 ~ 2300 m 的山坡草地、林间草地、潮湿地或近水旁、村边或河边砾石滩。苣荬菜以全草入药。有清热解毒，利湿排脓，凉血止血之功效。见图 4.8。

图 4.8　苣荬菜

（1）形态特征：多年生草本。根垂直直伸，茎直立，高 30 ~ 150 cm，有细条纹，上部或顶部有伞房状花序分枝，花序分枝与花序梗被稠密的头状具柄的腺毛。基生叶多数，与中下部茎叶全形倒披针形或长椭圆形，羽状或倒向羽状深裂、半裂或浅裂，全长 6 ~ 24 cm，高 1.5 ~ 6 cm，侧裂片 2 ~ 5 对，偏斜半椭圆形、椭圆形、卵形、偏斜卵形；偏斜三角形、半圆形或耳状，顶裂片稍大，长卵形、椭圆形或长卵状椭圆形；全部叶裂片边缘有小锯齿或无锯齿而有小尖头；上部茎叶及接花序分枝下部的叶披针形或线钻形，小或极小；全部叶基部渐窄成长或短翼柄，但中部以上茎叶无柄，基部圆耳状扩大半抱茎，顶端急尖、短渐尖或钝，两面光滑无毛。头状花序在茎枝顶端排成伞房状花序。总苞钟状，长 1 ~ 1.5 cm，宽 0.8 ~ 1 cm，基部有稀疏或稍稠密的长或短绒毛。总苞片 3 层，外层披针形，长 4 ~ 6 mm，宽 1 ~ 1.5 mm，中内层披针形，长达 1.5 cm，宽 3 mm；全部总苞片顶端长渐尖，外面沿中脉有 1 行头状具柄的腺毛。舌状小花多数，黄色。瘦果稍压扁，长椭圆形，长 3.7 ~ 4 mm，宽 0.8 ~ 1 mm，每面有 5 条细肋，肋间有横皱纹。冠毛白色，长 1.5 cm，柔软，彼此纠缠，基部连合成环。花果期 1—9 月。

（2）生长环境：生长于海拔 300 ~ 2300 m 的山坡草地、林间草地、潮湿地或近水旁、村边或河边砾石滩。

（3）分布范围：几乎遍布全球各地。我国陕西、甘肃、宁夏、新疆、浙江、福建、湖北、湖南、广东、广西、海南、台湾、四川、云南、贵州、西藏、辽宁有分布。

（4）繁殖方法：苣荬菜主要靠地下匍匐茎繁殖，也有靠种子播种繁殖的。4 月初野生苣荬菜嫩芽破土时，刨其地下根茎，用高压水枪冲洗掉泥土，按照匍匐茎上节间的长度用铡刀截成 5 ~ 10 cm 的短节。苣荬菜的地下匍匐茎是肉质茎，容易失水萎蔫，短截后要及时栽植，以防失水过多降低成活率。定植时，在分割好的地块内沿南北方向开深 10 cm、行距 15 cm 的浅沟，将苣荬菜地下根茎短节按株距 5 cm 平放在沟底，然后覆土将沟填平，浇定根水。浇水 5 d 后，待地面不粘鞋时铺一层麦草，保持地表湿润，以防地表板结影响幼苗出土。地表覆盖麦草后要及时抽样检查，如有 60% 幼苗已破土生长，要及时揭取草帘，使幼苗见光生长。

4. 小蓟 学名：*Cirsium setosum*，为菊科，蓟属，刺儿菜种，是一种优质野菜。别名：野红花、小刺盖、刺菜。猫蓟、青刺蓟、千针草、刺蓟菜、刺儿菜、青青菜、萋萋菜、枪刀菜、野红花、刺角菜、刺角芽、木刺艾、刺杆菜、刺刺芽、刺杀草、荠荠毛、小恶鸡婆、刺萝卜、小蓟姆、刺儿草、牛戳刺、刺尖头草、小刺盖、萋萋芽（安徽北部等地方叫法）、刺牙菜、刺脚牙（河南省北部叫法）。夏、秋二季花开时采割，除去杂质，晒干。见图 4.9。

（1）植物形态：多年生草本，高 25 ~ 50 cm，具匍匐根茎。茎直立，有纵槽，幼茎被白色蛛丝状毛。叶互生，椭圆形或长椭圆状披针形，长 7 ~ 10 cm，宽 1.5 ~ 2.5 cm，先端钝，边缘齿裂，有不等长的针刺，两面均被蛛丝状绵毛。头状花序顶生，雌雄异株；总苞钟状，总苞片 5 ~ 6 层，雄花序总苞长 1.8 cm，雌花序总苞长约 2.3 cm；花管状，淡紫色，雄花花冠长 1.7 ~ 2 cm，雌花冠长约 2.6 cm。瘦果椭圆形或长卵形，具纵棱，冠毛羽状。花期 5—6 月，果期 5—7 月。

（2）性状：该品种茎呈圆柱形，有的上部分枝，长 5 ~ 30 cm，直径 0.2 ~ 0.5 cm；表面灰绿色或带紫色，具纵棱及白色柔毛；质脆，易折断，断面中空。叶互生，无柄或有短刺儿菜柄；叶片皱缩或破碎，完整者展平后呈长椭圆形或长圆状披针形，长 3 ~

图 4.9　小蓟

12 cm，宽 0.5 ~ 3 cm；全缘或微齿裂至羽状深裂，齿尖具针刺；上表面绿褐色，下表面灰绿色，两面均具白色柔毛。头状花序单个或数个顶生；总苞钟状，苞片 5 ~ 8 层，黄绿色；花紫红色。气微，味微苦。

（3）鉴别：观察该品种叶的表面，上表皮细胞多角形，垂周壁平直，表面角质纹理明显；下表皮细胞壁波状变曲，上下表皮均有气孔及非腺毛。非腺毛 3 ~ 10 余细胞，顶端细胞甚细长呈鞭状，皱缩扭曲。叶肉细胞中含草酸钙结晶，多呈针簇状。

5. 山苦荬　学名 *Ixeris denticulata*，别名苦菜、节托莲、小苦麦菜、苦叶苗、败酱、苦麻菜、黄鼠草、小苦苣、活血草、陷血丹、小苦荬、苦丁菜、苦碟子、光叶苦荬菜、燕儿衣、败酱草。为菊科植物山苦荬的全草或根。早春采收，洗净，鲜用或晒干。生于山地及荒野，为田间杂草。分布于中国北部、东部和南部。民间食用苦菜已有 2000 多年的历史，亦常用作草药。见图 4.10。

图 4.10　山苦荬

（1）形态特征：多年生草本，高 10 ~ 30 cm，全体无毛。茎少数或多数簇生，直立或斜生。基生叶莲座状，条状披针形、倒披针形或条形，长 7 ~ 20 cm，宽 0.5 ~ 2 cm，先端尖或钝，基部渐狭成柄，全缘或疏具小牙齿，或呈不规则分裂，灰绿色。头状花序顶生，花冠黄色。花茎直立，高 20 ~ 40 cm，上有 1 ~ 3 叶，无柄抱茎，全缘或有稀疏浅齿，与基生叶形似而较短。头状花序多数，排列成稀疏的伞房状，总苞圆筒状或长卵形，长 7 ~ 9 mm，宽 2 ~ 3 mm，外层的总苞片小，6 ~ 8 mm，内层的较长，7 ~ 8 mm，全为舌状花，黄色、淡黄色、白色或变淡紫色。瘦果红棕色，狭披针形，稍扁，长 4 ~ 6 mm，有长约 3 mm 的喙，具 10 条等形的纵肋，冠毛白色。苦菜新鲜的时候没其他怪味，晒干后有强烈味道，如脚臭味。

（2）鉴别：全草长 20 ~ 40 cm。茎多数光滑无毛，基部簇状分枝。叶多皱缩，完整基生叶展平后线状披针形或倒披针形，长 7 ~ 18 cm，宽 1 ~ 4 cm，先端尖锐，基部下延成窄叶柄，边缘具疏小齿或不规则羽裂，有时全缘；茎生叶无叶柄。头状花序排列疏伞房状聚伞花序，未开放的总苞呈圆筒状，长 7 ~ 9 mm，总苞片 2 层，外层极小，卵形，内层线状披针形，边缘薄膜质；瘦果狭披钳形，稍扁平，红棕色，具长喙，冠毛白色。气微，味苦。

黄花败酱与白花败酱两者区别点有三：黄花败酱一是地下根茎节间 2 cm 以下，节生细根；二是叶羽状深裂或全裂，边缘具粗锯齿；三是聚伞花序集成顶生的伞房花序，花黄色。而白花败酱地下茎节间长 3 ~ 6 cm，节生粗毛；茎生叶不分裂；聚伞花序圆锥状顶生或腋生，花白色。两者均有败酱气，同等入药。

（3）生长习性：山苦荬为多年生旱生草本，适应性较强，广泛分布于海拔 500 ~ 4000 m 的山坡草地乃至平原的路边，农田或荒地上，为一种常见的杂草。十堰山区分布广泛，品种较多，常生于田间、地头、路边、林下等。

本品种耐旱也较耐寒，在北方干旱地区的固定、半固定沙丘及其他沙质地上也见有生长。在海拔 3300 ~ 4000 m 高寒的青藏高原亦可适应。在我国东北和内蒙古等地区，返青较早，而在晚秋季霜冻后亦可短期存活。山苦荬为根蘖型草本。以种子和根蘖进行繁殖，但以营养繁殖为主，在内蒙古地区一般 4 月上、中旬返青，4—5 月为营养生长期，5—6 月为开花期，6—7 月结实，其后为果后营养期，10 月上旬枯黄。

（4）分布范围：山苦荬分布于中国北部、东部、南部及西南部，俄罗斯、朝鲜、日本、越南也有。

6. 蒲公英 学名：*Taraxacum mongolicum* Hand. – Mazz.，是菊科、蒲公英属多年生草本植物。蒲公英别名黄花地丁、婆婆丁、华花郎等。菊科多年生草本植物。头状花序，种子上有白色冠毛结成的绒球，花开后随风飘到新的地方孕育新生命。见图 4. 11。

（1）形态特征：多年生草本。根略呈圆锥状，弯曲，长 4 ~ 10 cm，表面棕褐色，皱缩，根头部有棕色或黄白色的毛茸。叶呈倒卵状披针形、倒披针形或长圆状披针形，长 4 ~ 20 cm，宽 1 ~ 5 cm，先端钝或急尖，边缘有时具波状齿或羽状深裂，有时倒向羽状深裂或大头羽状深裂，顶端裂片较大，三角形或三角状戟形，全缘或具齿，每侧裂片 3 ~ 5 片，裂片三角形或三角状披针形，通常具齿，平展或倒向，裂片间常夹生小齿，基部渐狭成叶柄，叶柄及主脉常带红紫色，疏被蛛丝状白色柔毛或几无毛。花葶 1 至数个，与叶等长或稍长，高 10 ~ 25 cm，上部紫红色，密被蛛丝状白色长柔毛；头状花序直径 30 ~ 40 mm；总苞钟状，长 12 ~ 14 mm，淡绿色；总苞片 2 ~ 3 层，外层总苞片卵状披针形或披针形，长 8 ~ 10 mm，宽 1 ~ 2 mm，边缘宽膜质，基部淡绿色，上部紫红

图 4.11　蒲公英

色，先端增厚或具小到中等的角状突起；内层总苞片线状披针形，长 10 ~ 16 mm，宽 2 ~ 3 mm，先端紫红色，具小角状突起；舌状花黄色，舌片长约 8 mm，宽约 1.5 mm，边缘花舌片背面具紫红色条纹，花药和柱头暗绿色。瘦果倒卵状披针形，暗褐色，长 4 ~ 5 mm，宽 1 ~ 1.5 mm，上部具小刺，下部具成行排列的小瘤，顶端逐渐收缩为长约 1 mm 的圆锥至圆柱形喙基，喙长 6 ~ 10 mm，纤细；冠毛白色，长约 6 mm。花期 4—9 月，果期 5—10 月。

（2）生长环境：广泛生于中低海拔地区的山坡草地、路边、田野、河滩。

（3）分布情况：我国江苏、湖北、河南、安徽、浙江、黑龙江、吉林、辽宁、内蒙古、河北、山西、陕西、甘肃、青海、山东、浙江、福建北部、台湾、湖南、广东北部、四川、贵州、云南等地区。朝鲜、蒙古、俄罗斯也有分布。

7. 酸模叶蓼　学名 *Polygonum lapathifolium* L. 是蓼科、蓼属一年生草本植物。酸模叶蓼是中国农业有害生物信息系统收录的杂草，常见于田地边、沙地及路边荒芜湿地。见图 4.12。

（1）形态特征：一年生草本，高 40 ~ 90 cm。茎直立，具分枝，无毛，节部膨大。叶披针形或宽披针形，长 5 ~ 15 cm，宽 1 ~ 3 cm，顶端渐尖或急尖，基部楔形，上面绿色，常有一个大的黑褐色新月形斑点，两面沿中脉被短硬伏毛，全缘，边缘具粗缘毛；叶柄短，具短硬伏毛；托叶鞘筒状，长 1.5 ~ 3 cm，膜质，淡褐色，无毛，具多数脉，顶端截形，无缘毛，稀具短缘毛。总状花序呈穗状，顶生或腋生，近直立，花紧密，通常由数个花穗再组成圆锥状，花序梗被腺体；苞片漏斗状，边缘具稀疏短缘毛；花被淡红色或白色，4 个或 5 个深裂，花被片椭圆形，外面两面较大，脉粗壮，顶端分叉，外弯；雄蕊通常 6 个。瘦果宽卵形，双凹，长 2 ~ 3 mm，黑褐色，有光泽，包于宿存花被内。花期 6—8 月，果期 7—9 月。

（2）生长习性：酸模叶蓼一年生，多次开花结实，是旱田和水田及其周边较常见的杂草。发芽适温 15 ~ 20 ℃，出苗深度 5 cm。黑龙江省 4 月下旬开始出苗，6 月下旬

图 4.12　酸模叶蓼

开花，7 月中旬种子开始成熟。上海 3 月上旬出苗，5 月开花结果。广东 12 月出苗，2 月开花结果。在长江流域及以南地区 9 月份至第 2 年春出苗，花果期 4—5 月份，先于作物果实成熟。适应性较强。广布于中国南北各省区。朝鲜、日本、蒙古、菲律宾、印度、巴基斯坦及欧洲也有分布。生于田边、路旁、水边、荒地或沟边湿地，海拔 30 ~ 3900 m 地区。

8. 灰绿藜　学名：*Chenopodium glaucum* L.，是藜科、藜属一年生草本植物，灰绿藜是适应盐碱生境的先锋植物之一。灰绿藜的叶中富含蛋白质，可作为饲料添加剂和人类食品添加剂。幼嫩植株可作猪饲料。嫩苗、嫩茎叶用沸水焯后换清水浸泡，炒食、凉拌、做汤。见图 4.13。

（1）形态特征：灰绿藜一年生草本，高 10 ~ 45 cm。茎通常有基部分枝，平铺或斜生；有暗绿色或紫红色条纹，叶互生有短柄。叶片厚，带肉质，椭圆状卵形至卵状披针形，长 2 ~ 4 cm，宽 5 ~ 20 mm，顶端急尖或钝，边缘有波状齿，基部渐狭，表面绿色，背面灰白色、密被粉粒，中脉明显；叶柄短。花簇短穗状，腋生或顶生；花被裂片 3 ~ 4，少数为 5。胞果伸出花被片，果皮薄，黄白色；种子扁圆，暗褐色。种子扁球形，5—10 月开花结果。

（2）分布范围：除台湾、福建、江西、广东、广西、贵州、云南诸省（区）外，其他各地都有分布，同时广布于南北半球的温带。生于农田、菜园、村头、水边等有轻度盐碱的土壤。

9. 苘麻　学名：*Abutilon theophrasti* Medicus，锦葵科，苘麻属，是一年生亚灌木草本。茎枝被柔毛。别名：椿麻、塘麻、青麻、白麻、车轮草等。本种的茎皮纤维色白，具光泽，可编织麻袋、搓绳索、编麻鞋等纺织材料。种子含油量 15% ~ 16%，供制皂、

图 4.13　灰绿藜

油漆和工业用润滑油；全草可作药用。见图 4.14。

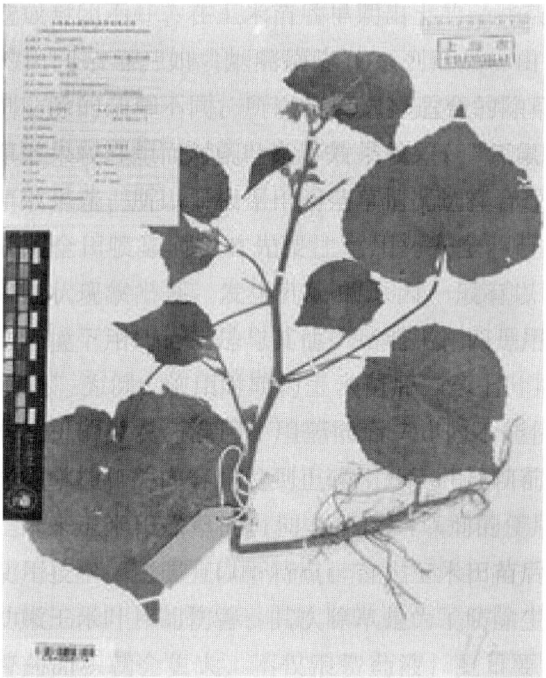

图 4.14　苘麻

（1）形态特征：苘麻叶互生，圆心形，长 5～10 cm，先端长渐尖，基部心形，边缘具细圆锯齿，两面均密被星状柔毛；叶柄长 3～12 cm，被星状细柔毛；托叶早落。花单生于叶腋，花梗长 1～13 cm，被柔毛，近顶端具节；花萼杯状，密被短绒毛，裂片 5，卵形，长约 6 mm；花黄色，花瓣倒卵形，长约 1 cm；雄蕊柱平滑无毛，心皮 15～20，长 1～1.5 cm，顶端平截，具扩展、被毛的长芒 2，排列成轮状，密被软毛。花期 7—8 月。蒴果半球形，直径约 2 cm，长约 1.2 cm，分果爿 15～20，被粗毛，顶端具长芒2；种子肾形，褐色，被星状柔毛。

（2）生长环境：常见于路旁、荒地和田野间。

（3）分布范围：我国除青藏高原不产外，其他各省（区）均产，东北各地有栽培。分布于越南、印度、日本以及欧洲、北美洲等地区。

10. 田旋花 学名：*Convolvulus arvensis* L.，旋花科、旋花属。全草入药，性味：辛、温、有毒；主治：祛风止痒；止痛。主风湿痹痛；牙痛；神经性皮炎等症。形态特征见图4.15。

图4.15 田旋花

（1）形态特征：田旋花为多年生草质藤本，近无毛。根状茎横走。茎平卧或缠绕，有棱。叶柄长1~2 cm；叶片戟形或箭形，长2.5~6 cm，宽1~3.5 cm，全缘或3裂，先端近圆或微尖，有小突尖头；中裂片卵状椭圆形 、狭三角形、披针状椭圆形或线性；侧裂片开展或呈耳形。花1~3朵腋生；花梗细弱；苞片线性，与萼远离；萼片倒卵状圆形，无毛或被疏毛；缘膜质；花冠漏斗形，粉红色、白色，长约2 cm，外面有柔毛，褶上无毛，有不明显的5浅裂；雄蕊的花丝基部肿大，有小鳞毛；子房2室，有毛，柱头2，狭长。蒴果球形或圆锥状，无毛；种子椭圆形，无毛。

（2）生长习性：生于耕地及荒坡草地、村边路旁。多年生根蘖杂草，喜潮湿肥沃的黑色土壤，常生长于农田内外、荒地、草地、路旁沟边，枝多叶茂，相互缠绕，根平伸或斜穿在50~60 cm的土壤中，于夏、秋间在近地面根上产生新的越冬芽，5—8月开花，8—9月成熟。

（3）产地分布：原产于欧洲南部。目前，法国、希腊、德国、波兰、南斯拉夫、俄罗斯、蒙古、美国、加拿大、阿根廷、澳大利亚、新西兰、巴基斯坦、伊朗、黎巴嫩、日本等温带和亚热带地区也有分布。在我国分布于吉林、黑龙江、河北、河南、陕西、山西、甘肃、宁夏、新疆、内蒙古、山东、四川、西藏。

（4）繁殖方式：田旋花可通过根茎和种子繁殖、传播。种子可由鸟类和哺乳动物取食进行远距离传播。

11. 空心莲子草　学名：*Alternanthera philoxeroides*（Mart.）Griseb.，别名：革命草、水花生、喜旱莲子草等，属苋科的一种植物。形态特征见图 4.16。

图 4.16　空心莲子草

（1）形态特征：空心莲子草是多年生宿根性草本；茎基部匍匐，上部上升，管状，不明显 4 棱，长 55～120 cm，具分枝。幼茎及叶腋有白色或锈色柔毛，茎老时无毛，仅在两侧纵沟内保留。叶片矩圆形、矩圆状倒卵形或倒卵状披针形，长 2.5～5 cm，宽7～20 mm，顶端急尖或圆钝，具短尖，基部渐狭，全缘，两面无毛或上面有贴生毛及缘毛，下面有颗粒状突起；叶柄长 3～10 mm，无毛或微有柔毛。花密生，成具总花梗的头状花序，单生在叶腋，球形，直径 8～15 mm；苞片及小苞片白色，顶端渐尖，具 1 脉；苞片卵形，长 2～2.5 mm，小苞片披针形，长 2 mm；花被片矩圆形，长 5～6 mm，白色，光亮，无毛，顶端急尖，背部侧扁；雄蕊花丝长 2.5～3 mm，基部连合成杯状；退化雄蕊矩圆状条形，和雄蕊约等长，顶端裂成窄条；子房倒卵形，具短柄，背面侧扁，顶端圆形。果实未见。花期 5—10 月。

（2）生长环境：水生型喜旱，莲子草在平均气温 8.5 ℃即可萌芽生长，陆生型在气温 9.5 ℃开始萌发。平均气温 10.5 ℃空心莲子草均已普遍出苗，开始进行营养生长。幼苗开始有 2～4 对嫩叶，叶小，紫红色。气温逐渐升高，其生长速度剧增，平均气温 21 ℃左右迅速增长，叶面积急剧扩大，但节间数并不增多。生在池沼、水沟内。

（3）分布范围：原产巴西，我国引种于北京、江苏、浙江、江西、湖南、福建，后逸为野生。生在池沼、水沟内。1930 年传入中国，是危害性极大的入侵物种。生长于海拔 50～2700 m 的地区；多生长于池沼和水沟内。有药用价值，被列为中国首批外来入侵物种。

（4）繁殖方式：苋的种子小，直径不足 1 mm，所以要精细整地，同时要施足底肥，创造良好的排水条件。苋是喜温作物，当气温稳定在 14 ℃时即可播种，3～5 d 可出苗，播期 4 月下旬到 8 月下旬。播种方式采用直播或育苗移栽均可，播种时将种子拌细土、细沙或火土灰同播，也可播种后盖一层薄细土。要求在排水良好（雨后不渍水）春季返暖快，并且整地精细的土壤中播种。土壤水分不宜过高。播种深度 2 ~ 3 cm 为宜，当耕地整好后，按行距拉练踩印，用开沟器开沟，然后撒、点种子（也可取一节竹筒，把竹节间隔膜用铁丝扎一个小孔，顺沟摇动竹筒溜籽），下籽后盖土 2 ~ 3 cm，用脚轻轻镇压。播种量 1 亩地 50 g 左右，如有育苗移栽，播种量可减半。有的地块种苋也可用免耕开沟撒播法。由于苋生长速度快，一般不必中耕除草。

12. 铁苋菜 学名：*Acalypha australis* L.，大戟科、铁苋菜属，铁苋菜是一年生草本植物，目前随着抗性的增强，铁苋菜在一部分地区已经形成了优势杂草群体，对玉米的危害越来越大，也成为了继马齿苋之后，秋季第一大杂草。铁苋菜以全草或地上部分入药，具有清热解毒、利湿消积、收敛止血的功效。可以嫩叶食用，为南方各地民间野菜品种之一。形态特征见图 4.17。

图 4.17 铁苋菜

（1）形态特征：铁苋菜一年生草本，高 0.2 ~ 0.5 m，小枝细长，被贴毛柔毛，毛逐渐稀疏。叶膜质，长卵形、近菱状卵形或阔披针形，长 3 ~ 9 cm，宽 1 ~ 5 cm，顶端短渐尖，基部楔形，稀圆钝，边缘具圆锯，上面无毛，下面沿中脉具柔毛；基出脉 3 条，侧脉 3 对；叶柄长 2 ~ 6 cm，具短柔毛；托叶披针形，长 1.5 ~ 2 mm，具短柔毛。雌雄花同序，花序腋生，稀顶生，长 1.5 ~ 5 cm，花序梗长 0.5 ~ 3 cm，花序轴具短毛，雌花苞片 1 ~ 4 枚，卵状心形，花后增大，长 1.4 ~ 2.5 cm，宽 1 ~ 2 cm，边缘具三角形齿，外面沿掌状脉具疏柔毛，苞腋具雌花 1 ~ 3 朵，花梗无。雄花生于花序上部，排列呈穗状或头状，雄花苞片卵形，长约 0.5 mm，苞腋具雄花 5 ~ 7 朵，簇生，花梗长 0.5 mm。雄花花蕾时近球形，无毛，花萼裂片 4 枚，卵形，长约 0.5 mm，雄蕊 7 ~ 8 枚。雌花萼片 3 枚，长卵形，长 0.5 ~ 1 mm，具疏毛；子房具疏毛，花柱 3 枚，长约 2 mm，撕裂5 ~ 7 条。蒴果直径 4 mm，具 3 个分果爿，果皮具疏生毛和毛基变厚的小瘤体；种子近卵状，长 1.5 ~ 2 mm，种皮平滑，假种阜细长；花果期 4—12 月。

（2）生长环境：生于海拔 20 ~ 1900 m 平原或山坡较湿润耕地和空旷草地、疏林下。

（3）分布范围：我国除西部高原或干燥地区外，大部分省（区）均产。俄罗斯远东地区、朝鲜、日本、菲律宾、越南、老挝也有分布。

（4）繁殖方法：可采用催芽繁殖方法，苋菜种子在凉水中浸种 24 h，浸种过程中需搓洗几遍，以利吸水。在冬季、早春将浸泡过的种子捞出，用清水搓洗干净，捞出沥净水分，用透气性良好的纱布包好，再用湿毛巾覆盖，放在 15 ~20 ℃条件下催芽，当有 30% ~50% 的种子露白时，即可播种。

13. 马齿苋　学名：*Portulaca oleracea* L.，马齿苋科，马齿苋属。别名五行草、长命菜、五方草、瓜子菜、麻绳菜。全草供药用，有清热利湿、解毒消肿、消炎、止渴、利尿作用。种子明目，还可作兽药和农药。嫩茎叶可作蔬菜、微酸，也是很好的饲料。形态特征见图 4. 18。

图 4. 18　马齿苋

（1）形态特征：一年生草本，全株无毛。茎平卧或斜倚，伏地铺散，多分枝，圆柱形，长 10 ~15 cm 淡绿色或带暗红色。茎紫红色，叶互生，有时近对生，叶片扁平，肥厚，倒卵形，似马齿状，长 1 ~3 cm，宽 0. 6 ~1. 5 cm，顶端圆钝或平截，有时微凹，基部楔形，全缘，上面暗绿色，下面淡绿色或带暗红色，中脉微隆起；叶柄粗短。花无梗，直径 4 ~5 mm，常 3 ~5 朵簇生枝端，午时盛开。苞片 2 ~6，叶状，膜质，近轮生；萼片 2，对生，绿色，盔形，左右压扁，长约 4 mm，顶端急尖，背部具龙骨状凸起，基部合生；花瓣 5，稀 4，黄色，倒卵形，长 3 ~5 mm，顶端微凹，基部合生；雄蕊通常 8，或更多，长约 12 mm，花药黄色；子房无毛，花柱比雄蕊稍长，柱头 4 ~6 裂，线形。蒴果卵球形，长约 5 mm，盖裂；种子细小，多数偏斜球形，黑褐色，有光泽，直径不及 1 mm，具小疣状凸起。花期 5—8 月，果期 6—9 月。

（2）产地生境：马齿苋在我国南北各地均产。生于菜园、农田、路旁，为田间常见杂草。广布全世界温带和热带地区。马齿苋性喜高湿，耐旱、耐涝，具向阳性，适宜在各种田地和坡地栽培，以中性和弱酸性土壤较好。其发芽温度为 18 ℃，最适宜生长温度为 20 ~30 ℃。当温度超过 20 ℃时，可分期播种，陆续上市。保护地栽培可进行周年生产。

（3）繁殖方法

①种子繁殖：马齿苋进行种子繁殖所用的种子都是头年从野外采集或栽培时留的种。其种子籽粒极小，整地一定要精细，播后保持土壤湿润，7～10 d 即可出苗。

②扦插：扦插枝条从当年播种苗或野生苗上采集，从发枝多、长势旺的强壮植株上采集为好，每段要留有 3～5 个节。扦插前精细整土；结合整地施足充分腐熟的农家肥。扦插密度（株行距）3 cm×5 cm，插穗入土深度 3 cm 左右，插后保持一定的湿度和适当的荫蔽，一周后即可成活。

14. 窃衣 窃衣是植物和中药材的统称。窃衣为伞形科、窃衣属一年生或多年生草本植物。生于海拔 250～2400 m 的地区，国内外均有分布。药材窃衣为伞形科植物窃衣和小窃衣的果实或全草。夏末秋初采收，晒干或鲜用，出自《福建药物志》。具有活血消肿，收敛杀虫等功效，可用于慢性腹泻，蛔虫病。外用治痈疮溃疡久不收口，阴道滴虫等症。形态特征见图 4.19。

图 4.19 窃衣

（1）形态特征：窃衣一年生或多年生草本，高 10～70 cm。全株有贴身短硬毛。茎单生，有分枝，有细直纹和刺毛。叶卵形，一至二回羽状分裂，小叶片披针状卵形，羽状深裂，末回裂片披针形至长圆形，长 2～10 mm，宽 2～5 mm，边缘有条裂状粗齿至缺刻或分裂。复伞形花序顶生和腋生，花序梗长 2～8 cm；总苞片通常无，很少 1，钻形或线形；伞辐 2～4，长 1～5 cm，粗壮，有纵棱及向上紧贴的硬毛；小总苞片 5～8，钻形或线形；小伞形花序有花 4～12；萼齿细小，三角状披针形，花瓣白色，倒圆卵形，先端内折；花柱基圆锥状，花柱向外反曲。果实长圆形，长 4～7 mm，宽 2～3 mm，有内弯或呈钩状的皮刺，粗糙，每棱槽下方有油管。花、果期 4—10 月。

（2）生态环境：生于山坡、林下、河边、芒地及草丛中。

（3）地理分布：分布于陕西、甘肃、江苏、安徽、浙江、江西、福建、台湾、湖北、湖南、广东、广西、四川、贵州等地。

15. 豚草 学名：*Ambrosia artemisiifolia* L.，别名：豕草、普通豚草、艾叶破布草、

美洲艾。恶性杂草，对禾本科、菊科等植物有抑制、排斥作用。列入中国外来入侵物种名单（第一批）。形态特征见图4.20。

图4.20　豚草

（1）形态特征：豚草是一年生草本植物，高20～150 cm；茎直立，上部有圆锥状分枝，有棱，被疏生密糙毛。下部叶对生，具短叶柄，二次羽状分裂，裂片狭小，长圆形至倒披针形，全缘，有明显的中脉，上面深绿色，被细短伏毛或近无毛，背面灰绿色，被密短糙毛；上部叶互生，无柄，羽状分裂。雄头状花序半球形或卵形，径4～5 mm，具短梗，下垂，在枝端密集成总状花序。总苞宽半球形或碟形。总苞片全部结合，无肋，边缘具波状圆齿，稍被糙伏毛。花托具刚毛状托片；每个头状花序有10～15个不育的小花，花冠淡黄色，长2 mm。有短管部，上部钟状，有宽裂片；花药卵圆形，花柱不分裂，顶端膨大成画笔状。雌头状花序无花序梗，在雄头花序下面或在下部叶腋单生，或2～3个密集成团伞状，有1个无被能育的雌花，总苞闭合，具结合的总苞片，倒卵形或卵状长圆形，长4～5 mm，宽约2 mm，顶端有围裹花柱的圆锥状嘴部，在顶部以下有4～6个尖刺，稍被糙毛。花柱2深裂，丝状，伸出总苞的嘴部。瘦果倒卵形，无毛，藏于坚硬的总苞中。花期8—9月，果期9—10月。

（2）生长习性：豚草再生力极强。茎、节、枝、根都可长出不定根，扦插压条后能形成新的植株，经铲除、切割后剩下的地上残条部分，仍可迅速地重发新枝。生育期参差不齐，交错重叠。

①出苗期：从3月中下旬开始一直可延续到11月下旬，历时7个月之久；早、晚熟型豚草生育期相差1个多月。这都是造成生育期不整齐，交错重叠的直接原因。喜湿怕旱。豚草是浅根系植物，不能吸取土壤深层的水分，深秋旱季普遍出现萎蔫枯凋现象，而长在潮湿处的豚草生长繁茂。抗寒性较强。成株豚草能度过零下3～5 ℃的寒冬，成为越年生豚草。生长密集成片。由于豚草果实一般散落在植株四周1～1.5 m半径的地上，连年如此，便形成密集成片生长的群体。豚草种子（果实）的发芽率为91.49%，以入土0.3～1 cm的种子出苗率最高、最好、最快，入土5 cm以上的不能出

苗。四对真叶以下的苗易受冻害，四对真叶以上的苗抗寒性较强。苗期有明显的向阳性。

②分枝期：此期实际上是枝、叶形成时期，以株高（纵向）生长为主，当株高生长趋于停滞时，枝叶的形成也就结束了。从4月下旬至7月下旬末，共100多天。其生长规律是"两头慢，中间快"，株高的日增长量：前期为0.08～0.44 cm，中期在0.9～1.35 cm，后期是0.18～0.24 cm，株高的增长量是株冠增长量的4.5～5.1倍。

③花期：雄花为65～70 d，雌花为50～55 d。这个时期是以株冠（横向）生长为主，从7月31日至9月30日，株冠的增长速度是株高的5.5～5.8倍。同时，茎、枝也随着迅速增粗、枝条伸长，花器成熟加快。花形成的规律是：由上而下，由外向内，逐级逐层地形成，晴天每隔二三天形成一个层次，阴雨天间隔期延长，转晴后间隔期缩短一二天，层次增多2层，以加速花的形成。

开花习性：雄花有隔日开花的习性，开花的时间在每日的6～10时，7～11时散发花粉和授粉，11时后闭花。若遇阴雨天气就不开花，转晴后可接连开花2～3 d后，又恢复隔日开花习性。每个雄花序每次只开2～5朵小花，共开2～4次。雄花阴雨天不开花的主要原因是由于空气中湿度大的缘故，所以，在晴天的清晨对雄花喷水或在水中浸泡一下，可完全抑制雄花在当天开花散发花粉。

④果实成熟期：果实大量成熟的时间是在10月上、中旬，成熟期为20 d左右。其果实成熟规律与花的形成规律一样，由上而下，由外而内的顺序。豚草的结籽量与环境条件密切相关，但一般单株结籽量为800～1200粒，多达1.5万～3万粒，少的在500粒以下。每簇雌花中，一级分枝上每簇一般结籽4～6粒，二级分枝上和叶腋中每簇结籽2～4粒，少的只有1粒。同时，在试验中发现，北向、东向、东北方向每个枝条上的结籽量分别比南向、西向、西南方向上枝条的结籽量多13.4粒、13粒、13.2粒，要增加25%～30%的结籽量。

（3）分布范围：原产北美。在我国长江流域已驯化野生，成为路旁杂草。广布世界大部分地区，已知分布的国家及地区有，亚洲：缅甸、马来西亚、越南、印度、巴基斯坦、菲律宾、日本、中国；非洲：埃及、毛里求斯；欧洲：法国、德国、意大利、瑞士、奥地利、瑞典、匈牙利、乌克兰、俄罗斯等。美洲：加拿大、美国、墨西哥、古巴、牙买加、危地马拉、阿根廷、玻利维亚、巴拉圭、秘鲁、智利、巴西。大洋洲：澳大利亚。我国分布地区有：辽宁、吉林、黑龙江、河北、山东、江苏、浙江、江西、安徽、湖南、湖北，其中以沈阳、铁岭、丹东、南京、南昌、武汉等市发生严重，形成沈阳—铁岭—丹东、南京—武汉—南昌南北两条线的发生、传播、蔓延中心。

16. 问荆 学名：*Equisetum arvense* L.，木贼科、问荆属中小型蕨类植物。根茎黑棕色，地上枝当年枯萎。枝二型。形态特征见图4.21。

（1）形态特征：中小型植物。根茎斜升，直立和横走，黑棕色，节和根密生黄棕色长毛或光滑无毛。地上枝当年枯萎。枝二型。能育枝春季先萌发，高5～35 cm，枝中

图 4.21　问荆

部直径 3 ~5 mm，节间长 2 ~6 cm，黄棕色，无轮茎分枝，脊不明显，要密纵沟；鞘筒栗棕色或淡黄色，长约 0.8 cm，鞘齿 9 ~12 枚，栗棕色，长 4 ~7 mm，狭三角形，鞘背仅上部有一浅纵沟，孢子散后能育枝枯萎。不育枝后萌发，高达 40 cm，主枝中部直径 1.5 ~3.0 mm，节间长 2 ~3 cm，绿色，轮生分枝多，主枝中部以下有分枝。脊的背部弧形，无棱，有横纹，无小瘤；鞘筒狭长，绿色，鞘齿三角形，5 ~6 枚，中间黑棕色，边缘膜质，淡棕色，宿存。侧枝柔软纤细，扁平状，有 3 ~4 条狭而高的脊，脊的背部有横纹；鞘齿 3 ~5 个，披针形，绿色，边缘膜质，宿存。孢子囊穗圆柱形，长 1.8 ~4.0 cm，直径 0.9 ~1.0 cm，顶端钝，成熟时柄伸长，柄长 3 ~6 cm。营养茎在孢子茎枯萎后生出，高 15 ~60 cm，有棱脊 6 ~15 条，叶退化。下部联合成鞘，鞘齿披针形，黑色，边缘灰白色，膜质；分支轮生，中实，有脊棱 3 ~4 条，单一或再分支。孢子茎早春先发，常为紫褐色，肉质，不分支，鞘长而大。孢子囊穗 5—6 月抽出，顶生，钝头，长 2 ~3.5 cm；孢子叶六角形，盾状着生，螺旋排列，边缘着生长型孢子囊。

（2）地理分布：问荆生活在北半球的寒带和温带地区。①国内的黑龙江、吉林、辽宁、内蒙古、北京、天津、河北、山西、陕西、宁夏、甘肃、青海、新疆、山东、江苏、上海、安徽、浙江、江西、福建、河南、湖北、四川、重庆、贵州、云南、西藏有分布。②国外日本、朝鲜半岛、俄罗斯、欧洲、北美洲也有分布。

（3）生长习性：生于溪边或阴谷，海拔 0 ~3700 m 范围内适合生长。常见于河道沟渠旁、疏林、荒野和路边，潮湿的草地、沙土地、耕地、山坡及草甸等处。对气候、土壤有较强的适应性。喜湿润而光线充足的环境，生长适温白天为 18 ~24 ℃，夜间 7 ~13 ℃，要求中性土壤。

（4）繁殖方式

孢子繁殖：从孢子囊穗上采下成熟的孢子囊，将孢子播种于土壤表面，稍覆土，浇水保持湿润，即可萌发。

根茎繁殖：早春或秋季将根茎分成 6 cm 长小段，栽于土壤中，覆土 5 ~6 cm，浇水易成活。

17. 鸭跖草 学名：*Commelina communis* L.，别名碧竹子、翠蝴蝶、淡竹叶等。属粉状胚乳目、鸭跖草科、鸭跖草属一年生披散草本。鸭跖草叶形为披针形至卵状披针形，叶序为互生，茎为匍匐茎，花朵为聚花序，顶生或腋生，雌雄同株，花瓣上面两瓣为蓝色，下面一瓣为白色，花苞呈佛焰苞状，绿色，雄蕊有6枚。形态特征见图4.22。

图4.22 鸭跖草

（1）形态特征：鸭跖草是一年生披散草本。茎匍匐生根，多分枝，长可达1 m，下部无毛，上部被短毛。叶披针形至卵状披针形，长3～9 cm，宽1.5～2 cm。总苞片佛焰苞状，有1.5～4 cm的柄，与叶对生，折叠状，展开后为心形，顶端短急尖，基部心形，长1.2～2.5 cm，边缘常有硬毛；聚伞花序，下面一枝仅有花1朵，具长8 mm的梗，不孕；上面一枝具花3～4朵，具短梗，几乎不伸出佛焰苞。花梗长仅3 mm，果期弯曲，长不过6 mm；萼片膜质，长约5 mm，内面2枚常靠近或合生；花瓣深蓝色；内面2枚具爪，长近1 cm。蒴果椭圆形，长5～7 mm，2室，2爿裂，有种子4颗。种子长2～3 mm，棕黄色，一端平截、腹面平，有不规则窝孔。

（2）生长习性：鸭跖草常见生于湿地。适应性强，在全光照或半阴环境下都能生长。但不能过阴，否则叶色减褪为浅粉绿色，易徒长。喜温暖，湿润气候，喜弱光，忌阳光曝晒，最适生长温度20～30 ℃，夜间温度10～18 ℃生长良好，冬季不低于10 ℃。对土壤要求不严，耐旱性强，土壤略微有点湿就可以生长，如果盆土长期过湿，易出现茎叶腐烂。

（3）地理分布：主要分布于热带，少数种产于亚热带和温带地区。我国产13属49种，多分布于长江以南各省，尤以西南地区为盛。产云南、四川、甘肃以东的南北各省（区）。越南、朝鲜、日本、俄罗斯远东地区以及北美也有分布。鸭跖草用种子繁殖可在2月下旬至3月上旬在温室育苗。播种前用25～27 ℃温水浸种8～10 h后捞出，在25～27 ℃下催芽3～5 d，种子露白后即可播种。育苗可采用条播或撒播的方式，在整好的畦内按 10～15 cm 行距开沟，将催好芽的种子均匀撒入沟内，覆土，稍加镇压后保持土壤湿润。在适宜的温、湿度条件下，1 周左右即可出苗，出苗后降低温、湿度，以免幼苗徒长。

（4）扦插技术：鸭跖草的每个节都可以产生新根。将植株的茎剪下，在整好的田内按 5×10 cm 的株、行距扦插定植。扦插后保持土壤湿润，光照较强时，应搭阴棚遮阳，避免失水过多而使扦插苗死亡。15 d 左右即可生根。

（5）分株技术：春季在地上部分萌发前，将根挖出，分根定植。一般每块根可分为 10 株左右，按 10 cm×10 cm 的株、行距定植于大田。

18. 小藜　学名：*Chenopodium ficifolium* Sm.，是苋科藜属的一年生嗜盐碱性草本植物。嫩苗可食。全草入药，性甘苦，凉。功能去湿，解毒。生长于七里海潮湿的盐碱地，可形成大片的群落。形态特征见图 4.23。

图 4.23　小藜

（1）形态特征：1 年生草本，高 20～100 cm。茎直立，分枝，有角棱及条纹。幼苗子叶线形，肉质，基部紫红色，有短叶柄。初生叶线形，先端钝，基部楔形，全缘，叶下面略呈紫红色，有短柄。下胚轴与上胚轴均较发达，玫瑰红色。后生叶披针形，常于基部有 2 个较短的裂片，叶缘具波状齿。成株株高 20～50 cm。茎直立，有分枝，有绿色纵条纹，幼茎常密被粉粒。叶互生，有柄，长圆状卵形，长 2～5 cm，宽 1～3 cm，先端钝，边缘有波状齿，下部的叶近基部有 2 个较大的裂片，两面疏生粉粒。花和籽实花序穗状或圆锥状，腋生或顶生。花两性，花被片 5 片，先端钝，淡绿色。雄蕊 5 枚，长于花被。柱头 2 个，线形。胞果包于花被内，果皮膜质。种子直径约 1 mm，圆形，边缘有棱，黑色，有光泽，表面有明显的蜂窝状网纹。

（2）产地生境：小藜在我国除西藏未见标本外各省区都有分布；适生于湿润环境，常见于菜地，冬种作物地和旱地上。

（3）繁殖方法：小藜以种子进行繁殖。

19. 香附子　学名：*Cyperus rotundus* L.，是被子植物门莎草科莎草属多年生草本植物，全株有一股特殊的香味，因此得名。香附子的根和花都可入药，具有理气解郁、调经止痛的功效，还可治疗消化不良，月经不调等症状。香附子生存能力很强，生殖速度快，蔓延迅速，能适应各种不良环境，同时也会对农作物产生一定的危害，由于根茎发达，繁殖能力快，常与农作物争肥，争水，影响苗圃农作物生长，从而影响农作物的产量。形态特征见图 4. 24。

图 4. 24　香附子

（1）形态特征：匍匐根状茎长，具椭圆形块茎。秆稍细弱，高 15 ~ 95 cm，锐三棱形，平滑，基部呈块茎状。叶较多，短于秆，宽 2 ~ 5 mm，平张；鞘棕色，常裂成纤维状。叶状苞片 2 ~ 5 枚，常长于花序，或有时短于花序；长侧枝聚伞花序简单或复出，具 2 ~ 10 个辐射枝；辐射枝最长达 12 cm；穗状花序轮廓为陀螺形，稍疏松，具 3 ~ 10 个小穗；小穗斜展开，线形，长 1 ~ 3 cm，宽约 1. 5 mm，具 8 ~ 28 朵花；小穗轴具较宽的、白色透明的翅；鳞片稍密地复瓦状排列，膜质，卵形或长圆状卵形，长约 3 mm，顶端急尖或钝，无短尖，中间绿色，两侧紫红色或红棕色，具 5 ~ 7 条脉；雄蕊 3 枚，花药长，线形，暗血红色，药隔突出于花药顶端；花柱长，柱头 3，细长，伸出鳞片外。小坚果长圆状倒卵形，三棱形，长为鳞片的 1/3 ~ 2/5。花果期 5—11 月。

（2）产地生境：广布于世界各地；在我国分布于陕西、甘肃、山西、河南、河北、山东、江苏、浙江、江西、安徽、云南、贵州、四川、福建、广东、广西和台湾等省（区）。生长于山坡荒地草丛中或水边潮湿处。

（3）繁殖方法：香附子以块根和种子繁殖。一犁一耙整地，深度为 20 ~ 30 cm。种植材料为匍匐根状茎。一般于春季播种，采取点播或撒播。播种芽苗 1050 ~ 1500 kg/hm^2，视芽苗生长情况定量播种。定植株行距为 15 cm × 15 cm。定植后 20 ~ 30 d 检查种苗的成活情况，若有死苗，应及时补植。

四、防除措施

玉米不仅是秦巴山区主要粮食作物，而且是山区养殖业饲用、酿酒等的主要原料。玉米在安康市常年播种面积 12 万 hm^2 左右，占全市粮食播种面积的 30% 以上，总产 32. 5 万 t，占全市粮食总量的 35. 5% 。玉米生产对全市农业的发展和农民收入的增长影响极大。但由于地形地貌复杂、立体气候明显不同的生态环境使玉米生长处于多变的空间环境，杂草的种类也是多种多样，因杂草的危害导致玉米减产 10% ~30% 。因此采取科学有效的技术措施防治杂草降低其危害显得非常重要。秦巴山区因地形地貌复杂，杂草种类繁多危害严重，采用人工防除费工费时；根据玉米与杂草同步生长规律，抓好播后苗前和苗后早期两个关键时期，采取科学有效的化学防治措施防除杂草，达到增产、增收的目的，结合各地实际采用多种防除方式方法。以农业防除为基础、化学除草为主要手段进行综合治理。

（一）农艺防除

1. 中耕除草　中耕是玉米苗期管理的一项重要措施。一般中耕 2 ~3 次。第一次在定苗前，深度 3 ~5 cm，此时幼苗矮小，要避免压苗、伤苗；第二、第三次在定苗至拔节期，深度 10 cm 左右为宜。铲地要净，特别要铲尽“护脖草”。趟地要注意深度和培土量，头遍地要拿住犁底，达到最深。为了趟深，又不压苗、伤苗，可用小犁，应遵循“头遍地不培土，二遍地少培土，三遍地拿起大垄”的原则，中耕深度掌握苗旁浅、行间深的原则。套种玉米麦收后应立即灭茬深中耕（10 ~15 cm），疏松土壤，促进根系发育。夏直播玉米苗期正处于雨季，深中耕易蓄水过多，造成“芽涝”，定苗后只易浅中耕（5 cm）。据调查，玉米苗期中耕 2 次比不中耕的次生根增加 5 ~6 条，根深增加 6 ~7 cm，增产 10% 左右。

在中耕除草的同时，为了防止苗期的草荒，可辅助化学除草。化学除草要严格选择除草剂，准确控制用量。玉米 3 ~5 叶期可用 50% 乙草胺乳油 1. 2 ~1. 5 L/hm^2，或 33% 除草通乳油 1. 5 ~2. 25 L/hm^2，加水 600 ~750 kg，喷洒行间地表。玉米 4 ~6 叶期可用 40% 莠去津胶悬剂 2. 25 ~3. 0 L/hm^2，或 72% 2，4-D 丁酯 0. 9 ~1. 2 L/hm^2，80% 草净津可湿性粉剂 1. 5 ~3. 0 kg/hm^2，20% 使它隆乳油 1. 05 ~1. 35 L/hm^2，75% 阔叶散干悬浮剂 15 ~30 kg/hm^2，阿特拉津 4. 5 kg/hm^2，加水 600 ~750 kg 定向喷雾。操作时需注意喷头上要加防护罩，避免玉米心叶发生药害，同时要注意人身安全。

2. 其他农艺措施　秦巴山区地形地貌复杂，气候变化迥然。据调查玉米田主要杂草有马唐、牛筋草、稗草、马齿苋、反枝苋、田旋花、藜、香附子、铁苋草、龙葵等。结合农事操作除草，利用水旱轮作和合理轮作（甘薯、大豆）可以抑制一些杂草（如空心莲子草、鸭跖草等）滋生蔓延；在草荒严重的农田和荒地，通过深耕改变杂草生长的生态环境，将表层杂草种子深埋土壤中可以消灭大部分杂草；发生较少的田块可进行中耕挖除，挖除后必须晒干使其枯死后移位防止复活再生。

（1）人工防治：①控制杂草种子入田。人工防除首先是尽量勿使杂草种子或繁殖器官进入作物田，清除地边、路旁的杂草，严格杂草检疫制度，精选播种材料，特别注意国内没有或尚未广为传播的杂草必须严格禁止输入或严加控制，防止扩散，以减少田间杂草来源。用杂草沤制农家肥时，应将农家含有杂草种子的肥料经过用薄膜覆盖，高温堆沤 2 ~4 周腐熟成有机肥料，杀死其发芽力后再用。②人工除草结合农事活动。如在杂草萌发后或生长时期直接进行人工拔除或铲除，或结合中耕施肥等农耕措施剔除杂草。

（2）机械防治：结合农事活动，利用农机具或大型农业机械进行各种耕翻、耙、中耕松土等措施进行播种前、出苗前及各生育期等到不同时期除草，直接杀死、刈割或铲除杂草，

（3）化学防除：主要特点是高效、省工，免去繁重的田间除草劳动。国内外已有 300 多种化学除草剂，并加工不同剂型的制剂，可用于几乎所有的粮食作物、经济作物地的除草。

（4）替代控制：利用覆盖、遮光等原理，用塑料薄膜覆盖或播种其他作物（或草种）等方法进行除草。

（二）化学防除

近几年来空心莲子草和鸭跖草以其危害性大和防治成本高成为玉米田的主要杂草。如鸭跖草属寒温带杂草，耐低温、出土时间早而持续出土时间长，玉米田间杂草生命力极其旺盛、部分草种子残留在土壤中仍可发芽，又有部分杂草能死而复生，尤其是多年生杂草，如马齿苋、鸭跖草和香附子的块根在人工拔除后在田间晒几天，遇雨湿度适宜时仍可恢复生长。杂草还具有惊人的繁殖能力，绝大多数杂草的结实数是作物的几倍、几百倍甚至上万倍。据调查玉米田杂草生长迅速、生长量大与玉米争水、争肥、争空间，对玉米苗期生长危害较大，造成苗瘦、苗弱导致中后期生长不良、空秆率提高、穗粒数和粒重明显下降，减产达 10% ~30% 。中耕除草既费工又费时。因此，应以化学除草为主要防治手段。玉米苗期受杂草的危害最重，所以杂草的化学防治应抓好播后苗前和苗后早期两个关键时期。

秦巴山区由于不同区域气候特征与种植习惯不同，玉米的播种时间及耕种方式存在差异，根据种植时间早晚，通常将玉米分为春玉米和夏玉米。对春、夏玉米田中杂草与玉米同步生长的规律，基本的化学除草方式是相同的，但需考虑的主要是气温、土质、玉米品种及耕作习惯等因素。合理选择除草剂，进行化学除草不但会降低劳动强度、减轻危害程度、缩短劳动时间，而且还会降低耕种成本，达到增产增效之目的。随着玉米种植面积的不断扩大，种植人工成本的增加，化学药剂防除已成为玉米杂草治理的主要措施，也是增加玉米产量、节约劳动成本的关键技术。

玉米田化学除草可根据玉米的生长期分为三个阶段。

1. 玉米播后苗前进行封闭处理 这一时期主要是前茬作物（油菜、小麦等）收割后或春播玉米田块进行耕翻整理完毕，杂草较少或未出土，玉米播种后便采用封闭处理。应用的除草剂以“酰胺类”“均三氮苯类”除草剂为主，如“乙草胺”“异丙草胺”与“阿特拉津”的混剂，其作用机理是通过地表喷雾让药液在地表面形成一层厚

1 cm 的药土层，当杂草伸长到药土层，经幼芽或幼茎吸收达到杀死杂草之目的。因此，应用以上产品进行杂草防除时要求在较长一段时间内不要破坏地表，喷药时应倒退行走，做到喷洒均匀，否则可能影响药效。玉米田苗前除草受天气、土质、地表情况、使用技术及用量等因素影响较大，经常出现药效表现不稳定。但是，玉米做封闭处理后对玉米的生长起关键作用。作物前期与杂草争肥、争水的能力弱，需要一个相对良好的环境才能得到有效成长，这样就能更大程度地遏制杂草的出土，为后期杂草防除提供强有力的保障。

苗前封闭也叫土壤处理剂，在玉米播种后 7 d 内施药，依靠位差原理，药剂固着在表土层（1 ~ 2 cm），杂草幼芽吸收药剂，杀死或抑制表土层中能够萌发的杂草种子，玉米种子有覆土层保护，可以正常发芽生长。苗前土壤处理相对苗后茎叶处理更省时省力，价格相对低廉，然而会受天气和土壤的影响，一旦条件不利，就难以保障封闭药的效果。常见的播前及苗前除草剂主要有以下除草剂：

（1）莠去津（Atrazine） 莠去津是三嗪类选择性除草剂，是玉米田最常见的除草剂之一，别名：阿娇、阿特拉津，不但能应用于苗前，苗后也可使用，主要通过植物根部吸收并向上传导，抑制杂草的光合作用，使其枯死。杀草谱较广，用于防除玉米田一年生杂草，对稗草、马唐、狗尾草、牛筋草等禾本科杂草及铁苋菜、反枝苋、马齿苋、蓼、藜等阔叶杂草具有较好防效，对玉米有较好的选择性（因玉米体内有解毒机制），对某些多年生杂草也有一定抑制作用。莠去津使用量过大或遇到高温天气下易产生药害。叶子顶端失绿，出现发黄现象，生长缓慢，一般发生药害不严重，7 ~ 10 d 可恢复。

（2）特丁津（Terbuthylazine） 特丁津是在 1965 年由 A. Gast 和 E. Fankhauser 等报道除草活性，1966 年由瑞士 J. R. Geigy S. A. 公司（现先正达）首先推广的玉米田除草产品，后由先正达和安道麦、Oxon、陶氏益农、Herbos 等公司面向全球进行推广。特丁津是选择性内吸传导型三嗪类除草剂，主要通过植株根部吸收，芽前、芽后均可施用，土壤中持效期 3 ~ 10 周。除草谱广，用于防除大多数一年生阔叶杂草和禾本科杂草。主要用于玉米田苗前、苗后防除多种杂草，其主要用于玉米、高粱，也可选择性地防除葡萄、果树、柑橘、咖啡、油棕、橄榄、土豆、豌豆、豆类、甘蔗、橡胶和林业苗圃等杂草。与莠去津相比，特丁津具有残留期短、杀草谱更广、对作物安全性好、复配性强、不存在连续使用的抗性、成本低等特点。该产品在欧洲玉米田除草剂市场已拥有较大份额，在美洲和亚洲等国家和地区正处于增长过程中。目前国内已有多家厂家获准登记。

（3）氰草津（Cyanazine） 氰草津属于三嗪类的除草剂，商品名为 Bladex，氰草津抑制光合作用，苗前除草剂，也可用于苗后除草剂，用于防治一年生禾本科和阔叶杂草，与土壤有机质含量有关，有机质含量高，用的剂量就大，有机质含量低，用量就小。禁止在沙质土中使用，需要 1.3 cm 以上雨水活化。主要与莠去津复配，用于玉米田一年生杂草的防除。

（4）乙草胺（Acetochlor） 乙草胺是由美国孟山都公司于 1971 年开发成功，是世界上最重要的除草剂品种之一，也是目前我国使用量最大的除草剂之一。乙草胺属酰胺类除草剂，通过阻碍蛋白质合成而抑制细胞生长，使杂草幼芽、幼根停止生长，进而死亡。单剂以50%乳油和900g/L乳油为主，与莠去津复配，是玉米苗前除草剂，主要防除一年生禾本科及部分阔叶科杂草。

（5）异丙甲草胺（Metolachlor） 异丙甲草胺与乙草胺同属于酰胺类除草剂，主要通过抑制发芽种子的蛋白质合成，其次抑制胆碱渗入磷脂，干扰卵磷脂形成。由于禾本科杂草幼芽吸收异丙甲草胺的能力比阔叶杂草强，因而该药防除禾本科杂草的效果远远好于阔叶杂草。异丙甲草胺在国外部分地区已经开始替代乙草胺，但国内由于价格、药效等因素未能实现大范围替代，包括后来推出的s-异构体活性更高的精异丙甲草胺。

（6）异丙草胺（Propisochlor） 异丙草胺是内吸传导型选择性芽前除草剂，属酰胺类除草剂，抑制蛋白质合成，芽和根停止生长，不定根无法形成，心叶扭曲、萎缩、其他叶片皱缩变黄，整株枯死。制剂为72%乳油以及与硝磺草酮、烟嘧磺隆、莠去津的复配，异丙草胺是一种植物发芽抑制剂，主要通过杂草幼芽吸收。主要防除稗草、牛筋草、马唐、狗尾草等一年生禾本科杂草以及藜、反枝苋、苘麻、龙葵等阔叶杂草。

（7）唑嘧磺草胺（Flumetsulam） 唑嘧磺草胺是乙酰乳酸合成酶抑制剂，通过抑制支链氨基酸的合成使蛋白质合成受阻，植物停止生长。用于玉米田苗前土壤喷雾处理，能有效防除玉米田苘麻、鸭跖草、藜、蓼、反枝苋、龙葵、苍耳、十字花科等一年生阔叶杂草，对苘麻防效较好。唑嘧磺草胺作为应用较新的封闭药效果较好，但价格较高，性价比不及酰胺类除草剂。

（8）异噁唑草酮（Isoxaflutole） 异噁唑草酮是罗纳-普朗克公司1992年发现、现由拜耳作物科学公司生产和销售的异噁唑类除草剂，为对羟基苯基丙酮酸双氧化酶（HPPD）抑制剂。玉米田内吸传导型选择性除草剂，可被杂草根系、幼芽和茎叶吸收。通过抑制对羟基苯丙酮双氧酶而破坏叶绿素的形成，导致受害杂草失绿枯萎。主要以20%悬浮剂为主，异噁唑草酮对玉米相对安全，可防除多种禾本科杂草和阔叶杂草。由于使用时间短，抗性小，有效成分在干旱时喷施后可稳存于土表，遇雨水后除草活性可再次被激活，可进一步增强使用效果，市场竞争相对较小，未来仍有较好的发展前景。

（9）莠灭净（Ametryn） 莠灭净是选择性内吸传导型除草剂，是典型的光合作用抑制剂，可通过根和茎叶的吸收并传导。用于玉米田播后苗前土壤处理，可有效防除马唐、稗草、牛筋草、狗尾草、香附子、千金子、莎草、看麦娘、蓼、藜、马齿苋等一年生杂草。莠灭净性质稳定、持效期长，易贮存在土壤中。对植物的光合作用有抑制作用，属选择性除草剂。杀草作用迅速，可被0~5 cm土壤吸附，形成药层，使杂草萌发出土时接触药剂，对刚萌发的杂草防效最好。经过复配，其混剂延缓了抗性发生的速度并减少了土壤残留。

（10）2，4-D（2，4-滴） 2，4-D（2，4-滴）属于芳氧苯氧丙酸类除草剂，由Amchem公司（今先正达公司）于1942年发现并合成，1945年后多家公司开发生产，于

1946 年开始使用。目前主要有 2，4-D 酸、2，4-D 丁酯、2，4-D 异辛酯、2，4-D 二甲胺盐等产品。2，4-D 是激素型除草剂，可促进植物体内核酸和蛋白质的合成，使细胞过度分裂和伸长，组织因过度生长呈畸形，从而阻碍物质运输，导致植物死亡。主要防除玉米田一年生阔叶杂草。单剂以 87.5% 乳油为主，多与乙草胺、莠去津复配使用。由于丁酯的漂移药害等问题已被列为禁用农药，异辛酯开始接替，虽活性不如丁酯，但解决了漂移的问题。

（11）噻吩磺隆（Thifensulfuron－methyl） 噻吩磺隆属选择性内吸传导型磺酰脲类除草剂，是侧链氨基酸合成抑制剂，阔叶杂草经叶面根系迅速吸收并转移到体内分生组织，抑制缬氨酸和异亮酸的合成，从而阻止细胞的分裂达到除草的目的，适用于夏玉米田防除阔叶杂草，如荠菜、蓼、藜、鼬瓣花、繁缕、播娘蒿等一年生阔叶杂草。单剂以 15% 噻吩磺隆 WP，25% 噻吩磺隆 WP 和 75% 噻吩磺隆 WP 为主，与乙草胺复配。

2. 玉米苗早期进行杂草茎叶处理 如果因农时或天气等原因影响了前期用药或者因天气、前茬等原因造成封闭不好，在玉米苗后早期出土的一些杂草，也能够进行化学防除，从而控制早期的田间杂草。如“烟嘧磺隆”系列产品。由于玉米田间杂草种类的不同以及各种除草剂防除的杂草不同，所以需要选择适合的除草剂。如“烟嘧磺隆”对香附子与禾本科杂草效果较理想而对阔叶杂草效果较差；“氯氟吡氧乙酸”对阔叶杂草效果好对禾本科杂草效果差；所以要根据田间杂草情况选择合适除草剂来进行杂草防除。在玉米苗后茎叶处理全田喷雾时，首先要注意用药安全。苗后用药不当会出现白化、矮化、卷心等药害症状现象出现。发生药害的原因一般有以下几点：一是增大药量；二是在高湿、高温环境下用药；三是与其他产品混用；四是用药时间不当或玉米品种的限制。以“烟嘧磺隆”为例，施用时期为玉米苗后二至七叶期，不能用于甜玉米、制种田玉米等，不能与有机磷类农药混用，用药前后 7 d 内不能使用有机磷类农药等。所以在使用除草剂时必须掌握相关内容，做到正确用药。相对苗前封闭性除草，苗后用药受环境影响较小，是未来玉米田除草的方向。苗后除草剂的使用可以采用顺垄喷雾，这是一个比较成熟的使用技术，主要有以下特点：首先玉米田苗后顺垄喷雾能最大限度地降低除草剂对较为幼嫩玉米叶片的伤害；其次除草是为了防除生长在田间的杂草，如果田间漫喷，玉米的着药面积就会更大，不仅浪费药液，更重要的可能会降低防除效果；而顺垄施药能够解决这一问题，从而提升除草效果。

3. 玉米中期封行以前定向处理 如果因前期用药不理想或雨水过多造成新生杂草危害，可使用 20% “百草枯”加保护罩后定向喷施。定向喷施时注意不要喷到玉米茎叶上，以避免发生药害。这时玉米长势已较高（60～80 cm）采用行间定向喷雾既可保护作物，又能除掉所有杂草。同时在玉米收获至整地前十天也是一个安全有效的最佳防治期，特别是对除空心莲子草和鸭跖草这两种恶性杂草更加重要。用“草甘膦”与“三氯吡氧乙酸”的混剂防效较好，可有效降低来年这两种恶性杂草的种群数量。综上所述，玉米田间杂草防除技术已经成为玉米种植过程中重要的组成部分，我们应当科学利用化学除草剂防除杂草，降低杂草对玉米生长的影响，达到增产、增收的目的。

（1）烟嘧磺隆（Nicosulfuron） 烟嘧磺隆属磺酰脲类除草剂，内吸传导型，可被植物的茎叶和根部吸收并通过韧皮部与木质部迅速吸收，通过抑制植物体内乙酰乳酸合成酶的活性，阻止支链氨基酸缬氨酸、亮氨酸与异亮氨酸合成进而阻止细胞分裂，使敏感植物停止生长。烟嘧磺隆不仅对稗草、马唐、狗尾草等一年生禾本科杂草有较好的防效，而且对马齿苋、苋菜、蓼等阔叶杂草及香附子等莎草科杂草也有很好防效。单剂以40 g/L 可分散油悬浮剂为主，复配主要与莠去津的二元复配以及与硝磺草酮、莠去津，使它隆、莠去津，辛酰溴苯腈、莠去津的三元复配，烟嘧磺隆与很多除草剂复配用于苗后除草，使得烟嘧磺隆一直在玉米田苗后除草中有着很高的地位。烟嘧磺隆在使用量大或重喷芯叶加上高温干旱天气最容易发生药害。受害后首先玉米心叶变黄，然后扩展到整个叶片及其他叶片；玉米生长会受到抑制，植株矮化，也可能产生部分丛生、次生茎，轻者一周可恢复，重者严重抑制生长，难以恢复。

（2）硝磺草酮（Mesotrione） 硝磺草酮是由捷利康（现先正达）公司研发的三酮类除草剂，于2001 年在美国登记上市，2005 年进入中国市场。硝磺草酮是三酮类除草剂，其作用机理为抑制羟基苯基丙酮酸酯双氧化酶（HPPD），最终影响类胡萝卜素的生物合成，由于玉米对药剂吸收速度缓慢，并且能够通过4-羟基化作用快速地将硝磺草酮降解为无活性的化合物，在推荐浓度使用下对玉米安全。单剂以10%、15%、20%、40%悬浮剂为主，复配主要与烟嘧磺隆、莠去津、乙草胺等。硝磺草酮是选择性玉米田苗后茎叶处理除草剂，具有作用速度较快、杀草谱较广等特点，有较好的触杀效果和内吸传导性。

（3）环磺酮（Tembotrione） 环磺酮是一种新型三酮类除草剂，是继吡唑类除草剂之后开发的新一类 HPPD 抑制剂，为国外公司于 2007 年研发的新型玉米田除草剂（2019 年在中国专利保护到期），属于较为年轻的玉米田除草剂（烟嘧磺隆于20 世纪80 年代上市，2008 年在中国专利到期；硝磺草酮于 2001 年上市，2012 年在中国专利到期）。通过抑制杂草体内多种酶的合成，影响到类胡萝卜素的生物合成，杂草出现褪绿黄化，一般2 周左右杂草全部枯死。环磺酮活性比硝磺草酮高 2～3 倍，比硝磺草酮除草范围更广，除草适期更长，除草效果更好，安全性更高，对玉米和下茬作物均安全，是防除玉米田普通杂草和恶性杂草的较好药剂。环磺酮的优势在于铲除恶性杂草的能力，尤其是对禾本科恶性杂草野芦苇、茅草、红根谷莠子、狗尾草，及阔叶杂草中的小蓟（刺儿菜）、绞股蓝、田旋花、鸭跖草、抗性苍耳和苘麻等效果显著。

（4）苯唑草酮（Topramezone） 苯唑草酮是新型三酮类苗后茎叶处理剂，属于对羟基苯基丙酮酸酯双氧化酶（HPPD）类抑制剂，通过根和幼苗、叶吸收，在植物中向顶、向基传导到分生组织，抑制 4-HPPD，使类胡萝卜素、叶绿素的生物合成受抑制和功能扰乱，导致发芽的敏感杂草在处理 2 ~5 d 内出现漂白症状，14 d 内植株死亡，对各种品种的玉米田杂草有较好的防效。对三嗪类、乙酰乳酸合成酶（ALS）抑制剂和乙酰辅酶 A 羧化酶（ACCase）抑制剂起抗性的杂草有更稳定的防治效果，针对红根变异杂草效果也较好，而且使用时期更长，是目前玉米田除草剂防治禾本科、HPPD 抑制剂中安全性较高的，可在后期使用，也可在甜玉米上使用。单剂以 4%、10%、30% 悬浮剂为主，与莠去津、烟嘧磺隆、特丁津等复配。

（5）氟吡草酮（Bicyclopyrone）　氟吡草酮是先正达继磺草酮、硝磺草酮之后成功上市的第 3 个三酮类除草剂，为 HPPD 抑制剂，这是近年来该类除草剂中增长最快的产品。氟吡草酮属于 4-羟基苯基丙酮酸双加氧酶（HPPD）抑制剂，通过抑制类胡萝卜素的生物合成，使植物分生组织出现白化症状，最终致其死亡。HRAC（国际除草剂抗性行动委员会）将该类除草剂归为 F2 组，WSSA（美国杂草科学会）将其归类为第 27 组。氟吡草酮可与硝磺草酮、异噁唑草酮、苯唑草酮、环磺酮、pyrasulfatole 等多种除草剂进行复配。氟吡草酮通过与安全剂解草嗪（benoxacor）或解草酯（cloquintocet）等混配，可以提高氟吡草酮对作物的安全性。该种选择性的除草剂品种对阔叶杂草和多年生、一年生杂草均具有良好的活性，可苗前土壤处理和苗后茎叶处理，主要用于玉米、甜菜、谷物（如小麦，大麦）等作物，防除阔叶杂草和部分禾本科杂草，对三裂叶豚草、苍耳等大型种子阔叶杂草防效较高，对草甘膦抗性杂草防效较好。氟吡草酮高效、低毒，对作物安全性高，不易产生抗药性，对环境安全、友好，预计未来该产品在玉米田将有不错的市场前景。

（6）氯氟吡氧乙酸（Fluroxypyr）　1985 年由美国陶氏益农公司在英国开启登记，1991 年在中国首次登记，其全球专利已于 2013 年到期。氯氟吡氧乙酸是内吸传导型苗后除草剂，药后很快被植物吸收，使敏感植物出现典型激素类除草剂的反应，植株畸形、扭曲，最终枯死。适用于小麦、大麦、玉米、葡萄、果园、牧场、林地、草坪等地防除阔叶杂草，对猪殃殃、繁缕、大巢菜、泽漆都有比较好的防除效果，对小麦安全。持效期短，受冬季低温影响较大，用药时一定控制在气温高于 10 ℃。使用不当容易引发苗弱现象，所以使用上一直比较谨慎，但是除草效果较好，近年原药由于中间体五氯吡啶供货不稳定以及原药工厂开工率等问题，价格高，制剂成本高，性价比低，大量使用难。

（7）辛酰溴苯腈（Bromoxynil octanoate）　辛酰溴苯腈为选择性苗后茎叶处理触杀型除草剂，主要由叶片吸收，在植物体内进行极有限的传导，通过抑制光合作用的各个过程，包括抑制光合磷酸化反应和电子传递，特别是光合作用的希尔反应，使植物组织迅速坏死，从而达到杀草目的，气温较高时加速叶片枯死。由于对温度敏感，未能大范围推开。以单剂 25% 辛酰溴苯腈乳油为主，与烟嘧磺隆、莠去津、氯氟吡氧乙酸异辛酯复配，可用于防除一年生和多年生阔叶杂草。同时，它对禾本科作物具有较高的选择性，能安全使用于作物各个生长期，它广泛用于麦田、玉米、高粱、甘蔗、亚麻、洋葱等多种作物田，防除蓼、藜、苋、麦瓶草、龙葵、苍耳、田旋花等多种阔叶杂草。

玉米田杂草防除用药概括见表 4. 1 和表 4. 2。

表 4.1　常用玉米田化学除草“对草下药”明白表

防除对象	施用方式	
	土壤处理剂	茎叶处理剂
防除阔叶和禾本科杂草	甲草胺、乙草胺、丁草胺、异丙草胺、异丙甲草胺、精异丙甲草胺、二甲吩草胺、莠去津、扑草净、二甲戊灵、丙炔氟草胺	莠去津、异恶唑草酮、西玛津、氰草津、特丁津、磺草酮、硝磺草酮、烟嘧磺隆、砜嘧磺隆、噻吩磺隆、氟磺隆、苯唑草酮、环磺酮、甲酰氨基嘧磺隆
防除阔叶杂草	2,4-滴、嗪草酮	麦草畏、氯氟吡氧乙酸、溴苯腈、磺草唑胺、二甲四氯、2,4-滴、二氯吡啶酸、唑嘧磺草胺
防除阔叶和莎草	——	氯吡嘧磺隆、唑草酮、灭草松
兼除禾草、莎草、阔叶草	——	百草枯、敌草快、草甘膦铵盐、草甘膦钾盐、草甘膦异丙胺盐

表 4.2　玉米田除草剂主要单剂介绍

除草剂	有效量/(g/亩)	特点	备注
乙草胺	75 ~ 150	主要防除一年生禾本科和小粒种子萌发的一年生阔叶杂草，如，稗草、藜、反枝苋、香薷、马齿苋、荠菜、龙葵、蓼等，对其余杂草效果不够理想，尤其是苘麻、野黍、铁苋菜效果不好	与异丙甲草胺、精异丙甲草胺、甲草胺比，玉米安全性差，北方前期温度低，抑制玉米生长发育，前期不长，后期高温徒长，贪青晚熟，玉米籽粒水分大，减产和经济效益差，已引起农民重视，乙草胺市场明显萎缩，今后仍将大幅度下降，乙草胺逐步被异丙甲草胺替代
二甲戊灵	43 ~ 66	选择性芽前土壤处理除草剂。主要用于防除一年生禾本科杂草和阔叶杂草，防除禾本科杂草好于阔叶杂草	本剂对成株杂草无效。土壤湿润是药效发挥的关键
莠去津	114 ~ 125	防除一年生禾本科和阔叶杂草，对多年生阔叶杂草如苣荬菜也有一定的抑制	土壤湿润有利于药效，主要通过抑制杂草生长达到控制杂草的目的。残效期长，要注意后茬的安全性

续表

除草剂	有效量/（g/亩）	特点	备注
氰草津	66～200（苗前） 17～22（苗后）	杂草出土前和苗后早期施药，可土壤处理或茎叶处理。防除多种禾本科杂草及阔叶杂草	玉米4叶期后敏感，不能使用；土壤处理，施药后下雨易发生药害
异丙甲草胺	96～150	主要防除一年生禾本科和小粒种子萌发的一年生阔叶杂草，如，稗草、藜、反枝苋、狗尾草等，对其余杂草效果不够理想，尤其是苘麻、野黍、铁苋菜效果不好	（1）低温会显著降低药效发挥；（2）春季大风可破坏药层，药效下降；（3）整地要平整，以利于药效发挥；（4）土壤有机质高应该加大用量，反之降低
2,4-滴丁酯	21.6～36	其活性高，除草效果好，生产成本低。东北地区常用其防除恶性“三菜”，对玉米田所有阔叶杂草特别是已经萌芽的均有良好的效果，如，藜、蓼、反枝苋、葎草等阔叶杂草，对禾本科杂草无效	该类药剂最大的缺点是安全性差，如用药量大，喷药不均匀，错过防治适期，遇到非正常气候等，均能造成玉米药害，或对周边敏感作物致挥发性飘移药害，并且用药器械的残留非常严重。此外，持效期较短，对后茬杂草无效
嗪草酮	35～50	属三嗪酮类，作用速度快，药后2～3 d内杂草死亡。降解速度快，半衰期仅53 h。防除对象主要是一年生阔叶草，如，藜、蓼、反枝苋、苦荬菜、刺儿菜、苍耳等	嗪草酮在苗前限制在土壤有机质2%以上的使用，用药量不足时，杂草易反弹，不会有大的市场，苗后限制用量仅作为混配品种使用。由于对阔叶杂草的效果和使用成本很难与莠去津竞争，未来市场前景不明
麦草畏	14.4	内吸性、激素类除草剂，对阔叶杂草有显著防效。用于苗后喷雾，药剂能很快被杂草吸收，集中在分生组织及代谢活动旺盛的部位，阻碍植物激素的正常活动而使其死亡。禾本科植物表现较强的抗药性	麦草畏仅对阔叶杂草有效，单剂很难推广，建议与烟嘧磺隆混用能够扩大杀草谱，但防治成本较高
烟嘧磺隆	2.5～4	适用于玉米，包括马齿型、半马齿型、硬粒型玉米。主要防除一年生禾本科杂草和若干阔叶杂草，是目前磺酰脲类除草剂中唯一一个对禾本科杂草高效的除草剂。优点有：杀草谱广，效果好而稳定，杀草除根，对土壤、气候要求不高，施药期较长，对已知玉米品种安全	不同玉米品种对药剂的敏感性有差异，其安全性顺序为马齿型 > 硬质型 > 爆裂型 > 甜型。一般玉米3叶期以前及5叶期以后对该药敏感。甜玉米或爆裂玉米制种田、自交系对该药敏感，勿用

续表

除草剂	有效量/(g/亩)	特点	备注
砜嘧磺隆	1.2～1.6	玉米苗后3～5叶期，一年生杂草2～5叶期施药。用于防除玉米地中一年生或多年生禾本科及阔叶杂草，性能特点基本同烟嘧磺隆，活性更高，用量少，除草效果好，但对香附子的防除效果比烟嘧磺隆差。在东北地区气温较低，使用还可以，但在夏玉米产区药害较重，不宜使用	产生药害的概率和严重度均高于烟嘧磺隆，易导致玉米分蘖增加，对其使用技术要求更严格。喷药时遇高温会产生药害，所以夏玉米田推荐玉米行间定向喷施。该药剂多与莠去津复配应用，使用成本较高
噻吩磺隆	0.75～1.1	其作为复配成分，对提高杀阔叶草有一定作用。对多年生阔叶杂草，如，苣荬菜、刺儿菜也有一定的抑制	虽然已经国产化了，多年前就开始推广应用，但从实际应用结果看，无论从杀草谱、除草效果、安全性等方面的表现，都不是很理想，目前基本退出市场
辛酰溴苯腈	25～37	玉米苗后3～4叶期，一年生杂草2～5叶期施药。防除一年生双子叶杂草，如防除铁苋菜、打碗花、苘麻、蓼、藜、苋、龙葵、苍耳、田旋花等多种阔叶杂草，对马齿苋效果差。该药剂的复配剂在东北地区使用较多，主要是为了提高对阔叶草的防效，对鸭跖草特效	应用技术比较严格，如用药量、用药适期不当，易产生药害。在玉米3～6叶期使用安全，如遇高温（30 ℃）、高湿天气，安全性和除草效果降低
氯氟吡氧乙酸	8～12	内吸性好，选择性强，防效显著，对玉米安全，针对靶标是难防治的多年生阔叶杂草田旋花、水花生。对玉米安全性较高，单剂使用很难推广，建议与烟嘧磺隆混用，能够扩大杀草谱和提高药效	温度对其除草的最终效果无影响，但影响其药效发挥的速度。一般在温度低时药效发挥较慢，可使植物中毒后停止生长，但不立即死亡；气温升高后植物很快死亡
灭草松	72～96	内吸性强，对下茬无残留，防除阔叶草、香附子，防效较好，对玉米安全	对杂草杀根不彻底。在玉米上的推广还未大量使用，在价格能够承受的基础上有一定的推广潜力

续表

除草剂	有效量/(g/亩)	特点	备注
唑草酮	1.35～2	对玉米品种不敏感，安全，对防除阔叶杂草有较好效果，除草速度快。对在长期使用磺脲类除草剂地区产生抗药性的杂草具有优异的防效，对后茬作物安全。在玉米田作苗后除草时与烟嘧磺隆混用能够扩大杀草谱，又能增效	对杂草杀根不彻底。在玉米上的推广还未大量使用，在价格能够承受的基础上有一定的推广潜力。在玉米上使用气温高容易产生药害，对玉米的生长有一定影响。施药时必须在晴天上午 8 时以前、下午 4 时以后、气温不要超过 30 ℃
唑嘧磺草胺	1.3～2.6	适于玉米防治 1 年生及多年生阔叶杂草如问荆、荠菜、小花糖芥、独行菜、播娘蒿、蓼、婆婆纳、苍耳、龙葵、反枝苋、藜、猪殃殃、曼陀罗等。对幼龄禾本科杂草也有一定抑制作用。干旱及低温条件下唑嘧磺草胺仍能保持较好防效	后茬不宜种植油菜、萝卜、甜菜等十字花科蔬菜及其他阔叶蔬菜
硝磺草酮	6.67～15（苗前）	用于防除玉米田阔叶杂草及部分禾本科杂草的三酮类除草剂，其优点：除草速度较快，对玉米品种没有敏感选择性，对大多数阔叶杂草有较好的防效	爆裂玉米和观赏玉米对该药敏感，勿用。该药对马齿苋、铁苋菜、野西瓜苗、萹蓄、打碗花、半夏、刺儿菜和狗尾草、谷莠子等一些禾本科杂草防治效果较差。对 4～6 叶期后的大龄杂草效果差，会出现返青现象。对香附子效果差，前期白化，后期仍返青继续生长。对玉米叶片有少量褪绿现象，对杂草杀根不彻底
	4.6～10（苗后）		
苯唑草酮	1.65～3.3	玉米苗后 2～4 叶期，一年生杂草 2～5 叶期施药。可有效防除一年生单、双子叶杂草。对玉米安全性好，对甜玉米、糯玉米亦安全。和莠去津有很好的配伍活性，加入莠去津可提高对大草和鸭跖草等的活性，并提高作用速度	尽量二次稀释后使用，避免与有机磷类农药混用，间隔 7 d 以上用药。对香附子效果差，只有抑制作用

参考文献

曹慧英，王荣波，晋齐鸣，等，2010. 基腐病病原鉴定［C］//第一届全国玉米有害生物控制技术学术研讨会论文集.

陈斌，韩海亮，侯俊峰，等，2021. 玉米细菌性茎腐病研究进展［J］. 中国植保导刊，41（8）：25－29，65.

陈志杰，张淑莲，张锋，等，2003. 陕西省夏播玉米田叶螨发生及抗性治理对策研究［J］. 陕西师范大学学报（自然科学版），31（专辑）：101－104.

杜世凯，秦光才，王黎明，等，2011. 武陵山区玉米主要病虫害防治及其育种策略［J］. 现代农业科技（24）：111，113.

方永生，2013. 杂草的生物学特性分析［J］. 现代农业科技（7）：170，174.

龚玉铸，2015. 武陵山区玉米主要病虫害防治及其育种对策［J］. 北京农业（35）：46.

顾沁，张昊，黄海，等，2016. 一种玉米新型细菌性褐腐病的病原鉴定［J］. 植物保护，42（3）：87－90.

郭海鹏，冯小军，卫军锋，2013. 陕西夏玉米黏虫发生危害和防治技术［J］. 陕西农业科学（6）：242－243.

郭志祥，何成兴，普春晓，等，2021. 草地贪夜蛾寄主选择性及其对其生长发育的影响［J］. 中国农学通报，37（3）：139－144.

霍礼欢，何红松，2020. 秦巴山区甜玉米高效种植技术［J］. 西北园艺（综合）（2）：9－10.

菅立群，张翼飞，杨克军，等，2020. 播种至苗期不同阶段低温对玉米幼苗生长及生理抗性的影响［J］. 作物杂志（6）：68.

康绍兰，李兴红，郭华强，等，1995. 玉米丝黑穗病菌对玉米叶片的侵染过程［J］. 河北农业大学学报（4）：29－30.

李利平，2002. 茎腐病危害玉米苗［J］. 河北农业（3）：21.

李巧芝，高明，王自伟，等，2002. 玉米细菌性茎腐病的发生为害调查［J］. 植物保护技术与推广（3）：13－25.

李秋玲，2010. 秦巴山区玉米主要病虫害防治技术［J］. 现代农村科技（10）：28.

李文静，许冬，杨甜甜，等，2017. 湖北玉米害虫发生规律及防治［C］. //华中三省昆虫学会2017年学术年会论文集，165－170.

李小雷，2017. 高海拔山区全膜玉米抗病品种比较试验总结［J］. 现代农业（1）：52－53.

李学宏，解松峰，周涛，2011. 秦巴山区玉米田杂草的危害及防治［J］. 陕西农业科学，57（4）：249－250.

李扬汉，1998. 中国杂草志［M］. 北京：农业出版社.

梁少华，2018. 山区玉米高产栽培技术及病虫害防治分析［J］. 农业开发与装备（12）：220，225.

刘凤珍，周洪波，刘勤来，等，1997. 茎腐病发生及防治初报［J］. 吉林农业大学学报，19（2）：105－108.

刘宁，杨学红，鲁亚萍，等，2013. 夏玉米细菌性茎腐病的发生与防治［J］. 种子世界（5）：47.

刘泉成，张茜茜，田雪亮，等，2018. 玉米根际细菌群落特征及生防菌筛选［J］. 中国生物防治学报，34（5）：771－778.

马金慧，杨克泽，任宝仓，2016. 玉米细菌性病害研究概况［J］. 大麦与谷类科学，33（4）：6－10.
彭涛，杨克梅，2012. 论秦巴山区玉米丝黑穗病的综合防治［J］. 陕西农业科学，58（2）153－154，160.
秦雪峰，杜开书，徐艳聆，2013. 夏玉米田害虫的群落结构［J］. 江苏农业学报，29（2）：294－298.
邱明生，张孝羲，王进军，等，2001. 玉米田节肢动物群落特征的时序动态［J］. 西南农业学报（1）：70－73.
司鲁俊，郭庆元，王晓鸣，2011. 浙江东阳玉米细菌性叶斑病病原菌的分离与鉴定［J］. 玉米科学，19（1）：125－127，131.
孙小芳，刘敏，潘婷敏，等，2021. 四川玉米小斑病菌交配型组成与育性分析［J］. 中国农业科学，54（12）：2547－2558.
田建国，2002. 秦巴山区玉米花叶条纹病发生规律研究［J］. 现代种业（4）：30.
王黎明，郑兴权，刘传兵，等，2009. 鄂西山区玉米病害发生情况和趋势分析［J］. 湖北农业科学，48（11）：2738－2740.
王岭，田世民，高海霞，等，2008. 玉米内州萎蔫病研究进展［J］. 植物检疫，22（2）：118－121.
魏湜，曹广才，高洁，等，2010. 玉米生态基础［M］. 北京：中国农业出版社.
吴道慧，李宜儒，王思勤，等，2021. 玉米及玉米田 3 种杂草对草地夜蛾生长发育和产卵的影响［J］. 植物保护（2）：116－121，134.
夏锦洪，方中达，1962. 玉米细菌性茎腐病病原菌研究［J］. 植物保护学报，1（1）：1－14.
夏拯，陈曦，张明哲，等，2015. 玉米细菌性枯萎病和玉米内州萎蔫病的红外光谱检测技术研究［J］. 西南农业学报，28（3）：1083－1087.
谢俊贤，2001. 陇南玉米田优势鼠害调查与防治［J］. 杂粮作物，21（3）：40－41.
徐凌，左为亮，刘永杰，等，2013. 玉米主要病害抗性遗传研究进展［J］. 中国农业科技导报，15（3）：18－29.
徐月华，郑永权，2014. 玉米细菌性茎腐病的发生规律与防治［J］. 植物医生（2）：5－6.
许高平，刘秀峰，袁文娅，等，2018. 赤霉素浸种对玉米低温出苗率的影响［J］. 华北农学报，33（4）：147－152.
杨丽萍，杨根华，李枝林，等，2014. 玉米细菌性茎腐病组织中一种新的铜绿假单胞杆菌的分离鉴定［J］. 中国农业科技导报，16（1）：65－70.
易月红，2019. 玉米主要病害种类及防治措施［J］. 种子科技，37（4）：109，111.
俞天辉，2002. 玉米田杂草主要优势种生物学特性初步研究［J］. 耕作与栽培（2）：56－57.
张超，战斌慧，周雪平，2017. 我国玉米病毒病分布及危害［J］. 植物保护（1）：1－8.
张小利，王晓鸣，何月秋，2009. 玉米细菌性叶斑病——上升中的玉米病害［J］. 植物保护，35：114－118.
赵克文，2012. 秦岭南麓玉米大斑病的发生特点与防治［J］. 种子科技（9）：43－44.
赵琳，石江，骆乐谈，等，2014. 玉米细菌性茎腐病研究初报［J］. 农业科技通讯（11）：122－123.
郑雅楠，王晓鸣，吕国忠，2006. 玉米细菌性病害及其防治策略［J］. 作物杂志（1）：62－65.

第五章
非生物胁迫及其应对

第一节　水分胁迫

一、干旱

当玉米需水量大于其吸收量时，植株会发生水分亏缺，表现为萎蔫，影响正常的生长发育，造成大幅减产，玉米则发生旱害。干旱是大气－土壤－作物三个系统相互作用的结果，所以干旱可以分为大气干旱和土壤干旱两类。大气干旱的特点为空气干燥、高温和强辐射，此时植株蒸腾大幅度加强，体内水分失去平衡而造成伤害。土壤干旱主要是土壤中缺乏作物可利用的有效水分，植株失水萎蔫，甚至枯死。通常土壤干旱是造成玉米发生旱害的主要原因。

（一）季节性缺水

秦巴山区全年天然降水表现为季节性分配不均，在玉米生育的关键需水时期若缺水，则会发生季节性干旱。季节性干旱主要是由于温带季风气候形成的降雨一般发生在夏季，此时是土壤的主要补水时期，而春季和冬季降雨量较少，土壤补充水分不足则容易发生干旱。秦巴山区地形起伏大，一些海拔较高的地方只能通过收集雨水来获得生活用水和农业用水。由于山区经济落后，一些地方的水源未得到充分保护，也缺少储水措施，推广节水农业，提高水资源的利用效率，势在必行。

韩国红等（2001）介绍了鄂西山区兴山县素有“十年九旱”之说。干旱是山区对玉米生产威胁最大而又最为突出的灾害，春、伏、秋连旱时有发生。形成叶片干枯、卷曲，特别是伏旱，俗称“卡脖旱”，玉米正值营养生长与生殖生长转化期，是玉米水分临界期，对水分的供给最敏感。据试验，此时每受旱 1 d，平均减产 3% ~5%，严重者使花粉粒丧失生命力，吐丝不协调，不利于授粉结实，甚至出现绝收。秋旱发生时玉米正处于灌浆成熟期，叶肉组织水分减少，源库功能紊乱，导致千粒重降低。

陈尚国等（2006）介绍，武陵山区伏秋干旱发生的 7—8 月主要是来源于太平洋的湿暖气团和来源于西藏高原的干暖气团影响武陵山区的天气，任一单一气团控制都是晴热无雨天气，只有两个气团的边缘控制带才有降雨发生。在湖北恩施州一般 80% 以上的年份都有伏秋干旱发生，影响玉米授粉和结实，严重影响产量。

王明田等（2014）通过分析收集的四川省 156 个气象站（1961—2011 年）51 年间气象资料，对四川省季节性干旱时空分布特征进行分析，广元、绵阳、南充大部分地区干旱频率在 50% 以上，即 2 年 1 遇，强度以轻旱为主；绵阳、广元较易发生春旱，即 3 年 2 遇，强度在干旱发生至中旱；南充易发生夏旱，强度以轻旱为主；从年际间看，春旱略显减弱，夏旱略微上升。结合玉米生育期来看，在玉米播种—拔节期盆地大部分地区玉米干旱发生频率在 50% 以上，即 2 年 1 遇；绵阳、南充等市玉米在拔节—乳熟、乳熟—成熟阶段发生干旱频率较高，也是盆地玉米干旱频发地区。川东北部的南充、广元夏玉米种植要防止夏伏旱的发生，增强夏玉米的抗旱性。

（二）应对措施

1. 选用抗（耐）旱品种　作物对干旱的抵抗和适应能力叫作作物的耐旱性。玉米需水较多，但因为籽粒产量较高，相对来说需水系数较低，通常被认为是较耐旱的作物。耐旱玉米品种具有适应干旱环境的形态特征。例如，根系较为发达，扎土较深、水资源利用效率高，根冠比值大，叶脉密、绒毛多、角质层厚。耐旱玉米还表现在叶片细胞原生质黏性大，遇旱时植株散失水分少，在干旱情况下气孔调节能力强，能维持一定水平的光合作用的特性。玉米的耐旱性主要表现在三个方面：躲避干旱、抵抗干旱和忍耐干旱。玉米苗期，种子较大，吸收足够的水分后，种子中胚乳所含的营养物质能较好地满足萌发时的消耗，地中茎的长度利于适当深播，可以避开干旱的表层土壤，保证发芽出苗。玉米苗期阶段，所需水分较少，即使发生萎蔫，一旦遇到雨水或获得水分供给，植株就能迅速生长。玉米耐旱性具有明显的生育阶段性差异，通常苗期阶段耐旱性大于穗期阶段，花粒期耐旱性最弱。玉米抽雄前后及籽粒灌浆期间，代谢活跃，所需要的水分较多，这时就需要及时灌溉，满足作物生长所需。不同的玉米品种耐旱性亦具有较大差异。产量是评价玉米品种耐旱性的最直观表现，干旱对玉米产量影响主要表现在千粒重和行粒数上。

李勤等（2019）介绍，为筛选适宜秦巴山区种植的抗旱玉米品种，曾以产量为直接鉴定指标，以抗旱指数和抗旱隶属度为评价方法，对 6 个玉米品种进行抗旱性鉴定试验。结果表明，6 个玉米品种的耐旱性从大到小依次为伟隆 105 > hy11 号 > 汉玉 9 号 > 汉玉 8 号 > hy13 号 > hy10 号，其中伟隆 105、汉玉 9 号和 hy11 号属于强抗旱品种，汉玉 8 号属于抗旱品种。

文景茹等（2021）对西南山区 11 个已审定品种的抗旱性进行研究，利用 20% PEG-6000 溶液对玉米萌发期和苗期进行干旱胁迫，依据发芽率、发芽势等 7 个萌发期指标和株高、根冠比等 9 个苗期指标，正红 6 号、正红 422 和正红 212 强于西南区试对照品种中玉 335，表现出较好萌发期抗旱性；中玉 335、正红 613 和正红 419 属于苗期抗旱品种；综合以上两种抗旱指标数据，中玉 335、正红 419、正红 212、正红 505 和正红 422 在萌发期和苗期均表现出抗旱性，属于抗旱品种。

吴清淮等（2022）在甘肃省张家川县对 6 个新品种的农艺性状、丰产性和抗逆性等方面进行评价，长城 799、大丰 30 抗旱增产效果显著，适宜在张家川县海拔 1750 m 以下的中西部川区大面积推广种植；隆丰 9 号、兴达 1 号、金凯 3 号综合性状及田间长势较好，适宜在张家川县海拔 1750 m 以下的中西部川区大面积示范种植；登义 2 号出苗及成株期生长缓慢，但后期生长较快，抗旱性好，适宜在海拔 1500 m 左右的干旱山区搭配种植。

覃子厚等（2023）介绍，比较武陵山区早熟、中熟、晚熟等 3 种熟期类型的 9 个玉米品种在夏秋季节性干旱下和灌溉条件下的产量表现，夏秋干旱对晚熟品种的影响最大，其次是中熟品种，早熟品种受影响最小，并且依据产量指标的抗旱系数只能评价生育期相近的玉米品种。早熟品种由于提早成熟，躲避了夏秋干旱对产量的影响，但是其对本地光热利用效率不高，中熟品种受到夏秋干旱影响小于晚熟品种，在生产上应重点推广中熟品种。在比较的 9 个玉米品种中，中熟品种抗旱系数排列为，中单 108 > 正大 999 > 农大 108。

2. 补充灌溉 中国玉米生产过程多属于补充性灌溉。一般播种期灌水少，抽雄开花及灌浆期灌水较多。秦巴山区地形复杂，在此区域内有两大水系，长江最大支流汉江水系和长江流域面积最大支流嘉陵江水系。玉米种植灌溉水源主要来源于当地的河流和人工修建的水库。汉江、嘉陵江及其支流是秦巴山区玉米灌溉的主要水源，这些河流在山区流经的区域地形起伏，水量充沛，为沿岸的玉米种植提供了良好的灌溉条件。在河流无法取水的地方，人工修建的众多大小不一的水库，如石泉水库、佛坪水库、黄金峡水库、七里峡水库和马畅水库等，为当地的玉米种植提供了良好的灌溉水源。在一些缺乏地表水源的地方，农民会用打井的方式抽取地下水来灌溉玉米，为确保玉米的产量，当地农民会根据不同水源的水量和灌溉需求来选择合适的水源。

（1）灌溉时期 为获得玉米高产、稳产，通常在玉米两次关键生育期——播种期和抽雄开花期灌水，保证玉米水分充足。

播种期灌水是保证玉米苗齐、苗全、苗匀、苗壮，提高群体整齐度，获得高产的基础，是玉米高产的关键水。玉米春播灌水一般采用播前灌水，又称为底墒水。玉米出苗至拔节期，在底墒充足、出苗齐全的情况下，一般不灌水，通过控制土壤墒情在一定范围内，适度干旱，促进植物根系向纵深发展，促进后期抵御干旱和抗倒伏的能力。玉米大喇叭口期，茎叶生长旺盛，雌穗进入小花分化期，对水分反应敏感，适时灌水可促进气生根的生长，缩短雌雄穗抽出时间，提高结实率和穗粒数。抽雄开花期，玉米叶面积达到一生中最高峰，耗水强度达到一生最顶峰，该时期是玉米的需水临界期。该时期灌水称为玉米的关键水。灌浆期灌水可促进灌浆强度、延长灌浆时间、减少果穗秃尖长度，增加穗粒数及粒重。同时，茎、叶中的光合产物和可溶性营养物质，通过植物内水分大量向穗部籽粒中运输。灌浆水同粒重有着密切联系。灌水时期需要根据玉米的需水规律、土壤墒情、植物干旱指标和有效降雨等实际情况灵活运用。

（2）灌溉方法　目前玉米的灌溉方法有畦面灌溉、沟灌、隔沟交替灌、管道灌溉、喷灌、滴灌等，其中畦面灌溉仍是目前应用最广的方法。

①畦面灌溉　利用沟渠将灌溉水引入玉米畦面，靠重力和毛管作用渗入土壤，供玉米根系吸收。要使灌溉水分配均匀，必须严格整平地面，修筑临时性畦埂。畦埂的长度和宽度，应根据地面坡度、土壤透性、玉米的行距、农机具作业的幅宽，以及引水量的大小而定。采用小畦灌溉比大畦灌溉容易控制水量，节约用水量可达30%左右。通常采用畦长50 m左右，最长不超过80 m，最短30 m。灌溉时，畦面的放水时间可控制在8～9成，即水流到达畦长的80%～90%时再灌另一畦。

②沟灌　沟灌是先在玉米行间开沟，将水引入沟内，水在流动的过程中，通过重力和毛管作用湿润土壤的一种灌溉方法。沟灌对土壤团粒结构破坏轻，土壤不板结，减少土壤蒸发，节省水量。同时灌水沟在遇到雨涝时，还可以进行排水。

玉米行距较大，可在行间开沟灌水，大小行种植的可在大行间开沟灌溉。开沟时间通常在玉米植株8～9叶时进行。沟深20 cm左右，开出的沟要尽可能顺直，断面无大变化。沟灌时，灌水沟中的水深应控制在沟深的2/3，严防漫顶、串沟和沟尾大量积水。每次灌水量400 m^3/hm^2左右，入沟流量以2～3 L/s为宜。据中国农业科学院农田灌溉研究所试验，沟灌全生育期每公顷水量3000 m^3左右，每公顷产量7009.5 kg，比畦面灌溉增产34.2%。

③人工增雨　人工增雨是缓解旱情的有效途径，结合自然降雨的原理，利用人工技术手段促使云层降水。人工增雨实施过程中，要根据云层的状态，判断形成降水的条件，然后在恰当的时机利用各种设备将催化剂播撒在云层中，催化云层中凝结、汇聚水滴，增加水分含量，逐渐形成降水，达到人工增雨的目的。人工增雨技术的应用，可以有效解决干旱地区降水量不足的问题，保障农业生产中的水资源充足供给，实现农作物的稳产、增收。

④管道灌溉　近几年来，北方旱区不少地方采用管道灌溉方法，即采用塑料管、尼龙管、消防水带管等代替渠道。管道长度因条件而异，几十米至数百米皆可。管道灌溉的优点是，节省渠道的耗水，使水的有效利用系数达95%以上，管道可移动，水量易于控制，节省土地，提高工效。

⑤喷灌　喷灌是利用水泵将灌溉水加压，通过喷头把水喷到空中，散成细小水滴，均匀地洒落在田间的一种灌溉方法。喷灌具有天然降雨的效果，故不产生深层渗漏和地表径流，灌水均匀，使土壤保持湿润和良好结构，改善田间小气候，并可节水20%～30%。喷灌量一般每公顷每次270～350 m^2，全生育期可喷灌3～5次，比畦面灌溉每公顷节水360～1000 m^3。

⑥滴灌　滴灌是将具有一定压力的灌溉水，通过滴灌系统，利用滴头或其他微水器

将水源缓慢地点滴到玉米根部附近的土层内，使土壤处于适合作物生长的湿润状态。其优点是：省水、方便，集中而均匀，不破坏表土结构，又能改善农田小气候。

⑦膜上灌溉 在地膜栽培的基础上，把以往的地膜旁侧灌水改为膜上灌水，水沿放苗孔和膜旁侧渗入土壤。通过调整膜畦首尾的渗水孔数及孔的大小来调整沟畦首尾的灌水量，可获得比常规畦面灌水方法高的灌水均匀度。膜上灌溉投资少，操作简便，便于控制水量，加速输水速度，可减少土壤的深层渗漏和蒸发损失，显著提高水分利用率。

二、渍涝

（一）发生时期

一般发生夏涝与秋涝。

韩国红等（2001）介绍，鄂西山区洪涝灾害（渍害）多发生在6月16日至7月10日的梅雨季节，或者7月中旬至9月下旬玉米抽雄吐丝至灌浆成熟阶段。暴雨或阴雨连绵之后，田间地面积水，根系完全生长在沼泽化的泥浆中，玉米生长处于缺氧环境中，限制了有氧呼吸，使得土壤内形成大量有害物质，导致玉米植株生长矮小，叶片黄化，光合作用受阻，根系受害，物质转化变缓，甚至玉米授粉不畅，空秕粒增多，不能正常成熟。

崔鸣等（2001）介绍，在秦巴高寒山区多发生秋涝。

陈尚国等（2006）介绍，历史资料表明，武陵山区20%～30%的年份4—6月可出现20 d以上的连阴雨天气，6—7月还常有大暴雨天气，容易发生渍害。2005年在湖北省恩施州就出现了从3月28日开始的连续36 d的连阴雨天气，部分地区发生严重渍害。

柏秦凤等（2019）曾为了陕南玉米种植的合理布局和涝渍灾害的有效防御，利用陕南28县（区）近40年气象资料、灾情资料以及陕南地理信息数据和玉米产量、面积数据，采用历史灾情反演结合专家评估的方法，建立陕南玉米涝渍灾害指标体系，并通过典型玉米涝渍灾害个例对指标进行验证。基于农业气象灾害风险形成的基本原理，分析了陕南玉米涝渍灾害形成的气候危险性、环境敏感性、承灾体易损性，建立陕南玉米涝渍灾害风险评估模型并进行风险区划。结果显示，用暴雨日数（D_1）、暴雨过程降水总量（D_2）、8月下旬—10月上旬连阴雨日数（D_3）划分陕南玉米涝渍灾害等级的指标分别为：轻度涝灾，$1\ d \leq D_1 \leq 2\ d$、$50\ mm < D_2 \leq 100\ mm$、$7\ d \leq D_3 < 9\ d$；中度涝灾，$3\ d \leq D_1 \leq 4\ d$、$100\ mm < D_2 \leq 150\ mm$、$9\ d \leq D_3 < 11\ d$；重度涝灾，$5\ d \leq D_1$、$150\ mm < D_2$、$11\ d \leq D_3$。陕南玉米涝渍灾害发生的时空特征大致为：7—8月为频发期，近70%的灾害发生于该时段；苗期至穗期（6—8月）以洪水和涝害为主；灌浆成熟期（9—10月）多渍害。涝渍灾害综合风险重度区域主要分布在汉江南部的镇巴等6县及洛南，中度风险区域主要分布在汉江及丹江流域大部分县（区），轻度风险区域主要分布在秦岭南部和巴山北部海拔较高的部分县。

（二）应对措施

1. 挖沟排水　涝害主要是地下水位过高和耕层水分过多而造成的。因此，防御涝害首先是因地制宜地搞好农田排灌设施，加速排除地面水，降低地下水和耕层滞水，保证土壤水气协调。低洼易涝地及内涝田应设置田间排水沟系，把垄沟同田内外的支、干沟连成一体，建立畅通的排灌系统，遇涝时保证及时排水。

2. 起垄或台田栽培　易涝地区采用垄背或台田种植，可以及时排除积水，使根系生长在通气条件较好的土壤里，有良好的防涝效果。

3. 合理安排播期　黄淮海夏玉米区，苗期正值雨季始期，易受"芽涝"危害。因此，要采取麦田套种或麦收后抢茬早播等方式，避免雨季对玉米幼苗造成危害。涝洼地春玉米宜采用早熟品种早播的措施，使最怕涝的生育前期处于较干旱的季节。

4. 增施肥料　玉米受涝后及时排除田间渍水并追施肥料，可改善土壤养分供应状况，使植株迅速恢复生长。此外，增施有机肥料及田间松土等措施，也能有效地改善土壤水、肥、气、热状况，增强玉米的耐涝性。

第二节　温度胁迫和灾害性天气

一、胁迫的概念

张慧仙等（2014）介绍，植物生长发育及作物产量都受大自然的影响，影响形式包括各种各样的逆境胁迫和生物灾害因素。事实上，世界上粮食减产的主要原因之一就是逆境胁迫。对大多数主要的农作物，因为该因素减产超过50%，因逆境胁迫每年导致粮食减产和作物死亡造成的损失近亿美元，这些胁迫威胁着农业产业的可持续发展。为了应对逆境胁迫，多种能够缓和胁迫的影响并能使细胞和植物对逆境胁迫耐受的基因已被研究。在自然界中，许多胁迫都是互相影响的，大自然响应这些互相交叉的胁迫信号，演化出对逆境胁迫的多种抵抗和耐受途径，通过这些途径的相互作用，减轻了胁迫带来的伤害。

在自然界中，胁迫的定义是单位面积对某一目标物体施加的机械伤害。受到胁迫后，目标物体会在面积上有所改变，通常也被称为皱缩。由于植物无法移动，所以很难准确衡量胁迫对其造成的伤害，因此在生物层面很难定义胁迫。同一种生物环境，可能对一种植物来说是胁迫环境，然而对另一种植物就是有利环境。生物学胁迫的普遍认可的定义是指一种可以展现标准化的功能并且在生物系统（例如植物）中广泛存在的不利的外力或环境条件。

细胞由细胞膜使其与周围的细胞外环境相分离，这层膜只允许一些小分子的脂质分子通过，例如类固醇激素，可以通过细胞膜扩散到细胞内基质，而不能使水溶性物质通过，例如离子、蛋白质以及其他生物大分子。细胞内的变化主要是由细胞外物质和膜载体蛋白的共同作用下起始的，包括生物的和非生物的多种胁迫信号。

植物的生存环境对于植物的环境胁迫影响巨大，包含有生物性的因素，如竞争胁迫、抑制胁迫、生化互动胁迫、共生的微生物缺乏胁迫、人类活动胁迫、病虫害胁迫和动物胁迫等。与此同时，非生物的因素还包括有物理因素和化学因素，如干旱热害、冷害冻害、水淹光辐射、机械伤害、电伤害、空气污染等。另外人类所发明的杀虫剂、除草剂所包含的毒素等，都可能对植物的生长发育出现胁迫现象。生物的生存环境并不总是适合其生长的，生物的生存常常受到非常复杂多变的逆境胁迫。逆境胁迫所包含的因素非常多，而在现阶段的自然环境不断受到破坏的同时，植物生长发育的逆境胁迫还包括了一些人为所造成的化学因素。对于这些胁迫植物所表现出来的往往是被动承受。植物对环境胁迫的最直观反应，常常会在一些比较明显的症状上表明，比如说，植物生长叶子卷曲、坏死现象，出现病斑、过早凋落等。

土壤盐渍化是全世界公认的农业和生态问题，是目前影响植物生长发育的主要非生物因素之一。据联合国粮农组织统计，全世界共有各种盐渍土 8.33 亿 hm^2左右，占地球陆地面积的约 10%，分布于 100 多个国家和地区，我国也有盐渍土 3000 万 hm^2左右。近年来，土壤盐渍化面积仍在不断扩大，已经成为全球农业生产中普遍存在且亟待解决的难题，严重限制了农业产业的可持续高效发展。

二、温度胁迫

植物的生长发育需要一定的温度条件，当环境温度超出了它们所能适应的范围，就会对植物形成胁迫。如果温度胁迫持续一段时间，会对植物造成不同程度的损害。也就是说，无论温度过高或过低都会对植物的生长产生有害的影响。

总体上看，温度胁迫包括高温胁迫、低温胁迫和剧烈变温胁迫。高温对植物造成的伤害称热害，低温对植物造成的伤害称冷害和冻害。植物对低温的适应与抵抗能力称植物的抗寒性，对高温的适应与抵抗能力称植物的抗热性。

（一）季节性低温胁迫概念及危害

低温胁迫是影响植物生长发育及作物产量最主要的逆境胁迫之一，发展低温胁迫耐受植物是十分重要的。通常低温会导致植物机械损伤，在膜水平上的信号受体是接受胁迫信号的第一步，之后把信号传导进入细胞，影响胁迫应答基因，以调控对逆境的耐受性。了解在众多基因中的逆境耐受机制，包括逆境胁迫的信号传导网络，对于作物产量的提高是非常重要的。

低温胁迫是影响植物生长、发育和地理分布的重要环境限制因素之一。一般是指当环境温度持续低于植物生长的最低温度时即对植物形成低温胁迫，主要是冷害和冻害。冷害也称寒害，是指 0 ℃以上的低温所致的病害，主要原因有蛋白质合成受阻、碳水化合物减少和代谢紊乱等，其中喜温植物如水稻、玉米、菜豆以及热带、亚热带的果树如柑橘、菠萝、香蕉以及盆栽和保护地栽培的植物等较易受冷害。冻害是指 0 ℃以下的低温使生物体内（细胞内和细胞间）形成冰晶而造成的损害。植物在温度降至冰点以下时，会在细胞间隙形成冰晶，原生质因此而失水破损，其最常见的症状是变色、坏死和表面斑点等，木本植物上则出现芽枯、顶枯。冻害是 0 ℃以下的低温所致的病害。冻害的症状主要是幼茎或幼叶出现水渍状、暗褐色的病斑，之后组织死亡；严重时整株植物变黑、干枯、死亡。早霜常使未木质化的植物器官受害，而晚霜常使嫩芽、新叶甚至新梢冻死。另外，土温过低往往导致幼苗根系生长不良，容易遭受根际病原物的侵染。水温过低也可以引起植物的异常，如会引起坏死斑症状。低温危害植物的机制和高温有所不同。低温对植物的伤害主要是由于细胞内或间隙冰的形成，细胞内形成的冰晶破坏质膜，引起细胞的伤害或死亡。细胞间隙的水因含有较少的溶质而比细胞内更容易结冰。细胞内水的结冰点与细胞含水量有关，溶质多，冰点高，一般为 -5 ~ -10 ℃；某些植物病原细菌和腐生细菌具有催化冰核形成的能力，可以使细胞水的冰点提高，使植物更容易受到霜冻的危害。

此外，低温胁迫对植物的影响主要体现在酶活性、膜系统、细胞失水等，导致细胞代谢紊乱，甚至是细胞死亡。温度的改变则引起植物的各种生理生化指标的改变来抵抗环境温度的胁迫，植物对 0 ℃以上低温的耐受性称抗冷性。

植物的生长发育需要适宜温度，低温胁迫使植物的生长发育等生命活动受到严重影响。受低温胁迫的植物植株矮小，主要体现在根茎叶花等方面的差异，对于幼苗则降低其存活率，促进植物早花，增加花朵数量，影响结实，从而影响繁殖能力。温度对叶片的生长有着许多影响，低温下，叶片的生长速率降低、生长周期延长、光合色素含量降低（由于叶绿素被破坏）、光合速率下降、有机物含量低。对于同一种植物，受低温胁迫植株的叶片与相同叶龄叶片相比，叶片面积比较小，叶面积拓展量也随之降低。根系是植物吸收养分的主要器官，也是许多物质同化、转化、合成的器官，根系的生长发育及根系活力直接影响植物个体的生长和发育。根区温度的降低，使根系活力降低，降低了根对矿质元素的吸收，使根系中 Ca、Fe、Mn、Cu、Zn 的含量降低，而植株根系中 N、P、K、Mg 的含量增加，导致了这些元素在根系中积累，阻碍了部分矿质元素向地上部的运输，增加了茎中 N、K、Ca、Mg、Fe 的含量，而 P、Mn、Cu、Zn 的含量却降低，茎中 N、K、Ca、Mg、Fe 的含量增加和积累，致使叶片中 N、P、Ca、Mg、Fe、Mn、Cu、Zn 的含量降低，必然会阻碍叶片的正常生长发育。低温胁迫使植株的根系出现变褐、沤根现象，严重影响其吸收功能，进而导致植物叶片黄化。低温还导致植物有机物含量降低。

冷害胁迫指的是在温度接近 0 ℃或 0 ℃以上，出现低温时，植物所受到的威胁和伤害的影响，可能因为这种冷空气而发生冻伤等。一般植物所需要的是适宜的温度，当冷害发生时，植物可能会出现叶子卷曲、躯干受损、生长缓慢等一系列症状。值得注意的是，每一种植物的耐受力是不同的，对于温度的降低或者较低温度的急速下降所承受的伤害也是不同的，不同地域的植物遭受冻害或冷害的种类以及时间对其器官和生育时期生理状态等的影响有很大的差异，这也是目前研究者非常注重研究的内容。植物在受到温度胁迫的同时，所表现出来的耐受力有时非常惊人，但是大部分植物尤其是农作物，在受到温度胁迫时，可能会极大程度上影响其生产产量和实际生存质量。与冷害相通的是冻害，冻害胁迫指的是温度更低，如在0 ℃以下即冰点以下的温度胁迫，植物因此而受到伤害，组织内部可能会结冰，植物遭受冻害的程度常常会威胁到植物的器官，如果当植物正处于生长发育的初期，那么植物的生理状态可能也因此而有密切的关联。长期处于冻害和冷害环境之下的植物，其生长发育周期较长、生长时间较为缓慢，甚至有可能出现非常严重的冻伤和死亡。

据徐锡增（2003）介绍，植物对冷害的生理生化反应主要表现在以下几方面：（1）根系吸收能力下降。低温影响植物根系的生命活动，根生长减慢，吸收面积减少，细胞原生质黏性增加，流动性减慢，呼吸作用减弱，供能不足，结果使植物体内矿质元素的吸收与分配受到限制，影响植物正常生长。（2）膜系统受损。研究表明，在低温胁迫下，植物细胞膜透性增加，细胞内可溶性物质大量外渗，最后引发植物代谢失调。（3）物质代谢失调。植物遭受冷害后，水解酶类活性常常高于合成酶类活性，酶促反应平衡失调，物质分解加速，表现为蛋白质含量减少，可溶性氮化合物含量增加，淀粉含量降低，可溶性糖含量增加。活性氧清除系统活性下降，活性氧积累，引起膜脂过氧化伤害。（4）呼吸代谢异常。冷害使植物的呼吸速率大起大落，即先升高后降低，冷害初期呼吸作用增强与低温下淀粉水解导致呼吸底物增多有关。但较长时间之后，线粒体发生膜脂相变，氧化磷酸化解除偶联，有氧呼吸受到抑制。

植物遭受冻害的程度与植物种类、器官、生育时期和生理状态等因素有关。从秋季开始，随着光合作用的减弱，温度的降低等，植物的耐寒性迅速增加，到冬季达到最大，即所能忍受的温度最低。在冬季来临之前，植物为适应低温而发生的生理生化变化主要有以下方面：（1）含水量降低。从秋季开始，随着气温和土温的下降，植物根系的吸水能力减弱，组织的含水量降低，而束缚水的相对含量增高。由于束缚水不易结冰，也不易流失，因此减少了细胞结冰的可能性，同时也可防止细胞间结冰引起的原生质过度脱水。因此，束缚水/自由水的相对含量与植物的抗冻性呈明显的正相关。（2）保护物质积累。在温度下降过程中，植物细胞内一些大分子物质趋向于水解，使细胞内可溶性糖含量增加。可溶性糖是植物抵御低温的重要保护性物质，能降低冰点，提高原生质保护能力，保护蛋白质胶体不致遇冷变性凝聚。除可溶性糖外，脂肪也是保护物质之一，它可以集中在细胞质表层，使水分不易透过，代谢降低，细胞内不易结冰，亦能防止细胞过度脱水。（3）脱落酸含量增高，促使植物进入休眠。随着秋季日照的缩短和气温的降低，植物体内的激素发生了明显变化，主要表现为生长素和赤霉素减少，脱落酸增加并被运输到茎尖，从而抑制细胞分裂与伸长，促使植物停止生长，进入休眠。

薛爽等（2016）介绍，对多种植物进行低温胁迫处理后的研究表明，植物外部形态表现为叶片明显褐变，呈水渍状，并萎蔫皱缩，冻害斑点明显。低温胁迫对植物整个生长发育均会造成不利的影响，如植物苗弱、生长缓慢或者受阻、叶片黄化、开花结实率降低、产量低及品质差等。研究表明，植物萎蔫是植株遭受低温胁迫后最易出现的状况，原因可能是低温造成植物细胞活性下降，进而影响植物根系的活性，使其吸水能力大大下降。植物的气孔闭合能力也会因低温下降，加剧了蒸腾作用对植株水分的损耗。最终，植物会因失水过多而萎蔫。同时，水分中含有植物生长所必须的有机物、无机盐和矿物质等。低温胁迫造成植物水分丧失，也会让植物丧失藏于水中的营养物质，植物在营养不良的情况下会出现植株生长缓慢甚至死亡的可能性。低温会降低生物体内酶的活性，包括植物进行光合作用的叶绿体色素合成酶和呼吸作用的多种酶，叶绿体色素合成酶的减少会降低叶绿素含量，使植物叶片黄化，植物营养物质储存减少，植物开花结果率下降；作用于呼吸的多种酶的减少会使植株无法正常进行呼吸作用，进而影响植株的生长发育，使得植物萎蔫。

（二）低温胁迫对玉米生长的影响

扈光辉等（2014）介绍，低温胁迫作为非生物逆境危害之一严重影响植物生长发育及产量。水稻、玉米、大豆、棉花和番茄等作物，对冷害都比较敏感，且适应能力差。玉米原产热带亚热带地区，属于喜温 C_4 作物，低温影响玉米全生育期的生长和产量，有研究表明，当温度在 6～8 ℃时玉米种子停止萌发、幼苗停止生长，会导致细胞和组织产生不可逆伤害。玉米对温度反应敏感，生长发育所需积温在 1800～2800 ℃·d，易发生低温胁迫。玉米出苗期的最适温度是 20.8 ℃，下限温度是 8 ℃，苗期最容易发生低温冷害。苗期低温胁迫不仅降低出苗率，后期营养生长也受到抑制，主要表现为生物量减少，株高和叶面积降低，各叶片出现时间推迟。低温会使叶绿体形态明显变化，叶绿素含量降低，光合活性下降；生殖器官结构和功能发生异常，影响玉米植株的生理代谢和生长发育，导致玉米减产。低温胁迫下玉米会产生大量活性氧，不仅造成细胞膜损伤，还会透过生物膜快速扩散至各组织。玉米幼苗受到低温胁迫后，根系生长受到明显抑制，直接影响玉米后期生育成熟及产量形成。

低温胁迫对玉米不同发育阶段的影响有所不同，对玉米幼苗生长、发育和功能影响显著。在玉米生产中，玉米种子在土壤中遭受低温，会致使玉米种子的发芽率严重降低，给生产造成严重影响。

陈慧（2016）介绍，玉米种子萌发前提条件是适宜的温度、足够的水分和充足的氧气。玉米种子在温度为 5 ℃或低于 5 ℃时，不发芽；当温度为 6 ℃，种子开始发芽。在萌发过程中，前期温度越低，对种子萌发的影响越大。玉米种子发芽的最低温度为 6～7 ℃，当温度过低时，不仅影响种子的萌发，降低其发芽势和发芽率，而且还会影响幼苗的活力，延迟出苗，使种子的发芽进程减慢。在低温条件下，种子的发芽率及其发芽势会有所降低，但发芽率的下降幅度要小于发芽势的下降幅度。温度过低不仅影响种子的发芽率，还会影响玉米种子出苗的整齐度，降低成苗率，严重时使种子丧失活力，出现烂种及粉种等现象。玉米种子在播种期至出苗期遭遇低温时，种子的发芽率及其发芽势都会降低，并出现出苗过程延迟和苗弱、瘦小的现象。

在低温条件下，种子吸水膨胀的时间会延长，发芽速度减缓，玉米种子中的糖类、有机酸及其蛋白质等部分细胞营养组分渗出体外，极其容易受到土壤中细菌及真菌的侵害，导致种子腐烂，影响发芽率；土壤温度越低，种子萌动的速度越慢，所需时间越长；而随着温度的升高，萌动的速度加快，所需萌动的时间越短。玉米发芽出苗期延长，容易造成种子的粉化或霉烂，出苗率降低，造成缺苗断垄。

根系是玉米的重要组成部分，是吸收水分及养分的器官，同时也影响着地上部的生长。根系在土壤中的生长状况及其分布决定了玉米植株对水分和养分的吸收能力，也决定了玉米对低温胁迫的抵抗能力。低温抑制了玉米根系的生长，根系的体积及总长度明显减少，虽然单位侧根长度和数量有所增加，但根系总表面积仍低于对照。玉米苗期遇到低温冷害，会降低根冠细胞的增殖速率及呼吸活性，使玉米的生理功能受到一定的影响。低温明显抑制了玉米根系的生长与伸长，进而影响了根系的形态结构，根系的单位根长密度较高，从而有利于作物吸收更多的水分和养分。虽然不同品种间存在显著差异性，但是当温度在 5 ℃时，根系几乎都停止了生长。研究发现，在一定的低温处理下，主根、侧根的数量随温度的降低而呈递减趋势。对玉米幼苗进行低温处理，发现低温胁迫直接影响根系的活力，玉米根系活力随着温度的降低而降低，温度过低，根际周围活化出来的营养元素不能被作物及时吸收，进而影响植株对水分及养分的吸收。玉米根系的状况及根系的活力水平高低直接影响了地上部分的生长。

当玉米生育期在苗期时，其株高及茎粗受温度影响较大，株高随着温度增加而增加，在低温条件下，植株较小。玉米茎粗也随着温度的增加而有增加的趋势，但是不同品种间对温度的反应存在显著差异性。玉米茎端生长发育易受低温的影响，这种影响表现为温度对植物光合作用，对植物吸收水分和养分的直接作用及温度对茎端和根端的形态变化过程的间接作用。在低温条件下，根端和茎端的干物质积累有明显的差异性，但在适宜的条件下常表现不明显。玉米在变温处理下，叶面积生长速率对温度下降的反应比茎端干重下降的反应更敏感。玉米苗期在低温胁迫下，叶鞘及中胚轴变为褐色，更严重时叶片呈现萎蔫水渍状，不利于幼苗的生长发育。苗期遭遇低温会降低叶片的光合速率，株高降低，进而减少干物质的积累，减缓了玉米的营养生长过程；当低温持续 10 d 时，全株的干物质显著降低，并且干物质积累降低的程度与低温持续的时间呈正相关。

王丹等（2015）认为，玉米苗期主要指从发芽结束至三叶期，易受低温危害。玉米在低温条件下，出苗时间显著增长，最长出苗时间为 35 d，这时大部分玉米种子已腐败变质，失去活力；当温度处于 22. 5 ~ 25. 0 ℃时，玉米正常出苗，温度高于 27. 5 ℃时，玉米出苗速度加快。低温会影响玉米苗期叶片的形态，研究表明，玉米幼苗经低温处理后，叶片中脉突出，中脉两侧叶片伸展不良，叶片萎缩。随着处理时间的延长幼苗逐渐变黄。

低温胁迫下玉米的根系形态也会发生较大的变化，根冠细胞的增殖速率下降，生理功能受到影响，导致玉米根系生长缓慢。另外，苗期低温胁迫下，玉米植株的根表面积、根体积和总根长均明显低于对照，但不同品种玉米的总根长和侧根长对温度的反应程度存在明显差异。在一定的低温处理范围内，随着温度的降低玉米的主根长、侧根数量均呈递减趋势。温度通过影响植株根系活力而影响植株对养分、水分的吸收。对玉米幼苗进行低温处理，结果表明，玉米根系活力随着低温胁迫程度加重而降低。温度过低会影响土壤的温度，会对土壤微生物活动有显著影响，土温过低会导致土壤缺氧降低玉米根系对养分的吸收。玉米根系的生长状况和根系活力水平的高低直接影响了地上部分的产量。

李明等（2009）研究表明，玉米从发芽到成熟，各个时期遇到低温都会使生长延缓。低温会降低种子的发芽势和发芽率，且发芽势降低的幅度大于发芽率。种子发芽后低温，显著抑制植株营养体的生长和发育进程，抑制程度随低温持续时间的延长而加重。受抑制的营养生长是可恢复的，恢复时间的长短根据植株营养生长被抑制的程度而定。低温持续时间越长，受抑制程度越重，恢复过程也就越长。低温首先影响玉米种子萌发，使玉米发芽进程减缓，降低发芽势和发芽率，延迟出苗并降低幼苗活力。这一观点在后来的试验中得到了证实。如果玉米播种至出苗期间温度低不但使出苗推迟，还会影响苗全、苗齐、苗壮，使玉米遭受苗期低温危害，生长发育受影响。玉米出苗至吐丝期受低温影响，营养生长受抑制，主要表现在干物质积累减少，株高降低及各叶片出现时间向后推迟。其主要原因是低温减小光合强度即光合速率下降，同时植株功能叶片有效叶面积增加缓慢也是一个限制因素。

然而，低温对玉米生殖生长的影响主要集中在玉米生育后期。在生育后期遇低温时，玉米生殖生长就会受到阻碍从而引起减产。低温不但显著抑制植株的营养生长和生殖生长，而且延迟发育进程，使出苗、拔节和抽穗期拖后。在玉米各生育期进行低温处理，以孕穗期减产最多，是玉米生理上低温冷害的关键期。玉米籽粒灌浆期低温主要是降低籽粒干物质积累速率，灌浆前期低温影响严重，越往后影响越小。灌浆期低温使玉米干物质积累速率减缓，即灌浆速度下降，这是由于玉米上部叶片光合能力降低而导致干物质积累速度降低。据报道，在灌浆期温度低于 16 ℃，玉米灌浆过程基本停止。同时低温对玉米籽粒产生直接伤害，并且玉米籽粒比叶片受伤害严重，这是导致玉米生育受阻的主要原因；低温会影响玉米的成熟度，进而使籽粒含水率增加，造成玉米成熟后产量和品质下降；苗期低温可使玉米的百粒重下降，6 ℃、10 ℃处理后，百粒重分别比对照下降 9% 和 3.6%，从而造成玉米减产。

（三）秦巴山区低温胁迫发生时期

秦巴山区地处中国南北分界线，地域辽阔，地形地貌复杂，区域内海拔 170.0 ~

2964.6 m，年均气温 9.9～17.5 ℃，无霜期 163～272 d，境内地势蜿蜒起伏，海拔高差大，有明显的高山、中山、低山之分，气候垂直变化大，基本属于亚热带季风气候。全年春季冷暖多变，雨水开始增多；夏季灾害性天气频繁，盛夏炎热多伏旱；初秋多雨，晚秋多晴，多寒露风（秋寒）；寒冬多雨露，暖冬多霜旱。

高炬（1997）介绍，秦巴山区的冻害基本都出现在 1 月份。有记录以来（1952—1990 年）共出现了 18 次冻害天气过程，共有 15 次出现在 1 月份。两次出现在 12 月份，一次出现在 2 月份。秦巴山区的冻害都出现在每年的隆冬季节。每年冬季（1 月份）欧亚大陆平均环流为两槽一脊型，低槽分别位于东欧和中国沿海，高脊位于蒙古高原西部到中国新疆。我国大陆为蒙古冷高压控制。在这种形势下，我国有一次明显的降温和寒潮天气过程，当高原上有小低压槽东移，影响秦巴山区时，低槽东移出秦巴山区，秦巴山区转成槽后西北气流控制，天气猛然转晴时，会造成秦巴山区的冻害。

在冬季，当大的环流发生调整时，从新疆到蒙古高原低压槽明显发展东移，冬季稳定的两槽一脊型天气系统遭到破坏，冷槽向东南发展，地面上蒙古有强冷高压东南移，造成我国部分地区出现降温或寒潮天气过程，特别是影响西北地区的寒潮。当冷高压南下控制中国北方大部分地区后，秦巴山区处在寒潮冷高压的西南部，寒潮过后，当高原上有小冷槽东移（仅影响陕西省南部），秦巴山区处于冷高压后部的偏东风中，一般维持阴天，并有弱的雨雪天气。秦巴山区受寒潮的影响，维持阴雨（或雪）天气，气温偏低（但未达到冻害）。在高原上小槽东移后，秦巴山区转西北气流控制，槽后有弱的降温，天气猛然转晴，就会在秦巴山区造成冻害，这种形势是几种降温作用造成的。寒潮（或降温过程）降温作用是主要的，高原小槽东移的降温使阴天地面温度降低，再加上天气转晴后夜间的辐射降温作用，就造成秦巴山区的冻害。

通过对秦巴山区冻害气候背景的分析，可以看出秦巴山区出现冻害的可能性是十年一遇，由于地形的影响，冻害影响范围比较小，影响的时间一般也较短。范围大，持续时间长的冻害很少，冻害影响的程度一般日最低气温可下降到 －8～－9 ℃，气候极值为 －10.6 ℃。但在隆冬季节强寒潮天气或强降温天气过后也有出现大范围、持续时间长的冻害天气过程的可能，会对亚热带经济作物造成影响。造成冻害的降温是由几种降温作用共同造成的，寒潮降温是主要的、决定性的降温。

陈长发（2000）研究，秦巴中山区域气候特点以春迟秋早、晚播秋封为主。在秦岭海拔 800～1300 m、巴山 900～1400 m 的中山地区，玉米生育期的水分适量，温度则不足，一般玉米全生育期需积温为 2500～2800 ℃·d，在一些年份温度基本能满足玉米生长需要。但因该区春迟秋早和低温冷害的影响，推迟播期，“秋封”现象常有发生。据资料，该区玉米春播期间，低温阴雨出现的频率达 20%～32%，并伴有晚霜发生；玉米灌浆期低温冷害发生频率高达 48%～72%。一般年份的 8 月 26 日以后，日平均气温低于 20 ℃，影响玉米的正常灌浆和成熟，是这一地区玉米生产上的一个主要障碍因素。

韩国红等（2001）介绍，鄂西山区玉米全生育期两头都易受到低温冷害的影响。前期冷害主要是4—5月，玉米正处在苗期4～7叶，受冷害影响，营养生长基本停止，同时嫩叶、新叶水分含量高，受冻后细胞间结冰，光合作用停止，出叶速度减慢甚至停止，严重的全株冻死造成缺苗，属延迟型冷害，使生育期延迟，不能正常灌浆成熟而减产。后期冷害主要是8—9月的秋季低温或秋季寒露风，玉米正处在灌浆成熟期，受冷害影响使玉米不能灌浆乳熟，籽粒不饱满，空秕粒增多，秃顶度加长，延缓玉米成熟期及降低成熟度造成减产，被称为障碍型冷害。在鄂西山区两种冷害以后者居多。

陈尚国等（2006）介绍，在入春前后的关键时期，北方冷空气频繁南下侵袭山区，形成不利于玉米生产的低温天气，特别是回暖以后气温猛降（倒春寒），日平均气温连续三天低于10 ℃，严重影响玉米播种和幼苗生长。从历史资料看，海拔800 m以上地区在4月下旬尚有可能出现上述低温天气。

（四）应对措施

针对秦巴山区高寒山区气候条件差，春寒秋雨发生频率达40%～68%，造成玉米晚播秋封，生产水平低，多年来杂交玉米因晚熟而推广较差等问题，各级农业部门结合田间多年实践，提出从品种选择、育苗移栽、地膜覆盖、配方施肥、化学调控、菌根共生等环节的一整套玉米抗灾高产措施。

1. 品种选择　根据秦巴山区玉米生产实践总结，中低山宜选用优质、高产、适应性强、耐瘠、多抗性，生育期在120～140 d的中晚熟（中穗型）杂交品种；中高山区选择抗病、耐阴湿、高产优质，生育期在110～120 d的中熟（中穗型）品种，也可以选用秦巴当地硬粒型玉米品种资源，满足山区农户以玉米为主食生活需要和畜牧产业发展需要。

2. 育苗移栽　玉米的育苗有营养坨、营养钵（盘）、营养块等方式和拱膜营养钵（盘）育苗移栽。但在中高山区以拱膜营养钵（盘）育苗移栽效果较好。

刘艳（2017）介绍，玉米育苗移栽的优点分别为：一是玉米育苗移栽，提早了玉米的播种期，相应的成熟期提前，有利于积累营养物质，躲避高温，缩短了与套作作物的共生时间，同时移栽以后苗的长势超过了套作作物，达到双熟双丰收。二是保证玉米匀苗、全苗和壮苗，在玉米播种期，可能会由于春旱、倒春寒等气候因素的影响，同时整地粗放、种子管理不当或者地下害虫的危害等因素，使其缺窝断行，严重影响产量。采用育苗定向移栽可以克服上述弊病，达到田间苗齐、苗匀、苗壮，为玉米的高产奠定基础。三是降低了低温灾害性天气的危害，并且强化植株长势好和抗逆能力，从而促使产量增加。四是实行育苗移栽，可以增加种植密度，通过定向栽培，提高了光能利用率，因而比相同条件下直播的产量高得多。五是实行育苗移栽，可以提高植株的整齐度，即按照苗的大小分级移栽，株行距均匀规范，叶片定向，使田间生长整齐一致，从而提高单位面积的玉米产量。六是增强植株抗逆能力，主要表现在育苗移栽，提早了播种期，避开了苗期低温干旱的危害，苗床消毒可以减少病虫害的危害，使幼苗健壮，抗旱抗倒能力增强，达到增产丰收。七是育苗移栽可以节约种子，降低成本。

周志禄等（2017）同样认为，玉米育苗移栽具有以下优势：一是增加玉米的生长期。由于育苗移栽技术是在大棚内进行育苗，所以可以不受早春的低温影响，提前一段时间育苗，在玉米能够生长的温度下进行移栽，可以提高玉米的耐寒能力，使得玉米能够在更加寒冷的地区生长，提高玉米的分布和产量。二是利于保全苗。育苗移栽技术中的育苗是在室内进行的，对于环境的温度和湿度更容易控制，而且可以通过严格的管理方案淘汰小苗和弱苗，留下生长态势好的壮苗，在这种情况下移栽，浇灌一定水分之后，玉米的成活率可以高达100%。三是节省种子。传统的直接将玉米种子种植到土壤中的方式所耗费的玉米种子大概是每亩2 kg以上，而用育苗移栽技术玉米种子用量大致在1.25～1.35 kg，对比可以发现，玉米移栽技术使玉米种子的用量相对于传统种植方式节省了30%以上的种子。四是提高玉米的抗病虫害能力。在育苗时，由于移栽的都是壮苗和经挑选过的长势良好的幼苗，其抗病虫害的能力相对于普通玉米幼苗有着很大的提高。而且，利用玉米育苗移栽技术还能够有效防止黑穗病的发生，这是由于在室内培育玉米种子的温度比较高，不利于病菌的侵害，还可以在育苗阶段进行一定量的药物施用，可以明显提高玉米的抗病虫害能力。

崔鸣（1994）提出，春玉米拱膜营养钵（盘）育苗移栽是在露地营养钵（盘）育苗的苗床上覆盖一层地膜或农膜进行育苗的一种方式。因只在苗期覆盖地膜，也有人称之为地膜半覆盖栽培。由于应用拱膜育苗移栽，使玉米前期生长发育阶段提前，有效地防止后期因多雨低温对成熟的影响，避免霉烂损失，从而发挥这项技术的显著增产作用。拱膜营养钵（盘）育苗移栽技术在海拔800～1300 m的秦巴中山地区不仅是一项投资小、效益高、实用性强的抗灾栽培技术，还在以下几个方面效果显著：①提早播种，增加积温。增温效应是地膜覆盖栽培的共同特点，但拱膜育苗移栽的增温效应更优于地膜覆盖栽培，较露地直播早播半个月左右。②充分利用光热资源。拱膜育苗在苗期架棚覆膜，阻止了土壤热辐射的扩散，减少了汽化热能的消耗，提高了床内二氧化碳含量，增加苗床温度和热容量，为幼苗生长创造较好的生态环境。③生长发育整齐。拱膜育苗移栽到大田成活率高，达到一次全苗。在大田生长中，植株个体生长均匀一致，群体质量高，发育整齐，从而避免了露地直播的缺苗导致小苗和弱苗长成空秆而减产的现象。④根系发达，防风抗倒。经过测定，移栽比直播玉米苗期新根多3～5条，蜡熟期根鲜重增20～30 g，成熟期单株次生根层数多1.3层、12.4条，根干重增29.7%。既增加了对养分的吸收和运转能力，又增强了固定和支持植株的能力，加之移栽缓苗降低植株高度和穗位高，茎秆增粗，增强了抗御常发性风灾的能力。⑤缩短玉米与马铃薯共生期。中山地区玉米生产一般多在马铃薯地里套种，采用拱膜育苗移栽，可缩短玉米与马铃薯的共生期，避免了马铃薯对玉米的影响，合理地利用光、温、水等条件，使二者都能健壮生长。

3. 地膜覆盖　地膜覆盖栽培技术是指在农作物全生育期，在地面覆盖一层地膜进行生产栽培的方法，在积温严重不足的海拔 1300 m 以上的高寒山区效果良好。它是利用覆膜后耕作层在相当程度上能协调水、热、气和生物等因子之间的关系，为农作物生长发育创造一个较好的生态环境。玉米地膜覆盖栽培系中国从日本引进的一项农业新技术，主要适宜于高寒山区推广应用，是大幅度提高秦巴山区玉米单产的一条重要途径，其主要优势有以下几项：①提高地温。由于地膜的阻隔，导致经光照射后的土壤热量因不能透过薄膜而保留，减少了土壤热量向大气中的散失，把太阳能转化为热能并汇集在土壤中，从而起到提高土壤温度的效果。一般覆膜后 10 d 内日均地温提高 2.6 ℃，全生育期积温增加超过 300 ℃ · d。这对于春季气温低、无霜期短的高寒山区，可提早播种 10 ~ 15 d，种植上限可升高 300 m 左右。②减少土壤水分蒸发。玉米生长的地面被地膜覆盖后，隔断了土壤毛管水和气态水向大气蒸发散失的途径，保证了土壤中水分的有效供给。同时，还可使耕层以下的水分因毛细管作用提到耕作层。③改善土壤理化性质。覆膜后不仅较好地协调土壤水、热、气矛盾，还能增强土壤微生物的活动和化学反应速度，加速土壤有机质的分解，提高土壤的有效养分。此外，地膜覆盖可减少降水和人为原因造成的土壤沉实，从而保证土壤处于相对疏松状态，更利于耕作，还可直接避免雨水对土壤的冲刷，减缓养分的流失，利于作物生长。④增强田间光照强度。覆膜后，由于薄膜和膜下的微细水珠能够将太阳光线反射到大气层中，使反散光和散射光较露地增加 50% ~70%，改善了玉米植株间的光照条件，增强玉米的光合作用。⑤发挥杂交品种优势。由于积温不足，秦巴高寒山区过去普遍种植早熟农家种，植株高，产量低，此区被人们称作杂交玉米种植的禁区。而采用地膜覆盖后，改农家种为杂交种，较好地发挥了杂交良种的增产优势。⑥覆盖地膜可提高土壤温度，高温可以抑制一年生杂草的生长。另外，覆盖地膜前喷洒除虫剂和除草剂等药物，因覆盖地膜而减少蒸发，可有效去除杂草、病虫。

4. 配方施肥　李建国等（2015）研究，秦巴山区每生产 100 kg 玉米需吸收氮（N）、磷（PO_5）钾（K0）养分分别为 2.2 kg、0.85 kg、2.4 kg。春玉米氮肥基追肥比例推荐为 4∶6 或 3∶7，在大喇叭口期一次追施或在拔节期和大喇叭口期分两次追施。夏玉米推荐氮肥基追肥比例为 6∶4 或 5∶5，在大喇叭口期追施。磷钾肥全部作为基肥。基施硫酸锌 1 kg。结合本区域内土壤含钾量偏高和该地区农户普遍不施钾肥的情况，推荐在施钾肥时可将用量降低一点。在统一目标产量 400 ~ 500 kg 的情况下，低山区推荐氮肥用量为 9 ~ 11 kg/亩，磷肥用量为 3 ~ 4 kg/亩，钾肥用量为 4 ~ 5 kg/亩；中山区推荐氮肥用量为 10 ~ 12 kg/亩，磷肥用量为 4 ~ 5 kg/亩，钾肥用量为 5 ~ 6 kg/亩；高寒区推荐氮肥用量为 10 ~ 12 kg/亩，磷肥用量为 4 ~ 5 kg/亩，钾肥用量为 6 ~ 8 kg/亩。另外亩施农家肥 1000 ~ 1500 kg。

关贤交等（2004）介绍，有报道认为钾素显著地提高了作物的抗冻性。对某些热带、亚热带喜温作物而言，经常遇到冷害，施用钾肥能明显增强作物的抗病虫害及抗自然灾害的能力。已有试验证实，土壤供钾较好或在缺钾土壤施钾，均能增强小麦、春玉米、马铃薯等的抗寒性，减轻低温伤害。经过试验发现，低温胁迫后植株地上部钾含量显著下降，随着施钾水平的提高，植株地上部钾含量均呈上升趋势。说明了施用钾肥有利于改善植株的钾营养状况。随着施钾量的提高，温度对植株钾吸收累积量的影响愈为显著。在低温条件下，随着施钾水平提高，电导率呈显著下降趋势，高钾植株叶片质膜离子渗透率仅为对照的 58% 。这说明钾在维护细胞膜结构功能，保持细胞内的离子与水分方面发挥了重大作用。在低温胁迫下，植物体内含钾量越高则受低温伤害就愈轻。植物体内良好的钾素营养有助于减轻低温伤害，增强冷敏感植物的抗寒性。

氮是玉米生长发育和产量形成中需求量最大的营养元素，对玉米生长十分重要。缺氮条件下，多数自交系光合速率的降低与穗位叶叶绿素含量的降低具有相似的规律性。降低氮肥用量，提高氮素利用效率，是现代农业发展的新要求，是农业科技工作者追求的目标，是当前和今后作物遗传育种与高产栽培领域的新课题。

5. 化学调控 王丹等（2015）介绍，化学调控技术是指以应用植物生长调节物质为手段，通过改变植物内源激素系统，调节作物生长发育，使其朝着预期的方向和程度发生变化的技术。植物生长调节物质是化学调控技术实施的基础，它包括植物激素和植物生长调节剂两大类物质。已有研究表明，应用植物生长调节剂及其他化学物质处理可有效提高玉米抵御低温胁迫能力。

化学调控可以减缓甚至提高因低温胁迫而导致的植株保护酶活性、游离脯氨酸含量以及可溶性蛋白含量的下降。如玉米灌浆初期进行化学调控，在低温胁迫下，抗低温助长剂均不同程度地提高了玉米叶片、茎秆以及籽粒中游离脯氨酸和可溶性蛋白的含量，以及保护酶 SOD、POD 的活性和净光合速率，提高了玉米的产量。在低温胁迫下，以聚糠萘水剂处理玉米幼苗，研究了其对玉米幼苗抗冷性的影响，结果表明在低温条件下聚糠萘水剂可以提高玉米幼苗叶片氮素同化相关酶的活性，降低了蛋白酶、肽酶活性，维持氮素代谢稳定，促进单株干物重增加，提高了玉米幼苗抗冷性。研究低温下肌醇对玉米幼苗生理生化指标的影响，结果表明外源施加肌醇后低温胁迫幼苗的丙二醛，过氧化氢含量产生速率显著降低，SOD、CAT、POD 活性、叶绿素和游离脯氨酸含量显著升高，可见外源施加肌醇增强抗氧化系统活性，从而保护酶结构和功能，最终缓解低温胁迫的影响。

关贤交等（2004）介绍，多效唑和嘧啶醇合用可有效地防止玉米幼苗受低温胁迫的伤害。经多效唑和嘧啶醇处理的玉米幼苗叶绿素明显增加，幼苗光合效率较对照高 17% ~26% ，叶片电解质渗透性也较对照小，多效唑和嘧啶醇处理的幼苗叶片的渗透性在 0 ~48 h 内从 3. 1% 增加到 3. 6% ，而对照则从 16. 3% 增加到 46. 1% 。很明显多效唑和嘧啶醇可使玉米幼苗免受低温胁迫的伤害，原因是它们可以保持较高的膜的完整性及较低的光合抑制损害。

6. 菌根共生 王丹等（2015）介绍，丛枝菌根（ *Arbuscular mycorrhiza*，AM）是植

物根系和丛生菌根真菌所形成的互惠共生体，在自然界中普遍存在，大约 90% 的维管植物都能和 AM 真菌形成共生关系。AM 真菌从植物获取生长所需碳源，同时促进宿主对氮、磷等矿物营养物质的吸收，有效改善宿主植物营养代谢。菌根共生能够扩大寄主植物根系的吸收面积，增加寄主植物对磷及其他矿质营养元素的吸收；能够产生生长激素，促进植物生根、萌发和生长；可以提高寄主植物对不良环境的综合抵抗能力。接种菌根真菌可以通过改变植物形态结构和生理特征，促进植物对低温的耐受性和适应性。低温条件下，AM 真菌可通过提高叶绿素含量及改善叶片叶绿素荧光和光合作用来减轻低温胁迫对玉米植株造成的伤害，提高玉米耐受低温的能力进而提高玉米的生物量，促进玉米生长。加强丛生菌根真菌等生物有机肥在玉米生产上的应用研究，为玉米抗低温提供新的措施。

三、灾害性天气

（一）灾害性天气类型

秦巴山区由于所处地理位置及生产条件所致，常受到干旱、高温、雨涝、风雹、霜冻等自然灾害的危害，其中中高山区低温、冷害和低山高温、伏旱对玉米生产危害最大。从海拔上分析，中高山区由于春季气温低、光照时间短、土壤热量散失等因素，导致春玉米播种推迟或者生育期无限延长而最终减产；低山区夏播玉米从开花到授粉结束，一般年份气温都处于 32 ℃以上，尤其在 7 月下旬至 8 月上旬常出现高温天气，35 ℃以上的高温天气长达 10.7 d，常年因高温引起的伏旱使夏玉米生殖生长受到严重威胁，轻则影响授粉结实，重则禾苗干枯，颗粒无收。

吴风声等（1992）论述了秦巴山区玉米的“秋封”灾害。发生秋封的气候因素：①光照不足。玉米是喜光的 C_4植物。光强与光照时数是决定玉米产量的直接因素；②降水量过大，持续时间过长。一方面，连阴雨天气使光照减弱，气温降低。另一方面，水分过多对玉米造成涝害，根系吸收功能下降，造成肥力不能充分利用，直接抑制了玉米的灌浆，并使发育速度减缓；③气温偏低，有效积温不足。

陈长发（2000）认为，秦巴山区灾害性天气多，其中以干旱威胁最大。每年 6—7 月多受副热带高压控制，造成伏旱。有的年份副热带高压过强，延续到 8 月下旬才开始降雨，形成伏、秋连旱。此时气温高，叶面蒸腾和地面蒸发量大。加之大部分耕地坡度大，土层薄，黄泥巴多，又不耐旱。因而有“五天不雨一小旱、十天不雨一大旱”和“伏旱年年有，就看久不久”的说法。伏旱成为这一带规律性的主要自然灾害，它对浅山丘陵区的夏播作物正常生长发育威胁很大。就拿玉米来说，玉米在拔节至抽穗开花期，要求适宜温度为 25 ~ 26 ℃。若授粉期遇到 32 ℃的高温，空气相对湿度低于 30% 时，就会“晒花”，花粉粒失水，花丝枯萎，出现秃顶、秕粒。若高于 38 ℃时，很难开花授粉。这时玉米需水最多，每株昼夜需耗水 1.5 ~ 3.5 kg。恰巧夏播玉米的这一生育阶段遇到了伏旱、高温的严重威胁，易形成“卡脖旱”和“晒花”。此时的外界条件对回茬稻抽穗开花和晚红苕长蔓也十分不利。特别对旱地玉米，水源无保证的沟、榜田水稻和薄坡地红苕威胁最大，轻则减产，重则失败。

韩国红等（2001）介绍，鄂西山区玉米的灾害性天气有低温冷害、干旱、冰雹、洪涝等。

崔鸣（1994）也提出，秦巴中山地区玉米生产主要灾害性天气分为：①低温寡照。秦巴中山地区年日照时数1495.6 h，日均4.1 h，日照百分率34%，为陕西省的低值区。据对这一区域玉米生长发育阶段日照条件分析，播种至抽雄阶段日照432 h，与正常需要相差323 h；抽雄至成熟日照334.5 h，相差129.5 h。玉米一生日照只及正常需要的62.9%；②秋季降水偏多且集中。在玉米生长过程中，雨水偏多，影响正常生长和发育。春季多雨寒冷使气温回升慢，海拔1000 m处稳定通过10 ℃初日在4月20日左右，春寒推迟了玉米的播期。正值玉米灌浆阶段，连阴雨时常发生，湿度大伴随着日照少，温度急剧下降，对玉米正常成熟危害极大，出现“秋封”的频率达40%～68%。在玉米生长的4—9月，这一区域的降水量为802.7 mm，占全年的79.06%，而玉米正常生长仅需529.8 mm，因此，秋季降水偏多且集中，极易造成陕南玉米低温寡照而影响玉米病虫害和成熟推迟；③风灾频繁。在玉米生长中因寡照，造成植株茎秆细、节间长、个子高，抗倒伏能力差。而这一区域又是风灾常发区，尤其在玉米生长中后期，常因风灾造成大面积倒伏。地处巴山深处的岚皋县调查统计，每年因风灾，全县玉米产量损失占玉米总产的四分之一左右，个别年份甚至超过三分之一。

柏秦凤等（2019）利用陕南28县（区）近40年气象资料、灾情资料以及陕南秦巴山区地理信息数据和玉米产量、面积数据，采用历史灾情反演结合专家评估的方法，建立陕南玉米涝渍灾害指标体系，并通过典型玉米涝渍灾害个例对指标进行验证，同时按照农业气象灾害风险形成的基本原理，进一步分析了陕南玉米涝渍灾害形成的气候危险性、环境敏感性、承灾体易损性，运用陕南玉米涝渍灾害风险评估模型进行风险区划。结果显示陕南秦巴山区玉米涝渍灾害发生的时空特征大致为：7—8月为频发期，近70%的灾害发生于该时段；苗期至穗期（6—8月）以洪水和涝害为主；灌浆成熟期（9—10月）多渍害。涝渍灾害综合风险重度区域主要分布在汉江南部的镇巴等6县及洛南，中度风险区域主要分布在汉江及丹江流域大部分县（区），轻度风险区域主要分布在秦岭南部和巴山北部海拔较高的部分县。

（二）应对措施

从秦巴山区地理位置和海拔高度方面出发，通过技术引进开发与区域试验研究，安康市农业部门科学组装集成了一套称为“玉米三项”的玉米抗灾高产综合配套技术。该技术明确提出浅山以下地区采用玉米生产应用露地营养钵（盘）育苗移栽技术、中山区应用拱膜营养钵（盘）育苗移栽技术、高寒山区应用地膜覆盖栽培技术。

1. 夏玉米露地营养钵（盘）育苗移栽技术

（1）播前准备

①种子准备　选用中熟偏晚类型杂交种，亩备种量 1.2～1.5 kg。

②肥料准备　每亩备足农家肥 1000 kg，碳酸氢铵 50～70 kg，过磷酸钙 15～20 kg，硫酸锌 1 kg。

③选择苗床　苗床选择应十分注意光照条件，选在向阳、日照充足、离水源较近、地势较平坦的空闲场地、院坝或田间地头，不要在遮阴的房前屋后或树荫下育苗。

④提早制钵　育苗任务大的地方，应在入春后抓紧制钵，争取主动，以保证任务的完成。任务小的农户则可随制钵，随播种。制钵过程中应注意营养钵（盘）必须以农家肥为主，适量掺加一定的肥土。泥土仅起黏合剂的作用，掺加的数量以能将粪肥黏合在一起，制出的营养钵（盘）不散为标准，切忌随意加大泥土数量，使营养钵（盘）成为泥球。操作时视原料粪土构成情况决定加或不加泥土，一般用院坝的猪圈粪可不再掺土。

制钵前，将所准备的腐熟农家肥提前进行晾晒，然后按照每百千克加入过磷酸钙 1.5～2.0 kg，尿素 0.1～0.2 kg，硫酸锌 0.1 kg，混合均匀后过筛，再用水或稀粪水调湿拌匀，湿度以手捏成团落地即散为宜。料配好后，可堆放一个夜晚，第二天再制钵，经堆沤的原料湿度均匀，制钵成型好，速度快。若无制钵器，也可用手捏钵，大小以湿重 0.2～0.3 kg 较宜，捏好后，用指头在钵体上戳一个 2 cm 深的播种穴。

（2）培育壮苗

①对口育苗　育苗期的确定要做到与品种特性，移栽时间和安全抽雄授粉三对口，以保证适宜的苗龄和壮苗移栽。中晚熟品种，一般在麦收前 20 d，即 5 月 10 日前育苗；中早熟品种，宜在麦收前半个月，即 5 月 15 日前育苗。当前生产上一些农户认为推迟播期，栽的苗子小，易成活，但却忽视了营养钵（盘）育苗移栽能够稳定增产的关键，就是通过适期早播以使抽雄授粉避开常发性的高温伏旱的影响。

②浸种催芽　浸种前先将种子晒 2～3 d 太阳，以提高发芽率。然后把种子放入一份凉水加二份开水的温水中，保持水温 45～50 ℃，经过 10 min 后，使水温保持 25～30 ℃，浸种 10～12 h，水的用量以淹没种子 5 cm 为度，除去浮在水面上的霉烂、破碎和瘪粒种子。也可用凉水浸种 12～24 h。当种子吸水膨胀后，捞出装在透气的袋子里，放在太阳下或室内温度较高（40～50 ℃）的地方催芽。也可把种子放在既保温又透气，四周垫有稻草的箩筐里，每天淋上清洁温水 1～2 次，待种子露嘴时播种。需要注意的是，催芽时间以种子露嘴为止，不能等其伸长后再播种，以免播种时碰断胚根，影响出苗。

③排钵浇水　露地育苗的苗床先要平整床面，宽度 1～12 m，以利于苗床移位等管理。将营养钵（盘）在苗床里一个紧靠一个地排好，浇透钵水。对提前制的钵，一定要小水浸浇，使钵体湿透后才能播种。

④精细播种　在每个钵块的播种穴里播放一粒已露嘴的种子，种尖向下，并使种子落实到播种穴的底部。播后盖1～2 cm厚的土粪或细土，并用细土填满钵间空隙。若盖黄泥土、盖后可覆盖一薄层稻草或草帘，并喷透水，等出苗后再揭稻草或草帘，以提高出苗率，促进苗全苗齐。

⑤定时移位　在苗期生长过程中，当幼苗长到两叶一心至三叶时，部分根系已从钵体内长出钵外并扎在苗床土内，此时就地移动钵体，以扯断老根，促发新根，蹲苗促壮。4～5叶时再移位一次。如移位后遇雨，应在雨后天晴重新移位。由于在苗床管理的后期，已进入三夏大忙，一些农户放松管理，移位不及时，常因此而形成瘦弱苗、高脚苗，培育不出矮健壮苗。

⑥适量浇水。播种至3叶前，苗床水分管理上应以湿管为主。3叶后以旱管为主，营养钵（盘）的湿度，一般以有墒而不足为好，若钵面发白或晴天下午幼苗萎蔫，适度浇水保苗。做到既防止合墒旺长，又防止过干伤苗。

（3）三墒密植移栽

①三墒移栽　一是带墒移栽，当苗龄20～25 d，叶龄4.5～5.5叶时移栽。移栽前一天将苗床营养钵（盘）浇足“送嫁水”，带墒移栽，以利成活。二是抢墒移栽，实行硬茬免耕移栽。在小麦收获后，土壤不经翻犁，在硬茬地里抢时抢墒开沟或挖窝移栽，防止等雨适墒翻犁后移栽高脚苗。三是接墒移栽，采取挖大窝，深栽植，沟深或窝深10～12 cm使营养钵（盘）低于地面并接住底墒，再覆土压实。这是移栽保活的关键措施之一。有条件的，栽后争取浇水或浇淡粪尿。

②巧施底肥　移栽时，亩施氮肥10 kg、磷肥10 kg作底肥，先将肥料拌匀沟施或穴施后，再放入营养钵（盘）。施入少量底肥后，使幼苗换衣后就有充足的养分供应而且使化肥利用率提高。应注意不能用碳酸氢铵做底肥，以防烧苗烧根。

③移栽时间　宜在阴天或晴天下午进行。做到随起苗，随栽苗、不栽隔夜苗，不栽杂苗和弱苗。同时将大小苗分开，不要大小苗混栽，以确保大田生长整齐一致，减少空秆率。

④合理密植　采取宽窄行东西行向移栽，亩栽3000～3500株。

（4）田间管理

①及时灭茬　栽后5～7 d，等到苗子换衣扎根时及时灭茬保苗，破除板结，
并做到中间深、两边浅，拔节前后中耕培土。

②追肥　一是早施提苗肥。结合灭茬除草，对栽苗未施底肥的，亩施碳酸氢铵20～25 kg，随施肥随灭茬盖土。若遇天旱，亩施农家肥1500～2000 kg，并掺入少量氮肥浇蔸。二是重施穗肥。在10～11叶展时重施深施穗肥，亩施碳酸氢铵30～45 kg，深度5～8 cm。有条件的可在大喇叭口前用磷酸二氢钾2～3 kg，尿素1～2 kg，兑水50 kg叶面喷施，以促穗大粒多粒重。

③病虫草害防治　加强夏播玉米中耕除草等田间管理，主要防治玉米螟、黏虫、草

地贪夜蛾。玉米螟可造成玉米花叶、钻蛀茎秆、危害雌穗和雄穗。其防治应掌握在心叶末期，采用“三指一撮”法，用1.5%辛硫磷颗粒剂按每亩1.5～2 kg用量丢心；或用50%辛硫磷乳剂1000倍液，摘掉喷雾器的喷头，将药液喷入心叶丛中；黏虫属于鳞翅目、夜蛾科，是农业生产中危害严重的迁飞性害虫之一，具有突发、暴发危害的特点，主要危害玉米，也可危害小麦、水稻、烟草及各类蔬菜作物。黏虫的1～2龄幼虫取食叶片造成孔洞，3龄以上幼虫危害叶片造成缺刻，食量逐龄增长，5～6龄为暴食期，可将玉米幼苗地上部分全部食尽，拔节期后蚕食叶片，仅余“竹节”状玉米秆。黏虫卵孵化盛期喷施苏云金杆菌制剂，低龄幼虫可用灭幼脲。当玉米田虫口密度2代达10头/百株和3代50头/百株以上时，可用甲维盐、氯虫苯甲酰胺等杀虫剂喷雾防治。成虫发生期在田间安置杀虫灯，灯间距100 m，夜间开灯诱杀或性诱杀；草地贪夜蛾要抓住低龄幼虫的防控最佳时期，施药时间最好选择在清晨或者傍晚，注意喷洒在玉米心叶、雄穗和雌穗等部位。生物防治：在卵孵化初期选择喷施白僵菌、绿僵菌、苏云金杆菌制剂以及多杀菌素、苦参碱、印楝素等生物农药。应急防治：玉米田虫口密度达到10头/百株时，可选用防控夜蛾科害虫的高效低毒的杀虫剂（如：茚虫威、氟氯氰菊酯、甲氰菊酯、乙酰甲胺磷）喷雾防治。

④适时收获 当植株苞叶发黄、松散，籽粒硬化，手指基本压不出痕迹，靠近胚内的基部出现黑色层时及时收获，收后待后熟一段时间再剥粒。

2. 春玉米拱膜营养钵（盘）育苗移栽技术

（1）播前准备

①薄膜准备 覆盖地膜的苗床按每亩大田准备地膜0.5 kg，覆盖棚膜的则需准备1～1.5 kg。一般覆盖的地膜只能用一季，覆盖的棚膜则可用3年以上。

②种子准备 选择适宜密植，抗病能力强，苗期抗低温，苗龄弹性大的中晚熟品种。

③苗床准备 可在移栽地里事先预留苗床，就地育苗；也可在间套地块预留的玉米空带里育苗。形式有以下两种：

一是拱膜坑道半地下育苗。选用宽度为80 cm的地膜或微地膜进行育苗覆盖。坑道不宜过深，也不宜过浅。一般规格为坑道深25 cm，底宽45 cm，口宽50 cm，长度根据需要而定，但一个苗床长度一般不要超过10 m，以利于苗床管理。

二是拱膜地上育苗。选用2 m宽的农膜，苗床宽120 cm左右，床面可略低于地面。为了管理方便，苗床长度7～10 m即可。苗床四周做床埂，床梗高于地面10～15 cm，埂宽20～25 cm，做拱棚时将竹条插入埂沿，固定后即可棚膜。

三是营养钵（盘）育苗。每公顷用腐熟圈粪或堆肥15000 kg，掺入适量泥土，数量以制钵不散为宜。加入过磷酸钙150～225 kg，硫酸锌15 kg，混合均匀后过筛，用水或稀粪水调湿拌匀，湿度以手捏成团，落地即散为宜。

四是苗床放置。不管采用哪种类型苗床，苗床一是要东西向开挖，以尽可能多地接受光照；二是床底要整平，以利整齐排钵。

（2）播种拱棚

①适时播种 播期较当地直播玉米提早播种 13 ~ 17 d。

②拱棚覆膜 播种后，整理好苗床的四周，然后用竹条或竹片起拱。坑道育苗因地膜很薄，承受压力小，可从苗床一头开始，每隔 40 ~ 50 cm 插拱一根竹片；农膜育苗苗床较宽，除每隔 60 ~ 80 cm 插拱架条，呈拱形，棚顶距床面 40 ~ 45 cm 外，可在棚顶和两肋各用一根棚条加固苗棚后再盖棚。盖膜时要把膜拉紧，先沿苗床一侧将膜边用土压实封严，再压另一侧，最后压苗床两头。坑道育苗覆膜时，可一人沿苗床一头将膜拉展，顺苗床向后边退，边退边覆膜，另两人从苗床两侧同时覆土压膜。

③开沟排水 播种和覆膜结束后，在苗床四周要开排水沟，以免下雨后水流进床内，冲垮坑道的床壁或压坏棚膜而破坏苗床。

（3）苗床管理

①调控温度 调控膜内温度是拱膜育苗能否培育出壮苗的关键。在苗床温度管理上，根据育苗时间的延长，气温不断地升高，应通过人为的作用，经常注意调节膜内温度，既要保持床内适宜温度，更要防止高温烧苗。出苗至二叶期重点是提高床温促进出苗。棚膜要密封，温度一般控制在 20 ℃左右，不需特殊管理。若遇低温。夜间可用草帘等物覆盖保温。二叶至炼苗前重点是防幼苗徒长，培育壮苗。玉米到三叶期，开始长出第一轮次生根，以后每生长两片叶长出一轮次生根。从二叶开始要控制床内温度，保持在 18 ~20 ℃以内，以便控制叶片生长，促进次生根发育，达到低温蹲苗的目的。特别在三叶后，要防止高温烧苗。为掌握温度的变化、除对幼苗察颜观色，其保持叶色呈深绿状态外，还要观测膜内温度。若晴天中午膜内温度过高，可将苗床两头的膜揭开，通风散热，太阳落后仍将膜盖好，使棚内保持一定温度。移栽前的 5 ~6 d，根据气温回升状况，逐渐增加揭膜面积，前期可在早晨太阳出来时揭膜，傍晚前仍覆盖。过渡到如果没有霜冻，晚间也不盖膜，使床内小气候逐渐改变，以利增强幼苗的抗逆性和适应性。如遇低温，可适当延长炼苗期，等低温过后再移栽。

②水分管理 培育壮苗与苗床温度和水分管理是相辅相成的。床内温度高，湿度大，容易造成幼苗徒长，这时应控制苗床水分。一般播前把水浇透，以后基本不再浇水，尤其是炼苗期间要严格控制水分。若营养钵（盘）过干，可喷水保苗，防叶片萎蔫，湿度以营养钵（盘）不现白皮为宜，既要以旱炼苗，又要防旱伤苗，以求达到旱管蹲苗的目的。在移栽的前两天，要将营养钵（盘）移位一次，扯断老根，促发新根，且便于起苗，利于定根成活，以免在移栽起苗时才移动钵体，幼苗伤根较严重，加之栽到大田环境变化较大，延长缓苗时间，甚至死苗。

③加强检查 苗床管理上，除温湿度调控以外，还要经常到苗床检查，如发现破膜和揭膜，要及时掩盖破口，固定好揭开的膜。尤其是遇雨后，更要防止排水不良，膜上积水或床内积水。

（4）整地移栽

①整地施肥　拱膜营养钵（盘）育苗移栽的玉米根系发达，吸收水肥的能力较强，应选择土层深厚、土质疏松、有机质含量丰富、保水保肥性能较好的平地或缓坡地进行移栽。栽前及早精细整地，在冬前深翻炕土的基础上，春后还要耕翻整地。底肥按亩施农家肥1000 kg，碳酸氢铵25～30 kg、过磷酸钙10～15 kg，开沟深度15～20 cm进行条施。具体施肥方法是：先施氮素化肥，再施农家肥与磷肥的混合物，然后掩盖少量泥土。马铃薯套栽拱膜育苗移栽玉米的地块，因马铃薯提前播种，施底肥不太方便，可免施底肥，用作提苗肥施用。

②适时移栽　拱膜育苗较露地育苗难管理，尽管在春季育苗，但盖膜后拱内温度相对较高，苗子易徒长，苗龄不宜过长，一般苗龄以30～35 d、叶龄达4叶展时移栽较适宜。移栽前一天浇足"送嫁水"。起苗时要细心，做到轻起苗、轻运苗，不弄破营养钵（盘），不伤害根茎叶。移栽时先淘汰弱苗、病苗和杂苗。在空茬地沿施肥沟的两边挖窝，窝子挖大、挖深，将营养钵（盘）放端栽直，使下部和周围接住墒并覆土按实。在马铃薯预留空带里套栽玉米，可不经翻犁，直接挖大窝、深栽植即可。有水源条件的地块，可结合浇灌进行移栽。无论空茬地或间套地块移栽，都要做到宽窄行定向移栽，以利增加移栽密度。

③合理密植　拱膜育苗移栽，通过移位和移栽的蹲苗作用，以及前面讲到的苗床管理上低温蹲苗和以旱蹲苗等，使植株矮健，加之采用宽窄行定向移栽，改善了田间通风透光条件，可较露地直播玉米增加密度三分之一左右。

（5）大田管理

①及时查补苗　移栽后要及时进行查苗和补苗，以防漏苗和未覆土的幼苗，保证苗全、苗齐、苗匀、苗壮。

②中耕除草　栽后一星期进行浅中耕、轻培土，以利疏松土壤和接纳雨水，同时起到锄草保苗的作用。

③追肥　套种地块玉米移栽时未施底肥，可结合中耕，早施拔节肥，亩追尿素10～15 kg或碳铵25～40 kg。

④叶面喷肥　玉米授粉后，为保存绿叶面积，延长叶片的光合时间，提高光合效益，可用磷酸二氢钾和喷施宝，在晴天下午混合喷施，促进养分运转，提高千粒重。

⑤病虫草鼠害防治　中山区防治主要对象有玉米螟、玉米大小斑病、丝黑穗病及草、鼠害等。

3. 春玉米地膜覆盖栽培技术

（1）选地整地

①选地　高寒山区山大坡陡，地形地貌复杂多样，选地和提高整地质量是夺取高产的基础。根据地膜玉米植株高大，根系发达，对土壤肥力要求较高和投资相应较大等特点，应选择土层深厚，土质疏松，有机质较丰富，保水、保肥性能较好，且能避风的平

地、缓坡地和阳坡地种植，坡度应小于15°。陡坡地、瘠薄地和水土流失严重的地块，不宜种地膜玉米。

②整地　地膜玉米的整地，重点抓好深耕和起垄两个方面。深耕能加深活土层，改善土壤的透气性，增强土壤的保水保肥性能，有利于土壤微生物的活动，加速土壤养分的转化，对促进玉米根系的生长和增产有良好的作用。深耕时间应在头年秋季前茬作物收获后及时进行，通过冬前深翻炕土，使土壤有较长的熟化时间，提高土壤的有效养分。耕翻深度以18～20 cm为宜。春季，为了提高覆膜质量，利于田间管理和排灌方便，可在早春结合浅耕及时进行起垄，以利按时播种，一播全苗。起垄前要打碎土块，平整地面，拾净根茬和石块。

（2）施足底肥　地膜玉米的施肥应遵循以有机肥为主，有机肥与化肥相结合。以底肥为主，底肥与追肥相结合；以氮肥为主，氮、磷、锌相结合的施肥原则，以提高肥料利用率，满足玉米生长发育对养分的要求。有机肥养分齐全，肥效长。它不仅能保证养分的长期供应，避免造成前期徒长，后期脱肥，又能促进土壤微生物的活动，改善土壤的理化性质。有机肥最好能在秋季深翻时一次深施，使其有较长的分解时间，提高土壤的有效养分和蓄水保墒能力。秋季未施的可在起垄前结合化肥一次施入。亩用农家肥2000 kg、碳酸氢铵30～40 kg或尿素12～15 kg（占全生育期氮肥总量的60%）、磷肥25 kg、硫酸锌1 kg。在玉米垄的中央开沟条施，沟深10～15 cm，先施氮肥，再将磷锌肥与农家肥混合拌匀施入，然后盖土起垄。这样既可避免化肥与种子直接接触而灼伤种子，又可延长肥效。

（3）选用良种　良种是增产的内在因素，良种良法配套才能充分发挥地膜玉米的增产作用。地膜覆盖使玉米杂交种的种植区域较露地直播玉米的海拔高度提高了300 m左右。高海拔种植对杂交玉米要求是纯度高，抗逆性强，增产潜力大。在播前进行选种，选择籽粒饱满、无破烂和无病虫的种子，并晒种，以提高发芽率，避免因缺株而影响产量。

（4）间作套种　高寒山区的温度低，热量只能满足一年一熟。地膜覆盖栽培，促进了玉米提早播种，可改变过去马铃薯或玉米一年一熟为马铃薯套玉米一年两熟，先播种马铃薯，后播种玉米。

（5）选用地膜　地膜选择得合适与否，不仅影响覆盖效果，而且影响到成本的高低。为了减少农田白色污染，建议选用厚度0.015 mm以上的加厚高强度膜，亩用量8～9 kg，利于后期回收，减少田间农膜残留；或者选用全生物降解膜，亩用量7～8 kg，可以减少后期人工捡拾成本。

（6）适期播种　早春覆盖地膜后，膜内温度可较露地提高3 ℃左右，使地膜玉米播期较露地玉米提早播种10～15 d。具体时间为，海拔1400 m以下在4月上旬播种，1400 m以上在4月中旬播种。可采取先播种后覆膜的方法，以加快播种速度。这种形式从覆膜到放苗期间，膜面无土无孔，采光面大，增温保墒效果好，出苗快，而且整齐一致。播种时应注意足墒播种，以保全苗。

（7）提高播种质量

①合理密植　播种时应根据每亩确定的株数，定距点播。一般空茬纯种玉米每亩3500～3500株左右。播种深度掌握在3～5 cm，墒足应浅，墒差宜深，播种深浅要一致，每穴播2～3粒。

②精细覆膜　播种后，要严格整理垄面，使垄面平整，中部稍高，以使膜能紧贴垄面，增强保温和抑制杂草效果。覆膜时从上坡垄头开始，顺垄自上向下摊盖，拉紧并将膜边沿置入垄沟，随盖随压，培土压膜5 cm左右。如有破口，及时用土封严，以防漏气。覆膜后，在垄的中部垄面上，每隔3 m压一道土，以防大风揭膜。如在房前屋后种植，一定要管好家畜，防止践踏损伤地膜。

（8）大田管理

①适时放苗　地膜玉米采取先播种后覆膜，出苗后幼苗不能自行顶破地膜，叶子紧贴膜面，遇到晴天中午膜内温度较高就会发生烫苗。在播种7～8 d后，要每天到田间检查出苗情况，出苗达50%时开始分批破膜放苗。放苗在上午10时前，下午4时后进行，不要在晴天中午放苗，以防失水萎蔫枯死。方法为用小刀或细铁丝钩将膜划破2cm左右的小口，细心将苗搂出膜外，并用土封好孔口。放苗的要求是，破口要小，口要封好，覆土要少，刮风下雨不宜放苗。

②及时补苗　当苗子基本出齐后，对缺株要及时进行补苗。补苗要按照补早不补迟、补苗不补籽、栽大不栽小的原则进行。为使补苗能和其他幼苗生长一致，在两叶一心进行补栽，选择一窝子长双苗的大苗移栽。还可在播种时，根据种子质量的好坏，在地头采用拱膜育一小块苗子，以利补苗，补苗时揭开小拱棚移苗补栽。4～5叶进行大田定苗，采取去弱留壮，去黄留黑，去病留健。

③追施喇叭肥　地膜玉米前期生长快，营养体较大，消耗养分多，需要适时追肥。一般在施足底肥的情况下，应抓好喇叭口期的追肥，以防后期脱肥。追肥量为碳铵20～30 kg或尿素10 kg。方法是在玉米小行中间，每隔两株用尖头木棍打一施肥孔，深度10 cm，直径2～3 cm，用小匙将化肥施入，随即用细土封严孔口。为防玉米后期倒伏，结合追肥，进行培土壅蔸。

④去蘖抽雄　地膜玉米由于膜内温度高，水肥比较协调，苗期茎基部分蘖即可长出地面，与主茎争水争肥，应及时掰除。去蘖要彻底，不要损伤主茎和叶片。在雄蕊刚抽出散粉前，对面积较大的地块可隔行或隔株将雄穗抽掉。应注意不折秆，不带叶。去雄可减少雄穗开花所耗用的养分及水分，促进雌穗发育；还可降低株高，减轻倒伏。一般去雄可增产10%左右。

⑤防止倒伏　地膜玉米植株相对高大，重心上移，容易发生倒伏现象，加之高寒山区风灾频繁，倒伏相应加重。所以，应在前期选好避风地块、配方施肥、培土壅蔸的基础上，经常到田间检查有无倒伏。风灾后，对倒伏的玉米，当与地面夹角大于45°时，

多数能自然恢复，不必采取措施；若小于45°，可在相反方向用脚踩，相同方向填土支撑切忌断根，最好当天完成。若倒伏严重，可采取一棵玉米一根拐棍或用绳子拉起固定。

（9）防病除草　高寒山区玉米病虫草鼠害十分严重，生产上主要防治玉米螟、玉米大小斑病、玉米丝黑穗病、鼠害和草害等。病虫鼠害防治前面已讲到，这里重点谈地膜玉米化学除草；高寒山区玉米田里杂草种类很多，加上地膜覆盖后，为杂草创造了优越的生长条件。早春杂草生长快，与玉米争水、争肥、争光，严重时可顶破地膜，影响其增温保墒效果。

①利用化学药剂除草　覆膜前亩用50%乙草胺50～70 mL兑水30～40 kg，也可用48%拉索乳剂100 mL或五氯酚钠200 g加除草醚100 g，兑水50 kg，均匀喷洒地面，随即覆膜。

②利用地膜杀草　由于膜下温度高，杂草幼苗接触地膜易被灼伤杀死。这种方法除草效果可达70%以上。利用地膜杀草的关键是要保护好地膜，做到地膜覆盖紧贴地面，两边压严压紧，孔口封好不漏气，膜面干净无创伤。

③人工拔草　对于穿透性强，不易被地膜高温杀死或除草剂也无效的杂草，应人工拔除，拔除后及时封严破口。对未覆盖行间，可以中耕除草或直接拔除。

（10）清除残留地膜　地膜玉米收获后，地膜残留在土壤中，难以腐烂，年积月累，不但造成农田环境污染，还会给耕作和田间管理带来很多不便，影响作物根系生长。因此，应在玉米收后，及时将废膜收拾干净，集中交售给再生回收部门。同时，为了减少耕地农膜残留，建议积极推广全生物降解膜，以及厚度在0.015 mm以上的加厚高强度膜，以利于回收，减少耕地环境污染和人工成本。

4. 高寒山区玉米两段覆膜高产栽培技术

两段覆膜栽培是将拱膜覆盖营养钵培育的玉米幼苗，移栽到覆盖地膜的大田生长发育的一种栽培方法。它是针对海拔1300 m以上高寒山区，在推广地膜玉米生产上存在的不能一播全苗，植株高大遇风灾易倒伏以及40%年份积温不足难以正常成熟等问题，将海拔800～1300 m中山区推广的拱膜覆盖营养钵育苗与地膜玉米有机结合的一项新技术。

（1）选建苗床　选择地势平坦，背风向阳和搬运方便的地块作苗床，可在移栽地事先预留苗床就地育苗，也可在间套地预留的玉米空带育苗。苗床应东西向开挖，以较多接受光照。开挖坑道深20～25 cm底宽45 cm，口宽50 cm，长度一般不超过10 m以便于管理，整平床底以利排钵。

（2）配料制钵　用腐熟晾晒的农家肥1125 kg/hm^2，150～225 kg/hm^2过磷酸钙、15 kg/hm^2硫酸锌，混合均匀后过筛，加入适量泥土起黏合作用，用水或稀粪水调湿拌匀，湿度以手捏成团落地即散为宜。

（3）适期育苗　选用优良杂交品种，4月上旬当日均温稳定通过8 ℃即可播种。

（4）苗床管理　主要任务是调控温湿度，培育矮健壮苗，2 叶前提高床温促出苗，棚膜要密封，温度控制在 20 ℃左右，若遇低温，夜间用草帘等物覆盖保温，2 叶后控制叶片生长，床内温度保持 18 ~ 20 ℃，促次生根发育，低温蹲苗育矮健壮苗、3 叶后防高温烧苗，晴天中午揭膜通风散热，太阳落后盖好膜。移栽前 5 ~ 6 d 逐渐增加揭膜面积，直至不盖膜，以增强幼苗适应性和抗逆性。水分管理在播前浇透水，育苗期间一般不浇水，移栽前两天将营养钵（盘）移位，便于起苗和定根成活。

（5）规格移栽　早春提前整地作垄，垄宽 50 cm，垄高 10 cm，在垄的中央开沟施肥，沟深 10 ~ 15 cm，施农家肥 15 ~ 225 kg/hm^2，碳酸氢铵 375 ~ 450 kg/hm^2，过磷酸钙 300 ~ 375 kg/hm^2，混匀施入后盖土，整平垄面并及时覆盖地膜，既保墒又提墒，当玉米苗龄 30 ~ 35 d，叶龄 4 叶展移栽，栽前将营养钵（盘）浇足送嫁水，空地宽窄行移栽，密度 5.25 万株/hm^{2}左右或双行马铃薯套种双行地膜玉米，密度为 4.5 万株/hm^{2}左右，栽后用细土盖好栽苗孔。

（6）加强田管　Ⅱ叶展追穗肥碳酸氢铵 450 ~ 525 kg/hm^2，在垄面中央，每隔两株打一深度为 10 cm 的施肥孔，施入后随即盖严，以提高肥料利用率。结合追肥培土防倒伏。授粉后，为延长叶片的光合时间和增加粒重，可用 3 kg/hm^2 磷酸二氢钾和 7.5 ~ 15 kg/hm^2 尿素，兑水 750 ~ 900 kg/hm^{2}晴天下午叶面喷施。注意防病虫鼠害，幼苗期防黏虫，抽雄前防玉米螟，后期防鼠害，成熟后及时收获。

参考文献

柏秦凤，贺文丽，梁铁，2019. 陕南玉米渍涝灾害指标构建与风险区划［J］. 陕西气象（3）：1 – 8.

陈慧，2016. 低温对玉米苗期生长发育的影响及其防治措施［J］. 吉林农业（10）：95，108.

陈尚国，谢瑞礼，2006. 武陵山区大穗型玉米抗灾高产栽培技术［J］. 农业科技通讯（12）：20.

陈长发，2000. 秦巴山区农业发展之路［M］. 西安：陕西人民出版社.

崔鸣，1994. 推广玉米拱膜覆盖营养钵（盘）育苗移栽解决贫困山区温饱问题［J］. 玉米科学（2）：41 – 44.

高炬，1997. 秦巴山区的冻害［J］. 陕西气象（6）：16 – 17.

关贤交，欧阳西荣，2004. 玉米低温冷害研究进展［J］. 作物研究（S1）：353 – 357.

韩国红，张玉华，2001. 增强鄂西山区玉米生产抗逆性的对策［J］. 湖北农业科学，40（2）：25 – 26.

扈光辉，张志武，杨德光，2014. 玉米耐低温冷害研究进展［J］. 中国农学通报（33）：1 – 7.

李建国，张可安，2015. 安康市测土配方施肥技术集成与应用［M］. 杨凌：西北农林科技大学出版社.

李明，王连敏，王立志，等，2009. 低温冷害对玉米生长影响及相关研究［J］. 黑龙江农业科学（4）：150 – 153.

李勤，张选明，张秀英，等，2019. 秦巴山区抗旱玉米品种的筛选鉴定［J］. 安徽农学通报，25（5）：58 – 59.

刘代惠，罗阳春，何川，2009. 西南丘陵寡照区玉米减灾防御对策［J］. 农业科技通讯（4）：138 – 139.

刘艳，2017. 玉米育苗移栽高产种植新技术［J］. 现代农业科技（16）：40 – 41.

覃子厚，刘宇知，2023. 夏秋季节性干旱对武陵山区春玉米主要农艺性状的影响研究［J］. 农村实用技术（1）：99－100.
王丹，高丽辉，张超，等，2015. 低温对玉米苗期生长的影响及抗逆栽培措施［J］. 辽宁农业科学（4）：60－63.
王明田，蔡元刚，张玉芳，等，2014. 基于相对湿润度指数的四川省季节性干旱时空分布特征［J］. 西南农业学报，27（4）：1715－1722.
王鹏，孙杰，张志高，2017. 高温对玉米生长发育的影响［J］. 农业科技通讯（11）：232－233.
温广发，2013. 灾害性天气对玉米产量的影响及预防对策［J］. 中国农业信息（35）：74.
文景茹，柯永培，余学杰，等，2021. 20% PEG－6000 胁迫下 54 个玉米自交系苗期抗旱性评价［J］. 玉米科学，29（1）：46－53.
吴风声，梁宗锁，1992. 秦岭山区玉米秋封灾害简析［J］. 灾害学（1）：95－96.
徐锡增，2003. 植物逆境生理研究进展［J］. 世界林业研究（5）：6－11.
薛爽，饶丽莎，左丹丹，等，2016. 植物低温胁迫响应机理的研究进展［J］. 安徽农业科学（33）：17－19，48.
张慧仙，李科，2014. 植物低温胁迫下的逆境耐受机制综述［J］. 安徽农学通报（18）：19－21.
周志禄，黄华容，2017. 玉米育苗移栽技术［J］. 农民致富之友（12）：179.